结构设计新形态丛书

盈建科 YJK
结构设计入门与提高

杨韶伟　编著

中国建筑工业出版社

图书在版编目（CIP）数据

盈建科 YJK 结构设计入门与提高 / 杨韶伟编著.
北京 ：中国建筑工业出版社, 2024. 11. -- (结构设计新形态丛书). -- ISBN 978-7-112-30600-8

Ⅰ. TU318

中国国家版本馆 CIP 数据核字第 2024Y12E33 号

本书为“结构设计新形态丛书”之一。网络达人编写。含有大量的视频（182 个文件，11.2G），可扫二维码观看。视频与文字完美配合，每小节均配有相应的视频。盈建科是结构设计人员必备的工作软件之一。主要内容包括：从钢筋混凝土框架结构入门 YJK；钢筋混凝土剪力墙结构计算分析；钢筋混凝土框架-剪力墙结构计算分析；钢框架结构计算分析；超高层框架-核心筒结构计算分析；空间钢结构计算分析；Y-GAMA 数字化智能设计；基础结构计算分析；门式刚架结构计算分析；减震结构计算分析；隔震结构计算分析；特色结构专题。

本书供结构设计人员使用，并可供多层次的院校师生参考及作为培训教材使用。

责任编辑：郭　栋

责任校对：赵　力

结构设计新形态丛书

盈建科 YJK 结构设计入门与提高

杨韶伟　编著

*

中国建筑工业出版社出版、发行（北京海淀三里河路 9 号）

各地新华书店、建筑书店经销

国排高科（北京）人工智能科技有限公司制版

北京圣夫亚美印刷有限公司印刷

*

开本：787 毫米 × 1092 毫米　1/16　印张：23　字数：569 千字

2025 年 2 月第一版　　2025 年 2 月第一次印刷

定价：**98.00** 元

ISBN 978-7-112-30600-8

（43827）

前　言

如果一名结构工程师在工作中不会结构计算软件，那么他的工作几乎寸步难行。PKPM 和盈建科（简称 YJK）这两个作为国产结构设计软件中的领头羊，对每一个国内的结构工程师而言，几乎是必备其一。本书以 YJK 软件为载体、结构概念和规范条文为基础，结合实战案例，让每一个读者，特别是初入职场的新人，能够在较短的时间内融入结构设计的工作当中。

本书前 4 章内容为基础章节，重点结合软件进行详细操作，让读者能够尽快地将常见的结构体系（钢筋混凝土框架结构、钢筋混凝土剪力墙结构、钢筋混凝土框架-剪力墙结构、钢框架结构），通过案例进行软件操作，熟悉结构整体计算的流程，树立结构设计的信心。本书第 5 章至第 7 章的内容属于提升部分。第 5 章针对超高层案例进行介绍，部分超限内容借助 YJK 完成。第 6 章是空间结构，介绍了 YJK 的空间结构模块的应用。第 7 章介绍了 YJK 的数智化模块，这是近几个版本新开发的模块，随着它的完善，今后会极大地提升读者的工作效率。这 3 章内容，读者可根据实际项目情况有针对地进行深入拓展。第 8 章是基础设计的章节，属于读者的必看章节，介绍了常见的结构基础形式在 YJK 中的计算。第 9 章至第 11 章介绍门式刚架、减震和隔震。读者可根据实际项目情况，进行有针对性的学习。这里提醒读者，减震、隔震的设计同超高层、空间结构一样，不是借助唯一的软件进行完成，需要配合一些国外的软件（比如，midas Gen、SAP2000 等）进行对比验证。特别是涉及大震时程分析的内容。最后 1 章介绍了计算书整理、钢结构中的钢筋桁架楼承板、地下室抗浮计算 3 个小的专题内容，建议读者结合实际项目进行拓展学习。

每 1 章内容都是结构概念先行、案例带动操作的模式，让读者摆脱“为了学软件而学软件”的误区。在学习 YJK 软件的过程中，读者掌握结构计算的同时，注意不要被软件所束缚，特别是软件的数据。要养成以结构概念为基础，判断软件计算结果的能力。

本书每个章节配备了大量的二维码视频，读者在学习的过程当中，可以作为“饭后甜点”，扫码学习视频内容。有的视频是进行相关章节的结构概念设计讲解，有的视频是对图集、规范条文的理解进行介绍，有的视频是对一些关键的操作步骤进行介绍。传统的书籍借助图文来表达作者的内容，本书突破传统的图文模式，在阅读此书时，请务必扫码阅读学习。本书可以多角度地助力读者尽快上手 YJK，将其作为结构设计的一个工具。

最后，衷心希望阅读此书的读者能够有所收获，将 YJK 作为自己结构设计工作的一个工具，提升设计效率。本书在编写过程中得到广大设计同仁的支持和帮助，特别是李巧珍、冉敏，责任编辑郭栋，在此致以衷心的感谢。

由于编者水平有限，书中难免存在疏漏及不足之处，欢迎读者加入 QQ 群“157782432”或添加杨工微信“13152871327”，对本书展开讨论或提出批评建议。另外，微信公众号“鲁班结构院”会发布本书的相关更新信息，欢迎关注。

目　录

第1章

从钢筋混凝土框架结构入门 YJK

1.1 结构设计软件简介和 YJK 的学习定位

1.1-1 书籍内容整体介绍

随着科学技术的发展和生产力的提高，建筑结构设计已经由过去的手算时代进入了如今的电算时代。对结构工程师而言，结构计算软件是必备的一款计算工具。可以说，不会结构计算软件寸步难行。但是对于新手，读者往往又容易陷入一种误区，就是唯计算结果论，将结构计算软件放到一个很高的位置，这样带来的后果就是结构概念的缺失。

开始阅读本书前，读者必须明白一个道理，就是任何一款结构计算软件，对读者而言，都是论证结构概念是否可行的一个依据。在结构设计的过程中，必须充分发挥人的主导作用，将结构计算软件作为一款工具来使用。下面，我们先简单介绍一下在建筑结构设计领域经常用到的计算软件。

结构计算软件我们分为两大类：国内的结构计算软件和国外的结构计算软件。在实际项目中，我们经常以国内的结构计算软件作为结构设计的主要分析手段，国外的结构计算软件经常用来作为补充分析的依据。

国内的结构计算软件有 PKPM、盈建科（YJK）、3D3S、理正工具箱等，国外的结构计算软件有迈达斯（midas）、SAP2000、ETABS、Perform3D、ANSYS、ABAQUS 等。读到这里，读者可能会困惑，国内外的结构计算软件数不胜数，对新手读者而言，如何选择适合自己的结构计算软件是当务之急。下面，笔者从建筑结构设计的角度，将国内国外的众多计算软件进行简单分类，如下所示。

✓多高层结构

国内：PKPM、YJK；

国外：midas Building、Etabs。

1.1-2 结构设计软件简介和 YJK 的学习定位

✓空间结构

国内：3D3S、MST；

国外：midas Gen、SAP2000。

✓复杂结构非线性分析

国外：Abaqus、Ansys、Perform3D。

✓节点有限元分析

国外：midas FEANX、Abaqus、Ansys。

✓构件节点手算

Excel、mathcad、理正工具箱。

不难发现，本书介绍的 YJK 在国内的建筑结构设计中是一款比较通用的建筑结构设计软件。特别是对国内的建筑读者而言，它的可操作性非常强，本书将以 YJK 计算软件为载体，将各种建筑结构体系结合工程实例进行详细介绍。

本节最后，我们简单说说 YJK 软件在结构设计中的定位。对读者而言，建议将 YJK 软件定义为常规结构设计必备的结构计算软件。它与 PKPM 结构软件，读者掌握其中一种即可。

1.2 新手如何结合 YJK 做好结构设计

1.2 新手如何结合 YJK 做好结构设计

这里，我们重点介绍如何结合 YJK 软件做好结构设计。

（1）在结构设计中，人要发挥主导作用。通俗地说，就是读者是主导。因此，在做结构计算之前，读者必须有清晰的结构概念。在本书的每个案例中，我们在进行软件操作前，都会对该案例进行结构概念分析。从结构体系到具体的构件截面估算，都会进行详细的介绍。

（2）结构软件是论证读者的结构方案能否顺利实现的依据。因此，本书在介绍每一个案例的结构概念之后，会进行详细的软件操作。传统的软件操作书籍经常无意间会变成软件的使用说明书，枯燥无味。本书在软件操作部分重点介绍计算假定与软件实现和参数之间的关系。我们会对软件计算结果进行详细的解读。计算机只是一个工具，它会通过各种数值计算得到计算结果。但是，计算结果的合理与否需要读者自己判断。在本部分，我们重点结合结构概念及规范条文去分析计算结果，以帮助读者在每一个案例中都能够树立和养成良好的结构概念素养。

（3）读者在阅读本书的过程中，要抓大放小。先把握整体脉络，不要拘泥于某一章节、某一案例中的过于细节的问题。当把完整的一个案例章节阅读完成之后，首先去回忆整个章节中对结构整体指标的判断方法。之后，再去思考一些细节性的问题。随着阅读的深入和结构设计经验的积累，再去思考之前没有解决的问题。

（4）关于软件版本问题。商业软件本就面临市场竞争，更新换代层出不穷，几乎每年都会有几个小版本的交替和大版本的变更。这里提醒新手读者，不要过度地关注软件版本的新旧。任何软件诞生之际，它的底层逻辑和架构基本上成熟了，只要读者入门并掌握了一个版本，即使会有版本的更新，更多的是打补丁，不存在无法上手的问题。

以上就是关于读者学习结构设计和 YJK 结构设计软件的一些建议，下面我们就开始进入丰富的案例章节进行学习阅读。

1.3 钢筋混凝土框架结构计算分析与设计

1.3.1 案例背景

1.3.1 案例背景

本案例为一宿舍楼，位于河北省承德市兴隆县，典型平面布置图如图 1.3-1 所示。

建筑层数为五层，层高 3.6m，立面图如图 1.3-2 所示。

上面是基本的建筑项目信息，考虑到部分读者刚接触结构设计不久，我们在进入下一小节之前，简单介绍一下结构设计的工作流程和读者的角色。

首先，是建筑结构设计的工作流程，基本上分为五大阶段，如图 1.3-3 所示。读者需要留意每个阶段的工作重点，比如方案阶段的重点在于结构选型，施工图阶段的重点在于细化结构布置，切勿在不同阶段本末倒置。

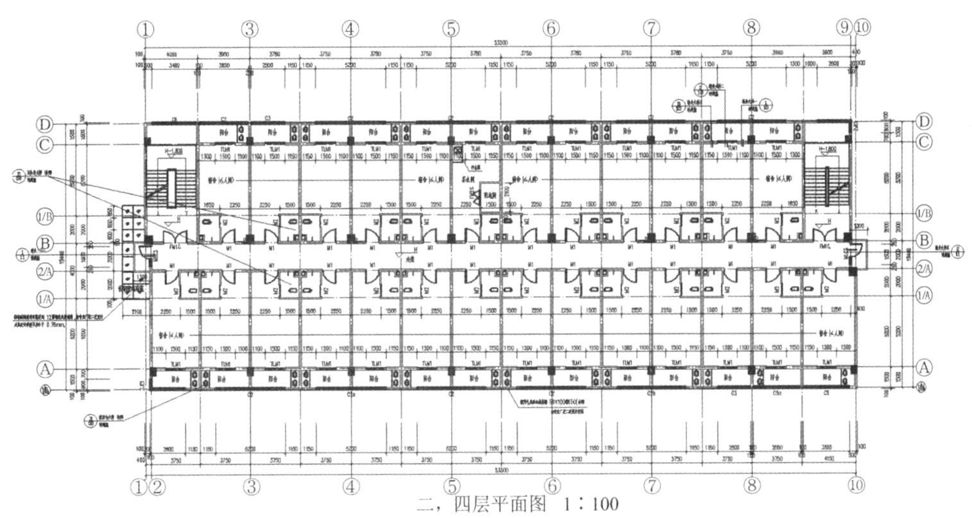

图 1.3-1　建筑平面布置图

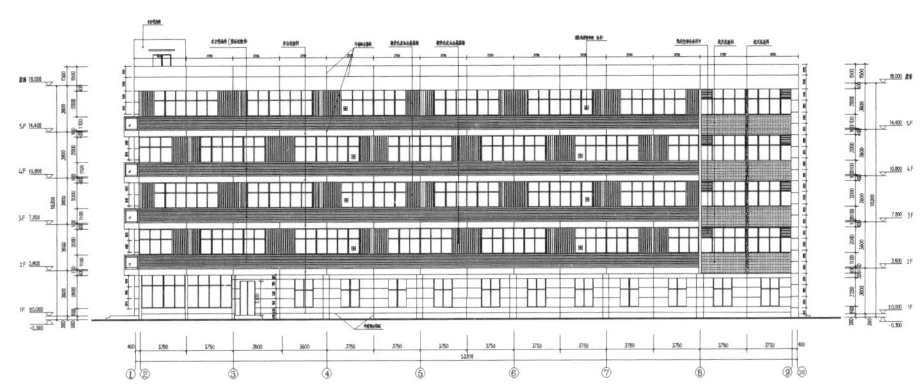

图 1.3-2　建筑立面图

阶段	重点任务
方案阶段	根据甲方需求确定建筑方案，结构专业主要进行结构选型、试算工作
初设阶段	根据方案阶段内容，结构专业主要进行结构计算工作，保证整体指标满足要求，确定构件截面，初设图纸
施工图阶段	初设的基础上，进一步深化计算模型，绘制施工图，出计算书
审图阶段	施工图审查：施工图、计算书
施工阶段	技术交底，施工配合

图 1.3-3　各阶段读者重点任务

图 1.3-4 是结构专业内部的任务分工（虚线框内），部分复杂项目涉及超限审查等，读者需要明白自己在本专业的项目角色，以便更好地完成本职工作。

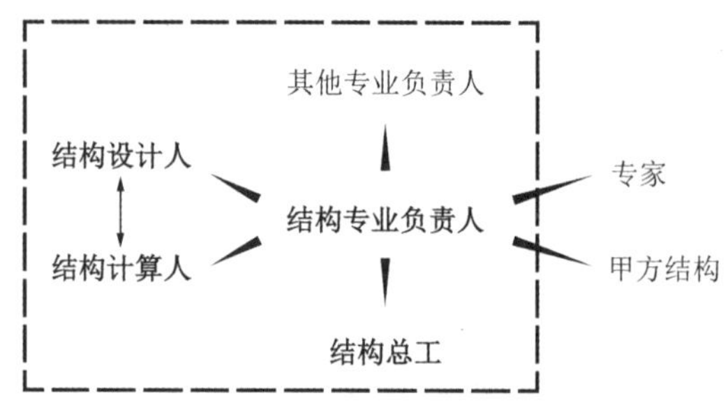

图 1.3-4　结构专业内部角色

以上是结构设计前读者需要知道的一些基本内容，下面我们进入本案例的概念设计章节。

1.3.2　钢筋混凝土框架结构概念设计

1.3.2 钢筋混凝土框架结构概念设计

1. 框架结构的特点

首先，在介绍框架结构概念设计之前，读者需要明白什么时候用到框架结构？从 1.3.1 节的建筑布置中不难发现，框架结构的一个优势是让建筑空间相对更加敞亮，建筑师可以更充分地对房间进行分隔布置。

回归到结构的角度，框架结构是由梁、柱组成的结构单元，竖向荷载和水平荷载（或水平作用）全部由若干榀框架承担的结构体系。框架梁、柱可以分别采用钢、钢筋混凝土和型钢混凝土，框架柱还可以采用圆钢管混凝土、方钢管混凝土、矩形钢管混凝土。

读者可以直观地理解，随着层数的增高，框架柱承担的荷载越来越多，截面和材料等级越来越大。为了满足建筑使用，限制截面大小，从混凝土过渡到型钢混凝土或者钢管混凝土，这是一个很自然的变化。本案例层数较低，框架采用钢筋混凝土梁、柱，已足够满足建筑使用和结构计算要求。

2. 框架结构的侧移和变形

任何一种结构，都从承载力和变形两个方面进行控制。多高层结构的“天敌”是水平荷载。根据所在项目的地理位置，水平荷载可能是地震，也可能是风，或者两者兼而有之。而从结构内部来说，结构侧移对应的结构刚度，是结构最核心的所在。图 1.3-5 是框架结构在水平荷载作用下的变形。

这里需要提醒读者的是，结构设计一定要有一个相对认知，不要将任何结构绝对化。比如，框架结构的变形一般是以剪切变形为主，这是它相对于其他结构体系而言，其刚度较弱所决定的，较弱的刚度决定了其高度使用受限。

3. 框架结构的抗震理念

地震的背后是对结构延性的要求，这就提醒读者在设计时要尽可能设计延性的框架梁、框架柱。

图 1.3-6 是梁的弯曲破坏形态与剪切破坏。不难看出，设计时要有意识地设计适筋梁。

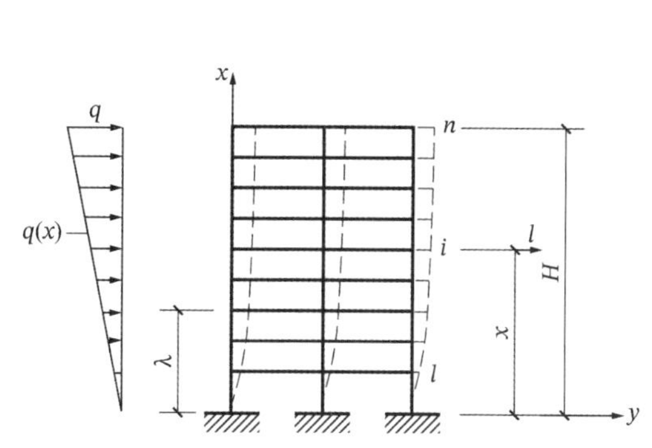

图 1.3-5　框架结构在水平荷载作用下的变形

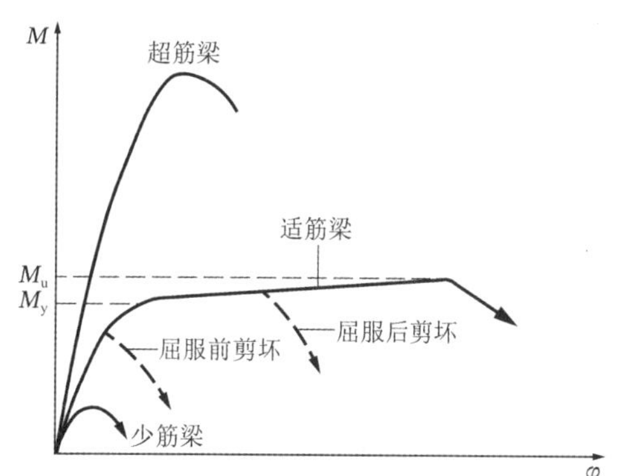

图 1.3-6　梁的弯曲破坏形态与剪切破坏

“强柱弱梁”是框架结构设计的另一个重要概念。图 1.3-7 是框架的三种屈服机制，第一种梁铰机制是理想的破坏模式。因此，实际项目中不要把柱子用得“太狠”。

“强节点”是框架结构设计的重要概念。极端地说，在不得已发生垮塌的情况下，是杆件坏、节点好。这里要表达的意思就是节点设计很重要，钢筋混凝土梁柱节点的连接是框架结构设计的重中之重。图 1.3-8 是核心区节点钢筋被压屈服、混凝土被压碎的反面典型。读者可以看出，梁柱节点破坏后，即使梁、柱完好，结构也不再安全。

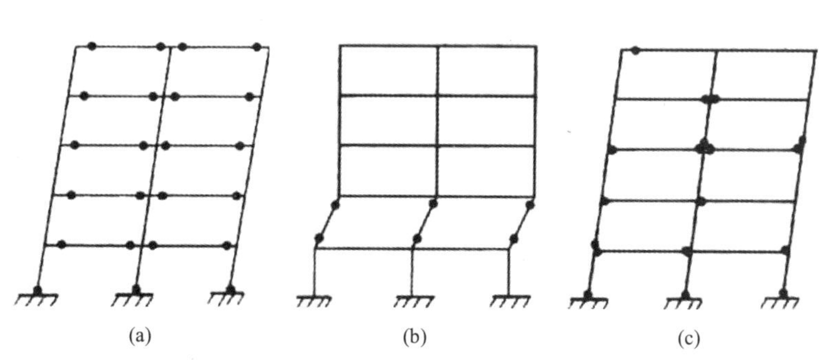

图 1.3-7　框架的三种屈服机制

图 1.3-8　核心区节点破坏

“强剪弱弯”是框架结构设计的一个核心理念，背后其实还是对延性的要求。简而言之，弯曲破坏是延性破坏，剪切破坏是脆性破坏。地震作用下，结构不能硬抗，更多地通过变形来耗能。所以，无论梁、柱，都要有意识地控制“强剪弱弯”。

上面提到的一些概念，我们会在后续案例结合软件实际操作环节，根据规范给读者一一介绍。

1.3.3　YJK 软件实际操作

注意：案例软件实际操作部分，不同于传统的软件介绍书籍，本节除了介绍软件本身的一些常用操作，还会穿插实际项目中的一些工程经验和规范要求，帮助读者更好地上手实际项目。同时，为了突出重点，每个章节案例我们选取典型的平面进行模型创建组装和计算。

1.3.3-1 轴网建立

1. 轴网建立

本案例从最传统的软件自建轴网进行介绍，后续章节会陆续介绍实际项目中更多的轴网创建方法。

传统的轴网创建一般从图 1.3-9 所示“轴线网格”中的正交网格进行创建。

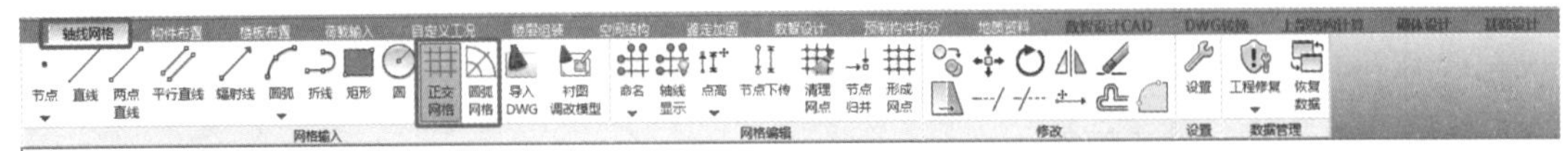

图 1.3-9　轴线网格菜单

在弹出的对话框中，输入本案例建筑平面图中的轴线尺寸，如图 1.3-10 所示。

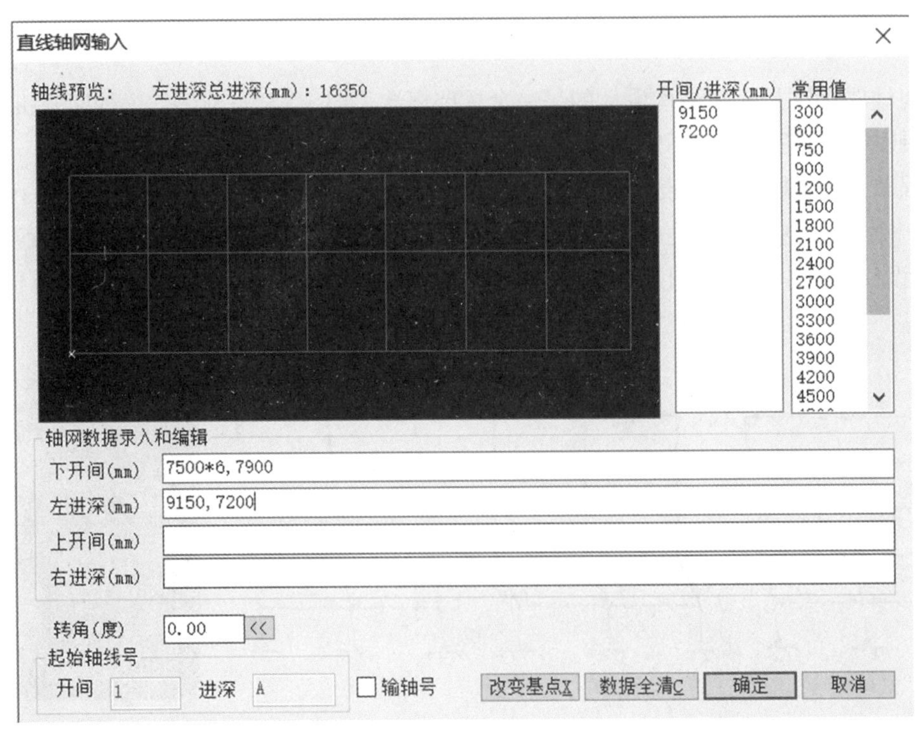

图 1.3-10　轴网尺寸布置

注意：从结构设计的角度，我们习惯于首先生成柱网相关的轴线，然后再生成其他搭建建筑楼板的轴线。

2. 框架柱建模

1.3.3-2 框架柱建模

一般的多层框架结构中，框架柱截面 600mm × 600mm 起步，这里推荐经验：6 度区六层框架结构 600mm × 600mm 起步，7 度区六层框架结构 700mm × 700mm 起步，8 度区三层及以下框架结构 800mm × 800mm 起步。

注意：这里要提醒读者，上面数值不是固定不变的，随着建筑平面的变化和荷载的变化，框架柱的最终合理截面要结合轴压比、结构整体刚度等综合确定。下一小节我们将细致介绍。此处只是用来第一遍试算，读者不必特别纠结于尺寸问题。

图 1.3-11 是框架柱截面的添加。

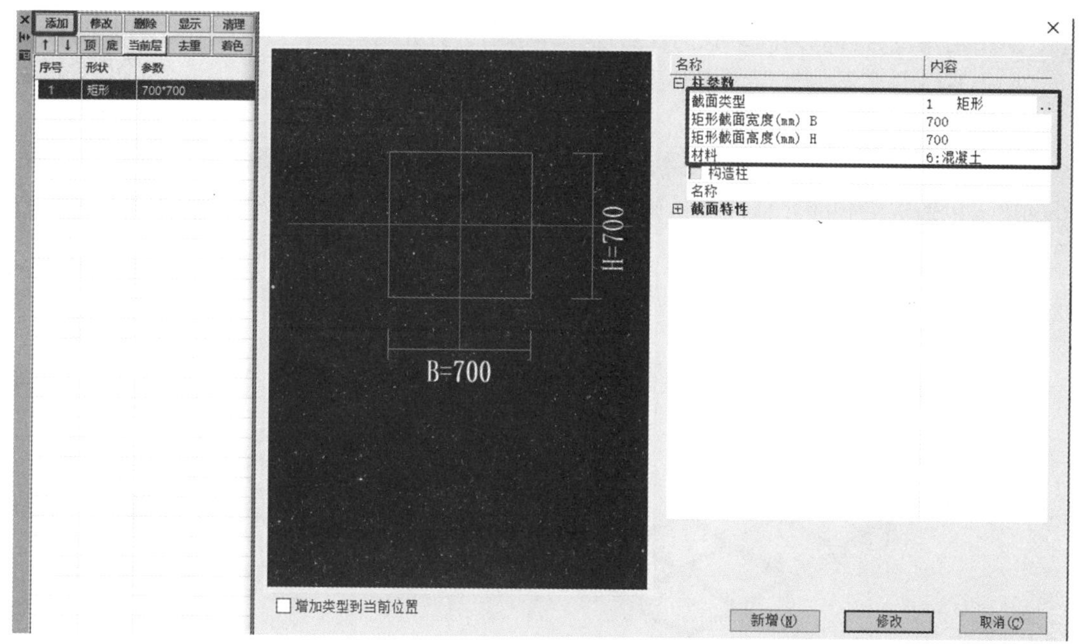

图 1.3-11　框架柱截面的添加

图 1.3-12 是本案例框架柱的三维效果。

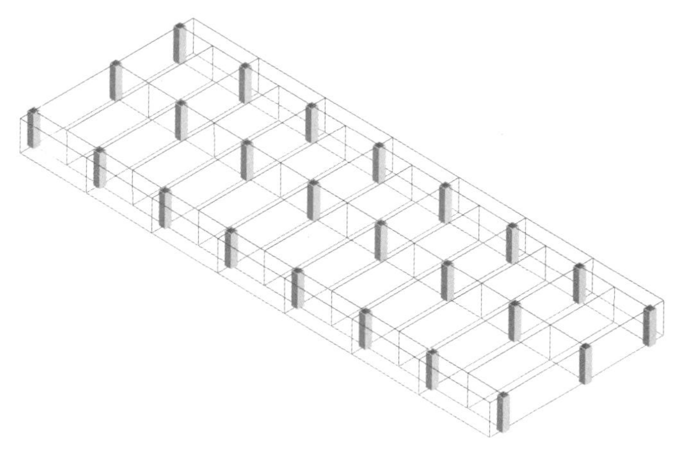

图 1.3-12　框架柱的三维效果

1.3.3-3 框架梁建模

3. 框架梁建模

框架梁的建模同框架柱类似，同样首先面对的是截面尺寸的选择问题。这里的工程经验是：梁高一般根据荷载大小取跨度的 1/10，梁宽是梁高的 1/3～1/4（考虑到偏心加腋问题，也可以考虑取柱宽的一半）。

比如，本案例跨度有 7500mm、9150mm 两种典型数值，可以考虑取 750mm 高和 900mm 高进行试算。

这里要提醒读者，梁高的确定很多时候受建筑专业限制。比如，外立面和室内吊顶等，前期的沟通非常重要。如果楼层高度非常紧张，那么很多时候结构专业和建筑专业需要折中，取一个大家都能接受的结果。

从结构角度合理的梁高，我们在后续计算结果进行介绍。

图 1.3-13 是本案例框架梁柱的三维效果。

4. 其余梁建模

1.3.3-4 其余梁建模

其余梁不是 YJK 软件中的次梁，是我们结构设计意义上除了框架梁之外的梁（包括次梁和部分悬挑梁）。这里，次梁的截面推荐读者梁高暂时按跨度的 1/15 估算。

首先，根据建筑功能将其余轴网搭建完毕，如图 1.3-14 所示。

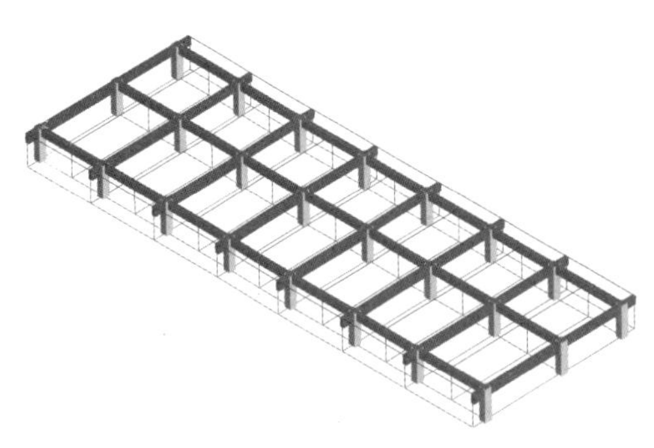

1.3-13 框架梁柱的三维效果

图 1.3-14 主体模型的三维显示

至此，基本整体的框架梁柱搭建完毕，这里提醒读者几个设计细节供思考。

第一个是次梁的布置形式。一般从结构的角度，次梁宜少不宜多；同时，矩形网格为了保证梁高差别不至于太大，建议沿着长跨方向布置。但是，实际项目结合建筑功能房间的布置，很多时候在不影响大计算的前提下，读者不宜过多纠结。

图 1.3-15 所示箭头处，能不设次梁就不设次梁。

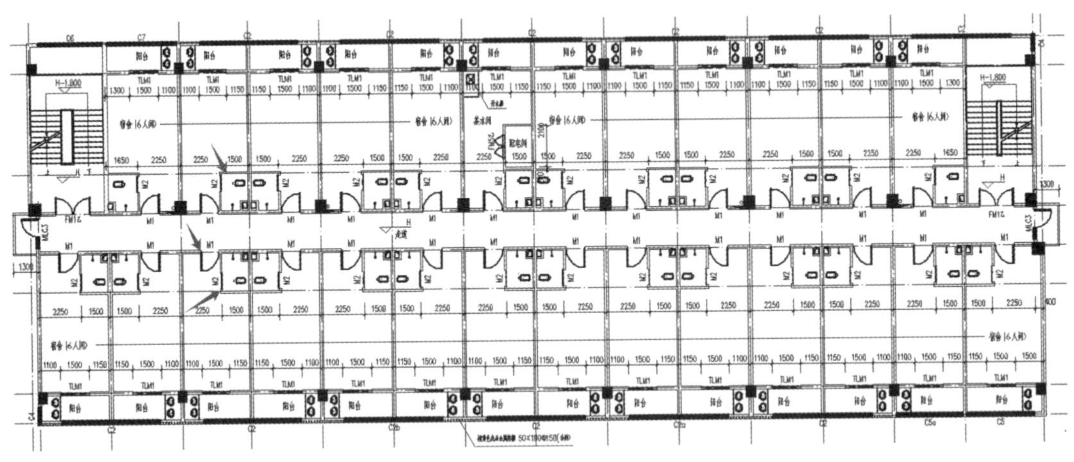

图 1.3-15 建议不设次梁的位置

第二个是悬挑部位要不要悬挑次梁。这是很多项目遇到的问题，设置悬挑次梁的好处是悬挑部位结构冗余度的增加，以及悬挑主梁受荷面积的减小带来截面高度的减小。这里，建议读者可以不设次梁时尽量不设置。原因很简单，悬挑框架主梁截面高度满足计算和建筑使用的前提下没必要设置，同时悬挑次梁和悬挑主梁变形的不同导致导荷面积不是按照传统的楼面导荷进行分配，配筋不合理容易存在安全隐患。因此，建议次梁的布置宜少不宜多。

第三个是箭头处卫生间降板的处理，图 1.3-16 是原结构平面布置。读者会发现，梁数量非常多，可以说是逢墙必布梁，这是新手读者的通病。

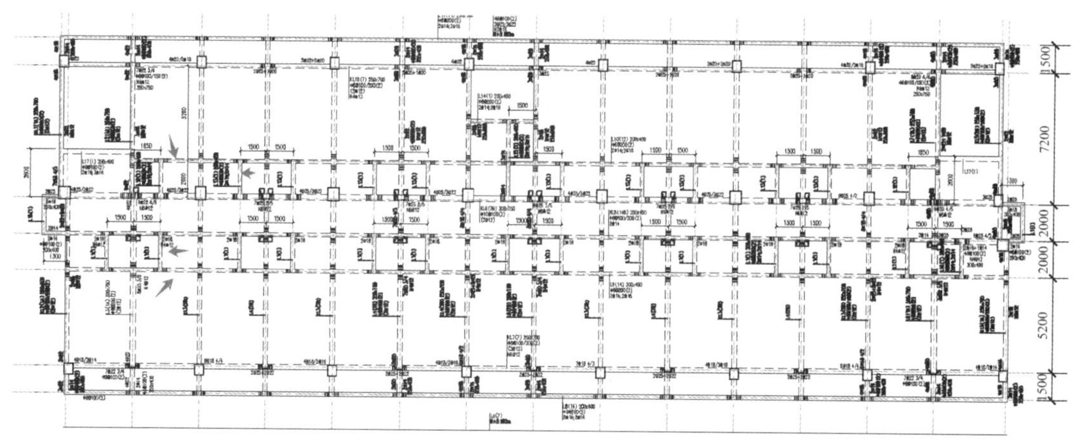

图 1.3-16　原结构平面布置

最后提醒读者，结构设计没有唯一解，但是有相对合理的解。简单、清晰的传力路径，是安全、经济的保证。

1.3.3-5 楼板的搭建

5. 楼板的搭建

此步对读者而言是比较轻松的一步。首先，还是板厚问题，一般工程经验建议板厚取短向跨度的 1/38～1/40，120mm 起步。结构计算中，楼梯位置板厚取 0 代替。图 1.3-17 是典型平面层中楼板厚度的取值。

图 1.3-17　典型平面层中楼板厚度

6. 楼板荷载的添加

1.3.3-6 楼板荷载的添加

常规的结构设计，此步骤的建模一般施加恒载和活载两种。这里特别提醒读者，我们施加的楼面荷载一般是楼面附加恒载和活载，如图 1.3-18 所示，对话框请务必勾选。

附加恒载的计算根据建筑面层和吊顶确定，比如 10cm 的面层加吊顶可以取 2.5kPa，楼梯部分建议双跑楼梯附加恒载取 8kPa。

这里提醒读者，上面所说的是经验值，附加恒荷载的计算一定要有理有据，每个项目可以拿之前的项目做参考，但是每个项目的荷载取值与之前项目不可能完全一致。图 1.3-19 是楼梯恒荷载计算的详细过程。

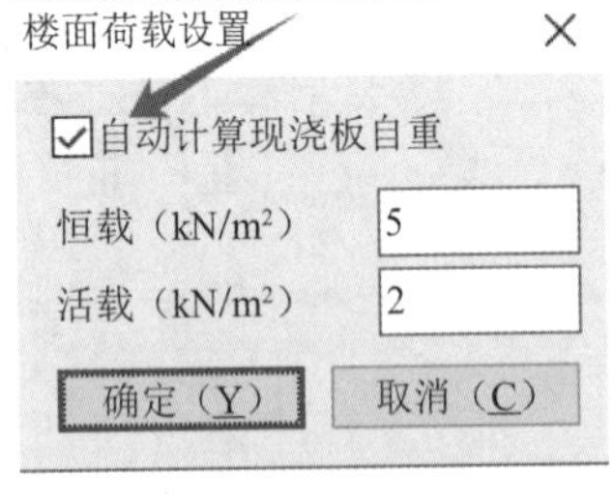

图 1.3-18　楼面荷载设置对话框

楼梯恒荷载（kpa）：

1 梯板厚度h1（mm）：　　$h1:=120$

2 踏步宽度260mm，高度160mm，沿梯板方向投影

折算厚度h2（mm）：$h2:=\dfrac{(260\cdot 160\cdot 0.5)}{\sqrt{260^2+160^2}}=68.133$

3 踏步顶面和侧面面层50mm，沿梯板方向投影

折算厚度h3（mm）：$h3:=\dfrac{(260+160)\cdot 50}{\sqrt{260^2+160^2}}=68.788$

4 吊顶面层厚度h4（mm）：　　$h4:=25$

5 沿梯板方向投影恒荷载Q1（kpa）：

$Q1:=0.001[(h1)+(h2)]\cdot 25+0.001[(h3)+(h4)]\cdot 20$

$=6.579$

6 沿水平方向投影恒荷载Q2（kpa）：

$Q2:=\left[\dfrac{(Q1)\cdot\sqrt{260^2+160^2}}{260}\right]=7.725$

图 1.3-19　楼梯恒荷载计算界面

楼面活荷载布置重点参考的是《工程结构通用规范》GB 55001—2021 第 4.2 节的内容。表 1.3-1 是部分常见楼面活荷载取值，读者务必留意（通用规范是全文强制性条文，每个数值都不能减小）。

民用建筑楼面均布活荷载标准值及其组合值系数、频遇值系数和准永久值系数　表 1.3-1

项次	类别	标准值（kN/m²）	组合值系数 ψ_c	频遇值系数 ψ_f	准永久值系数 ψ_q
1	（1）住宅、宿舍、旅馆、医院病房、托儿所、幼儿园	2.0	0.7	0.5	0.4
	（2）办公楼、教室、医院门诊室	2.5	0.7	0.6	0.5
2	食堂、餐厅、试验室、阅览室、会议室、一般资料档案室	3.0	0.7	0.6	0.5
3	礼堂、剧场、影院、有固定座位的看台、公共洗衣房	3.5	0.7	0.5	0.3
4	（1）商店、展览厅、车站、港口、机场大厅及其旅客等候室	4.0	0.7	0.6	0.5
	（2）无固定座位的看台	4.0	0.7	0.5	0.3
5	（1）健身房、演出舞台	4.5	0.7	0.6	0.5
	（2）运动场、舞厅	4.5	0.7	0.6	0.3
6	（1）书库、档案库、储藏室（书架高度不超过 2.5m）	6.0	0.9	0.9	0.8
	（2）密集柜书库（书架高度不超过 2.5m）	12.0	0.9	0.9	0.8
7	通风机房、电梯机房	8.0	0.9	0.9	0.8
8	厨房　（1）餐厅	4.0	0.7	0.7	0.7
	厨房　（2）其他	2.0	0.7	0.6	0.5

续表

项次	类别		标准值（kN/m²）	组合值系数 ψ_c	频遇值系数 ψ_f	准永久值系数 ψ_q
9	浴室、卫生间、盥洗室		2.5	0.7	0.6	0.5
10	走廊、门厅	（1）宿舍、旅馆、医院病房、托儿所、幼儿园、住宅	2.0	0.7	0.5	0.4
		（2）办公楼、餐厅、医院门诊部	3.0	0.7	0.6	0.5
		（3）教学楼及其他可能出现人员密集的情况	3.5	0.7	0.5	0.3
11	楼梯	（1）多层住宅	2.0	0.7	0.5	0.4
		（2）其他	3.5	0.7	0.5	0.3
12	阳台	（1）可能出现人员密集的情况	3.5	0.7	0.6	0.5
		（2）其他	2.5	0.7	0.6	0.5

这里提醒读者，楼梯活荷载一般实际项目取 3.5kPa 的情况比较多。原因很简单，它是地震和火灾等突发事件的生命通道，增加荷载取值不过分（对整体造价影响不大）。

图 1.3-20 是标准层典型楼面恒荷载、活荷载取值。读者在操作过程中勾选板填充，一目了然。

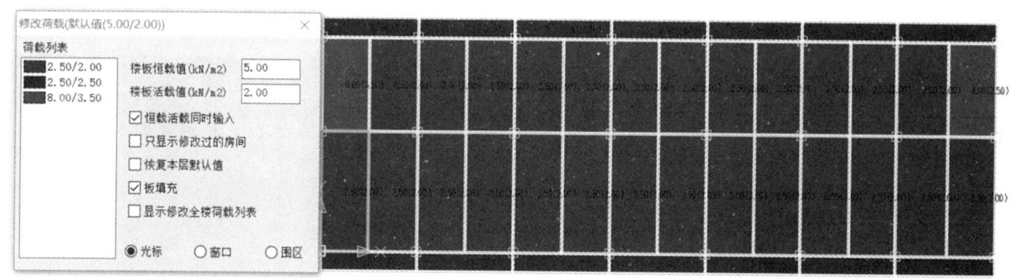

图 1.3-20　标准层典型楼面恒荷载、活荷载取值

在楼板荷载这部分，我们提醒读者两个实际项目中经常容易忽略的地方，一个是楼板荷载的导荷查看，如图 1.3-21 所示。荷载的传递正确与否，直接关系结构计算的准确性。特别是单向导荷部位，需要手动调整，如图 1.3-21 箭头处所示。

图 1.3-21　楼面荷载导荷方式

另一个提醒读者的是荷载的简化处理。实际项目中，很多建筑隔墙不一定设置在梁上，

而是设置在板上。传统的结构处理方式是板底增设附加钢筋或者在楼面对应位置增加板上线荷载，前者属于构造上的加强，后者其实是有限元细算。这里推荐读者可以考虑找到典型板块试算一下把隔墙荷载增加到楼面荷载中，并适当放大，操作起来比较简单。但是，需要注意的是很重的二次结构墙体（层高较高、板跨较大等情况），务必仔细核对或加梁处理。

1.3.3-7 梁上线荷载的添加

7. 梁上线荷载的添加

此步骤的重点是针对楼面梁上线荷载，建议读者整理成表 1.3-2 的表格形式，方便对照修改。

梁上线荷载汇总　　表 1.3-2

层号	面层情况	层高（m）	填充墙线荷载				
			砌体墙体重度（kN/m^3）	墙厚（mm）	面层单位面积重量（kPa）	上层梁高/板厚（mm）	单位长度墙重量（kN/m）
−1	双面抹灰	3.60	8.00	200.00	0.80	600.00	7.20
1	双面抹灰	4.20	8.00	200.00	0.80	600.00	8.64
标准层	单面抹灰 + 50mm 干挂石材	3.00	8.00	200.00	1.80	600.00	8.16
标准层	双面抹灰	3.60	8.00	200.00	0.80	600.00	7.20

图 1.3-22 是本案例对梁上进行附加线荷载的添加。需要提醒读者的是，在实际项目中，可以对有门窗部位进行适当折减。

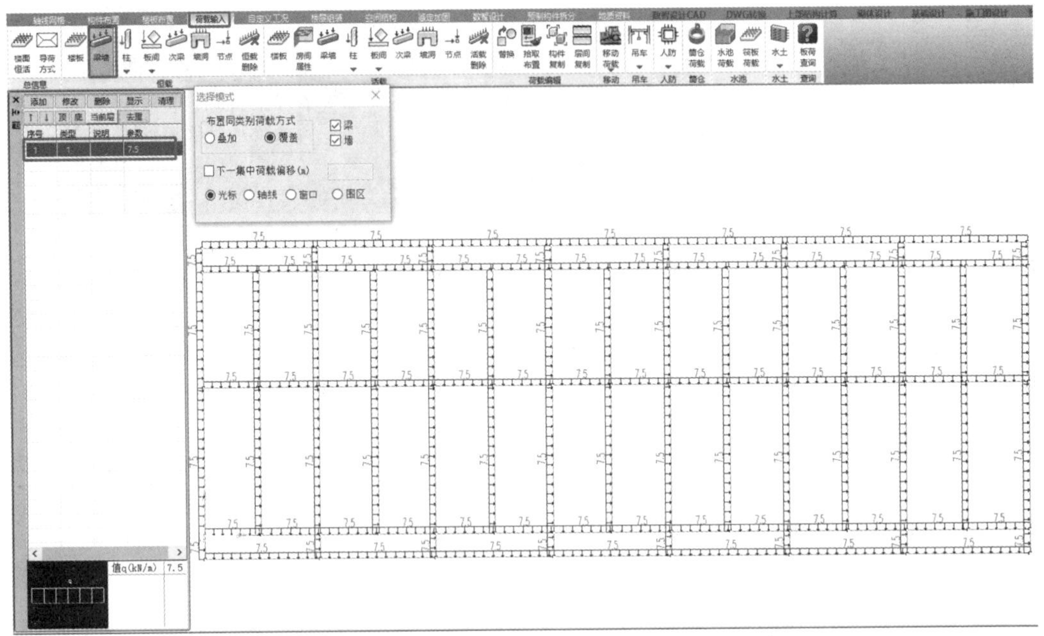

图 1.3-22　本案例梁上 附加线荷载

至此，第一标准层组装完毕。

8. 楼层组装

楼层组装前，需要了解 YJK 中标准层的概念。通俗而言，本案例一共五层，结构层对应就是五层；但是，有的层数建筑功能相同，结构建模时就可以把它作为一个标准层。

比如，我们这个案例为了简化，突出重点，可以将二至五层楼面作为一个标准层；屋顶因为荷载差异，单独作为一个标准层。这样，通过复制标准层的操作，就可以迅速创建新的标准层，添加新标准层菜单如图 1.3-23 所示。

接下来，就是按照前面几步对新标准层进行构件和荷载的删减修改；之后，就可以进行楼层组装了。楼层组装的关键操作如图 1.3-24 所示。

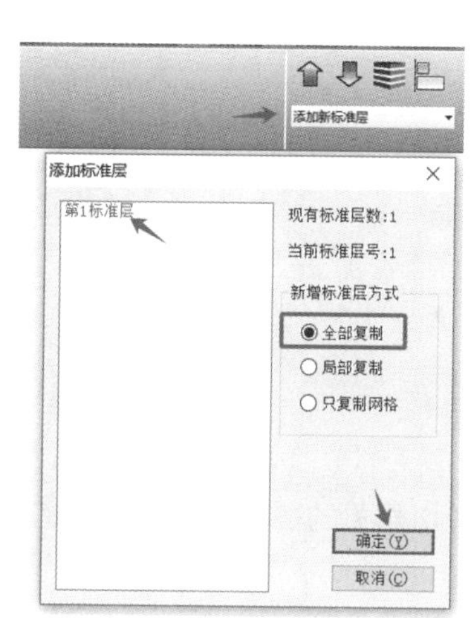

图 1.3-23　添加新标准层

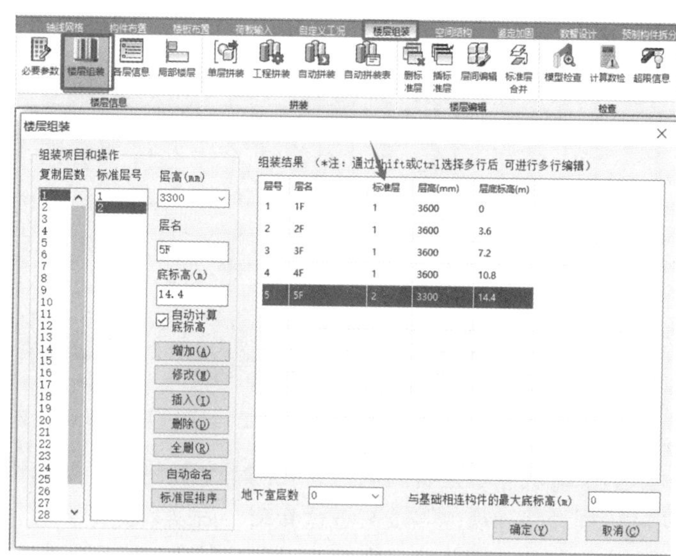

图 1.3-24　楼层组装对话框

这里需要提醒读者，楼层组装菜单下还有其他的参数对话框，比如材料信息等。这些我们在实际项目中为了统一操作，在前处理中进行设置，这样可以最大限度地减少失误。

图 1.3-25 是组装后的结构模型。

1.3.3-8 楼层组装

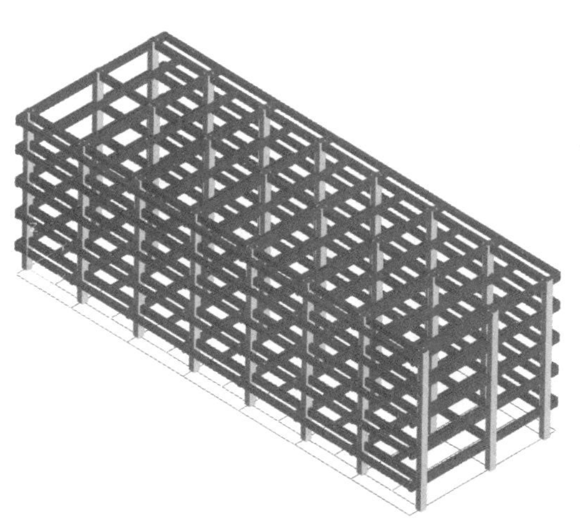

图 1.3-25　楼层组装后的三维模型

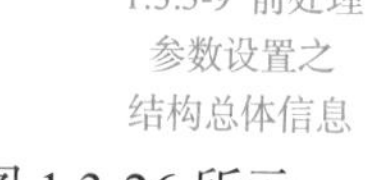

1.3.3-9 前处理参数设置之结构总体信息

9. 前处理参数设置之结构总体信息

从此步开始，计算参数设置是计算之前最重要的工作，整体菜单如图 1.3-26 所示。

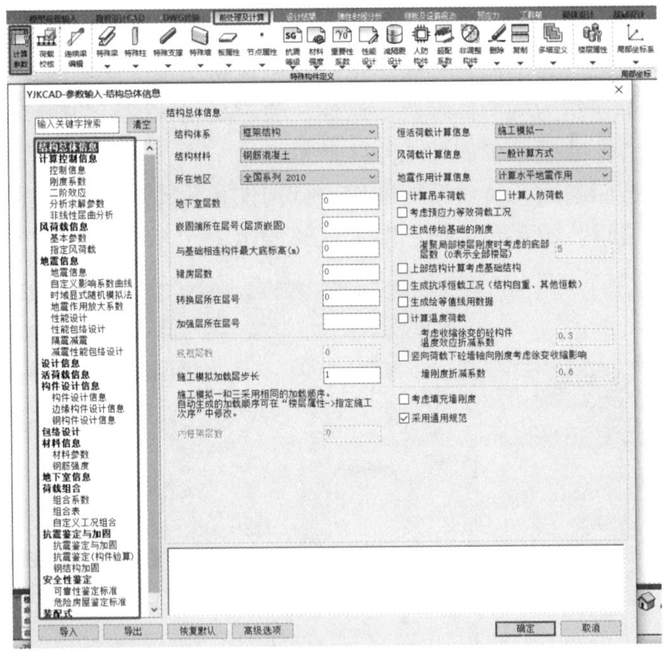

图 1.3-26　前处理菜单整体概览

为了减轻新手读者的负担，我们本节先将和框架结构密切相关的一些基本参数，结合实际工程经验和规范等条文进行介绍，后续案例将不再重复。

本小节的结构总信息中参数设置比较直观，图 1.3-27 中的框选部分根据实际项目填写即可。

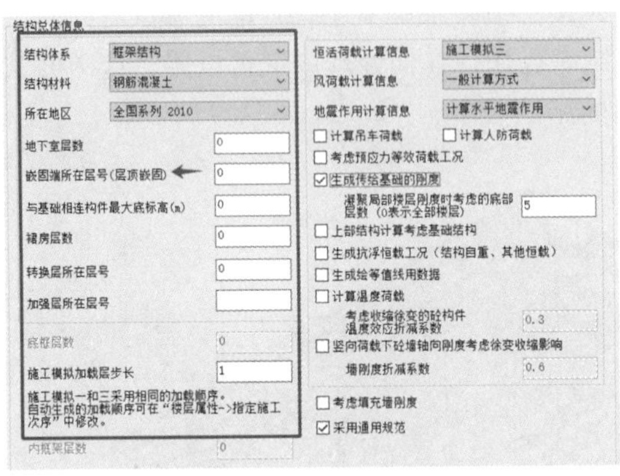

图 1.3-27　结构总信息一

图 1.3-27 中，箭头处的嵌固端以输入的嵌固层层顶嵌固。如果地下室顶板作为上部结构嵌固端，则该参数数值 = 地下室层号；如果在基础顶面嵌固，则该参数数值 = 0。最后，通过计算结果判断是否满足嵌固要求。

嵌固端用于确定设计时的嵌固层，主要影响嵌固端梁、柱的配筋构造、嵌固层刚度比限值等方面。

嵌固端关键规范条文链接如下：

《建筑抗震设计标准》GB/T 50011—2010（以后简称《抗标》）第 6.1.14 条　地下室顶

板作为上部结构的嵌固部位时，应符合下列要求：

1 地下室顶板应避免开设大洞口；地下室在地上结构相关范围的顶板应采用现浇梁板结构，相关范围以外的地下室顶板宜采用现浇梁板结构；其楼板厚度不宜小于 180mm，混凝土强度等级不宜小于 C30，应采用双层双向配筋，且每层每个方向的配筋率不宜小于 0.25%。

2 结构地上一层的侧向刚度，不宜大于相关范围地下一层侧向刚度的 0.5 倍；地下室周边宜有与其顶板相连的抗震墙。

3 地下室顶板对应于地上框架柱的梁柱节点除应满足抗震计算要求外，尚应符合下列规定之一：

1）地下一层柱截面每侧纵向钢筋不应小于地上一层柱对应纵向钢筋的 1.1 倍，且地下一层柱上端和节点左右梁端实配的抗震受弯承载力之和应大于地上一层柱下端实配的抗震受弯承载力的 1.3 倍。

2）地下一层梁刚度较大时，柱截面每侧的纵向钢筋面积应大于地上一层对应柱每侧纵向钢筋面积的 1.1 倍；同时梁端顶面和底面的纵向钢筋面积均应比计算增大 10%以上。

4 地下一层抗震墙墙肢端部边缘构件纵向钢筋的截面面积，不应少于地上一层对应墙肢端部边缘构件纵向钢筋的截面面积。

关于上面 6.1.14 条的相关范围及地下室顶板要求，读者可以结合图 1.3-28 理解。

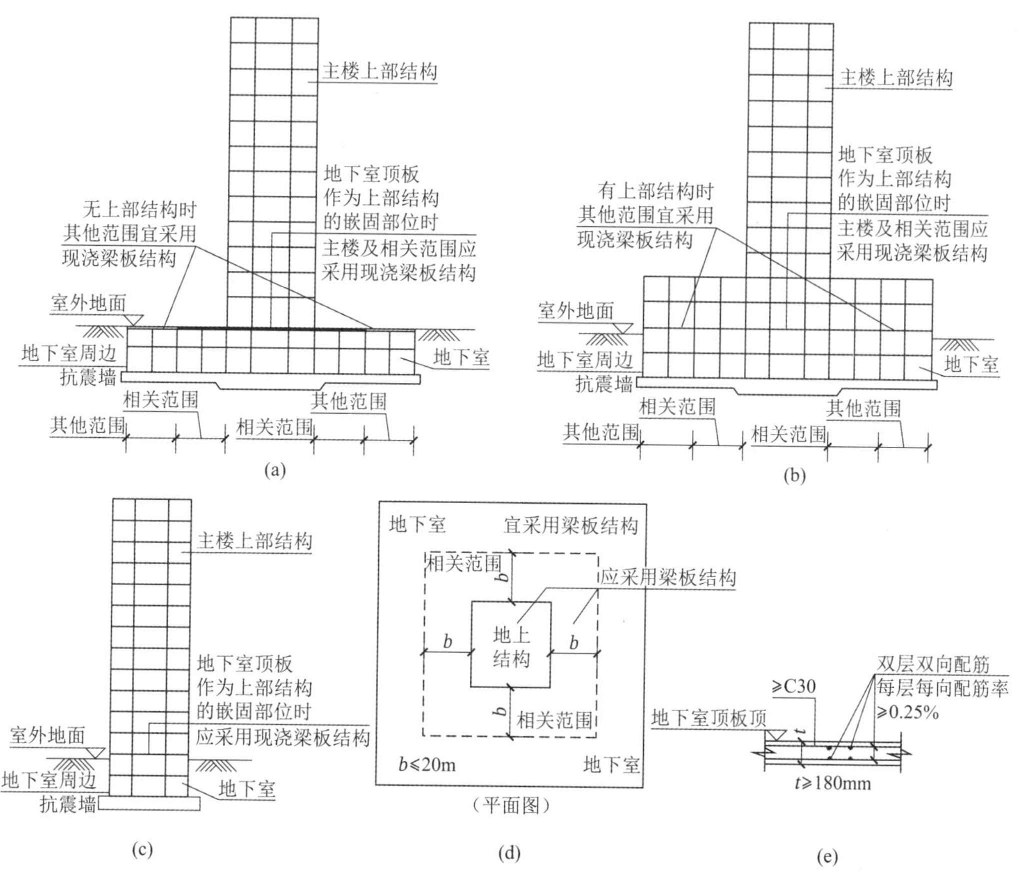

图 1.3-28 嵌固端关键词说明

结构总信息右侧参数设置如图 1.3-29 所示。

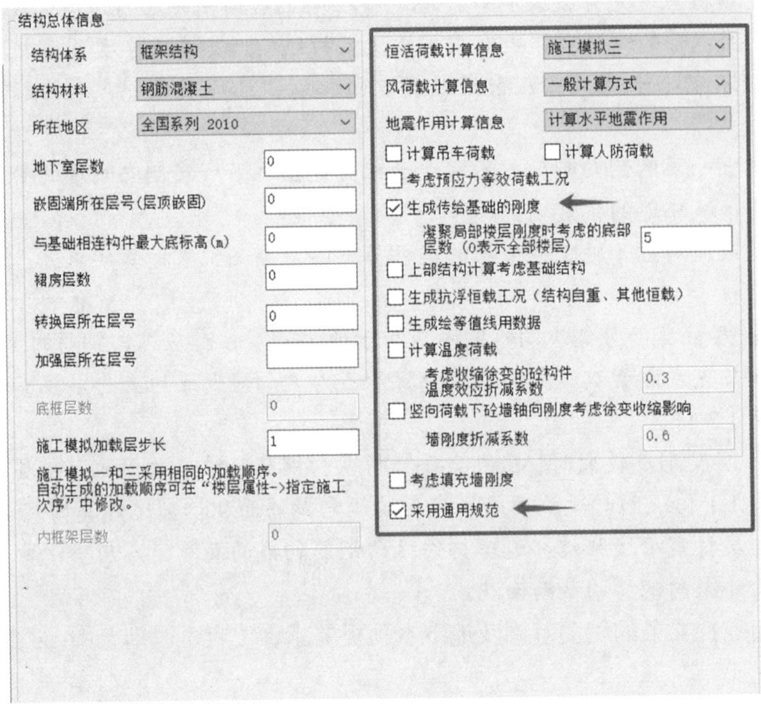

图 1.3-29　结构总信息参数二

箭头处的一般项目都必须勾选。关于生成传递给基础的刚度，通俗地说就是基础和上部结构其实是整体作用的，考虑上部结构刚度更符合实际受力情况。勾选通用规范是近几年随着通用规范实施而专门开放的一个按钮，影响荷载组合系数等。

在总信息参数中，还有两个重要的荷载作用，就是风和地震。一般项目默认考虑风荷载即可，地震作用分为水平地震作用和竖向地震作用。首先我们需要知道，现在国家是全部抗震设防，已经没有非抗震区域。因此，多高层结构都要考虑水平地震作用。那么，建筑何时考虑竖向地震作用呢？

下面是《抗标》第 5.1.1 条考虑地震作用的条文，内容一目了然。

5.1.1 各类建筑结构的地震作用，应符合下列规定：

1 一般情况下，应至少在建筑结构的两个主轴方向分别计算水平地震作用，各方向的水平地震作用应由该方向抗侧力构件承担。

2 有斜交抗侧力构件的结构，当相交角度大于 15°时，应分别计算各抗侧力构件方向的水平地震作用。

3 质量和刚度分布明显不对称的结构，应计入双向水平地震作用下的扭转影响；其他情况，应允许采用调整地震作用效应的方法计入扭转影响。

4 8、9 度时的大跨度和长悬臂结构及 9 度时的高层建筑，应计算竖向地震作用。

注：8、9 度时采用隔震设计的建筑结构，应按有关规定计算竖向地震作用。

上面的条文读者应知晓考虑竖向地震的情况，结合 YJK 软件参数设置分几种情况，如图 1.3-30 所示。

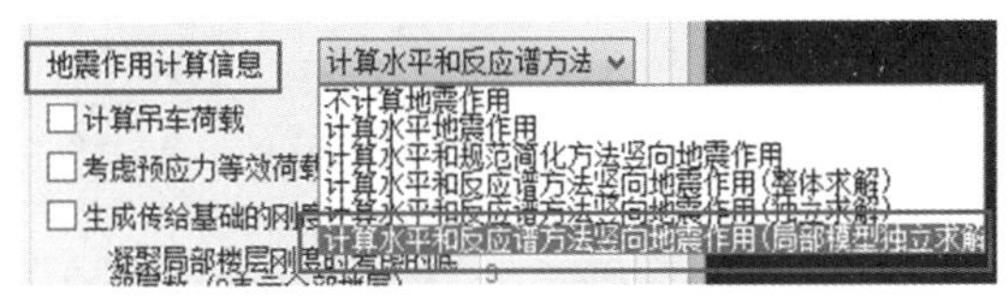

图 1.3-30　考虑竖向地震的情况设置

图 1.3-30 中最大的问题是竖向地震的计算方法。它的起因是竖向地震作用振型参与质量系数很难达到规范要求。《高规》第 4.3.13 条及条文说明中，对大跨结构、悬挑结构、转换结构及连体结构的连接体等，宜采用时程分析方法或者振型分解反应谱法计算竖向地震作用，并且应考虑其支承结构刚度。

对于上述结构体若采用单独建模方式计算，不易模拟其支承结构的刚度；而对整体模型进行反应谱法竖向地震作用计算，由于振型参与质量系数以整体模型计算，难以达到 90% 的规范要求，很难判断振型数量是否足够。即便在地震作用信息中选择了“计算水平和竖向地震作用（独立求解）”，仍然是这种状况。由于有效质量系数不能达标，造成按《高层建筑混凝土结构技术规程》JGJ 3—2010（以后简称《高规》）第 4.3.15 条最低限值控制的放大系数很大。这种异常大的放大系数，使考虑竖向地震计算的设计结果异常，不能采用。

“计算水平和竖向地震作用（局部模型独立求解）”的这种新算法，是在竖向地震和水平地震分别独立求解的基础上进行的，由用户指定需要考虑竖向地震的局部模型范围，如大跨度或悬挑部分，软件在考虑整体结构刚度的基础上，仅考虑局部模型范围的质量进行竖向地震作用计算。这样，竖向地震的参与质量系数以对应局部模型为考量，从而可以评估这些局部构件的竖向地震效应是否达标。根据规范按底限值控制的放大系数可以正常处理，从而保证了竖向地震的正常计算结果。

因此，读者如果有项目要部分考虑竖向地震作用，推荐在用 YJK 做小震计算时，采用“计算水平和竖向地震作用（局部模型独立求解）”，以得到相对合理的结果。

本项目按常规项目考虑水平地震作用即可。

最后，在结构总信息右侧参数中说明一下施工模拟的问题。首先需要说明的是，大部分项目考虑施工模拟三即可。

《高规》第 5.1.9 条提到了施工模拟的问题。

5.1.9 高层建筑结构在进行重力荷载作用效应分析时，柱、墙、斜撑等构件的轴向变形宜采用适当的计算模型考虑施工过程的影响；复杂高层建筑及房屋高度大于 150m 的其他高层建筑结构，应考虑施工过程的影响。

常规结构施工顺序如图 1.3-31 所示，刚度和荷载是逐层形成的过程。

YJK 软件提供的三种模式，前两种适用于 20 年前计算机计算效率低下的时代，为节约计算资源而开发的；现在，一般用施工模拟三即可，施工模拟三采用了分层刚度分层加载的模型。这种方式假定每个楼层加载时，它下面的楼层已经施工完毕，由于已经在楼层平面处找平，该层加载时下部没有变形，下面各层的受力变形不会影响到本层以上各层，因此避开了一次性加载常见的梁受力异常的现象（如中柱处的梁负弯矩很小甚至为正等）。这种模式下，该层的受力和位移变形主要由该层及其以上各层的受力和刚度决定。用这种方式进行结构分析需要形成最多 N（总施工步数）个不同结构的刚度阵，解 N 次方程，计算量相应增加。其加载次序如图 1.3-32 所示。

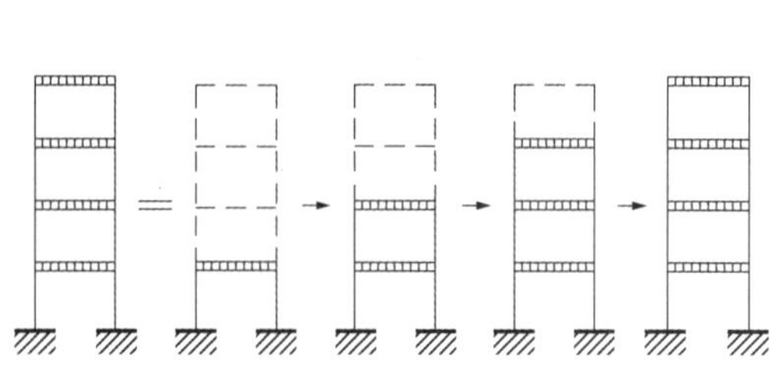

图 1.3-31　常规结构竖向荷载施工

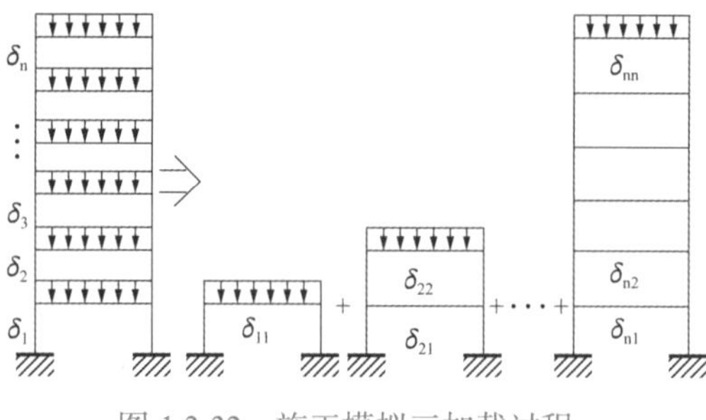

图 1.3-32　施工模拟三加载过程

10. 前处理参数设置之计算控制信息

此步骤的菜单如图 1.3-33 所示。

计算控制信息 > 控制信息
水平力与整体坐标夹角(°) 0
连梁按墙元计算控制跨高比 4
☑普通梁连梁砼等级默认同墙
墙元细分最大控制长度(m) 1
板元细分最大控制长度(m) 1
☑短墙肢自动加密
弹性板荷载计算方式 平面导荷
膜单元类型 经典膜元(QA4)
☑考虑梁端刚域 ☐考虑柱端刚域
☑墙梁跨中节点作为刚性楼板从节点
☑梁与弹性板变形协调
☐弹性板与梁协调时考虑梁向下相对偏移
刚性楼板假定
○不强制采用刚性楼板假定
○对所有楼层采用强制刚性楼板假定
◉整体指标计算采用强刚，其他计算非强刚
☐地下室楼板强制采用刚性楼板假定
多塔参数
☐自动划分多塔
☑自动划分不考虑地下室
可确定最多塔数的参考层号 0
☐各分塔与整体分别计算，配筋取各分塔与整体结果较大值
现浇空心板计算方法
☐计算现浇空心板
○交叉梁法 ◉板有限元法
☐增加计算连梁刚度不折减模型下的地震位移
☐梁墙自重扣除与柱重叠部分
☐楼板自重扣除与梁墙重叠部分
☐输出节点位移
☐地震内力按全楼弹性板6计算
☐结构计算时考虑楼梯刚度
☐门式刚架按平面结构方式计算
☑错层主次梁生成刚性杆自动铰接

图 1.3-33　计算控制信息

在此菜单中，本案例重点强调图 1.3-33 中框选部分，其余选项一般项目默认即可，后面案例根据情况介绍。

第一个是梁柱刚域问题。选择该项，软件在计算时梁、柱重叠部分作为刚域计算，梁、柱计算长度及端截面位置均取到刚域边；否则，计算长度及端截面均取到端节点，梁、柱端刚域可以分别控制。

刚域的计算在《高规》第 5.3.4 条，框架结构推荐读者勾选此项，至少勾选梁端刚域，以便更好地实现“强柱弱梁”。

第二个是整体指标计算强刚，其他非强刚。刚性楼板假定是解读整体指标的前提，这点读者需要格外注意。

11. 前处理参数设置之风荷载信息

此步骤的菜单如图 1.3-34 所示。

1.3.3-10 前处理参数设置之计算控制信息

1.3.3-11 前处理参数设置之风荷载信息

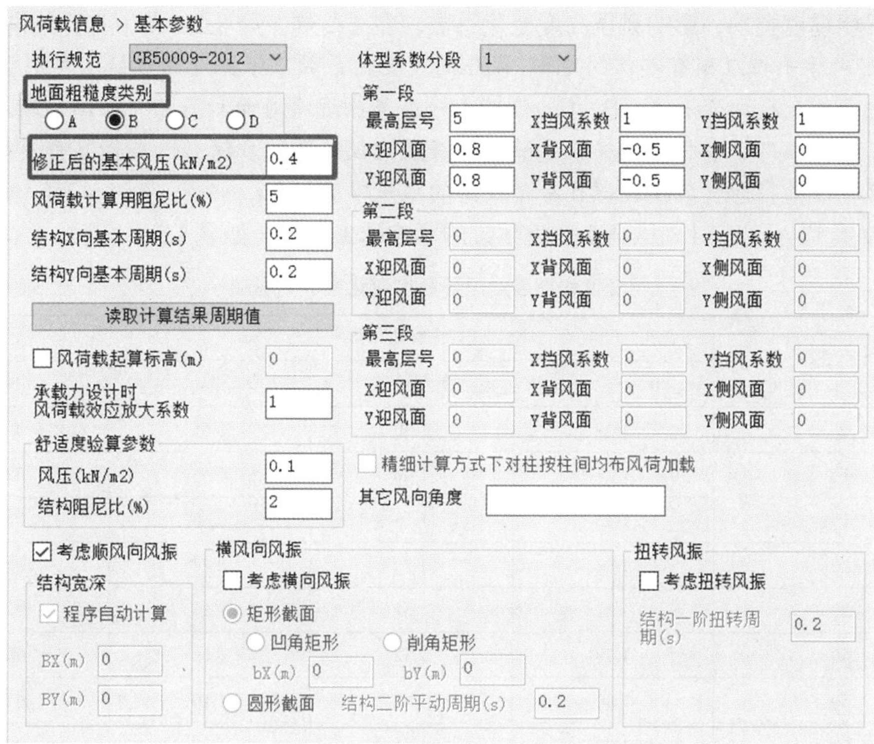

图 1.3-34　风荷载参数设置

对于风控地区，此项参数设置非常重要，常规项目通常根据《建筑结构荷载规范》GB 50009—2012（以后简称《荷规》）附录 E 查表即可。比如，本项目在河北承德，风荷载信息如表 1.3-3 所示。

风荷载信息　　表 1.3-3

河北	石家庄市	80.5	0.25	0.35	0.40	0.20	0.30	0.35	−11	36	Ⅱ
	蔚县	909.5	0.20	0.30	0.35	0.20	0.30	0.35	−24	33	Ⅱ
	邢台市	76.8	0.20	0.30	0.35	0.25	0.35	0.40	−10	36	Ⅱ
	丰宁	659.7	0.30	0.40	0.45	0.15	0.25	0.30	−22	33	Ⅱ
	围场	842.8	0.35	0.45	0.50	0.20	0.30	0.35	−23	32	Ⅱ
	张家口市	724.2	0.35	0.55	0.60	0.15	0.25	0.30	−18	34	Ⅱ
	怀来	536.8	0.25	0.35	0.40	0.15	0.20	0.25	−17	35	Ⅱ
	承德市	377.2	0.30	0.40	0.45	0.20	0.30	0.35	−19	35	Ⅱ
	遵化	54.9	0.30	0.40	0.45	0.25	0.40	0.50	−18	35	Ⅱ
	青龙	227.2	0.25	0.30	0.35	0.25	0.40	0.45	−19	34	Ⅱ
	秦皇岛市	2.1	0.35	0.45	0.50	0.15	0.25	0.30	−15	33	Ⅱ
	霸县	9.0	0.25	0.40	0.45	0.20	0.30	0.35	−14	36	Ⅱ
	唐山市	27.8	0.30	0.40	0.45	0.20	0.35	0.40	−15	35	Ⅱ
	乐亭	10.5	0.30	0.40	0.45	0.25	0.40	0.45	−16	34	Ⅱ

对于粗糙度类别，影响风压高度变化系数，在《荷规》第 8.2.1 条中有详细说明。

8.2.1 对于平坦或稍有起伏的地形，风压高度变化系数应根据地面粗糙度类别按表 8.2.1 确定。地面粗糙度可分为 A、B、C、D 四类：A 类指近海海面和海岛、海岸、湖岸及沙漠地区；B 类指田野、乡村、丛林、丘陵以及房屋比较稀疏的乡镇；C 类指有密集建筑群的城市市区；D 类指有密集建筑群且房屋较高的城市市区。

从 D 类到 A 类，对风压高度变化系数的影响越来越大，如表 1.3-4 所示。

粗糙度和高度对风压高度变化系数的影响　　表 1.3-4

离地面或海平面高度（m）	地面粗糙度类别			
	A	B	C	D
5	1.09	1.00	0.65	0.51
10	1.28	1.00	0.65	0.51
15	1.42	1.13	0.65	0.51
20	1.52	1.23	0.74	0.51
30	1.67	1.39	0.88	0.51
40	1.79	1.52	1.00	0.60
50	1.89	1.62	1.10	0.69
60	1.97	1.71	1.20	0.77
70	2.05	1.79	1.28	0.84
80	2.12	1.87	1.36	0.91
90	2.18	1.93	1.43	0.98
100	2.23	2.00	1.50	1.04

12. 前处理参数设置之地震作用信息

此步骤的菜单如图 1.3-35 所示。

1.3.3-12 前处理参数设置之地震作用信息

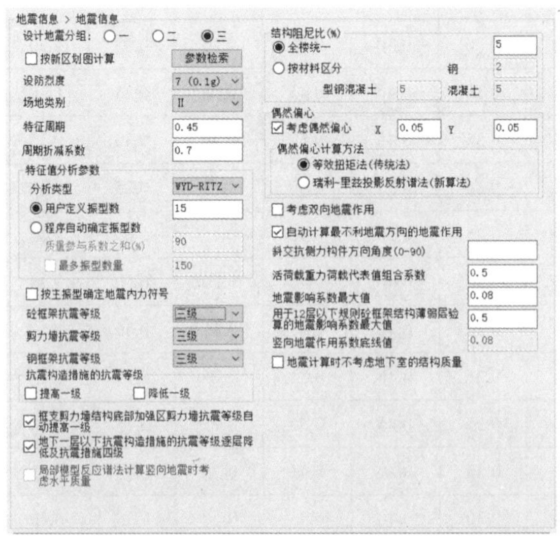

图 1.3-35　地震作用信息

首先，在《抗标》附录 A 找到本项目所在地地震分组等信息，如表 1.3-5 所示，将其填入相应的参数对话框。

地震分组信息　　表 1.3-5

承德市	7 度	0.10g	第三组	鹰手营子矿区、兴隆县
	6 度	0.05g	第三组	双桥区、双滦区、承德县、平泉县、滦平县、隆化县、丰宁满族自治县、宽城满族自治县
	6 度	0.05g	第一组	围场满族蒙古族自治县

其次，在《抗标》第 6.1.2 条确定抗震等级，如表 1.3-6 所示，填入相应参数。

现浇钢筋混凝土房屋的抗震等级　　表 1.3-6

结构类型		设防烈度						
		6		7		8		9
框架结构	高度（m）	≤24	>24	≤24	>24	≤24	>24	≤24
	框架	四	三	三	二	二	一	一
	大跨度框架	三		二		一		一

第三，周期折减系数。只考虑了主要结构构件（梁、柱、剪力墙和筒体等）的刚度，没有考虑非承重结构构件的刚度，故计算的自振周期较实际的偏长，按这一周期计算的地震作用偏小。因此，在计算地震作用时，对周期进行折减。《高规》第 4.3.17 条规定：当非承重墙体为砌体墙时，高层建筑结构的计算自振周期折减系数可按下列规定取值：框架结构可取 0.6～0.7；框架-剪力墙结构可取 0.7～0.8；框架-核心筒结构可取 0.8～0.9；剪力墙结构可取 0.8～1.0。

注意：该参数只影响地震效应计算，不影响结构的固有属性分析。

第四，偶然偏心。《高规》第 4.3.3 条有如下内容：

4.3.3 计算单向地震作用时应考虑偶然偏心的影响。每层质心沿垂直于地震作用方向的偏移值可按下式采用：

$$e_i = \pm 0.05 L_i \tag{4.3.3}$$

式中　e_i——第i层质心偏移值（m），各楼层质心偏移方向相同；

L_i——第i层垂直于地震作用方向的建筑物总长度（m）。

偶然偏心虽然出现在《高规》条文中，但是对于多层结构，偶然偏心的背后是控制扭转位移比，对结构平面规则性有个量化的判断，建议读者一样考虑。

对于偶然偏心的计算方法，建议读者一般项目选用传统的等效扭矩法，计算概念更加清晰，原理如图 1.3-36 所示。

第五，双向地震。《抗标》第 5.1.1.3 条规定：质量和刚度分布明显不对称的结构，应计入双向水平地震作用下的扭转影响。

从《抗标》条文中可以知道，双向地震是对不规则结构的补充计算，一种加强。那么何为质量和刚度分布明显不对称？一般根据扭转位移比结果作为判断依据。

当读者勾选该项，则X、Y向地震作用计算结果均为考虑双向地震后的结果；如果有斜交抗侧力方向，则沿斜交抗侧力方向的地震作用计算结果也将考虑双向地震作用。

对于本案例，常规操作是先不勾选，根据计算结果再进行判断。

最后一项是特征值分析参数，就是通俗意义的振型数。《抗标》第 5.2.2 条的条文说明中指出：振型个数一般可以取振型参与质量达到总质量 90%所需的振型数。《高规》第 5.1.13 条规定：抗震设计时，B 级高度的高层建筑结构、混合结构和本规程第 10 章规定的复杂高层建筑结构，宜考虑平扭耦联计算结构的扭转效应，振型数不应小于 15，对多塔楼结构的振型数不应小于塔楼数的 9 倍，且计算振型个数应使振型参与质量不小于总质量的 90%。

因此，特征值分析参数的合理与否，本质上在计算结果中可以判断，就是振型质量参与系数是否达到 90%。

1.3.3-13 前处理参数设置之设计信息

本案例建议读者可以先按楼层数 5 的 3 倍即 15 考虑，根据计算结果再进一步确定。

13. 前处理参数设置之设计信息

此步骤的菜单如图 1.3-37 所示。

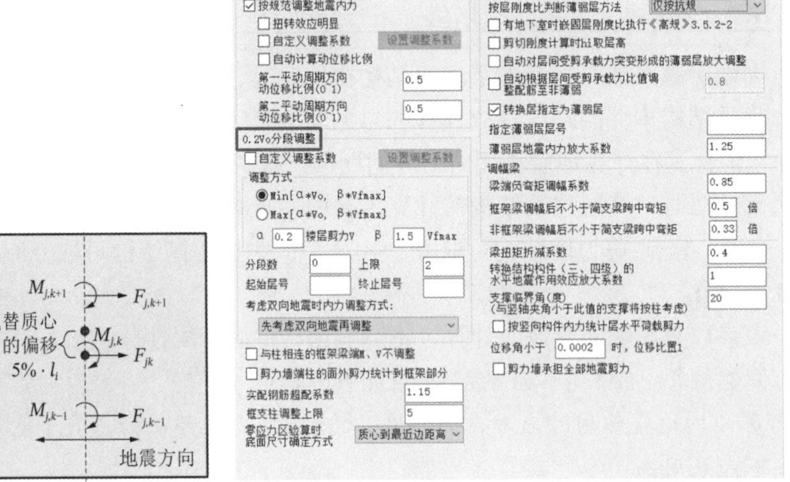

图 1.3-36 偶然偏心计算方法

图 1.3-37 设计信息

此项参数在高层结构，特别是框架-剪力墙结构中非常重要。本案例是框架结构，此小结读者先了解设计信息的大纲，主要就是三部分：剪重比调整、$0.2Q_0$调整和薄弱层调整。然后，我们再根据其他案例有针对性地进行介绍。

14. 前处理参数设置之活荷载信息

此步骤的菜单如图 1.3-38 所示。

此菜单针对所有类型的结构活荷载。通俗地讲，活荷载是概率问题，不像恒荷载永久存在于结构上，因此要考虑折减。

1.3.3-14 前处理参数设置之活荷载信息

活荷载的折减在《荷规》第 5.1.2 条有详细说明，内容如下：

5.1.2 设计楼面梁、墙、柱及基础时，本规范表 5.1.1 中楼面活荷载标准值的折减系数取值不应小于下列规定：

1 设计楼面梁时：

（1）第 1（1）项当楼面梁从属面积超过 25m^2 时，应取 0.9；

（2）第 1（2）～7 项当楼面梁从属面积超过 50m^2 时，应取 0.9；

（3）第 8 项对单向板楼盖的次梁和槽形板的纵肋应取 0.8，对单向板楼盖的主梁应取 0.6，对双向板楼盖的梁应取 0.8；

（4）第 9～13 项应采用与所属房屋类别相同的折减系数。

2 设计墙、柱和基础时：

（1）第 1（1）项应按表 5.1.2 规定采用；

（2）第 1（2）～7 项应采用与其楼面梁相同的折减系数；

（3）第 8 项的客车，对单向板楼盖应取 0.5，对双向板楼盖和无梁楼盖应取 0.8；

（4）第 9～13 项应采用与所属房屋类别相同的折减系数。

注：楼面梁的从属面积应按梁两侧各延伸二分之一梁间距的范围内的实际面积确定。

表 **5.1.2**　活荷载按楼层的折减系数

墙、柱、基础计算截面以上的层数	1	2～3	4～5	6～8	9～20	> 20
计算截面以上各楼层活荷载总和的折减系数	1.00（0.90）	0.85	0.70	0.65	0.60	0.55

注：当楼面梁的从属面积超过 25m^2 时，应采用括号内的系数。

上述条文主要针对的就是楼面梁、墙、柱及基础的折减方法，读者结合此条不难做出选择，软件给出的是规范默认的折减系数。

最后，此小节讨论一下活荷载的不利布置问题。首先，需要承认的一个事实是任何结构，活荷载的不利布置是一个客观存在的现象，因此，建议读者首先从概念上应考虑活荷载的不利布置。

其次，软件对活荷载的不利布置是采用两种方法，如图 1.3-39 所示，读者选择其一即可。

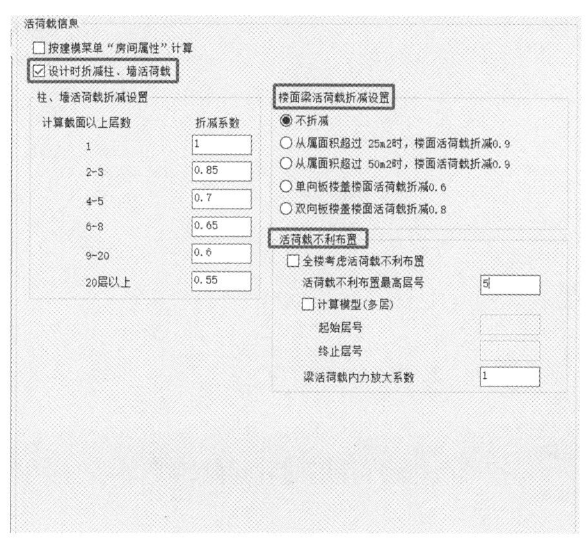

图 1.3-38　活荷载信息菜单

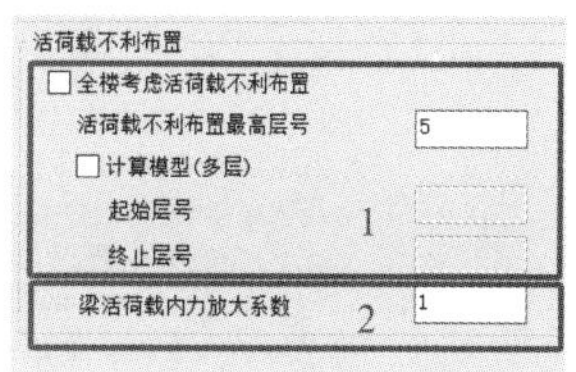

图 1.3-39　活荷载不利布置的两种方式

方法 1 是通用的方法，该参数主要控制梁考虑活荷载不利布置时的最高楼层号，小于等于该楼层号的各层均考虑梁的活荷载不利布置，高于该楼层号的楼层不考虑梁的活荷载不利布置。如果不想考虑梁的活荷载不利布置，则可以将该参数填为 0。

软件在考虑活荷载不利布置计算中是按房间进行加载计算的，即对每一个房间加活荷载作用时，保持其他房间空载，加载房间的周边各梁得到由楼板或次梁传来的荷载，经分析得出本层各梁的内力，并对每根梁的内力进行叠加计算，形成正负弯矩包络。除每个房间楼面传来的活荷载外，对于梁上的外加活荷载，程序还按梁循环，每个有外加活荷载的梁都作一次独立的加载计算。

为了能同时考虑层间影响，软件在活荷载满布状态下，再用整体刚度求解一次内力作为活荷作用工况之一，称之为“活 1”；将分层活荷载不利布置形成的梁正负弯矩包络作为两种活荷作用工况，分别记为“活 2”和“活 3”，以这三种活荷作用工况参与荷载组合计算。即：

活 1：整个结构活荷载一次性满布作用工况。

活 2：各层活荷载不利布置作用的负弯矩包络工况。

活 3：各层活荷载不利布置作用的正弯矩包络工况。

法 2 关于梁活荷载内力放大系数的方法来源于《高规》第 5.1.8 条：

5.1.8　高层建筑结构内力计算中，当楼面活荷载大于 4kN/m^2 时，应考虑楼面活荷载不利布置引起的结构内力的增大；当整体计算中未考虑楼面活荷载不利布置时，应适当增大楼面梁的计算弯矩。

所以，对于计算软件参数中的“梁活荷载内力放大系数”，如果没有考虑活荷载不利布置，则可设置为 1.1～1.3；否则，建议取 1.0，不再进行放大。

在实际项目操作时，建议常规多高层结构都选择方法 1 即可；如果遇到活荷载大于 4kPa 的高层结构，可以考虑方法 2。

15. 前处理参数设置之构件设计信息

1.3.3-15 前处理参数设置之构件设计信息

此步骤的菜单如图 1.3-40 所示。

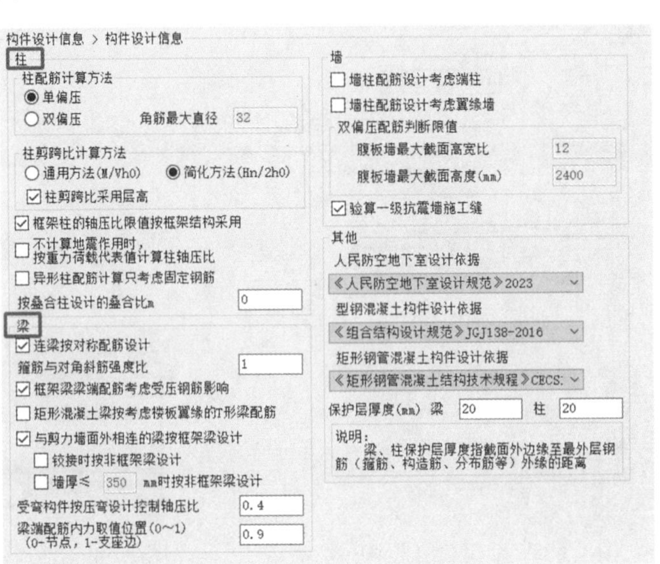

图 1.3-40　构件信息

本部分参数设置关系构件层面的计算。结合本案例，此小节介绍梁柱相关的设计信息，其他内容在后续案例对应章节介绍。

第一个是框架柱配筋相关的内容。对于框架柱配筋方法选择问题，柱的配筋原理是《混凝土结构设计标准》GB/T 50010—2010（以后简称《混标》）第 6.2 节构件层面的计算问题。实际项目中，普通柱按单偏压计算，对角柱、异形柱按照双偏压计算。

第二个是框架柱剪跨比的判断方法。众所周知，剪跨比对框架柱而言是一个很重要的计算参数，影响着框架柱最小体积配箍率、轴压比限值等构造措施，它计算通常有两种方法，一个是内力计算，一个是几何计算。前者是最纯粹的原理方法，后者是简化层面的计算。一般工程项目建议读者按照后者简化计算即可。

第三个是框架柱轴压比限值问题。此处主要针对框架-剪力墙结构，根据倾覆力矩判断按框架结构采用还是框架-剪力墙结构采用，需要电算后根据结果确定，规范条文是《高规》8.1.3 条：

8.1.3　抗震设计的框架-剪力墙结构，应根据在规定的水平力作用下结构底层框架部分承受的地震倾覆力矩与结构总地震倾覆力矩的比值，确定相应的设计方法，并应符合下列规定：

1 框架部分承受的地震倾覆力矩不大于结构总地震倾覆力矩的 10%时，按剪力墙结构进行设计，其中的框架部分应按框架-剪力墙结构的框架进行设计；

2 当框架部分承受的地震倾覆力矩大于结构总地震倾覆力矩的 10%但不大于 50%时，按框架-剪力墙结构进行设计；

3 当框架部分承受的地震倾覆力矩大于结构总地震倾覆力矩的 50%但不大于 80%时，按框架-剪力墙结构进行设计，其最大适用高度可比框架结构适当增加，框架部分的抗震等级和轴压比限值宜按框架结构的规定采用；

4 当框架部分承受的地震倾覆力矩大于结构总地震倾覆力矩的 80%时，按框架-剪力墙结构进行设计，但其最大适用高度宜按框架结构采用，框架部分的抗震等级和轴压比限值应按框架结构的规定采用。当结构的层间位移角不满足框架-剪力墙结构的规定时，可按本规程第 3.11 节的有关规定进行结构抗震性能分析和论证。

此参数对于框架结构默认勾选即可，框架-剪力墙结构，则需要根据计算结果反填确定。

第四个参数是框架梁端配筋的选择问题，读者需要先弄清楚矩形梁的计算涉及单筋梁和双筋梁两种，规范中对框架梁双筋计算的构造要求，参考《抗标》第 6.3.1 的第 2 条，内容摘录如下：

6.3.3　梁的钢筋配置，应符合下列各项要求：

1 梁端计入受压钢筋的混凝土受压区高度和有效高度之比，一级不应大于 0.25，二、三级不应大于 0.35；

2 梁端截面的底面和顶面纵向钢筋配筋量的比值，除按计算确定外，一级不应小于 0.5，二、三级不应小于 0.3。

软件的处理原则是，不勾选该项，在配筋时与跨中截面的配筋方式一致，即先按单筋截面设计，不满足才按双筋截面设计，不考虑上述规定。如果勾选该项，则软件在框架梁端配筋时确保受压钢筋与受拉钢筋的比例满足规范要求，且使得受压区高度也满足规范要求；在工程项目中，建议读者勾选。

第五个参数是 T 形梁的问题。此参数不难理解，就是是否考虑 T 形截面配筋，构件层面“省钢筋”的一种方法。软件此参数考虑的依据主要是《混规》第 5.2.4 条的规定：对现浇楼盖和装配整体式楼盖，宜考虑楼板作为翼缘对梁刚度和承载力的影响。

在工程项目中，建议读者不勾选此项（此观点不是绝对的，依每个读者的理解和项目情况而定，新手建议不要轻易勾选）。随着软件开发程度的完善，框架梁不勾选，次梁可以考虑勾选此项配筋（目前，已经有相当一部分项目开始按此思路进行设计配筋）。

第六个参数是梁端内力输出位置的选择。此选项主要是梁端配筋时内力的选择部位问题，此处一般与前面的梁端刚域不同时需要考虑。

16. 前处理参数设置之材料信息

此步骤的菜单如图 1.3-41 所示。

1.3.3-16 前处理参数设置之材料信息

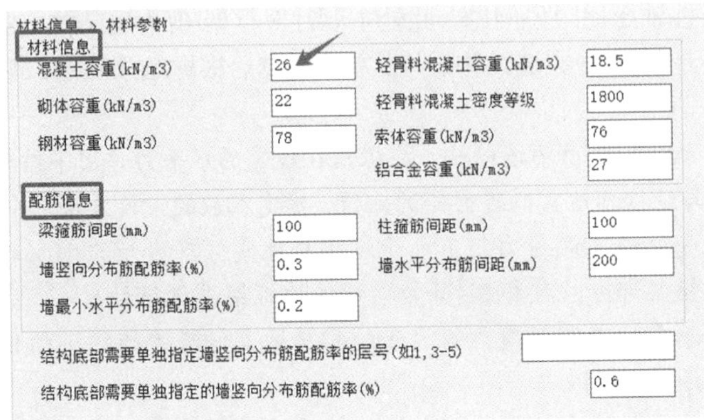

图 1.3-41 材料信息

此参数重点分为两部分：一个是材料信息中的重度（容重）问题，一个是构件配筋计算的基本间距设置。

第一个材料信息中的混凝土重度（容重）建议读者取 26kN/m^3，以考虑装修层的影响[重度（容重）修改后，目前需要返回建模部分重新保存，进行楼面导荷，随着软件版本的更新，笔者认为此步骤可以省略]。

第二个配筋信息按默认，后面结合计算结果综合判定。

以上是前处理部分和本案例框架结构相关的基本参数设置问题。下面，我们进入特殊构件的一些指定。

17. 特殊构件指定

1.3.3-17 特殊构件指定

本部分内容非常多，我们每个章节案例结合结构种类进行相应介绍。

本案例是框架结构，重点是梁柱的指定。

第一个是次梁铰接的定义，如图 1.3-42 所示，通常单根次梁两端设置成铰接，连续次梁首尾设置成铰接。这是常规操作。随着读者结构概念的增强，对于一些次梁端部支座刚度比较大的框架梁，也需要适当考虑刚接弯矩的影响，这部分我们在结果解读部分进行介绍。

第二个是角柱的指定，如图 1.3-43 所示，这个指定影响后续框架柱的配筋设计。

第三个是楼层属性中的楼层信息，这里重点对全楼的材料强度进行统一设定和修改，如图 1.3-44 所示。

对于钢筋混凝土结构而言，钢筋强度等级选择经验：一般纵筋三级钢、四级钢居多，箍筋三级钢居多；混凝土强度等级一般竖向构件从 C35～C55 不等，三层到五层变化一个强度，水平构件梁板一般以 C30、C35 居多。这里提醒读者，考虑施工的便利性，梁板要用一个强度等级。

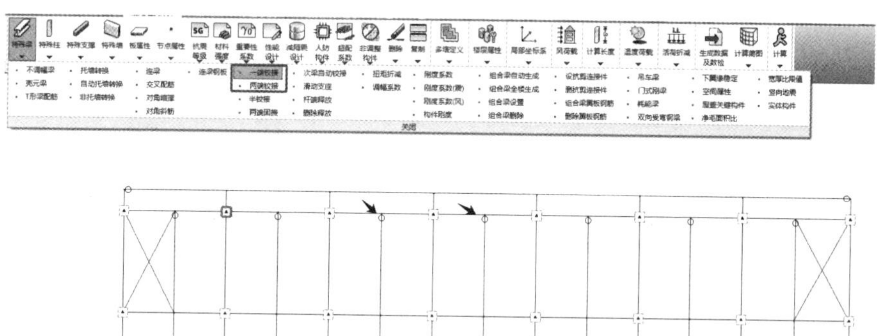

图 1.3-42　次梁铰接

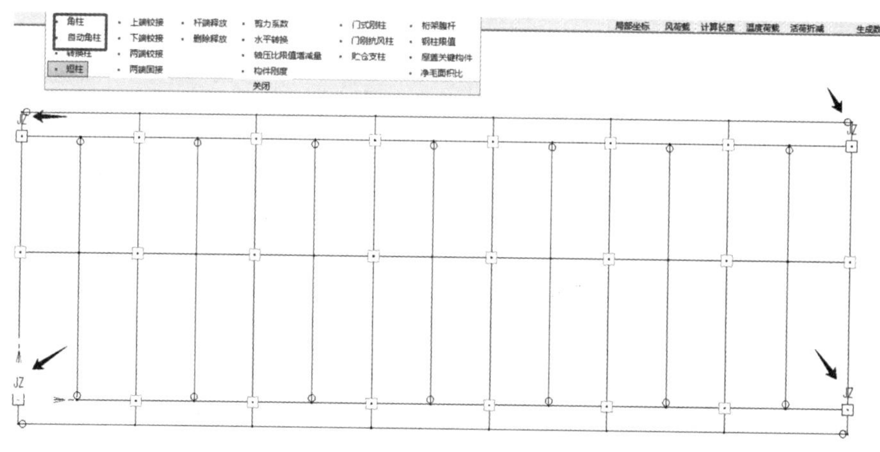

图 1.3-43　角柱的指定

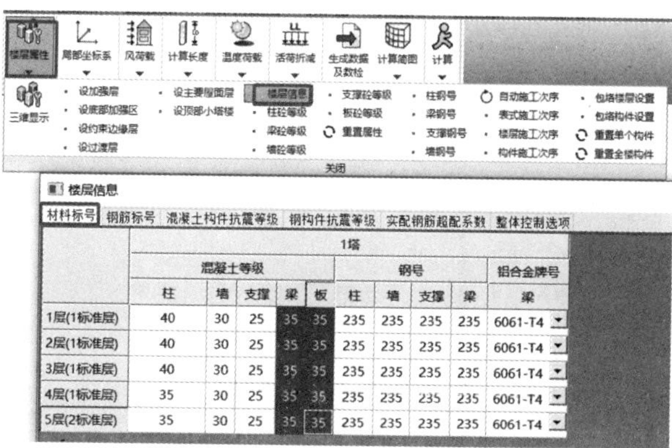

楼层信息

材料标号 | 钢筋标号 | 混凝土构件抗震等级 | 钢构件抗震等级 | 实配钢筋超配系数 | 整体控制选项

	1塔									
	混凝土等级					钢号				铝合金牌号
	柱	墙	支撑	梁	板	柱	墙	支撑	梁	梁
1层(1标准层)	40	30	25	35	35	235	235	235	235	6061-T4
2层(1标准层)	40	30	25	35	35	235	235	235	235	6061-T4
3层(1标准层)	40	30	25	35	35	235	235	235	235	6061-T4
4层(1标准层)	35	30	25	35	35	235	235	235	235	6061-T4
5层(2标准层)	35	30	25	35	35	235	235	235	235	6061-T4

图 1.3-44　材料强度等级（标号）

18. 荷载校核

荷载校核是计算之前的最后一步工作，也是灵活性最强的一步。主要校核内容是大面楼板的恒活载板厚以及特殊部位的荷载，如图 1.3-45 所示。

1.3.3-18 荷载校核

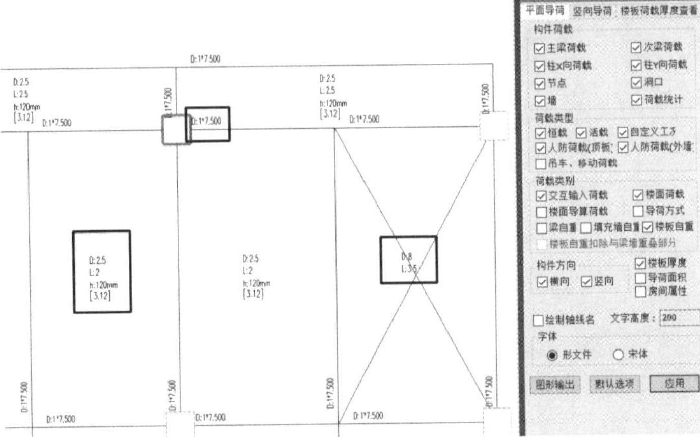

图 1.3-45　荷载校核

至此，前处理部分告一段落，点击计算即可。

1.3.4　YJK 软件结果解读

本小节是关于软件结果的解读部分，我们重点结合案例、结构概念、规范条文对软件结果进行详细解读。同时提醒读者，每个案例根据结构体系的不同，结果解读的内容侧重点不一样，读者留意每个结构案例的重点指标。

1. 参数信息核对

软件的计算某种程度上对读者而言是一个“黑匣子”，一般的读者不是软件工程师，对程序具体的计算机理不清楚。但是，读者的强项在于深厚的结构理论功底可以作为支撑，就像老司机驾驶汽车，司机无须掌握汽车的制造详细过程，却可以通过对汽车参数的理解和驾驶体验去判断汽车的行驶优劣。作为结构从业人员的读者与计算软件的关系也类似，结构参数信息的核对是查看后续所有结果的基础。它可以判断前处理参数设置是否有误，以及计算软件是否按前处理参数进行结构的计算。

图 1.3-46 是查看计算结果的第一个文本文件，工程师习惯称它为“文本 1”。本小节我们介绍参数信息核对的内容。

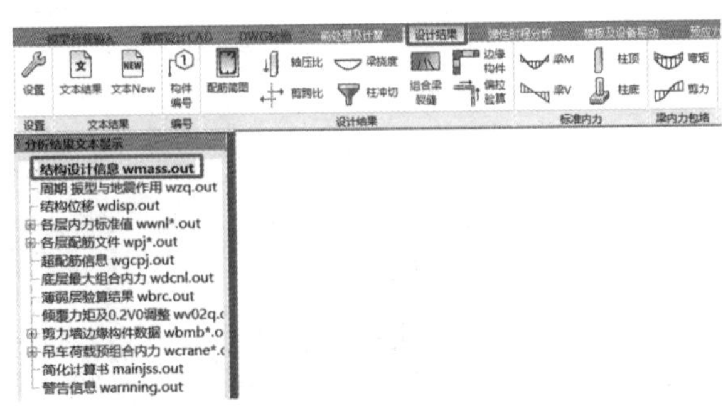

图 1.3-46　文本文件 1

1.3.4-1 参数信息核对

第一步的参数信息核对是结构总体信息的参数结果，如图 1.3-47 所示。

第二步的参数信息核对是关于计算控制信息的参数，如图 1.3-48 所示。图中箭头部分重点关注。

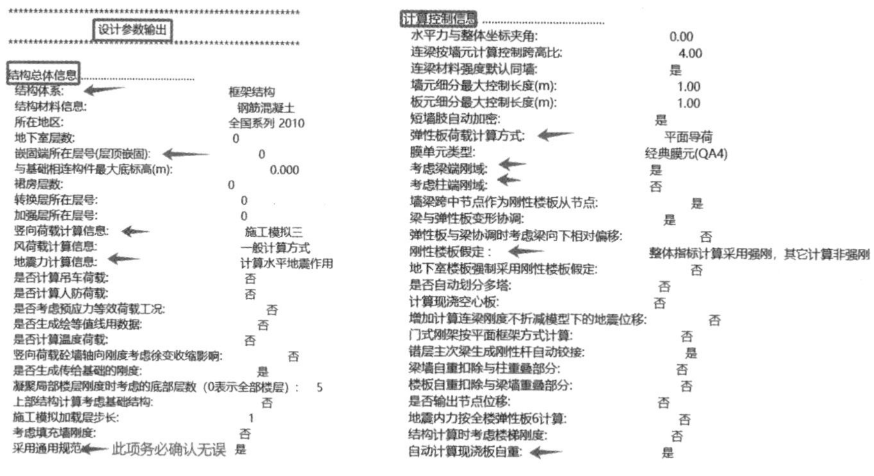

图 1.3-47　结构总体信息　　图 1.3-48　计算控制信息

第三步的参数信息核对是对水平荷载的参数进行检查。本案例重点关注的是地震作用，如图 1.3-49 所示。

第四步的参数信息核对重点检查设计信息部分的参数，如图 1.3-50 所示。每种结构侧重点不同，本案例重点关注的是薄弱层的计算。

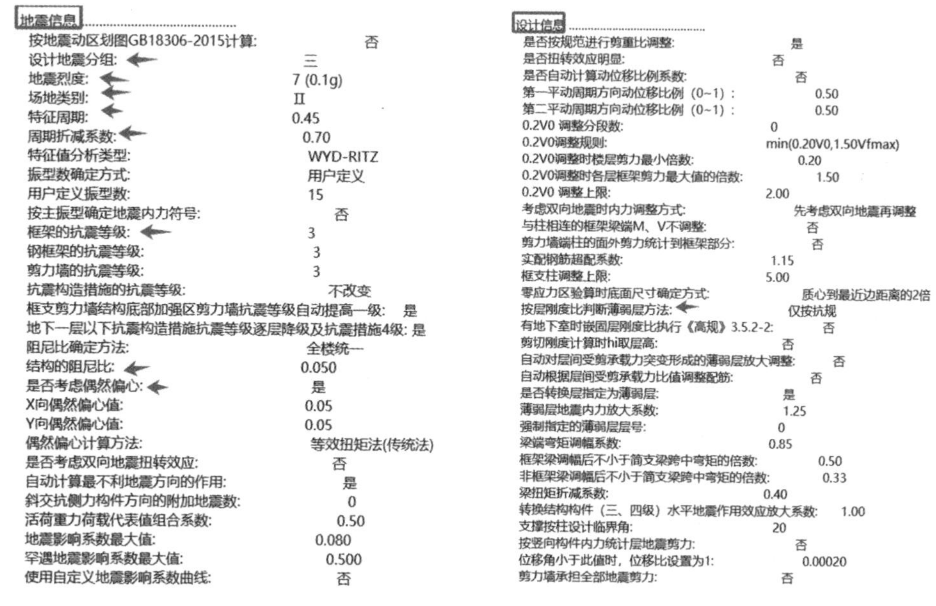

图 1.3-49　地震信息　　图 1.3-50　设计信息参数

第五步的参数信息核对是活荷载信息参数的检查，如图 1.3-51 所示。重点关注活荷载设置与前处理是否一致。

第六步的参数信息核对是对构件设计信息部分参数的检查，如图 1.3-52 所示。本案例重点关注的是对梁柱构件相关的参数设置。

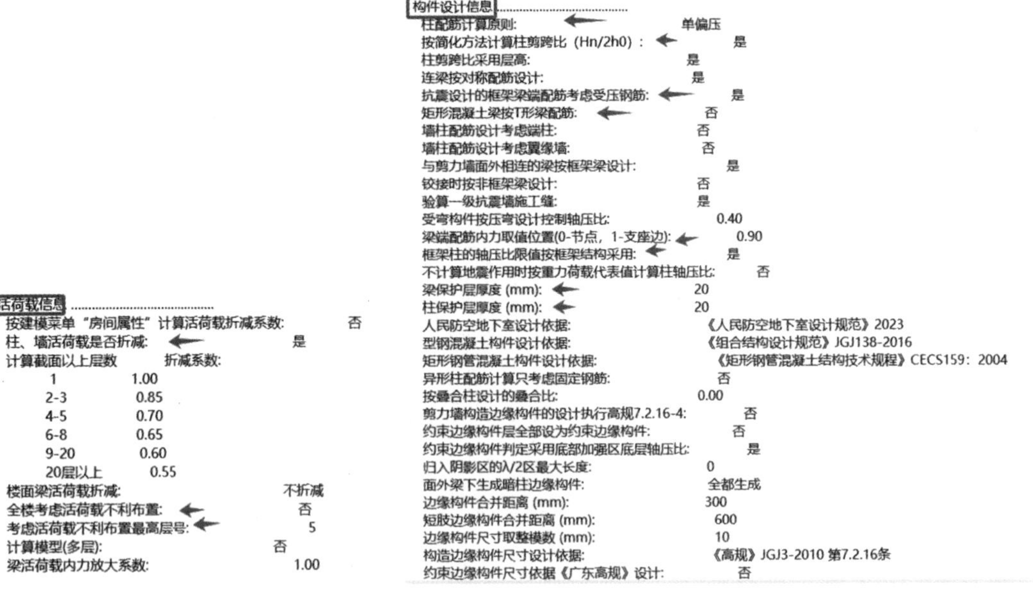

活荷载信息
按建模菜单“房间属性”计算活荷载折减系数: 否
柱、墙活荷载是否折减: 是
计算截面以上层数 折减系数:
1 1.00
2-3 0.85
4-5 0.70
6-8 0.65
9-20 0.60
20层以上 0.55
楼面梁活荷载折减: 不折减
全楼考虑活荷载不利布置: 否
考虑活荷载不利布置最高层号: 5
计算模型(多层): 否
梁活荷载内力放大系数: 1.00

构件设计信息
柱配筋计算原则: 单偏压
按简化方法计算柱剪跨比 (Hn/2h0): 是
柱剪跨比采用层高: 是
连梁按对称配筋设计: 是
抗震设计的框架梁端配筋考虑受压钢筋: 是
矩形混凝土梁按T形梁配筋: 否
墙柱配筋设计考虑端柱: 否
墙柱配筋设计考虑翼缘墙: 否
与剪力墙面外相连的梁按框架梁设计: 是
铰接时按非框架梁设计: 否
验算一级抗震墙施工缝: 是
受弯构件按压弯设计控制轴压比: 0.40
梁端配筋内力取值位置(0-节点, 1-支座边): 0.90
框架柱的轴压比限值按框架结构采用: 是
不计算地震作用时按重力荷载代表值计算柱轴压比: 否
梁保护层厚度 (mm): 20
柱保护层厚度 (mm): 20
人民防空地下室设计依据: 《人民防空地下室设计规范》2023
型钢混凝土构件设计依据: 《组合结构设计规范》JGJ138-2016
矩形钢管混凝土构件设计依据: 《矩形钢管混凝土结构技术规程》CECS159: 2004
异形柱配筋计算只考虑固定钢筋: 否
按叠合柱设计的叠合比: 0.00
剪力墙构造边缘构件的设计执行高规7.2.16-4: 否
约束边缘构件层全部设为约束边缘构件: 否
约束边缘构件判定采用底部加强区底层轴压比: 是
归入阴影区的λ/2区最大长度: 0
面外梁下生成暗柱边缘构件: 全部生成
边缘构件合并距离 (mm): 300
短肢边缘构件合并距离 (mm): 600
边缘构件尺寸取整模数 (mm): 10
构造边缘构件尺寸设计依据: 《高规》JGJ3-2010 第7.2.16条
约束边缘构件尺寸依据《广东高规》设计: 否

图 1.3-51 活荷载信息　　图 1.3-52 构件设计信息

第七步的参数信息核对是对材料重度（容重）相关参数的检查，如图 1.3-53 所示。混凝土结构重点关注混凝土，钢结构重点关注钢材。

第八步的参数信息核对是荷载组合相关的部分。此步骤重点关注的是恒荷载和活荷载的分项系数是否按当前最新规范进行选择，如图 1.3-54 所示。

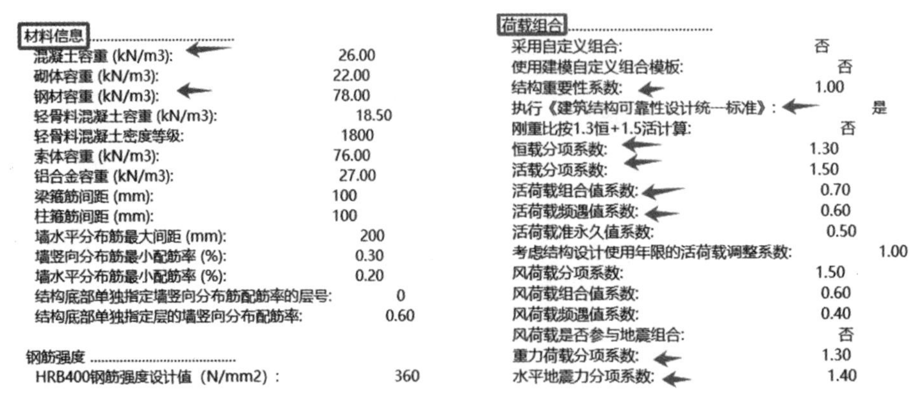

材料信息
混凝土容重 (kN/m3): 26.00
砌体容重 (kN/m3): 22.00
钢材容重 (kN/m3): 78.00
轻骨料混凝土容重 (kN/m3): 18.50
轻骨料混凝土密度等级: 1800
素体容重 (kN/m3): 76.00
铝合金容重 (kN/m3): 27.00
梁箍筋间距 (mm): 100
柱箍筋间距 (mm): 100
墙水平分布筋最大间距 (mm): 200
墙竖向分布筋最小配筋率 (%): 0.30
墙水平分布筋最小配筋率 (%): 0.20
结构底部单独指定墙竖向分布筋配筋率的层号: 0
结构底部单独指定层的墙竖向分布配筋率: 0.60

钢筋强度
HRB400钢筋强度设计值 (N/mm2): 360

荷载组合
采用自定义组合: 否
使用建模自定义组合模板: 否
结构重要性系数: 1.00
执行《建筑结构可靠性设计统一标准》: 是
刚重比按1.3恒+1.5活计算: 否
恒载分项系数: 1.30
活载分项系数: 1.50
活荷载组合值系数: 0.70
活荷载频遇值系数: 0.60
活荷载准永久值系数: 0.50
考虑结构设计使用年限的活荷载调整系数: 1.00
风荷载分项系数: 1.50
风荷载组合值系数: 0.60
风荷载频遇值系数: 0.40
风荷载是否参与地震组合: 否
重力荷载分项系数: 1.30
水平地震力分项系数: 1.40

图 1.3-53 材料重度（容重）　　图 1.3-54 荷载组合信息

读者将以上八步计算参数信息在文本 1 中仔细核对，确认与前处理一致后，就可以进行下一步计算结果的大指标查看。

2. 平均重度

首先，需要明确一个概念，就是平均重度是结构自身的属性。通俗地说，结构设计好了，它设计层面的平均重度就确定了，不会因为它的地理位置变化而变化。当然，实际使用的时候，因为附加恒、活荷载的差异会有变化。但是，相对于其他指标，它和周期一样，是结构自身的特有属性。

1.3.4-2 平均重度

通过平均重度，我们可以知道这个楼的体重是否正常，偏胖还是偏瘦？安全性和经济性可以间接地表现出来。现在，随着设计周期的加快，读者容易机械性地略过这个指标，因为规范正文没有规定限制。实际上，这个指标对于高手而言，往往是查看的第一指标，如图 1.3-55 所示。

****
各层质量、质心坐标，层质量比
****

层号	塔号	质心X (m)	质心Y (m)	质心Z (m)	恒载质量 (t)	活载质量 (t)	活载质量 (不折减)(t)	附加质量 (t)	质量比
5	1	26.432	8.189	17.700	1336.9	25.6	51.2	0.0	0.90
4	1	26.423	8.274	14.400	1395.3	110.5	221.0	0.0	1.00
3	1	26.423	8.274	10.800	1395.3	110.5	221.0	0.0	1.00
2	1	26.423	8.274	7.200	1395.3	110.5	221.0	0.0	1.00
1	1	26.423	8.274	3.600	1395.3	110.5	221.0	0.0	1.00
合计		--	--	--	6918.1	467.5	935.1	0.0	

活载总质量 (t):　467.538
恒载总质量 (t):　6918.073
附加总质量 (t):　0.000
结构总质量 (t):　7385.611
恒载产生的总质量包括结构自重和外加恒载
活载质量 = 活荷载重力荷载代表值系数*活载等效质量
总质量 = 恒载质量+活载质量+附加质量

****
各楼层质量、单位面积质量分布(单位:kg/m**2)
****

层号	塔号	楼层质量	单位面积质量 g[i]	单位面积质量比 max(g[i]/g[i-1],g[i]/g[i+1])
5	1	1.36E+006	1331.05	0.86
4	1	1.51E+006	1555.28	1.17
3	1	1.51E+006	1555.28	1.00
2	1	1.51E+006	1555.28	1.00
1	1	1.51E+006	1555.28	1.00

图 1.3-55　楼层重量信息

《高规》第 5.1.8 条的条文说明中有如下内容：

目前国内钢筋混凝土结构高层建筑由恒载和活载引起的单位面积重力，框架与框架-剪力墙结构约为 12～14kN/m^2，剪力墙和筒体结构约为 13～16kN/m^2，而其中活载部分约为 2～3kN/m^2，只占全部重力的 15%～20%，活载不利分布的影响较小。另一方面，高层建筑结构层数很多，每层的房间也很多，活载在各层间的分布情况极其繁多，难以一一计算。

通过上面的条文说明，读者基本上可以判断出自己的结构重量是否相对合理。实际工程中，部分读者建模阶段出现疏忽，忘记勾选楼板自重，导致重量明显偏小。通过查看此指标，可以很容易地看出来。同时，读者也不可将规范条文说明的内容绝对化，比如本案例框架结构按条文说明处于 12～14kPa 的范围；但是，在图 1.3.4-10 中查看大部分楼层平均重量是 15kPa 左右。这时，读者需要留意平均重度偏大的原因。如果荷载层面输入的恒、活载没问题，那就是构件重量本身是否有优化空间？从此参数指标看，有待优化；但是，模型调整前，需要结合后面的其他指标综合确定。

3. 周期

周期与平均重度一样，也是结构的固有属性。它的存在与建设地点无关，只要结构布置确定，那么结构的周期就确定了。周期的查看在设计结果菜单中的文本结果 2 中，工程师习惯称它为“文本 2”，如图 1.3-56 所示。

1.3.4-3 周期

在文本 2 中，我们关注的是前 3 周期，如图 1.3-57 所示。通过它的数值及扭转系数，可以知道结构大概每个方向的周期和背后的刚度情况。

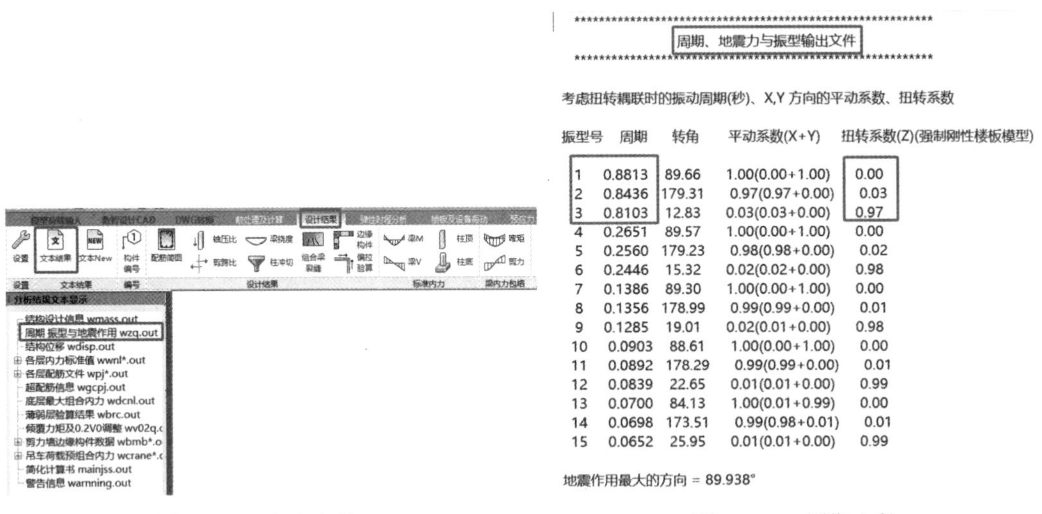

周期、地震力与振型输出文件

考虑扭转耦联时的振动周期(秒)、X,Y 方向的平动系数、扭转系数

振型号	周期	转角	平动系数(X+Y)	扭转系数(Z)(强制刚性楼板模型)
1	0.8813	89.66	1.00(0.00+1.00)	0.00
2	0.8436	179.31	0.97(0.97+0.00)	0.03
3	0.8103	12.83	0.03(0.03+0.00)	0.97
4	0.2651	89.57	1.00(0.00+1.00)	0.00
5	0.2560	179.23	0.98(0.98+0.00)	0.02
6	0.2446	15.32	0.02(0.02+0.00)	0.98
7	0.1386	89.30	1.00(0.00+1.00)	0.00
8	0.1356	178.99	0.99(0.99+0.00)	0.01
9	0.1285	19.01	0.02(0.01+0.00)	0.98
10	0.0903	88.61	1.00(0.00+1.00)	0.00
11	0.0892	178.29	0.99(0.99+0.00)	0.01
12	0.0839	22.65	0.01(0.01+0.00)	0.99
13	0.0700	84.13	1.00(0.01+0.99)	0.00
14	0.0698	173.51	0.99(0.98+0.01)	0.01
15	0.0652	25.95	0.01(0.01+0.00)	0.99

地震作用最大的方向 = 89.938°

图 1.3-56　文本文件 2　　　图 1.3-57　周期文件

在具体查看此案例的周期文件之前，读者需要知道合理的结构周期大致是什么范围。与平均重度不同，周期在《荷规》附录 F 中有详细介绍。这里，我们简单罗列高层结构相关的内容。

F.2.1 一般情况下，高层建筑的基本自振周期可根据建筑总层数近似地按下列规定采用：

1 钢结构的基本自振周期按下式计算：

$$T_1 = (0.10 \sim 0.15)n \tag{F.2.1-1}$$

式中　n——建筑总层数。

2 钢筋混凝土结构的基本自振周期按下式计算：

$$T_1 = (0.05 \sim 0.10)n \tag{F.2.1-2}$$

F.2.2 钢筋混凝土框架、框-剪和剪力墙结构的基本自振周期可按下列规定采用：

1 钢筋混凝土框架和框-剪结构的基本自振周期按下式计算：

$$T_1 = 0.25 + 0.53 \times 10^{-3} \frac{H^2}{\sqrt[3]{B}} \tag{F.2.2-1}$$

2 钢筋混凝土剪力墙结构的基本自振周期按下式计算：

$$T_1 = 0.03 + 0.03 \frac{H}{\sqrt[3]{B}} \tag{F.2.2-2}$$

式中　H——房屋总高度（m）；

　　　B——房屋宽度（m）。

以本案例为例，按 F.2.1-2 估算，五层框架，结构自振周期为 0.25～0.5s；按 F.2.2-2 估算，结构自振周期大约为 0.35s。图 1.3-57 前 3 周期大约均为 0.8s，说明与规范经验值相比偏大。

周期的背后其实就是刚度，与刚度成反比，结构的自振周期$T = 2\pi(m/k)^{0.5}$，刚度越大，分母越大，周期就越小。因此，从此项指标看，结构各个方向的整体刚度偏小一些。但是，最后调整结构的刚度之前，还需要结合后面的指标综合确定。

最后，关于周期与振型，读者还需要从结构振动的角度去感受，如图 1.3-58 所示三个方向的振动情况。

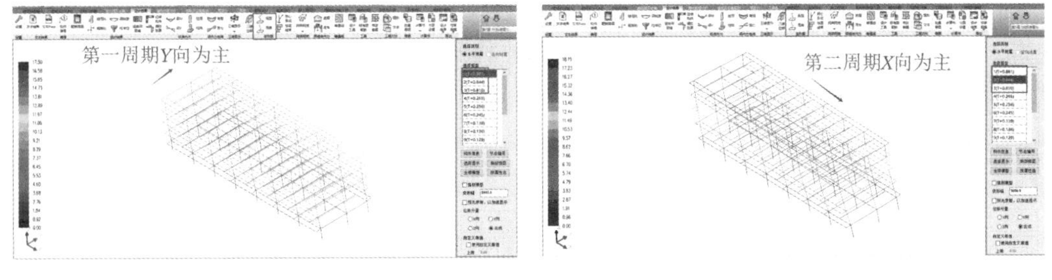

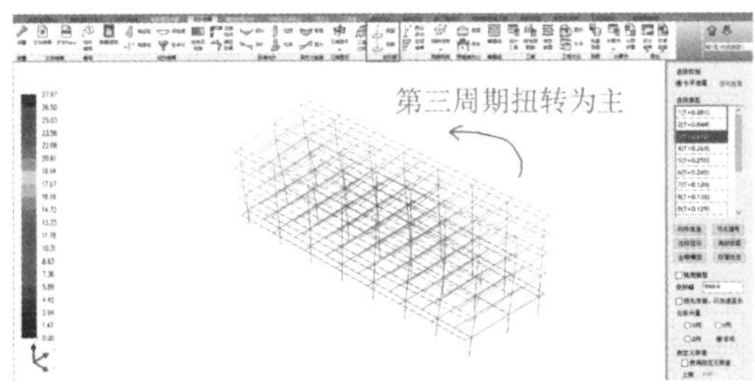

图 1.3-58　三个方向的结构振动情况

1.3.4-4 层间位移角

4. 层间位移角

这个指标是读者很关注的一个指标。它间接反映了结构刚度的强弱；同时，必须注意的是，结构的刚度是一个综合性的东西，不能只拿一个指标来断定，需要结合其他指标，比如之前介绍过的周期指标。

关于层间位移角，《抗标》第 5.5 节有介绍，本案例我们重点总结小震下的层间位移角。

5.5.1 表 5.5.1 所列各类结构应进行多遇地震作用下的抗震变形验算，其楼层内最大的弹性层间位移应符合下式要求：

$$\Delta u_e \leqslant [\theta_e]h \tag{5.5.1}$$

式中　Δu_e——多遇地震作用标准值产生的楼层内最大的弹性层间位移；计算时，除以弯曲变形为主的高层建筑外，可不扣除结构整体弯曲变形；应计入扭转变形，各作用分项系数均应采用 1.0；钢筋混凝土结构构件的截面刚度可采用弹性刚度；

$[\theta_e]$——弹性层间位移角限值，宜按表 5.5.1 采用；

h——计算楼层层高。

表 5.5.1　弹性层间位移角限值

结构类型	$[\theta_e]$
钢筋混凝土框架	1/550
钢筋混凝土框架-抗震墙、板柱-抗震墙、框架-核心筒	1/800
钢筋混凝土抗震墙、筒中筒	1/1000
钢筋混凝土框支层	1/1000
多、高层钢结构	1/250

本案例属于框架结构，从上面的条文中我们知道它的限值是 1/550。YJK 中的查看方法有两种：第一种是图形查看方法，如图 1.3-59 所示，可以形象地第一时间看到最大层间位移角和大概位置；第二种是文本查看的方法，在“文本 3”进行查看，如图 1.3-60 所示。这里，适合进一步细致分析结构整楼的层间位移角分布情况，间接感受结构的整体抗侧刚度。

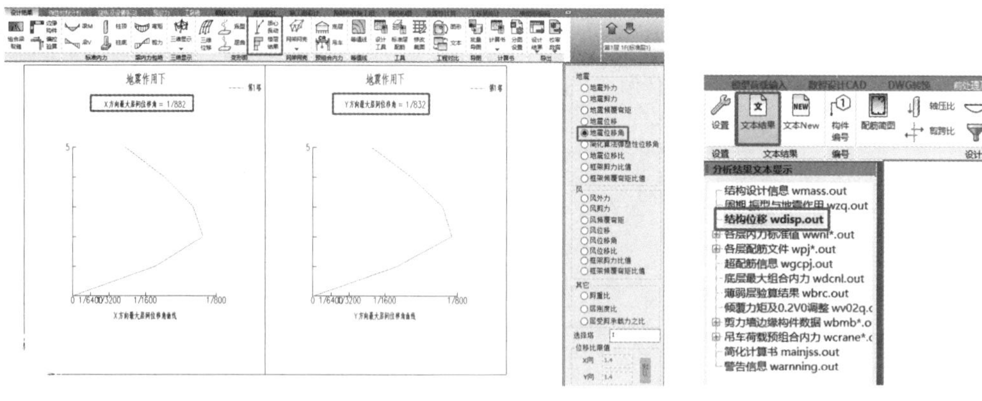

图 1.3-59　层间位移角图形查看　　　　图 1.3-60　层间位移角文本 3 查看

图 1.3-61 是文本 3 中 X 方向和 Y 方向的地震作用下的层间位移角。

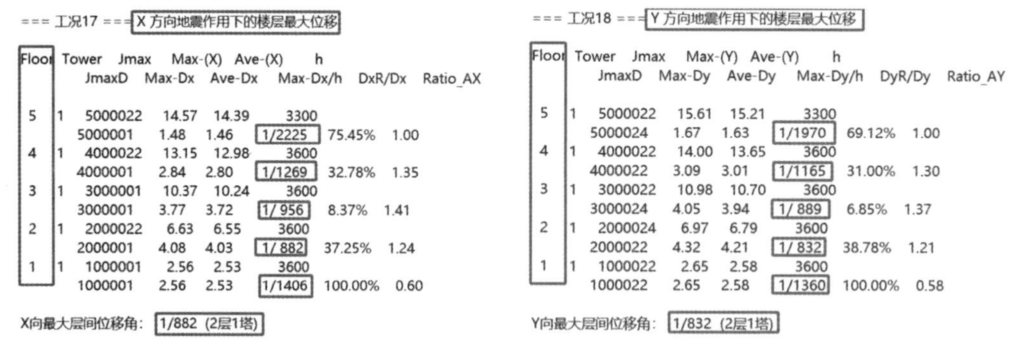

=== 工况17 === X 方向地震作用下的楼层最大位移

Floor	Tower	Jmax / JmaxD	Max-(X) / Max-Dx	Ave-(X) / Ave-Dx	h / Max-Dx/h	DxR/Dx	Ratio_AX
5	1	5000022	14.57	14.39	3300		
		5000001	1.48	1.46	1/2225	75.45%	1.00
4	1	4000022	13.15	12.98	3600		
		4000001	2.84	2.80	1/1269	32.78%	1.35
3	1	3000001	10.37	10.24	3600		
		3000001	3.77	3.72	1/ 956	8.37%	1.41
2	1	2000022	6.63	6.55	3600		
		2000001	4.08	4.03	1/ 882	37.25%	1.24
1	1	1000001	2.56	2.53	3600		
		1000001	2.56	2.53	1/1406	100.00%	0.60

X向最大层间位移角：1/882（2层1塔）

=== 工况18 === Y 方向地震作用下的楼层最大位移

Floor	Tower	Jmax / JmaxD	Max-(Y) / Max-Dy	Ave-(Y) / Ave-Dy	h / Max-Dy/h	DyR/Dy	Ratio_AY
5	1	5000022	15.61	15.21	3300		
		5000024	1.67	1.63	1/1970	69.12%	1.00
4	1	4000022	14.00	13.65	3600		
		4000022	3.09	3.01	1/1165	31.00%	1.30
3	1	3000022	10.98	10.70	3600		
		3000024	4.05	3.94	1/ 889	6.85%	1.37
2	1	2000024	6.97	6.79	3600		
		2000022	4.32	4.21	1/ 832	38.78%	1.21
1	1	1000022	2.65	2.58	3600		
		1000022	2.65	2.58	1/1360	100.00%	0.58

Y向最大层间位移角：1/832（2层1塔）

图 1.3-61　X、Y 方向地震作用下的层间位移角文本

对于新手读者来说，掌握图 1.3-61 中的框选部分内容即可，明白各楼层的层间位移角。

对于这个指标的调整，读者需要把握的一个大原则是：最大限度地减少地震作用，尽可能地把竖向构件放在提供刚度最大的位置。如果每层都接近规范限值，可以结合其他指标看看，是不是整体刚度确实存在偏弱的现象，考虑加法增加刚度。如果部分楼层不够，可以看看具体楼层位置，中上部楼层层间位移角不够，是不是考虑上部结构截面收进过大；下部楼层层间位移角不够，是不是上部楼层太重，考虑做减法收进。

本案例两个方向层间位移角都小于 1/800，结合前面的楼层重量和周期反映情况，可以建议在施工图阶段做减法，适当减轻结构重量，同时增加外围结构刚度。

本小节的最后，我们再细致剖分一下 YJK 里的层间位移角查看。本小节下面的内容新手读者如果觉得阅读有难度，可以等书籍阅读完毕之后再回过头来体会。

在查看详细的文本剖析之前，先看一下相关参数的解释。

Floor：层号。

Tower：塔号。

Jmax：最大位移对应的节点号。

JmaxD：最大层间位移对应的节点号。

Max-(Z)：Z 方向的节点最大位移。

h：层高。

Max-(X)，Max-(Y)：X，Y 方向的节点最大位移。

Ave-(X)，Ave-(Y)：X，Y 方向的层平均位移。

Max-Dx，Max-Dy：X，Y 方向的最大层间位移。

Ave-Dx，Ave-Dy：X，Y 方向的平均层间位移。

Ratio-(X)，Ratio-(Y)：最大位移与层平均位移的比值。

Ratio-Dx，Ratio-Dy：最大层间位移与平均层间位移的比值。

Max-Dx/h，Max-Dy/h：X，Y 方向的最大层间位移角。

DxR/Dx，DyR/Dy：X，Y 方向的有害位移角占总位移角的百分比例。

Ratio_AX，Ratio_AY：本层位移角与上层位移角的 1.3 倍及上三层平均位移角的 1.2 倍的比值的大者。

X-Disp，Y-Disp，Z-Disp：节点 X，Y，Z 方向的位移。

下面，我们以X向第 3 层为例，如图 1.3-62 所示，对层间位移角相关数据进行详细解读。

=== 工况17 === X 方向地震作用下的楼层最大位移

Floor	Tower	Jmax	Max-(X)	Ave-(X)	h		
		JmaxD	Max-Dx	Ave-Dx	Max-Dx/h	DxR/Dx	Ratio_AX
5	1	5000022	14.57	14.39	3300		
		5000001	1.48	1.46	1/2225	75.45%	1.00
4	1	4000022	13.15	12.98	3600		
		4000001	2.84	2.80	1/1269	32.78%	1.35
3	1	3000001	10.37	10.24	3600		
		3000001	3.77	3.72	1/ 956	8.37%	1.41
2	1	2000022	6.63	6.55	3600		
		2000001	4.08	4.03	1/ 882	37.25%	1.24
1	1	1000001	2.56	2.53	3600		
		1000001	2.56	2.53	1/1406	100.00%	0.60

X向最大层间位移角：　1/882 （2层1塔）

图 1.3-62　X 向 3 层层间位移角

Floor3：3 层。

Tower1：1 塔。

备注：因为这个楼只有一个塔。

Jmax 最大位移对应的节点号：3000001。

Max-(X)：Jmax 节点 X 方向的节点最大位移 10.37mm。

Ave-(X)：X 方向的层平均位移 10.24mm。

h：本层层高 3600mm。

JmaxD 最大层间位移对应的节点号 3000001。

Max-Dx：JmaxD 节点 X 方向的最大层间位移 3.77mm。

Ave-Dx：JmaxD 节点 X 方向的平均层间位移 3.72mm。

Max-Dx/h：X 方向的最大层间位移角 1/956。

DxR/Dx：X 方向的有害位移角占总位移角的百分比例 8.37%。

Ratio_AX：本层位移角与上层位移角的 1.3 倍及上三层平均位移角的 1.2 倍的比值的大者 1.41。

小结：到此为止，知道每个参数的含义和对应的数据，算是阅读完毕，对号入座了。

接下来我们结合三维模型，对上面的数据来源进行还原，读者需要体会软件电算图形和文本的相互联系。

先打开局部楼层 2～3 层的三维图，X 向地震，X 向位移分量，迅速找到关键节点号 3000001，如图 1.3-63 所示。

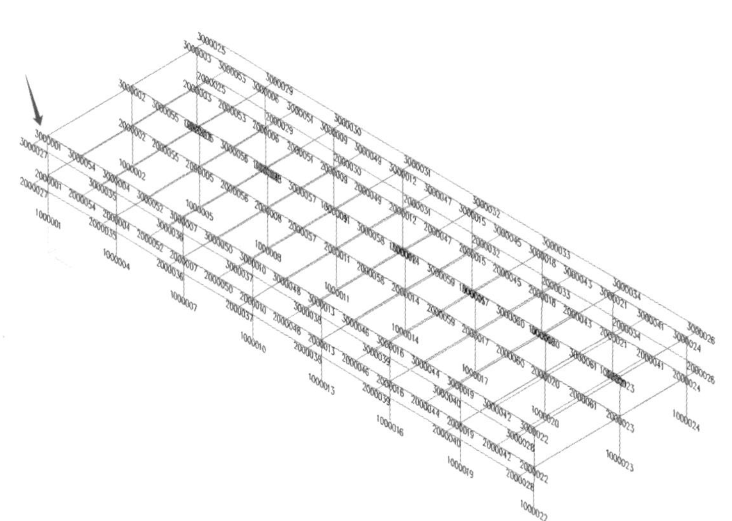

图 1.3-63　关键节点

接下来，显示位移信息，找到节点的最大位移和最小位移，如图 1.3-64 所示。

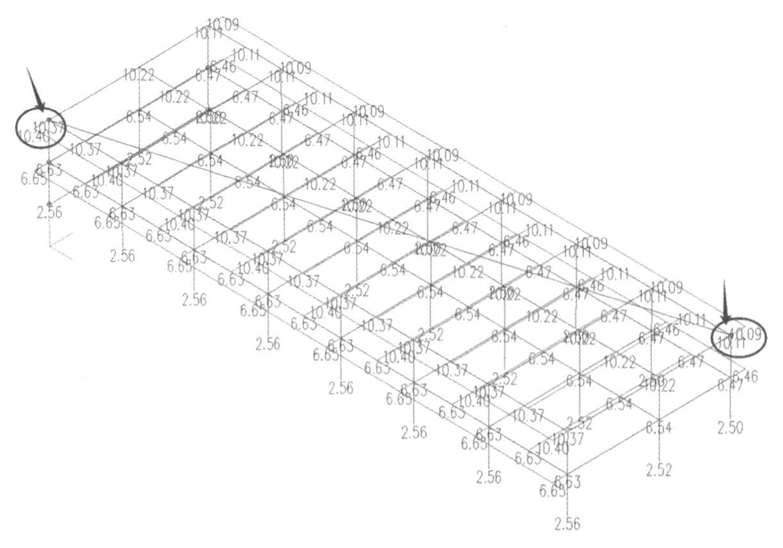

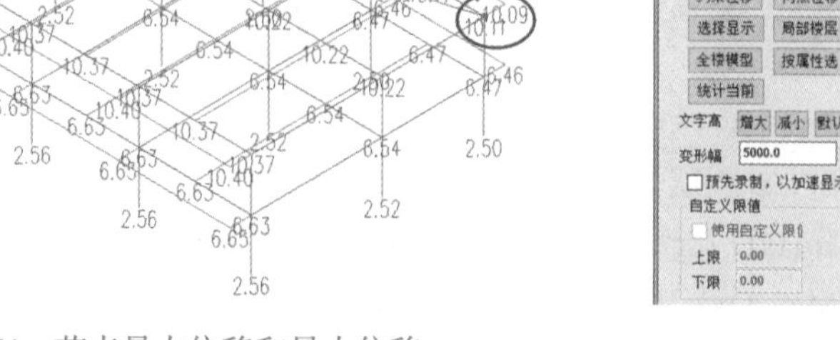

图 1.3-64　节点最大位移和最小位移

可以看到，Max-(X)10.37mm 为该层该竖向构件顶部节点 X 向最大位移。

同理，找到该层竖向构件顶部节点 X 向最小位移 10.09mm。

Ave-(X)X 方向的层平均位移 10.23mm =（10.37 + 10.09）/2。

接着，读取 3000001 对应竖向构件底部的位移为 6.63mm；

Max-Dx：JmaxD 节点 X 方向的最大层间位移 3.74mm = 10.37 − 6.63 = 3.74mm。

Max-Dx/h：X 方向的最大层间位移角 1/963 = 3.74/3600 = 1/963。

然后，读取最小层间位移，即对应竖向构件两端的差值 10.11 − 6.47 = 3.64mm；

Ave-Dx：JmaxD 节点 X 方向的平均层间位移（3.74 + 3.64）/2 = 3.69mm。

至此，前面几个基本的数据之间的关系，应该梳理的比较完善了，这里提醒读者，上面的内容目的是让读者结合三维参数综合感受结构的层间位移，不是死扣数字。

最后，我们简单思考一些关于有害层间位移角的概念。《高规》3.7.1 条文说明，高层建筑层数多、高度大，为保证高层建筑结构具有必要的刚度，应对其楼层位移加以控制。

侧向位移控制实际上是对构件截面尺寸和刚度大小的一个宏观指标。

在正常使用条件下，限制高层建筑结构层间位移的主要目的有两点：

1）保证主结构基本处于弹性受力状态，对钢筋混凝土结构来讲，要避免混凝土墙或柱出现裂缝；同时，将混凝土梁等楼面构件的裂缝数量、宽度和高度限制在规范允许范围之内。

2）保证填充墙、隔墙和幕墙等非结构构件的完好，避免产生明显损伤。

迄今，控制层间变形的参数有三种：即层间位移与层高之比（层间位移角）；有害层间位移角；区格广义剪切变形。

其中，层间位移角是过去应用最广泛、最为工程技术人员所熟知的，原《钢筋混凝土高层建筑结构设计与施工规程》JGJ 3—91 也采用了这个指标，如下所示。

1）层间位移与层高之比（即层间位移角）

$$\theta_i = \frac{\Delta u_i}{h_i} = \frac{u_i - u_{i-1}}{h_i} \tag{1}$$

2）有害层间位移角

$$\theta_{id} = \frac{\Delta u_{id}}{h_i} = \theta_i - \theta_{i-1} = \frac{u_i - u_{i-1}}{h_i} - \frac{u_{i-1} - u_{i-2}}{h_{i-1}} \tag{2}$$

式中，θ_i，θ_{i-1}为i层上、下楼盖的转角，即i层、$i-1$层的层间位移角。

3）区格的广义剪切变形（简称剪切变形）

$$\gamma_{ij} = \theta_i - \theta_{i-1,j} = \frac{u_i - u_{i-1}}{h_i} + \frac{v_{i-1,j} - v_{i-1,j-1}}{l_j} \tag{3}$$

式中，γ_{ij}为区格ij剪切变形，其中脚标i表示区格所在层次，j表示区格序号；$\theta_{i-1,j}$为区格ij下楼盖的转角，以顺时针方向为正；l_j为区格ij的宽度；$v_{i-1,j-1}$、$v_{i-1,j}$为相应节点的竖向位移。

从结构受力与变形的相关性来看，参数γ_{ij}即剪切变形较符合实际情况；但就结构的宏观控制而言，参数θ_i即层间位移角又较简便。

考虑到层间位移控制是一个宏观的侧向刚度指标，为便于设计人员在工程设计中应用，本规程采用了层间最大位移与层高之比$\Delta u/h$，即层间位移角θ作为控制指标。

最后，读者根据图 1.3-65 体会层间位移角中的有害层间位移角，此指标本身是个有价值有意义的指标，但是算法目前不统一。因为规范不统一，软件结果建议读者仅做辅助参考！

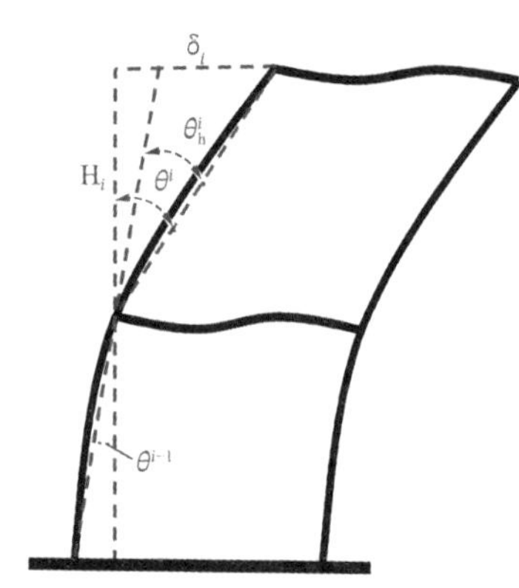

图 1.3-65　层间位移角与有害层间位移角

结构的指标不是单一的存在，层间位移角的调整还需要结合周期比等指标一起综合判断。

5. 剪重比

这个指标的目的控制结构承受的地震效应不至于偏小。它是一个相对容易忽略的指标，一般较容易满足。但是，对于低烈度区的读者应格外注意。当有效质量参与系数达到 90%的要求时，可以认为地震作用满足规范要求，接下来就可以看剪重比了，它的满足与否，涉及相关的内力调整是否有意义。通俗的比喻，100kN 的力作用下层间位移角满足要求，但是按剪重比最小要求 1000kN 的力，这时候在 100kN 的力作用下看层间位移角指标是没有意义的。

1.3.4-5 剪重比

《抗标》对剪重比的控制条文如下：

5.2.5 抗震验算时，结构任一楼层的水平地震剪力应符合下式要求：

$$V_{\mathrm{Ek}i} > \lambda \sum_{j=i}^{n} G_j \tag{5.2.5}$$

式中　$V_{\mathrm{Ek}i}$——第i层对应于水平地震作用标准值的楼层剪力；

λ——剪力系数，不应小于表 5.2.5 规定的楼层最小地震剪力系数值，对竖向不规则结构的薄弱层，尚应乘以 1.15 的增大系数；

G_j——第j层的重力荷载代表值。

表 5.2.5　楼层最小地震剪力系数值

类别	6 度	7 度	8 度	9 度
扭转效应明显或基本周期小于 3.5s 的结构	0.008	0.016（0.024）	0.032（0.048）	0.064
基本周期大于 5.0s 的结构	0.006	0.012（0.018）	0.024（0.036）	0.048

注：1 基本周期介于 3.5s 和 5s 之间的结构，按插入法取值；

2 括号内数值分别用于设计基本地震加速度为 0.15g和 0.30g的地区。

从上面条文可以看到，随着设防烈度的增加，剪重比最小限值也在增加。本案例的剪重比查看在“文本 2”中，两个方向的剪重比如图 1.3-66 所示。

从图 1.3-66 可以非常清晰地看到，每个楼层的楼层剪力以及每个楼层的地震作用。从力学上读者很容易理解。从上到下，多高层建筑其实就是一根悬臂梁。它的剪力是从上到下逐渐增加的，因此底部楼层基底剪力是最大的。

各层 X 方向的作用力(CQC)
Floor　: 层号
Tower　: 塔号
Fx　: X 向地震作用下结构的地震反应力
Vx　: X 向地震作用下结构的楼层剪力
Mx　: X 向地震作用下结构的弯矩
Static Fx: 静力法 X 向的地震力(基本周期取质量系数最大对应的周期)

Floor	Tower	Fx (kN)	Vx (分塔剪重比) (kN)	Mx (kN-m)	Static Fx (kN)
5	1	1201.64	1201.64(8.819%)	3965.40	1210.79
4	1	1121.95	2247.22(7.835%)	11973.55	1088.65
3	1	975.26	3043.83(6.959%)	22709.98	816.49
2	1	809.74	3593.48(6.112%)	35303.52	544.32
1	1	528.91	3852.72(5.217%)	48810.71	272.16

按规范要求的X向楼层最小剪重比 = 1.60%

各层 Y 方向的作用力(CQC)
Floor　: 层号
Tower　: 塔号
Fy　: Y 向地震作用下结构的地震反应力
Vy　: Y 向地震作用下结构的楼层剪力
My　: Y 向地震作用下结构的弯矩
Static Fy: 静力法 Y 向的地震力(基本周期取质量系数最大对应的周期)

Floor	Tower	Fy (kN)	Vy (分塔剪重比) (kN)	My (kN-m)	Static Fy (kN)
5	1	1173.91	1173.91(8.616%)	3873.92	1164.11
4	1	1083.85	2172.69(7.575%)	11605.28	1046.68
3	1	948.06	2928.88(6.696%)	21910.51	785.01
2	1	797.72	3451.80(5.871%)	33970.67	523.34
1	1	527.92	3700.78(5.011%)	46908.00	261.67

按规范要求的Y向楼层最小剪重比 = 1.60%

图 1.3-66　剪重比

从图 1.3-67 也可以清晰地感受地震作用下楼层剪力的变化。

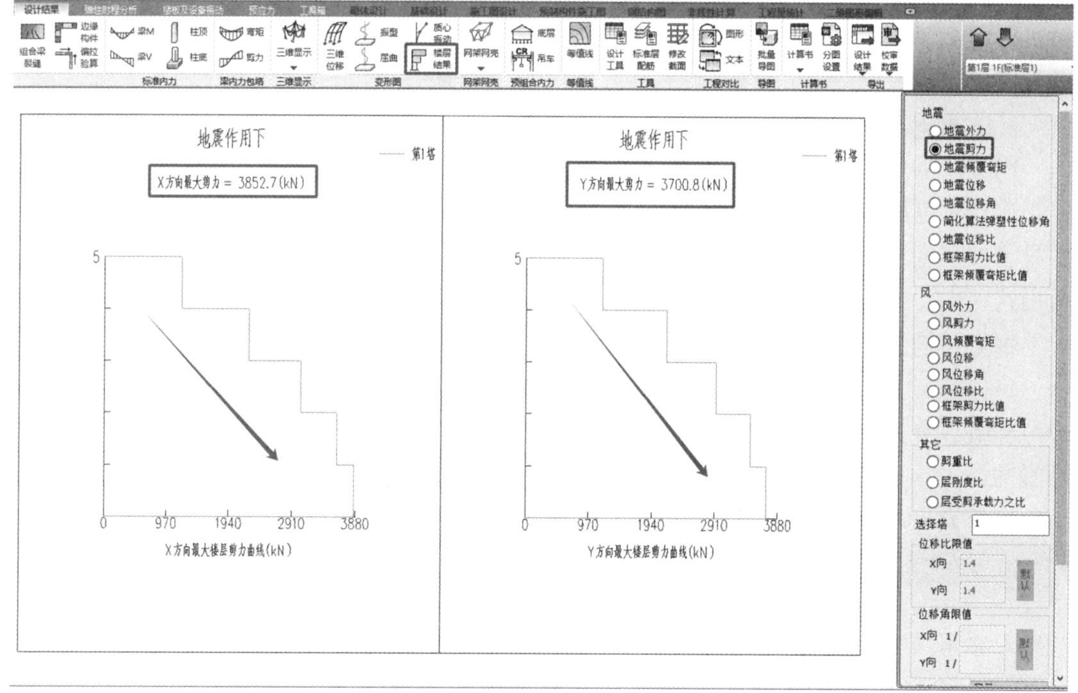

图 1.3-67　楼层剪力

同时，也可以从图 1.3-68 直接观察整个楼层的剪重比分布情况。

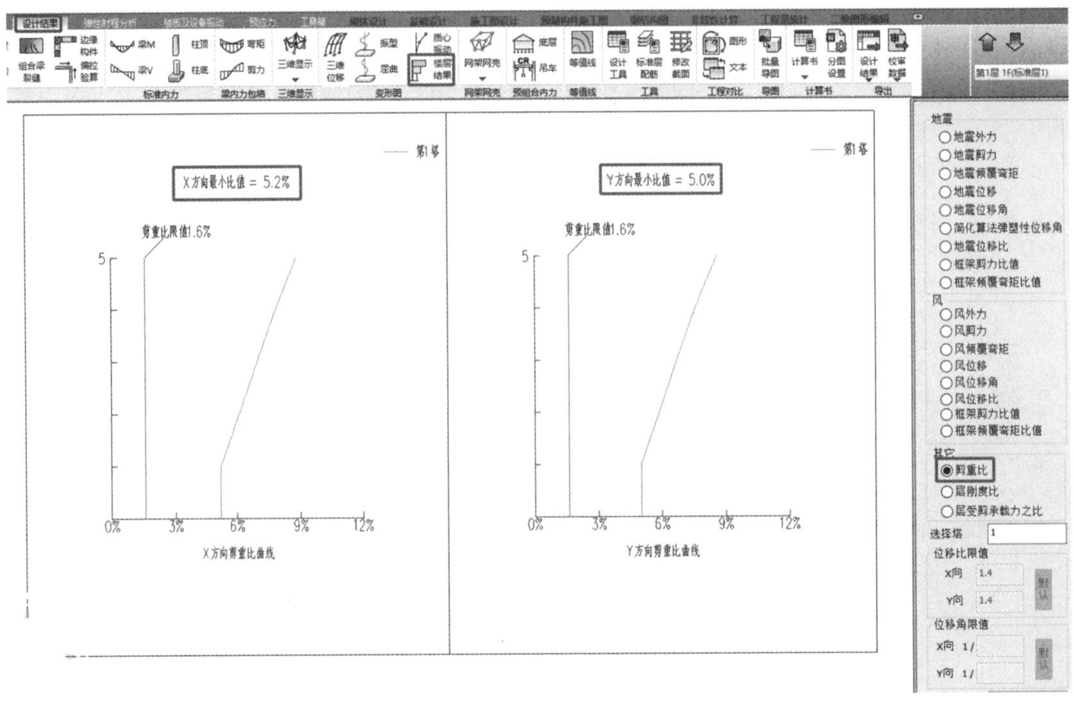

图 1.3-68　剪重比分布

需要提醒读者的是，文本和图形在每个指标的查看中关注的重点不同。前者可以看细节，后者可以看大局。读者在实际项目中不同的模型调整阶段，需要有所侧重。

在调整剪重比的时候，需要留意的是底部不满足时，全楼都要调整；局部不满足时，可以微调。当然，这些方法现在软件可以自动设置。但是，作为读者有必要明白调整思路。

6. 刚重比

1.3.4-6 刚重比

刚重比重点关注的是结构的稳定性。这个指标需要说明的是针对超高层建筑而言要更加的留意。一般项目问题不大。主要原因在于随着高度的增加，重量增加刚度相对减弱，在水平力作用下，重力二阶效应的问题越发突出。明白这一点，也就明白为什么越高的楼，重力二阶效应越需要注意。

框架结构的刚重比的规定有两点需要注意，第一点是不考虑重力二阶效应的刚重比限值，可以参考《高规》第 5.4.1 条。

5.4.1　当高层建筑结构满足下列规定时，弹性计算分析时可不考虑重力二阶效应的不利影响。

1 剪力墙结构、框架-剪力墙结构、板柱剪力墙结构、筒体结构：

$$EJ_{\mathrm{d}} \geqslant 2.7H^2\sum_{i=1}^{n}G_i \qquad (5.4.1\text{-}1)$$

2 框架结构：

$$D_i \geqslant 20\sum_{j=i}^{n}G_j/h_i \quad (i=1,2,\cdots,n) \qquad (5.4.1\text{-}2)$$

式中　EJ_d——结构一个主轴方向的弹性等效侧向刚度，可按倒三角形分布荷载作用下结构顶点位移相等的原则，将结构的侧向刚度折算为竖向悬臂受弯构件的等效侧向刚度；

H——房屋高度；

G_i、G_j——分别为第i、j楼层重力荷载设计值，取 1.2 倍的永久荷载标准值与 1.4 倍的楼面可变荷载标准值的组合值；

h_i——第i楼层层高；

D_i——第i楼层的弹性等效侧向刚度，可取该层剪力与层间位移的比值；

n——结构计算总层数。

第二点是整体稳定满足最小值的刚重比限值，参考《高规》第 5.4.4 条，内容如下：

5.4.4　高层建筑结构的整体稳定性应符合下列规定：

1 剪力墙结构、框架-剪力墙结构、筒体结构应符合下式要求：

$$EJ_d \geqslant 1.4H^2\sum_{i=1}^{n}G_i \qquad (5.4.4\text{-}1)$$

2 框架结构应符合下式要求：

$$D_i \geqslant 10\sum_{j=i}^{n}G_j/h_i \quad (i=1,2,\cdots,n) \qquad (5.4.4\text{-}2)$$

本项目为框架结构，刚重比在文本 1 中查看，如图 1.3-69 所示。

```
**************************************************************
                结构整体稳定验算
**************************************************************
```

地震:

层号	塔号	X向刚度	Y向刚度	层高	上部重量	X刚重比	Y刚重比
1	1	1.524E+006	1.435E+006	3.600	96108	57.102	53.762
2	1	8.922E+005	8.196E+005	3.600	76271	42.113	38.683
3	1	8.190E+005	7.430E+005	3.600	56434	52.244	47.398
4	1	8.028E+005	7.220E+005	3.600	36596	78.975	71.025
5	1	8.216E+005	7.197E+005	3.300	16759	161.787	141.718

该结构刚重比Di*Hi/Gi大于10，能够通过《高规》5.4.4条的整体稳定验算
该结构刚重比Di*Hi/Gi大于20，满足《高规》5.4.1，可以不考虑重力二阶效应

风荷载:

层号	塔号	X向刚度	Y向刚度	层高	上部重量	X刚重比	Y刚重比
1	1	1.579E+006	1.491E+006	3.600	96108	59.128	55.833
2	1	8.838E+005	8.118E+005	3.600	76271	41.714	38.315
3	1	7.985E+005	7.228E+005	3.600	56434	50.936	46.111
4	1	7.772E+005	6.951E+005	3.600	36596	76.454	68.379
5	1	7.807E+005	6.741E+005	3.300	16759	153.732	132.730

该结构刚重比Di*Hi/Gi大于10，能够通过《高规》5.4.4条的整体稳定验算
该结构刚重比Di*Hi/Gi大于20，满足《高规》5.4.1，可以不考虑重力二阶效应

图 1.3-69　文本 1 刚重比查看

另外，新手读者重点掌握的是知道刚重比控制的目的是什么即可，养成好的看整体指标的习惯。进一步地了解此指标的相关内容，推荐傅学怡的《实用高层建筑设计》一书，我们将在后续超高层相关章节进行详细介绍。

7. 结构平面规则性——周期比

周期比是结构设计人员必须控制的一个指标。所谓的必须，不是基于规范的要求，而是基于设计人员自身的结构素养。因为周期注定是要和刚度质量联系在一起的。所以本次的周期比就是抗扭刚度强弱的一个分配。在整体刚度满足的情况下，我们当然希望抗扭刚度强一些，这样结构的抗扭能力相对更好一些。知道这个之后，大家就不用过于纠结规范要不要控制两个方向的周期比了。答案是尽可能控制，除了一些有先天“缺陷”的结构，一般结构尽可能满足，而不是纠结于规范的字眼。

首先，《高规》第 3.4.5 条规定：

3.4.5　结构平面布置应减少扭转的影响。在考虑偶然偏心影响的规定水平地震力作用下，楼层竖向构件最大的水平位移和层间位移，A 级高度高层建筑不宜大于该楼层平均值的 1.2 倍，不应大于该楼层平均值的 1.5 倍；B 级高度高层建筑、超过 A 级高度的混合结构及本规程第 10 章所指的复杂高层建筑不宜大于该楼层平均值的 1.2 倍，不应大于该楼层平均值的 1.4 倍。结构扭转为主的第一自振周期T_t与平动为主的第一自振周期T_1之比，A 级高度高层建筑不应大于 0.9，B 级高度高层建筑、超过 A 级高度的混合结构及本规程第 10 章所指的复杂高层建筑不应大于 0.85。

注：当楼层的最大层间位移角不大于本规程第 3.7.3 条规定的限值的 40%时，该楼层竖向构件的最大水平位移和层间位移与该楼层平均值的比值可适当放松，但不应大于 1.6。

从上面的条文不难看出，一般项目的周期比控制在 0.9，若严格一些则控制在 0.85。

本项目周期比查看在文本 2 中，如图 1.3-70 所示。

1.3.4-7 结构平面规则性—周期比

****

周期、地震力与振型输出文件

****

考虑扭转耦联时的振动周期(秒)、X,Y 方向的平动系数、扭转系数

振型号	周期	转角	平动系数(X+Y)	扭转系数(Z)(强制刚性楼板模型)
1	0.8813	89.66	1.00(0.00+1.00)	0.00
2	0.8436	179.31	0.97(0.97+0.00)	0.03
3	0.8103	12.83	0.03(0.03+0.00)	0.97
4	0.2651	89.57	1.00(0.00+1.00)	0.00
5	0.2560	179.23	0.98(0.98+0.00)	0.02
6	0.2446	15.32	0.02(0.02+0.00)	0.98
7	0.1386	89.30	1.00(0.00+1.00)	0.00
8	0.1356	178.99	0.99(0.99+0.00)	0.01
9	0.1285	19.01	0.02(0.01+0.00)	0.98
10	0.0903	88.61	1.00(0.00+1.00)	0.00
11	0.0892	178.29	0.99(0.99+0.00)	0.01
12	0.0839	22.65	0.01(0.01+0.00)	0.99
13	0.0700	84.13	1.00(0.01+0.99)	0.00
14	0.0698	173.51	0.99(0.98+0.01)	0.01
15	0.0652	25.95	0.01(0.01+0.00)	0.99

第1扭转周期（0.8103）/第1平动周期（0.8813）=0.92

图 1.3-70　文本 2 中的周期比

这里可以看出，周期比不满足《高规》要求。本案例为多层结构，原则上可以不控制周期比，但是从结构概念的角度出发，建议读者以控制为上。调整周期比时，需要平衡整体的刚度，建议是增加四周框架，减少中间框架，这样更合理一些。

同时，推荐读者留意通过三维模型来感受结构的扭转，如图 1.3-71 所示。

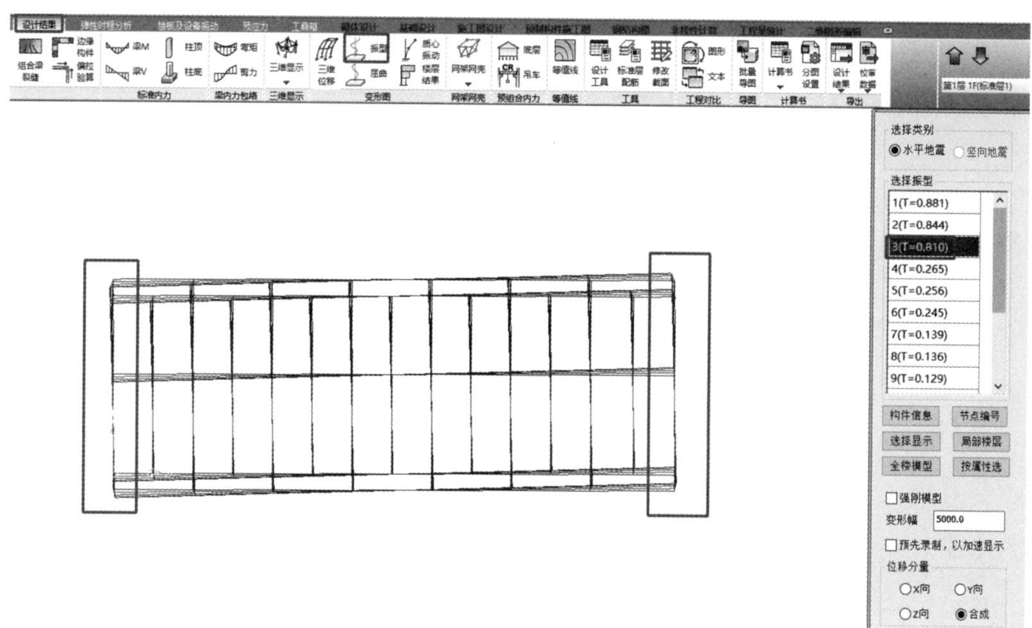

图 1.3-71　结构扭转振型

8. 结构平面规则性——扭转位移比

扭转位移比和周期比是孪生兄弟。前者是规则性的控制，后者是抗扭刚度的控制。都有一个目的，就是减少结构的扭转。关于扭转位移比，反复给大家强调几个概念：偶然偏心、规定水平力、刚性楼板假定的情况下，查看竖向构件。

其规范规定可以参考周期比中的《高规》条文。这里，先给读者普及一下扭转位移比的计算原理，首先是了解规定水平力的计算，如图 1.3-72 所示。

其次，是刚性楼板假定下考虑偶然偏心的规定水平力下扭转位移比的计算，如图 1.3-73 所示。

图 1.3-73 应注意是刚性楼板假定，因为弹性楼板假定考虑板的变形，计算的扭转位移比仅供参考。其计算简图如图 1.3-74 所示。

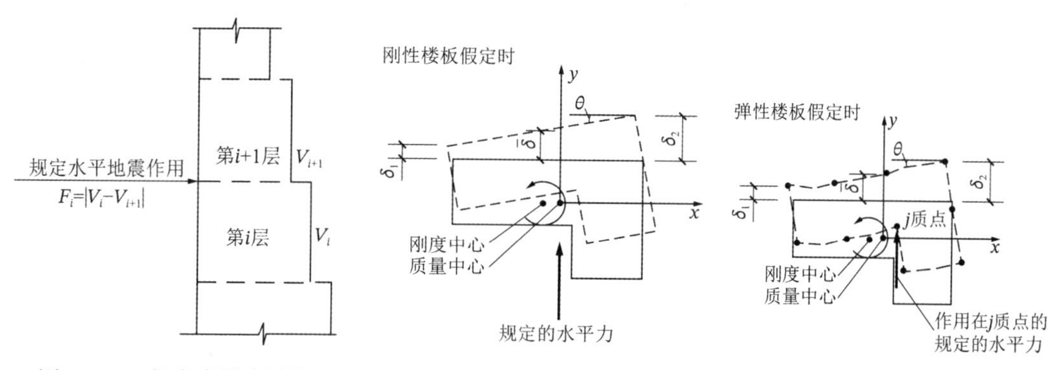

图 1.3-72　规定水平力计算

图 1.3-73　刚性楼板假定的扭转位移比计算简图

图 1.3-74　弹性楼板假定的扭转位移比计算简图

本案例 X 方向扭转位移比的查看在文本 3 中，如图 1.3-75 所示。

1.3.4-8 结构平面规则性—扭转位移比

```
=== 工况7 === X+ 偶然偏心规定水平力作用下的楼层最大位移

Floor  Tower  Jmax     Max-(X)  Ave-(X)  Ratio-(X)    h
              JmaxD    Max-Dx   Ave-Dx   Ratio-Dx

  5     1    5000001   15.12    14.67     1.03      3300
             5000022    1.53     1.48     1.03
  4     1    4000001   13.58    13.18     1.03      3600
             4000001    2.92     2.83     1.03
  3     1    3000022   10.66    10.35     1.03      3600
             3000022    3.87     3.75     1.03
  2     1    2000001    6.79     6.59     1.03      3600
             2000001    4.18     4.05     1.03
  1     1    1000001    2.61     2.54     1.03      3600
             1000001    2.61     2.54     1.03

X方向最大位移与层平均位移的比值：  1.03 (5层1塔)
X方向最大层间位移与平均层间位移的比值：  1.03 (5层1塔)

=== 工况8 === X- 偶然偏心规定水平力作用下的楼层最大位移

Floor  Tower  Jmax     Max-(X)  Ave-(X)  Ratio-(X)    h
              JmaxD    Max-Dx   Ave-Dx   Ratio-Dx

  5     1    5000003   14.91    14.64     1.02      3300
             5000003    1.51     1.48     1.02
  4     1    4000003   13.40    13.16     1.02      3600
             4000024    2.88     2.83     1.02
  3     1    3000024   10.52    10.33     1.02      3600
             3000024    3.82     3.75     1.02
  2     1    2000024    6.70     6.58     1.02      3600
             2000003    4.12     4.05     1.02
  1     1    1000024    2.58     2.53     1.02      3600
             1000024    2.58     2.53     1.02

X方向最大位移与层平均位移的比值：  1.02 (5层1塔)
X方向最大层间位移与平均层间位移的比值：  1.02 (5层1塔)
```

图 1.3-75　X 方向扭转位移比

关于扭转位移比的控制，主要强调一点，就是不要“一叶障目而不见泰山”，一定要多指标综合考虑，加法和减法结合。比如，周期比的情况，抗扭刚度不足的情况下，一般扭转位移比不会太好。另外，结构的扭转位移比数值控制也要有个度，结构的不规则程度建议读者参考表 1.3-7。

结构平面不规则程度　　表 1.3-7

结构类型	地震作用下的最大层间位移角 θ_e 范围	相应于该层（θ_e所对应的楼层）的扭转位移比 μ				
		$\mu \leqslant 1.2$	$1.2 < \mu \leqslant 1.35$	$1.35 < \mu \leqslant 1.5$	$1.5 < \mu \leqslant 1.6$	$\mu > 1.6$
框架	$\theta_e \leqslant 1/1375$	规则	一般不规则	特别不规则	特别不规则	不允许
	$1/1375 < \theta_e \leqslant 1/550$	规则	一般不规则	特别不规则	不允许	
框架-剪力墙 框架-核心筒 板柱-剪力墙	$\theta_e \leqslant 1/2000$	规则	一般不规则	特别不规则	特别不规则	
	$1/2000 < \theta_e \leqslant 1/800$	规则	一般不规则	特别不规则	不允许	
筒中筒、 剪力墙	$\theta_e \leqslant 1/2500$	规则	一般不规则	特别不规则	特别不规则	不允许
	$1/2500 < \theta_e \leqslant 1/1000$	规则	一般不规则	特别不规则	不允许	

常规项目建议控制在 1.2 以内，个别不规则楼层可以超过 1.2，但是尽量控制在 1.35 以内。

最后，简单说一下，具体软件层面扭转位移比的查找，比如图 1.3-75 的 X 方向扭转位移比中二层节点 2000024，要控制其扭转位移比，先要知道其具体位置，如图 1.3-76 所示。

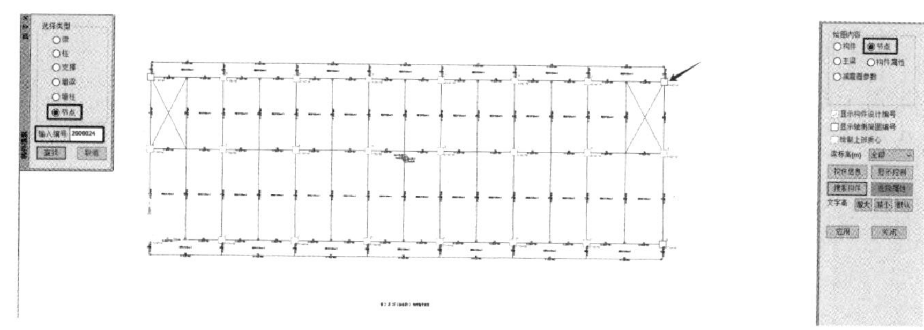

图 1.3-76　扭转位移比的节点查找

找到之后，就可以根据具体情况进行加强或削弱了。本案例平面规则，扭转位移比不起控制作用，但是上面的细节查看，有助于读者在其他项目中细致分析位移比过大的原因。

9. 结构竖向规则性——侧向刚度比

侧向刚度比重点关注的是结构的竖向不规则性。其实，结构某种程度上和人比较类似，我们希望它无论上下还是左右看都对称、均匀、简洁、大方（仅从结构审美的角度看）。侧向刚度比就是针对结构的竖向均匀性而言，我们希望其均匀变化，而不是突然增大或又变小，如图 1.3-77 所示。

1.3.4-9 结构竖向规则性—侧向刚度比

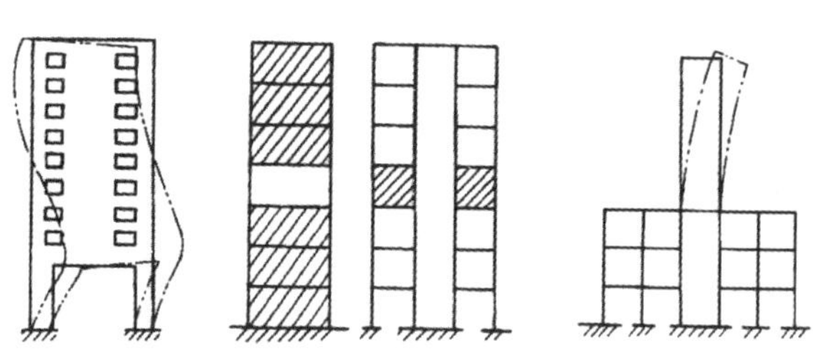

图 1.3-77　结构竖向不均匀

在查看本案例侧向刚度比之前，我们先熟悉一下侧向刚度比的规范条文，推荐读者查看《高规》第 3.5.2 条：

3.5.2　抗震设计时，高层建筑相邻楼层的侧向刚度变化应符合下列规定：

1 对框架结构，楼层与其相邻上层的侧向刚度比γ_1可按式(3.5.2-1)计算，且本层与相邻上层的比值不宜小于 0.7，与相邻上部三层刚度平均值的比值不宜小于 0.8。

$$\gamma_1 = \frac{V_i \Delta_{i+1}}{V_{i+1} \Delta_i} \tag{3.5.2-1}$$

式中　γ_1——楼层侧向刚度比；

V_i、V_{i+1}——第i层和第$i+1$层的地震剪力标准值（kN）；

Δ_i、Δ_{i+1}——第i层和第$i+1$层在地震作用标准值作用下的层间位移（m）。

2 对框架-剪力墙、板柱-剪力墙结构、剪力墙结构、框架-核心筒结构、筒中筒结构，楼层与其相邻上层的侧向刚度比γ_2可按式(3.5.2-2)计算，且本层与相邻上层的比值不宜小于

0.9；当本层层高大于相邻上层层高的 1.5 倍时，该比值不宜小于 1.1；对结构底部嵌固层，该比值不宜小于 1.5。

$$\gamma_2 = \frac{V_i \Delta_{i+1}}{V_{i+1} \Delta_i} \frac{h_i}{h_{i+1}} \tag{3.5.2-2}$$

式中 γ_2——考虑层高修正的楼层侧向刚度比。

本案例属于框架结构，因此，我们重点先关注框架结构的侧向刚度比，其余结构的侧向刚度比我们在其他章节案例对应介绍。规范针对框架结构的侧向刚度比要求，可以按图 1.3-78 所示图形去理解。

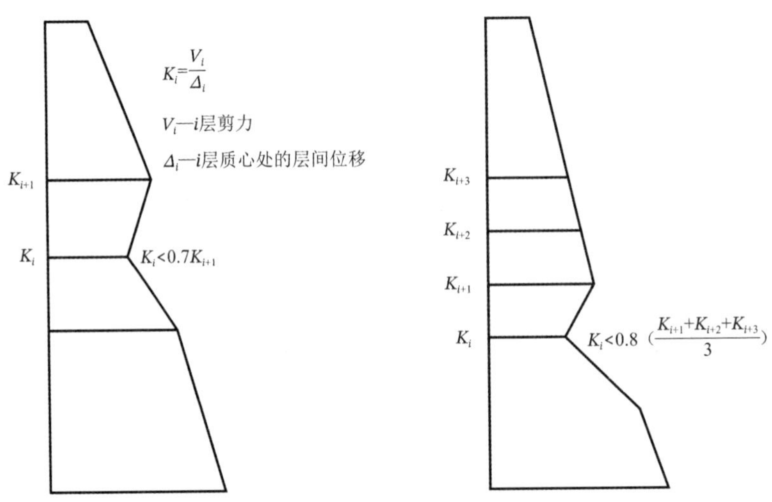

图 1.3-78 侧向刚度比

在 YJK 中，侧向刚度比可以在文本 1 中进行查看，如图 1.3-79 所示。

```
************************************************************
      各层刚心、偏心率、相邻层侧移刚度比等计算信息
Floor No    : 层号
Tower No    : 塔号
Xstif, Ystif : 刚心的 X, Y 坐标值
Alf         : 层刚性主轴的方向
Xmass, Ymass : 质心的 X, Y 坐标值
Gmass & G   : 总质量(1.0D+1.0L) & 重力荷载代表值
Eex, Eey    : X, Y 方向的偏心率
Ratx, Raty  : X, Y 方向本层塔侧移刚度与下一层相应塔侧移刚度的比值(剪切刚度)
Ratx1, Raty1 : X, Y 方向本层塔侧移刚度与上一层相应塔侧移刚度70%的比值或上三层平均侧移刚度80%的比值中之较小者
Ratx2, Raty2 : X, Y 方向本层塔侧移刚度与上一层相应塔侧移刚度90%、110%或者150%比值。110%指当本层层高大于相邻上层层高1.5倍时，150%指嵌固层
RJX1, RJY1, RJZ1: 结构总体坐标系中塔的侧移刚度和扭转刚度(剪切刚度)
RJX3, RJY3, RJZ3: 结构总体坐标系中塔的侧移刚度和扭转刚度(地震剪力与地震层间位移的比)
************************************************************
Floor No. 1    Tower No. 1
Xstif=   26.3098(m)   Ystif=    8.4884(m)   Alf =   45.0000(Degree)
Xmass=   26.4230(m)   Ymass=    8.2738(m)   Gmass & G= 1616.2692 & 1505.7821(t)
Eex =    0.0118       Eey =    0.0061
Ratx =    1.0000      Raty =    1.0000
薄弱层地震剪力放大系数= 1.00
Ratx1=    2.2739      Raty1=    2.3559
RJX1 = 4.0263E+006(kN/m) RJY1 = 4.0263E+006(kN/m) RJZ1 = 0.0000E+000(kN/m)
RJX3 = 1.5244E+006(kN/m) RJY3 = 1.4353E+006(kN/m) RJZ3 = 7.0233E+008(kN*m/Rad)
---------------------------------------------------------------------
Floor No. 2    Tower No. 1
Xstif=   26.3098(m)   Ystif=    8.4884(m)   Alf =   45.0000(Degree)
Xmass=   26.4230(m)   Ymass=    8.2738(m)   Gmass & G= 1616.2692 & 1505.7821(t)
Eex =    0.0118       Eey =    0.0061
Ratx =    1.0000      Raty =    1.0000
薄弱层地震剪力放大系数= 1.00
Ratx1=    1.3693      Raty1=    1.4067
RJX1 = 4.0263E+006(kN/m) RJY1 = 4.0263E+006(kN/m) RJZ1 = 0.0000E+000(kN/m)
RJX3 = 8.9222E+005(kN/m) RJY3 = 8.1955E+005(kN/m) RJZ3 = 7.0233E+008(kN*m/Rad)
---------------------------------------------------------------------
```

图 1.3-79 文本 1 查看侧向刚度比

要理解上述文本，必须结合规范条文。框架结构采用的是地震剪力与地震层间位移的比，参见图 1.3-79 中的RJX3、RJY3。

以第一层侧向刚度比为例，读者可以手算一下其侧向刚度比。只需要把文本文件中的重要信息进行摘录，如图 1.3-80 所示。

```
Floor No. 1    Tower No. 1
Xstif=   26.3098(m)    Ystif=    8.4884(m)    Alf  =   45.0000(Degree)
Xmass=   26.4230(m)    Ymass=    8.2738(m)    Gmass & G= 1616.2692 & 1505.7821(t)
Eex  =    0.0118       Eey  =    0.0061
Ratx =    1.0000       Raty =    1.0000
薄弱层地震剪力放大系数= 1.00
Ratx1=    2.2739       Raty1=    2.3559
RJX1 = 4.0263E+006(kN/m)  RJY1 = 4.0263E+006(kN/m)  RJZ1 = 0.0000E+000(kN/m)
RJX3 = 1.5244E+006(kN/m)  RJY3 = 1.4353E+006(kN/m)  RJZ3 = 7.0233E+008(kN*m/Rad)
---------------------------------------------------------------
Floor No. 2    Tower No. 1
Xstif=   26.3098(m)    Ystif=    8.4884(m)    Alf  =   45.0000(Degree)
Xmass=   26.4230(m)    Ymass=    8.2738(m)    Gmass & G= 1616.2692 & 1505.7821(t)
Eex  =    0.0118       Eey  =    0.0061
Ratx =    1.0000       Raty =    1.0000
薄弱层地震剪力放大系数= 1.00
Ratx1=    1.3693       Raty1=    1.4067
RJX1 = 4.0263E+006(kN/m)  RJY1 = 4.0263E+006(kN/m)  RJZ1 = 0.0000E+000(kN/m)
RJX3 = 8.9222E+005(kN/m)  RJY3 = 8.1955E+005(kN/m)  RJZ3 = 7.0233E+008(kN*m/Rad)
---------------------------------------------------------------
Floor No. 3    Tower No. 1
Xstif=   26.3098(m)    Ystif=    8.4884(m)    Alf  =   45.0000(Degree)
Xmass=   26.4230(m)    Ymass=    8.2738(m)    Gmass & G= 1616.2692 & 1505.7821(t)
Eex  =    0.0118       Eey  =    0.0061
Ratx =    1.0000       Raty =    1.0000
薄弱层地震剪力放大系数= 1.00
Ratx1=    1.2604       Raty1=    1.2884
RJX1 = 4.0263E+006(kN/m)  RJY1 = 4.0263E+006(kN/m)  RJZ1 = 0.0000E+000(kN/m)
RJX3 = 8.1898E+005(kN/m)  RJY3 = 7.4301E+005(kN/m)  RJZ3 = 7.0233E+008(kN*m/Rad)
---------------------------------------------------------------
Floor No. 4    Tower No. 1
Xstif=   26.3098(m)    Ystif=    8.4885(m)    Alf  =   45.0000(Degree)
Xmass=   26.4230(m)    Ymass=    8.2738(m)    Gmass & G= 1616.2692 & 1505.7821(t)
Eex  =    0.0118       Eey  =    0.0061
Ratx =    0.9612       Raty =    0.9612
薄弱层地震剪力放大系数= 1.00
Ratx1=    1.3959       Raty1=    1.4331
RJX1 = 3.8700E+006(kN/m)  RJY1 = 3.8700E+006(kN/m)  RJZ1 = 0.0000E+000(kN/m)
RJX3 = 8.0284E+005(kN/m)  RJY3 = 7.2202E+005(kN/m)  RJZ3 = 6.8694E+008(kN*m/Rad)
```

图 1.3-80　各楼层侧向刚度

然后，将图 1.3-80 框选数字放入 Excel 表格中，如表 1.3-8 所示，进行首层的侧向刚度比验算。

手算核对　　表 1.3-8

计算楼层	RJX3	RJY3	侧向刚度比验算	
Floor No.1	1.52E + 06	1.44E + 06		
Floor No.2	8.92E + 05	8.20E + 05		
Floor No.3	8.19E + 05	7.43E + 05		
Floor No.4	8.03E + 05	7.22E + 05	Ratx1	Raty1
No.2 的百分之七十	6.25E + 05	5.74E + 05	2.4408	2.5019
No.2～4 均值的百分之八十	6.70E + 05	6.09E + 05	2.2738	2.3560

由上不难发现，YJK 计算结果与手算结果基本吻合。读者通过此流程，也可以更加深刻地体会侧向刚度比中各个参数的含义。

另外，刚度比也可以通过图形方式进行汇总查看，如图 1.3-81 所示。

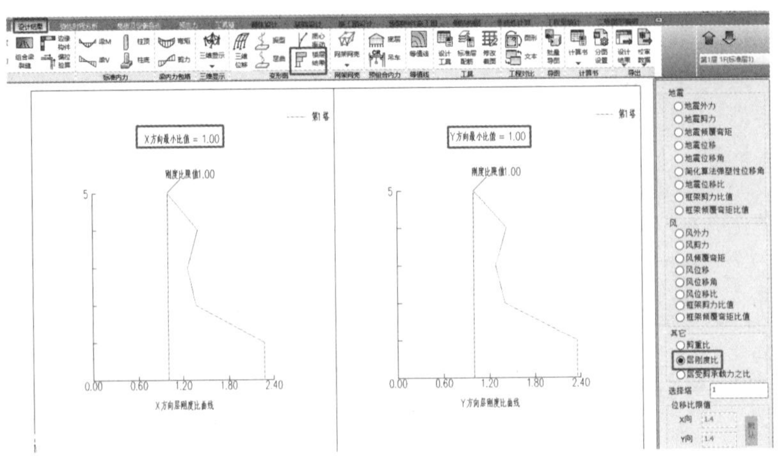

图 1.3-81 层刚度比图形查看

还有一点要注意的是，刚度比对应的是结构的软弱层。这个要和后面的薄弱层区分开来。关于侧向刚度比更多的内容，我们在后续对应章节进行介绍。

10. 结构竖向规则性——层间受剪承载力之比

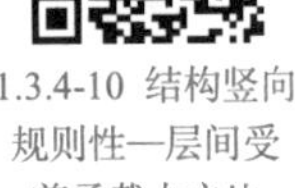

1.3.4-10 结构竖向规则性—层间受剪承载力之比

层间受剪承载力比重点关注的是结构的竖向不规则性。这个指标不满足导致结构出现薄弱层，注意的是要与前面的软弱层相对比。软弱层是从刚度的角度得出来的，薄弱层某种意义上是从构件截面和实际配筋的层面考虑的。换而言之，当你结构定性的时候，你的薄弱层就确定了。这个给我们读者一个很大的提醒，就是在配筋阶段还是要有基本的结构概念，不过庆幸的是，现在的软件有自动调整至非薄弱层的选项。

关于层间受剪承载力之比的规范条文，看《高规》第 3.5.3 条：

3.5.3 A 级高度高层建筑的楼层抗侧力结构的层间受剪承载力不宜小于其相邻上一层受剪承载力的 80%，不应小于其相邻上一层受剪承载力的 65%；B 级高度高层建筑的楼层抗侧力结构的层间受剪承载力不应小于其相邻上一层受剪承载力的 75%。

注：楼层抗侧力结构的层间受剪承载力是指在所考虑的水平地震作用方向上，该层全部柱、剪力墙、斜撑的受剪承载力之和。

条文的理解可以从图 1.3-82 中去体会。

本案例要查看层间受剪承载力之比，可以看文本 1，如图 1.3-83 所示。

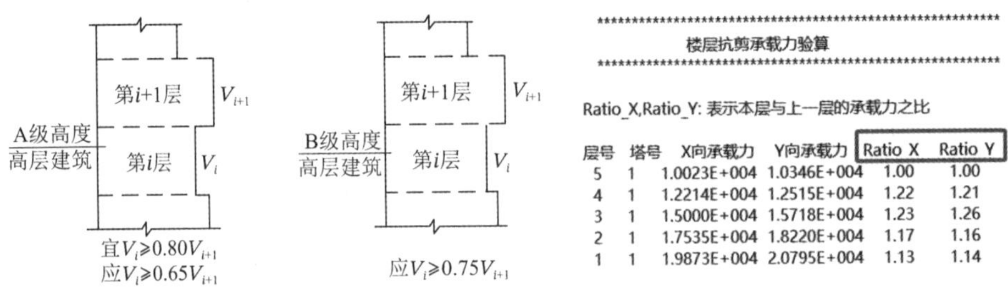

楼层抗剪承载力验算

Ratio_X,Ratio_Y: 表示本层与上一层的承载力之比

层号	塔号	X向承载力	Y向承载力	Ratio X	Ratio Y
5	1	1.0023E+004	1.0346E+004	1.00	1.00
4	1	1.2214E+004	1.2515E+004	1.22	1.21
3	1	1.5000E+004	1.5718E+004	1.23	1.26
2	1	1.7535E+004	1.8220E+004	1.17	1.16
1	1	1.9873E+004	2.0795E+004	1.13	1.14

图 1.3-82 层间受剪承载力之比　　图 1.3-83 层间受剪承载力之比

图 1.3-83 中框选部分是层间受剪承载力之比的数值，读者可以很清楚地观察到每一层的层间受剪承载力数值。

同时，层间受剪承载力之比也可以通过图形文件去查看，如图 1.3-84 所示。

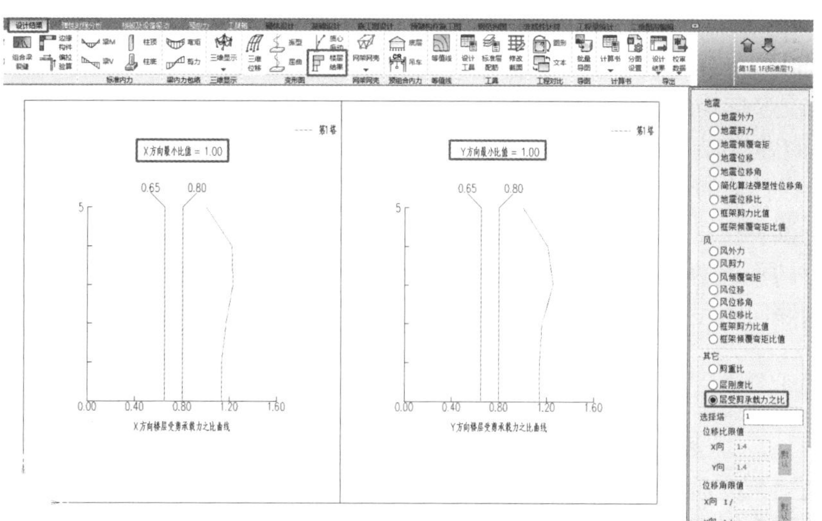

图 1.3-84　层间受剪承载力之比

本案例我们先掌握基本的指标概念和查看方法。后面，在超高层案例中，我们再进一步理解薄弱层的概念。

需要说明的是，通过配筋调整不是结构设计的上策，更好的调整是结构布置和与建筑专业的协调修改。

11. 整体指标汇总

前面是我们详细地介绍常规混凝土结构应查看的整体指标。实际结构设计中，读者的结构模型调整是一个反复的过程，不可能每一次都非常详细地观察每一个指标，YJK 现在的版本都给出了整体指标的表格。虽然有些参数结果显示有瑕疵，但是此表格的查看可以极大地节约读者的模型查看时间，查看方法如图 1.3-85 所示。

1.3.4-11 整体指标汇总

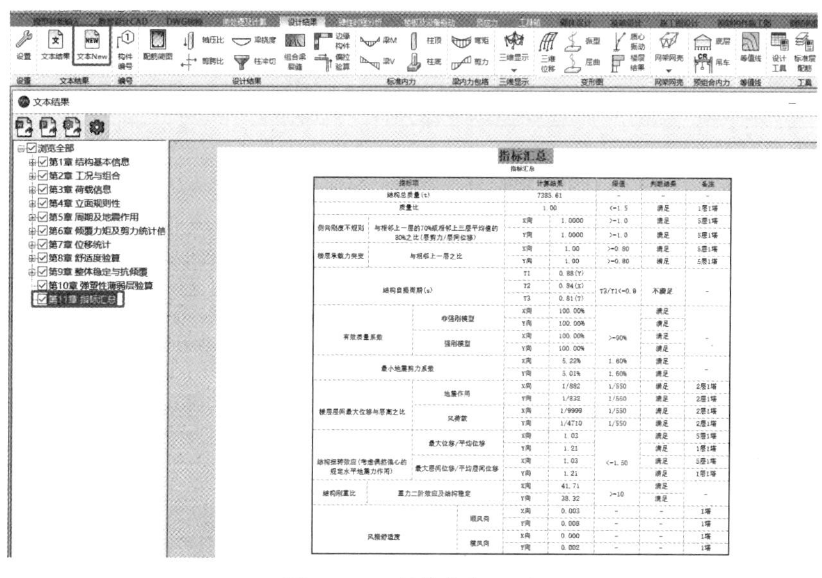

指标汇总

指标项			计算结果		限值	判断结果	备注
结构总质量(t)			7385.61		-	-	-
质量比			1.00		<=1.5	满足	1层1塔
侧向刚度不规则	与相邻上一层的70%或相邻上三层平均值的80%之比(层剪力/层间位移)		X向	1.0000	>=1.0	满足	5层1塔
			Y向	1.0000	>=1.0	满足	5层1塔
楼层承载力突变	与相邻上一层之比		X向	1.00	>=0.80	满足	5层1塔
			Y向	1.00	>=0.80	满足	5层1塔
结构自振周期(s)			T1	0.88(Y)	T3/T1<=0.9	不满足	-
			T2	0.84(X)			
			T3	0.81(T)			
有效质量系数	非强刚模型		X向	100.00%	>=90%	满足	-
			Y向	100.00%		满足	
	强刚模型		X向	100.00%		满足	
			Y向	100.00%		满足	
最小地震剪力系数			X向	5.22%	1.60%	满足	-
			Y向	5.01%	1.60%	满足	
楼层层间最大位移与层高之比	地震作用		X向	1/882	1/550	满足	2层1塔
			Y向	1/832	1/550	满足	2层1塔
	风荷载		X向	1/9999	1/550	满足	2层1塔
			Y向	1/4710	1/550	满足	2层1塔
结构扭转效应(考虑偶然偏心的规定水平地震力作用)	最大位移/平均位移		X向	1.03	<=1.50	满足	5层1塔
			Y向	1.21		满足	1层1塔
	最大层间位移/平均层间位移		X向	1.03		满足	5层1塔
			Y向	1.21		满足	1层1塔
结构刚重比	重力二阶效应及结构稳定		X向	41.71	>=10	满足	-
			Y向	38.32		满足	
风振舒适度		顺风向	X向	0.003	-	-	1塔
			Y向	0.008	-	-	1塔
		横风向	X向	0.000	-	-	1塔
			Y向	0.002	-	-	1塔

图 1.3-85　整体指标汇总

需要提醒读者注意的是，汇总表中的内容需要读者学会鉴别，可以和文本 1、2、3 的内容进行对比判断。

1.3.4-12 轴压比

12. 轴压比

轴压比是竖向构件的一个重要指标，它可以反映材料强度的利用程度。本案例重点介绍框架结构的轴压比，柱轴压比是柱的平均轴向压应力与混凝土轴心抗压强度设计值的比值。

首先，读者在概念上需要明白，轴压比影响的是柱子的延性，它与轴压比成正比。如图 1.3-86 是清华大学对两个轴压比数值不同的柱子在水平力往复作用下的滞回曲线。很明显，饱满的滞回曲线是轴压比较小的那个。

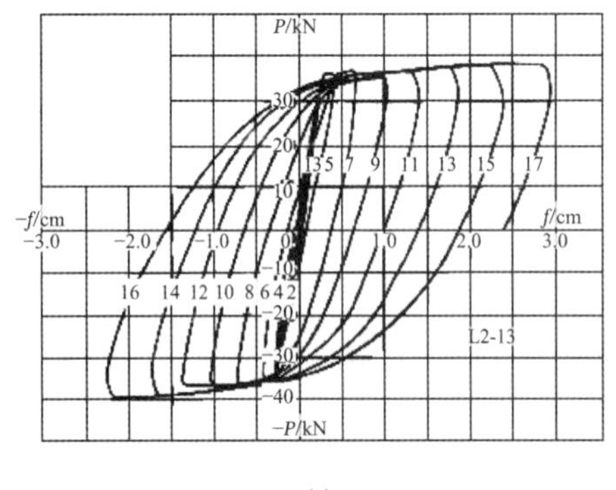

(a)

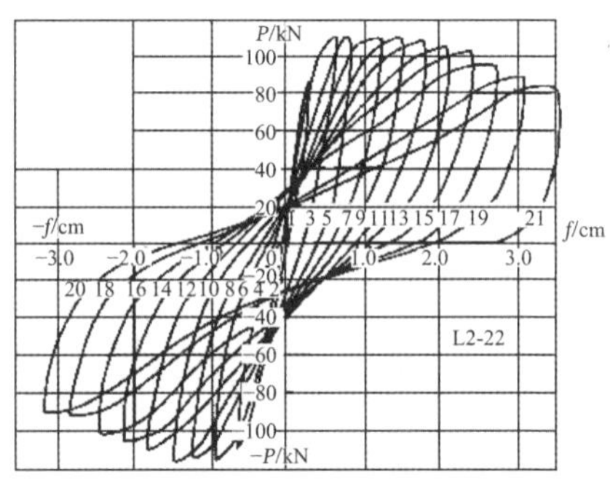

(b)

图 1.3-86　轴压比不同的柱子的滞回曲线

滞回曲线反映构件的耗能能力，因此从这个角度，规范对轴压比要求越严格，背后就是对延性的要求。在此基础上，我们看《抗标》第 6.3.6 条如下：

6.3.6　柱轴压比不宜超过表 6.3.6 的规定；建造于Ⅳ类场地且较高的高层建筑，柱轴压比限值应适当减小。

表 **6.3.6**　柱轴压比限值

结构类型	抗震等级			
	一	二	三	四
框架结构	0.65	0.75	0.85	0.90
框架-抗震墙，板柱-抗震墙、框架-核心筒及筒中筒	0.75	0.85	0.90	0.95
部分框支抗震墙	0.6	0.7	—	

注：1 轴压比指柱组合的轴压力设计值与柱的全截面面积和混凝土轴心抗压强度设计值乘积之比值；对本规范规定不进行地震作用计算的结构，可取无地震作用组合的轴力设计值计算；

2 表内限值适用于剪跨比大于 2、混凝土强度等级不高于 C60 的柱；剪跨比不大于 2 的柱，轴压比限值应降低 0.05；剪跨比小于 1.5 的柱，轴压比限值应专门研究并采取特殊构造措施；

3 沿柱全高采用井字复合箍且箍筋肢距不大于 200mm、间距不大于 100mm、直径不小于 12mm，或沿柱全高采用复合螺旋箍、螺旋间距不大于 100mm、箍筋肢距不大于 200mm、直径不小于 12mm，或沿柱全高采用连续复合矩形螺旋箍、螺旋净距不大于 80mm、箍筋肢距不大于 200mm、直径不小于 10mm，轴压比限值均可增加 0.10；上述三种箍筋的最小配箍特征值，均应按增大的轴压比由本规范表 6.3.9 确定；

4 在柱的截面中部附加芯柱，其中另加的纵向钢筋的总面积不少于柱截面面积的 0.8%，轴压比限值可增加 0.05；此项措施与注 3 的措施共同采用时，轴压比限值可增加 0.15，但箍筋的体积配箍率仍可按轴压比增加 0.10 的要求确定；

5. 柱轴压比不应大于 1.05。

从上面的规范条文可以看出，抗震等级越高，轴压比限值越严格，说明延性要求越高。框架结构框架柱的轴压比限值严格于框架-剪力墙结构等，说明框架柱在不同结构中的角色不同。

回到本案例，框架结构是三级抗震，轴压比限值是 0.85。读者可以通过图形文件查看，如图 1.3-87 所示其中部分楼层部分框架柱的轴压比。

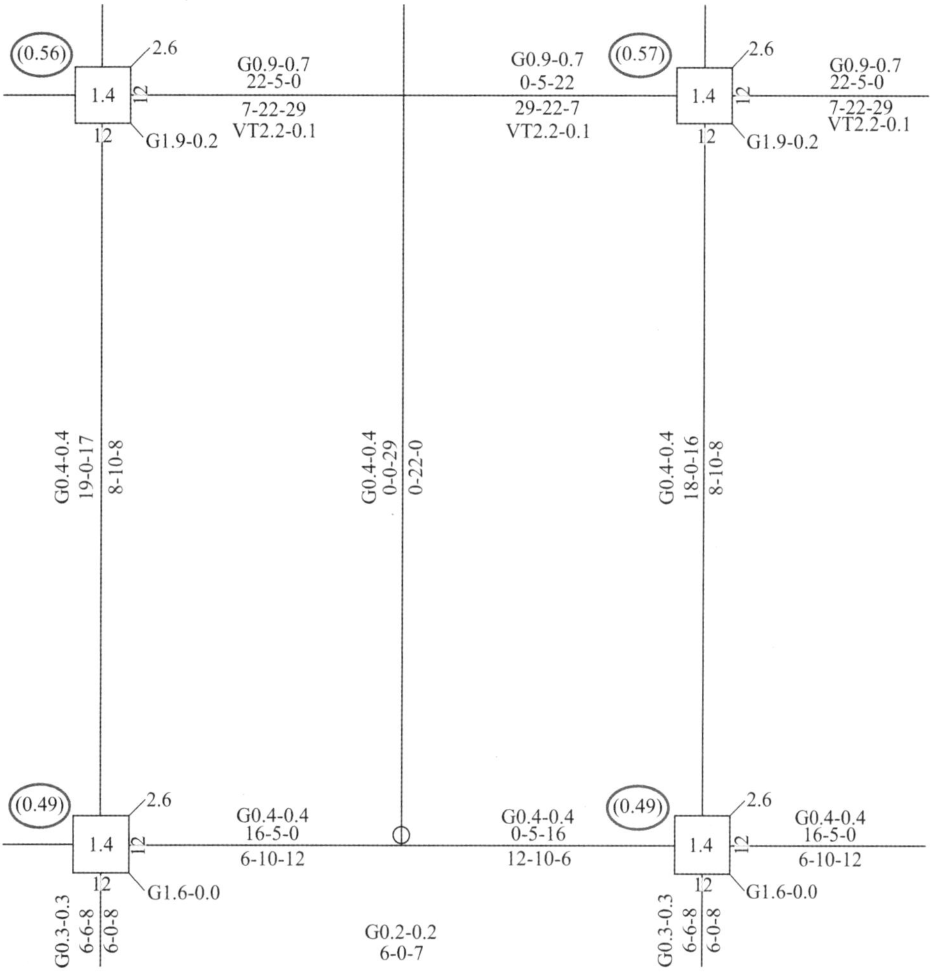

图 1.3-87　柱轴压比

需要提醒读者的是，此指标不能武断地去确定柱截面大小，比如轴压比超限值，通常可以通过增加截面和材料强度来解决。但是，前提是结构方案合理的情况。另外，很多柱轴压比很小，不意味着一定要减截面，要结合前面的整体指标综合确定。

13. 竖向荷载下的内力与变形

竖向荷载下的内力与变形主要是帮助读者感受计算结果的合理与否。图 1.3-88 是竖向荷载下的梁内力简图。

1.3.4-13 竖向荷载下的内力与变形

此简图的目的是让读者判断计算的合理性以及部分大跨梁的内力，以便进一步判断配筋的合理性。梁柱内力综合判断，可以结合三维内力图识别，如图 1.3-89 所示。

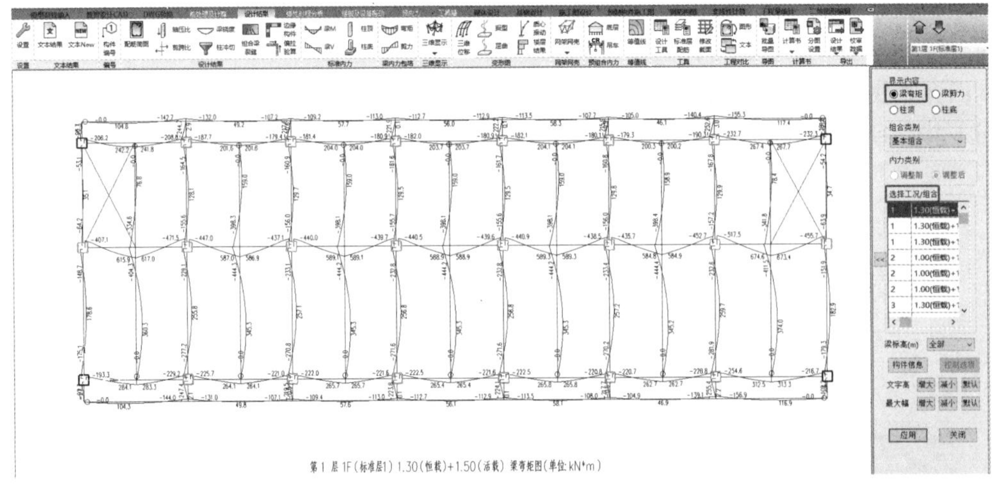

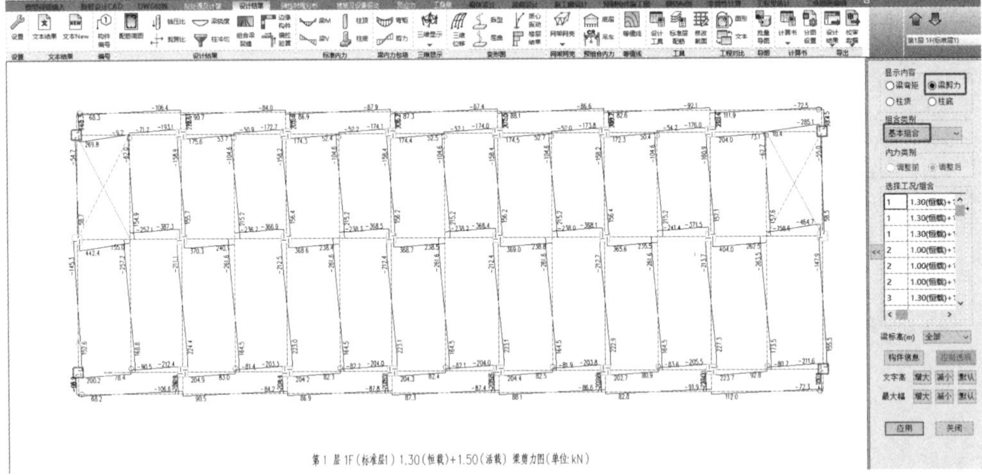

图 1.3-88　竖向荷载下的梁内力简图

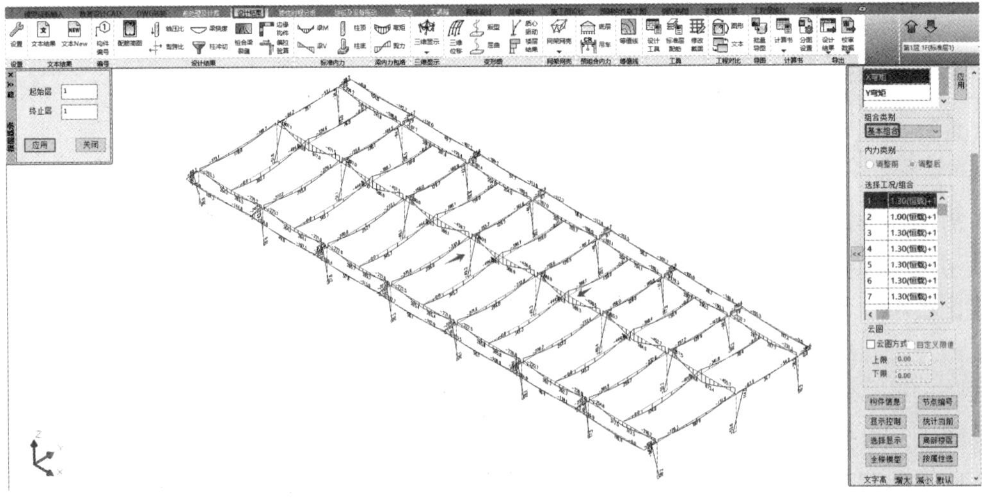

图 1.3-89　三维内力

最后，读者需要留意构件的变形，尤其是梁的挠度，如图 1.3-90 所示。

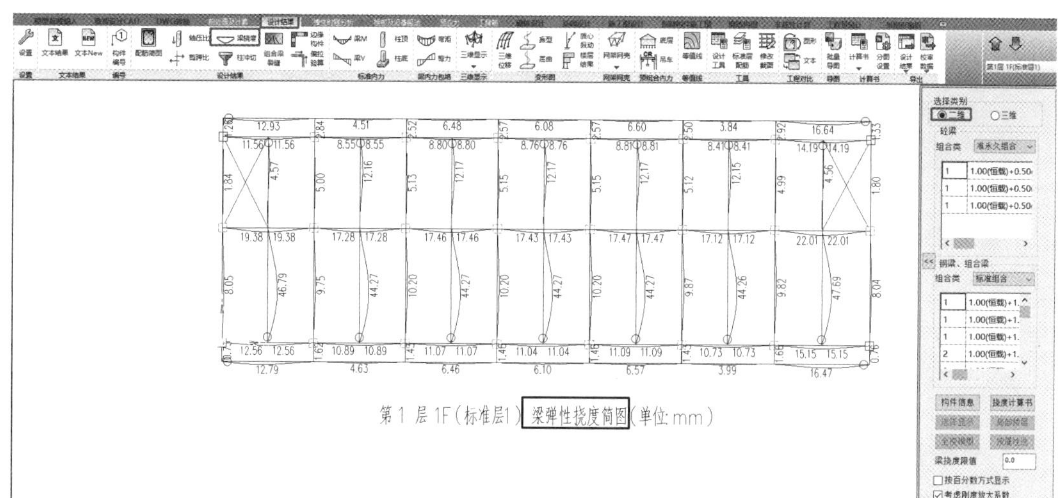

图 1.3-90　梁的弹性挠度简图

该挠度值是采用梁的弹性刚度和荷载准永久组合计算得到的，没有考虑荷载长期作用的影响。活荷载准永久值系数默认为 0.5，可以在图右侧对话框上修改。

1.3.4-14 水平力作用下的内力与变形

14. 水平力作用下的内力与变形

水平力作用下的内力与变形重点是读者感受地震作用（或风荷载）下软件计算的合理性，X 方向地震作用下的梁内力如图 1.3-91 所示。

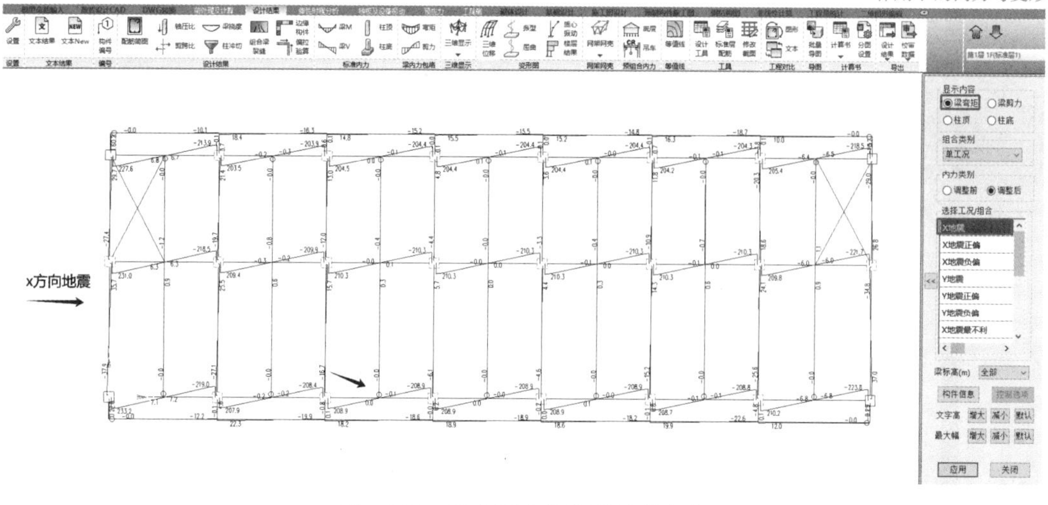

图 1.3-91　X 水平力作用下的梁内力

从图 1.3-91 可以看出，X 方向的地震作用与 X 方向框架梁的弯矩匹配关系，读者在这里也可以感受梁配筋的位置。

图 1.3-92 所示为 Y 方向的地震作用与 Y 方向框架梁的弯矩匹配关系，读者在这里也可以感受梁配筋的位置。

最后提醒读者，也可以通过三维位移的方式来感受框架结构在地震作用下的位移，如图 1.3-93 所示。

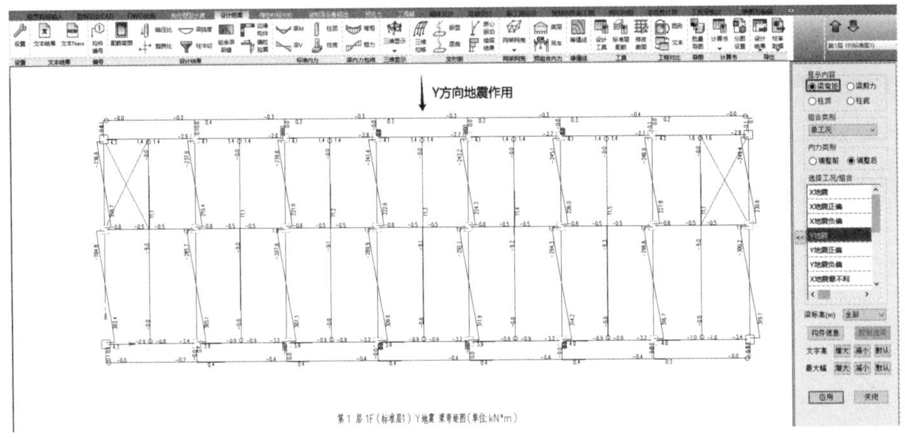

图 1.3-92　Y 水平力作用下的梁内力

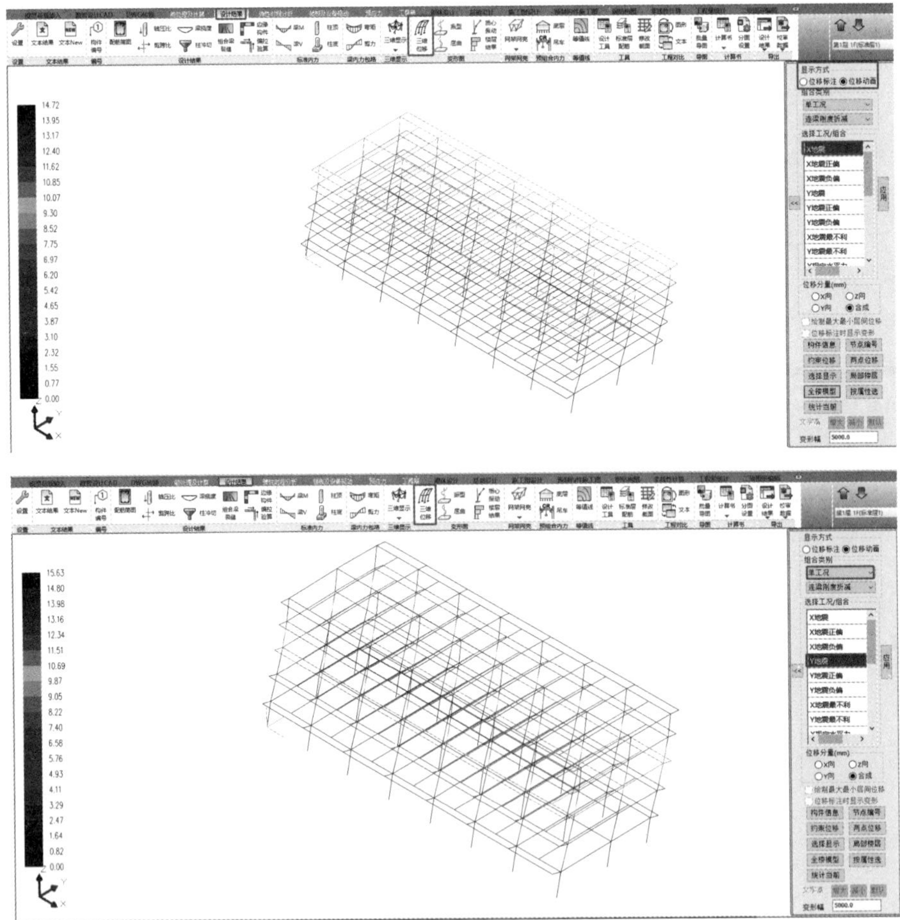

图 1.3-93　地震作用下的三维位移

15. 构件配筋

构件配筋就是很多读者说的“红与不红”，新手做结构设计很容易陷入的一个误区就是过多地关注构件层面的计算结果，而忽略整体结构的相关指标。本小节的构件配筋是在前面整体指标及结构整体内力与变形符合结构概念设计的基础上所进行的查看。

本案例是框架结构，我们重点介绍梁、柱配筋。

首先是梁配筋，在看梁配筋之前，先熟悉 YJK 软件对梁配筋的标准解读。

(XJAsx1-Asx2)
GAsv-Asv0
Asu1-Asu2-Asu3

Asd1-Asd2-Asd3
(VTAst-Ast1)

其中：

Asu1、Asu2、Asu3——梁上部左端、跨中、右端最大配筋面积（cm^2）；

Asd1、Asd2、Asd3——梁下部左端、跨中、右端最大配筋面积（cm^2）；

Asv——梁加密区抗剪箍筋面积和剪扭箍筋面积的较大值（cm^2）；

Asv0——梁非加密区抗剪箍筋面积和剪扭箍筋面积的较大值（cm^2）；

Ast、Ast1——梁剪扭配筋时的受扭纵筋面积和抗扭箍筋沿周边布置的单肢箍筋面积（cm^2），只针对混凝土梁；若Ast和Ast1都为零，则不输出这一行；

Asx1、Asx2——分别为梁左、右端单股斜筋面积（cm^2），只针对混凝土梁；若Asx1和Asx2都为零，则不输出这一行；

G、VT——箍筋和剪扭配筋标志；

XJ——斜筋配筋标志，对混凝土连梁有效。

软件输出的加密区和非加密区箍筋都是按参数设置中的箍筋间距计算的，并且按沿梁全长箍筋的面积配箍率要求控制。实际工程中，梁箍筋加密区和非加密区的箍筋间距一般是不同的，而软件是按照一种箍筋间距计算的。因此，如果加密区和非加密区的箍筋间距不同，设计人员需要对软件输出的箍筋面积进行换算。比如，输入的箍筋间距为加密区间距，则加密区的箍筋计算结果可直接参考使用，非加密区的箍筋面积需要换算。

结合上面的说明，我们看图 1.3-94 所示第二标准层的局部梁配筋图。

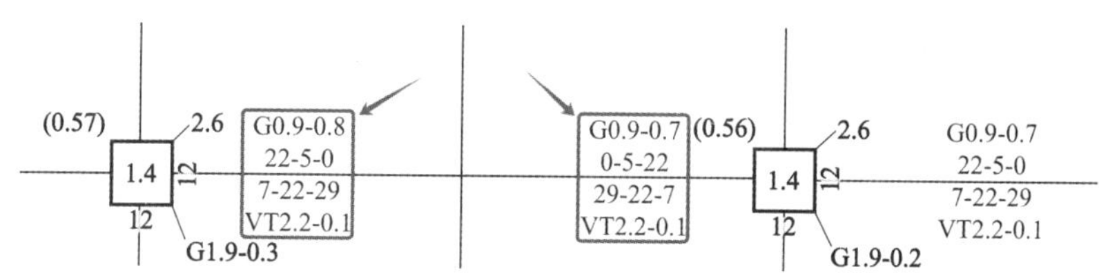

图 1.3-94　本案例梁配筋

首先，从概念上要知道这是一跨梁，软件由于中间次梁打断的原因，输出了两部分。G0.9-0.7 表示的是箍筋，加密区和非加密区间距都是 100mm，因此 100mm 间距需要配置的箍筋是 0.9cm^2，比如 d8@100（2）。

22-5-0 结合它的部位，大数位于支座处，说明支座处需要的纵筋面积是 22cm^2；7-22-29 结合它的部位，大数位于跨中，说明跨中底筋需要的纵筋面积是 29cm^2；VT2.2-0.1 是抗扭纵筋的面积。

我们可以结合弯矩包络图和剪力包络图，体会钢筋和内力的关系，如图 1.3-95 所示。

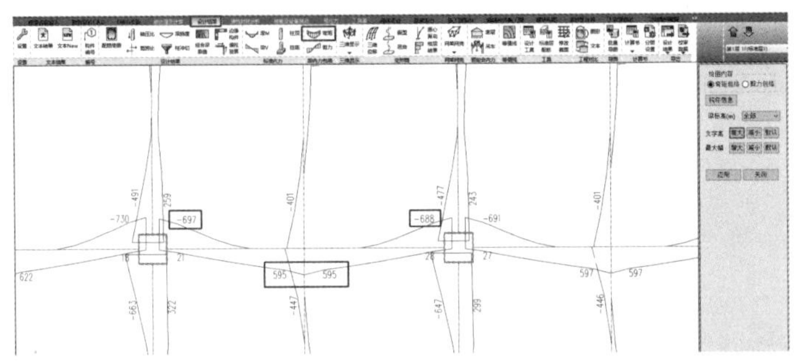

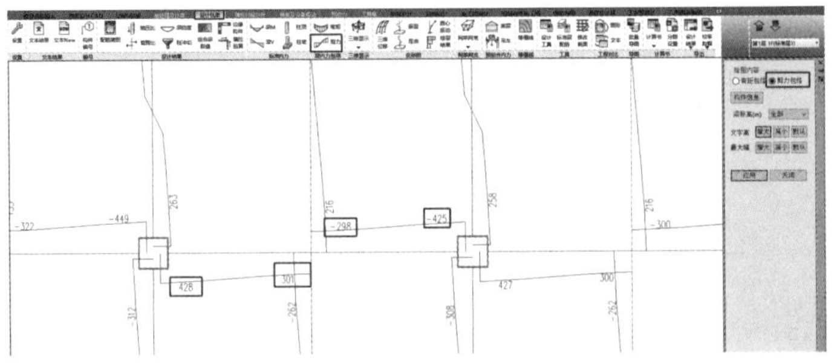

图 1.3-95 弯矩和剪力包络图

梁配筋最后读者要留意，该构件的文本文件与配筋简图的对应。注意文本文件的背后，是软件对构件电算的细节（虽然仍然有一部分内容属于黑匣子，但是基本上结果可以供读者核算）。

1.3.4-15 构件配筋

图 1.3-96 是梁构件的文本几何参数。

梁信息

一、几何材料信息

1. 层号 IST = 1
2. 构件编号 ID = 25
3. 构件全楼编号 TotID= 1000025
4. 左节点号 J1 = 1000005
5. 右节点号 J2 = 1000056
6. 构件属性信息 砼梁 C35 框架梁 调幅梁 矩形
7. 长度 (m) Lb = 3.75
8. 面外长度 (m) Lbout = 3.75
9. 截面参数 (1)B*H(mm)=300*750
10. 保护层厚度 (mm) Cov = 20
11. 箍筋间距 (mm) SS = 100
12. 混凝土强度等级 RC = 35.0
13. 主筋强度 (N/mm2) FYI = 360.0
14. 箍筋强度 (N/mm2) FYJ = 360.0
15. 抗震措施的抗震等级 NF = 3
16. 抗震构造措施的抗震等级 NF_GZ = 3
17. 内力计算截面数 nSect1= 9
18. 配筋计算截面数 nSect2= 9

* 以下输出信息的单位: *
* 轴力和剪力为 kN, 弯矩为 kN.m *
* 钢筋面积为 mm*mm *

图 1.3-96 梁构件的文本几何参数截图

图 1.3-97 是梁构件设计验算信息的计算参数。

```
三、构件设计验算信息

brc --- 薄弱层调整系数，大于1时输出
jzx,jzy --- X、Y向最小剪重比调整系数，大于1时输出
jzz --- 竖向地震作用调整系数，大于1时输出
02vx,02vy --- X、Y向0.2V0调整系数，大于1时输出
zh --- 水平转换构件地震作用调整系数，大于1时输出
xfc --- 消防车荷载折减系数
livec --- 梁活荷载折减系数
stif --- 框架梁为刚度放大系数，连梁为刚度折减系数
tf --- 梁弯矩调幅系数
nj --- 梁扭矩折减系数
kzzx,kzzy --- 框支柱地震作用调整系数
zpseam --- 预制构件接缝验算时的受剪承载力增大系数
ηv --- 梁强剪弱弯调整系数
Ω --- 性能系数
Ωmin --- 耗能构件性能系数最小值
βe --- 性能系数的调整系数

1,2,3,4,5,6,7,8,9 --- 代表梁从左到右9个等分截面
-M,+M --- 负、正弯矩设计值(kN-m)
N --- 与负、正弯矩设计值对应的轴力设计值(kN)，有数值时才输出
Top_Ast,Btm_Ast --- 截面上、下部位的配筋面积(mm2)
%_Steel --- 配筋率
V --- 剪力设计值(kN)
T,N --- 与剪力设计值对应的扭矩、轴力，有数值时才输出
Asv --- 箍筋面积(mm2)
Rsv --- 箍筋配箍率
注：梁箍筋是指单位间距范围内的箍筋面积
ast --- 剪扭设计时的抗扭纵筋面积，有数值时才输出
ast1 --- 剪扭设计时的抗扭单肢箍筋面积，有数值时才输出
V,T,N --- 剪扭配筋对应的剪力、扭矩、轴力，有数值时才输出
VXJ --- 斜筋计算对应的剪力，有数值时才输出
AsXJ --- 单股斜筋面积，有数值时才输出
Ac1 --- 叠合梁端截面后浇砼叠合层截面面积(mm2)
Ak --- 各键槽的根部截面面积之和(mm2)
```

图 1.3-97　梁构件设计验算信息的计算参数截图

图 1.3-98 是梁构件各个断面，根据内力计算配筋。

```
-----------------------------------------------------------
N-B=25 (I=1000005, J=1000056)(1)B*H(mm)=300*750
Lb=3.75(m) Cover= 20(mm) Nfb=3 Nfb_gz=3 Rcb=35.0 Fy=360 Fyv=360
砼梁 C35 框架梁 调幅梁 矩形
livec=1.000  tf=0.850  nj=0.400
ηv=1.100
             -1-    -2-    -3-    -4-    -5-    -6-    -7-    -8-    -9-
-M(kNm)     -697   -579   -397   -223    -86      0      0      0      0
LoadCase    ( 28)  ( 28)  ( 28)  ( 28)  ( 32)  (  0)  (  0)  (  0)  (  0)
Top Ast     2209   1887   1250    679    450      0      0      0      0
% Steel     1.04   0.89   0.59   0.32   0.20   0.00   0.00   0.00   0.00

+M(kNm)       21     82    162    237    308    373    434    491    595
LoadCase    ( 31)  (  0)  (  0)  (  0)  (  0)  (  0)  (  0)  (  0)  ( 10)
Btm Ast      698    450    657    980   1294   1594   1884   2166   2849
% Steel     0.33   0.20   0.31   0.46   0.61   0.75   0.89   1.02   1.39

V(kN)        428    413    399    381    360    340    324    311    301
 T(kNm)        7      7      7      7      7      7      7      7      7
LoadCase    ( 28)  ( 28)  ( 28)  ( 28)  ( 28)  ( 28)  ( 28)  ( 28)  ( 28)
Asv           88     83     78     72     65     58     53     49     45
Ast          176    178    181    187    194    201    208    214    218
Rsv         0.29   0.28   0.26   0.24   0.22   0.19   0.18   0.16   0.15

剪扭验算: (9)V=240.1  T=9.8  ast=218  astcal=52  ast1=2
非加密区箍筋面积: 71
```

图 1.3-98　梁构件各个断面根据内力算配筋截图

上面就是梁配筋相关的细节解读，下面我们看柱配筋。在看柱配筋之前，先熟悉 YJK 软件对柱配筋的标准解读。

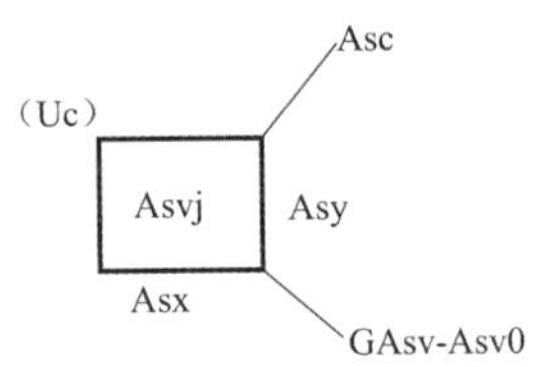

其中：

Asc——单根角筋的面积。采用双偏压计算时，角筋面积不应小于此值；采用单偏压计算时，角筋面积可不受此值控制（cm^2），但要确保单边配筋面积和全截面最小配筋面积满足要求；

Asx、Asy——分别为该柱 B 边和 H 边的单边配筋面积，包括两根角筋（cm^2）；

Asv、Asv0——分别为加密区斜截面抗剪箍筋面积、非加密区斜截面抗剪箍筋面积，箍筋间距均在Sc范围内；其中，Asv取计算的Asvx和Asvy的大值，Asv0取计算的Asvx0和Asvy0的大值（cm^2）；

Asvj——柱节点域抗剪箍筋面积，取计算的Asvjx和Asvjy的大值（cm^2）；

Uc——柱的轴压比；

G——箍筋标志。

柱全截面的配筋面积为：$As = 2^*(Asx + Asy) - 4^*Asc$，柱的箍筋是按用户输入的箍筋间距Sc计算的。

结合上面的说明，我们看图 1.3-99 所示的第二标准层的局部柱配筋图。

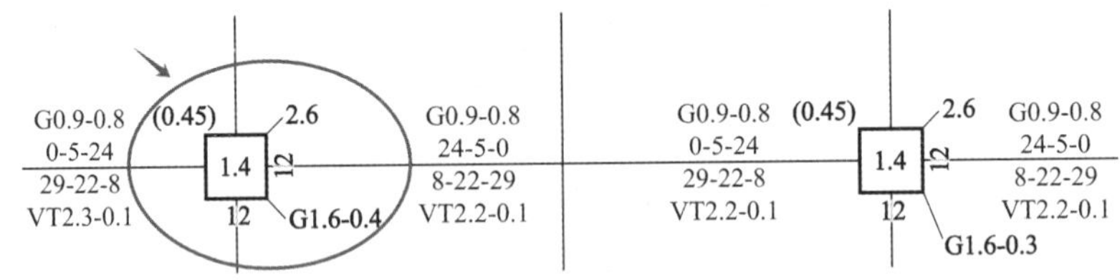

图 1.3-99　本案例柱配筋

首先，从概念上要知道，框架柱是压弯构件，括号中的数字 0.45 是轴压比，在之前的小结中已经重点介绍过，右上角 2.6 为单根角筋的面积，确定柱子纵筋的直径；两个 12 是柱子每边需要的纵筋面积，确定每边的柱子纵筋根数。G1.6-0.4 为箍筋的计算结果，确定加密区与非加密区柱子的箍筋。1.4 为核心区箍筋的面积，这个在高烈度区需要重点关注。

我们可以结合三维内力下的各工况弯矩图，体会钢筋和内力的关系，如图 1.3-100 所示。

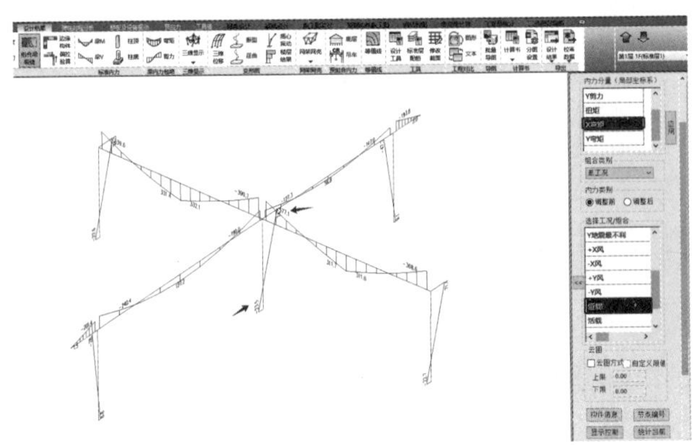

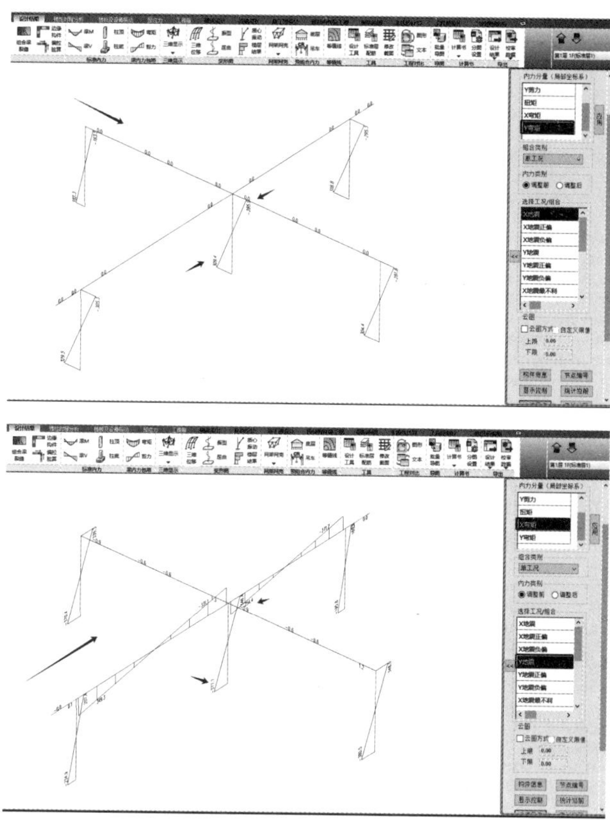

图 1.3-100　三维框架柱弯矩图

由图 1.3-100 可以看出弯矩的分布规律，进而从概念上判断两个方向大致纵筋的关系，读者可以自己查看各工况下剪力的分布规律。

下面，我们结合构件信息查看柱子的详细文本计算结果。图 1.3-101 是几何信息。

柱信息

一、几何材料信息

1. 层号　IST = 1
2. 构件编号　ID = 5
3. 构件全楼编号　TotID= 1000107
4. 上节点号　J1 = 1000005
5. 下节点号　J2 = 5
6. 构件属性信息　砼柱 C40 矩形
7. 长度X (m)　LCX = 3.60
8. 长度Y (m)　LCY = 3.60
9. 截面参数　(1)B*H(mm)=700*700
10. 保护层厚度 (mm)　Cov = 20
11. 箍筋间距 (mm)　SS = 100
12. 混凝土强度等级　RC = 40.0
13. 钢号　STL =
14. 主筋强度 (N/mm2)　FYI = 360.0
15. 箍筋强度 (N/mm2)　FYJ = 360.0
16. 抗震措施的抗震等级　NF = 3
17. 抗震构造措施的抗震等级　NF_GZ = 3
18. 计算长度系数　Cx = 1.00
19. 计算长度系数　Cy = 1.00
20. 内力计算截面数　nSect1= 2
21. 配筋计算截面数　nSect2= 2

图 1.3-101　框架柱几何信息截图

图 1.3-102 是柱构件设计验算信息的计算参数。

```
三、构件设计验算信息
    brc --- 薄弱层调整系数，大于1时输出
    jzx,jzy --- X、Y向最小剪重比调整系数，大于1时输出
    jzz --- 竖向地震作用调整系数，大于1时输出
    02vx,02vy --- X、Y向0.2V0调整系数，大于1时输出
    zh --- 水平转换构件地震作用调整系数，大于1时输出
    xfc --- 消防车荷载折减系数
    livec --- 柱、墙活荷载按楼层折减系数
    kzzx,kzzy --- 框支柱地震作用调整系数
    kzzn --- 转换柱轴力调整系数
    zcn --- 贮仓支柱轴力调整系数
    vcoex,vcoey --- 柱剪力系数，在特殊构件中定义，大于1时输出
    cq --- 柱冲切验算时不平衡弯矩地震放大系数
    zps --- 装配式结构中竖向构件地震内力放大系数
    zpseam --- 预制构件接缝验算时的受剪承载力增大系数
    ηmu,ηvu,ηmd,ηvd --- 柱、墙顶、底的强柱弱梁、强剪弱弯调整系数
    Ω --- 性能系数
    Ωmin --- 耗能构件性能系数最小值
    βe --- 性能系数的调整系数
    Cx --- X向计算长度系数，此处X为构件局部坐标，对应3轴，X向代表绕X轴
    Cy --- Y向计算长度系数，此处Y为构件局部坐标，对应2轴，Y向代表绕Y轴
    λc --- 柱剪跨比，非简化方法计算时输出对应的设计内力（非简化算法与简化算法计算值取大输出）
    Rs --- 全截面配筋率,上下端取大值(As/Ac)
    Rsv --- 体积配箍率(Vs/Vc)
    Uc --- 轴压比(N/Ac/fc)
    Nu --- 控制轴压比的轴力(kN)
    Uc_G --- 按重力荷载代表值计算的轴压比(N/Ac/fc)
    Nu_G --- 重力荷载代表值下的轴力(kN)
    Asc --- 矩形截面单根角筋面积(mm2)
    Asxt,Asxb --- 矩形截面B边上下端单边配筋面积(含两根角筋)(mm2)
    Asyt,Asyb --- 矩形截面H边上下端单边配筋面积(含两根角筋)(mm2)
    Asxt0,Asxb0 --- 矩形截面B边上下端单边计算配筋面积(含两根角筋)(mm2)
    Asyt0,Asyb0 --- 矩形截面H边上下端单边计算配筋面积(含两根角筋)(mm2)
    Ast,Asb --- 圆截面上下端全截面配筋面积(mm2)
    Aszt,Aszb --- 异型截面柱角部上下端的固定配筋面积之和(mm2)
    Asft,Asfb --- 异型截面柱上下端分布配筋面积之和(mm2)
    Asvx,Asvx0 --- 矩形截面沿B边方向加密区和非加密区箍筋面积(mm2)
    Asvy,Asvy0 --- 矩形截面沿H边方向加密区和非加密区箍筋面积(mm2)
    Asv,Asv0 --- 圆截面或异型截面柱加密区和非加密区箍筋面积(mm2)
    Asvp,Asvp0 --- 单侧一个梁箍筋间距内的抗冲切箍筋面积(mm2)
    N,Mx,My --- 矩形柱、圆柱、异型柱纵向钢筋配筋控制内力(kN,kN-m)
    N,Vx,Vy --- 矩形柱、圆柱、异型柱箍筋的配筋控制内力(kN)
    Asvjx,Asvjy --- 柱节点沿B边或H边的箍筋面积(mm2)
    Nj,Vjx,Vjy --- 节点域箍筋Asvjx、Asvjy的控制内力(kN)
    注：柱箍筋是指单位间距范围内的箍筋面积
    ρstl,ρstlMin,ρstlMax--- 含钢率、含钢率最小值以及含钢率最大值
    CB_XF,CB_YF --- 投影到整体坐标系下的X、Y向抗剪承载力(kN)
    Fl --- 柱冲切计算时的等效冲切力(kN)
```

图 1.3-102　柱构件的设计验算信息的计算参数截图

图 1.3-103 是柱构件各个断面，根据内力计算配筋。

```
N-C=5  (I=1000005, J=5)(1)B*H(mm)=700*700
Cover= 20(mm) Cx=1.00 Cy=1.00 Lcx=3.60(m) Lcy=3.60(m) Nfc=3 Nfc_gz=3 Rcc=40.0 Fy=360 Fyv=360
砼柱 C40 矩形
livec=0.700
ηmu=1.300  ηvu=1.560  ηmd=1.300  ηvd=1.560
X: λc=2.738
Y: λc=2.738
( 27)Nu=   -5374.5  Uc= 0.57  Rs= 0.75(%)  Rsv= 0.58(%)  Asc=   254
(  1)N=   -5588.8 Mx=     109.5 My=     -29.9 Asxt=       1173 Asxt0=        0
(  1)N=   -5588.8 Mx=     109.5 My=     -29.9 Asyt=       1173 Asyt0=        0
( 33)N=   -4116.8 Mx=   -1008.4 My=       8.0 Asxb=       1173 Asxb0=      616
(  1)N=   -5588.8 Mx=     -51.1 My=      12.7 Asyb=       1173 Asyb0=        0
( 29)N=   -5353.0 Vx=      15.9 Vy=     523.0 Ts=       -3.0 Asvx=      185 Asvx0=       28
( 29)N=   -5353.0 Vx=      15.9 Vy=     523.0 Ts=       -3.0 Asvy=      185 Asvy0=       28
节点核心区设计结果:
( 27) N=   -4270.3  Vjx=     859.2  Asvjx=      135  Asvjxcal=        0
( 29) N=   -4256.9  Vjy=    1039.7  Asvjy=      135  Asvjycal=        0

抗剪承载力: CB_XF=    955.68  CB_YF=   1008.77
```

图 1.3-103　柱构件各个断面根据内力算配筋截图

上面就是基本的梁柱构件计算配筋详细解读。

16. 楼板计算

本小节我们介绍钢筋混凝土楼板的计算。在进行软件电算前，我们需要知道楼板的一些设计概念。

首先，是单双向板问题。其实读者关注的是它背后的传力。字面意思不难看出，就是两者为单向传力还是双向传力。

1.3.4-16 楼板计算

《混标》9.1.1　混凝土板按下列原则进行计算：

1 两对边支承的板应按单向板计算；

2 四边支承的板应按下列规定计算：

1）当长边与短边长度之比不大于 2.0 时，应按双向板计算；

2）当长边与短边长度之比大于 2.0，但小于 3.0 时，宜按双向板计算；

3）当长边与短边长度之比不小于 3.0 时，宜按沿短边方向受力的单向板计算，并应沿长边方向布置构造钢筋。

上面规范条文规定已经很明确了，读者可以自己体会关键数字 2 和 3。

其次，是板厚问题。我们先看规范条文：

《混标》9.1.2　现浇混凝土板的尺寸宜符合下列规定：

1 板的跨厚比：钢筋混凝土单向板不大于 30，双向板不大于 40；无梁支承的有柱帽板不大于 35，无梁支承的无柱帽板不大于 30。预应力板可适当增加；当板的荷载、跨度较大时宜适当减小。

2 现浇钢筋混凝土板的厚度不应小于表 9.1.2 规定的数值。

表 **9.1.2**　现浇钢筋混凝土板的最小厚度（mm）

板的类别		最小厚度
单向板	屋面板	60
	民用建筑楼板	60
	工业建筑楼板	70
	行车道下的楼板	80
双向板		80
密肋楼盖	面板	50
	肋高	250
悬臂板（根部）	悬臂长度不大于 500mm	60
	悬臂长度 1200mm	100
无梁楼板		150
现浇空心楼盖		200

实际项目中，建议如下：常规项目板厚 100mm 起步（部分公建和个别省份住宅项目，建议板厚 120mm 起步）；计算控制的板厚单向板按 1/38 跨度估算，双向板按 1/40 跨度估算。

最后，是板的算法问题。现在软件一般是三种算法：手册算法、塑性算法和有限元算法。手册算法是指按《建筑结构静力计算手册》中板的弹性薄板算法；塑性计算方法是按照《建筑结构静力计算手册》(中国建筑工业出版社，1974)中板的极限平衡法计算四边支承板；有限元方法是程序将把全层的所有楼板板块都按照有限元算法计算。

采用前两种算法时，对非矩形的不规则板块，或者含有非固端支座的双向板板块，程序自动调用有限元方法计算该块板，程序对这种板块自动划分单元并接着计算内力和配筋。

对于前两种的手册算法和塑性算法来说，各板块分别计算其内力，不考虑相邻板块的影响。因此，对于中间支座两侧，其弯矩值就有可能存在不平衡的问题。对于跨度相差较大的情况，这种不平衡弯矩会更加明显。为了考虑相邻板块的影响，特别是对于大、小跨相连续的情况，全层所有板块均可采用有限元方法计算。该计算方法全层各板块内力在中间支座满足弯矩平衡的条件，同时也可以考虑相邻板块的影响。

有限元算法虽然费时较多，但是程序对楼板自动采用分区技术，忽略相距较远板块的影响，实际过程是分成若干互相重叠的小块板分别计算，因此即便是体量较大的平面也会计算较快；同时，不管采用多么小的单元精细计算，容量也不会受限。

板的计算到底用哪种算法，在实际项目中还是有争议的存在。每个读者的思维不一样，选择自然不一样。这里，仅提供作者自己的建议：弹性算法适合住宅楼板；塑性算法适用除住宅以外常规项目的楼板；有限元算法适合特殊情况下的楼板计算。

下面，介绍 YJK 进行楼板计算的三步骤。

第一步，前处理参数设置。如图 1.3-104 所示，框选部分是非常重要的参数，务必配筋前仔细核对。

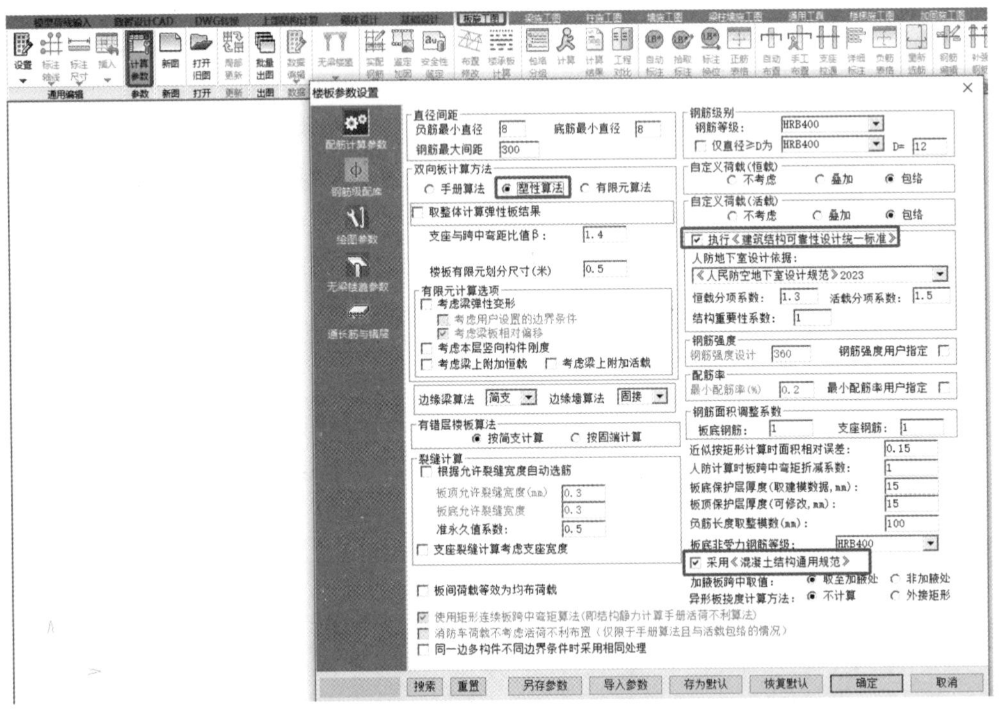

图 1.3-104　板计算前处理

第二步，设置好特殊处理板边约束后点击计算，查看板配筋，如图 1.3-105 所示。

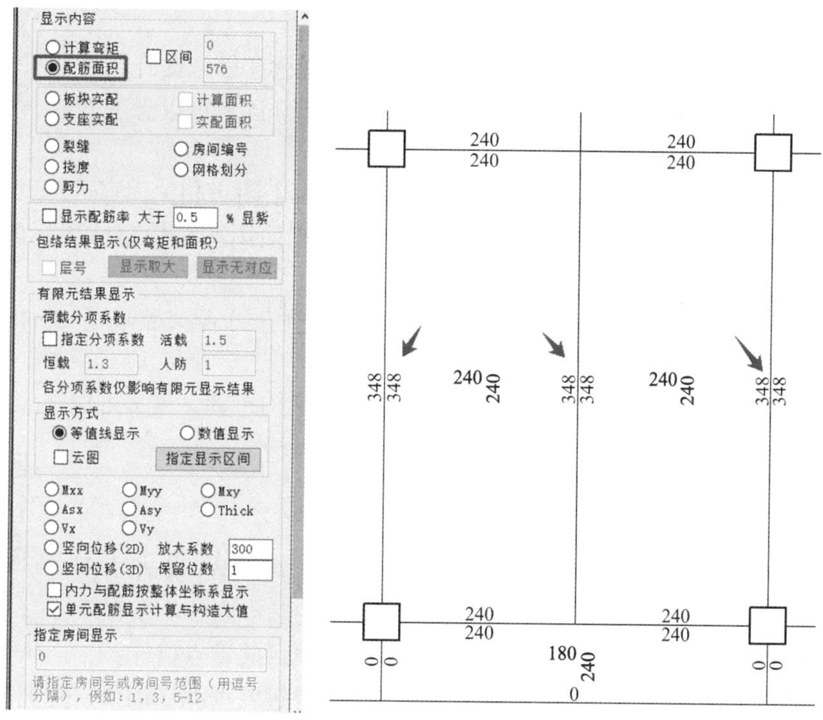

图 1.3-105　板配筋面积

第三步，核算楼板挠度，如图 1.3-106 所示。

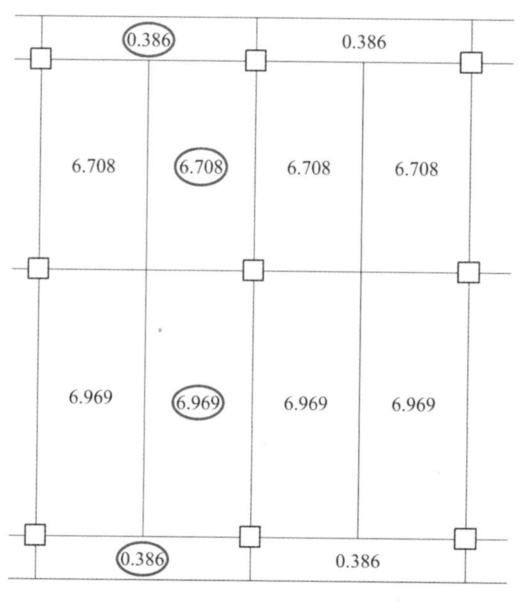

图 1.3-106　部分楼板挠度

一般情况下，挠度不够，在配筋合理的情形下，建议对该楼板进行起拱后复算挠度。如果仍然不够，那就增加板厚或添加次梁。

1.3.5 案例思路拓展

1.3.5 案例思路拓展

此小结内容重点提一些发散性的结论或者问题，供读者思考提升。

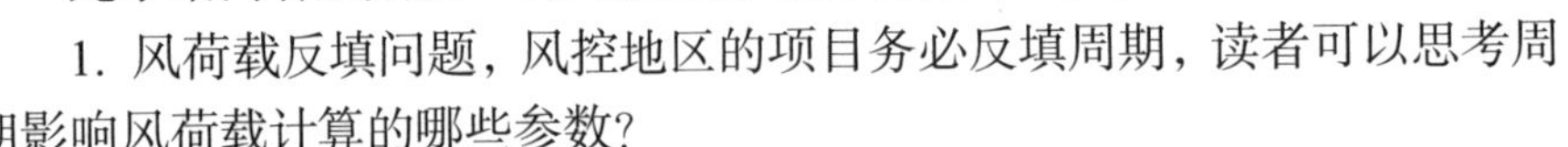

1. 风荷载反填问题，风控地区的项目务必反填周期，读者可以思考周期影响风荷载计算的哪些参数？

2. 高烈度区节点核心区超限如何调整？结合《抗标》附录相关内容进行思考。

3. 框架柱收截面时需要注意哪些问题？结合建筑使用和结构整体指标的变化进行思考。

4. 超长结构为何扭转位移比容易超限？如何调整？可否突破规范 5%的偶然偏心限制？

5. 框架结构从 6 度区到 8 度区试算一下，同样的结构布置，最多可以做多少层？

1.4 钢筋混凝土框架结构小结

1.4 钢筋混凝土框架结构小结

本章重点介绍了框架结构的全流程设计，是 YJK 入门章节，读者结合框架案例实际操作过程中，留意前处理和结果解读中的基本内容。在实际项目中，结构计算结果指标的解读，一定要抓住具体项目的重点指标。

同时，提醒新手读者，在阅读过程中，第一遍不要过度拘泥于细节，先把握整体操作流程，个别细节问题可以碎片化时间思考。

第2章

钢筋混凝土剪力墙结构计算分析

2.1 钢筋混凝土
剪力墙结构案例背景

2.1 钢筋混凝土剪力墙结构案例背景

本案例为住宅楼，位于山西省临汾市，典型平面布置图如图 2.1-1 所示。

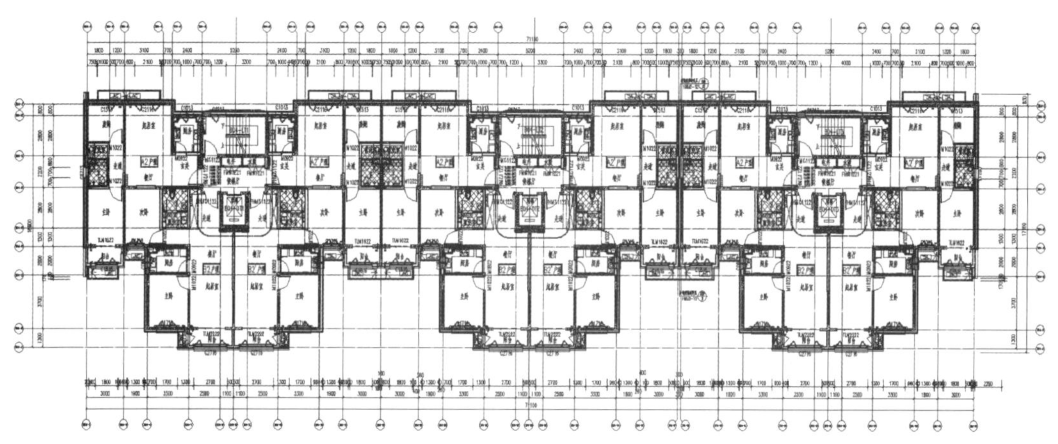

图 2.1-1 标准层平面布置图

从建筑平面图中，读者首要任务是观察建筑户型及布局，本案例为典型的 80 + 90 户型，住宅尤其注意其长边尺寸是否超长及平面规则性等。

图 2.1-2 是立面图，图 2.1-3 是剖面图，可以结合此图查看立面信息，比如层高、周圈梁尺寸、立面收进情况等。

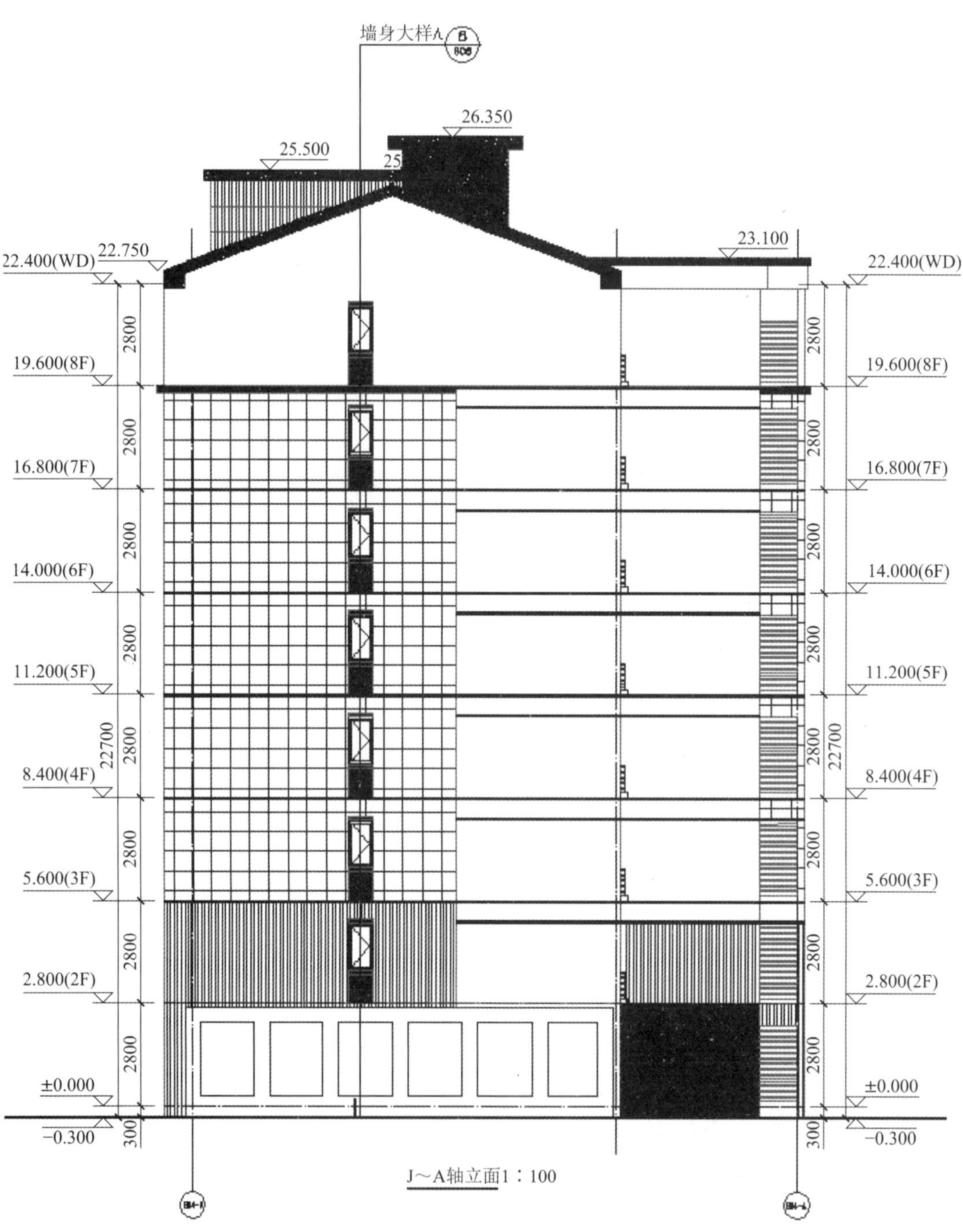
墙身大样A
26.350
25.500
22.400(WD)
22.750
23.100
22.400(WD)
19.600(8F)
16.800(7F)
14.000(6F)
11.200(5F)
8.400(4F)
5.600(3F)
2.800(2F)
±0.000
-0.300
2800
22700
300
J～A轴立面1：100

图 2.1-2　立面图

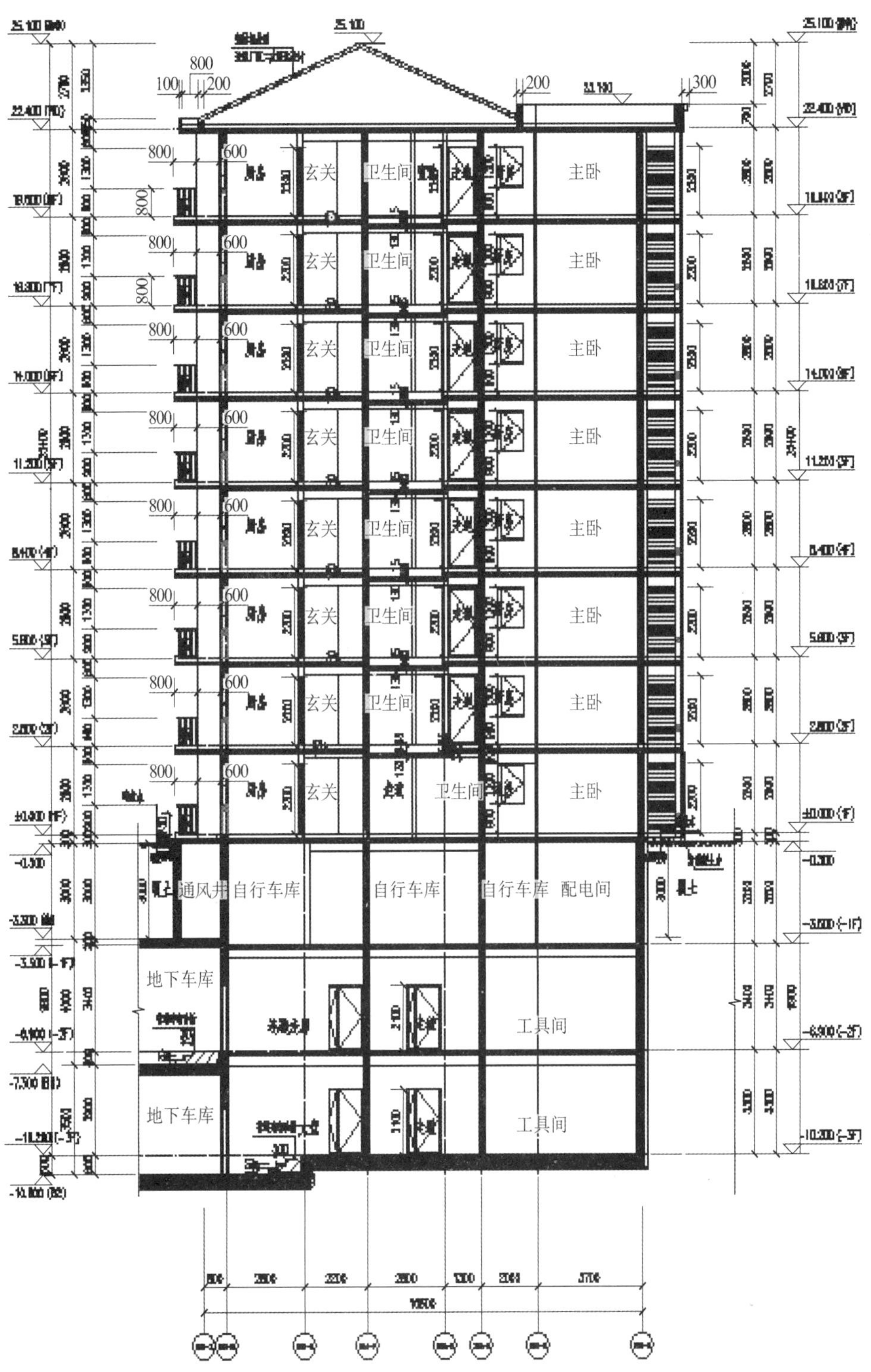

图 2.1-3 剖面图

2.2 钢筋混凝土剪力墙结构概念设计

2.2-1 剪力墙结构的特点

1. 剪力墙结构的特点

随着楼层数的增加，结构对抗水平荷载时，需要更大的抗侧刚度，第 1 章的框架结构中，框架截面不能无限制地加大。剪力墙结构就是为了满足读者对抗侧刚度的需求产生的其中一种结构体系。

相比于框架柱，剪力墙的特点是在面内方向的抗侧刚度远大于面外方向的抗侧刚度。它们都是竖向结构构件，工程中一般将矩形截面两边之比不大于 3 时称为柱，截面两边之比大于 4 时称为剪力墙，不大于 4 时也按柱设计；截面厚度不大于 300mm、两边之比为 4～8 时，称为短肢剪力墙。柱是线型构件，墙是板型构件，在竖向力和平面内水平力的作用下，两者的受力性能不同，其设计方法也不同。

2. 剪力墙的分类

在剪力墙结构中，一般常用的有两大类：悬臂剪力墙与联肢剪力墙，如图 2.2-1 所示。

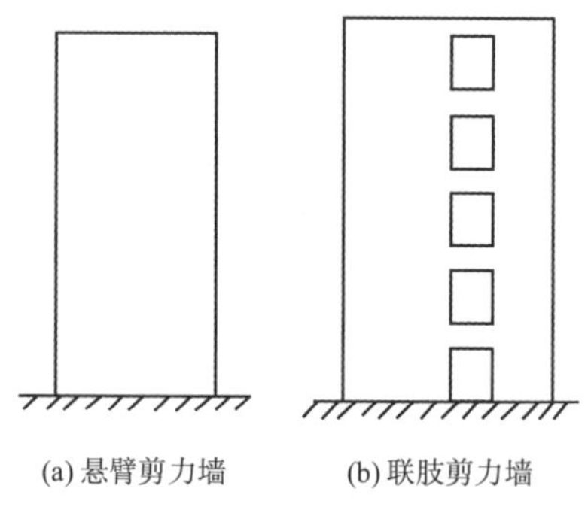

(a) 悬臂剪力墙　(b) 联肢剪力墙

图 2.2-1　悬臂剪力墙与联肢剪力墙

2.2-2 剪力墙的分类

悬臂剪力墙的破坏形态有四种，分别是弯曲破坏、弯剪破坏、剪切破坏和滑移破坏，如图 2.2-2（a）～（d）所示。

相对于悬臂剪力墙，联肢剪力墙最明显的特点是剪力墙通过连梁连接。它的破坏形态主要与连梁刚度有很大的关系，一般呈现出弯曲破坏和剪切破坏两种形态。概念设计中，我们倾向于连梁优先破坏来耗能，图 2.2-3 是清华大学做的联肢剪力墙连梁破坏试验。

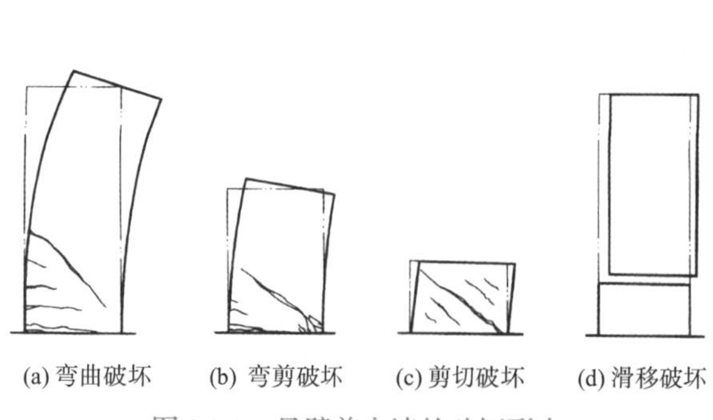

(a) 弯曲破坏　(b) 弯剪破坏　(c) 剪切破坏　(d) 滑移破坏

图 2.2-2　悬臂剪力墙的破坏形态

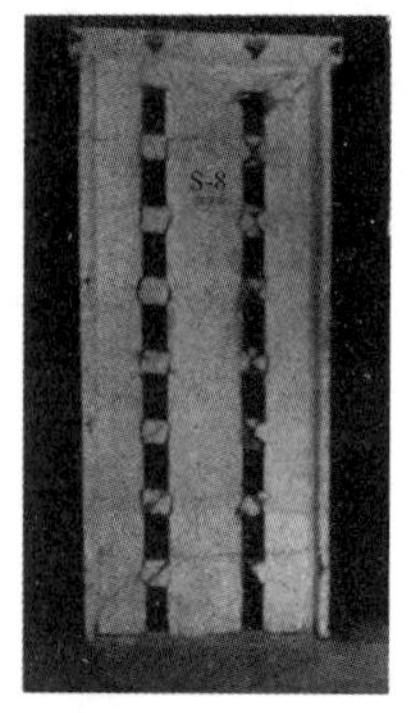

图 2.2-3　联肢剪力墙连梁破坏试验

3. 剪力墙结构在住宅中的概念设计

首先提醒读者，对平面尺寸进行严格限制。

《混标》第 8.1.1 条规定，钢筋混凝土结构伸缩缝的最大间距可按表 8.1.1 确定。

表 8.1.1　钢筋混凝土结构伸缩缝最大间距（m）

结构类别		室内或土中	露天
排架结构	装配式	100	70
框架结构	装配式	75	50
	现浇式	55	35
剪力墙结构	装配式	65	40
	现浇式	45	30
挡土墙、地下室墙壁等类结构	装配式	40	30
	现浇式	30	20

注：1 装配整体式结构的伸缩缝间距，可根据结构的具体情况取表中装配式结构与现浇式结构之间的数值；
2 框架-剪力墙结构或框架-核心筒结构房屋的伸缩缝间距，可根据结构的具体情况取表中框架结构与剪力墙结构之间的数值；
3 当屋面无保温或隔热措施时，框架结构、剪力墙结构的伸缩缝间距宜按表中露天栏的数值取用；
4 现浇挑檐、雨罩等外露结构的局部伸缩缝间距不宜大于 12m。

这里提醒读者，住宅中的剪力墙结构，结构单元的平面长度尺寸一般不要轻易突破规范的限值 45m，主要考虑因素是住宅使用者为老百姓，后期使用中如果产生房屋裂缝等问题，容易产生法律上的纠纷。

其次是结构的平面规则性，这里我们推荐读者看《高规》第 3.4.3 条：

3.4.3　抗震设计的混凝土高层建筑，其平面布置宜符合下列规定：

1 平面宜简单、规则、对称，减少偏心；

2 平面长度不宜过长（图 3.4.3），L/B宜符合表 3.4.3 的要求；

2.2-3 剪力墙结构在住宅中的概念设计

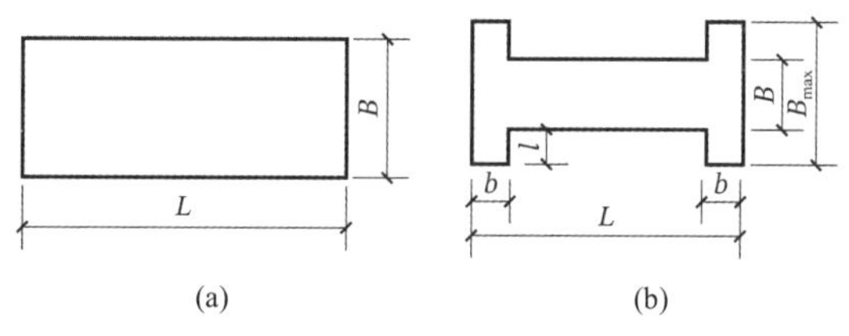

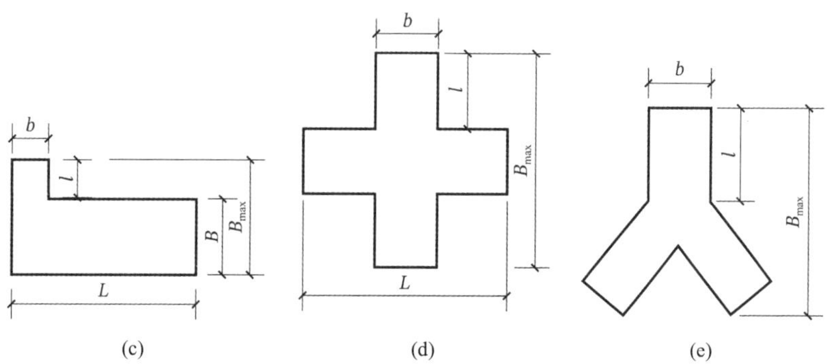

图 3.4.3　建筑平面示意

表 3.4.3　平面尺寸及突出部位尺寸的比值限值

设防烈度	L/B	l/B_{max}	l/b
6、7 度	≤6.0	≤0.35	≤2.0
8、9 度	≤5.0	≤0.30	≤1.5

3 平面突出部分的长度l不宜过大、宽度b不宜过小（图 3.4.3），l/B_{max}、l/b宜符合表 3.4.3 的要求；

4 建筑平面不宜采用角部重叠或细腰形平面布置。

在实际项目中，住宅平面难免因为采光、造型等原因会产生一些平面凹凸问题。读者务必结合规范，在方案阶段就对住宅的几何超限项进行确认，不要将问题隐患留到施工图阶段。

2.3　钢筋混凝土剪力墙结构 YJK 软件实际操作

2.3-1 CAD 快速建模

本案例有了第 1 章的框架结构案例做基础，重复类似的操作部分不再介绍，重点介绍一些剪力墙结构中需要注意的内容。

本案例因为建筑平面尺寸的原因，结构分为两个单元。我们以其中一个小单元的标准层为例，进行剪力墙模型的创建与分析计算。

1. CAD 快速建模

一般来说，传统的结构计算软件强在计算分析，建模不是特长。层概念的剪力墙结构，建议读者在 CAD 中结合建筑平面做好结构布置，如图 2.3-1 所示。

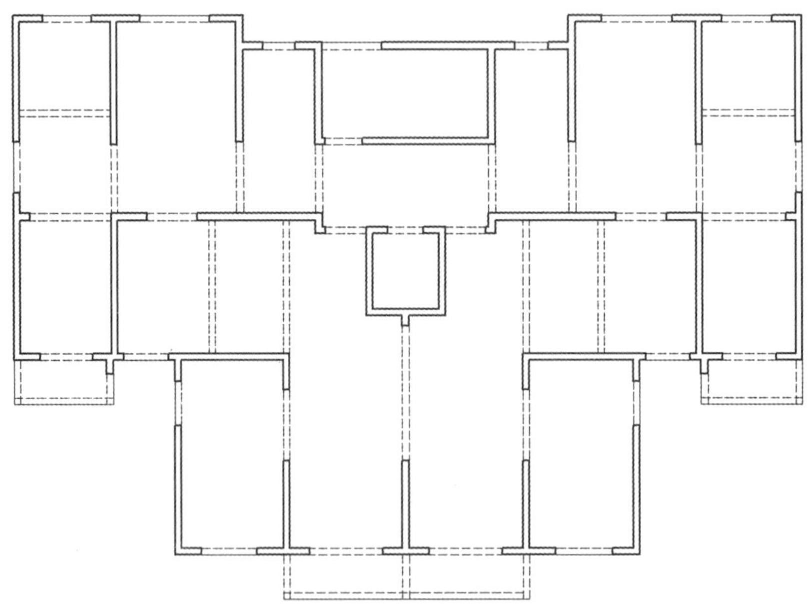

图 2.3-1　结构平面布置

做好基本的结构平面布置后，按图 2.3-2 所示打开 DWG 的对话框。

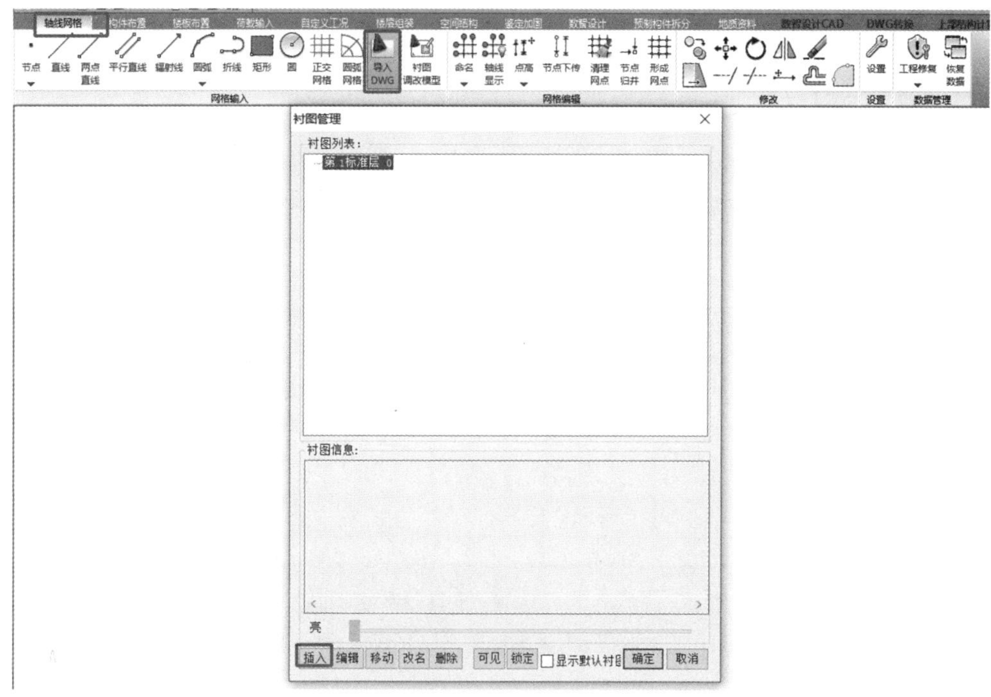

图 2.3-2　插入衬图对话框

在图 2.3-3 中，选择要导入的完整结构模板图。这里提醒读者，本案例模板因为源自结构施工图，所以模板精度比较高。读者在实际项目方案阶段，鼓励自己绘制结构模板图进行导入。

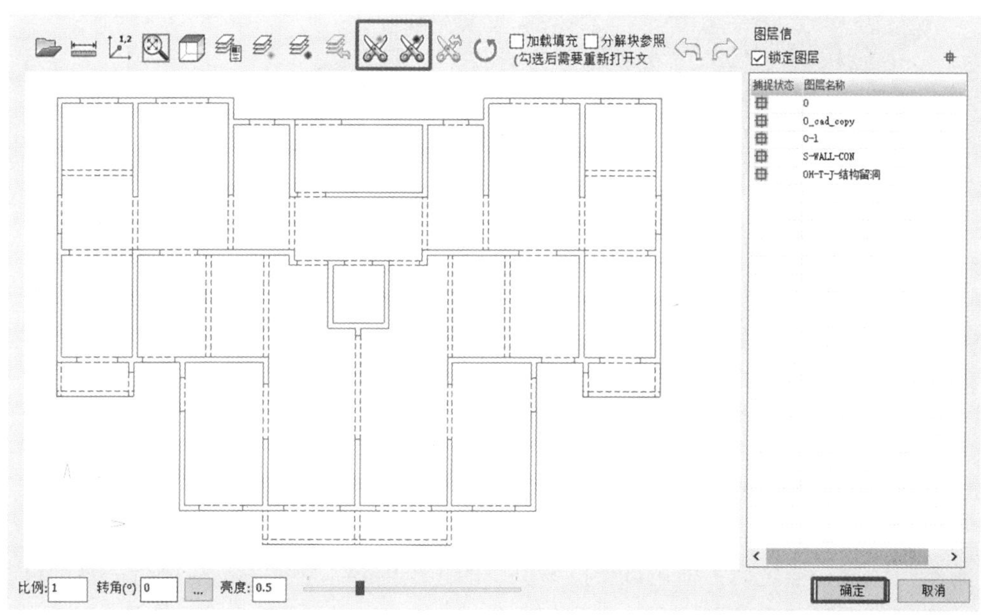

图 2.3-3　导入图形元素

模型转换对话框中，重点选择墙和梁，如图 2.3-4 所示。选择完毕后，进入初始状态即可。

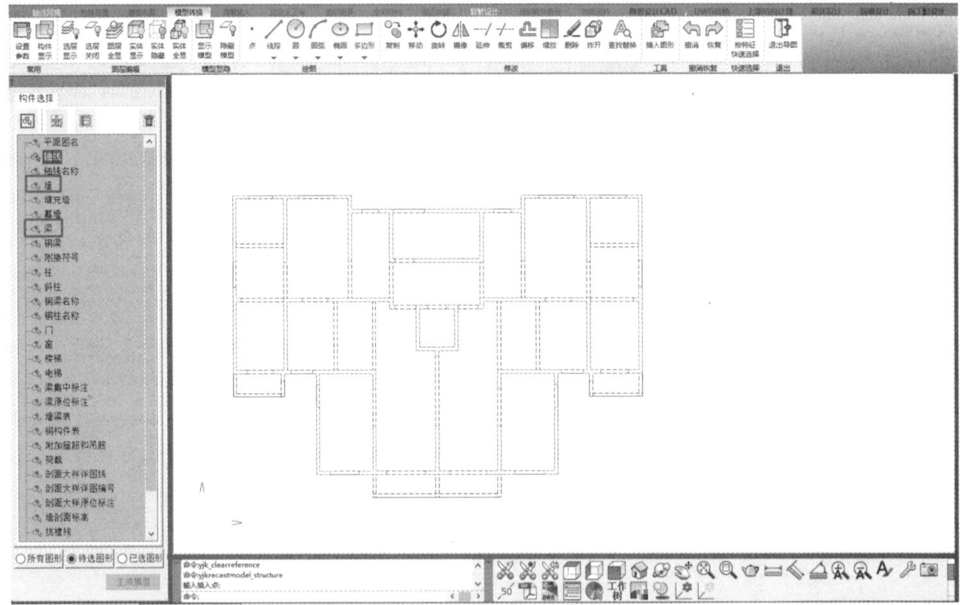

图 2.3-4　选择导入的结构构件

图 2.3-5 是根据模板图生成的三维模型。可以看出，建模效率非常高。

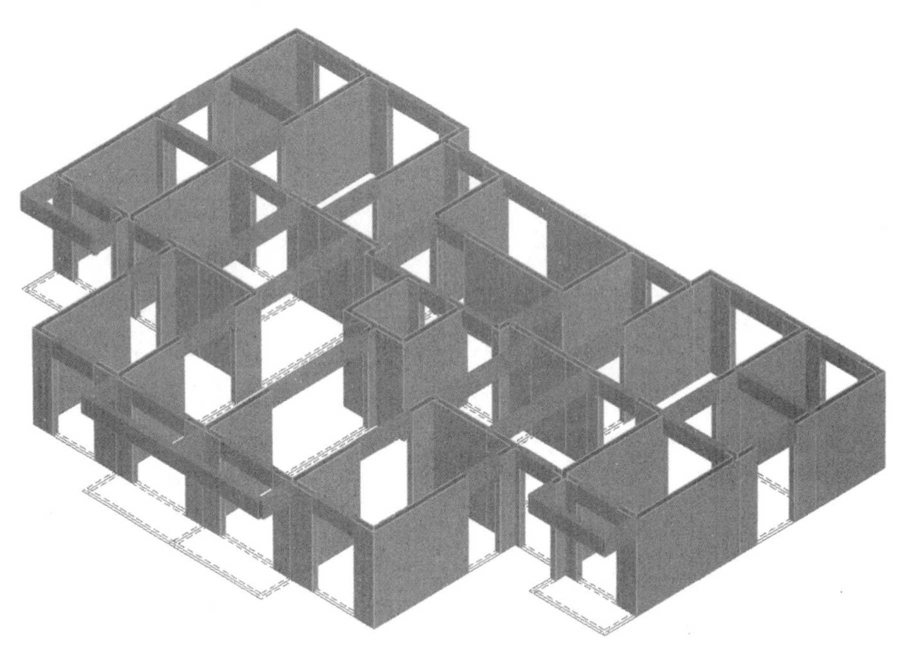

图 2.3-5　标准层三维模型

标准层生成完毕之后，就可以根据案例一的建模内容，对此标准层进行完善即可。

2. 连梁杆单元和壳单元处理法则

本小节是想结合连梁给读者说说在建模阶段如何快速转换。通俗地说，就是梁单元变成剪力墙开洞。读者可以根据连梁跨高比进行转换。如图 2.3-6 所示，在墙洞和杆系梁之间来回转换。

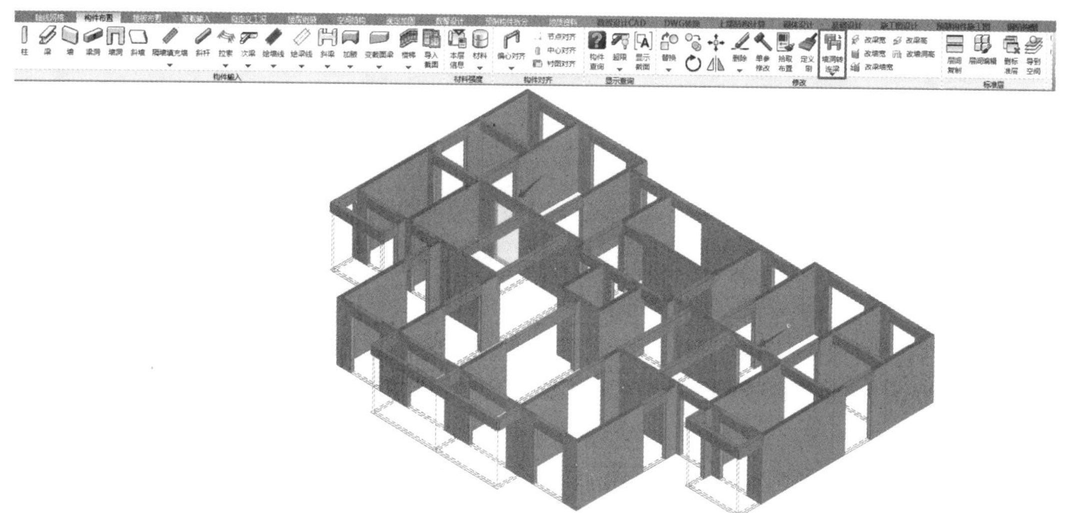

图 2.3-6　墙洞连梁互转

当然，连梁是否按壳单元计算，也可以在前处理中进行设置。

其余关于荷载布置方面的内容和第 1 章类似，读者可自行操作。图 2.3-7 为组装后的三维模型。

2.3-2 连梁杆单元和壳单元处理法则

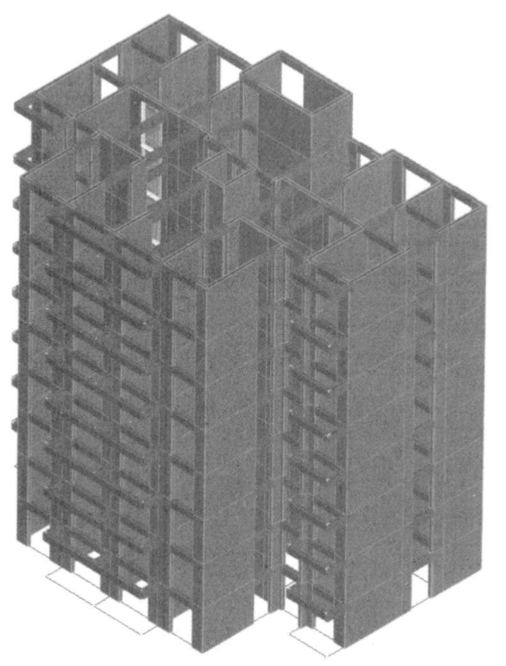

图 2.3-7　组装后的三维模型

2.3-3 前处理参数注意事项

3. 前处理参数注意事项

本小节重点介绍几处涉及剪力墙结构的参数，未涉及的参数读者可以参考第 1 章的内容进行相应设置。

首先，是连梁按壳元计算的控制跨高比，如图 2.3-8 所示。

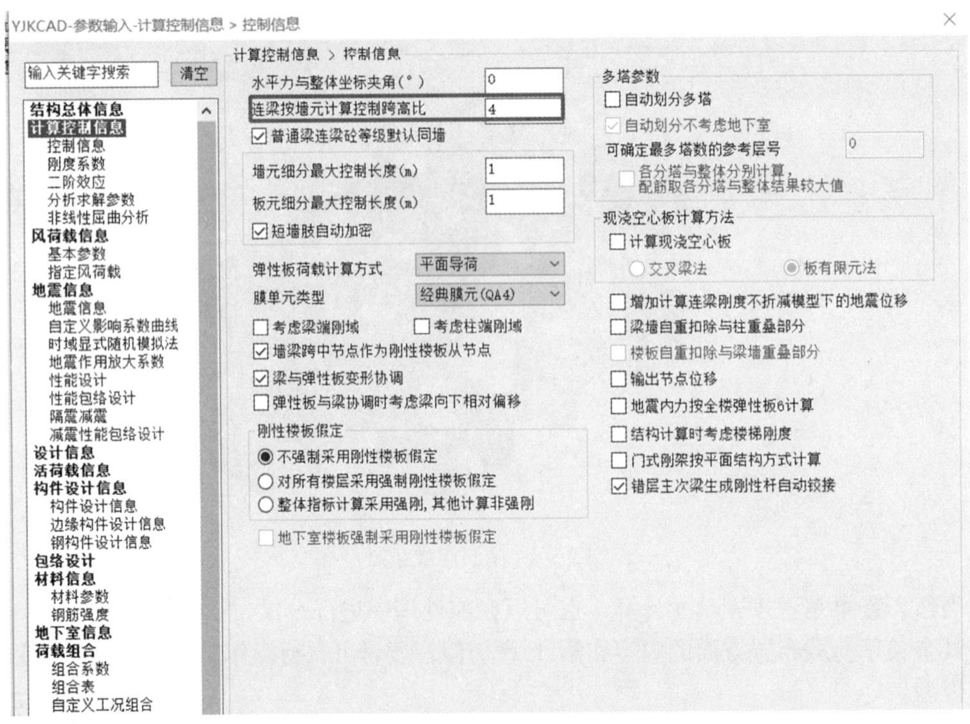

图 2.3-8　连梁按墙元计算控制跨高比

严格意义上说，此处没有明文规定的数值，主要取决于读者对不同项目的需求，建议读者一般填 3～5。比如，在高烈度区对结构刚度需求非常大，可以取上限；反之，取下限。

其次，是关于边缘构件的设计信息。如图 2.3-9 所示，大原则是多层按《抗标》，高层按《高规》。

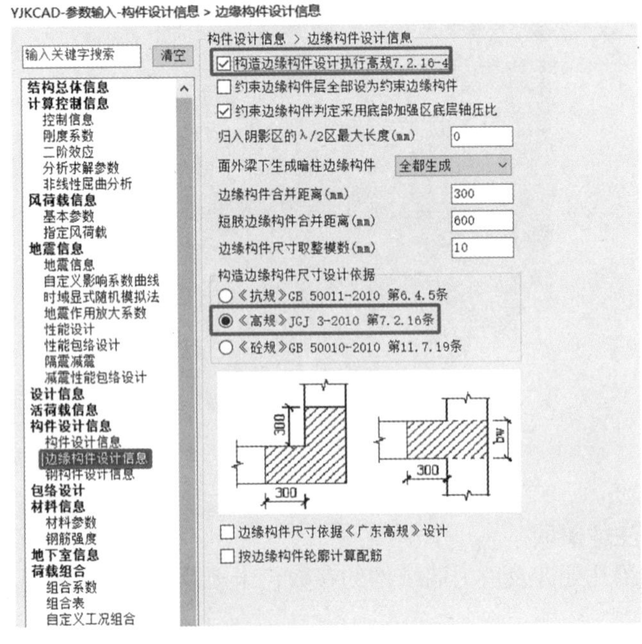

图 2.3-9　边缘构件设计信息

关于边缘构件，我们在结果解读中详细介绍，这里我们简单汇总《抗标》和《高规》对于边缘构件形状上的差异，读者可先行了解。

《抗标》第 6.4.5 条构造边缘构件与约束边缘构件的轮廓，如图 2.3-10 所示。

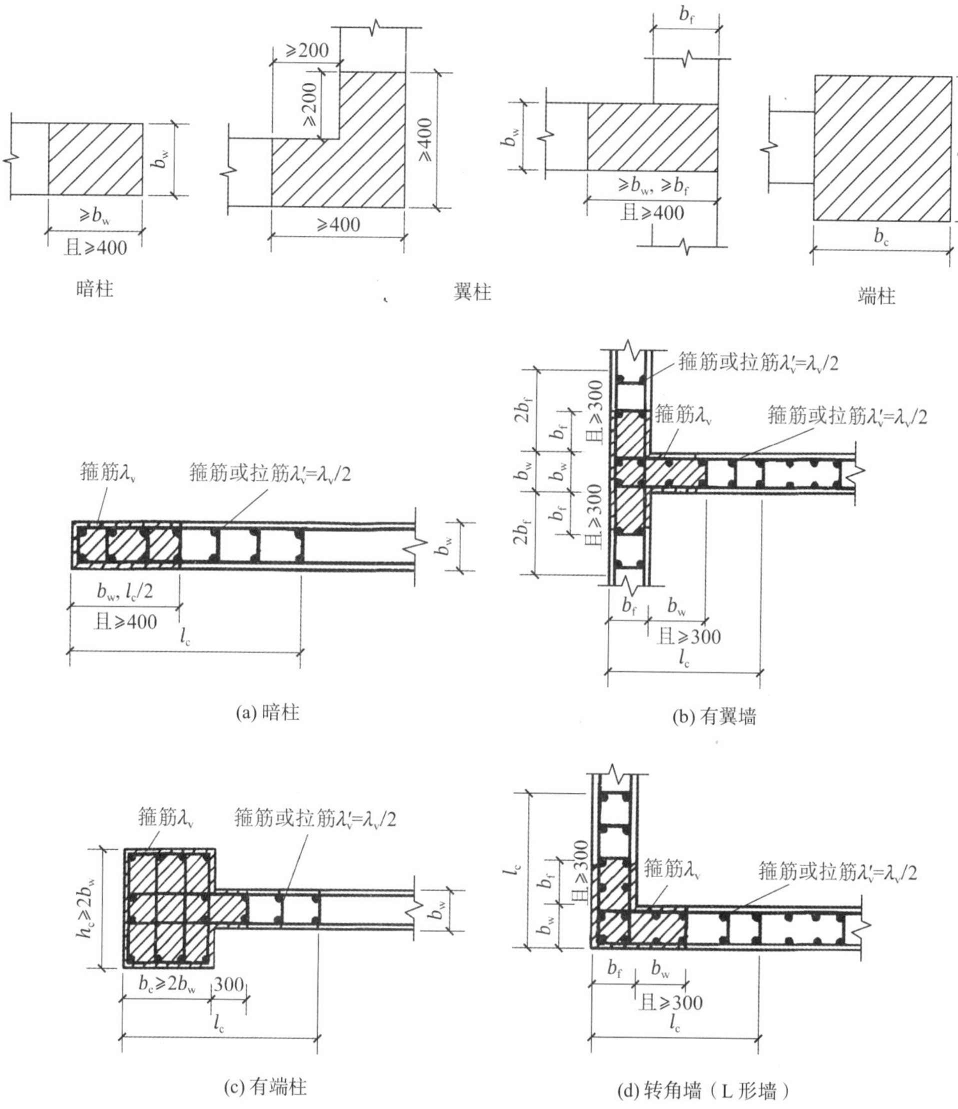

暗柱　　翼柱　　端柱

(a) 暗柱　　(b) 有翼墙

(c) 有端柱　　(d) 转角墙（L 形墙）

图 2.3-10　《抗标》边缘构件轮廓

《高规》第 7.2.15、7.2.16 条构造边缘构件与约束边缘构件的轮廓，如图 2.3-11 所示。

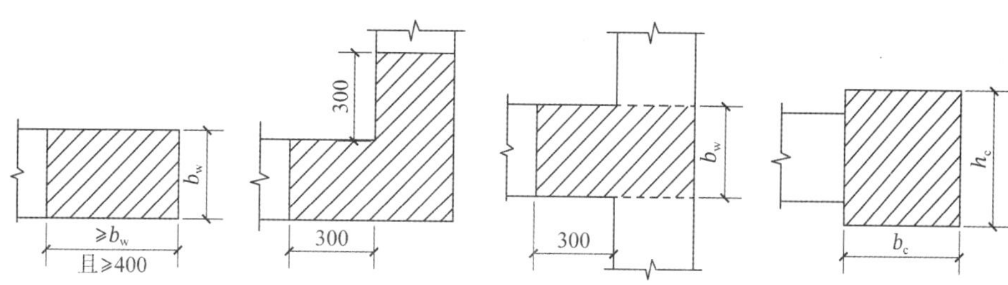

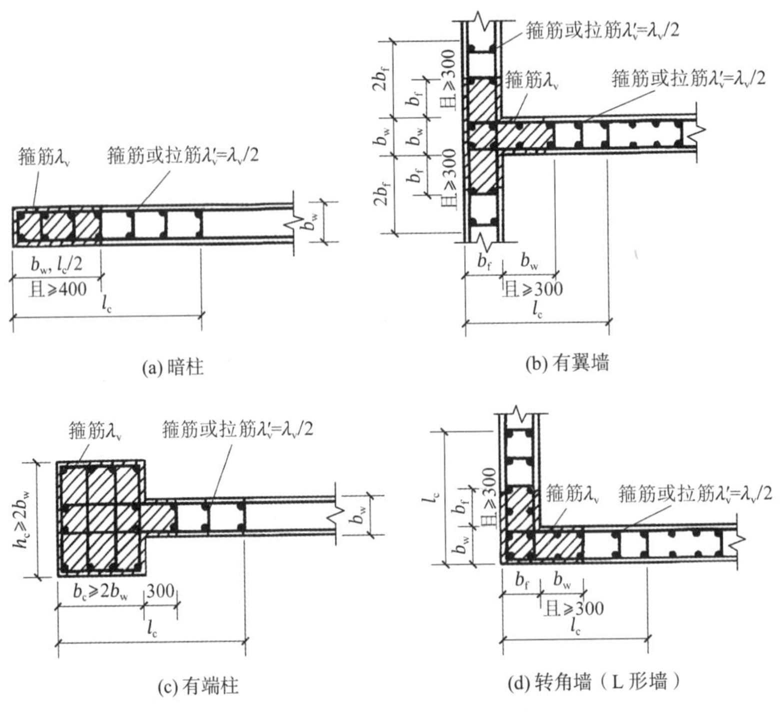

图 2.3-11 《高规》边缘构件轮廓

从上面两个规范中的图形中可以看出，在构造边缘构件的轮廓上，两本规范是有差异的，因此软件也给了读者充分的选择权。

最后，提醒读者在前处理中对连梁刚度折减系数的选择，如图 2.3-12 所示。

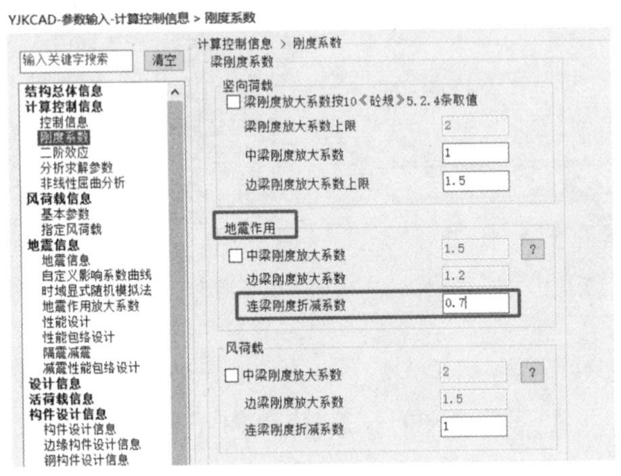

图 2.3-12 连梁刚度折减

在剪力墙结构中，连梁是“保险丝”，它的刚度系数某种程度上决定了它什么时候破坏，时机很重要。此系数可以参考《高规》第 5.2.1 条规定：高层建筑结构地震作用效应计算时，可对剪力墙连梁刚度予以折减，折减系数不宜小于 0.5。条文说明中指出：抗震设计的框架-剪力墙或剪力墙结构的连梁刚度相对墙体较小，而承受的弯矩和剪力很大，配筋设计困难。因此，可考虑在不影响承受竖向荷载能力的前提下，允许其适当开裂（降低刚度）而把内力转移到墙体上。软件根据该参数对连梁刚度进行折减，并且对按框架梁输出的连梁和墙开洞方式生成的连梁均有效。

实际项目中，可考虑在不影响承受竖向荷载能力的前提下，允许其适当开裂（降低刚度）而把内力转移到墙体上。通常，设防烈度低时可少折减一些（6、7 度时可取 0.7），设防烈度高时可多折减一些（8、9 度时可取 0.5）。折减系数不宜小于 0.5，以保证连梁承受竖向荷载的能力。

2.4　钢筋混凝土剪力墙结构 YJK 软件结果解读

2.4-1 侧向刚度比

本案例的结果解读和之前案例重复的部分，我们不再赘述，只介绍剪力墙结构设计中新增的内容。

1. 侧向刚度比

之前，在框架结构中我们介绍过侧向刚度比的查看。在剪力墙结构中，侧向刚度比是一个很重要的指标。它的查看方式与框架结构一样，只是查看选项不一样。

《高规》3.5.2　抗震设计时，高层建筑相邻楼层的侧向刚度变化应符合下列规定：

1 对框架结构，楼层与其相邻上层的侧向刚度比γ_1可按式(3.5.2-1)计算，且本层与相邻上层的比值不宜小于 0.7，与相邻上部三层刚度平均值的比值不宜小于 0.8。

$$\gamma_1 = \frac{V_i \Delta_{i+1}}{V_{i+1} \Delta_i} \tag{3.5.2-1}$$

式中　γ_1——楼层侧向刚度比；

V_i、V_{i+1}——第i层和第$i+1$层的地震剪力标准值（kN）；

Δ_i、Δ_{i+1}——第i层和第$i+1$层在地震作用标准值作用下的层间位移（m）。

2 对框架-剪力墙、板柱-剪力墙结构、剪力墙结构、框架-核心筒结构、筒中筒结构，楼层与其相邻上层的侧向刚度比γ_2可按式(3.5.2-2)计算，且本层与相邻上层的比值不宜小于 0.9；当本层层高大于相邻上层层高的 1.5 倍时，该比值不宜小于 1.1；对结构底部嵌固层，该比值不宜小于 1.5。

$$\gamma_2 = \frac{V_i \Delta_{i+1}}{V_{i+1} \Delta_i} \frac{h_i}{h_{i+1}} \tag{3.5.2-2}$$

式中　γ_2——考虑层高修正的楼层侧向刚度比。

剪力墙结构的侧向刚度比要考虑层高修正，本案例应该为 Ratx2，如图 2.4-1 所示。

```
Ratx, Raty  : X, Y 方向本层塔侧移刚度与下一层相应塔侧移刚度的比值(剪切刚度)
Ratx1, Raty1 : X, Y 方向本层塔侧移刚度与上一层相应塔侧移刚度70%的比值或上三层平均侧移刚度80%的比值中之较小者
Ratx2, Raty2 : X, Y 方向本层塔侧移刚度与上一层相应塔侧移刚度90%、110%或者150%比值。110%指当本层层高大于相邻上层层高1.5倍时，150%指嵌固层
RJX1, RJY1, RJZ1: 结构总体坐标系中塔的侧移刚度和扭转刚度(剪切刚度)
RJX3, RJY3, RJZ3: 结构总体坐标系中塔的侧移刚度和扭转刚度(地震剪力与地震层间位移的比)
  ************************************************************
Floor No. 1    Tower No. 1
Xstif=    9.9394(m)    Ystif=    -8.5803(m)    Alf  =    45.0000(Degree)
Xmass=    9.8916(m)    Ymass=    -9.6740(m)    Gmass & G= 436.3448 & 403.2190(t)
Eex  =    0.0888       Eey  =    0.0054
Ratx =    1.0000       Raty =    1.0000
薄弱层地震剪力放大系数= 1.00
Ratx1=    2.8141       Raty1=    3.0702
Ratx2=    1.3132       Raty2=    1.4328
RJX1 = 4.0132E+007(kN/m)  RJY1 = 6.0286E+007(kN/m)  RJZ1 = 0.0000E+000(kN/m)
RJX3 = 1.0265E+007(kN/m)  RJY3 = 1.6943E+007(kN/m)  RJZ3 = 2.8800E+009(kN*m/Rad)
  ------------------------------------------------------------
Floor No. 2    Tower No. 1
Xstif=    9.9394(m)    Ystif=    -8.5803(m)    Alf  =    45.0000(Degree)
Xmass=    9.8916(m)    Ymass=    -9.6740(m)    Gmass & G= 436.3448 & 403.2190(t)
Eex  =    0.0888       Eey  =    0.0054
Ratx =    1.0000       Raty =    1.0000
薄弱层地震剪力放大系数= 1.00
Ratx1=    1.8767       Raty1=    2.0296
Ratx2=    1.4596       Raty2=    1.5786
RJX1 = 4.0132E+007(kN/m)  RJY1 = 6.0286E+007(kN/m)  RJZ1 = 0.0000E+000(kN/m)
RJX3 = 5.2111E+006(kN/m)  RJY3 = 7.8835E+006(kN/m)  RJZ3 = 2.8800E+009(kN*m/Rad)
```

图 2.4-1　剪力墙的侧向刚度比

读者可以进一步思考，考虑层高修正后，就需要特别留意建筑的层高，侧向刚度比本质上是希望结构从下到上刚度均匀的变化，特别是防止突然急剧增大的情况，如图 2.4-2 所示震害中的“鸡腿形”建筑。

图 2.4-2　震害中的“鸡腿”建筑

关于侧向刚度比，在不同结构不同部位查看可以参考朱炳寅《高层建筑混凝土结构技术规程应用与解析》的整理，如表 2.4-1 所示。

侧向刚度比汇总　　　　表 2.4-1

<table>
<tr><th>序号</th><th colspan="2">项目</th><th>计算方法</th><th>计算公式</th><th colspan="2">计算要求及补充计算要求</th></tr>
<tr><td rowspan="3">1</td><td rowspan="3">结构的嵌固部位</td><td>所有结构</td><td>等效剪切刚度比值法</td><td>$\gamma=\frac{G_1A_1}{G_2A_2}\times\frac{h_2}{h_1}$</td><td colspan="2">宜$\gamma\geqslant2$，应$\gamma\geqslant1.5$
（相关说明见第 5.3.7 条）
（1 表示本层，2 表示相邻上层，全表均同此）</td></tr>
<tr><td>框架结构</td><td>楼层剪力与层间位移的比值法</td><td>$\gamma=\frac{V_1\Delta_2}{V_2\Delta_1}$</td><td colspan="2">$\gamma\geqslant2$，按等效剪切刚度比值法计算时应$\gamma\geqslant1.5$</td></tr>
<tr><td>其他结构</td><td>考虑层高修正的楼层侧向刚度比值法</td><td>$\gamma=\frac{V_1\Delta_2}{V_2\Delta_1}\times\frac{h_1}{h_2}$</td><td colspan="2">$\gamma\geqslant2$，按等效剪切刚度比值法计算时应$\gamma\geqslant1.5$</td></tr>
<tr><td rowspan="3">2</td><td rowspan="3">转换层上、下(转换层所在的楼层n)</td><td>$n\leqslant2$ 时</td><td>等效剪切刚度比值法</td><td>$\gamma=\frac{G_1A_1}{G_2A_2}\times\frac{h_2}{h_1}$</td><td colspan="2">应使$\gamma$接近 1（$\gamma\leqslant1.3$），非抗震时应$\gamma\geqslant0.4$，抗震时应$\gamma\geqslant0.5$</td></tr>
<tr><td rowspan="2">$n\geqslant3$ 时</td><td>楼层剪力与层间位移的比值法</td><td>$\gamma=\frac{V_1\Delta_2}{V_2\Delta_1}$</td><td>$\gamma\geqslant0.6$</td><td rowspan="2">同时满足</td></tr>
<tr><td>等效侧向刚度比值法</td><td>$\gamma_e=\frac{\Delta_2H_1}{\Delta_1H_2}$</td><td>应使$\gamma_e$接近 1（$\gamma_e\leqslant1.3$），非抗震时应$\gamma_e\geqslant0.5$，抗震时应$\gamma_e\geqslant0.8$</td></tr>
<tr><td rowspan="3">3</td><td rowspan="3">其他部位</td><td>框架结构</td><td>楼层剪力与层间位移的比值法</td><td>$\gamma=\frac{V_1\Delta_2}{V_2\Delta_1}$</td><td colspan="2">$\gamma\geqslant0.7$，与相邻上部三层的平均值$\gamma\geqslant0.8$</td></tr>
<tr><td rowspan="2">其他结构</td><td>考虑层高修正的楼层侧向刚度比值法</td><td>$\gamma=\frac{V_1\Delta_2}{V_2\Delta_1}\times\frac{h_1}{h_2}$</td><td colspan="2">$\gamma\geqslant0.9$；当$h_1>1.5h_2$时，$\gamma\geqslant1.1$</td></tr>
<tr><td>结构底部嵌固层</td><td>$\gamma=\frac{V_1\Delta_2}{V_2\Delta_1}\times\frac{h_1}{h_2}$</td><td colspan="2">$\gamma\geqslant1.5$，仅适用于嵌固端为绝对值嵌固的计算模型</td></tr>
</table>

2. 层间位移角

这个指标在剪力墙结构中容易让读者纠结，因为有连梁的原因。

2.4-2 层间位移角

我们先看图 2.4-3 所示考虑连梁刚度折减的层间位移角和图 2.4-4 所示不考虑连梁刚度折减的层间位移角。

=== 工况17 === X 方向地震作用下的楼层最大位移

Floor	Tower	Jmax JmaxD	Max-(X) Max-Dx	Ave-(X) Ave-Dx	h Max-Dx/h	DxR/Dx	Ratio_AX
9	1	9000007	6.84	6.63	2800		
		9000002	0.68	0.67	1/4141	21.59%	1.00
8	1	8000015	8.12	6.88	3300		
		8000015	1.18	0.97	1/2800	9.76%	0.94
7	1	7000015	6.95	5.92	2800		
		7000015	1.09	0.91	1/2575	7.93%	1.00
6	1	6000015	5.87	5.02	2800		
		6000015	1.16	0.98	1/2410	4.30%	1.01
5	1	5000115	4.72	4.05	2800		
		5000115	1.20	1.02	1/2332	0.99%	0.94
4	1	4000115	3.52	3.04	2800		
		4000015	1.18	1.01	1/2375	8.44%	0.87
3	1	3000115	2.34	2.03	2800		
		3000015	1.07	0.92	1/2618	20.25%	0.77
2	1	2000115	1.27	1.11	2800		
		2000015	0.84	0.73	1/3317	48.34%	0.62
1	1	1000015	0.43	0.38	2800		
		1000015	0.43	0.38	1/6497	100.00%	0.40

X向最大层间位移角：　1/2332　(5层1塔)

=== 工况18 === Y 方向地震作用下的楼层最大位移

Floor	Tower	Jmax JmaxD	Max-(Y) Max-Dy	Ave-(Y) Ave-Dy	h Max-Dy/h	DyR/Dy	Ratio_AY
9	1	9000004	6.39	6.39	2800		
		9000004	0.88	0.86	1/3189	4.49%	1.00
8	1	8000003	5.61	5.54	3300		
		8000003	0.98	0.96	1/3366	2.27%	0.73
7	1	7000003	4.64	4.58	2800		
		7000003	0.85	0.84	1/3295	0.47%	0.83
6	1	6000003	3.79	3.74	2800		
		6000004	0.85	0.84	1/3283	2.82%	0.84
5	1	5000004	2.94	2.90	2800		
		5000004	0.83	0.82	1/3382	7.67%	0.82
4	1	4000003	2.11	2.09	2800		
		4000004	0.76	0.75	1/3667	14.83%	0.76
3	1	3000003	1.35	1.34	2800		
		3000003	0.65	0.64	1/4310	26.72%	0.67
2	1	2000003	0.70	0.69	2800		
		2000004	0.48	0.47	1/5885	52.79%	0.56
1	1	1000003	0.22	0.22	2800		
		1000003	0.22	0.22	1/9999	100.00%	0.36

Y向最大层间位移角：　1/3189　(9层1塔)

图 2.4-3　考虑连梁刚度折减的层间位移角

```
************************************************************
          连梁刚度不折减模型下位移统计
************************************************************
=== 工况17 === X 方向地震作用下的楼层最大位移

Floor  Tower   Jmax     Max-(X)   Ave-(X)      h
               JmaxD    Max-Dx    Ave-Dx     Max-Dx/h   DxR/Dx   Ratio_AX

 9   1   9000007    5.02    4.87      2800
         9000006    0.47    0.46     1/5896    22.51%    1.00
 8   1   8000115    6.08    5.12      3300
         8000115    0.82    0.68     1/4020    11.68%    0.94
 7   1   7000015    5.27    4.45      2800
         7000015    0.77    0.64     1/3626    10.22%    1.02
 6   1   6000115    4.51    3.82      2800
         6000015    0.84    0.71     1/3316     6.38%    1.05
 5   1   5000015    3.67    3.12      2800
         5000015    0.89    0.75     1/3139     1.08%    0.98
 4   1   4000015    2.78    2.37      2800
         4000115    0.90    0.76     1/3127     6.15%    0.90
 3   1   3000015    1.89    1.62      2800
         3000115    0.83    0.71     1/3358    17.39%    0.80
 2   1   2000015    1.05    0.91      2800
         2000115    0.68    0.59     1/4107    44.86%    0.66
 1   1   1000015    0.37    0.32      2800
         1000015    0.37    0.32     1/7556   100.00%    0.42

X向最大层间位移角:   1/3127  (4层1塔)


=== 工况18 === Y 方向地震作用下的楼层最大位移

Floor  Tower   Jmax     Max-(Y)   Ave-(Y)      h
               JmaxD    Max-Dy    Ave-Dy     Max-Dy/h   DyR/Dy   Ratio_AY

 9   1   9000001    5.33    5.33      2800
         9000004    0.72    0.70     1/3899     6.64%    1.00
 8   1   8000004    4.70    4.63      3300
         8000004    0.79    0.62     1/4173     3.83%    0.72
 7   1   7000095    4.21    4.01      2800
         7000004    0.69    0.68     1/4044     2.00%    0.84
 6   1   6000095    3.57    3.35      2800
         6000095    0.79    0.74     1/3536     1.51%    0.85
 5   1   5000095    2.81    2.63      2800
         5000095    0.80    0.73     1/3513     6.43%    0.84
 4   1   4000095    2.07    1.93      2800
         4000095    0.73    0.68     1/3843    13.47%    0.78
 3   1   3000095    1.40    1.28      2800
         3000095    0.64    0.59     1/4377    25.11%    0.69
 2   1   2000095    0.80    0.70      2800
         2000095    0.52    0.47     1/5341    50.86%    0.58
 1   1   1000095    0.30    0.25      2800
         1000095    0.30    0.25     1/9394   100.00%    0.38

Y向最大层间位移角:   1/3513  (5层1塔)
```

图 2.4-4　不考虑连梁刚度折减的层间位移角

从上面可以看出，无论是X方向还是Y方向，不考虑连梁刚度折减的层间位移角都远小于考虑连梁刚度折减的层间位移角。我们下面从几方面进行说明。

第一，剪力墙层间位移角的限值。表 2.4-2 是《抗标》层间位移角控制表。

弹性层间位移角限值　　表 2.4-2

结构类型	$[\theta_e]$
钢筋混凝土框架	1/550
钢筋混凝土框架-抗震墙、板柱-抗震墙、框架-核心筒	1/800
钢筋混凝土抗震墙、筒中筒	1/1000
钢筋混凝土框支层	1/1000
多、高层钢结构	1/250

从表 2.4-2 中可以看出，剪力墙结构的限值是 1/1000，本案例远远满足规范要求。主要原因是墙体过多，这与每个项目的案例背景有关系。当时，此项目是装配式混凝土结构，所以外圈没有二次结构墙体，间接说明了在特定的模式下，比如装配式，经济性不一定好。

第二，层间位移角究竟是否考虑虑连梁刚度折减。这个问题相信做过一段时间设计的朋友深感困惑。读者可以看表 2.4-2 的表头框选部分，这里说的是“弹性”。既然是弹性的范畴，那么刚度自然不折减，因此剪力墙结构的层间位移角不考虑连梁刚度折减作为主控指标。

第三，层间位移角的控制把握尺度。一般项目建议根据不同的设计阶段进行把控，比如方案阶段，剪力墙结构至少保证 1/1500 以上；初步设计阶段，剪力墙结构至少保证 1/1300 以上；施工图阶段，剪力墙结构至少保证 1/1100 以上。这些数值属于经验范畴，但有个大体规律是越靠近设计前期，越要留有富裕，原因是建筑功能的不确定性。

3. 剪力墙轴压比

剪力墙的轴压比和框架柱不同，我们先看规范的说法，以《高规》第 7.2.13 条为例。

7.2.13　重力荷载代表值作用下，一、二、三级剪力墙墙肢的轴压比不宜超过表 7.2.13 的限值。

表 **7.2.13**　剪力墙墙肢轴压比限值

抗震等级	一级（9 度）	一级（6、7、8 度）	二、三级
轴压比限值	0.4	0.5	0.6

注：墙肢轴压比是指重力荷载代表值作用下墙肢承受的轴压力设计值与墙肢的全截面面积和混凝土轴心抗压强度设计值乘积之比值。

轴压比定义为截面轴向平均应力与混凝土轴心抗压强度的比值，是影响剪力墙破坏形态的另一个重要因素。轴压比大可能形成小偏压破坏，它的延性较小。设计时，除了需要限制轴压比数值外，还要在剪力墙压应力较大的边缘配置箍筋，形成约束混凝土，以提高混凝土边缘的极限压应变，改善其延性。

它的轴向平均应力对应的是重力荷载代表值计算而来，与地震作用无关。也就是说，竖向确定了、结构布置确定了，轴压比就确定了。

图 2.4-5 所示是不同轴力下的剪力墙的延性。可以看出，随着轴力的增加，延性越来越差。这里，读者也就不难理解为何抗震等级越高，轴压比限值越严格。说到底，就是延性的要求越高。

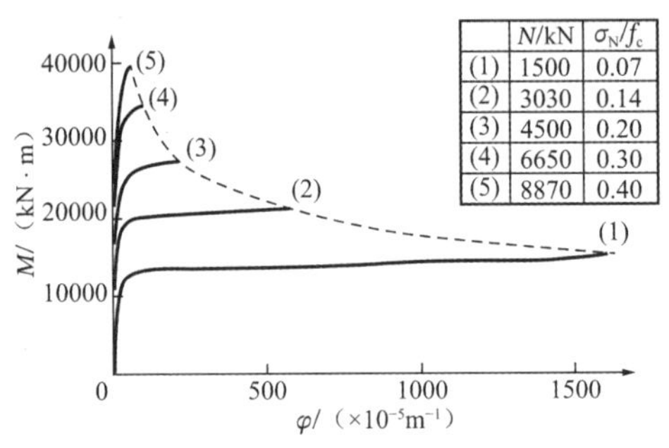

	N/kN	σ_N/f_c
(1)	1500	0.07
(2)	3030	0.14
(3)	4500	0.20
(4)	6650	0.30
(5)	8870	0.40

2.4-3 剪力墙轴压比

图 2.4-5 不同轴力下的剪力墙的延性

YJK 中剪力墙的轴压比查看，如图 2.4-6 所示。

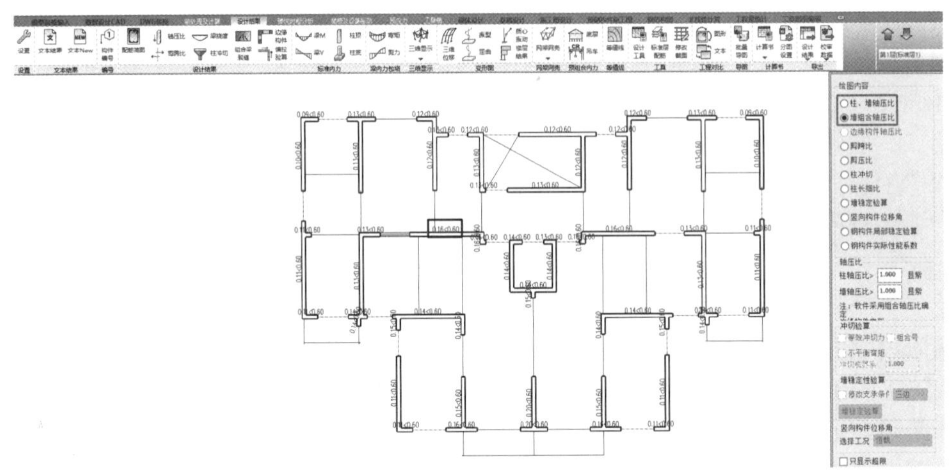

图 2.4-6 剪力墙的轴压比查看

从图 2.4-6 可以看到，轴压比的查看在右侧画框部分有两个选项：单个的轴压比和组合轴压比。这里，建议读者针对剪力墙结构，一般查看组合轴压比。在 YJK 中，它的判断机理是墙组合轴压比计算时翼墙长度默认取 6 倍翼墙厚度，该值可以在“计算参数”—“高级选项”—“墙”中进行修改。墙组合轴压比主要用于以下方面：①判断墙柱轴压比是否超限；②确定底部加强部位的边缘构件类型（约束或构造边缘构件）。对于墙柱采用组合轴压比验算是否超限，如果不符合组合轴压比计算条件，则采用单个墙柱轴压比验算是否超限。

图 2.4-6 左侧框选部分可以看出本案例剪力墙二级抗震，它的轴压比限值是 0.6，富余量很大。

另外，从概念上读者应知道，剪力墙轴压比一般查看底部楼层、变截面的楼层。

4. 剪力墙稳定

剪力墙稳定的重点内容在《高规》附录 D 中有专门的说明。

读者需要知道的一个概念是，任何受压的构件都有稳定的问题。生活经验告诉我们，越是细长的杆件受压，越容易失稳，在钢结构中尤其明显。混凝土结构相关规范中，对剪力墙的稳定其实是通过控制墙厚来实现的。读者需要有一个敏锐的嗅觉，就是随着楼层的增高，剪力墙厚度是否满足要求。

《抗标》6.4.1　抗震墙的厚度，一、二级不应小于 160mm 且不宜小于层高或无支长度的 1/20，三、四级不应小于 140mm 且不宜小于层高或无支长度的 1/25；无端柱或翼墙时，一、二级不宜小于层高或无支长度的 1/16，三、四级不宜小于层高或无支长度的 1/20。

底部加强部位的墙厚，一、二级不应小于 200mm 且不宜小于层高或无支长度的 1/16，三、四级不应小于 160mm 且不宜小于层高或无支长度的 1/20；无端柱或翼墙时，一、二级不宜小于层高或无支长度的 1/12，三、四级不宜小于层高或无支长度的 1/16。

第 6.4.1 条提到了无支长度，可以参考图 2.4-7 去理解。

2.4-4 剪力墙稳定

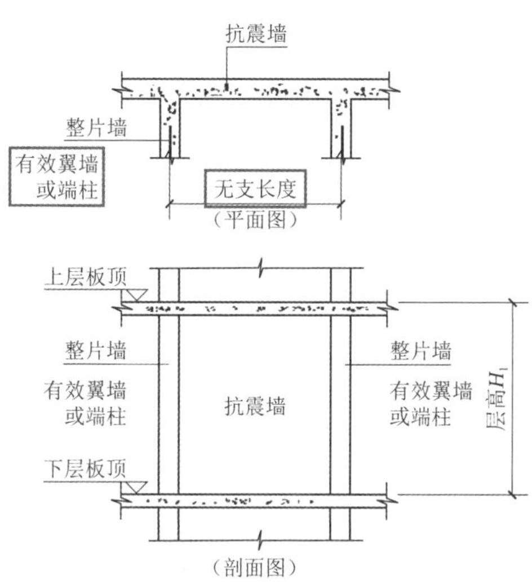

图 2.4-7 无支长度

在图 2.4-7 中可以看到，无支长度与两端垂直的支撑有关，就是所谓的有效翼墙或端柱。图 2.4-8～图 2.4-10 是剪力墙有效翼墙、无效翼墙、互为翼墙的图示，供读者理解。

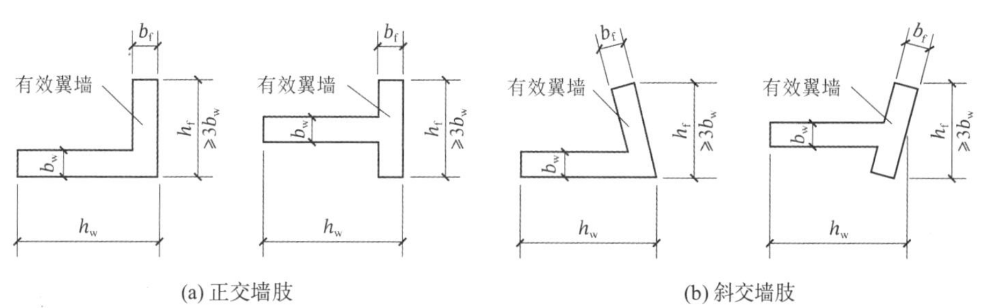

图 2.4-8 剪力墙有效翼墙

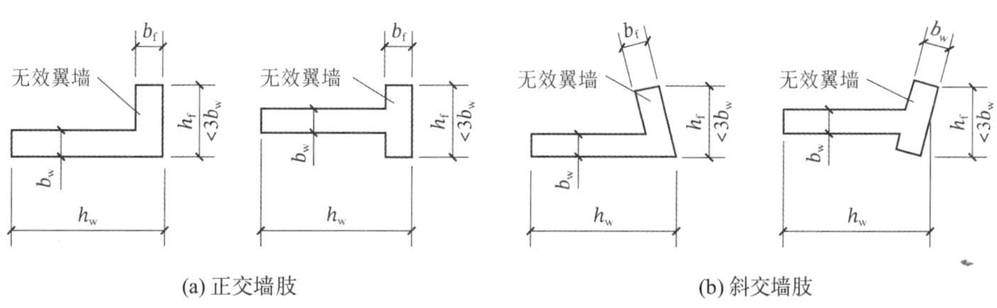

图 2.4-9 剪力墙无效翼墙

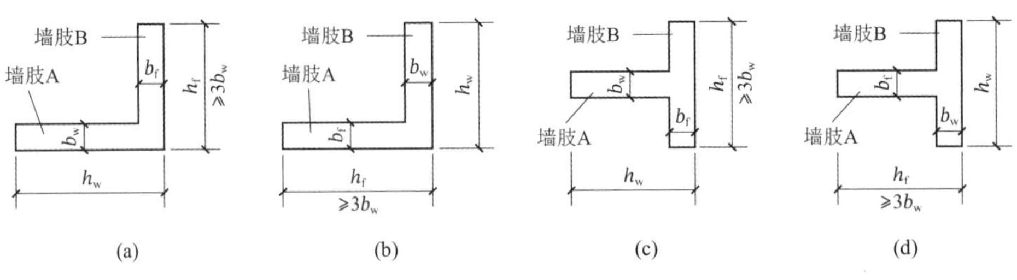

图 2.4-10　剪力墙互为翼墙

通常，实际高层混凝土剪力墙结构项目中，墙厚 200mm 起步；墙长做成一般剪力墙，长度 1600mm 起步。这个数值可以供新手读者参考使用。

本案例的墙体稳定查看如图 2.4-11 所示。

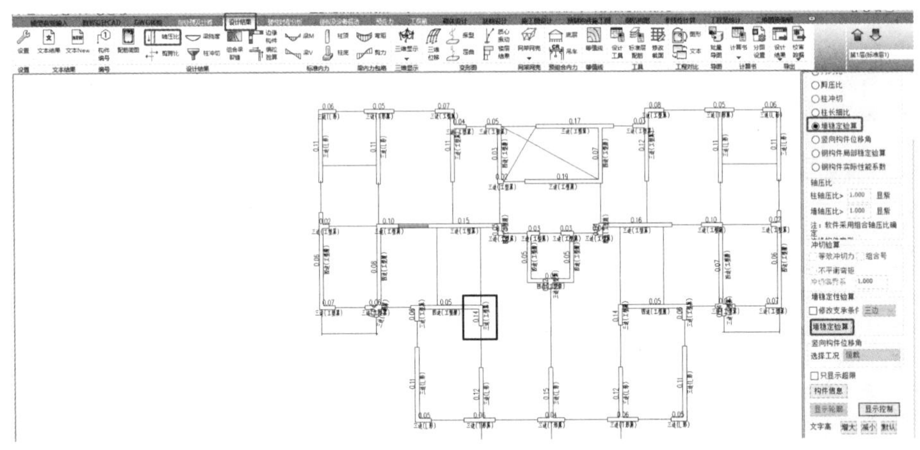

图 2.4-11　墙体稳定验算

通过点击图 2.4-11 右侧的墙体稳定按钮，可以查看每个墙体稳定验算的计算书，如图 2.4-12 所示。

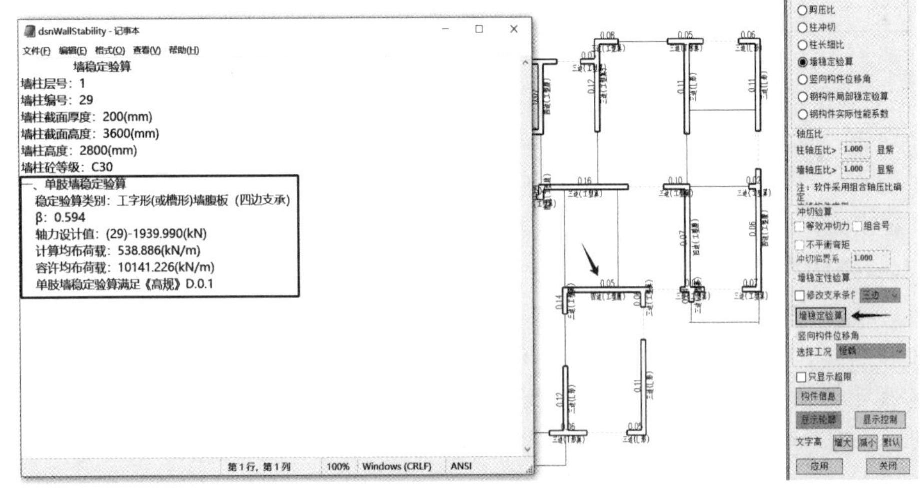

图 2.4-12　墙体稳定详细计算

关于《高规》附录 D，它的思路包括剪力墙整体稳定与单墙肢的稳定。其中，有个关键的系数就是墙肢计算长度系数。它与支撑情况有关，三边支撑与四边支撑的计算长度系数可以通过图形对比。图 2.4-13 是作者绘制的三边支撑与四边支撑的对比，可以发现约束的作用。

最后，提醒读者关于墙体的稳定，一般多高层项目根据规范对墙厚进行取值，稳定不大考虑。特殊的项目，比如穿层剪力墙、楼梯间少约束的悬臂剪力墙等等，可以通过有限元屈曲分析进一步计算，确保结构安全。

图 2.4-14 是作者之前部分项目对一些墙体做的对比分析，供读者延伸思考。

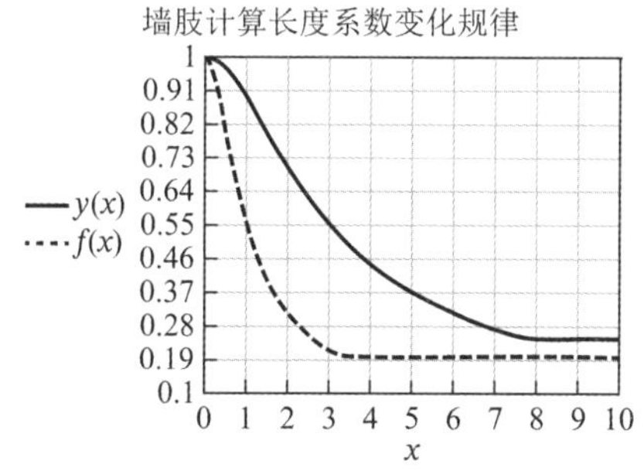

图 2.4-13　墙肢计算长度系数变化规律

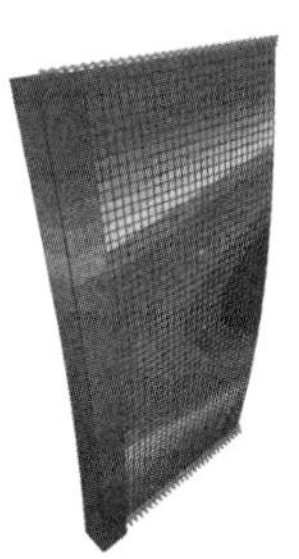

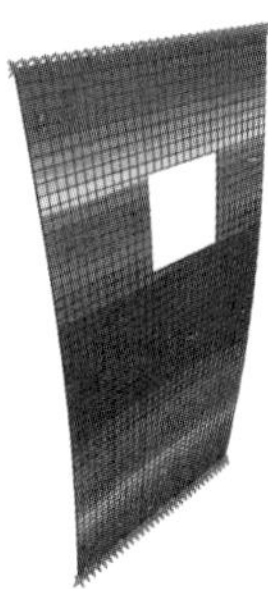

图 2.4-14　墙体稳定有限元分析

5. 剪力墙墙身配筋

剪力墙的配筋分为墙身配筋、边缘构件配筋和连梁配筋三部分。本小节是第一部分的墙身配筋。

2.4-5 剪力墙墙身配筋

墙身配筋分水平筋和竖向筋，它的作用是多方面的：抗剪、抗弯、减少收缩裂缝等。如果竖向分布钢筋过少，墙肢端部的纵向受力钢筋屈服以后，裂缝将迅速开展，裂缝的长度大且宽度也大；如果横向分布钢筋过少，斜裂缝一旦出现，就会迅速发展成一条主要斜裂缝，剪力墙将沿斜裂缝被剪坏；实际上，竖向分布钢筋也可起到限制斜裂缝开展的作用，其作用大小和剪力墙斜裂缝的倾斜角度有关。墙肢的竖向和横向分布钢筋的最小配筋要求，是根据限制裂缝开展的要求确定的。

为避免墙表面的温度收缩裂缝，墙肢分布钢筋不允许采用单排配筋，一般都采用双排配筋。当截面厚度较大时，为了使混凝土均匀受力，可采用多排配筋。多排分布钢筋之间设置拉筋。我国规范和规程要求的分布钢筋最小配筋率，可以参考下面的《抗标》部分条文。

6.4.3　抗震墙竖向、横向分布钢筋的配筋，应符合下列要求：

1 一、二、三级抗震墙的竖向和横向分布钢筋最小配筋率均不应小于 0.25%，四级抗震墙分布钢筋最小配筋率不应小于 0.20%。

注：高度小于 24m 且剪压比很小的四级抗震墙，其竖向分布筋的最小配筋率应允许按 0.15% 采用。

2 部分框支抗震墙结构的落地抗震墙底部加强部位，竖向和横向分布钢筋配筋率均不应小于 0.3%。

6.4.4　抗震墙竖向和横向分布钢筋的配置，尚应符合下列规定：

1 抗震墙的竖向和横向分布钢筋的间距不宜大于 300mm，部分框支抗震墙结构的落地抗震墙底部加强部位，竖向和横向分布钢筋的间距不宜大于 200mm。

2 抗震墙厚度大于 140mm 时，其竖向和横向分布钢筋应双排布置，双排分布钢筋间拉筋的间距不宜大于 600mm，直径不应小于 6mm。

3 抗震墙竖向和横向分布钢筋的直径，均不宜大于墙厚的 1/10 且不应小于 8mm；竖向钢筋直径不宜小于 10mm。

本案例墙体的计算结果如图 2.4-15 所示。

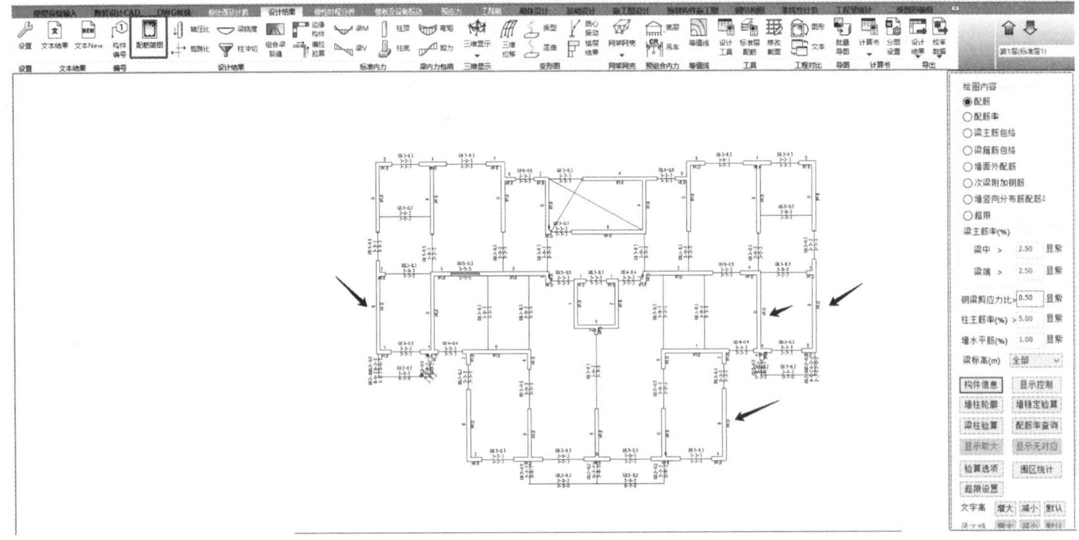

图 2.4-15 墙体配筋计算结果

YJK 对墙体部分的配筋解释如下：

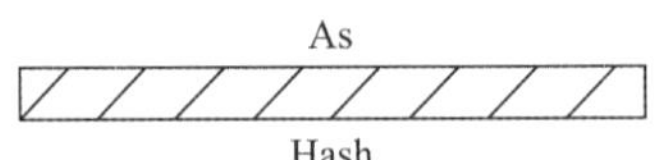

其中：As——墙柱一端的暗柱计算配筋面积（cm^2），如计算不需要配筋时，输出 0。当墙柱截面高厚比小于 4 或一字形墙截面高度 ≤ 800mm 时，按柱配筋，这时 As 为按柱对称配筋时的单边钢筋面积；

ash——在水平分布筋间距内的水平分布筋面积（cm^2）；

H——分布筋标志。

如果设计参数中选择墙柱配筋时考虑翼缘墙或端柱，则：

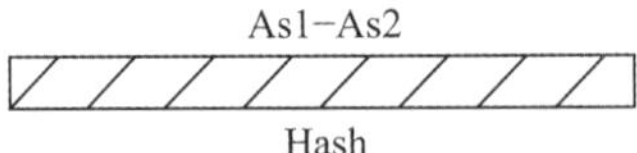

其中：As1、As2——分别为墙柱左、右端暗柱配筋面积。

从上面的解释不难发现，墙身部分的配筋就是简图 H+数值，数值即为水平筋的面积。

本案例水平筋间距是 200mm，计算结果 H1.0 即 200mm 的间距内需要的水平筋 $1cm^2$，即 $100mm^2$。每米需要面积：$100 \times (1000/200) = 500mm^2$，两排配筋，每排每米需要：$500/2 = 250mm^2$。

图 2.4-16 汇总的配筋率为 0.2%、0.25%和 0.3%时墙体水平筋选用表，供读者在实际项目中参考。

墙身最小配筋率（%）		0.25	
墙身厚度(mm)	单侧墙身最小配筋（mm²）	参考配筋	
200	250.00	8@200	两排
250	312.50	10@250 (8@150)	
300	375.00	10@200	
350	437.50	12@250	
400	500.00	10@150 (8@100)	
450	375.00	10@200	三排
500	416.67	12@250	
550	458.33	10@150 (8@100)	
600	500.00	10@150 (8@100)	
650	541.67	12@200	
700	583.33	14@250	
750	468.75	10@150 (8@100)	四排
800	500.00	10@150 (8@100)	
850	531.25	12@200	
900	562.50	12@200	
950	593.75	14@250	
1000	625.00	12@150	

墙身最小配筋率（%）		0.2	
墙身厚度(mm)	单侧墙身最小配筋（mm²）	参考配筋	
200	200.00	8@250	两排
250	250.00	8@200	
300	300.00	10@250	
350	350.00	10@200	
400	400.00	12@250	
450	300.00	10@250	三排
500	333.33	8@150 (10@200)	
550	366.67	10@200	
600	400.00	12@250	
650	433.33	12@250	
700	466.67	10@150 (8@100)	
750	375.00	10@200	四排
800	400.00	12@250	
850	425.00	12@250	
900	450.00	12@250	
950	475.00	10@150 (8@100)	
1000	500.00	10@150 (8@100)	

墙身最小配筋率（%）		0.3	
墙身厚度(mm)	单侧墙身最小配筋（mm²）	参考配筋	
200	300.00	10@250 (8@150)	两排
250	375.00	10@200	
300	450.00	12@250	
350	525.00	12@200	
400	600.00	14@250	
450	450.00	12@250	三排
500	500.00	10@150 (8@100)	
550	550.00	12@200	
600	600.00	14@250	
650	650.00	12@150	
700	700.00	12@150	
750	562.50	12@200	四排
800	600.00	14@250	
850	637.50	12@150	
900	675.00	12@150	
950	712.50	12@150	
1000	750.00	12@150	

图 2.4-16　墙身配筋选用表

6. 剪力墙边缘构件配筋

边缘构件是剪力墙配筋的第二部分内容，读者首先要从概念的角度明白边缘构件的作用。图 2.4-17 是清华大学做的墙体端部边缘构件不同配筋率时剪力墙的延性曲线。

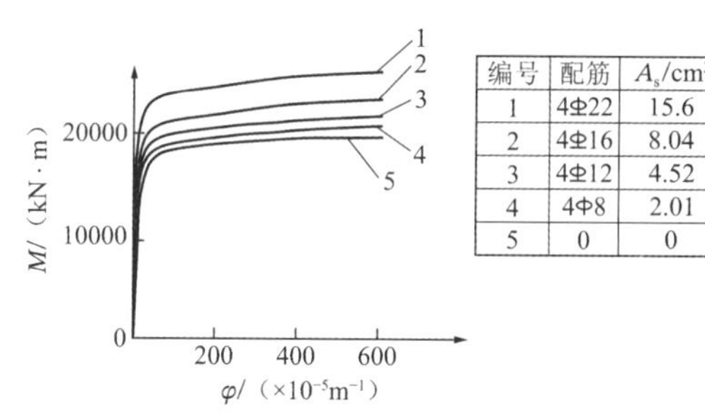

2.4-6 剪力墙边缘构件配筋

图 2.4-17　边缘构件对剪力墙的延性影响曲线

墙体端部钢筋增多可提高承载力，对延性的影响不大。在前面概念设计的章节中，读者已经明白边缘构件分构造边缘构件和约束边缘构件，在实际项目中存在一个设置范围的问题。先看下《高规》的规定。

7.2.14　剪力墙两端和洞口两侧应设置边缘构件，并应符合下列规定：

1 一、二、三级剪力墙底层墙肢底截面的轴压比大于表 7.2.14 的规定值时，以及部分框支剪力墙结构的剪力墙，应在底部加强部位及相邻的上一层设置约束边缘构件，约束边缘构件应符合本规程第 7.2.15 条的规定；

2 除本条第 1 款所列部位外，剪力墙应按本规程第 7.2.16 条设置构造边缘构件；

3 B 级高度高层建筑的剪力墙，宜在约束边缘构件层与构造边缘构件层之间设置 1～2 层过渡层，过渡层边缘构件的箍筋配置要求可低于约束边缘构件的要求，但应高于构造边缘构件的要求。

表 7.2.14　剪力墙可不设约束边缘构件的最大轴压比

等级或烈度	一级（9 度）	一级（6、7、8 度）	二、三级
轴压比	0.1	0.2	0.3

总结起来就是，约束边缘构件在底部加强部位及上一层局部设置（局部就是墙体轴压比超过 7.2.14 条限值时），其余都可设置构造边缘构件。

这里明确一下底部加强部位的概念，读者可以自行查看相关规范条文的具体内容，这里我们可以根据图 2.4-18 去理解。

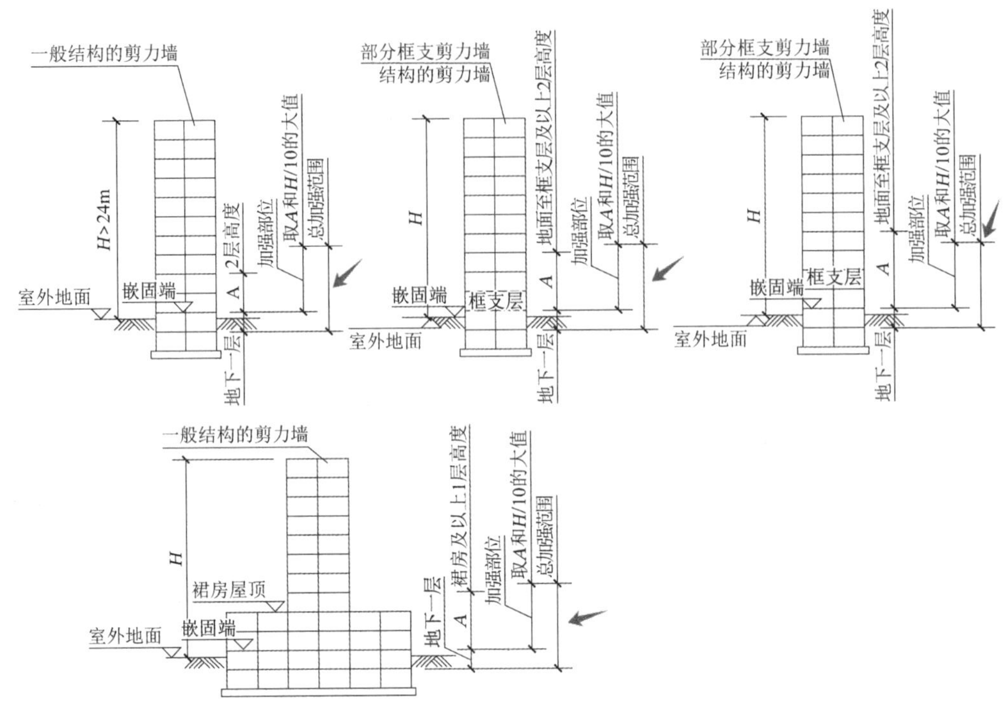

图 2.4-18 剪力墙底部加强部位示意

下面，我们结合本案例对边缘构件的结果进行详细解读。图 2.4-19 是计算结果简图，读者留意箭头位置处的边缘构件。

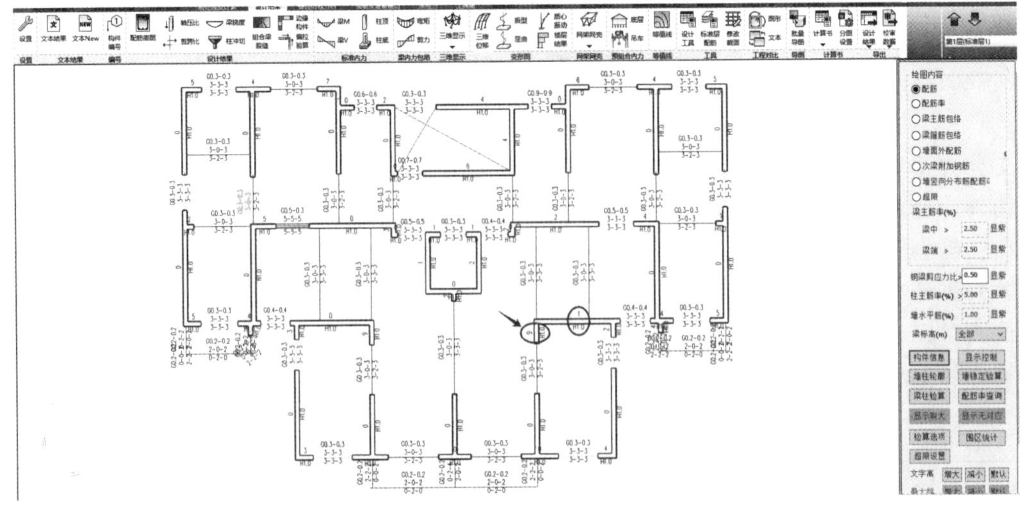

图 2.4-19 边缘构件计算

打开构件信息，读者可以对比计算结果文本，如图 2.4-20 所示。

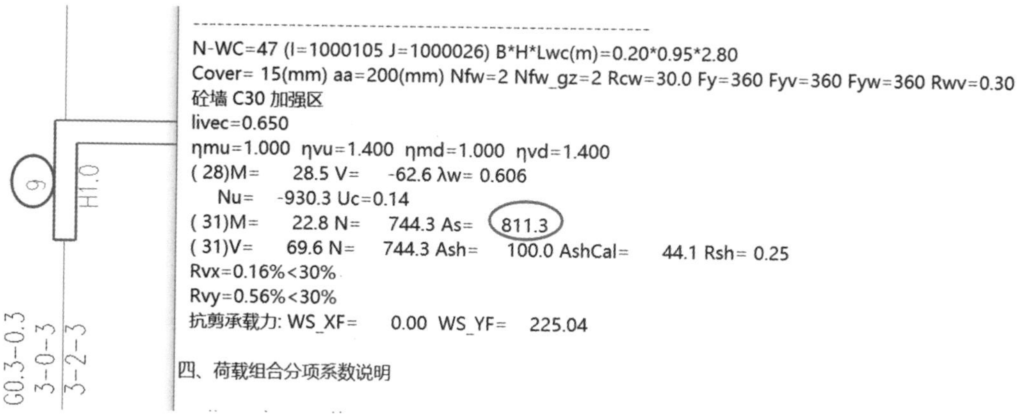

N-WC=47 (I=1000105 J=1000026) B*H*Lwc(m)=0.20*0.95*2.80
Cover= 15(mm) aa=200(mm) Nfw=2 Nfw_gz=2 Rcw=30.0 Fy=360 Fyv=360 Fyw=360 Rwv=0.30
砼墙 C30 加强区
livec=0.650
ηmu=1.000 ηvu=1.400 ηmd=1.000 ηvd=1.400
(28)M=　28.5 V=　-62.6 λw= 0.606
　Nu=　-930.3 Uc=0.14
(31)M=　22.8 N=　744.3 As=　811.3
(31)V=　69.6 N=　744.3 Ash=　100.0 AshCal=　44.1 Rsh= 0.25
Rvx=0.16%<30%
Rvy=0.56%<30%
抗剪承载力: WS_XF=　0.00 WS_YF=　225.04

四、荷载组合分项系数说明

图 2.4-20　计算结果文本

同时，在边缘构件配筋这一块儿，读者也可以从边缘构件简图中查看软件自动生成识别的边缘构件配筋，如图 2.4-21 所示。

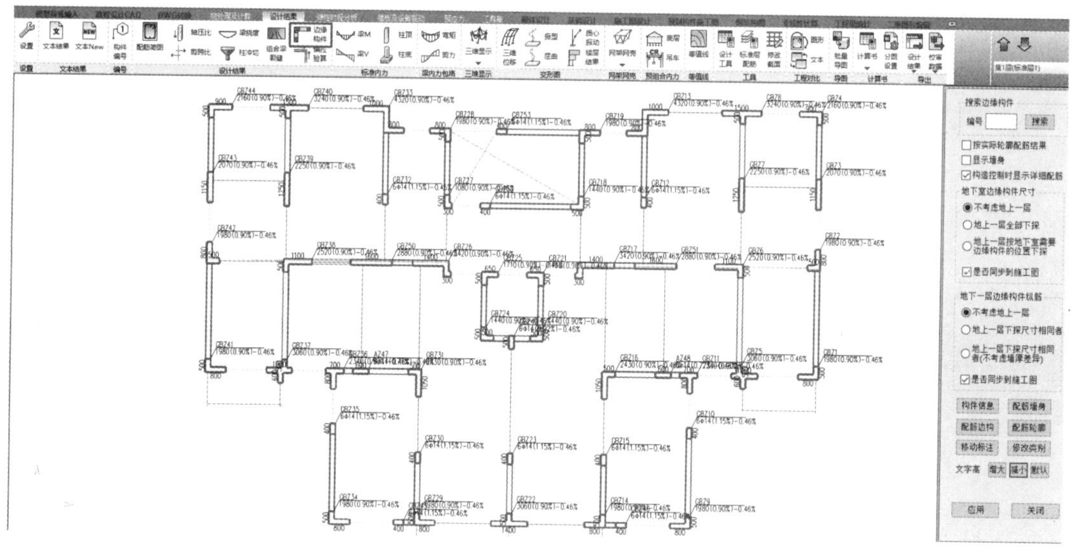

图 2.4-21　边缘构件轮廓配筋

7. 剪力墙连梁配筋

连梁配筋是剪力墙配筋的第三部分。很多新手读者会走入一个误区，他们认为连梁是梁，其实它是剪力墙的一部分。

连梁的受力变形如图 2.4-22 所示。

2.4-7 剪力墙连梁配筋

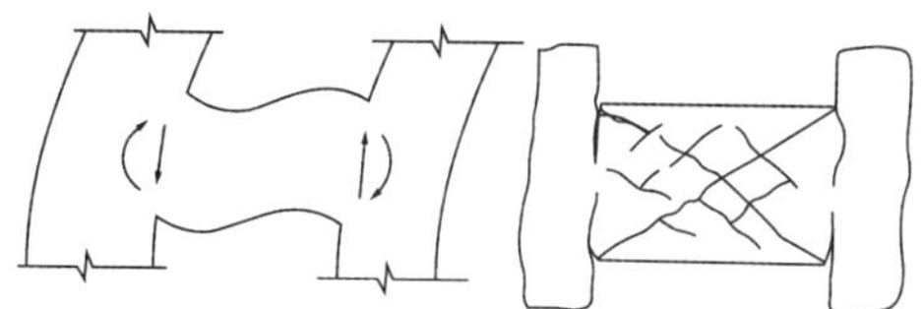

图 2.4-22　连梁受力与变形

《高规》7.1.3　跨高比小于 5 的连梁应按本章的有关规定设计，跨高比不小于 5 的连梁宜按框架梁设计。

在现行规范中，连梁的计算模型分杆单元和壳单元计算，背后就是连梁强弱的问题，读者在前处理中已经知道 YJK 的控制按钮是开放的。

本案例连梁的弯矩包络图，如图 2.4-23 所示。读者可以体会其形状背后的受力特性（重点是形状，不是图中的数字）。

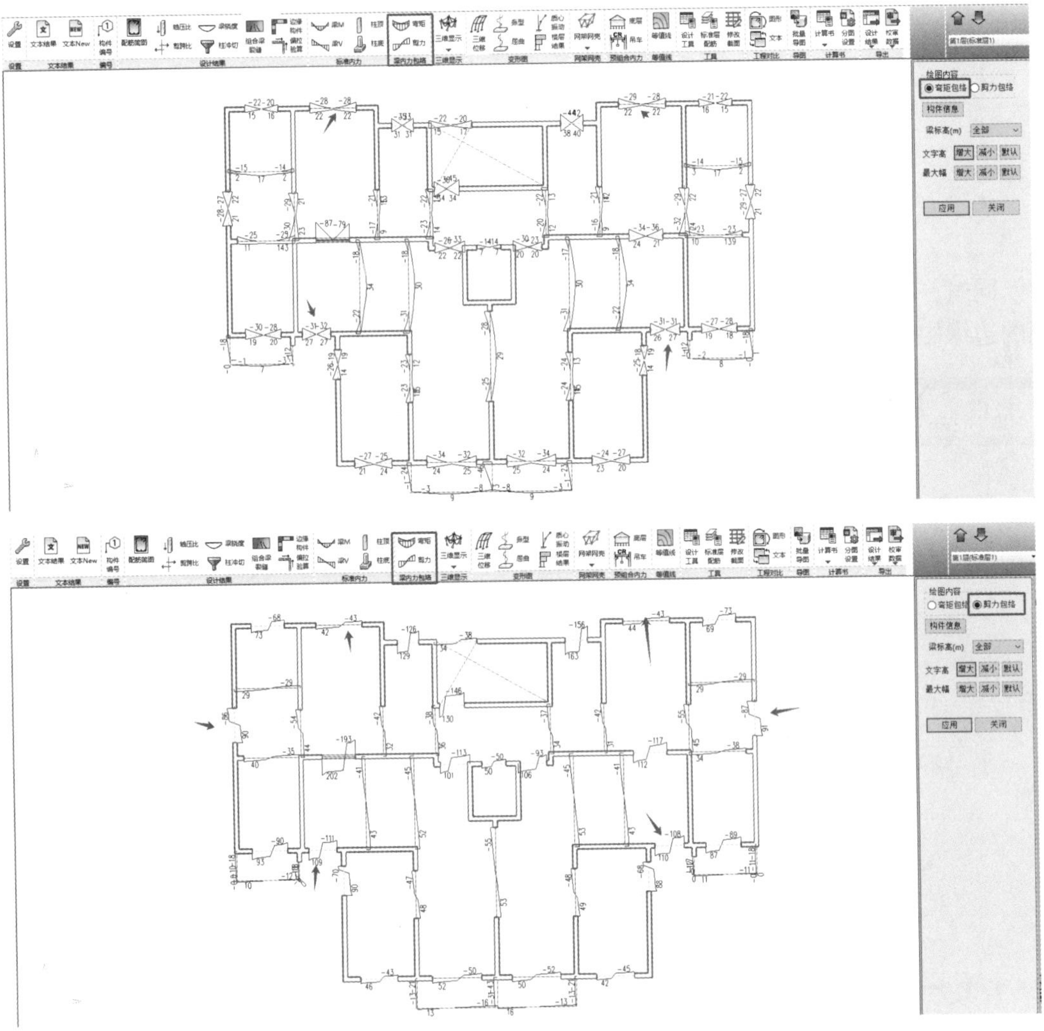

图 2.4-23　连梁弯矩与剪力包络图

对于连梁的配筋一直是个难题，这个难体现在超筋层面的处理。工程中有很多的处理方法，这里我们推荐如下。

对于不超筋的连梁，在整体结果合理、连梁截面也满足建筑使用的前提下，正常配筋即可，与普通梁配筋的方法一样。

对于超筋的连梁，读者需要留意连梁超筋的本质是什么？剪压比超限！

连梁的剪压比限值可以看《高规》第 7.2.22 条，如下所示，公式为剪压比限值。

7.2.22　连梁截面剪力设计值应符合下列规定：

1 永久、短暂设计状况

$$V \leqslant 0.25\beta_c f_c b_b h_{b0} \tag{7.2.22-1}$$

2 地震设计状况

跨高比大于 2.5 的连梁

$$V \leqslant \frac{1}{\gamma_{RE}}(0.20\beta_c f_c b_b h_{b0}) \tag{7.2.22-2}$$

跨高比不大于 2.5 的连梁

$$V \leqslant \frac{1}{\gamma_{RE}}(0.15\beta_c f_c b_b h_{b0}) \tag{7.2.22-3}$$

式中　V——按本规程第 7.2.21 条调整后的连梁截面剪力设计值；

b_b——连梁截面宽度；

h_{b0}——连梁截面有效高度；

β_c——混凝土强度影响系数，见本规程第 6.2.6 条。

由以上公式可以看出，当连梁截面尺寸和材料强度确定的时候，它的受剪承载力就确定了。这是天生的特性，与外部荷载无关。

读者面对连梁超限，能做的是改善左侧的V值或者想办法提升不等号右侧的受剪承载力。而改变V值的方法就是调整地震作用。调整地震作用的代价就是竖向构件的重置。

因此，一般项目中我们建议读者调整连梁超筋。如果是大面积超筋，可以考虑适当调整竖向构件的布置，减少超筋数量。在满足整体指标的情况下，适当调整连梁高度，这个高度可增可减，一般以减为主。

同时，在连梁剪力超过受剪承载力不大的情况下，可以扩展提升连梁的受剪承载力，方法就是交叉斜筋或暗撑的使用（针对跨高比不大于 2.5 的强连梁）。这个对连梁宽度有要求，其本质其实就是适当增加剪压比，《高规》如下所示。

11.7.10　受剪截面应符合下列要求：

$$V_{wb} \leqslant \frac{1}{\gamma_{RE}}(0.25\beta_c f_c b h_0) \tag{11.7.10-1}$$

交叉配筋构造可以参考 23G101 图集，交叉斜筋（梁宽不小于 250mm）对应节点如图 2.4-24 所示。

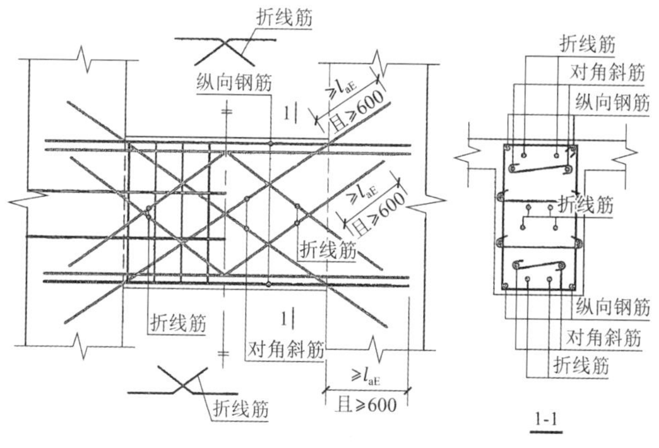

图 2.4-24　交叉斜筋构造

集中对角斜筋（梁宽不小于 4000mm）对应节点如图 2.4-25 所示。

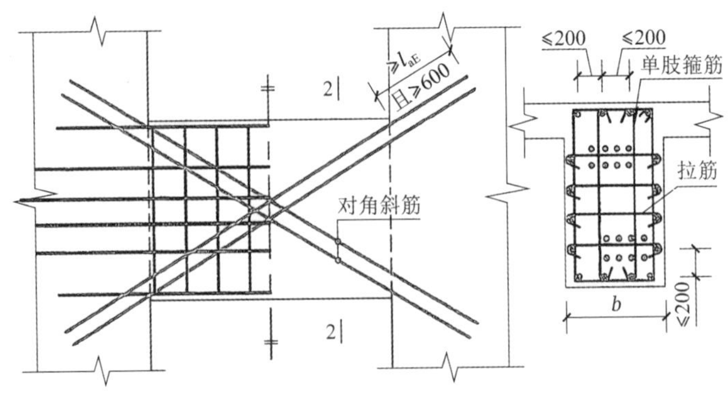

图 2.4-25　集中对角斜筋构造

对角暗撑构造（梁宽不小于 4000mm）对应节点如图 2.4-26 所示。

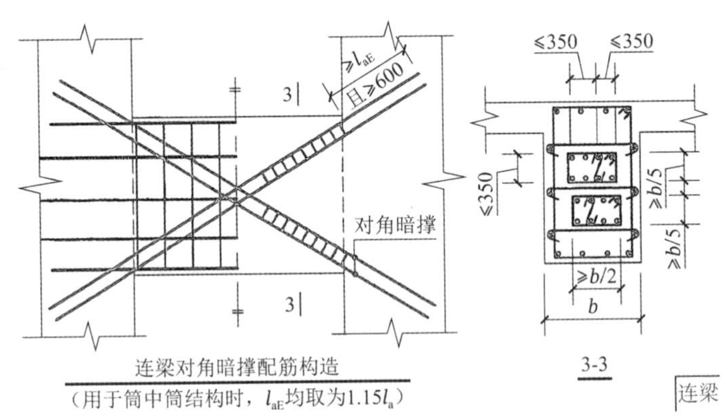

图 2.4-26　对角暗撑构造

实际项目中，经常以交叉斜筋应用居多。

连梁超筋还有最后一种情况，就是让 YJK 自己超筋，读者根据超筋结果反算配筋。

这个操作可以参考中国建筑设计研究院编制的《结构设计统一技术措施》，此书的实际操作部分有些难以驾驭，因为操作流程太烦琐，目前 YJK 软件都无法实现。作者结合此思路，推荐大家一种可以实际上手的方法，具体如下。

首先，是连梁箍筋的计算。之前已经说过，连梁截面和材料确定，那么其受剪承载力上限就已经确定，因此可以根据最大受剪承载力反算此连梁所配置的箍筋最大值。

以下是《结构设计统一技术措施》永久、短暂状况下的箍筋最大值推导和反算箍筋列表。

①永久、短暂设计状况时，按《高层建筑混凝土结构技术规程》JGJ 3 截面控制要求：

$$0.25f_c bh_0 = 0.7f_t bh_0 + f_{yv}\frac{A_{sv}}{s}h_0 \tag{D.0.6-1}$$

得：

$$A_{sv} = \frac{(0.25f_c - 0.7f_t)s}{f_{yv}}b \tag{D.0.6-2}$$

当连梁箍筋间距$s = 100\text{mm}$ 时，永久、短暂设计状况的连梁最大箍筋面积（mm^2）见表 D.0.6-2。

永久、短暂设计状况的连梁最大箍筋面积（mm^2）　　表 **D.0.6-2**

梁宽（mm）	永久、短暂设计状况						
	C20	C25	C30	C35	C40	C45	C50
200	122	155	191	229	266	299	331
250	151	194	240	285	332	373	413
300	182	232	287	343	399	448	496
350	212	271	335	400	466	522	579
400	243	310	383	457	532	597	661
450	273	349	431	514	598	672	744
500	303	388	478	572	665	746	827
550	333	427	526	629	731	821	909
600	363	465	574	686	798	895	992

注：表中数值按 HPB300 钢筋计算，当采用 HRB400 钢筋时，表中数值乘以 0.75。

以下是《结构设计统一技术措施》考虑地震作用下的箍筋最大值推导和反算箍筋列表。

②抗震设计时：

跨高比大于 2.5 时：

$$0.20f_c bh_0 = 0.42f_t bh_0 + f_{yv}\frac{A_{sv}}{s}h_0 \tag{D.0.6-3}$$

得：

$$A_{sv} = \frac{(0.20f_c - 0.42f_t)s}{f_{yv}}b \tag{D.0.6-4}$$

跨高比不大于 2.5 时：

$$0.15f_c bh_0 = 0.38f_t bh_0 + 0.9f_{yv}\frac{A_{sv}}{s}h_0 \tag{D.0.6-5}$$

得：

$$A_{sv} = \frac{(0.17f_c - 0.42f_t)s}{f_{yv}}b \tag{D.0.6-6}$$

当连梁箍筋间距$s = 100\text{mm}$ 时，抗震设计的连梁最大箍筋面积（mm^2）见表 D.0.6-3。

连梁的最大箍筋面积（mm^2）　　表 **D.0.6-3**

梁宽（mm）	跨高比大于 2.5 时							跨高比不大于 2.5 时						
	C20	C25	C30	C35	C40	C45	C50	C20	C25	C30	C35	C40	C45	C50
200	109	137	168	200	231	258	285	87	110	136	162	187	210	232
250	136	172	210	249	289	322	356	109	138	169	202	235	263	291
300	163	206	252	299	346	386	427	130	165	204	243	282	315	349

续表

梁宽（mm）	跨高比大于 2.5 时							跨高比不大于 2.5 时						
	C20	C25	C30	C35	C40	C45	C50	C20	C25	C30	C35	C40	C45	C50
350	1900	240	294	349	403	451	498	152	193	238	283	328	367	407
400	217	275	336	399	461	515	569	173	221	271	324	375	420	465
450	244	309	378	449	519	580	640	195	249	306	364	422	473	523
500	271	343	420	498	577	644	711	217	276	339	404	470	526	582
550	298	378	462	548	634	708	782	239	304	374	445	516	578	640
600	325	412	504	598	691	772	853	261	332	407	485	563	630	698

注：表中数值按 HPB300 钢筋计算；当采用 HRB400 钢筋时，表中数值乘以 0.75。

上面是超筋连梁箍筋的计算过程，接下来是纵筋的计算。与中国建筑设计研究院的技术措施处理不同，它的思路是调整模型中的截面，将虚拟截面的剪力控制在实际截面最大抗剪承载力之下进行纵筋计算。此方法需要调整模型试算，略显麻烦。这里推荐读者采用“强剪弱弯”的思路进行反算。前面已经算出抗剪相关的内容，那自然可以根据剪力反算弯矩。相关公式可以参考《高规》第 7.2.21 条的公式，如下所示。

$$V = \eta_{vb}\frac{M_b^l + M_b^r}{l_n} + V_{Gb} \tag{7.2.21-1}$$

$$V = 1.1(M_{bua}^l + M_{bua}^r)/l_n + V_{Gb} \tag{7.2.21-2}$$

式中 M_b^l、M_b^r——分别为连梁左右端截面顺时针或逆时针方向的弯矩设计值；

M_{bua}^l、M_{bua}^r——分别为连梁左右端截面顺时针或逆时针方向实配的抗震受弯承载力所对应的弯矩值，应按实配钢筋面积（计入受压钢筋）和材料强度标准值并考虑承载力抗震调整系数计算；

l_n——连梁的净跨；

V_{Gb}——在重力荷载代表值作用下按简支梁计算的梁端截面剪力设计值；

η_{vb}——连梁剪力增大系数，一级取 1.3，二级取 1.2，三级取 1.1。

根据上面的弯矩再反算配筋，注意V_{Gb}（Vgb）需要在模型中进行计算，实际项目找典型的连梁包络计算考虑即可。

关于连梁的配筋，是剪力墙结构说不完的话题。这里提醒读者：连梁是剪力墙结构的一个保险丝，地震作用下它的目的是耗能。耗能必然要发生损坏，这才是目的。实际配筋时千万不要把配筋加得“太足”，尤其是纵筋。这些无法通过科学的计算来细化，但是可以通过概念来加强！

我们以林同炎的代表作美洲银行在尼加拉瓜马那瓜地震时的表现最为本小节的结尾，林同炎当年进行结构设计的美洲银行在当年地震下的表现，给如今的每一个读者做了一个示范。那时，没有如今规范中这么多的公式约束，但是概念设计体现得淋漓尽致。

图 2.4-27 是当时美洲银行的位置，距离不远的中央银行因为结构平面布置的原因，造成了极大的破坏；而美洲银行除了连梁发生了预期的损坏，其他构件无任何破坏。

图 2.4-27　美洲银行位置

图 2.4-28 是中央银行和美洲银行的平面布置，读者可以根据自己的结构概念体会两者的差距。

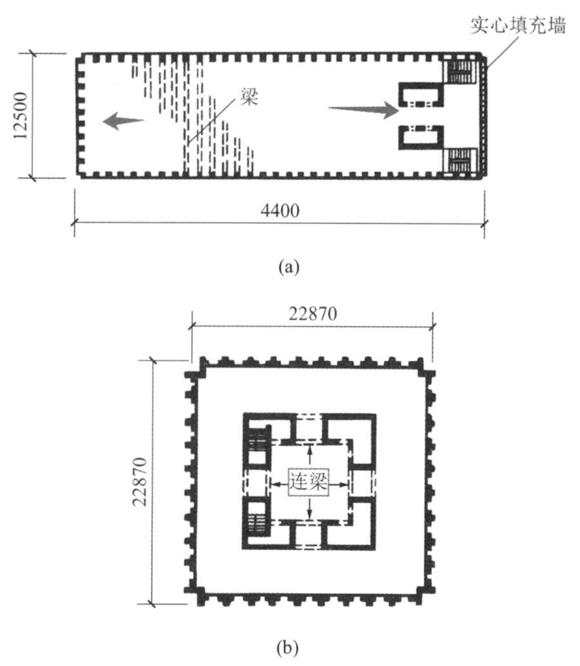

图 2.4-28　中央银行和美洲银行结构平面布置

表 2.4-3 是连梁破坏前后结构的周期、基底剪力、倾覆力矩和定点侧移，可以看到连梁的耗能对于结构在大震中非常关键。虽然刚度削弱，但是承受的地震作用也小了很多。

连梁破坏前后结构的指标　　表 2.4-3

指标	大剪力墙筒体结构	四个小井筒结构
周期/s	1.3	3.3
基底剪力/kN	27000	13000
倾覆力矩/（kN · m）	930000	370000
顶点侧移/cm	12	24

图 2.4-29 是开洞连梁与未开洞连梁的破坏形态。可以看出，在此次地震中连梁充分发挥了“保险丝”的作用。

(a) 开洞连梁

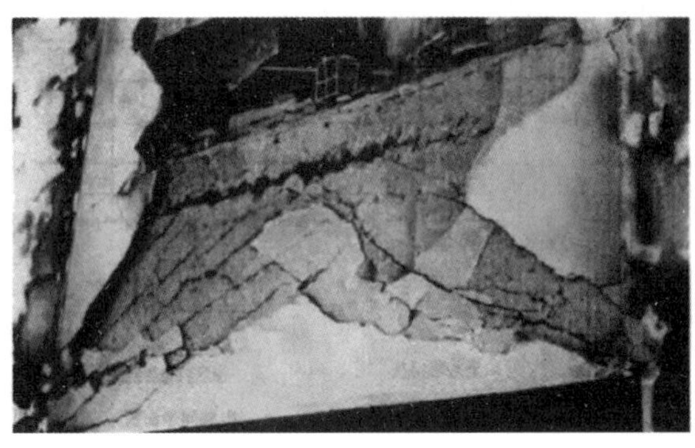

(b) 未开洞连梁

图 2.4-29　开洞连梁与未开洞连梁破坏的形态

2.5　钢筋混凝土剪力墙结构案例思路拓展

2.5 钢筋混凝土剪力墙结构案例思路拓展

此小结内容重点提一些发散性的问题，供读者的思考提升。

1. 连梁超筋如何处理？
2. 连梁交叉斜筋的抗剪机理是什么？
3. 连梁纵筋为何限制最大配筋率和最小配筋率？
4. 边缘构件配筋太大，如何处理？
5. 结合本小节剪力墙的案例，分别试算在 6、7、8 度区不同楼层数的剪力墙模型，对比总结高烈度区与低烈度区的墙体布置特点。
6. 高烈度区剪力墙施工缝抗剪超筋如何处理？
7. 高层剪力墙住宅屋顶楼梯间如何考虑鞭梢效应？

2.6 钢筋混凝土剪力墙结构小结

2.6　钢筋混凝土剪力墙结构小结

本章重点介绍了剪力墙结构的全流程设计，是 YJK 的入门章节。读者需要结合第 1 章中的基本操作内容进行练习，特别留意剪力墙结构中特有的剪力墙相关的配筋（墙身、边缘构件、连梁）处理。

实际项目中，剪力墙结构的安全储备相对框架结构来说是比较大的。读者一定要敢于布墙，特别是高烈度区，要布置有效率的墙。不要在建筑方案面前畏首畏尾。随着人们对生活品质的要求逐渐提高，以后大户型的住宅会越来越多。读者一定要充分理解建筑的功能要素，在合理位置设置结构梁，避免只顾及结构，而忘记建筑的美观、实用需求。

第3章

钢筋混凝土框架-剪力墙结构计算分析

3.1 钢筋混凝土框架-剪力墙结构案例背景

3.1 钢筋混凝土框架-剪力墙结构案例背景

本案例为第 1 章的宿舍楼案例，我们将其建设位置修改为北京，楼层数变为 9 层，典型平面布置图如图 3.1-1 所示。

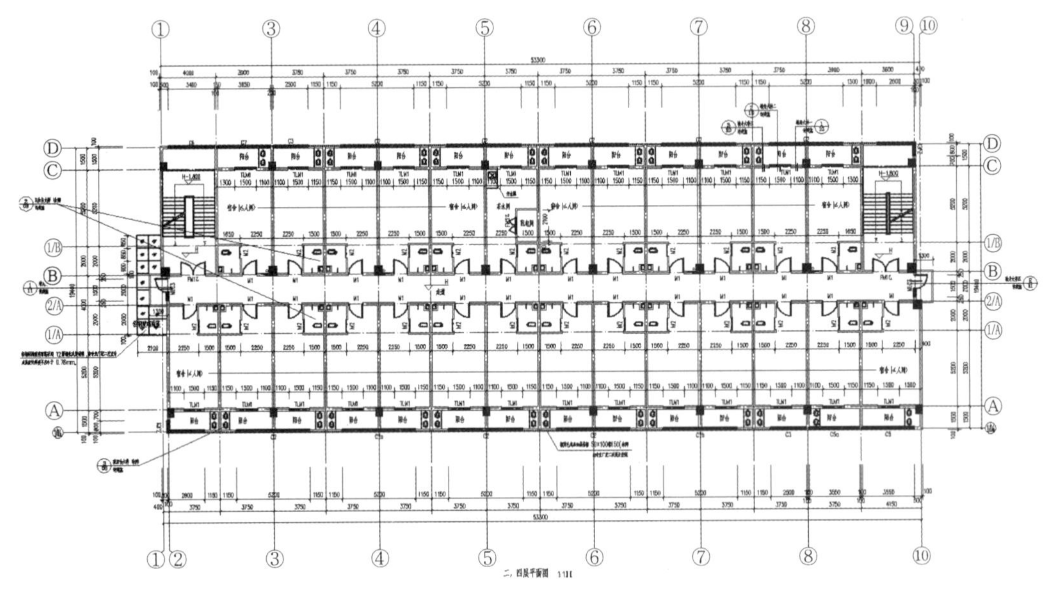

图 3.1-1 典型平面布置

这里，需要给读者告知一下本章选择此案例的背景，就是希望读者在实际项目中的方案阶段一定要有多方案对比的意识。稍有经验的工程师知道，高烈度区多、高层的混凝土框架结构经济代价非常大，这时就要适当通过各种结构体系的对比论证，选择合理的方案。本案例的建设地点变更和楼层数增加，目的就是希望读者通过此案例，体会一下从框架结构过渡到框架-剪力墙结构是一个顺其自然的过程。

3.2-1 框架-剪力墙结构的特点

3.2 钢筋混凝土框架-剪力墙结构概念设计

1. 框架-剪力墙结构的特点

框架-剪力墙结构是由两种变形性质不同的抗侧力单元框架和剪力墙通过楼板协调变形而共同抵抗竖向荷载及水平荷载的结构，图 3.2-1 是框架与剪力墙协同工作的图示。

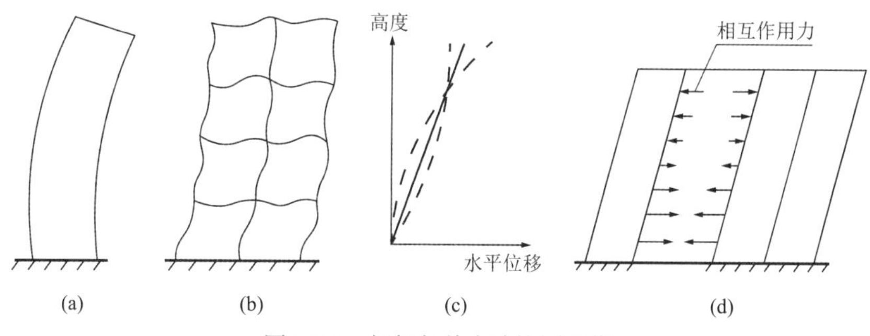

图 3.2-1　框架与剪力墙协同工作

理解图 3.2-1 的四个图示对框架剪力墙的概念设计非常重要。图 3.2-1（a）、（b）是剪力墙、框架的变形；图 3.2-1（c）是两者的汇总。这里有一个很重要的概念，就是沿着楼层高度，下方是剪力墙“拉”框架，上方是框架“拉”剪力墙。

读者选用框架-剪力墙结构一个很重要的原因就是，框架结构的抗侧刚度不能满足需求。从而引入剪力墙，所以在方案阶段，读者一定要有意识地把握好框架和剪力墙谁“拉”谁的原则。这样，在布置竖向构件及确定截面收进的时候，不致本末倒置。

3.2-2 框架-剪力墙结构的两种体系

2. 框架-剪力墙结构的两种体系

框架-剪力墙结构一共两种协同工作体系，第一种是铰接体系，如图 3.2-2 所示。

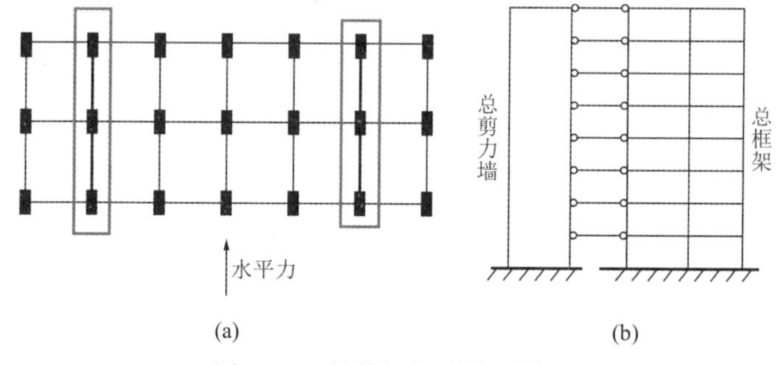

图 3.2-2　铰接框架-剪力墙体系

图 3.2-2 画框部分是剪力墙，可以看到 Y 向水平力作用下，剪力墙与框架柱“各自独立”工作，它们是通过楼板协同受力。

第二种是刚接体系，如图 3.2-3 所示。

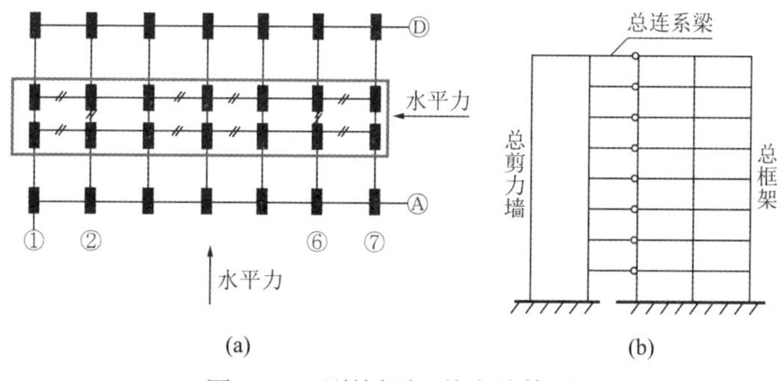

图 3.2-3　刚接框架-剪力墙体系

图 3.2-3 可以看到剪力墙“嵌入”框架中，在 X 方向水平力作用下一起抵抗地震作用，这个就是刚接框架-剪力墙体系。

3.2-3 规范中关于框架-剪力墙的一些概念设计

3. 规范中关于框架-剪力墙的一些概念设计

第一个是《高规》8.1.2 条对墙体布置的规定，内容如下：

8.1.2 框架-剪力墙结构可采用下列形式：

1 框架与剪力墙（单片墙、联肢墙或较小井筒）分开布置；

2 在框架结构的若干跨内嵌入剪力墙（带边框剪力墙）；

3 在单片抗侧力结构内连续分别布置框架和剪力墙；

4 上述两种或三种形式的混合。

结合上一小节的内容，规范此处对墙体的布置规定，本质上就是刚接和铰接的区别。总结如表 3.2-1 所示。

墙体布置法则　　表 3.2-1

序号	名称	基本布置
1	单片式剪力墙	框架与剪力墙（单片墙、连肢墙或较小井筒）分开布置
2	带边框剪力墙	在框架结构的若干跨内嵌入剪力墙
3	单片框架和剪力墙	在单片抗侧力结构内连续分别布置框架和剪力墙
4	混合式剪力墙	1＋2＋3

第二个是关于框架与剪力墙倾覆力矩的问题，在《高规》第 8.1.3 条有详细规定，内容如下：

8.1.3 抗震设计的框架-剪力墙结构，应根据在规定的水平力作用下结构底层框架部分承受的地震倾覆力矩与结构总地震倾覆力矩的比值，确定相应的设计方法，并应符合下列规定：

1 框架部分承受的地震倾覆力矩不大于结构总地震倾覆力矩的 10%时，按剪力墙结构进行设计，其中的框架部分应按框架-剪力墙结构的框架进行设计；

2 当框架部分承受的地震倾覆力矩大于结构总地震倾覆力矩的 10%但不大于 50%时，按框架-剪力墙结构进行设计；

3 当框架部分承受的地震倾覆力矩大于结构总地震倾覆力矩的 50%但不大于 80%时，按框架-剪力墙结构进行设计，其最大适用高度可比框架结构适当增加，框架部分的抗震等级和轴压比限值宜按框架结构的规定采用；

4 当框架部分承受的地震倾覆力矩大于结构总地震倾覆力矩的 80%时，按框架-剪力墙结构进行设计，但其最大适用高度宜按框架结构采用，框架部分的抗震等级和轴压比限值应按框架结构的规定采用。当结构的层间位移角不满足框架-剪力墙结构的规定时，可按本规程第 3.11 节的有关规定进行结构抗震性能分析和论证。

此条内容是告诉读者所见不一定所得。就是说，你的框架结构平面布置中有剪力墙，不一定就是框架-剪力墙结构；你的剪力墙结构平面布置中有框架，同样不一定就是框架-剪力墙结构。它需要有一个判断标准供读者把握，就是倾覆力矩，总结如图 3.2-4 所示。

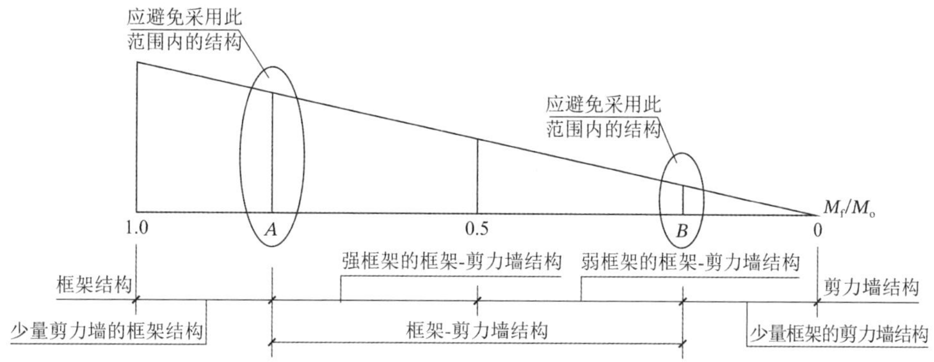

图 3.2-4 倾覆力矩与结构体系

图 3.2-4 中的A和B根据工程经验一般可以取 0.8/1.0。

第三个是关于框架剪力墙结构双向抗侧力的问题，《高规》第 8.1.5 条规定如下：

8.1.5 框架-剪力墙结构应设计成双向抗侧力体系；抗震设计时，结构两主轴方向均应布置剪力墙。

总结起来就是，框架-剪力墙结构需要两个方向抗侧力接近，不能单方向做框架-剪力墙，单方向做框架。即使计算指标满足规范要求，但是概念上不成立。

第四个是剪力墙间距问题。《高规》规定如下：

8.1.8 长矩形平面或平面有一部分较长的建筑中，其剪力墙的布置尚宜符合下列规定：

1 横向剪力墙沿长方向的间距宜满足表 8.1.8 的要求，当这些剪力墙之间的楼盖有较大开洞时，剪力墙的间距应适当减小；

表 8.1.8 剪力墙间距（m）

楼盖形式	非抗震设计（取较小值）	抗震设防烈度		
		6 度、7 度（取较小值）	8 度（取较小值）	9 度（取较小值）
现浇	5.0B，60	4.0B，50	3.0B，40	2.0B，30
装配整体	3.5B，50	3.0B，40	2.5B，30	—

注：1 表中B为剪力墙之间的楼盖宽度（m）；
2 装配整体式楼盖的现浇层应符合本规程第 3.6.2 条的有关规定；
3 现浇层厚度大于 60mm 的叠合楼板可作为现浇板考虑；
4 当房屋端部未布置剪力墙时，第一片剪力墙与房屋端部的距离，不宜大于表中剪力墙间距的 1/2。

2 纵向剪力墙不宜集中布置在房屋的两尽端。

剪力墙间距的问题主要考虑两点因素：第一点是地震作用的传递，间距太远，楼盖变形过大，框架和剪力墙协同作用削弱，影响地震作用的传递，因此规定了第 8.1.8 条第一款；第二点是温度的热胀冷缩，布置在尽端，对楼盖有约束作用，不利于温度作用下的变形。

第五个是剪力墙具体的布置法则，在《高规》第 8.1.7 条有详细规定，内容如下：

8.1.7 框架-剪力墙结构中剪力墙的布置宜符合下列规定：

1 剪力墙宜均匀布置在建筑物的周边附近、楼梯间、电梯间、平面形状变化及恒载较大的部位，剪力墙间距不宜过大；

2 平面形状凹凸较大时，宜在凸出部分的端部附近布置剪力墙；

3 纵、横剪力墙宜组成 L 形、T 形和[形等形式；

4 单片剪力墙底部承担的水平剪力不应超过结构底部总水平剪力的 30%；

5 剪力墙宜贯通建筑物的全高，宜避免刚度突变；剪力墙开洞时，洞口宜上下对齐；

6 楼、电梯间等竖井宜尽量与靠近的抗侧力结构结合布置；

7 抗震设计时，剪力墙的布置宜使结构各主轴方向的侧向刚度接近。

上面的七条读者在方案阶段应尽可能满足，合理的结构方案可以为后面各个阶段的设计节省很多时间成本。

3.3 钢筋混凝土框架-剪力墙结构 YJK 软件实际操作

3.3-1 多模型对比

1. 多模型对比

读者通过前两章的内容对 YJK 的基础操作应该有了一定的了解，本案例我们采用多模型对比操作，来体会框架结构过渡到框架-剪力墙结构的变化，以及不同的剪力墙布置在框架-剪力墙结构中的影响。

图 3.3-1 是组装后的框架结构模型，我们简称模型 1。

图 3.3-2 是组装后的 Y 向带有剪力墙的框架-剪力墙结构模型，我们简称模型 2。

图 3.3-3 是组装后的剪力墙围成筒体的框架-剪力墙结构模型，我们简称模型 3。

图 3.3-4 是组装后的双向都有剪力墙的框架-剪力墙结构模型，我们简称模型 4。

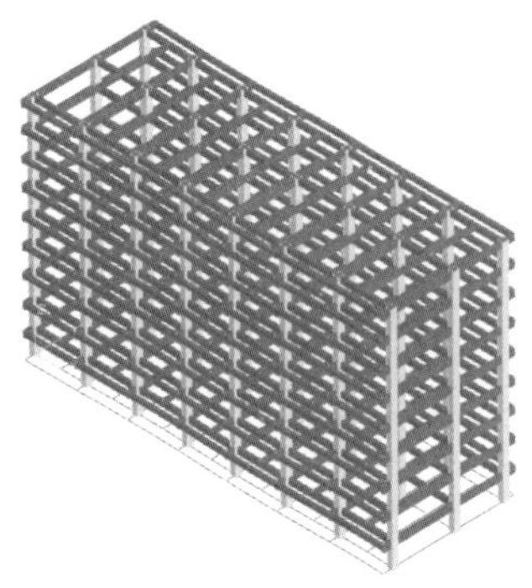

图 3.3-1 框架结构模型

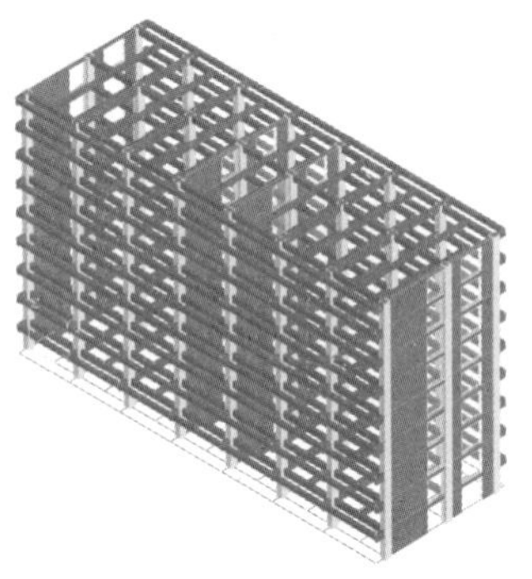

图 3.3-2 Y 向带有剪力墙的框架-剪力墙结构模型

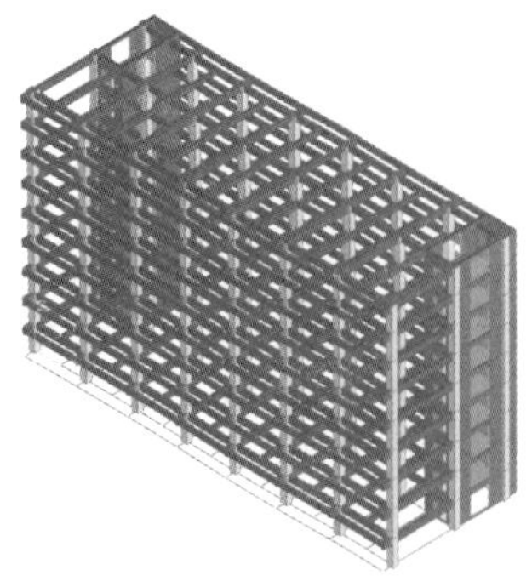

图 3.3-3 剪力墙围成筒体的框架-剪力墙结构模型

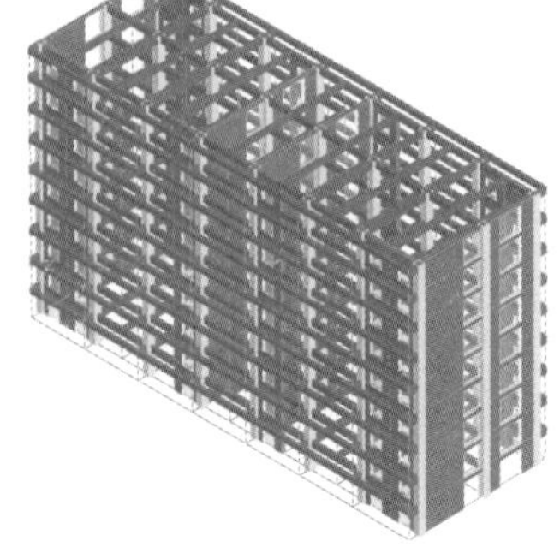

图 3.3-4 双向都有剪力墙的框架-剪力墙结构模型

2. 关键参数设置

在框架-剪力墙结构中，需要特别留意前处理中的 $0.2V_0$(V_0)调整，菜单如图 3.3-5 所示。

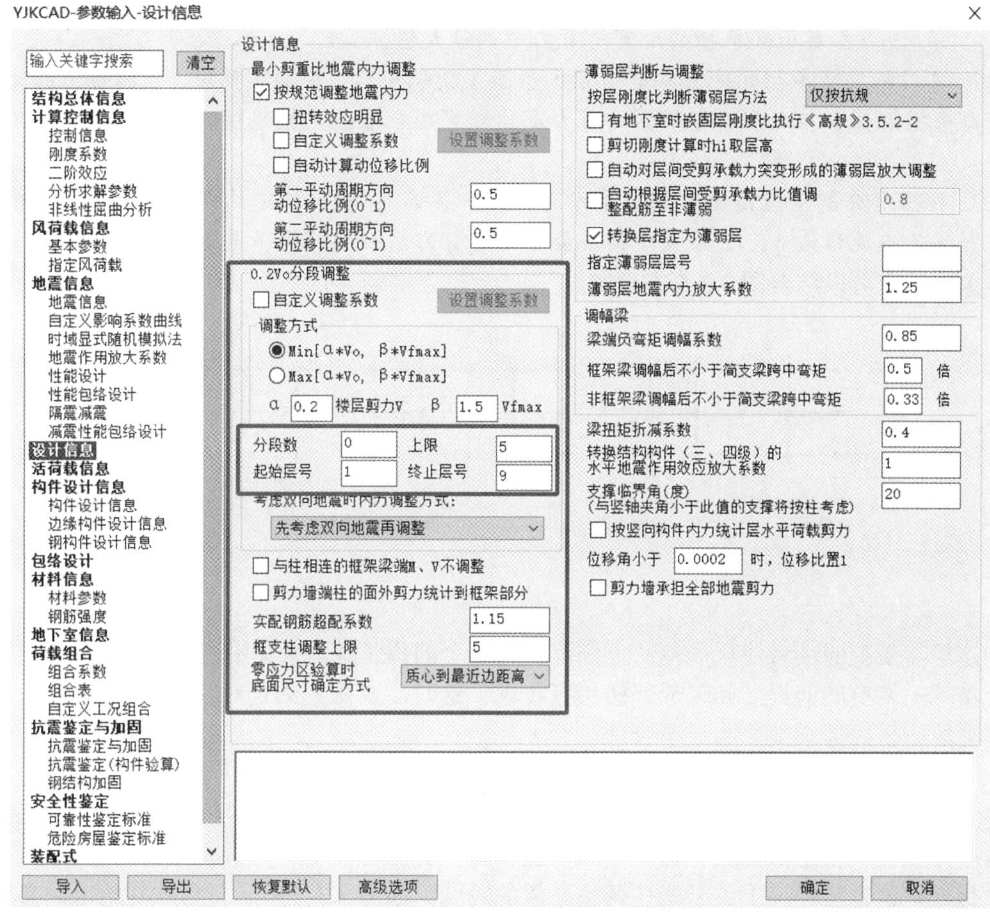

图 3.3-5　$0.2V_0$（V_0）调整界面

这个系数的调整是针对框架部分，作为二道防线，目标是让它承受的地震剪力有个下限保底值。

《高规》第 8.1.4 条对此有具体的规定，内容如下：

8.1.4　抗震设计时，框架-剪力墙结构对应于地震作用标准值的各层框架总剪力应符合下列规定：

3.3-2 关键参数设置

1 满足式(8.1.4)要求的楼层，其框架总剪力不必调整；不满足式(8.1.4)要求的楼层，其框架总剪力应按 $0.2V_0$和 $1.5V_{\mathrm{f,max}}$二者的较小值采用；

$$V_{\mathrm{f}} \geqslant 0.2V_0 \tag{8.1.4}$$

式中　V_0——对框架柱数量从下至上基本不变的结构，应取对应于地震作用标准值的结构底层总剪力；对框架柱数量从下至上分段有规律变化的结构，应取每段底层结构对应于地震作用标准值的总剪力；

V_{f}——对应于地震作用标准值且未经调整的各层（或某一段内各层）框架承担的地震总剪力；

$V_{f.max}$——对框架柱数量从下至上基本不变的结构，应取对应于地震作用标准值且未经调整的各层框架承担的地震总剪力中的最大值；对框架柱数量从下至上分段有规律变化的结构，应取每段中对应于地震作用标准值且未经调整的各层框架承担的地震总剪力中的最大值。

2. 各层框架所承担的地震总剪力按本条第 1 款调整后，应按调整前、后总剪力的比值调整每根框架柱和与之相连框架梁的剪力及端部弯矩标准值，框架柱的轴力标准值可不予调整；

3. 按振型分解反应谱法计算地震作用时，本条第 1 款所规定的调整可在振型组合之后、并满足本规程第 4.3.12 条关于楼层最小地震剪力系数的前提下进行。

上述条文可以结合图 3.3-6 去理解。

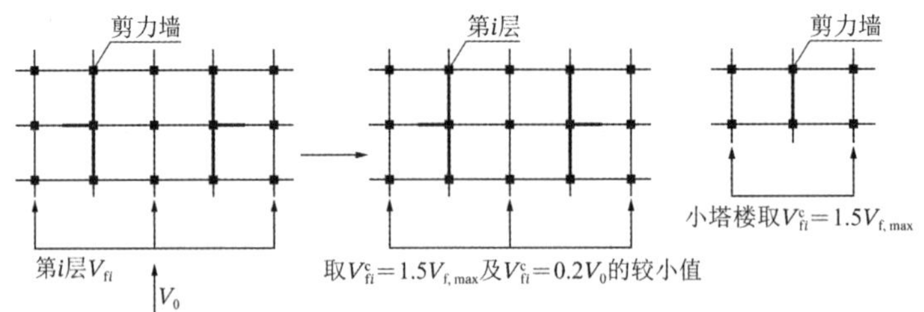

图 3.3-6　$0.2V_0$调整

这里需要提醒读者注意规范从上到下调整有个前提，就是条文中说的“基本不变”。这是全楼统一调整的前提。如果局部楼层有收进，这时需要留意的是对其进行分段调整；否则，会统一按底部调整，明显不合理。

对此，软件进行了分段数的设置。

另外，对于调整的上限，默认是 2，读者可以自行增加。一般项目可以设置为 5。如果读者实际项目调整系数偏大，需要返回模型，检查剪力墙和框架的数量是否匹配。

另外，这里延伸一下关于梁柱调整系数的问题。如图 3.3-7 所示，为软件给出的参数。

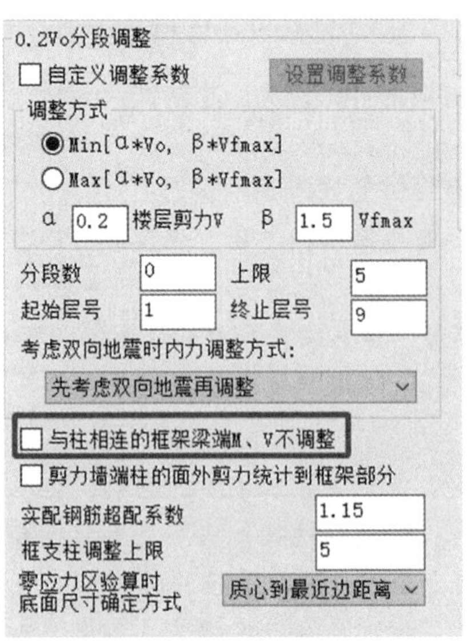

图 3.3-7　梁端调整

笔者最初留意到这个问题大约是十多年前，阅读傅学怡《实用高层建筑结构设计》的时候，提到对框架进行 $0.2V_0$ 调整的时候，不必拘泥于规范。特别是对框架梁，完全没必要对其进行调整，出发点是“强柱弱梁”。图 3.3-8 是此书对梁柱放大的内力分析，一目了然。

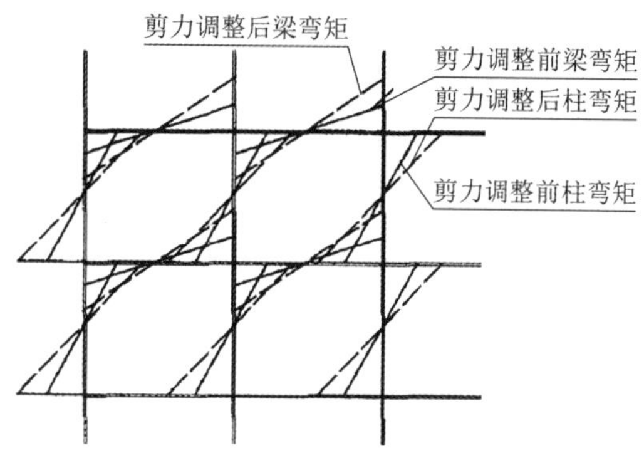

图 3.3-8　框架剪力调整弯矩示意

因此，实际项目中建议读者从结构概念的角度把 $0.2V_0$ 的调整系数就控制在 2 左右。遵守规范的前提下，尽量减少梁柱内力的放大，算是一种中庸之道。

3.4　钢筋混凝土框架-剪力墙结构 YJK 软件结果解读

本案例的常规指标解读和第 1 章类似，我们本小节从模型对比的角度去体会框架-剪力墙结构与其他结构不一样的地方。

1. 刚度对比

首先，我们体会一下模型 1～模型 4 的刚度变化，最直观地可以从层间位移角的角度去体会它的差异。

3.4-1 刚度对比

图 3.4-1 是模型 1 的层间位移角。

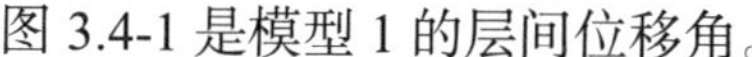

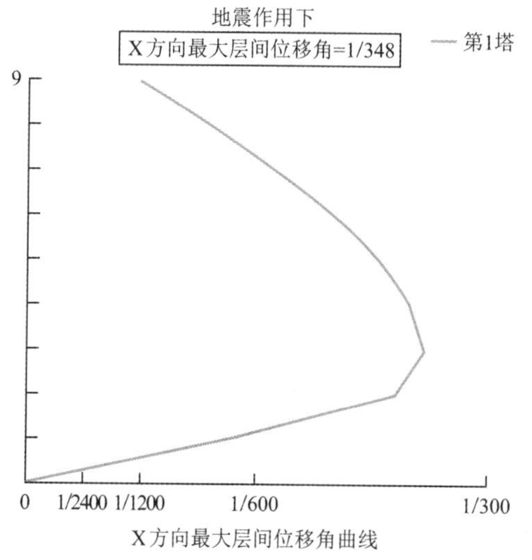

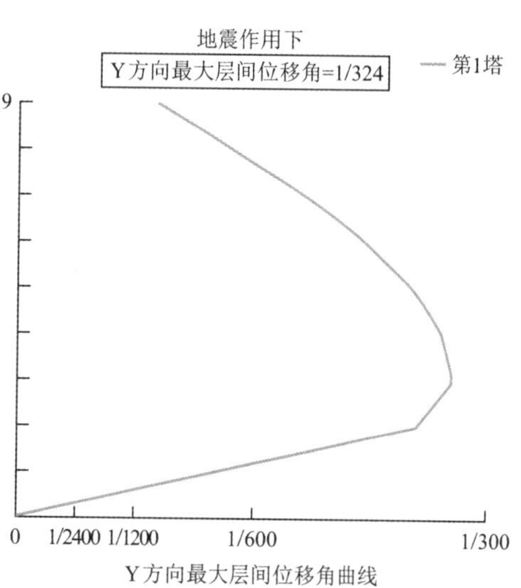

图 3.4-1　模型 1 的层间位移角

由图 3.4-1 可以看出，框架结构在高层结构中的局限性。提供的侧移刚度不足、层间位移角过大，难以满足规范要求。这个差距不是单纯地增加梁柱截面就可以解决的，读者不妨去调整来自己体会。

图 3.4-2 是模型 2 的层间位移角。

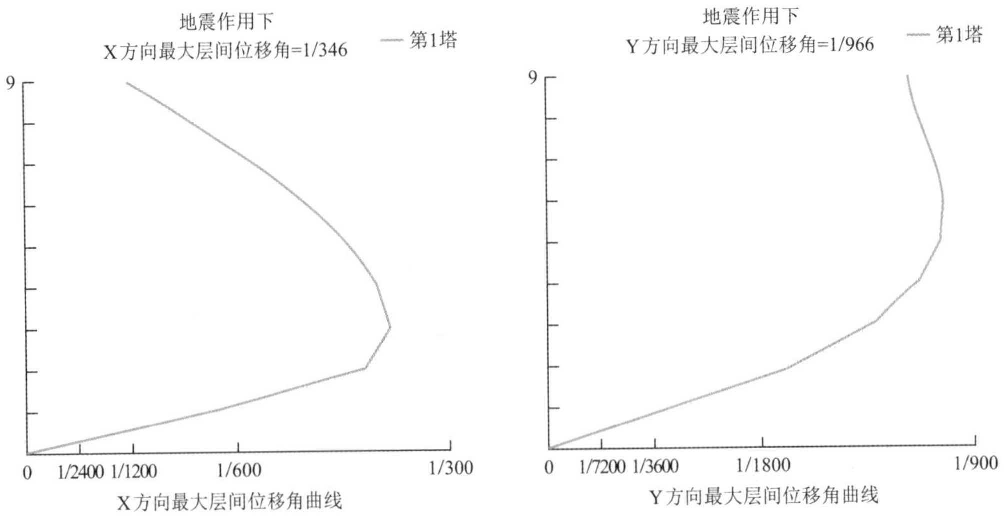

图 3.4-2　模型 2 的层间位移角

由图 3.4-2 可以看出，两个方向的层间位移角差异非常大；图 3.4-3 是模型 2 的结构布置。读者留意箭头部分，刚度的差异来源于剪力墙的设置。由图中可以看出，只在 Y 向设置了剪力墙，另一个方向却没有。这也是规范要求需要双向抗侧力，模型 2 是典型的单向抗侧力。

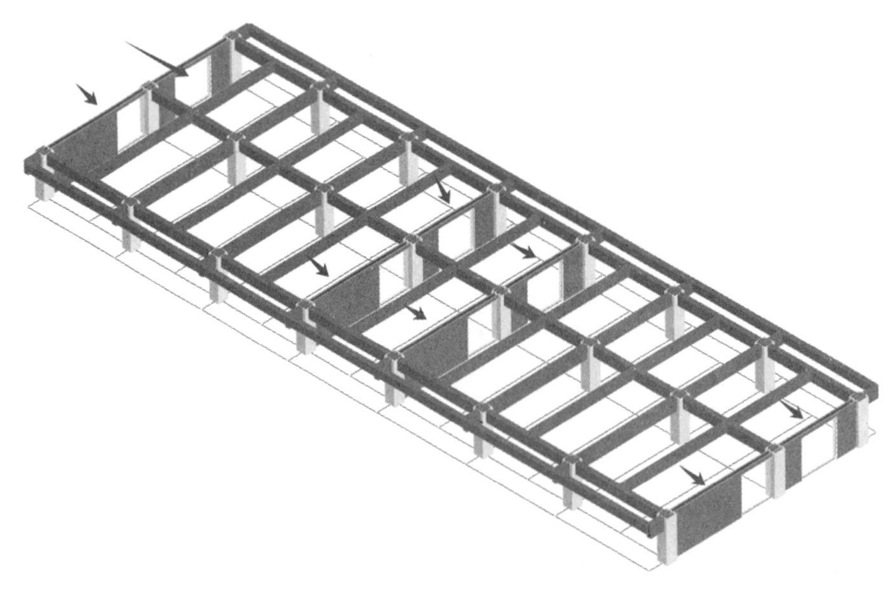

图 3.4-3　模型 2 的结构布置

图 3.4-4 是模型 3 的层间位移角。

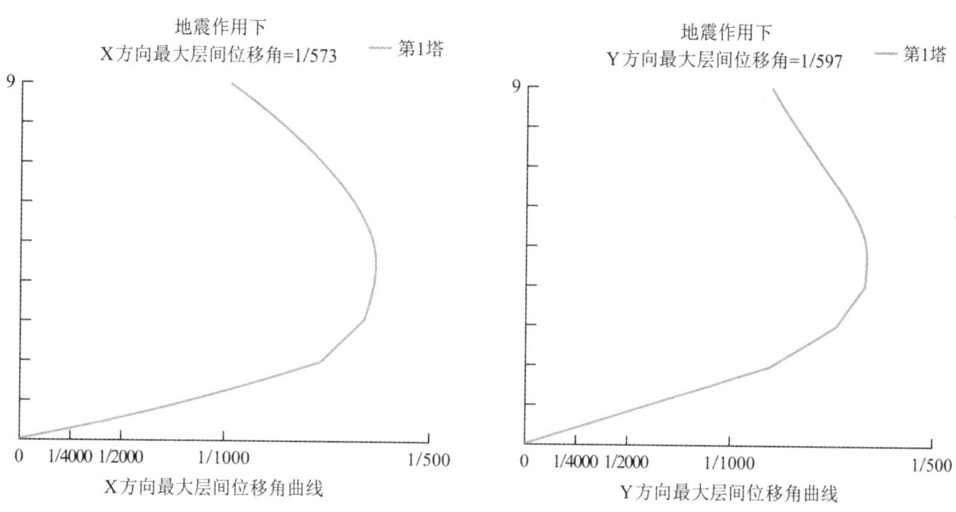

图 3.4-4　模型 3 的层间位移角

由图 3.4-4 可以看出，在楼梯周圈增加两个剪力墙筒体后，两个方向的层间位移角均有所提高，但是还没有达到规范的要求。

图 3.4-5 是模型 4 的层间位移角。

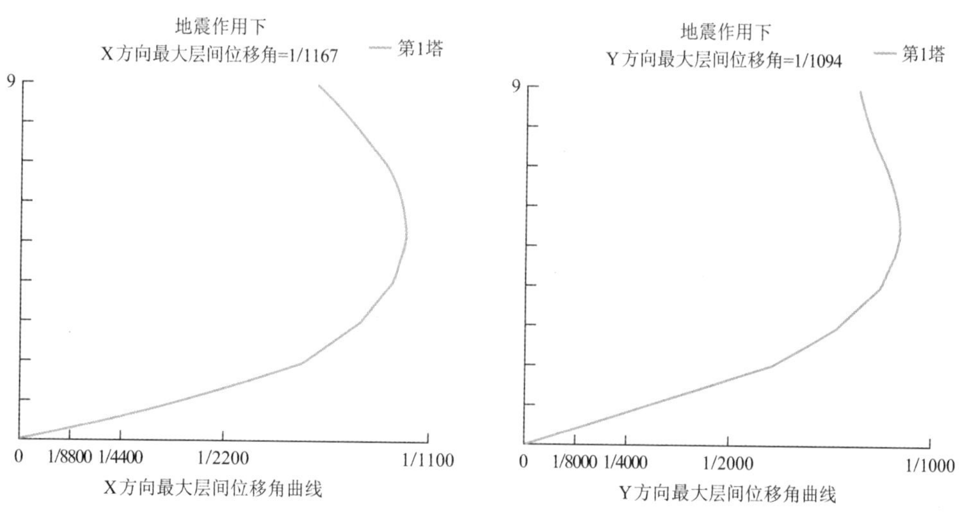

图 3.4-5　模型 4 的层间位移角

由图 3.4-5 可以看出，模型 4 两个方向的层间位移角均满足要求。这说明，两个方向的剪力墙数量和均匀性都可以满足刚度需求。

通过对上面四个模型的层间位移角进行对比，读者应该可以知道，随着楼层的增高，高烈度区框架结构在抗侧刚度上很难满足结构需求，框架-剪力墙结构是首选。

同时，墙体的布置尽量双向抗侧，可以筒体抗侧，可以内嵌剪力墙抗侧，关键是刚度要足够，衡量标准之一是层间位移角的大小。

2. 周期与周期比对比

本小节我们从周期与周期比对比的角度，进一步体会四个模型的整体刚度与抗扭刚度的强弱。

3.4-2 周期与周期比对比

图 3.4-6 是模型 1 的周期与周期比。

由图 3.4-6 可以看出，模型 1 作为框架结构，周期接近 1.5s，刚度偏柔，周期比为 0.91，抗扭刚度不足。

图 3.4-7 是模型 2 的周期与周期比。

振型号	周期	转角	平动系数(X+Y)	扭转系数(Z)(强制刚性楼板模型)
1	1.5496	89.79	1.00(0.00+1.00)	0.00
2	1.4643	179.47	0.97(0.97+0.00)	0.03
3	1.4144	10.88	0.03(0.03+0.00)	0.97
4	0.4890	89.74	1.00(0.00+1.00)	0.00
5	0.4661	179.42	0.98(0.98+0.00)	0.02
6	0.4483	12.92	0.02(0.02+0.00)	0.98
7	0.2633	89.61	1.00(0.00+1.00)	0.00
8	0.2543	179.31	0.98(0.98+0.00)	0.02
9	0.2430	16.01	0.02(0.02+0.00)	0.98
10	0.1680	89.47	1.00(0.00+1.00)	0.00
11	0.1636	179.18	0.99(0.99+0.00)	0.01
12	0.1555	18.29	0.02(0.01+0.00)	0.98
13	0.1171	89.22	1.00(0.00+1.00)	0.00
14	0.1149	178.94	0.99(0.99+0.00)	0.01
15	0.1088	20.49	0.01(0.01+0.00)	0.99

第1扭转周期(1.4144)/第1平动周期(1.5496) = 0.91

图 3.4-6　模型 1 的周期与周期比

考虑扭转耦联时的振动周期(秒)、X,Y 方向的平动系数、扭转系数

振型号	周期	转角	平动系数(X+Y)	扭转系数(Z)(强制刚性楼板模型)
1	1.4780	0.01	1.00(1.00+0.00)	0.00
2	0.6842	90.01	1.00(0.00+1.00)	0.00
3	0.6228	101.98	0.00(0.00+0.00)	1.00
4	0.4695	0.05	1.00(1.00+0.00)	0.00
5	0.2555	179.98	1.00(1.00+0.00)	0.00
6	0.1790	90.00	1.00(0.00+1.00)	0.00
7	0.1640	59.82	0.00(0.00+0.00)	1.00
8	0.1636	179.85	1.00(1.00+0.00)	0.00
9	0.1144	0.02	1.00(1.00+0.00)	0.00
10	0.0856	179.94	1.00(1.00+0.00)	0.00
11	0.0824	89.99	1.00(0.00+1.00)	0.00
12	0.0757	88.80	0.00(0.00+0.00)	1.00
13	0.0683	179.99	1.00(1.00+0.00)	0.00
14	0.0578	0.01	1.00(1.00+0.00)	0.00
15	0.0523	179.98	1.00(1.00+0.00)	0.00

第1扭转周期(0.6228)/第1平动周期(1.4780) = 0.42

地震作用最大的方向 = 0.003°

图 3.4-7　模型 2 的周期与周期比

由图 3.4-7 可以看出，两个方向的周期差别非常大，Y 向接近 0.7s，X 向接近 1.5s。主要原因是 Y 向增加剪力墙，导致刚度偏大，周期比仅为 0.42，说明抗扭刚度非常足，这是笔者特意加在两侧的。读者可以体会，增加抗扭刚度的最优方法就是远离刚心。

单方向增设剪力墙最大的问题就是，两个方向周期差别太大，接近一倍。这就是读者经常听到的两个方向动力特性不匹配。

图 3.4-8 是模型 3 的周期与周期比。

由图 3.4-8 可以看出，模型 3 结构周期比模型 1 小，控制在 1s 以内。但是，结合层间位移角，仍然不满足规范要求。读者可以考虑适当增设墙体。

另外，从周期比可以看出，结构自身的抗扭刚度相对充裕一些。

图 3.4-9 是模型 4 的周期与周期比。

考虑扭转耦联时的振动周期(秒)、X,Y 方向的平动系数、扭转系数

振型号	周期	转角	平动系数(X+Y)	扭转系数(Z)(强制刚性楼板模型)
1	0.9766	0.89	0.95(0.95+0.00)	0.05
2	0.9584	90.83	1.00(0.00+1.00)	0.00
3	0.7104	178.98	0.05(0.05+0.00)	0.95
4	0.2937	0.04	0.97(0.97+0.00)	0.03
5	0.2703	89.92	1.00(0.00+1.00)	0.00
6	0.1982	178.17	0.04(0.04+0.00)	0.96
7	0.1533	0.04	0.98(0.98+0.00)	0.02
8	0.1275	89.92	1.00(0.00+1.00)	0.00
9	0.1023	179.87	0.97(0.97+0.00)	0.03
10	0.0927	161.17	0.04(0.04+0.00)	0.96
11	0.0765	89.93	1.00(0.00+1.00)	0.00
12	0.0750	179.88	0.99(0.99+0.00)	0.01
13	0.0589	0.08	0.99(0.99+0.00)	0.01
14	0.0559	173.91	0.01(0.01+0.00)	0.99
15	0.0529	89.97	1.00(0.00+1.00)	0.00

第1扭转周期(0.7104)/第1平动周期(0.9766) = 0.73

图 3.4-8　模型 3 的周期与周期比

考虑扭转耦联时的振动周期(秒)、X,Y 方向的平动系数、扭转系数

振型号	周期	转角	平动系数(X+Y)	扭转系数(Z)(强制刚性楼板模型)
1	0.6524	91.29	1.00(0.00+1.00)	0.00
2	0.6232	1.34	0.94(0.94+0.00)	0.06
3	0.5068	0.00	0.06(0.06+0.00)	0.94
4	0.1756	174.04	0.98(0.97+0.01)	0.02
5	0.1742	84.24	1.00(0.01+0.99)	0.00
6	0.1411	178.67	0.02(0.02+0.00)	0.98
7	0.0883	179.55	1.00(1.00+0.00)	0.00
8	0.0819	89.66	1.00(0.00+1.00)	0.00
9	0.0688	172.27	0.00(0.00+0.00)	1.00
10	0.0589	179.84	1.00(1.00+0.00)	0.00
11	0.0514	89.90	1.00(0.00+1.00)	0.00
12	0.0443	1.42	0.29(0.29+0.00)	0.71
13	0.0439	179.38	0.71(0.71+0.00)	0.29
14	0.0373	89.98	1.00(0.00+1.00)	0.00
15	0.0355	0.09	1.00(1.00+0.00)	0.00

第1扭转周期(0.5068)/第1平动周期(0.6524) = 0.78

地震作用最大的方向 = 179.499°

图 3.4-9　模型 4 的周期与周期比

由图 3.4-9 可以看出，模型 4 的周期相对于模型 3 进一步减小。这说明，它的刚度进一步增大。在上一小节的层间位移角对比中，也可以看出模型 4 的抗侧刚度更大。

本小节通过对四个模型的周期与周期比对比，可以发现，框架-剪力墙结构的周期远小于框架结构。这说明，剪力墙对结构侧移刚度的提高是非常明显的。同时，尽可能地把结构布置的剪力墙更多地在抗扭中发挥效应，如模型 3、4 一样。

3. 框架的倾覆力矩

3.4-3 框架的倾覆力矩

本小节我们查看框架-剪力墙结构特别关注的一个指标，就是倾覆力矩。

规范给定的计算公式是基于结构倾覆的基本概念和结构内外水平力相互平衡的条件得到的。按规范公式计算的框架部分分担的倾覆力矩百分比反映了结构体系中框架的刚度贡献量，规范对结构底层框架部分的倾覆力矩分担比例提出要求，实质上是为了控制框架与抗震墙侧向刚度的相对大小。当底层框架部分的倾覆力矩分担比例小于50%时，说明框架部分对结构整体抗侧刚度的贡献较小。抗震墙提供了大部分抗侧刚度，是主要的抗侧力构件；框架为次要抗震构件，是结构的二道防线。

目前，关于框架倾覆力矩的计算有两种基本方法：规范算法与轴力算法。《高规》第 8.1.3 条、《抗标》第 6.1.3 条，利用框架倾覆力矩占结构总倾覆力矩的百分比，来界定结构性质，规定不同的控制和设计方法；《高规》第 7.1.8 条，通过限制短肢墙倾覆力矩占结构总倾覆力矩的百分比，以控制结构中布置足够的普通墙，从而保证短肢墙结构体系的合理性；《高规》第 10.2.16 条，通过控制框支框架倾覆力矩占结构总倾覆力矩的百分比，防止落地剪力墙过少造成的薄弱层，来保证部分框支剪力墙结构体系的合理性；显然，所有这些体系指标的控制，都建立在框架倾覆力矩正确计算的基础上。

《抗标》第 6.1.3 条文说明推荐的方法：

框架部分按刚度分配的地震倾覆力矩的计算公式：

$$M_c=\sum_{i=1}^{n}\sum_{j=1}^{m}V_{ij}h_i$$

式中 M_c——框架-抗震墙结构在规定的侧向力作用下框架部分分配的地震倾覆力矩；

n——结构层数；

m——框架i层的柱根数；

V_{ij}——第i层第j根框架柱的计算地震剪力；

h_i——第i层层高。

规范算法的理解和推导可以参考罗开海研究员的相关文献，推导过程如图 3.4-10 所示。

$M_o=F_1H_1+F_2H_2+\cdots+F_nH_n$

$H_1=h_1,\ H_2=h_1+h_2,\ \cdots,\ H_n=h_1+h_2+\cdots+h_n$

$V_1=F_1+F_2+\cdots+F_n,$

$V_2=F_2+\cdots+F_n,$

$\cdots,$

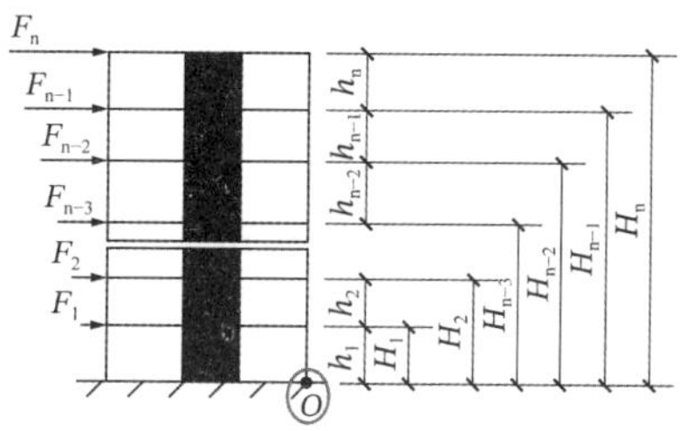

$M_o=V_1h_1+V_2h_2+\cdots+V_nh_n=\sum_{i=1}^{n}V_ih_i$

$V_i=V_{w,i}+V_{c,i}$

墙体　框架柱

$M_o=\sum_{i=1}^{n}V_{w,i}h_i+\sum_{i=1}^{n}V_{c,i}h_i=M_w+M_c$

图 3.4-10　规范算法推导过程

从图 3.4-10 可以看出，规范算法的影响因素主要是框架柱的计算剪力$V_{c,ij}$，它取决于柱与墙的相对刚度；另一个影响因素是建筑层高h_i，它与结构布局无关。

接下来，我们看轴力算法。它以外力作用下结构嵌固端的内力响应为依据，统计嵌固端所有框架柱实际产生的总体弯矩M_{oc}，如下：

$$M_{oc}=\sum_{j=1}^{m}\left(M_{cj}+N_{cj}\cdot L_{cj}\right)$$

轴力算法的影响因素，主要是框架柱嵌固部位的计算弯矩M_{cj}和轴力N_{cj}，它取决于柱与墙的相对刚度、相对位置、楼盖（梁）刚度等因素；另一个影响因素是框架柱距倾覆点的距离L_{cj}，它取决于柱子的平面布局。

理解了上面的两种算法基本原理，再去查看软件的电算结果，就可以做到心中有数。YJK 给出了两种算法的结果，实际项目中我们往往以规范算法为主。

图 3.4-11 是模型 2 的框架柱承担倾覆力矩百分比（规范算法）文本文件。

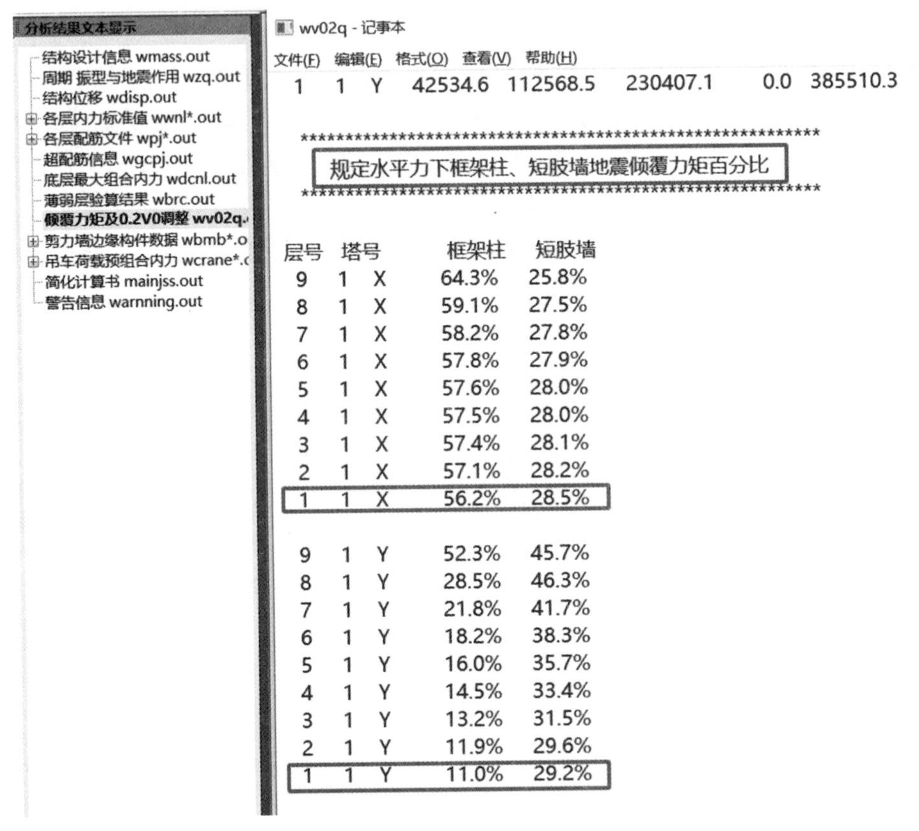

1 1 Y 42534.6 112568.5 230407.1 0.0 385510.3

规定水平力下框架柱、短肢墙地震倾覆力矩百分比

层号	塔号		框架柱	短肢墙
9	1	X	64.3%	25.8%
8	1	X	59.1%	27.5%
7	1	X	58.2%	27.8%
6	1	X	57.8%	27.9%
5	1	X	57.6%	28.0%
4	1	X	57.5%	28.0%
3	1	X	57.4%	28.1%
2	1	X	57.1%	28.2%
1	1	X	56.2%	28.5%
9	1	Y	52.3%	45.7%
8	1	Y	28.5%	46.3%
7	1	Y	21.8%	41.7%
6	1	Y	18.2%	38.3%
5	1	Y	16.0%	35.7%
4	1	Y	14.5%	33.4%
3	1	Y	13.2%	31.5%
2	1	Y	11.9%	29.6%
1	1	Y	11.0%	29.2%

图 3.4-11　模型 2 的框架柱承担倾覆力矩百分比文本文件

由图 3.4-11 可以看出，模型 2 典型的两个方向框架承担倾覆力矩不是一个级别。实际项目中，建议框架承担的倾覆力矩介于 10%～50%之间。

图 3.4-12 是模型 2 的框架柱承担倾覆力矩百分比（力学算法）文本文件。

现在的 YJK 软件可以同时给出规范算法和力学算法，前者是主控项目，后者是参考项目。

图 3.4-13 是模型 3 的框架柱承担倾覆力矩百分比（规范算法）文本文件。

```
******************************************************
规定水平力下框架柱、短肢墙地震倾覆力矩百分比（轴力方式）
******************************************************

层号  塔号      框架柱   短肢墙
 9    1   X    16.3%    53.8%
 8    1   X    16.7%    49.0%
 7    1   X    14.9%    50.4%
 6    1   X    13.0%    52.1%
 5    1   X    11.7%    53.4%
 4    1   X    10.5%    54.7%
 3    1   X     9.7%    55.6%
 2    1   X     9.5%    56.1%
 1    1   X    10.3%    55.8%

 9    1   Y    60.9%    45.1%
 8    1   Y    34.6%    43.9%
 7    1   Y    26.8%    37.6%
 6    1   Y    22.4%    36.3%
 5    1   Y    19.6%    35.1%
 4    1   Y    17.7%    34.1%
 3    1   Y    16.0%    34.9%
 2    1   Y    14.4%    34.9%
 1    1   Y    13.2%    33.3%
```

图 3.4-12　模型 2 的文本文件框架柱承担倾覆力矩百分比（力学算法）

```
******************************************************
规定水平力下框架柱、短肢墙地震倾覆力矩百分比
******************************************************

层号  塔号      框架柱    短肢墙
 9    1   X    130.9%    20.2%
 8    1   X     86.7%     4.2%
 7    1   X     71.4%    12.5%
 6    1   X     63.0%    17.1%
 5    1   X     57.6%    20.1%
 4    1   X     53.7%    22.3%
 3    1   X     50.4%    24.2%
 2    1   X     47.5%    25.9%
 1    1   X     45.8%    27.0%

 9    1   Y    126.5%    20.4%
 8    1   Y     74.7%    26.9%
 7    1   Y     59.9%    27.1%
 6    1   Y     52.3%    27.0%
 5    1   Y     47.6%    26.8%
 4    1   Y     44.4%    26.6%
 3    1   Y     41.5%    26.2%
 2    1   Y     38.4%    25.9%
 1    1   Y     35.7%    25.8%
```

图 3.4-13　模型 3 的框架柱承担倾覆力矩百分比（规范算法）文本文件

由图 3.4-13 可以看出，模型 3 的框架柱承担倾覆力矩是比较理想的框架-剪力墙结构中框架承担的状态。

图 3.4-14 是模型 4 的框架柱承担倾覆力矩百分比（规范算法）文本文件。

```
******************************************************
规定水平力下框架柱、短肢墙地震倾覆力矩百分比
******************************************************

层号  塔号      框架柱   短肢墙
 9    1   X    42.3%    46.9%
 8    1   X    24.6%    53.9%
 7    1   X    19.1%    55.9%
 6    1   X    16.2%    57.0%
 5    1   X    14.3%    57.7%
 4    1   X    12.9%    58.2%
 3    1   X    11.8%    58.6%
 2    1   X    10.8%    59.0%
 1    1   X    10.0%    59.4%

 9    1   Y    31.5%    47.1%
 8    1   Y    17.2%    47.2%
 7    1   Y    13.2%    42.6%
 6    1   Y    11.1%    39.1%
 5    1   Y     9.8%    36.3%
 4    1   Y     8.9%    34.0%
 3    1   Y     8.1%    32.0%
 2    1   Y     7.3%    30.1%
 1    1   Y     6.8%    29.8%
```

图 3.4-14　模型 4 的框架柱承担倾覆力矩百分比（规范算法）文本文件

由图 3.4-14 可以发现，框架承担的倾覆力矩百分比偏小，接近合理的百分比下限。从优化的角度看，结构布置中剪力墙过多，需要适当地减少数量，增加框架承担的倾覆力矩。

另外，读者需要知道，框架承担的倾覆力矩的查看与后面的 $0.2Q_0$（软件中的V_0）调整是密切相关的。

3.4-4 $0.2Q_0$调整

4. $0.2Q_0$ 调整

本小节我们查看框架-剪力墙结构特别关注的另一个指标，就是 $0.2Q_0$调整。

在看这个指标之前，需要提醒读者，$0.2Q_0$调整的前提是上一小节框架承担的倾覆力矩百分比处于合理的区间，在这样的前提下，看$0.2Q_0$调整才有意义。

模型 1 是纯框架结构，不存在$0.2Q_0$调整的问题。图 3.4-15 是模型 2 的$0.2Q_0$调整文本文件。

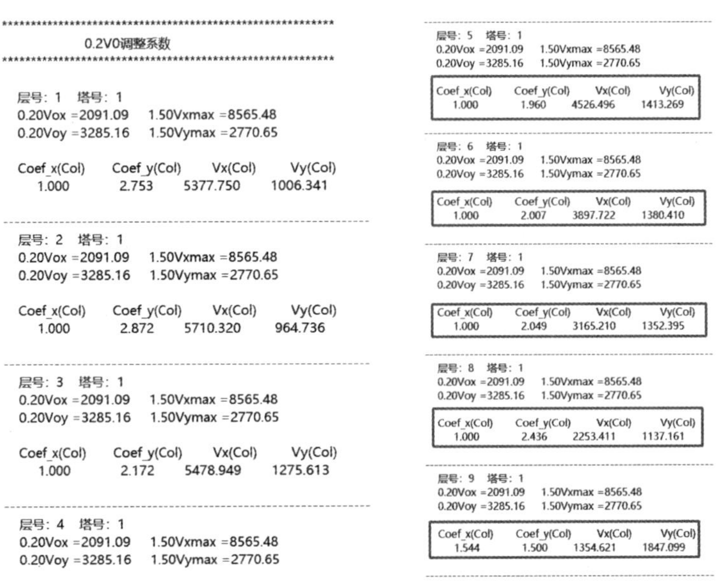

```
************************************************************
              0.2V0调整系数
************************************************************

层号: 1   塔号: 1
0.20Vox =2091.09    1.50Vxmax =8565.48
0.20Voy =3285.16    1.50Vymax =2770.65

Coef_x(Col)   Coef_y(Col)   Vx(Col)    Vy(Col)
   1.000        2.753       5377.750   1006.341
------------------------------------------------------------
层号: 2   塔号: 1
0.20Vox =2091.09    1.50Vxmax =8565.48
0.20Voy =3285.16    1.50Vymax =2770.65

Coef_x(Col)   Coef_y(Col)   Vx(Col)    Vy(Col)
   1.000        2.872       5710.320   964.736
------------------------------------------------------------
层号: 3   塔号: 1
0.20Vox =2091.09    1.50Vxmax =8565.48
0.20Voy =3285.16    1.50Vymax =2770.65

Coef_x(Col)   Coef_y(Col)   Vx(Col)    Vy(Col)
   1.000        2.172       5478.949   1275.613
------------------------------------------------------------
层号: 4   塔号: 1
0.20Vox =2091.09    1.50Vxmax =8565.48
0.20Voy =3285.16    1.50Vymax =2770.65
------------------------------------------------------------
层号: 5   塔号: 1
0.20Vox =2091.09    1.50Vxmax =8565.48
0.20Voy =3285.16    1.50Vymax =2770.65

Coef_x(Col)   Coef_y(Col)   Vx(Col)    Vy(Col)
   1.000        1.960       4526.496   1413.269
------------------------------------------------------------
层号: 6   塔号: 1
0.20Vox =2091.09    1.50Vxmax =8565.48
0.20Voy =3285.16    1.50Vymax =2770.65

Coef_x(Col)   Coef_y(Col)   Vx(Col)    Vy(Col)
   1.000        2.007       3897.722   1380.410
------------------------------------------------------------
层号: 7   塔号: 1
0.20Vox =2091.09    1.50Vxmax =8565.48
0.20Voy =3285.16    1.50Vymax =2770.65

Coef_x(Col)   Coef_y(Col)   Vx(Col)    Vy(Col)
   1.000        2.049       3165.210   1352.395
------------------------------------------------------------
层号: 8   塔号: 1
0.20Vox =2091.09    1.50Vxmax =8565.48
0.20Voy =3285.16    1.50Vymax =2770.65

Coef_x(Col)   Coef_y(Col)   Vx(Col)    Vy(Col)
   1.000        2.436       2253.411   1137.161
------------------------------------------------------------
层号: 9   塔号: 1
0.20Vox =2091.09    1.50Vxmax =8565.48
0.20Voy =3285.16    1.50Vymax =2770.65

Coef_x(Col)   Coef_y(Col)   Vx(Col)    Vy(Col)
   1.544        1.500       1354.621   1847.099
------------------------------------------------------------
```

图 3.4-15　模型 2 的$0.2Q_0$调整文本文件

模型 2 是 Y 向剪力墙为主的结构布置。由图 3.4-15 可以发现，基本上$0.2Q_0$的调整是以 Y 向为主。

图 3.4-16 是模型 3 的$0.2Q_0$调整文本文件。

```
************************************************************
              0.2V0调整系数
************************************************************

层号: 1   塔号: 1
0.20Vox =2585.22    1.50Vxmax =7301.44
0.20Voy =2650.67    1.50Vymax =5969.94

Coef_x(Col)   Coef_y(Col)   Vx(Col)    Vy(Col)
   1.000        1.000       4867.629   2799.605
------------------------------------------------------------
层号: 2   塔号: 1
0.20Vox =2585.22    1.50Vxmax =7301.44
0.20Voy =2650.67    1.50Vymax =5969.94

Coef_x(Col)   Coef_y(Col)   Vx(Col)    Vy(Col)
   1.000        1.000       4471.745   3089.968
------------------------------------------------------------
层号: 3   塔号: 1
0.20Vox =2585.22    1.50Vxmax =7301.44
0.20Voy =2650.67    1.50Vymax =5969.94

Coef_x(Col)   Coef_y(Col)   Vx(Col)    Vy(Col)
   1.000        1.000       4734.200   3788.072
------------------------------------------------------------
层号: 4   塔号: 1
0.20Vox =2585.22    1.50Vxmax =7301.44
0.20Voy =2650.67    1.50Vymax =5969.94

Coef_x(Col)   Coef_y(Col)   Vx(Col)    Vy(Col)
   1.000        1.000       4839.295   3979.962
------------------------------------------------------------
层号: 5   塔号: 1
0.20Vox =2585.22    1.50Vxmax =7301.44
0.20Voy =2650.67    1.50Vymax =5969.94

Coef_x(Col)   Coef_y(Col)   Vx(Col)    Vy(Col)
   1.000        1.000       4640.835   3795.800
------------------------------------------------------------
层号: 6   塔号: 1
0.20Vox =2585.22    1.50Vxmax =7301.44
0.20Voy =2650.67    1.50Vymax =5969.94

Coef_x(Col)   Coef_y(Col)   Vx(Col)    Vy(Col)
   1.000        1.000       4333.479   3508.861
------------------------------------------------------------
层号: 7   塔号: 1
0.20Vox =2585.22    1.50Vxmax =7301.44
0.20Voy =2650.67    1.50Vymax =5969.94

Coef_x(Col)   Coef_y(Col)   Vx(Col)    Vy(Col)
   1.000        1.000       3942.429   3189.856
------------------------------------------------------------
层号: 8   塔号: 1
0.20Vox =2585.22    1.50Vxmax =7301.44
0.20Voy =2650.67    1.50Vymax =5969.94

Coef_x(Col)   Coef_y(Col)   Vx(Col)    Vy(Col)
   1.000        1.024       3331.541   2588.980
------------------------------------------------------------
层号: 9   塔号: 1
0.20Vox =2585.22    1.50Vxmax =7301.44
0.20Voy =2650.67    1.50Vymax =5969.94

Coef_x(Col)   Coef_y(Col)   Vx(Col)    Vy(Col)
   1.000        1.000       3470.690   3575.509
------------------------------------------------------------
```

图 3.4-16　模型 3 的$0.2Q_0$调整文本文件

由图 3.4-16 可以看出，基本上每层的 $0.2Q_0$调整都为 1.0，就是不用调整。结合上一小节模型 3 的倾覆力矩百分比进行理解，说明框架作为二道防线，不像其他模型结构布置那样存在“偷懒”现象。

图 3.4-17 是模型 4 的 $0.2Q_0$调整文本文件。

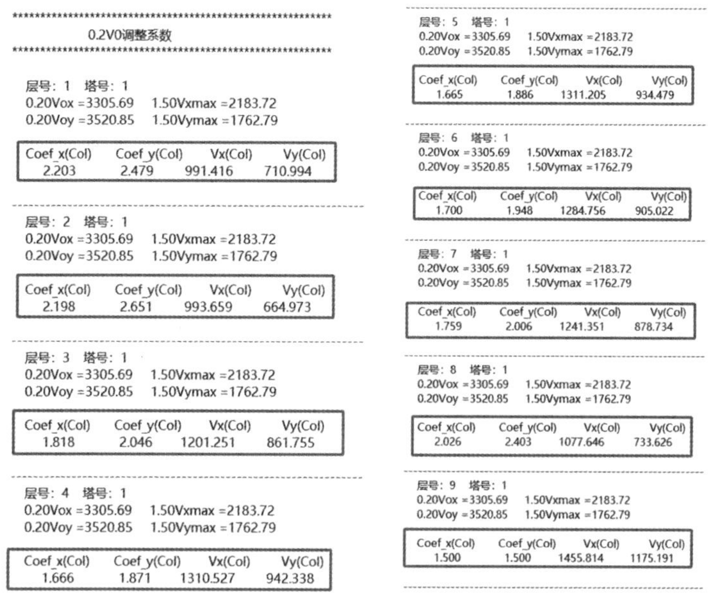

```
**********************************************************
              0.2V0调整系数
**********************************************************

 层号: 1   塔号: 1
 0.20Vox =3305.69    1.50Vxmax =2183.72
 0.20Voy =3520.85    1.50Vymax =1762.79

 Coef_x(Col)   Coef_y(Col)   Vx(Col)    Vy(Col)
   2.203         2.479       991.416    710.994
----------------------------------------------------------
 层号: 2   塔号: 1
 0.20Vox =3305.69    1.50Vxmax =2183.72
 0.20Voy =3520.85    1.50Vymax =1762.79

 Coef_x(Col)   Coef_y(Col)   Vx(Col)    Vy(Col)
   2.198         2.651       993.659    664.973
----------------------------------------------------------
 层号: 3   塔号: 1
 0.20Vox =3305.69    1.50Vxmax =2183.72
 0.20Voy =3520.85    1.50Vymax =1762.79

 Coef_x(Col)   Coef_y(Col)   Vx(Col)    Vy(Col)
   1.818         2.046       1201.251   861.755
----------------------------------------------------------
 层号: 4   塔号: 1
 0.20Vox =3305.69    1.50Vxmax =2183.72
 0.20Voy =3520.85    1.50Vymax =1762.79

 Coef_x(Col)   Coef_y(Col)   Vx(Col)    Vy(Col)
   1.666         1.871       1310.527   942.338
----------------------------------------------------------
 层号: 5   塔号: 1
 0.20Vox =3305.69    1.50Vxmax =2183.72
 0.20Voy =3520.85    1.50Vymax =1762.79

 Coef_x(Col)   Coef_y(Col)   Vx(Col)    Vy(Col)
   1.665         1.886       1311.205   934.479
----------------------------------------------------------
 层号: 6   塔号: 1
 0.20Vox =3305.69    1.50Vxmax =2183.72
 0.20Voy =3520.85    1.50Vymax =1762.79

 Coef_x(Col)   Coef_y(Col)   Vx(Col)    Vy(Col)
   1.700         1.948       1284.756   905.022
----------------------------------------------------------
 层号: 7   塔号: 1
 0.20Vox =3305.69    1.50Vxmax =2183.72
 0.20Voy =3520.85    1.50Vymax =1762.79

 Coef_x(Col)   Coef_y(Col)   Vx(Col)    Vy(Col)
   1.759         2.006       1241.351   878.734
----------------------------------------------------------
 层号: 8   塔号: 1
 0.20Vox =3305.69    1.50Vxmax =2183.72
 0.20Voy =3520.85    1.50Vymax =1762.79

 Coef_x(Col)   Coef_y(Col)   Vx(Col)    Vy(Col)
   2.026         2.403       1077.646   733.626
----------------------------------------------------------
 层号: 9   塔号: 1
 0.20Vox =3305.69    1.50Vxmax =2183.72
 0.20Voy =3520.85    1.50Vymax =1762.79

 Coef_x(Col)   Coef_y(Col)   Vx(Col)    Vy(Col)
   1.500         1.500       1455.814   1175.191
----------------------------------------------------------
```

图 3.4-17 模型 4 的 $0.2Q_0$调整文本文件

由图 3.4-17 可以看出，模型 4 的各个楼层均进行了 $0.2Q_0$的调整。细心的读者可以发现，与模型 3 相比，模型 4 框架承担的倾覆力矩百分比偏小，层间位移角富余也大。但是，为何 $0.2Q_0$调整系数比模型 3 大呢？这里告诉我们，一个结构的合理性，不能只看一个指标，要结合各个指标综合衡量。$0.2Q_0$调整只是保证框架作为二道防线，有最基本的抗震承载力下限。

下面，就以模型 3 和模型 4 为例，其地震作用如图 3.4-18 和图 3.4-19 所示。

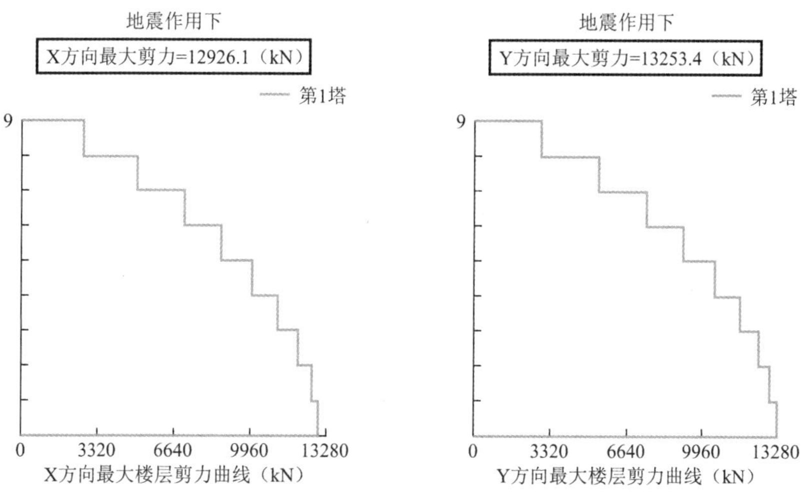

图 3.4-18 模型 3 地震作用

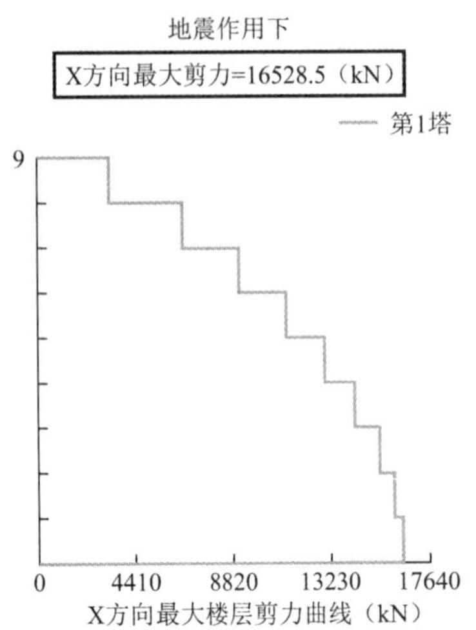

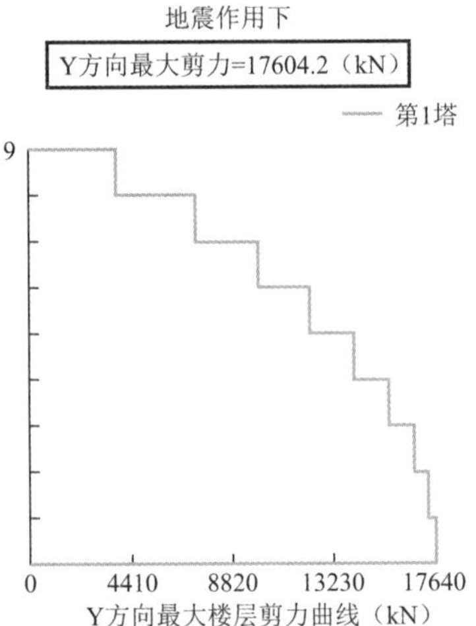

图 3.4-19　模型 4 地震作用

由图 3.4-18 和图 3.4-19 可以看出，结构布置不同，承受的地震作用不一样；而我们之前所看的结构指标，比如层间位移角、倾覆力矩、$0.2Q_0$调整，都是建立在每个结构模型特有的环境下承担不同的地震外力来进行判断的。所以，结构指标的查看一定要纵览全局。

另外提醒读者，地震作用的琢磨不定，一个在于外部环境人类认识有局限性，比如一个地方地震何时发生，这些目前的科学水平无法预测；另一个在于结构自身刚度和周期不一样，承受的地震作用也不一样。这就导致了某种程度上，抗震设计属于概念层面的范畴。我们所介绍的各个指标，不要过于死抠软件的数字，要时刻综合各个指标判断结构的延性是否合理。

5. 带端柱剪力墙配筋

本小节我们查看框架-剪力墙结构特有的配筋，就是带端柱剪力墙的配筋。

图 3.4-20 是带端柱的剪力墙的配筋模型，箭头处是端柱，本小节讨论的是实际项目中此类柱子的配筋问题。

3.4-5 带端柱剪力墙配筋

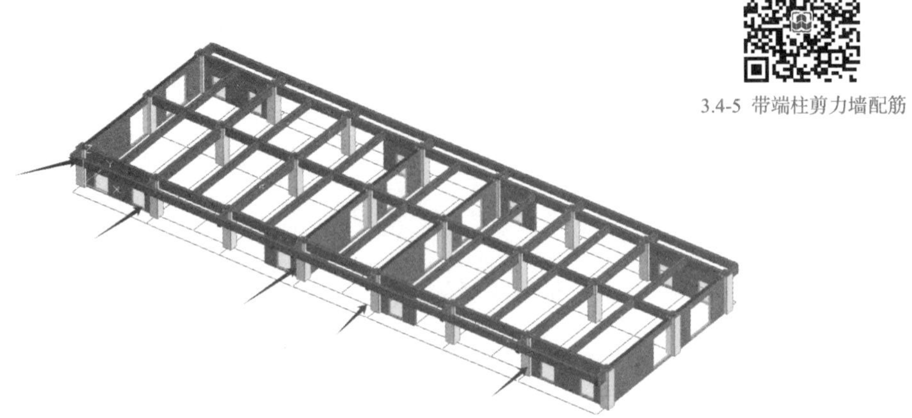

图 3.4-20　带端柱的剪力墙的配筋模型

首先，我们从结构概念的角度看一下，此类墙体的竖向荷载扩散，如图 3.4-21 所示。

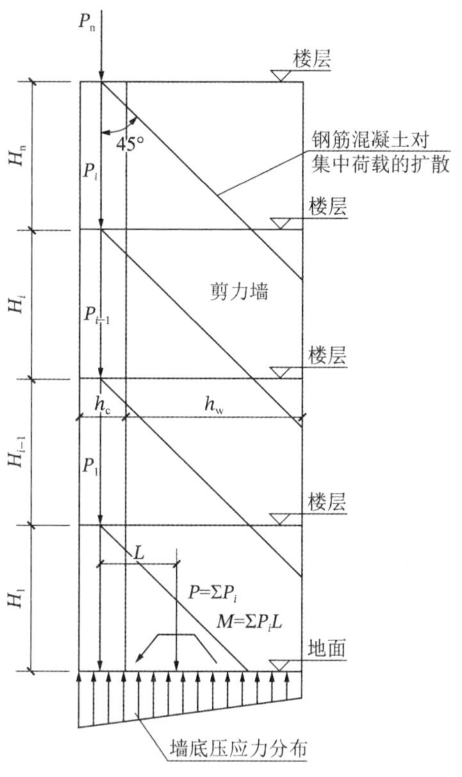

图 3.4-21　带端柱剪力墙竖向荷载的扩散

由图 3.4-21 可以看出，柱与剪力墙不是简单的叠加；而在有限元软件中，柱和剪力墙更是有着本质的区别。前者是杆单元，后者是壳单元。因此，在实际项目中如果不加区分，一律墙归墙、柱归柱建模，将会出现计算结果异常的情况，导致柱配筋非常大。

图 3.4-22 是中国建筑设计研究院编制的《结构设计统一技术措施》归纳的几种建模方法。

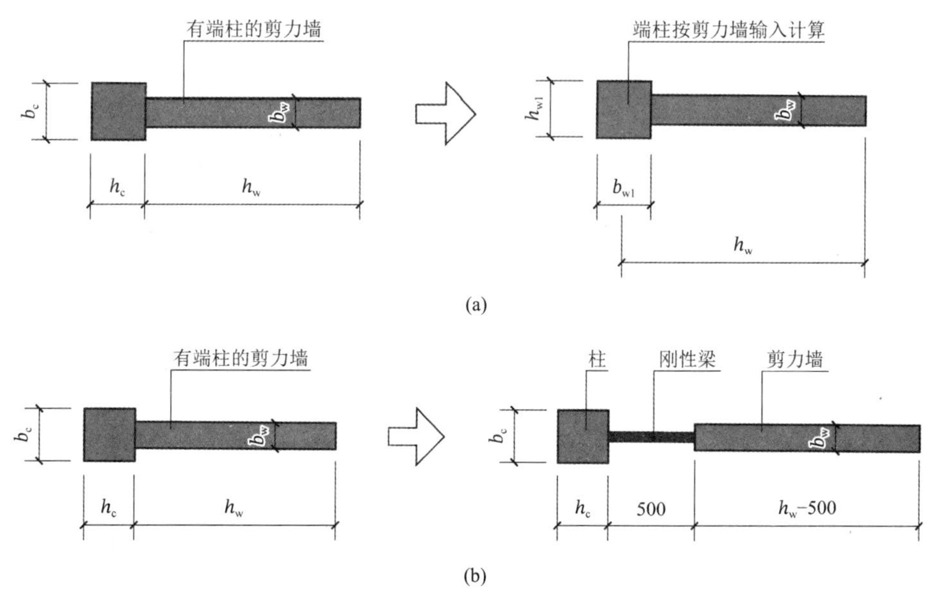

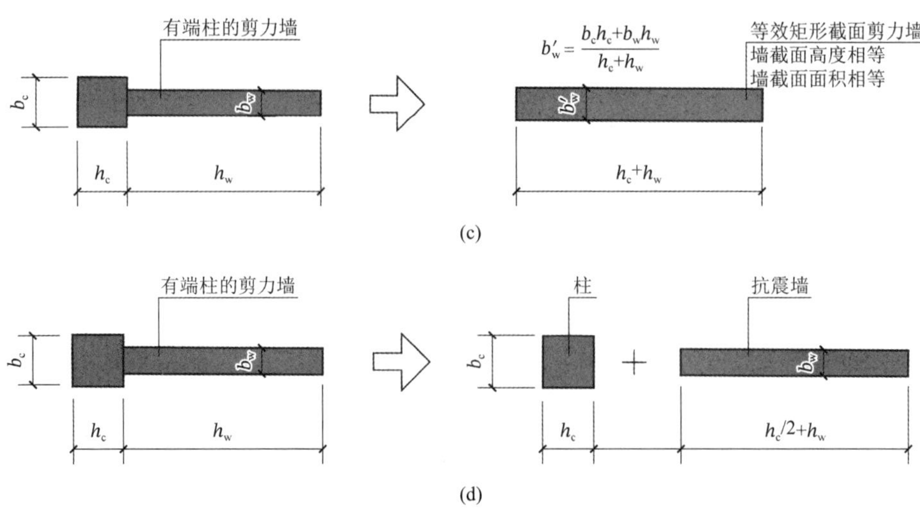

图 3.4-22　端柱剪力墙的几种建模方法

图 3.4-22 中，从建模计算便捷性的角度考虑，（d）无疑是最简单、省事的，但是计算结果的可靠度相对来说最差，容易配筋异常；（b）、（c)是相对准确的模拟，但是可操作性稍显麻烦，尤其是（b)；（a）的计算精度和操作性适中。

下面，我们结合本案例说说比较实用的方法。

首先，要确定框架柱增设的目的。比如，本案例的框架柱，大部分都要承担竖向荷载，这时建议读者按柱建模；同时，在剪力墙配筋时考虑端柱配筋，如图 3.4-23 所示。

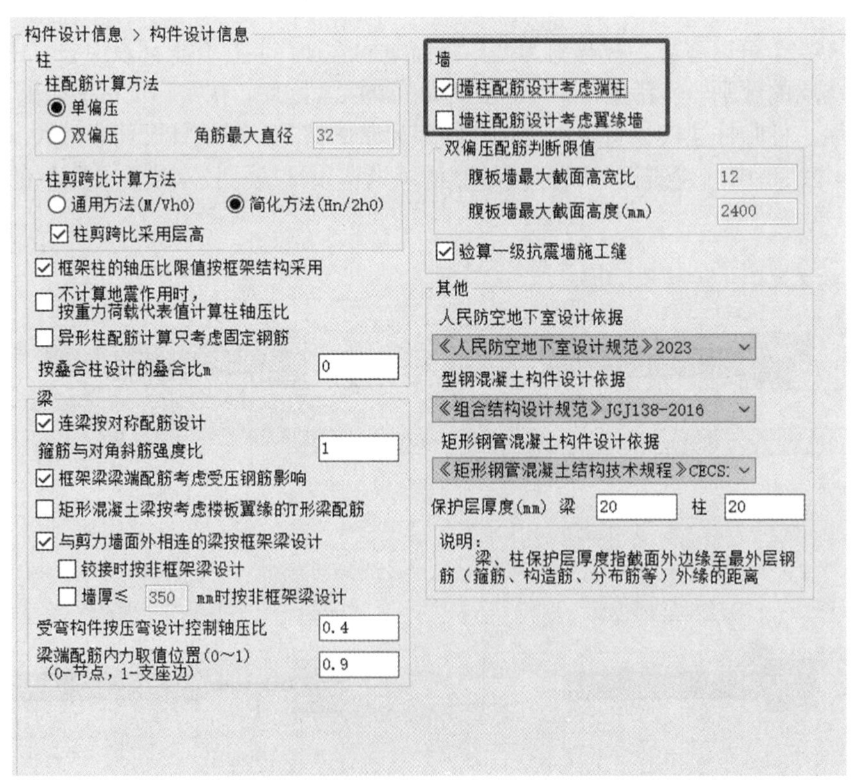

图 3.4-23　墙柱配筋考虑端柱

程序在勾选了“考虑端柱”时，会对配筋简图的输出原则做出调整：一个方向有墙，则输出端柱配筋值；两个方向都有墙，则隐藏端柱配筋值。

图 3.4-24 是勾选前的部分端柱配筋数值。

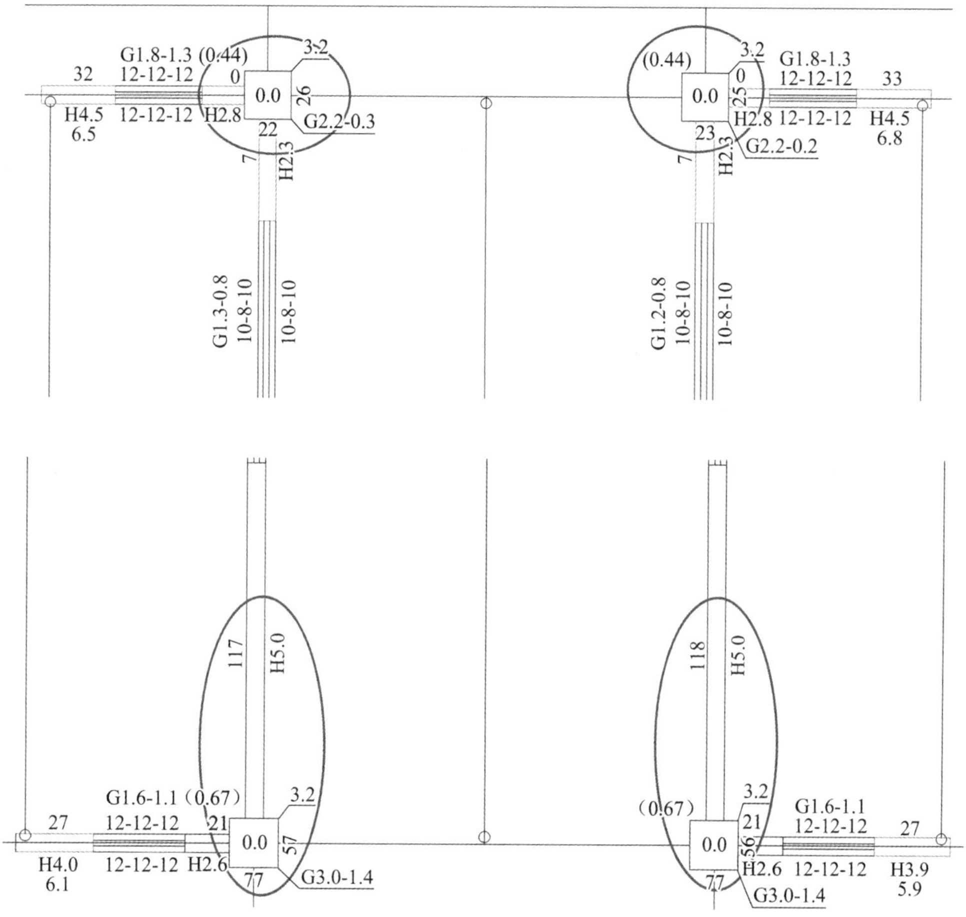

图 3.4-24　勾选前的部分端柱配筋数值

图 3.4-25 是勾选后的部分端柱配筋数值。

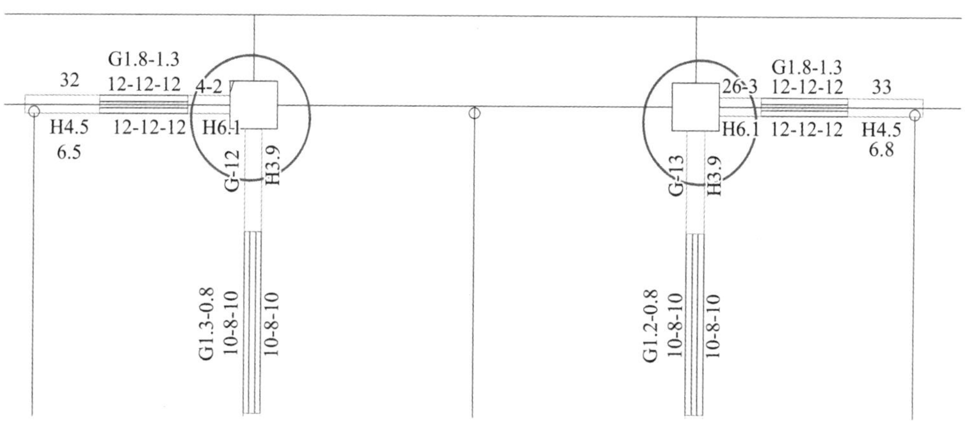

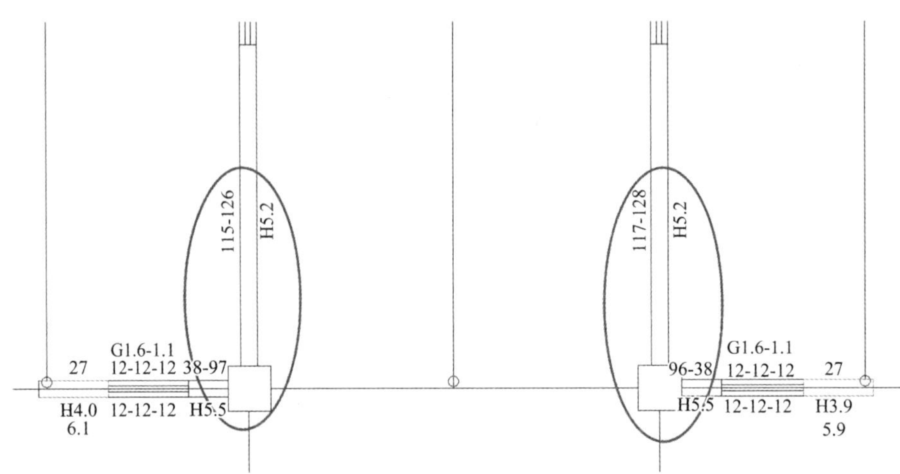

图 3.4-25　勾选后的部分端柱配筋数值

由图 3.4-24 和图 3.4-25 两个图形的对比可以发现，软件本意是倾向于读者计算时考虑端柱选项的。从结构概念上说，端柱本身就是剪力墙的一部分，只是它承担特定的竖向荷载。

下面，我们从另一个角度更直接地查看端柱部分的配筋。图 3.4-26 所示为勾选考虑端柱之前的部分边缘构件配筋。

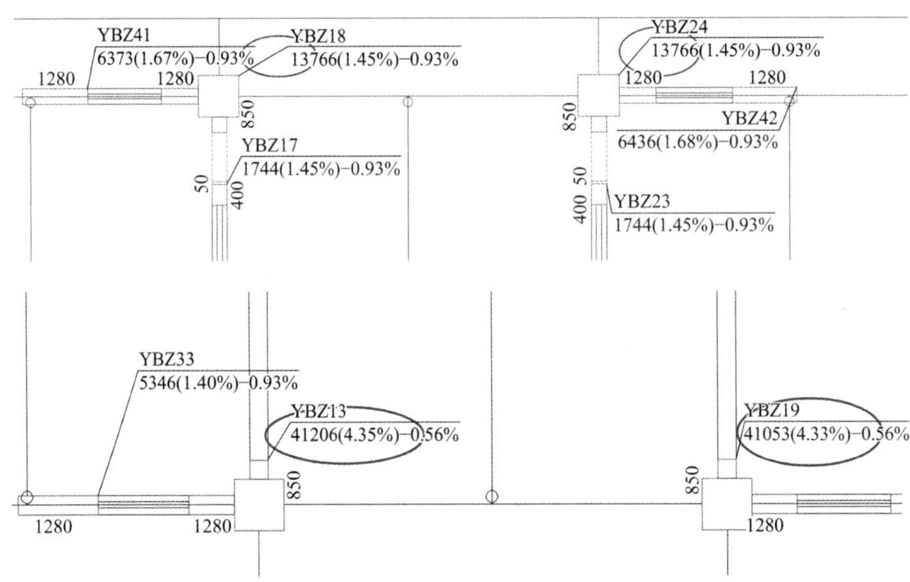

图 3.4-26　考虑端柱之前的部分边缘构件配筋

图 3.4-27 所示为勾选考虑端柱之后的部分边缘构件配筋。

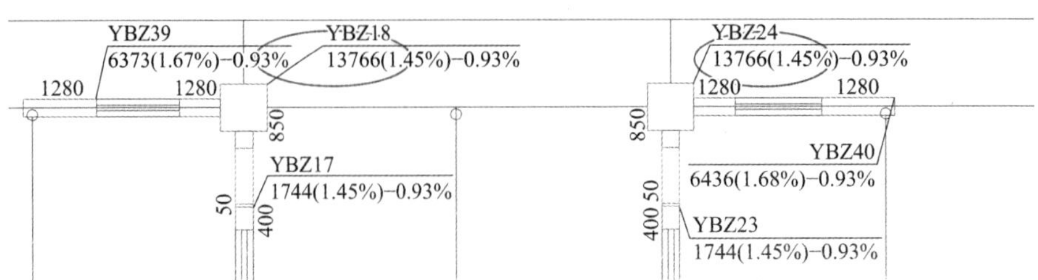

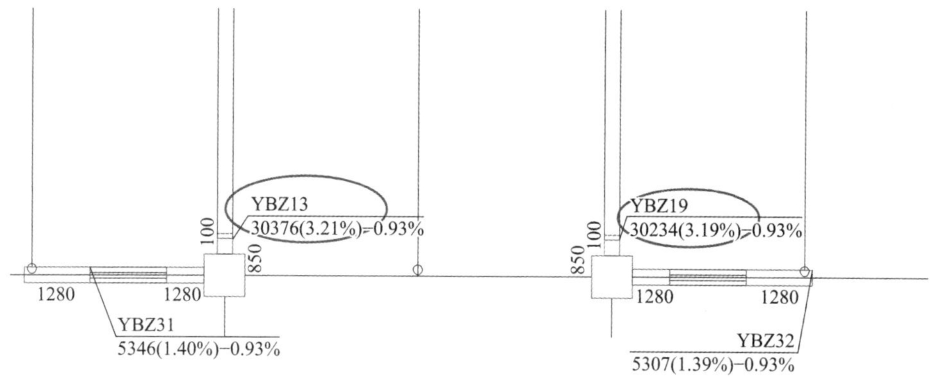

图 3.4-27　勾选考虑端柱之后的部分边缘构件配筋

上面的边缘构件配筋简图可以帮助读者越过计算数据，直接查看边缘构件的配筋。可以发现，考虑端柱后，配筋整体上更为合理一些。

最后，我们可以点开查看端柱的计算文本信息。配筋和内力相关内容如图 3.4-28 所示。

```
---------------------------------------------------------------
N-C=10  (I=1000010, J=10)(1)B*H(mm)=800*800
Cover= 20(mm) Cx=0.75 Cy=0.75 Lcx=3.60(m) Lcy=3.60(m) Nfc=2 Nfc_gz=2 Rcc=40.0 Fy=360 Fyv=360
砼柱 C40 边框柱 墙端柱 矩形
livec=0.650
ηmu=1.200  ηvu=1.440  ηmd=1.200  ηvd=1.440
X: λc=2.376
Y: λc=2.376
( 30)Nu=   -8154.5  Uc= 0.67  Rs= 3.97(%)  Rsv= 0.80(%)  Asc=   314
    Nu_G=   -2493.2  Uc_G= 0.20
( 33)N=    2470.5 Mx=     -14.9 My=      54.0 Asxt=      3707 Asxt0=     3707
( 33)N=    2470.5 Mx=     -14.9 My=      54.0 Asyt=      3868 Asyt0=     3868
( 33)N=    3743.5 Mx=    -528.7 My=     -21.5 Asxb=      7706 Asxb0=     7706
( 33)N=    3743.5 Mx=    -528.7 My=     -21.5 Asyb=      5613 Asyb0=     5613
( 29)N=    1726.1 Vx=    -112.0 Vy=     140.5 Ts=      -1.9 Asvx=      293 Asvx0=      137
( 29)N=    1726.1 Vx=    -112.0 Vy=     140.5 Ts=      -1.9 Asvy=      293 Asvy0=      137

抗剪承载力: CB_XF=   1804.74  CB_YF=   1923.74
```

图 3.4-28　端柱文本信息

至此，读者会发现，其实带端柱剪力墙配筋的整体思路很简单。首先，就是端柱的目的，如果为了满足梁钢筋的锚固或者剪力墙的延性而增设，则软件中没必要专门加入计算；如果端柱确实承担了竖向荷载，计算时完全可以按柱子计算，墙体配筋考虑端柱作用。

那么，可能会有读者好奇，如果考虑了墙体作用，配筋依然很大，如何处理？这时，需要检查结构的文本结果。可能的情况下，在前期调整墙体布置。如果方案层面实在没办法调整，那就在前处理中调整墙体配筋率，减小边缘构件的钢筋。

最后，我们在实际项目施工图阶段，需要留意带端柱的边缘构件的配筋，参考 G101 图集，如图 3.4-29 所示。

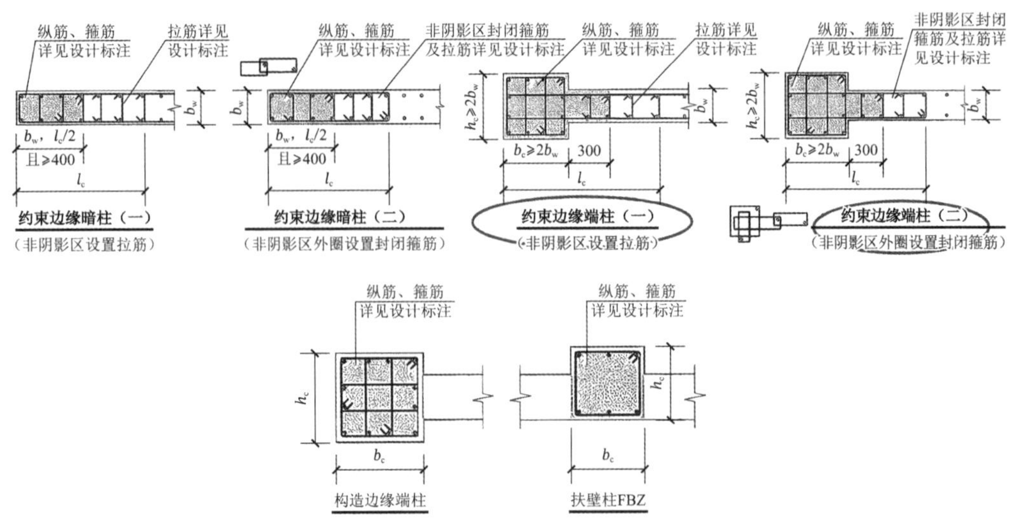

图 3.4-29　带端柱边缘构件配筋

3.5　钢筋混凝土框架-剪力墙结构案例思路拓展

3.5 钢筋混凝土框架-剪力墙结构案例思路拓展

此小结内容重点提一些发散性的问题，供读者思考提升。

1. 一端与柱相连、一端与墙相连的梁是连梁吗？

2. 从柱到墙，再到筒体，简单手算一下其刚度差异。

3. 地下两层的高层结构，框架承担的倾覆力矩查看的底部楼层是首层楼面处还是地下室某层楼面处？

4. 框架-剪力墙结构中，与剪力墙重合的框架梁如何处理？

3.6　钢筋混凝土框架-剪力墙结构小结

3.6 钢筋混凝土框架-剪力墙结构小结

本章重点介绍了框架-剪力墙结构的全流程设计。此案例是在第 1 章的基础上改编而成。读者应体会到同样的建筑布局，地理位置不同、房屋层数不同，结构形式也不一样。

实际项目中，框架-剪力墙结构是公共建筑项目中非常受欢迎的一种结构体系。它既可以满足建筑大开间的要求，也可以较好地保证结构的刚度。随着本书的深入阅读，读者的设计思路一定要打开，应结合实际项目多进行方案比较，从中选择合适的结构体系。

第4章

钢框架结构计算分析

4.1 钢框架结构案例背景

4.1 钢框架结构案例背景

本案例背景同第 1 章框架结构的案例。为了和混凝土框架结构做一个对比，我们在这章用钢框架进行设计，读者可以结合第 1 章的钢筋混凝土框架结构进行对比分析，体会混凝土框架与钢框架的异同。更重要的是，通过此案例，掌握 YJK 进行钢框架设计的结构思路和设计流程。

案例平面图如图 4.1-1 所示，其余信息读者自行查看第 1 章相关案例的背景章节介绍。

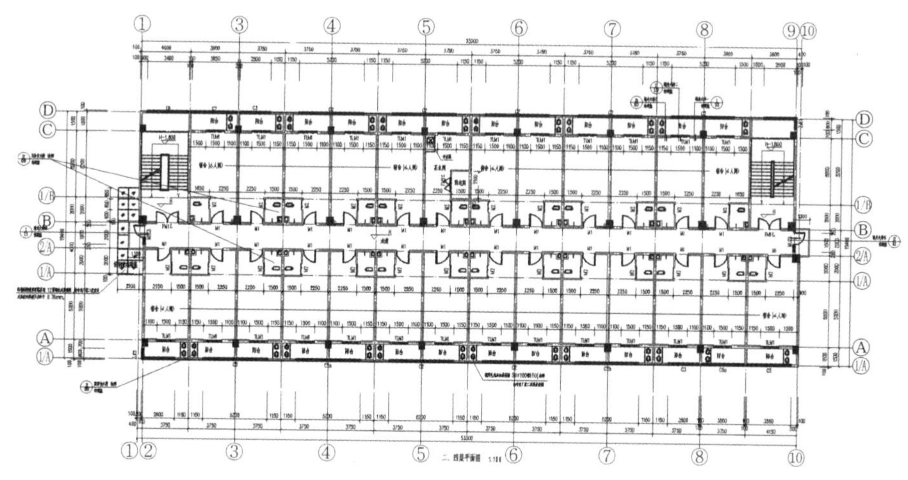

图 4.1-1 典型平面布置

4.2 钢框架结构概念设计

4.2-1 钢结构简介

1. 钢结构简介

本章作为全书第一次介绍钢结构体系中钢框架的章节，有必要在此小节对钢结构做一个简单介绍。

钢结构是结构设计中与混凝土结构并驾齐驱的一种结构。在实际项目中，最常见的应用有两大类：一类是空间钢结构，一类是多高层钢结构。后者也常见于超高层中，与混凝土结构联合使用，提供抗侧刚度。

很多文献对钢结构特点做过各种介绍，这里我们对其优缺点进行总结。优点有 6 处，分别为：抗震性能好、自重轻、充分利用建筑空间、工期短、大空间和布置灵活；缺点 4

处，分别为：须做防火、须做防腐、节点开裂和压杆失稳。

任何一种材料都是优点和缺点并存，读者所能做的就是物尽其用，以下情况时可优先选用钢结构：

（1）混凝土、混合结构体系无法满足建筑功能或造型要求；这一点钢结构是强项，特别是异形的空间结构；

（2）建设场地地基条件较差，需要减轻结构自重；

（3）楼屋盖荷载较大，楼层净高和梁高要求不匹配；

（4）设防烈度较高的超高层建筑（如 8 度区 0.3g 地区等）；

（5）工期紧张。笔者之前参与的一个防疫隔离酒店的项目采用模块化钢结构，就是充分看重了钢结构施工快的特点，混凝土结构需要一年左右的周期，而钢结构只需要其时间的三分之一。

2. 常见的钢结构体系

4.2-2 常见的钢结构体系

多高层钢结构房屋结构形式有框架结构（包括巨型框架结构）、框架支撑结构（包括框架中心支撑、框架偏心支撑和框架屈曲约束支撑结构）、框架延性墙板结构、筒体结构等结构体系。钢框架结构一般常用于多层钢结构，它的抗侧刚度在上面几种体系中是最小的，因此适用高度受限。

表 4.2-1 是民用建筑钢结构房屋适用的最大高度范围。

民用建筑钢结构房屋适用的最大高度范围　　表 4.2-1

结构类型	6 度（0.05g）	7 度		8 度		9 度（0.40g）
		（0.10g）	（0.15g）	（0.20g）	（0.30g）	
框架	110	110	90	90	70	50
框架-中心支撑	220	220	200	180	150	120
框架-偏心支撑	240	240	220	200	180	160

注：1 房屋高度指室外地面到主要屋面板板顶的高度（不包括局部突出屋顶部分）；
2 超过表内高度的房屋，应进行专门研究和论证，采取有效的加强措施；
3 框架柱包括全钢柱和钢管混凝土柱；
4 甲类建筑 6、7、8 度时宜按本地区抗震设防烈度提高 1 度后符合本表要求，9 度时应专门研究。

同混凝土结构一样，钢结构房屋也存在合理的高宽比，如表 4.2-2 所示。这点虽然不是规范的硬性要求，但是高宽比在方案阶段选型时非常有参考价值。高宽比不合理，结构的经济性往往比较差。

钢结构的高宽比　　表 4.2-2

地震烈度	6 度、7 度	8 度	9 度
最大高宽比	6.5	6.0	5.5

注：塔形建筑的底部有大底盘时，高宽比可按大底盘以上计算。

钢结构建筑应根据设防分类、地震烈度和建筑高度采用不同的抗震等级，并应符合相应的计算和构造措施要求。丙类建筑的抗震等级按表 4.2-3 确定。对甲类建筑和建筑高度超过 50m 及 9 度地区的乙类建筑，应采取更有效的抗震措施。

丙类建筑的抗震等级　　表 4.2-3

房屋高度（m）	地震烈度			
	6	7	8	9
≤ 50		四	三	二
＞50	四	三	二	一

注：一般情况下，构件的抗震等级应与结构相同；当某个部位各构件的承载力均满足 2 倍地震作用组合下的内力要求时，7、8、9 度的构件抗震等级应允许按降低一度确定。

常见的框架中心支撑有四类布置，如图 4.2-1 所示。

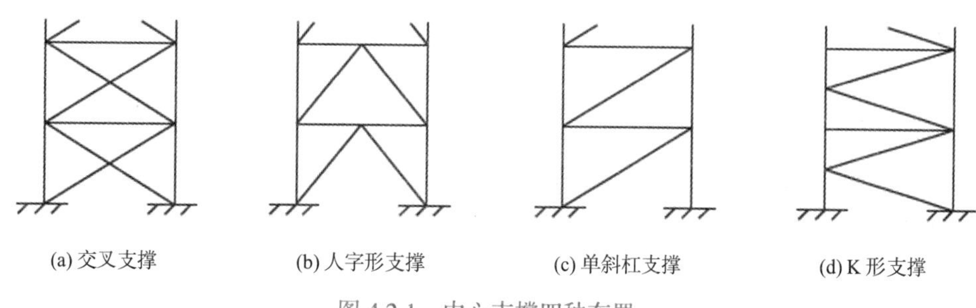

(a) 交叉支撑　(b) 人字形支撑　(c) 单斜杠支撑　(d) K 形支撑

图 4.2-1　中心支撑四种布置

当中心支撑采用如图 4.2-1（c）所示只能受拉的单斜杆体系时，应同时设置不同倾斜方向的两组斜杆（图 4.2-2）；并且，每组中不同方向单斜杆的截面面积在水平方向的投影面积之差不应大于 10%。

图 4.2-3 是单根斜杆与梁柱的连接。

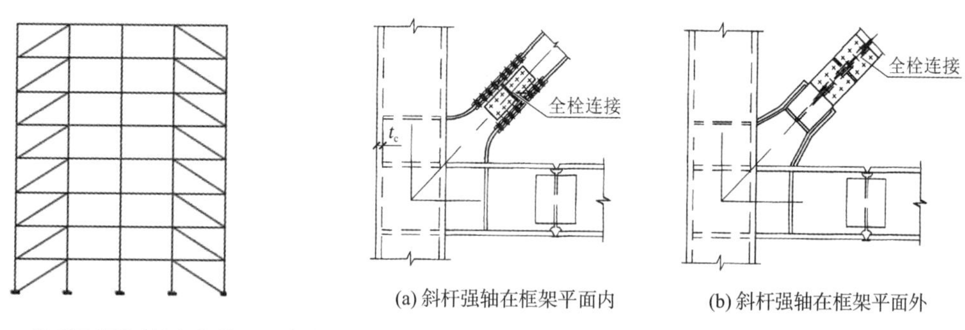

图 4.2-2　设置不同倾斜方向的两组斜杆

(a) 斜杆强轴在框架平面内　(b) 斜杆强轴在框架平面外

图 4.2-3　单根斜杆与梁柱的连接

图 4.2-4 是两根斜杆与梁的连接。

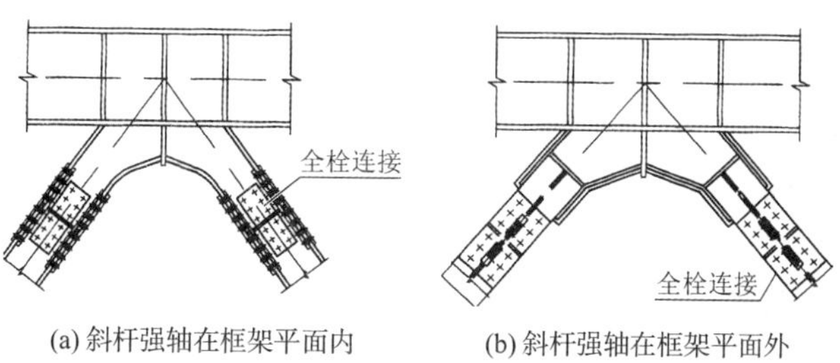

(a) 斜杆强轴在框架平面内　(b) 斜杆强轴在框架平面外

图 4.2-4　两根斜杆与梁的连接

偏心支撑的特点是存在耗能梁端。顾名思义，它要优先屈服来耗能，其节点如图 4.2-5 所示。消能梁段应按《多、高层民用建筑钢结构节点构造详图》16G519 要求，在梁腹板两侧对称设置足够的横向加劲肋，目的是推迟腹板的屈曲及加大梁段的抗扭刚度。

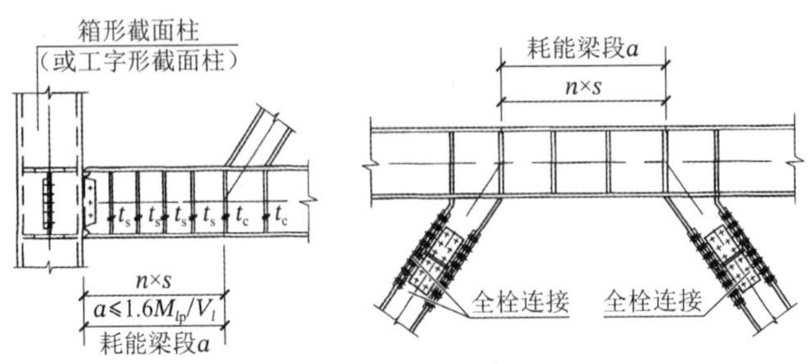

图 4.2-5　耗能梁段节点

框架延性墙板布置时，结构外圈、地震作用下使延性墙板产生较大内力的部位、地震作用下层间位移较大的楼层，宜沿结构两个主轴方向分别布置、宜沿建筑高度方向连续布置、宜满跨布置或局部布置（在单侧支座、跨中或两侧支座处），如图 4.2-6 所示。延性墙板上下边界钢梁，宜选用适宜的中震（设防烈度地震）抗震性能目标，补充相应的验算结果。

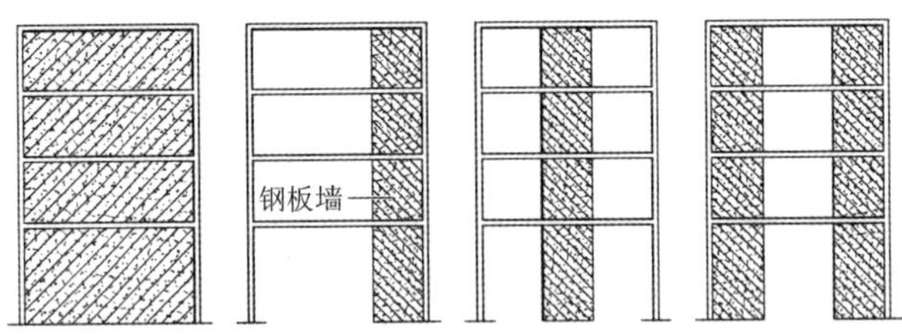

图 4.2-6　延性墙板布置示意

钢梁与钢板墙交界处要设置加劲肋进行加强，如图 4.2-7 所示。

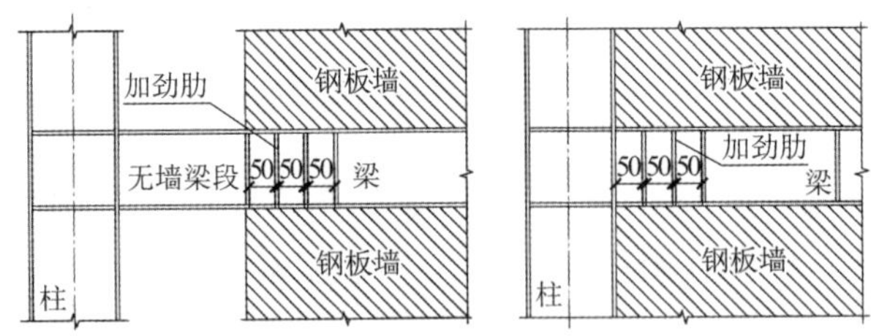

图 4.2-7　钢梁与钢板墙加劲肋设置

这里提醒读者，框架延性墙板中，延性墙板的重点在于地震中的耗能。实际设计时，竖向荷载由框架承受。

3. 钢材选用及构件截面估算

第一个是钢材型号的选择。常用的钢材型号有 Q235、Q355 两种。一般承载力控制的构件我们用 Q355，如钢框架梁柱；次要构件可以考虑 Q235，如隅撑。

型号确定了，接着是质量等级，一般分为 A、B、C、D、E 五个等级，常用的是 B 级。质量等级与冲击韧性的关系如表 4.2-4 所示。

质量等级与冲击韧性　　表 4.2-4

质量等级	冲击试验温度及要求	结构工作温度（T）	备注
A	不保证冲击韧性		设计中不使用
B	具有常温冲击韧性的合格保证	$T > 0℃$	用于室内环境及热带环境
C	具有 0℃冲击韧性的合格保证	$0℃ \geqslant T > -20℃$	用于寒冷环境
D	具有−20℃冲击韧性的合格保证	$-20℃ \geqslant T > -40℃$	用于严寒环境
E	具有−40℃冲击韧性的合格保证	$T \leqslant -40℃$	用于极端低温环境

第二个是钢板厚度的选型问题。板厚主要针对的是读者自己定义截面时留意加工误差及腐蚀的问题，实际项目中首选型钢，在没有合适的截面情况下自定义焊接截面。一般的钢板厚度取值参考如表 4.2-5 所示。

钢板厚度取值参考　　表 4.2-5

钢板类型	钢板厚度（mm）	备注
热轧钢板	6，8，10，12，14，16，18，20，25，30，35，40，50，60，70，80，90，100	用于焊接构件
花纹钢板	5，6，8	用于马道、室内地沟盖板等

注：在选择钢板厚度时还应注意焊接方法对厚度的最小要求。

第三个是钢梁截面的选择。首先是钢梁的类型，大部分情况下首选 HN 形的截面，就是我们经常用到的热轧 H 型钢截面，截面大样如图 4.2-8 所示。选择 HN 形的原因很简单，钢梁是典型的受弯构件，部分情况下可以考虑箱形截面。如弧形梁，考虑受扭。

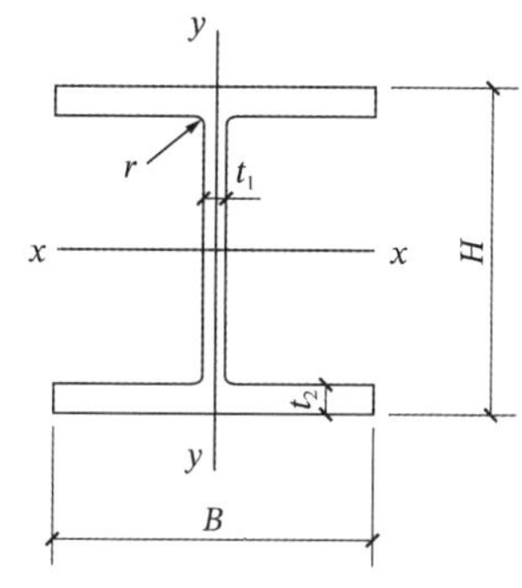

4.2-3 钢材选用及构件截面估算

H—高度；B—宽度；t_1—腹板厚度；t_2—翼缘厚度；r—圆角半径

图 4.2-8　H 形截面典型尺寸

在 HN 形截面中，读者需要留意，根据计算结果选择截面，首先确定大致范围，比如表 4.2-6 所示中最左侧的大致高度，然后进一步选择方框中不带星号的常用截面。

部分 HN 形截面　　表 4.2-6

HN	*100 × 50	100	50	5	7	8	11.84	9.30	187	14.8	3.97	1.11	37.5	5.91
	*125 × 60	125	60	6	8	8	16.68	13.1	409	29.1	4.95	1.32	65.4	9.71
	150 × 75	**150**	75	5	7	8	17.84	14.0	666	49.5	6.10	1.66	88.8	13.2
	175 × 90	**175**	90	5	8	8	22.89	18.0	1210	97.5	7.25	2.06	138	21.7

续表

HN	200 × 100	*198	99	4.5	7	8	22.68	17.8	1540	113	8.24	2.23	156	22.9
		200	100	5.5	8	8	26.66	20.9	1810	134	8.22	2.23	181	26.7
	250 × 125	*248	124	5	8	8	31.98	25.1	3450	255	10.4	2.82	278	41.1
		250	125	6	9	8	36.96	29.0	3960	294	10.4	2.81	317	47.0
	300 × 150	*298	149	5.5	8	13	40.80	32.0	6320	442	12.4	3.29	424	59.3
		300	150	6.5	9	13	46.78	36.7	7210	508	12.4	3.29	481	67.7
	350 × 175	*346	174	6	9	13	52.45	41.2	11000	791	14.5	3.88	638	91.0
		350	175	7	11	13	62.91	49.4	13500	984	14.6	3.95	771	112
	400 × 150	400	150	8	13	13	70.37	55.2	18600	734	16.3	3.22	929	97.8
	400 × 200	*396	199	7	11	13	71.41	56.1	19800	1450	16.6	4.50	999	145
		400	200	8	13	13	83.37	65.4	23500	1740	16.8	4.56	1170	174
	450 × 150	*446	150	7	12	13	66.99	52.6	22000	677	18.1	3.17	985	90.3
		*450	151	8	14	13	77.49	60.8	25700	806	18.2	3.22	1140	107
	450 × 200	446	199	8	12	13	82.97	65.1	28100	1580	18.4	4.36	1260	159
		450	200	9	14	13	95.43	74.9	32900	1870	18.6	4.42	1460	187
	475 × 150	*470	150	7	13	13	71.53	56.2	26200	733	19.1	3.20	1110	97.8
		*475	151.5	8.5	15.5	13	86.15	67.6	31700	901	19.2	3.23	1330	119
		482	153.5	10.5	19	13	106.4	83.5	39600	1150	19.3	3.28	1640	150

考虑到型钢库中截面数量的有限性，如果确实觉得经济上不合理，读者可以自己定义截面、注意宽厚比等要求。

关于钢梁的高度估算，一般情况下，框架梁高度取跨度L的$L/20+100$（mm）。当荷载偏大时，可适当加大上、下翼缘的厚度及宽度；荷载特别大时，需要适当加大梁高。两端简支的次梁高度取跨度L的$L/20$～$L/30$。当其他专业需要在腹板上开小洞时，次梁高度基本接近框架梁高度，使得孔洞中心线标高接近同一值。

第三个是钢柱截面选择。低烈度区的多层钢结构可以选择 H 形截面，高烈度区钢框架优选箱形截面，带支撑的钢框架优选 H 形截面。具体选型中，首选型钢库里的截面 HW 形，如表 4.2-7 所示。

部分 HW 形截面 表 4.2-7

HW	100 × 100	100	100	6	8	8	21.58	16.9	378	134	4.18	2.48	75.6	26.7
	125 × 125	125	125	6.5	9	8	30.00	23.6	839	293	5.28	3.12	134	46.9
	150 × 150	150	150	7	10	8	39.64	31.1	1620	563	6.39	3.76	216	75.1
	175 × 175	175	175	7.5	11	13	51.42	40.4	2900	984	7.50	4.37	331	112
	200 × 200	**200**	200	8	12	13	63.53	49.9	4720	1600	8.61	5.02	472	160
		*200	204	12	12	13	71.53	56.2	4980	1700	8.34	4.87	498	167

续表

HW	250 × 250	*244	252	11	11	13	81.31	63.8	8700	2940	10.3	6.01	713	233
		250	250	9	14	13	91.43	71.8	10700	3650	10.8	6.31	860	292
		*250	255	14	14	13	103.9	81.6	11400	3880	10.5	6.10	912	304
	300 × 300	*294	302	12	12	13	106.3	83.5	16600	5510	12.5	7.20	1130	365
		300	300	10	15	13	118.5	93.0	20200	6750	13.1	7.55	1350	450
		*300	305	15	15	13	133.5	105	21300	7100	12.6	7.29	1420	466
	350 × 350	*338	351	13	13	13	133.3	105	27700	9380	14.4	8.38	1640	534
		*344	348	10	16	13	144.0	113	32800	11200	15.1	8.83	1910	646
		*344	354	16	16	13	164.7	129	34900	11800	14.6	8.48	2030	669
		350	350	12	19	13	171.9	135	39800	13600	15.2	8.88	2280	776
		*350	357	19	19	13	196.4	154	42300	14400	14.7	8.57	2420	808
	400 × 400	*388	402	15	15	22	178.5	140	49000	16300	16.6	9.54	2520	809
		*394	398	11	18	22	186.8	147	56100	18900	17.3	10.1	2850	951
		*394	405	18	18	22	214.4	168	59700	20000	16.7	9.64	3030	985
		400	400	13	21	22	218.7	172	66600	22400	17.5	10.1	3330	1120
		*400	408	21	21	22	250.7	197	70900	23800	16.8	9.74	3540	1170
		*414	405	18	28	22	295.4	232	92800	31000	17.7	10.2	4480	1530
		*428	407	20	35	22	360.7	283	119000	39400	18.2	10.4	5570	1930
		*458	417	30	50	22	528.6	415	187000	60500	18.8	10.7	8170	2900
		*498	432	45	70	22	770.1	604	298000	94400	19.7	11.1	12000	4370
	500 × 500	*492	465	15	20	22	258.0	202	117000	33500	21.3	11.4	4770	1440
		*502	465	15	25	22	304.5	239	146000	41900	21.9	11.7	5810	1800
		*502	470	20	25	22	329.6	259	151000	43300	21.4	11.5	6020	1840

4. 楼盖选型

4.2-4 楼盖选型

钢结构中的楼盖不同于混凝土，后者更多的是混凝土材质，只是分类为是否预制，当然也有小众化的各种大跨度楼盖。而在钢结构中，常见的楼盖有钢筋混凝土现浇楼板、压型钢板组合楼盖和钢筋桁架楼承板三大类。笔者接触的项目中，整体感觉以后面的两种居多；同时，发现有一个特点，随着时间的推移，压型钢板近些年逐渐被钢筋桁架楼承板所代替。本小节我们重点介绍楼盖的基本特点及主次梁布置，涉及楼板的计算我们在最后一个章节介绍。

传统的混凝土现浇板做法是：栓钉预先焊在钢梁上，板配筋与混凝土结构相同，配筋最合理，节省钢板，但需要现场支模板（可利用钢梁下翼缘作为支点进行支模或采用吊模）及现场绑扎板钢筋，经济性最好，但楼板施工稍慢。

压型钢板（Q235）上浇混凝土板，不需要现场支模，现场只需要绑扎板钢筋、焊栓钉等，因此施工较快。这是传统楼板的设计方法，目前在国内基本被钢筋桁架楼承板所淘汰。

钢筋桁架楼承板上浇筑混凝土板，由工厂焊接在薄钢板（采用 Q235 镀锌薄板，板厚 0.4～0.6mm）上的钢筋桁架（楼板施工时作为受力骨架，施工后作为楼板受力钢筋）组成，具有普适性，不需要现场支模、现场焊栓钉，因此楼板施工最快。

图 4.2-9 是压型钢板组合楼盖，一般设计成单向板。开口型一般设计成非组合型，压型钢板仅考虑支模和施工期间的支撑，不考虑使用阶段的受力；闭口型一般设计成组合型，但是代价是防火成本。

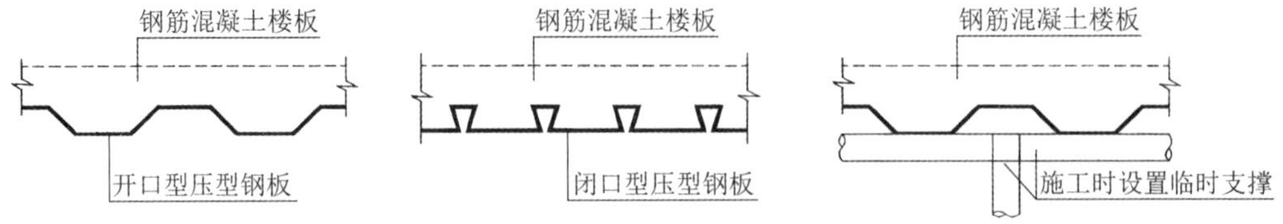

图 4.2-9　压型钢板组合楼盖

压型钢板组合楼盖的节点设计如图 4.2-10 所示。

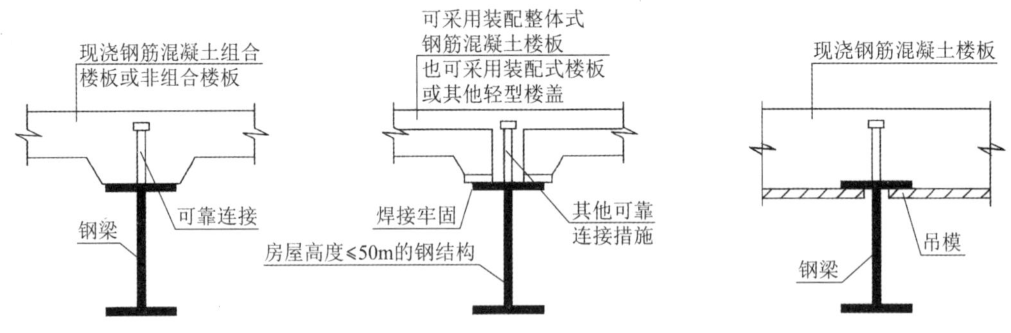

图 4.2-10　节点连接

图 4.2-11 是钢筋桁架组合楼板，此小节我们只需要知道它的基本形状，具体构造和设计我们在最后一个章节介绍。

图 4.2-11　钢筋桁架组合楼板

在钢结构中，涉及钢梁与楼板的连接，经常会遇到一个构件，就是栓钉，它是为了保证楼板与钢梁顶面的可靠连接和传递水平力而存在的。栓钉的直径d可按楼板跨度L确定：$L < 3\text{m}$时，$d = 16\text{mm}$；$L = 3 \sim 6\text{m}$时，$d = 16\text{mm}$或$d = 19\text{mm}$；$L > 6\text{m}$时，$d = 19\text{mm}$。其构造简图如图 4.2-12 所示。

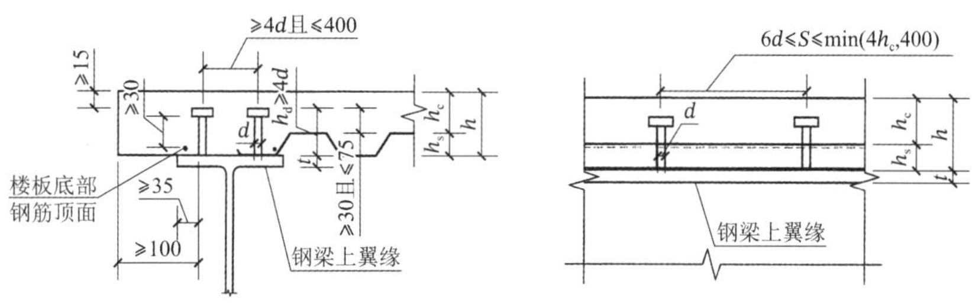

(a) 栓钉抗剪连接件构造（垂直梁长度方向）　(b) 栓钉抗剪连接件构造（平行梁长度方向）

图 4.2-12　栓钉构造

最后，我们结合楼盖确定主次梁布置法则及次梁间距问题。钢结构的主次梁布置与混凝土结构不一样。其次梁基本上都是铰接为主，主要是考虑施工节点的便捷性。图 4.2-13 是三种常见的次梁布置方法。

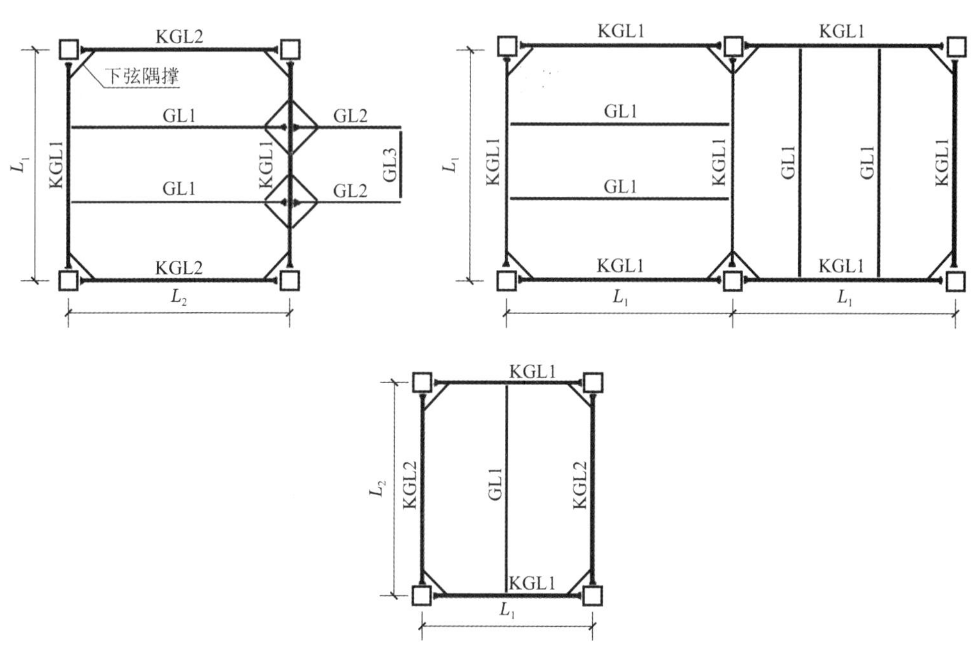

图 4.2-13　主次梁布置的三种情况

从图 4.2-13 中可以看出，次梁无论是朝哪个方向布置，都需要考虑楼盖施工的便捷性和建筑使用功能的需求。决定次梁间距的重要因素是楼盖的无支撑长度，一般建议次梁间距控制在 3m。

5. 压杆失稳

钢结构构件设计的一个特点是稳定计算，它不止针对受压的构件本身，还包括受弯构件的受压翼缘。稳定不但是整体结构需要控制的，而且在构件计算层面

4.2-5 压杆失稳

仍然需要控制。这点在《钢结构设计标准》GB 50017—2017（以后简称《钢标》）中，通过各种稳定相关的公式体现得淋漓尽致。同时，还需要从构造措施的层面防止杆件的局部失稳。

以下是《钢标》中部分与稳定计算相关的公式。

稳定性计算：

$$\frac{N}{\varphi A_{\mathrm{e}} f} \leqslant 1.0$$

$$A_{\mathrm{ne}} = \sum \rho_i A_{\mathrm{n}i}$$

$$A_{\mathrm{e}} = \sum \rho_i A_i$$

平面内稳定性计算：

$$\frac{N}{\varphi_{\mathrm{x}} A f} + \frac{\beta_{\mathrm{mx}} M_{\mathrm{x}}}{\gamma_{\mathrm{x}} W_{1\mathrm{x}} (1 - 0.8N/N'_{\mathrm{Ex}}) f} \leqslant 1.0 \tag{8.2.1-1}$$

$$N'_{\mathrm{Fx}} = \pi^2 EA/(1.1\lambda_{\mathrm{x}}^2) \tag{8.2.1-2}$$

平面外稳定性计算：

$$\frac{N}{\varphi_{\mathrm{y}} A f} + \eta \frac{\beta_{\mathrm{tx}} M_{\mathrm{x}}}{\varphi_{\mathrm{b}} W_{1\mathrm{x}} f} \leqslant 1.0 \tag{8.2.1-3}$$

$$\left| \frac{N}{Af} - \frac{\beta_{\mathrm{mx}} M_{\mathrm{x}}}{\gamma_{\mathrm{x}} W_{2\mathrm{x}} \left(1 - \dfrac{1.25N}{N'_{\mathrm{Ex}}}\right) f} \right| \leqslant 1.0 \tag{8.2.1-4}$$

以下是《钢标》中部分压弯构件局部稳定相关的构造要求。《钢标》规定：

8.4.1 实腹压弯构件要求不出现局部失稳者，其腹板高厚比、翼缘宽厚比应符合本标准表 3.5.1 规定的压弯构件 S4 级截面要求。

表 3.5.1　压弯和受弯构件的截面板件宽厚比等级及限值

构件	截面板件宽厚比等级		S1 级	S2 级	S3 级	S4 级	S5 级
压弯构件（框架柱）	H 形截面	翼缘b/t	$9\varepsilon_{\mathrm{k}}$	$11\varepsilon_{\mathrm{k}}$	$13\varepsilon_{\mathrm{k}}$	$15\varepsilon_{\mathrm{k}}$	20
		腹板h_0/t_{w}	$(33+13\alpha_0^{1.3})_{\varepsilon_{\mathrm{k}}}$	$(38+13\alpha_0^{1.39})_{\varepsilon_{\mathrm{k}}}$	$(40+18\alpha_0^{1.5})_{\varepsilon_{\mathrm{k}}}$	$(45+25\alpha_0^{1.66})_{\varepsilon_{\mathrm{k}}}$	250
	箱形截面	壁板（腹板）间翼缘b_0/t	$30\varepsilon_{\mathrm{k}}$	$35\varepsilon_{\mathrm{k}}$	$40\varepsilon_{\mathrm{k}}$	$45\varepsilon_{\mathrm{k}}$	—
	圆钢管截面	径厚比D/t	$50\varepsilon_{\mathrm{k}}^2$	$70\varepsilon_{\mathrm{k}}^2$	$90\varepsilon_{\mathrm{k}}^2$	$100\varepsilon_{\mathrm{k}}^2$	—
受弯构件（梁）	工字形截面	翼缘b/t	$9\varepsilon_{\mathrm{k}}$	$11\varepsilon_{\mathrm{k}}$	$13\varepsilon_{\mathrm{k}}$	$15\varepsilon_{\mathrm{k}}$	20
		腹板h_0/t_{w}	$65\varepsilon_{\mathrm{k}}$	$72\varepsilon_{\mathrm{k}}$	$93\varepsilon_{\mathrm{k}}$	$124\varepsilon_{\mathrm{k}}$	250
	箱形截面	壁板（腹板）间翼缘b_0/t	$25\varepsilon_{\mathrm{k}}$	$32\varepsilon_{\mathrm{k}}$	$37\varepsilon_{\mathrm{k}}$	$42\varepsilon_{\mathrm{k}}$	—

注：1 ε_{k}为钢号修正系数，其值为 235 与钢材牌号中屈服点数值的比值的平方根；

2 b为工字形、H 形截面的翼缘外伸宽度，t、h_0、t_{w}分别是翼缘厚度、腹板净高和腹板厚度，对轧制型截面，腹板净高不包括翼缘腹板过渡处圆弧段；对于箱形截面，b_0、t分别为壁板间的距离和壁板厚度；D为圆管截面外径；

3 箱形截面梁及单向受弯的箱形截面柱，其腹板限值可根据 H 形截面腹板采用；

4 腹板的宽厚比可通过设置加劲肋减小；

5 当按国家标准《建筑抗震设计规范》GB 50011—2010 第 9.2.14 条第 2 款的规定设计，且 S5 级截面的板件宽厚比小于 S4 级经ε_σ修正的板件宽厚比时，可视作 C 类截面，ε_σ为应力修正因子，$\varepsilon_\sigma = \sqrt{f_{\mathrm{y}}/\sigma_{\max}}$。

6. 节点连接

4.2-6 节点连接

钢结构中的连接在实际项目中，一般选用焊接和螺栓连接居多。读者在节点连接这部分要有一个概念，就是"强节点弱杆件"。高层民用建筑钢结构，构件按多遇地震作用下内力组合设计值选择截面；连接按弹塑性设计，其极限承载力应大于构件的全塑性承载力，且应符合构造措施要求。表 4.2-8 是节点相关的抗震验算用到的调整系数。

节点相关的抗震验算用到的调整系数　　表 4.2-8

γ_{RE}	构件及节点			
	梁	支撑、柱	节点及连接螺栓	连接焊缝
层数不超过 12 层的高层房屋	0.75	0.80	0.85	0.90
层数等于或大于 12 层的高层房屋	0.75	0.85	0.90	0.95

图 4.2-14 是梁与柱刚性连接详图，更多节点做法可以参考《多、高层民用建筑钢结构节点构造详图》16G519 第 20 页的规定。

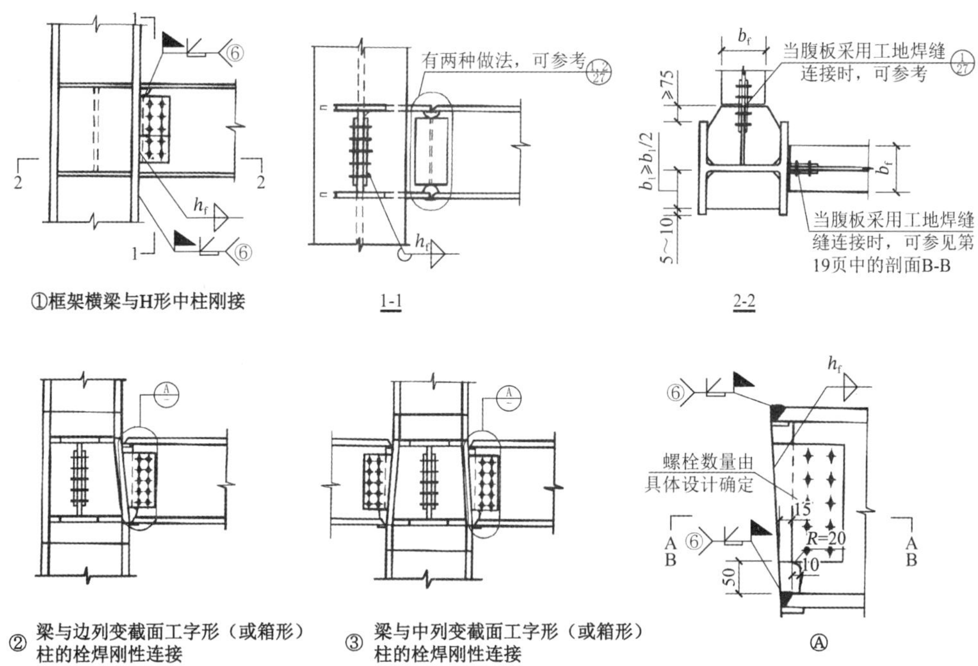
①框架横梁与H形中柱刚接
1-1
有两种做法，可参考
2-2
当腹板采用工地焊缝连接时，可参考
当腹板采用工地焊缝连接时，可参见第19页中的剖面B-B
②梁与边列变截面工字形（或箱形）柱的栓焊刚性连接
③梁与中列变截面工字形（或箱形）柱的栓焊刚性连接
螺栓数量由具体设计确定
Ⓐ
注：1.本图应分别与第11页中的节点①～④、第12页中的节点①②、第13页中的节点①、第14页的节点①～④配合使用。
2.在抗震设防结构中，宜采用如第24～26页所示的加强梁端与柱的连接或削弱梁翼缘的骨式连接。
3.Ⓐ节点中的剖面A-A、B-B详图参见第24页的A-A、B-B。

图 4.2-14　梁与柱刚性连接示意图

图 4.2-15 是主次梁铰接连接详图（16G519 第 29 页）。读者在查阅时，可以思考何时用加劲板单面连接、何时用加劲板双面连接。

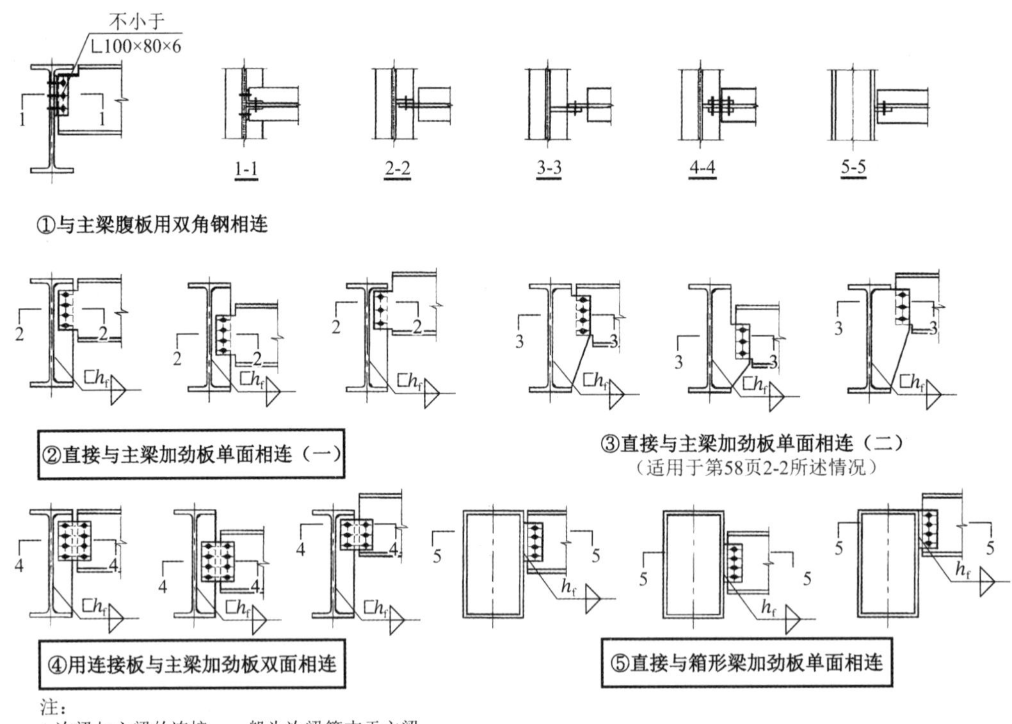

图 4.2-15　主次梁铰接连接详图

4.3　钢框架结构 YJK 软件实际操作

4.3-1 材料截面选择

1. 材料截面选择

混凝土结构中，材料截面以矩形居多；钢结构中，以 H 形和箱形居多。图 4.3-1 是钢柱 H 形截面的选择方法，一般首选型钢 HW 形截面。

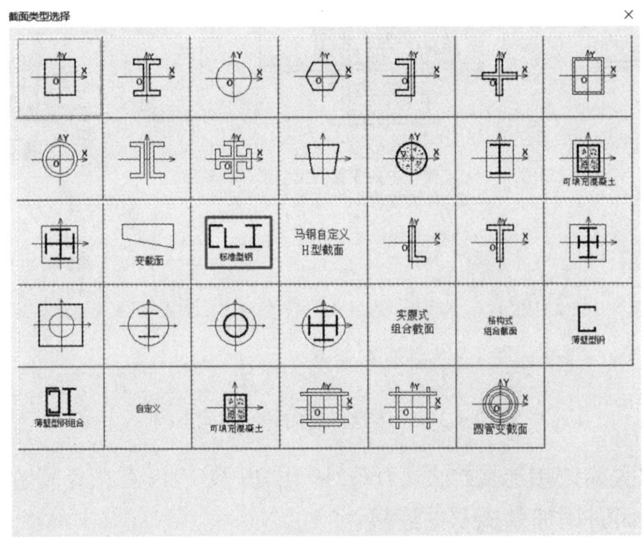

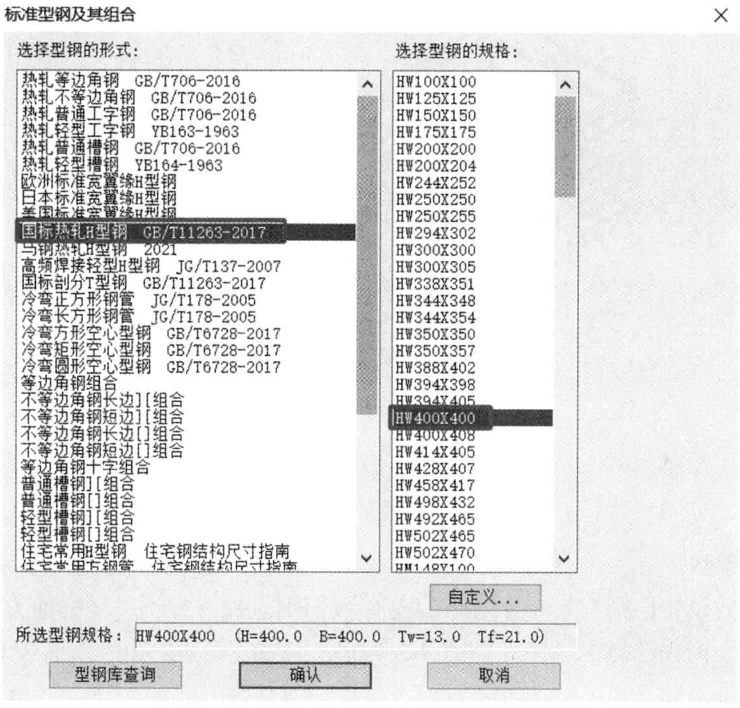

图 4.3-1　钢柱截面

图 4.3-2 是钢梁 H 形截面的选择方法，一般首选型钢 HN 形截面。

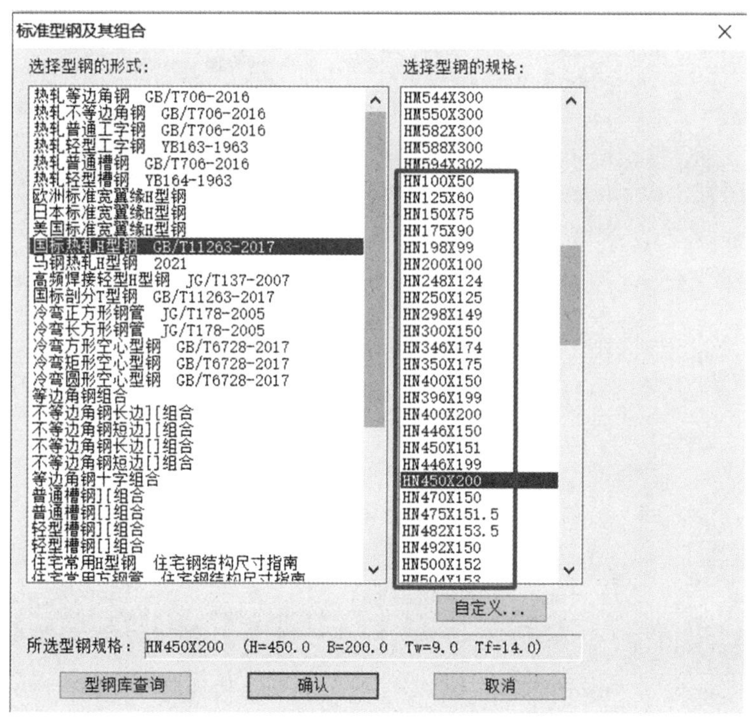

图 4.3-2　钢梁截面

其余建模部分同第 1 章类似，整体模型如图 4.3-3 所示。

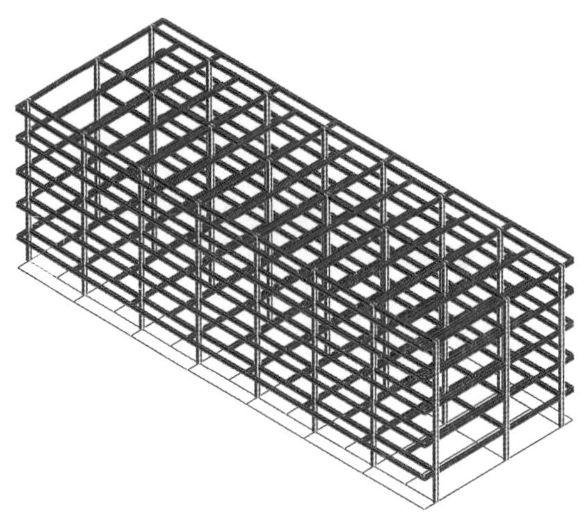

图 4.3-3　钢框架整体模型

4.3-2 前处理参数

2. 前处理参数

前处理参数设置原则和第 1 章类似，这里我们重点提一些不一样的地方。第一个是材料类型的选择，记得选择钢结构，如图 4.3-4 所示。

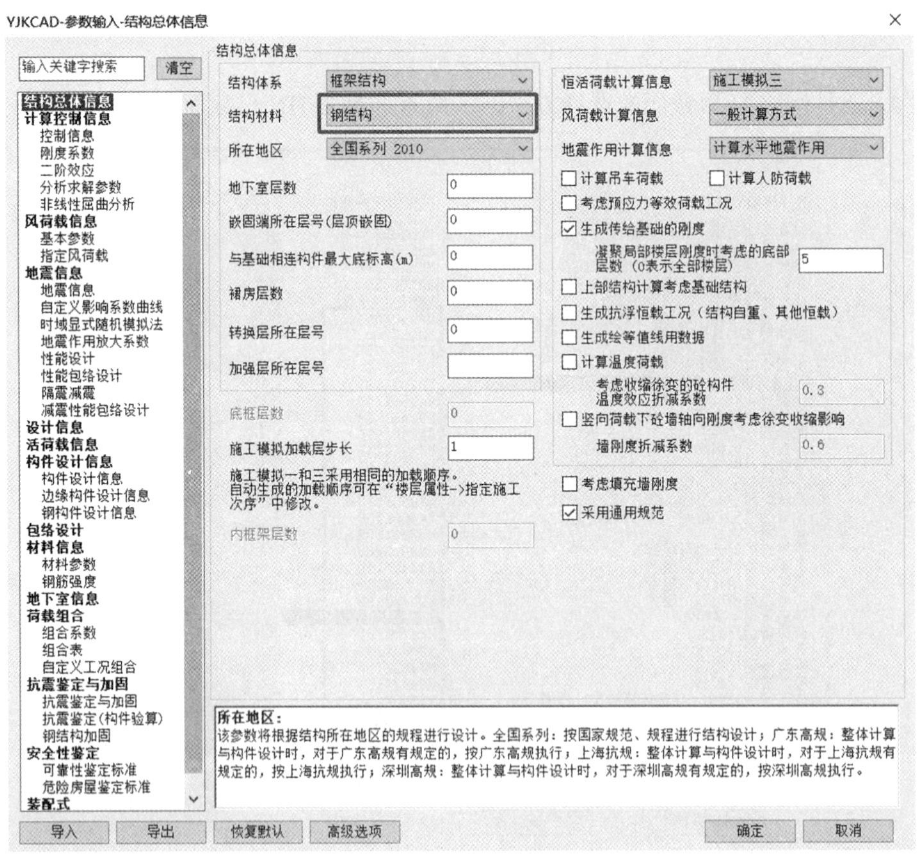

图 4.3-4　材料类型

第二个是阻尼比，钢结构的阻尼比选择如表 4.3-1 所示。

钢结构阻尼比 表 4.3-1

情况		房屋高度H		
		$H \leqslant 50\text{m}$	$50\text{m} < H < 200\text{m}$	$H \geqslant 200\text{m}$
多遇地震	当偏心支撑框架部分承担的地震倾覆力矩大于结构总地震倾覆力矩的 50%时	0.045	0.035	0.025
	其他情况	0.04	0.03	0.02
设防地震		0.045	0.04	0.035
罕遇地震		0.05	0.05	0.05

注：阻尼比是结构设计的重要参数，应考虑结构体系的影响、房屋高度的不同，还要考虑多遇地震（小震）、设防地震（中震）和罕遇地震（大震）及结构舒适度验算等问题。

本案例为多层钢框架小震计算，建议填写 0.04（即 4%），如图 4.3-5 所示。

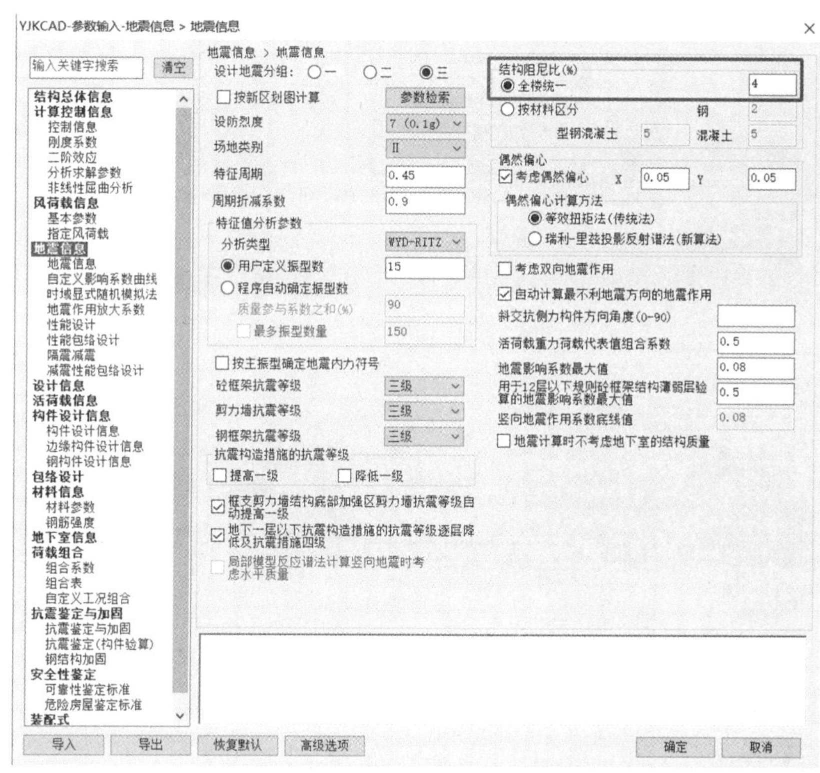

图 4.3-5 阻尼比

第三个是构件层面的设置信息，它对结构整体计算影响不大，关键影响的是构件层面的设计。设计信息如图 4.3-6 所示，净毛面积比主要考虑实际项目中构件开孔导致的强度削弱，一般工程经验取值 0.85～0.95 之间。

第四个是周期折减系数。多、高层钢结构的自振周期折减系数可取：

1）隔墙和外围护以不妨碍结构变形的方式固定（即可忽略其对主体结构刚度的影响）时，取 0.9～1.0。

2）隔墙和外围护与结构主体柔性连接时，取 0.8～0.9。

3）隔墙和外围护与结构主体刚性连接时，取 0.6～0.8。本案例可以结合建筑实际需求参考取值，如图 4.3-7 所示。

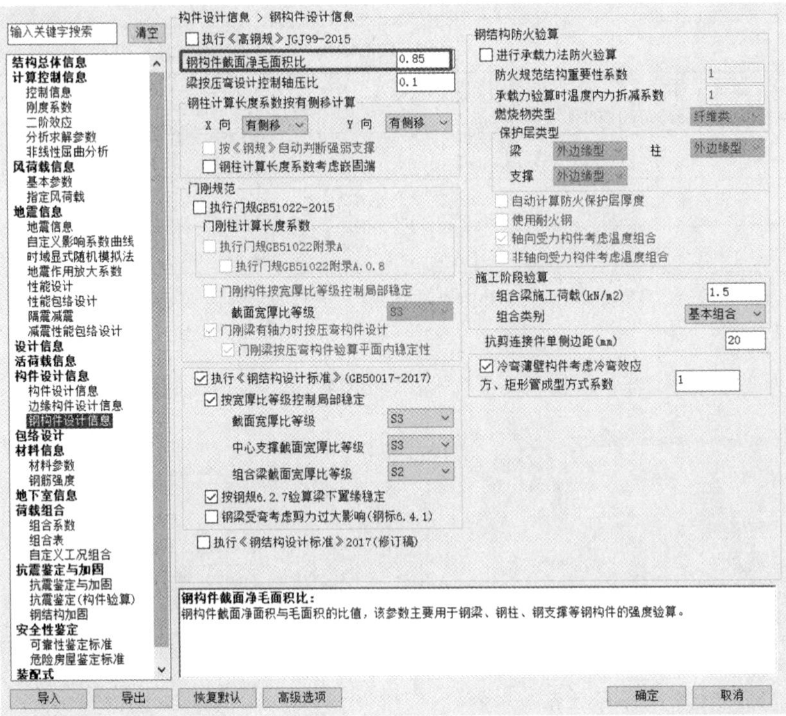

图 4.3-6　构件设计信息

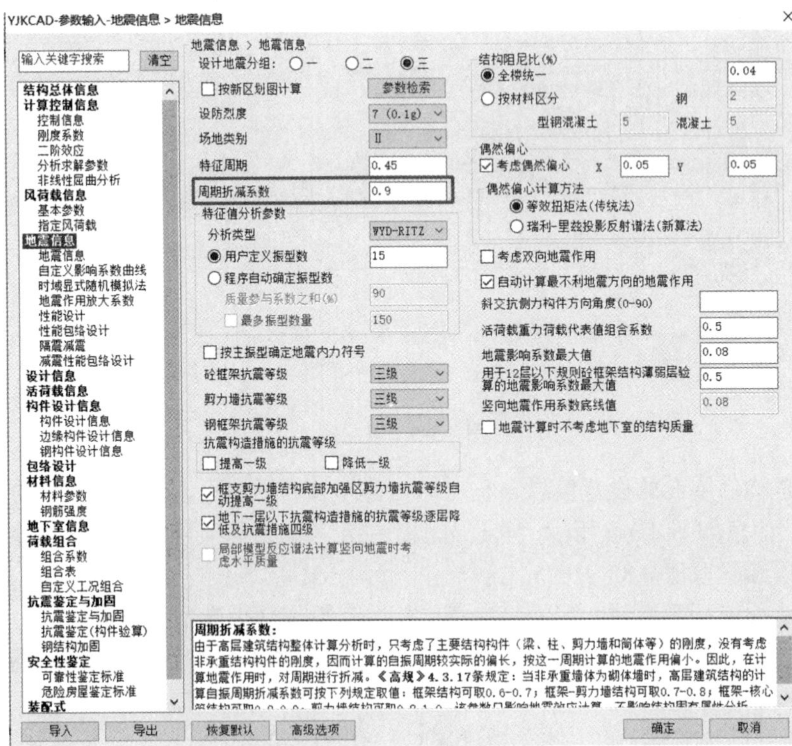

图 4.3-7　周期折减系数

第五个是钢梁铰接设置。钢结构中除悬挑部位外，次梁均按照铰接设置，如图 4.3-8 所示。

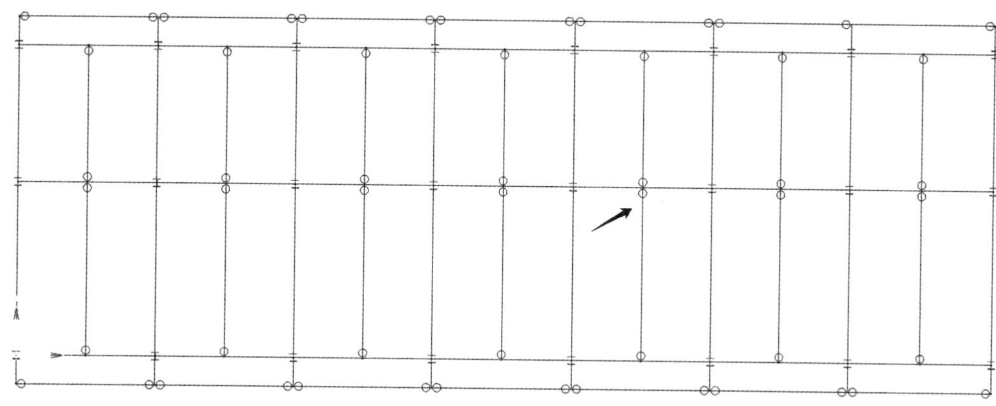

图 4.3-8　次梁铰接设置

4.4　钢框架结构 YJK 软件结果解读

本部分结果解读与第 1 章类似，我们重点结合第 1 章的混凝土框架，做对比分析，使读者进一步感受两者的异同。

1. 周期

周期可以反映一个结构最本质的刚度特点，它与外部环境无关，非常具有参考意义。图 4.4-1 是混凝土框架结构周期，图 4.4-2 是钢框架结构周期。两者对比，读者应该对其刚和柔有一个理性认识了吧。

4.4-1 周期

****
周期、地震力与振型输出文件
****

考虑扭转耦联时的振动周期（秒）、*X*，*Y* 方向的平动系数、扭转系数

振型号	周期	转角	平动系数（X+Y）	扭转系数（Z）（强制刚性楼板模型）
1	0.8813	89.66	1.00（0.00+1.00）	0.00
2	0.8436	179.31	0.97（0.97+0.00）	0.03
3	0.8103	12.83	0.03（0.03+0.00）	0.97
4	0.2651	89.57	1.00（0.00+1.00）	0.00
5	0.2560	179.23	0.98（0.98+0.00）	0.02
6	0.2446	15.32	0.02（0.02+0.00）	0.98
7	0.1386	89.30	1.00（0.00+1.00）	0.00
8	0.1356	178.99	0.99（0.99+0.00）	0.01
9	0.1285	19.01	0.02（0.01+0.00）	0.98
10	0.0903	88.61	1.00（0.00+1.00）	0.00
11	0.0892	178.29	0.99（0.99+0.00）	0.01
12	0.0839	22.65	0.01（0.01 +0.00）	0.99
13	0.0700	84.13	1.00（0.01+0.99）	0.00
14	0.0698	173.51	0.99（0.98+0.01）	0.01
15	0.0652	25.95	0.01（0.01+0.00）	0.99

混凝土框架

图 4.4-1　混凝土框架结构周期

```
*****************************************************
                  周期、地震力与振型输出文件
*****************************************************

考虑扭转耦联时的振动周期（秒）、X，Y方向的平动系数、扭转系数

振型号  周期    转角    平动系数（X+Y）扭转系数（Z）（强制刚性楼板模型）
```

振型号	周期	转角	平动系数（X+Y）	扭转系数（Z）	
1	2.1085	0.14	1.00（1.00+0.00）	0.00	钢框架
2	1.9565	90.28	1.00（0.00+1.00）	0.00	
3	1.8263	50.00	0.00（0.00+0.00）	1.00	
4	0.6674	0.05	1.00（1.00+0.00）	0.00	
5	0.5743	90.14	1.00（0.00+1.00）	0.00	
6	0.5405	66.07	0.00（0.00+0.00）	1.00	
7	0.3764	0.02	1.00（1.00+0.00）	0.00	
8	0.2923	90.10	0.99（0.00+0.99）	0.01	
9	0.2780	69.73	0.01（0.00+0.01）	0.99	
10	0.2629	179.93	1.00（1.00+0.00）	0.00	
11	0.2161	180.00	1.00（1.00+0.00）	0.00	
12	0.1868	90.04	0.99（0.00+0.99）	0.01	
13	0.1788	84.69	0.01（0.00+0.01）	0.99	
14	0.1441	90.04	0.99（0.00+0.99）	0.01	
15	0.1385	85.54	0.01（0.00+0.01）	0.99	

图 4.4-2　钢框架结构周期

2. 层间位移角

4.4-2 层间位移角

钢结构房屋层间位移要求：多遇地震下弹性层间位移角限值为 1/250，罕遇地震下结构薄弱层（部位）弹塑性层间位移角限值为 1/500。

图 4.4-3 和图 4.4-4 分别是钢筋混凝土框架结构的层间位移角和钢框架结构的层间位移角。

由于两种结构体系层间位移角限值的不同，两者均满足规范要求。但是，读者可以进一步去查阅层间位移角背后的东西。除了结合前面周期对比，知道两者的差异之外，还可以去看另一个影响层间位移角的因素，就是外部的地震作用。

图 4.4-5 和图 4.4-6 是两种结构的地震作用。

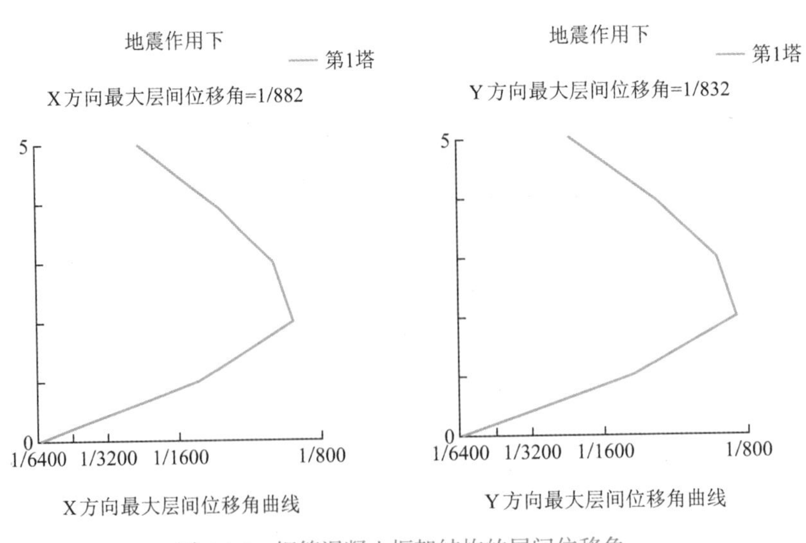

图 4.4-3　钢筋混凝土框架结构的层间位移角

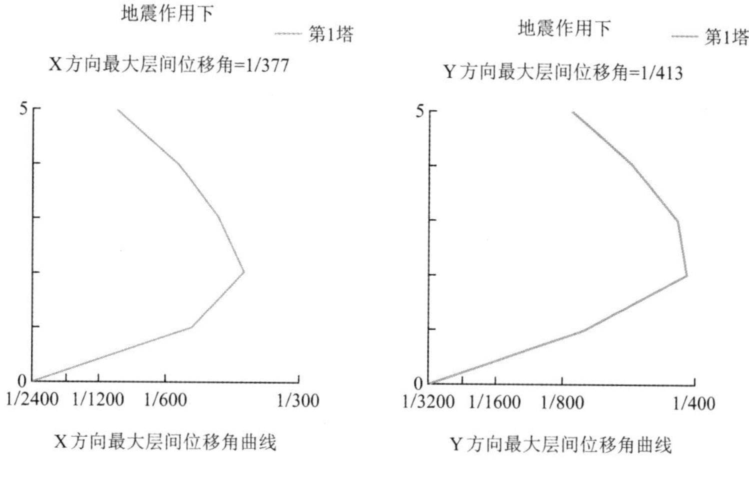

图 4.4-4　钢框架结构的层间位移角

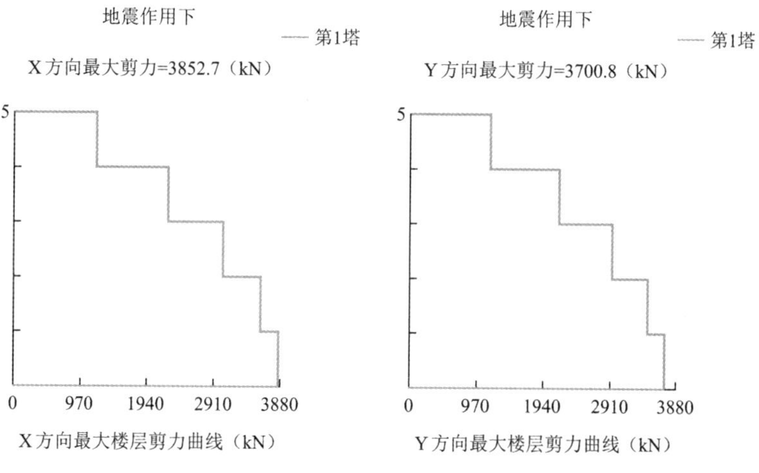

图 4.4-5　钢筋混凝土框架结构的地震作用

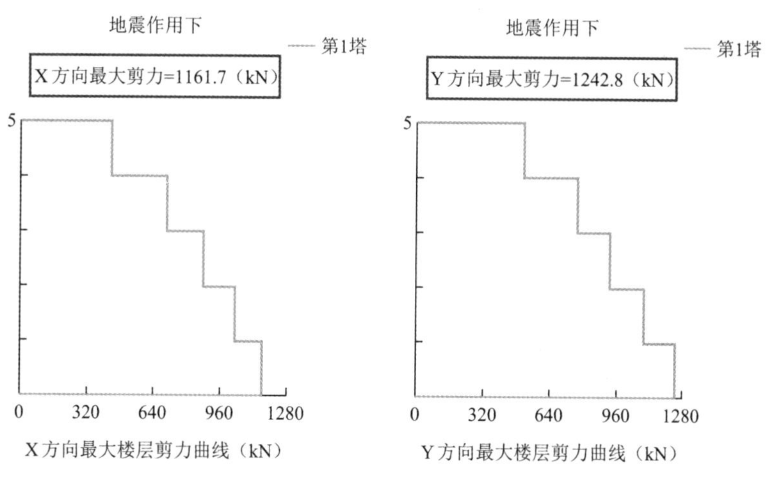

图 4.4-6　钢框架结构的地震作用

由图 4.4-5 和图 4.4-6 可以看出，钢框架的外部地震作用只有混凝土框架的1/3左右，为什么？请看《抗标》的地震影响系数曲线，如图 4.4-7 所示。

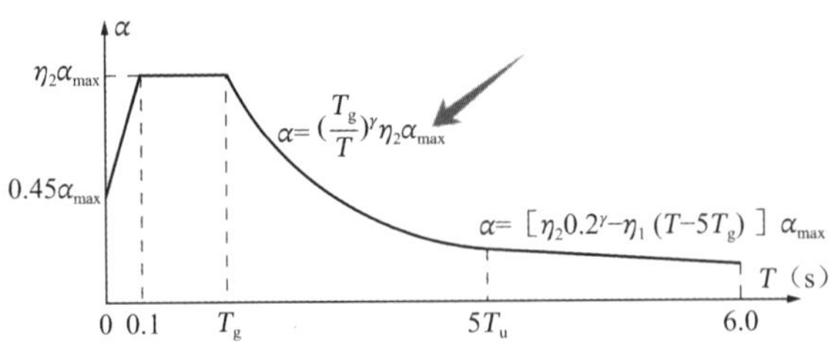

图 4.4-7　地震影响系数曲线

α—地震影响系数；α_{max}—地震影响系数最大值；η_1—直线下降段的下降斜率调整系数；γ—衰减指数；T_g—特征周期；η_2—阻尼调整系数；T—结构自振周期

从图 4.4-7 可以知道，两种结构地震影响系数均在下降段，钢框架虽然周期大、刚度弱，但是它的地震作用也小。如同典型的“公交车”比喻，100kg 的胖子和 50kg 的瘦子坐公交车，同样的位置和站姿，在紧急刹车的情况下，惯性力是不一样的，结果表现读者可以自己脑补。

3. 梁构件应力比

钢结构中的构件应力比反映的是构件强度层面的指标。先看一下本案例的整体计算结果，如图 4.4-8 所示。

4.4-3 梁构件应力比

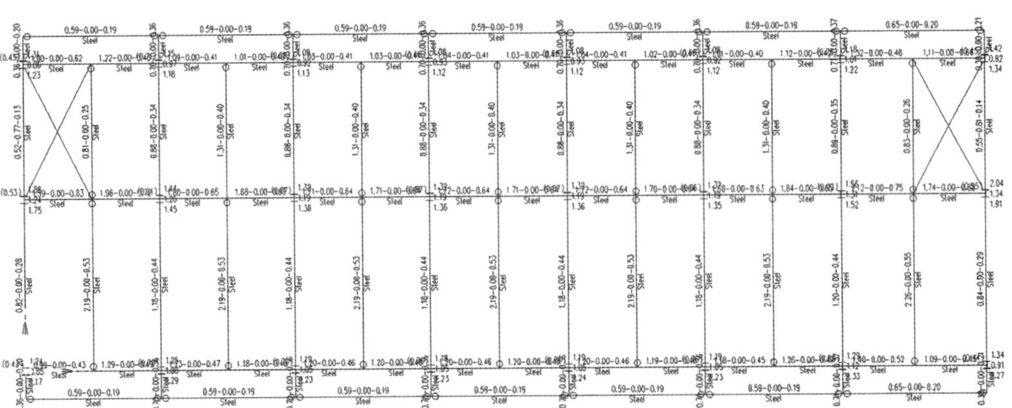

图 4.4-8　构件应力比

从图 4.4-8 可以发现，大部分都呈红色，最主要的原因是为了与前面混凝土框架结构做对比。我们没有改变楼盖的结构布置，同时红色应力比超限，可以让读者更深刻地去查看超限的原因。

首先，看梁的应力比。

$$\frac{\text{R1}-\text{R2}-\text{R3}}{\text{Steel}}$$

R1表示钢梁正应力强度与抗拉、抗压强度设计值的比值F1/f；R2表示钢梁整体稳定应力与抗拉、抗压强度设计值的比值F2/f；R3表示钢梁剪应力强度与抗剪强度设计值的比值F3/fv。

图 4.4-9 是次梁的应力比局部简图。

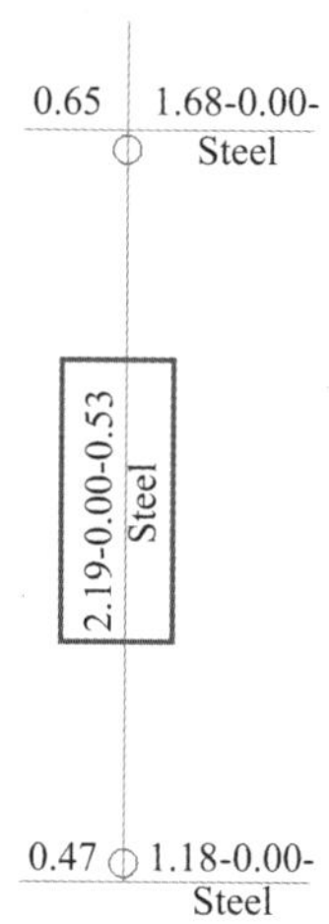

图 4.4-9　次梁的应力比局部简图

可以看出，次梁是强度超限；同时，稳定应力比为 0，需要进一步核对。点开次梁的构件详细计算书，软件自动生成的计算书截图如下（P141～P144）所示：

第 1 章　设计资料

截面参数

HN400X200

设计参数

净毛面积比：0.85

截面上翼缘侧向支撑长度：0.00mm

截面下翼缘侧向支撑长度：4575.00mm

抗震等级：非抗震

组合类别：非地震组合

钢号 Q235

钢材拉压弯强度设计值 f = 215.00MPa

钢材抗剪强度设计值 fv = 125.00MPa

全国高规性能设计构件类别：耗能构件

宽厚比等级：S3 级

是否为耗能构件：否

是否顶层梁：否

是否考虑畸变失稳：是

设计依据

《钢结构设计标准》(GB 50017-2017)

第 2 章 强度验算,截面位置：5

1.截面特性验算

$A = 8337.00mm^2$

$I_x = 235000000.00mm^4$; $I_y = 17400000.00mm^4$;

$i_x = 167.89mm$; $i_y = 45.68mm$;

$W_{1x} = 1175000.00mm^3$; $W_{2x} = 1175000.00mm^3$;

$W_{1y} = 174000.00mm^3$; $W_{2y} = 174000.00mm^3$;

弯矩设计值

$M_x = |492.70| \times 1000000.00 = 492696704.00N.mm$

$M_y = |0.00| \times 1000000.00 = 0.00N.mm$

2.强度验算

承载力抗震调整系数$\gamma_{re} = 1.00$

由钢结构标准 6.1.2 条可知

截面塑性发展系数

$\gamma_{x1} = 1.05, \gamma_{x2} = 1.05$

$\gamma_{y1} = 1.20, \gamma_{y2} = 1.20$

由钢结构标准 6.1.1 条可知

$$\sigma_{max} = \frac{M_x}{\gamma_x W_{nx}} + \frac{M_y}{\gamma_y W_{ny}}$$

$$= \frac{492696716.31}{1.05 \times 1175000.00 \times 0.85} + \frac{0.00}{1.20 \times 174000.00 \times 0.85}$$

$= 469.82N/mm^2 > [fy] = 215.00N/mm^2$

最大强度验算应力超限

$$\sigma_{min} = -\frac{M_x}{\gamma_x W_{nx}} - \frac{M_y}{\gamma_y W_{ny}}$$

$$= -\frac{492696716.31}{1.05 \times 1175000.00 \times 0.85} - \frac{0.00}{1.20 \times 174000.00 \times 0.85}$$

$= -469.82N/mm^2 < [-fy] = -215.00N/mm^2$

最小强度验算应力超限

3.正则化长细比验算

$b_1 = 200.00$，$t_1 = 13.00$，$h_w = 374.00$，$t_w = 8.00$

$$\gamma = \frac{b_1}{t_w}\sqrt{\frac{b_1 t_1}{h_w t_w}} = \frac{200.00}{8.00} \times \sqrt{\frac{200.00 \times 13.00}{374.00 \times 8.00}} = 23.30$$

$$\varphi_1 = (\frac{5.436\gamma h_w^2}{l^2} + \frac{l^2}{5.436\gamma h_w^2})/2 = (\frac{5.436 \times 23.30 \times 374.00^2}{4575.00^2} + \frac{4575.00^2}{5.436 \times 23.30 \times 374.00^2})/2 = 1.01$$

$$\sigma_{cr}=\frac{3.46b_1t_1^3+h_wt_w^3(7.27\gamma+3.3)\times\varphi_1}{h_w^2(12b_1t_1+1.78h_wt_w)}E$$

$$=\frac{3.46\times200.00\times13.00^3+374.00\times8.00^3\times(7.27\times23.30+3.3)\times1.01}{374.00^2\times(12\times200.00\times13.00+1.78\times374.00\times8.00)}\times206000.00=1413.43$$

$$\lambda_{n\_b}=\sqrt{f_y/\sigma_{cr}}=\sqrt{235.00/1413.43}=0.41$$

第 3 章　稳定验算,截面位置：1

1.截面特性验算

$A=8337.00mm^2$

$I_x=235000000.00mm^4$; $I_y=17400000.00mm^4$;

$i_x=167.89mm$; $i_y=45.68mm$;

$W_{1x}=1175000.00mm^3$; $W_{2x}=1175000.00mm^3$;

$W_{1y}=174000.00mm^3$; $W_{2y}=174000.00mm^3$;

弯矩设计值

$M_x=|0.00|\times1000000.00=0.00N.mm$

$M_y=|0.00|\times1000000.00=0.00N.mm$

2.整体稳定验算

由钢结构标准 6.2.1 条可知：梁受压翼缘上有铺板且与其牢固相连时，可不计算梁的整体稳定性

3.宽厚比验算

由钢结构标准 3.5.1 条可知

翼缘宽厚比$\frac{b}{t}=\frac{83.00}{13.00}=6.38<13.00$

满足规范要求

腹板计算高厚比$\frac{h_0}{t_w}=\frac{348.00}{8.00}=43.50<93.00$

满足规范要求

第 4 章　抗剪强度验算,截面位置：1

1.截面特性验算

$A=8337.00mm^2$

$I_x=235000000.00mm^4$; $I_y=17400000.00mm^4$;

$i_x=167.89mm$; $i_y=45.68mm$;

$W_{1x}=1175000.00mm^3$; $W_{2x}=1175000.00mm^3$;

$W_{1y}=174000.00mm^3$; $W_{2y}=174000.00mm^3$;

2.抗剪承载力计算

剪力设计值

$V = |189.05| \times 1000.00 = 189053.94N$

由钢结构标准 6.1.3 条可知

$$h_w = \frac{I_x}{S_x} = \frac{235000000.00}{658600.19} = 356.82\ mm$$

$$\tau = \frac{V}{t_w h_w} = \frac{189053.94}{8.00 \times 356.82} = 66.23N/mm^2 \le f_v = 125.00N/mm^2$$

满足受剪强度要求

从上面的次梁详细计算书中，可以看出：

（a）一般钢结构主要受力构件采用 Q355 钢材；

（b）软件没有进行整体稳定计算；

（c）梁一般是受弯构件，由弯曲应力控制，剪应力一般都可以满足。

调整策略：改变材料强度等级，加梁高。如果楼盖是钢筋桁架楼承板，结合支撑间距，也可以考虑改为双次梁。

再看主梁。图 4.4-10 是主梁的应力比局部简图。

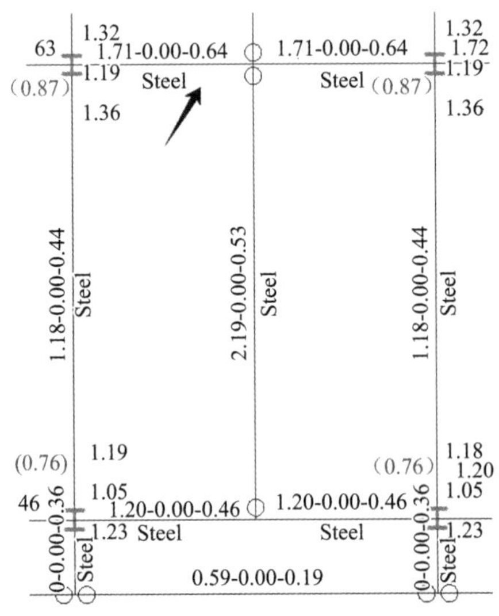

图 4.4-10 主梁的应力比局部简图

可以看出，主梁是强度超限；同时，稳定应力比为 0，需要进一步核对。点开主梁的构件详细计算书，软件自动生成的计算书截图如下（P144～P147）所示：

第 1 章 设计资料

截面参数

HN450X200

设计参数

净毛面积比：0.85

截面上翼缘侧向支撑长度：0.00mm

截面下翼缘侧向支撑长度：3746.75mm

抗震等级：三级

组合类别：非地震组合

钢号 Q235

钢材拉压弯强度设计值 f = 215.00MPa

钢材抗剪强度设计值 fv = 125.00MPa

全国高规性能设计构件类别：耗能构件

宽厚比等级：S3 级

是否为耗能构件：是

是否顶层梁：否

是否考虑畸变失稳：是

设计依据

《钢结构设计标准》(GB 50017-2017)

第 2 章　强度验算,截面位置：1

1.截面特性验算

$A = 9543.00mm^2$

$I_x = 329000000.00mm^4$; $I_y = 18700000.00mm^4$;

$i_x = 185.68mm$; $i_y = 44.27mm$;

$W_{1x} = 1462222.25mm^3$; $W_{2x} = 1462222.25mm^3$;

$W_{1y} = 187000.00mm^3$; $W_{2y} = 187000.00mm^3$;

弯矩设计值

$M_x = |-481.66| \times 1000000.00 = 481658848.00N.mm$

$M_y = |0.00| \times 1000000.00 = 0.00N.mm$

2.强度验算

承载力抗震调整系数$\gamma_{re} = 1.00$

由钢结构标准 6.1.2 条可知

截面塑性发展系数

$\gamma_{x1} = 1.05, \gamma_{x2} = 1.05$

$\gamma_{y1} = 1.20, \gamma_{y2} = 1.20$

由钢结构标准 6.1.1 条可知

$$\sigma_{max} = \frac{M_x}{\gamma_x W_{nx}} + \frac{M_y}{\gamma_y W_{ny}}$$

$$= \frac{481658843.99}{1.05 \times 1462222.25 \times 0.85} + \frac{0.00}{1.20 \times 187000.00 \times 0.85}$$

$$= 369.08N/mm^2 > [fy] = 215.00N/mm^2$$

最小强度验算应力超限

3.正则化长细比验算

$b_1 = 200.00$，$t_1 = 14.00$，$h_w = 422.00$，$t_w = 9.00$

$$\gamma = \frac{b_1}{t_w}\sqrt{\frac{b_1t_1}{h_wt_w}} = \frac{200.00}{9.00} \times \sqrt{\frac{200.00 \times 14.00}{422.00 \times 9.00}} = 19.08$$

$$\varphi_1 = (\frac{5.436\gamma h_w^2}{l^2} + \frac{l^2}{5.436\gamma h_w^2})/2 = (\frac{5.436 \times 19.08 \times 422.00^2}{3746.75^2} + \frac{3746.75^2}{5.436 \times 19.08 \times 422.00^2})/2 = 1.04$$

$$\sigma_{cr} = \frac{3.46b_1t_1^3 + h_wt_w^3(7.27\gamma + 3.3) \times \varphi_1}{h_w^2(12b_1t_1 + 1.78h_wt_w)} E$$

$$= \frac{3.46 \times 200.00 \times 14.00^3 + 422.00 \times 9.00^3 \times (7.27 \times 19.08 + 3.3) \times 1.04}{422.00^2 \times (12 \times 200.00 \times 14.00 + 1.78 \times 422.00 \times 9.00)} \times 206000.00 = 1354.03$$

$$\lambda_{n\ b} = \sqrt{f_y/\sigma_{cr}} = \sqrt{235.00/1354.03} = 0.42$$

第 3 章 稳定验算,截面位置：1

1.截面特性验算

$A = 9543.00mm^2$

$I_x = 329000000.00mm^4$; $I_y = 18700000.00mm^4$;

$i_x = 185.68mm$; $i_y = 44.27mm$;

$W_{1x} = 1462222.25mm^3$; $W_{2x} = 1462222.25mm^3$;

$W_{1y} = 187000.00mm^3$; $W_{2y} = 187000.00mm^3$;

弯矩设计值

$M_x = |0.00| \times 1000000.00 = 0.00N.mm$

$M_y = |0.00| \times 1000000.00 = 0.00N.mm$

2.整体稳定验算

由钢结构标准 6.2.1 条可知：梁受压翼缘上有铺板且与其牢固相连时，可不计算梁的整体稳定性

3.宽厚比验算

由钢结构标准 3.5.1 条可知

翼缘宽厚比$\frac{b}{t} = \frac{82.50}{14.00} = 5.89 < 13.00$

满足规范要求

腹板计算高厚比$\frac{h_0}{t_w} = \frac{396.00}{9.00} = 44.00 < 93.00$

满足规范要求

第 4 章 抗剪强度验算,截面位置：1

1.截面特性验算

$A = 9543.00mm^2$

$I_x = 329000000.00mm^4$; $I_y = 18700000.00mm^4$;

$i_x = 185.68mm$; $i_y = 44.27mm$;

$W_{1x} = 1462222.25mm^3$; $W_{2x} = 1462222.25mm^3$;

$W_{1y} = 187000.00mm^3$; $W_{2y} = 187000.00mm^3$;

2.抗剪承载力计算

剪力设计值

$V = |286.36| \times 1000.00 = 286358.53N$

由钢结构标准 6.1.3 条可知

$$h_w = \frac{I_x}{S_x} = \frac{329000000.00}{828907.13} = 396.91\ mm$$

$$\tau = \frac{V}{t_w h_w} = \frac{286358.53}{9.00 \times 396.91} = 80.16N/mm^2 \le f_v = 125.00N/mm^2$$

满足受剪强度要求

主梁的调整策略同次梁类似。

4. 柱构件应力比

首先，看钢柱计算结果的说明：

4.4-4 柱构件应力比

Uc	R1 R2 R3

Uc是柱的轴压比；R1是表示钢柱正应力强度与抗拉、抗压强度设计值的比值F1/f；R2表示钢柱*X*向稳定应力与抗拉、抗压强度设计值的比值F2/f；R3表示钢柱*Y*向稳定应力与抗拉、抗压强度设计值的比值F3/f。

图 4.4-11 是钢柱的部分计算简图。

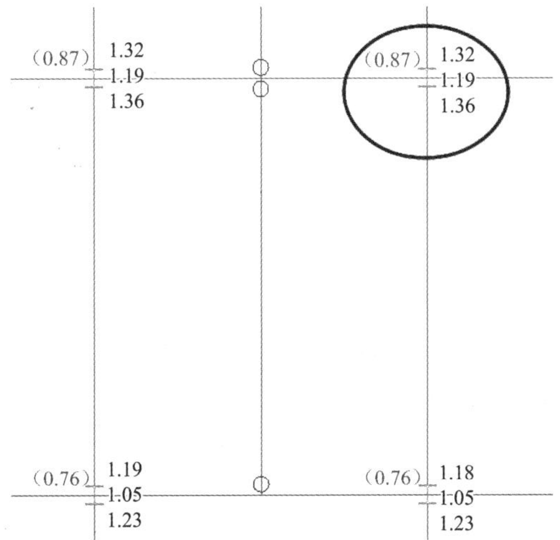

图 4.4-11　钢柱的部分计算简图

从图 4.4-11 可以发现，柱子三个应力比均超限，点开构件详细计算书，软件自动生成的计算书截图如下（P148～P151）所示：

第 1 章 设计资料

截面参数

HW400X400

设计参数

结构类型：钢框架

X 向有侧移

Y 向有侧移

净毛面积比：0.85

计算长度 l_{0x} = 5340.53mm；l_{0y} = 4390.77mm；

抗震等级：三级

组合类别：非地震组合

钢号 Q235

钢材拉压弯强度设计值 f = 205.00MPa

全国高规性能设计构件类别：普通构件

宽厚比等级：S3 级

设计依据

《钢结构设计标准》(GB 50017-2017)

第 2 章 强度验算,截面位置：底

1.截面特性验算

$A = 21870.00mm^2$;

$I_x = 666000000.00mm^4$; $I_y = 224000000.00mm^4$;

$i_x = 174.51mm$; $i_y = 101.20mm$;

$W_{1x} = 3330000.00mm^3$; $W_{2x} = 3330000.00mm^3$;

$W_{1y} = 1120000.00mm^3$; $W_{2y} = 1120000.00mm^3$;

轴力设计值

N = 3865.81 × 1000.00 = 3865812.75N

弯矩设计值

M_x = |-183.32| × 1000000.00 = 183319056.00N.mm

M_y = |-0.90| × 1000000.00 = 895438.81N.mm

2.强度验算

强度验算承载力抗震调整系数γ_{re} = 1.00

强度验算拉压弯强度(MPa) f = 205.00

由钢结构标准 8.1.1 条可知

截面塑性发展系数

$\gamma_{x1} = 1.05$, $\gamma_{x2} = 1.05$

$\gamma_{y1} = 1.20$, $\gamma_{y2} = 1.20$

$$\sigma_{max} = \frac{N}{A_n} + \frac{M_x}{\gamma_x W_{nx}} + \frac{M_y}{\gamma_y W_{ny}}$$

$$= \frac{3865812.75}{21870.00 \times 0.85} + \frac{183319056.00}{1.05 \times 3330000.00 \times 0.85} + \frac{895438.81}{1.20 \times 1120000.00 \times 0.85}$$

$= 270.42\text{N/mm}^2$

$$\sigma_{min} = \frac{N}{A_n} - \frac{M_x}{\gamma_x W_{nx}} - \frac{M_y}{\gamma_y W_{ny}}$$

$$= \frac{3865812.75}{21870.00 \times 0.85} - \frac{183319056.00}{1.05 \times 3330000.00 \times 0.85} - \frac{895438.81}{1.20 \times 1120000.00 \times 0.85}$$

$= 145.49\text{N/mm}^2$

$270.42 > f = 205.00\text{N/mm}^2$

强度验算应力超限

第 3 章　稳定验算,截面位置：X 底

1.截面特性验算

$A = 21870.00\text{mm}^2$;

$I_x = 666000000.00\text{mm}^4$; $I_y = 224000000.00\text{mm}^4$;

$i_x = 174.51\text{mm}$; $i_y = 101.20\text{mm}$;

$W_{1x} = 3330000.00\text{mm}^3$; $W_{2x} = 3330000.00\text{mm}^3$;

$W_{1y} = 1120000.00\text{mm}^3$; $W_{2y} = 1120000.00\text{mm}^3$;

轴力设计值

$N = 3865.81 \times 1000.00 = 3865812.75\text{N}$

弯矩设计值

$M_x = |-183.32| \times 1000000.00 = 183319056.00\text{N.mm}$

$M_y = |-0.90| \times 1000000.00 = 895438.81\text{N.mm}$

2.平面内稳定验算

稳定验算承载力抗震调整系数 $\gamma_{re} = 1.00$

稳定验算拉压弯强度(MPa) f=205.00

由钢结构标准 7.2.2 条可知

$$\lambda_x = \frac{l_{0x}}{i_x} = \frac{5340.53}{174.51} = 30.60 < [\lambda] = 100.00$$

由钢结构标准 7.2.1 条及附录 D 可知

轴心受压构件整体稳定系数 $\varphi_x = 0.93$

由钢结构标准 8.2.1 条可知

等效弯矩系数

$\beta_{mx} = 0.97$, $\beta_{ty} = 0.60$

$N'_{Ex} = \pi^2 EA/(1.1\lambda^2_x) = 43160112.00$

由钢结构标准 8.2.5 条及附录 C 可知

受弯构件整体稳定系数 $\varphi_{by} = 1.00$

由钢结构标准 8.2.5 条可知

$$\frac{N}{\varphi_x A} + \frac{\beta_{mx} M_x}{\gamma_x W_x(1 - 0.8N/N'_{Ex})} + \eta\frac{\beta_{ty} M_y}{\varphi_{by} W_y}$$

$$= \frac{3865812.75}{0.93\times21870.00} + \frac{0.97 \times 183319056.00}{1.05 \times 3330000.00 \times (1 - 0.8 \times 3865812.75/43160112.00)}$$

$$+ 1.00 \times \frac{0.60 \times 895438.81}{1.00 \times 1120000.00}$$

$= 244.59\text{N/mm}^2 > f = 205.00\text{N/mm}^2$

不满足平面内稳定验算要求

3.宽厚比验算

由钢结构标准 3.5.1 条可知

翼缘宽厚比$\frac{b}{t} = \frac{171.50}{21.00} = 8.17 < 13.00$

满足规范要求

腹板计算高厚比$\frac{h_0}{t_w} = \frac{314.00}{13.00} = 24.15 < 45.18$

满足规范要求

第 4 章 稳定验算,截面位置：Y 底

1.截面特性验算

$A = 21870.00\text{mm}^2$;

$I_x = 666000000.00\text{mm}^4$; $I_y = 224000000.00\text{mm}^4$;

$i_x = 174.51\text{mm}$; $i_y = 101.20\text{mm}$;

$W_{1x} = 3330000.00\text{mm}^3$; $W_{2x} = 3330000.00\text{mm}^3$;

$W_{1y} = 1120000.00\text{mm}^3$; $W_{2y} = 1120000.00\text{mm}^3$;

轴力设计值

$N = 3850.76 \times 1000.00 = 3850765.00\text{N}$

弯矩设计值

$M_x = |-39.12| \times 1000000.00 = 39118592.00\text{N.mm}$

$M_y = |-155.21| \times 1000000.00 = 155206528.00\text{N.mm}$

2.平面外稳定验算

稳定验算承载力抗震调整系数 $\gamma_{re} = 0.80$

稳定验算拉压弯强度(MPa) f = 256.25

$$\lambda_y = \frac{l_{0Y}}{i_y} = \frac{4390.77}{101.20} = 43.39 < [\lambda] = 100.00$$

由钢结构标准 7.2.1 条及附录 D 可知

轴心受压构件整体稳定系数 $\varphi_y = 0.82$

由钢结构标准 8.2.1 条可知

等效弯矩系数

$\beta_{my} = 0.94$, $\beta_{tx} = 0.46$

$N'_{Ey} = \pi^2 EA/(1.1\lambda^2{}_y) = 21475460.00$

由钢结构标准 8.2.5 条及附录 C 可知

受弯构件整体稳定系数 $\varphi_{bx} = 1.00$

由钢结构标准 8.2.5 条可知

$$\frac{N}{\varphi_y A} + \eta\frac{\beta_{tx}M_x}{\varphi_{bx}W_x} + \frac{\beta_{my}M_y}{\gamma_y W_y(1 - 0.8N/N'_{Ey})}$$

$$= \frac{3850765.00}{0.82\times21870.00} + 1.00 \times \frac{0.46 \times 39118592.00}{1.00 \times 3330000.00}$$

$$+ \frac{0.94 \times 155206528.00}{1.20 \times 1120000.00 \times (1 - 0.8 \times 3850765.00/21475460.00)}$$

$= 347.70\text{N/mm}^2 > f = 256.25\text{N/mm}^2$

不满足平面外稳定验算要求

从上面的钢柱详细计算书中，可以看出：

（a）一般钢结构主要受力构件采用 Q355 钢材；

（b）柱是典型的压弯构件，稳定控制。

调整策略：改变材料强度等级，加柱截面，适当结合增加框架梁高度增加对柱的约束，间接改变稳定计算的相关系数。

按照上面的思路对杆件截面进行调整，结果如图 4.4-12 所示。

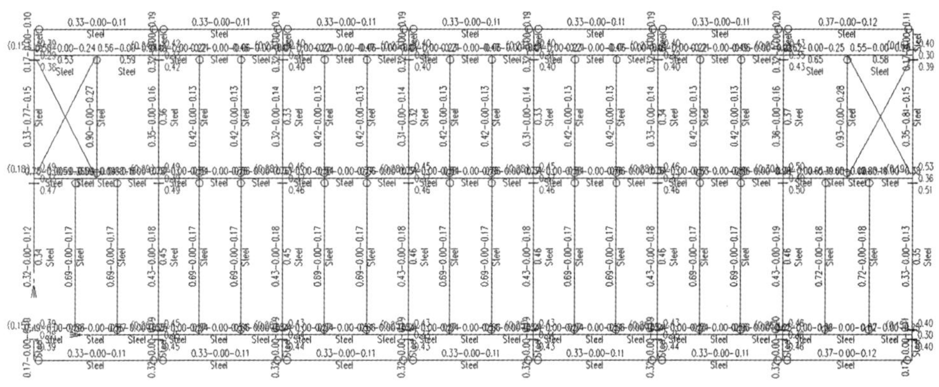

图 4.4-12　调整后的应力比

4.5　钢框架结构案例思路拓展

本章作为全书钢结构的入门章节，YJK 作为国产的一个结构有限元分析软件，除了可以进行整体结构计算，同样可以进行构件层面的设计，这对读者的工作带来极大的便利。同时，对于新手读者，容易忽略构件与节点层面的计算，加上设计周期紧张、一键出图，图纸质量得不到保证。读者本身对构件与节点计算模糊不清，将构件与节点设计的安全性全都交给电脑，这是不明智的选择。读者应具备基本的判断构件与节点计算结果正确合理与否的能力。

4.5 钢框架结构案例思路拓展

与钢结构节点及构件相关的基本计算有：构件的截面特性计算、受弯构件计算、轴心受力构件计算、拉弯和压弯构件计算、构件的局部稳定计算、梁柱节点计算。读者可以结合规范，配合本章后附的二维码进行更加细致的学习。

4.6 钢框架结构小结

4.6 钢框架结构小结

本章重点介绍了钢框架设计的全流程重点，此案例是在第 1 章的基础上进行改编而成。读者应体会到同样的建筑布局、不同的结构材料，做成同样的框架结构，结构自身的特性千差万别。

实际项目中，钢框架结构是多层钢结构体系中非常受欢迎的一种结构体系。读者可以在此基础上，改变层数，体会钢框架结构层数应用的上限；进而演变成框架支撑体系，感受结构刚度的变化。

第5章

超高层框架-核心筒结构计算分析

从本章开始，我们的思路将从最基本的软件解读过渡到用软件来验证实际项目。

5.1 超高层框架-核心筒结构案例背景

5.1 超高层框架—核心筒结构案例背景

本案例为一办公楼，位于福建省厦门市，典型平面布置图如图5.1-1所示。

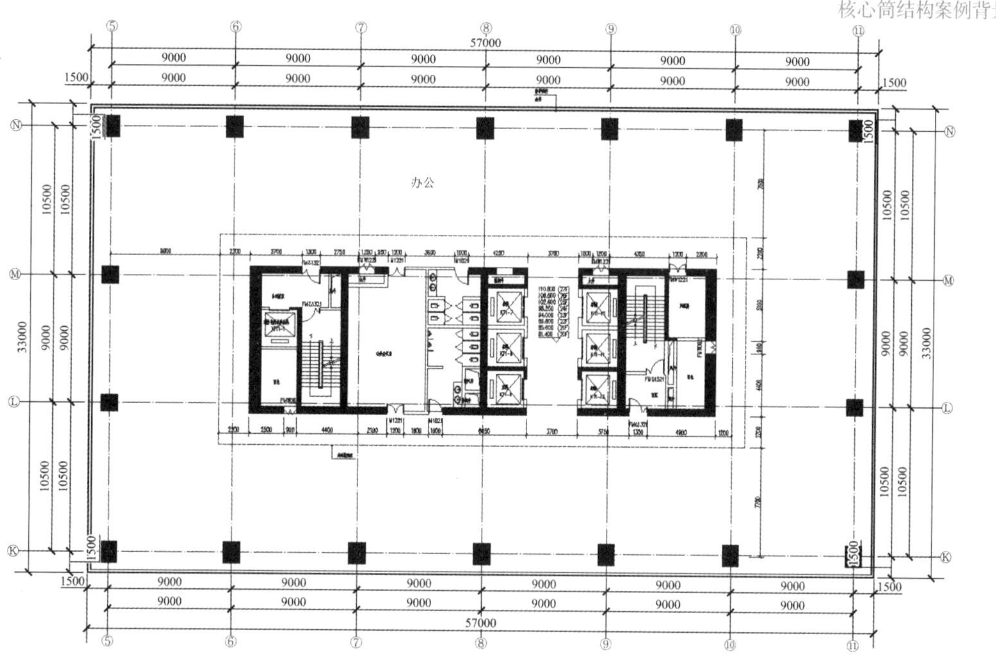

图5.1-1 建筑平面图

图5.1-2和图5.1-3分别是立面图和剖面图。从中可以看到底部有裙房，本案例重在介绍超高层的设计操作流程，因此主要以标准层为主进行介绍。

5.2 超高层框架-核心筒结构概念设计

5.2-1 高层结构受力特点

1. 高层结构受力特点

高层结构的特点就是它的高度与层数。图5.2-1是结构内力、位移与高度的关系，从图5.2-1中可以看出，随着高度的增加，内力与位移越来越敏感，特别是位移。

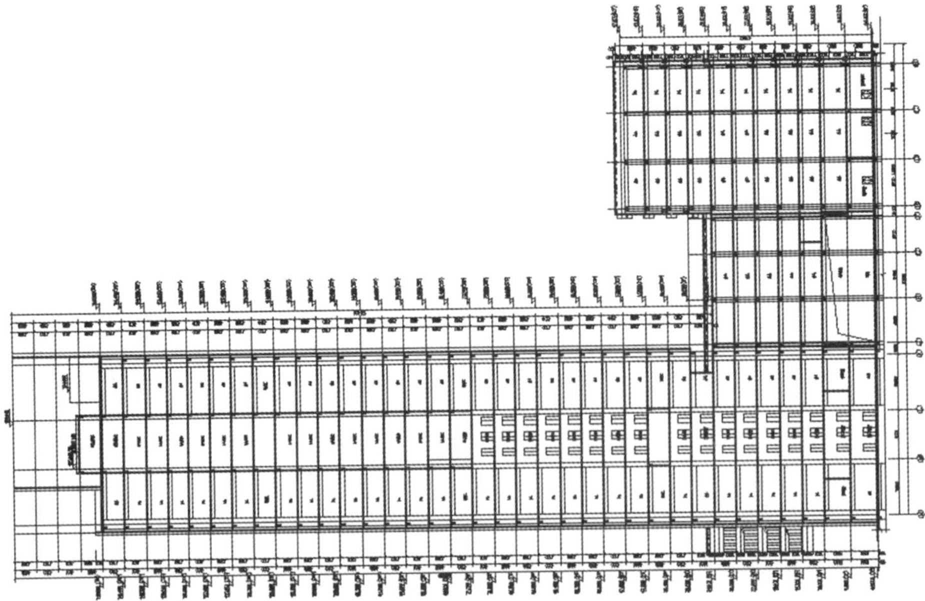

图 5.1-3　剖面图

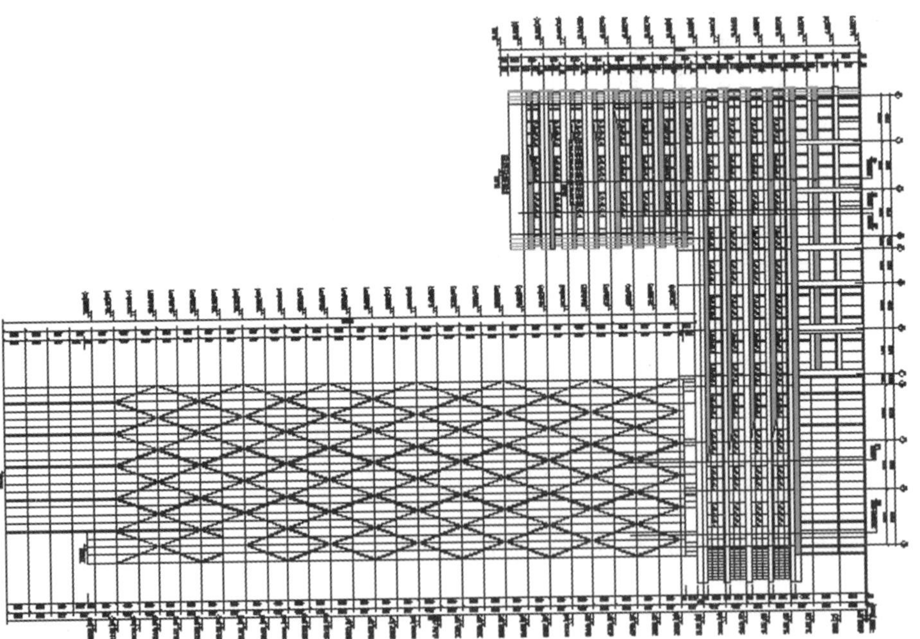

图 5.1-2　立面图

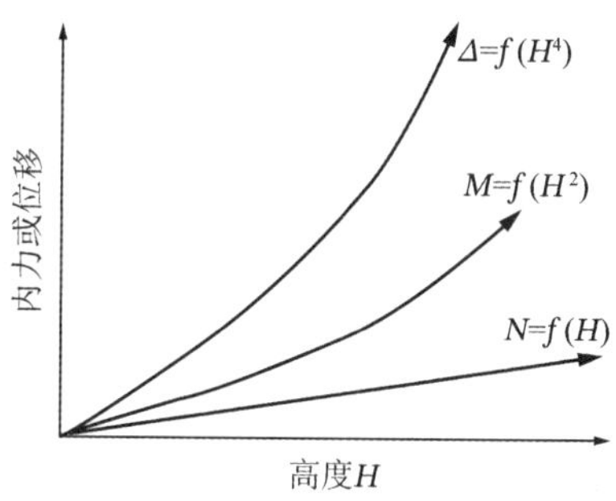

图 5.2-1 高度与结构位移、内力的关系

超高层的特点是高度，把高层结构想象成一根悬臂梁，随着高度的增加，在水平荷载作用下，顶点位移会异常敏感。可以说超高层结构最大的制约因素就是与水平力，尤其是风控地区。因为随着高度的增加，结构本身会越来越“柔”，周期的增大意味着地震作用相对越“弱”，相应的风荷载就会逐渐占据主动地位，尤其是风控地区。

2. 结构体系的变化

5.2-2 结构体系的变化

从本书最开始的框架结构到剪力墙结构、框架-剪力墙结构。随着楼层高度的增加，结构的抗侧刚度需求越来越大，因此衍生出了一系列“筒体类”结构。其特点普遍是将剪力墙围成筒体，以获得最大的抗侧刚度。

本案例我们介绍框架-核心筒结构。严格意义上说，它是一种特殊的框架-剪力墙结构。特殊在将剪力墙围成筒体，获得足够的抗侧刚度。它是常规超高层项目经常用到的一种结构体系，一般分平板体系和梁板体系两类。实际项目中，后者应用居多，这两类框架-核心筒平面布置如图 5.2-2 所示。

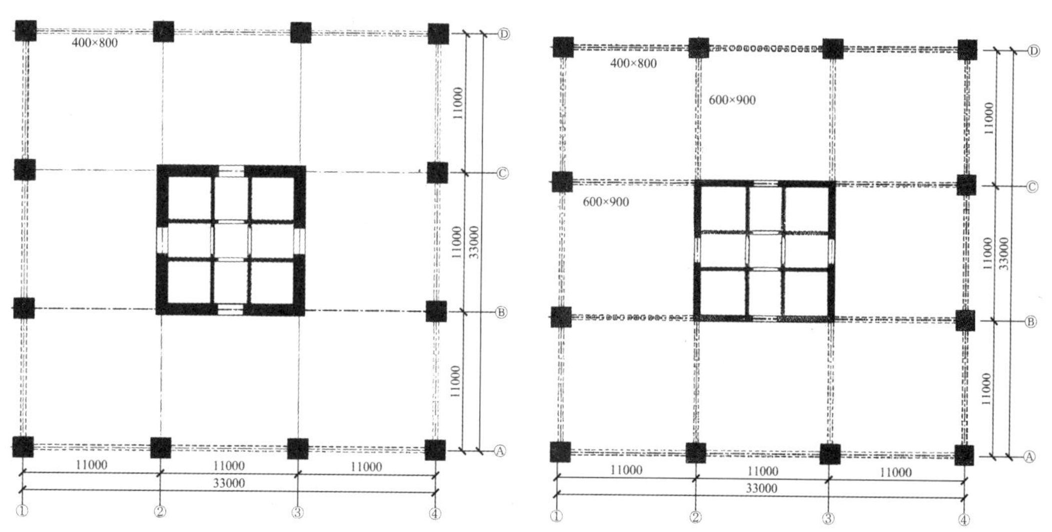

图 5.2-2 两类框架-核心筒平面布置

随着高度的增加，如果常规的框架-核心筒布置不足以抵抗水平力，这时可以增设加强层，布置伸臂桁架、腰桁架等来增加抗侧刚度。伸臂的作用原理如图 5.2-3 所示。

增设伸臂桁架后，此楼层变为加强层，必然引起内力突变。实际项目中，要特别留意加强层的内力变化。典型的带加强层的超高层结构内力变化，如图 5.2-4 所示。

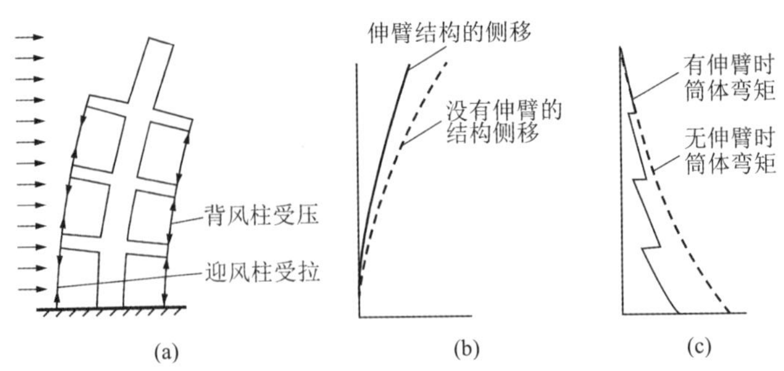

图 5.2-3 伸臂作用原理

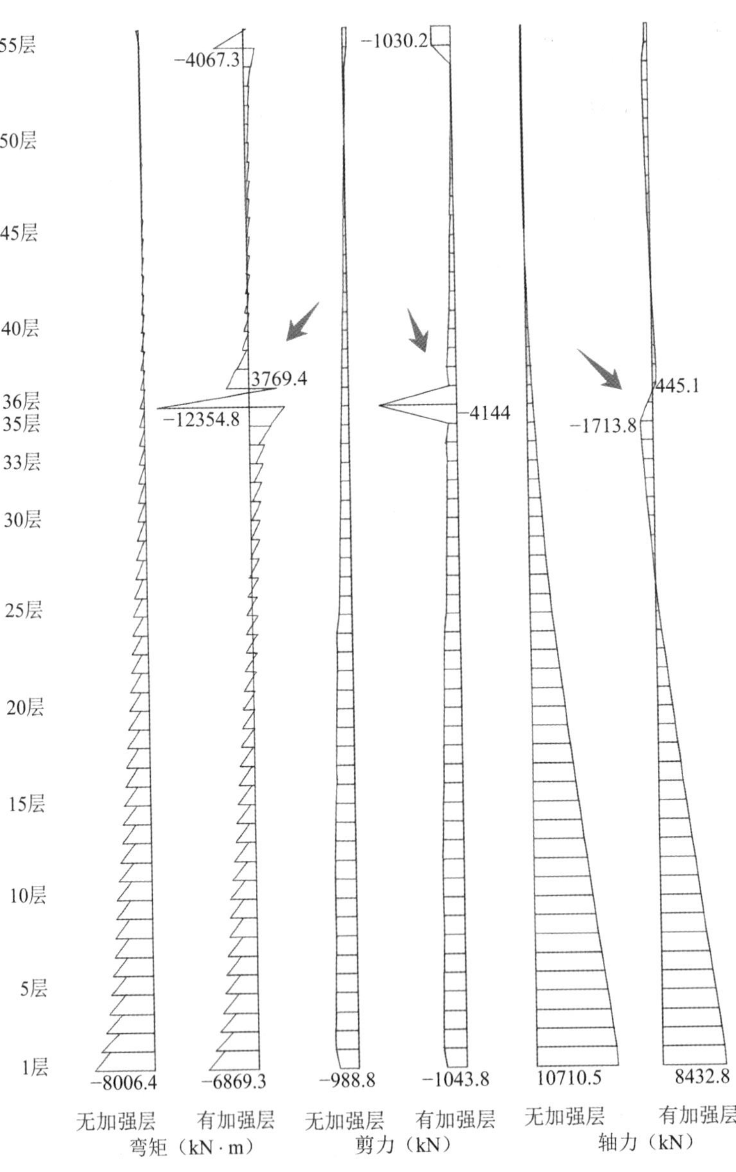

图 5.2-4 加强层处内力突变

3. 框架-核心筒结构布置法则

5.2-3 框架核心筒结构布置法则

本小节我们从实际项目的角度出发，总结几条能落地的结构布置方法，供参考。

第一个是剪力墙围成筒体的面积。筒体面积决定了该体系的抗侧刚度，与结构高度有关，面积不够，努力白费。即使再加大墙厚，效果也微乎其微。《高规》第 9.2.1 条规定：

9.2.1 核心筒宜贯通建筑物全高。核心筒的宽度不宜小于筒体总高的 1/12，当筒体结构设置角筒、剪力墙或增强结构整体刚度的构件时，核心筒的宽度可适当减小。

第二个是内柱的设置，《高规》第 9.1.5 条规定：

9.1.5 核心筒或内筒的外墙与外框柱间的中距，非抗震设计大于 15m、抗震设计大于 12m 时，宜采取增设内柱等措施。

从工程经验上看，作者建议实际项目能不设内柱尽量不设内柱，即使柱距达到 12m。原因是增设内柱不利于核心筒对重力荷载的分担。如果一个结构最强的“矛”不去最前线“杀敌”，那么核心筒的意义就削弱了。还有一点就是中大震下，设置内柱的筒体更容易受拉，因为没有更多的重力荷载去压它。当然，此条不是让读者无下限地增加外框柱与筒体外墙的间距，而是让读者明白一个概念。在方案阶段，不设内柱（间距略大于 12m，比如 13m）的情况下，也是可以优先选择的。

第三个是核心筒墙体的布置，尽可能削弱里面的内墙厚度。图 5.2-5 是一个核心筒的墙体布置。这里是提醒读者从优化的角度，把效率低的墙体删除，减轻结构自重，减小地震作用。

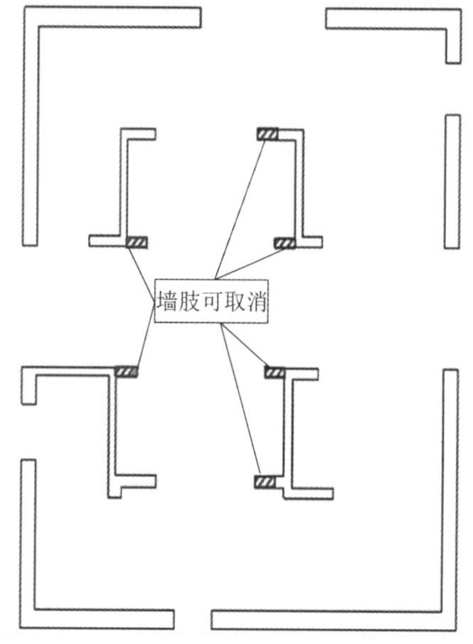

图 5.2-5　核心筒墙体布置

第四个是框架柱的材性选择。随着高度的增加，建筑专业不会无下限地满足结构对构件截面的需求。比如，框架柱截面不可能无限制加大。这时，读者要在此基础上引入型钢混凝土框架或钢管混凝土框架，减小截面，满足建筑需求，代价就是经济性。

这里，额外提醒一下读者，不要局限于钢筋、混凝土用量。经济性要配合各专业进行协调，从整个项目的角度出发。如果结构牺牲一些经济性，满足建筑功能，可以间接提升项目的价值。一定要配合建筑专业一起，跟业主说明其中的利弊。

5.3　超高层结构设计基本流程

1. 超限结构的设计流程

5.3-1 超限结构的设计流程

当读者参与一个超限结构设计的时候，需要先明白整个设计流程，知道各个阶段需要注意的地方，明白每个阶段读者重点关注的地方。图 5.3-1 是各阶段需要留意的情况。

从人员分配上，鼓励读者从专业负责人的角度去看问题，这样更全面一些。图 5.3-2 是基本的设计项目人员关系。

方案阶段　根据甲方需求确定建筑方案，结构专业主要进行结构选型、试算工作

初设阶段　根据方案阶段内容，结构专业主要进行结构计算工作，保证整体指标满足要求，确定构件截面，初设图纸
超限判断：若属于超限工程，则此时需要：准备超限文本资料——申报超限——超限审查会议——通过？

施工图阶段　初设的基础上，进一步深化计算模型，绘制施工图，出计算书

审图阶段　施工图审查：施工图、计算书
若为超限工程，则提供超限文本、专家意见等资料。

施工阶段　技术交底，施工配合

图 5.3-1　设计流程

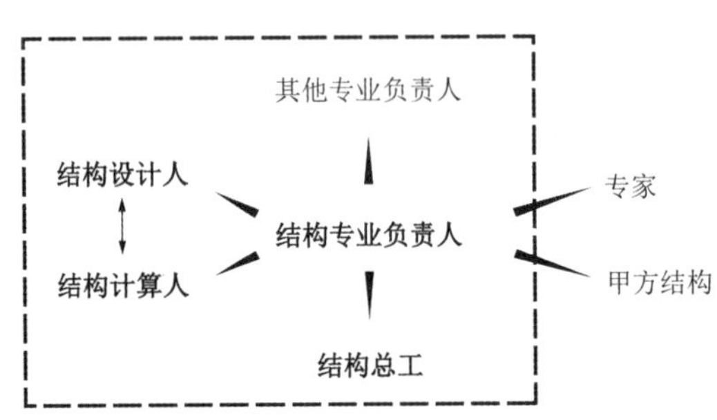

图 5.3-2　项目人员关系

作为结构专业负责人，需要重点管控全阶段结构（进度、质量、经济性、安全性），主动协调（设计人和计算人、专业沟通、总工沟通），校对（计算模型、文本、图纸），对关键问题进行决策。特别是超限部分的目标、模型等，分配要清晰、合理，做好文本汇报，与专家沟通，与设计人、计算人密切配合。切记：以项目为中心，大家都是在同一条船上。

2. 超限判断

其实在前面的章节中，我们已经对整体指标进行介绍。换句话说，整体指标哪项不满足，哪项就算超限。本小节我们进行系统的超限项总结。

5.3-2 超限判断

超限结构的判断依据是《超限高层建筑工程抗震设防专项审查技术要点》，该要点分七章内容：第一章 总则；第二章 申报材料的基本内容；第三章 专项审查的控制条件；第四章 高度超限和规则性超限工程的专项审查内容；第五章 屋盖超限工程的专项审查内容；第六章 专项审查意见；第七章 附则。

在该技术要点中，超限分三大类：高度超限、规则性超限和屋盖超限。具体如下所示。

第二条　本技术要点所指超限高层建筑工程包括：

（一）高度超限工程：指房屋高度超过规定，包括超过《建筑抗震设计规范》（以下简称《抗震规范》）第 6 章钢筋混凝土结构和第 8 章钢结构最大适用高度，超过《高层建筑混凝土结构技术规程》（以下简称《高层混凝土结构规程》）第 7 章中有较多短肢墙的剪力墙

结构、第 10 章中错层结构和第 11 章混合结构最大适用高度的高层建筑工程。

（二）规则性超限工程：指房屋高度不超过规定，但建筑结构布置属于《抗震规范》《高层混凝土结构规程》规定的特别不规则的高层建筑工程。

（三）屋盖超限工程：指屋盖的跨度、长度或结构形式超出《抗震规范》第 10 章及《空间网格结构技术规程》《索结构技术规程》等空间结构规程规定的大型公共建筑工程（不含骨架支承式膜结构和空气支承膜结构）。

超限高层建筑工程具体范围详见附件 1。

首先，我们看高度超限。要点中，已经给出不同结构体系、不同设防烈度的限值高度，超过即算超限，如表 5.3-1 所示。

高度超限汇总　表 5.3-1

房屋高度（m）超过下列规定的高层建筑工程

结构类型		6 度	7 度（0.1g）	7 度（0.15g）	8 度（0.20g）	8 度（0.30g）	9 度
混凝土结构	框架	60	50	50	40	35	24
	框架-抗震墙	130	120	120	100	80	50
	抗震墙	140	120	120	100	80	60
	部分框支抗震墙	120	100	100	80	50	不应采用
	框架-核心筒	150	130	130	100	90	70
	筒中筒	180	150	150	120	100	80
	板柱-抗震墙	80	70	70	55	40	不应采用
	较多短肢墙	140	100	100	80	60	不应采用
	错层的抗震墙	140	80	80	60	60	不应采用
	错层的框架-抗震墙	130	80	80	60	60	不应采用
混合结构	钢框架-钢筋混凝土筒	200	160	160	120	100	70
	型钢（钢管）混凝土框架-钢筋混凝土筒	220	190	190	150	130	70
	钢外筒-钢筋混凝土内筒	260	210	210	160	140	80
	型钢（钢管）混凝土外筒-钢筋混凝土内筒	280	230	230	170	150	90
钢结构	框架	110	110	110	90	70	50
	框架-中心支撑	220	220	200	180	150	120
	框架-偏心支撑（延性墙板）	240	240	220	200	180	160
	各类筒体和巨型结构	300	300	280	260	240	180

注：平面和竖向均不规则（部分框支结构指框支层以上的楼层不规则），其高度应比表内数值降低至少 10%。

其次，是规则性超限。这部分要点总结在表 5.3-2 和表 5.3-3。这里的概念主要是平面和立面的规则性出发，很多内容都在前面的整体指标中介绍过，读者注意结合下面的三个表格区分是几项超限。

三项不规则超限　　表 5.3-2

同时具有下列三项及三项以上不规则的高层建筑工程（不论高度是否大于表 5.3-1）

序号	不规则类型	简要涵义	备注
1a	扭转不规则	考虑偶然偏心的扭转位移比大于 1.2	参见 GB 50011—3.4.3
1b	偏心布置	偏心率大于 0.15 或相邻层质心相差大于相应边长 15%	参见 JGJ 99—3.2.2
2a	凹凸不规则	平面凹凸尺寸大于相应边长 30%等	参见 GB 50011—3.4.3
2b	组合平面	细腰形或角部重叠形	参见 JGJ 3—3.4.3
3	楼板不连续	有效宽度小于 50%，开洞面积大于 30%，错层大于梁高	参见 GB 50011—3.4.3
4a	刚度突变	相邻层刚度变化大于 70%或连续三层变化大于 80%	参见 GB 50011 —3.4.3
4b	尺寸突变	竖向构件位置缩进大于 25%，或外挑大于 10%和 4m、多塔	参见 JGJ 3—3.5.5
5	构件间断	上下墙、柱、支撑不连续，含加强层、连体类	参见 GB 50011—3.4.3
6	承载力突变	相邻层受剪承载力变化大于 80%	参见 GB 50011—3.4.3
7	其他不规则	如局部的穿层柱、斜柱、夹层、个别构件错层或转换	已计入 1～6 项者除外

注：深凹进平面在凹口设置连梁，其两侧的变形不同时仍视为平面轮廓不规则，不按楼板不连续的开洞对待；序号 a、b 不重复计算不规则项；
局部的不规则，视其位置、数量等对整个结构影响的大小判断是否计入不规则的一项。

具有下列某一项不规则的高层建筑工程（不论高度是否大于表 5.3-1）　　表 5.3-3

序号	不规则类型	简要涵义
1	扭转偏大	裙房以上的较多楼层，考虑偶然偏心的扭转位移比大于 1.4
2	抗扭刚度弱	扭转周期比大于 0.9，混合结构扭转周期比大于 0.85
3	层刚度偏小	本层侧向刚度小于相邻上层的 50%
4	高位转换	框支墙体的转换构件位置：7 度超过 5 层，8 度超过 3 层
5	厚板转换	7～9 度设防的厚板转换结构
6	塔楼偏置	单塔或多塔与大底盘的质心偏心距大于底盘相应边长 20%
7	复杂连接	各部分层数、刚度、布置不同的错层或连体两端塔楼显著不同的结构
8	多重复杂	结构同时具有转换层、加强层、错层、连体和多塔等复杂类型的 3 种

注：仅前后错层或左右错层属于表 5.3-2 中的一项不规则，多数楼层同时前后、左右错层属于本表的复杂连接。

最后，是屋盖及其他类的超限。其汇总见表 5.3-4。

其他类超限　　表 5.3-4

序号	简称	简要涵义
1	特殊类型高层建筑	抗震规范、高层混凝土结构规程和高层钢结构规程暂未列入的其他高层建筑结构，特殊形式的大型公共建筑及超长悬挑结构，特大跨度的连体结构等
2	超限大跨空间结构	屋盖的跨度大于 120m 或悬挑长度大于 40m 或单向长度大于 300m，屋盖结构形式超出常用空间结构形式的大型列车客运候车室、一级汽车客运候车楼、一级港口客运站、大型航站楼、大型体育场馆、大型影剧院、大型商场、大型博物馆、大型展览馆、大型会展中心，以及特大型机库等

注：表中大型建筑工程的范围，参见《建筑工程抗震设防分类标准》GB 50223。

说明：1. 当规范、规程修订后，最大适用高度等数据相应调整。

2. 具体工程的界定遇到问题时，可从严考虑或向全国、工程所在地省级超限高层建筑工程抗震设防专项审查委员会咨询。

结构超限的判断除了依据以上三大类条文规则介绍，还需要结合超限项目所在地的具体超限实施细则等文件进行综合确定。读者在方案阶段有疑惑时，务必委托甲方联系相关部门进行确认，避免后期“大翻车”。

3. 重点超限项解读

前面章节从结构整体的角度对结构指标进行过介绍，本小节在此基础上对一些超限项进行进一步的介绍。

5.3-3 重点超限项解读

第一个是关于扭转不规则的超限计算。扭转位移比的计算需要采用刚性楼板假定，在此基础上计算才有意义。图 5.3-3 是刚性楼板假定与弹性楼板假定计算的简图，可以看出，后者楼板存在变形。

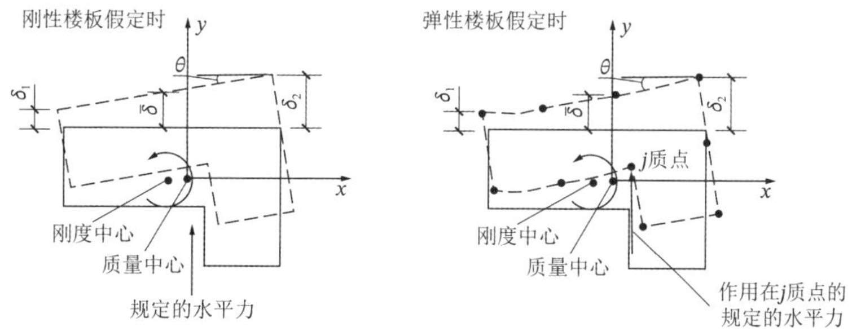

图 5.3-3　两种假定计算扭转位移比

从图 5.3-3 可以发现，楼板变形时，最大、最小位移与刚性楼板假定计算时完全不同，算出的结果肯定会有偏差（扭转位移比计算如图 5.3-4 所示）。因此，当实际项目楼板不满足刚性楼板假定时，此项结果也只能作为参考。

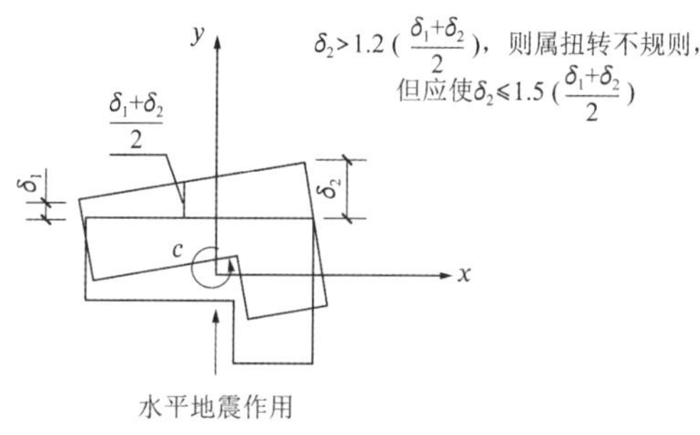

图 5.3-4　扭转位移比计算

第二个是平面凹凸不规则。规范的凹凸不规则典型平面如表 5.3-5 和图 5.3-5、图 5.3-6 所示。

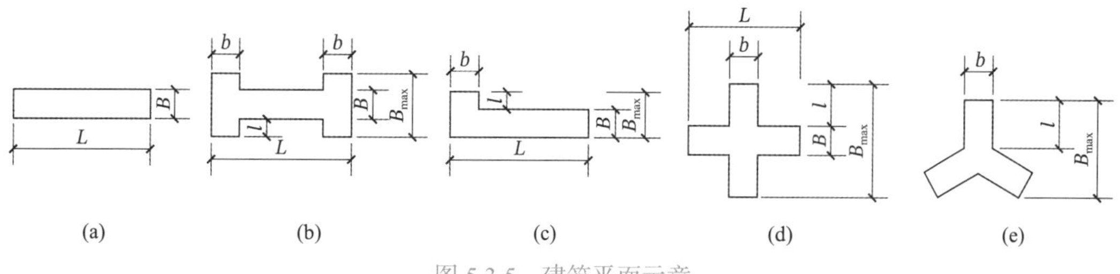

图 5.3-5　建筑平面示意

平面尺寸及突出部位尺寸的比值限值 表 5.3-5

设防烈度	L/B	l/B_{max}	l/b
6、7 度	≤6.0	≤0.35	≤2.0
8、9 度	≤5.0	≤0.30	≤1.5

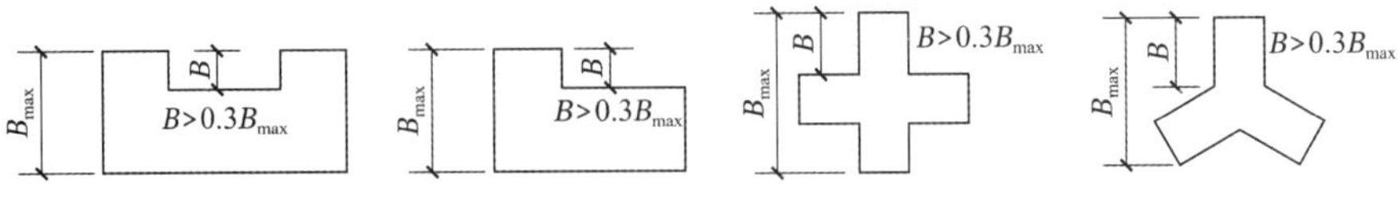

图 5.3-6 凹凸不规则示意

第三个是组合平面。《高规》第 3.4.3 条提到的角部重叠与细腰形平面是组合平面，可以结合图 5.3-7 理解。

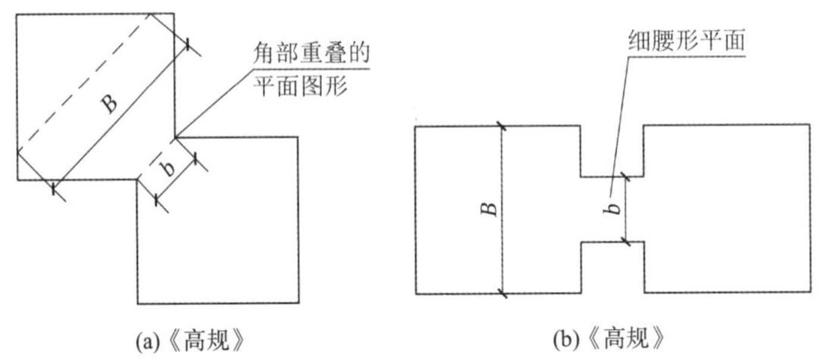

图 5.3-7 组合平面

第四个是楼板不连续。《抗标》第 3.4.3 条文说明中，主要针对楼板开洞或错层造成楼板传力路径的中断。可以结合图 5.3-8 理解。

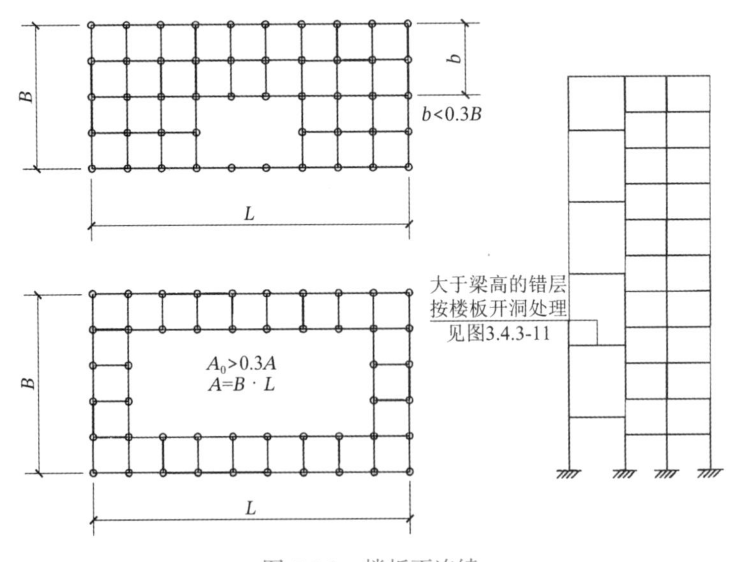

图 5.3-8 楼板不连续

第五个是刚度突变，就是之前章节提到的软弱层的指标。它可以结合图 5.3-9 理解。

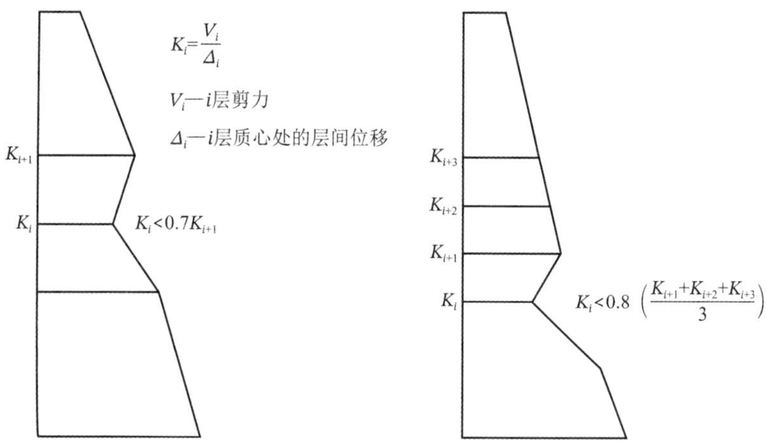

图 5.3-9　刚度突变

第六个是尺寸突变。本质上是竖向构件沿着高度方向变化造成刚度的变化，可以结合图 5.3-10 理解。

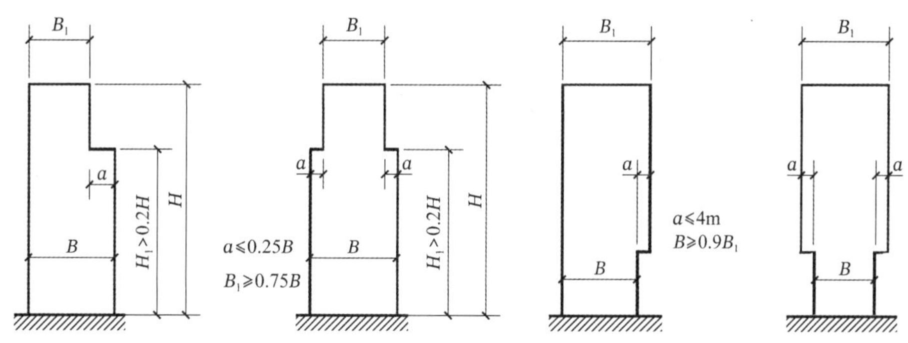

图 5.3-10　尺寸突变

第七个是构件间断。本质上是部分竖向构件不能“落地”，导致传力路径不直接，本质上还是刚度的突变（转换），可以结合图 5.3-11 理解。

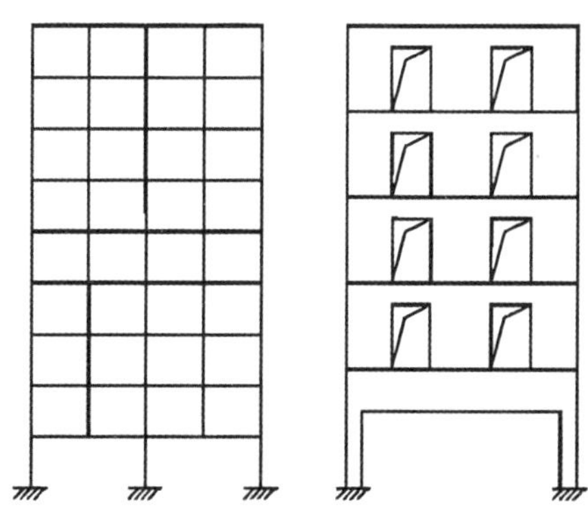

图 5.3-11　构件间断

第八个是承载力突变，就是之前章节提到的薄弱层的整体指标。可以结合图 5.3-12 理解。

第九个是塔楼偏置。这个针对的是多塔楼结构，在大底盘处进行质心偏移的控制，可以结合图 5.3-13 去理解。

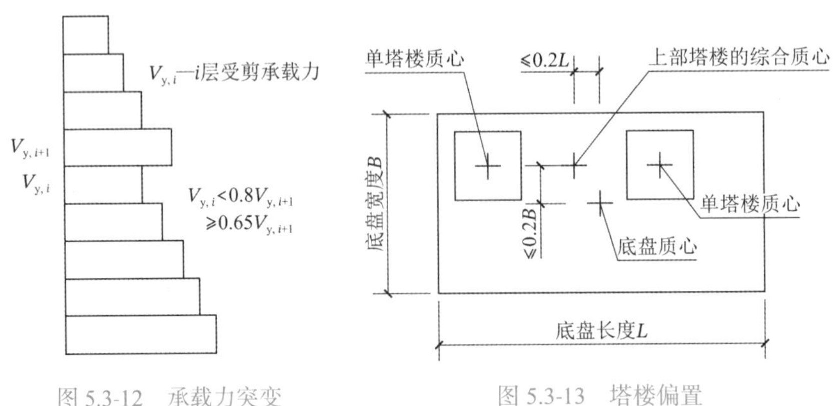

图 5.3-12　承载力突变

图 5.3-13　塔楼偏置

读者需要留意，有些和几何形状相关的超限指标不是能把控的，它取决于建筑专业的读者作为桥梁，与业主衡量超限项带来的利弊。避免后期因为几何部分的超限而“翻车”。

同时，读者需要留意，有些超限项看似结构控制，实则与建筑设计息息相关。比如塔楼偏置，要是建筑设计天然存在超过规范限值的偏置，即使结构再多努力，也几乎不可能实现，这些问题需要读者提前与建筑设计人员沟通清楚。

5.4　超高层框架-核心筒结构 YJK 软件小震计算

本小节常规小震计算流程同前面章节类似，读者可以自行完成，这里我们提醒读者注意几个地方。

5.4-1 小震模型确定

1. 小震模型确定

在方案阶段，一般要建两个模型：带地下室的模型和不带地下室的模型。前者主要用来确定嵌固端，后者主要是整体指标的判别。

工程上，首选地下室顶板作为嵌固端；若不满足条件，则想办法满足，否则包络设计。

最后，我们总结结构整体指标“结构口诀”。读者可以结合前面的章节去体会其中的含义，内容如下：

（1）平均重度、周期、振型合理是前提。

（2）剪重比满足是必须。

（3）层间位移角间接反映整体刚度。

（4）周期比反映内部抗扭刚度的分配情况，控制结构的抗扭刚度不要太弱。

（5）扭转位移比反映结构的整体规则性。

（6）侧向刚度比控制结构竖向的规则性，避免形成软弱层。

（7）层间受剪承载力之比控制结构竖向的规则性，避免形成薄弱层。

（8）刚重比是为了保证结构的稳定。

（9）轴压比是构件层面的大指标，保证竖向构件的延性。

2. 小震模型对比

5.4-2 小震模型对比

方案阶段建的模型，带地下室模型主要是用来确定地下室顶板做嵌固端的刚度比是否满足规范要求，不带地下室模型用来确定结构的整体指标。

本小节我们分两部分进行介绍。

首先，介绍带地下室模型的嵌固端刚度比问题。之前章节提到过侧刚比的概念。嵌固端的刚度比在《高规》5.3.7 条的规定如下：

5.3.7　高层建筑结构整体计算中，当地下室顶板作为上部结构嵌固部位时，地下一层与首层侧向刚度比不宜小于 2。

具体到此刚度比的计算，在《高规》附录 E 中有如下公式：

$$\gamma_{\mathrm{el}} = \frac{G_1 A_1}{G_2 A_2} \times \frac{h_2}{h_1} \tag{E.0.1-1}$$

$$A_i = A_{\mathrm{w},i} + \sum_j C_{i,j} A_{\mathrm{ci},j} (i = 1,2) \tag{E.0.1-2}$$

$$C_{i,j} = 2.5\left(\frac{h_{\mathrm{ci},j}}{h_i}\right)^2 (i = 1,2) \tag{E.0.1-3}$$

从上面公式可以看到，此刚度比的计算不同于之前章节涉及的侧刚比。它与外部荷载无关，是一种自带特性。结构布置确定了，刚度比就出来了。

结构的嵌固端计算模型可以结合图 5.4-1 理解。真正意义上的嵌固是不存在的，除了上面计算的刚度比满足要求，更多是靠构造措施来满足，比如地下室周边的土体约束。因为地震作用引起结构的反应，地震作用从上到下以剪力的形式逐渐累积，最后要通过地下室传给周圈土体。土体对结构的约束刚度远远大于我们计算的地下一层与首层的嵌固端侧刚比。

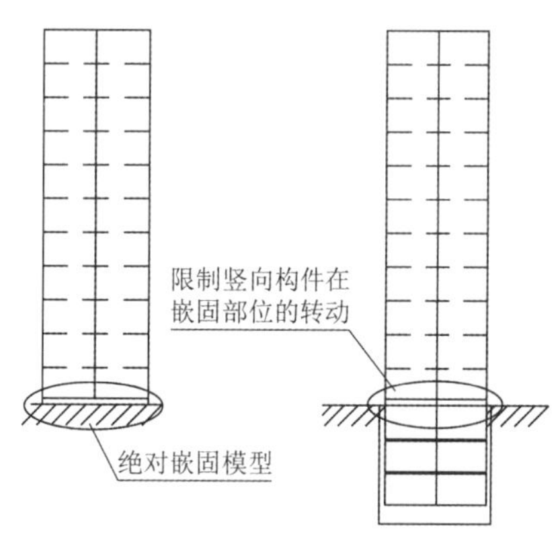

图 5.4-1　嵌固端模型

另外，笔者要提醒读者注意的一个概念就是嵌固层。之前章节计算侧刚比时需要留意，嵌固层和嵌固端不一样。打个比方，嵌固端如果取在地下一层顶板，就是首层底板，那么嵌固层就是首层。《高规》第 3.5.2 条提到的结构底部嵌固层的侧刚比，就是首层与二层的比值。总结起来，如图 5.4-2 所示。

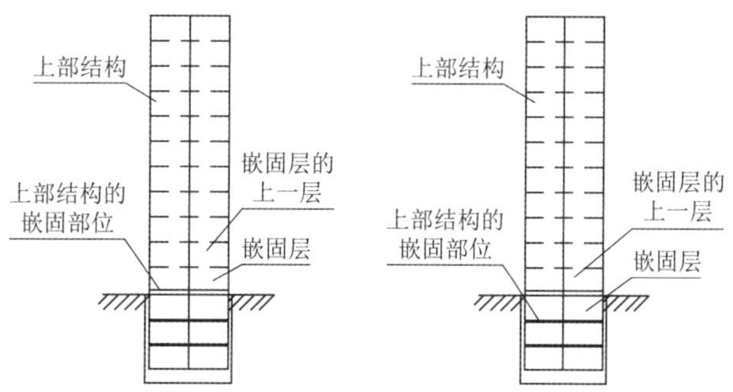

图 5.4-2　嵌固端与嵌固层

其次，我们谈谈小震计算的对比问题。《高规》第 5.1.12 条规定：

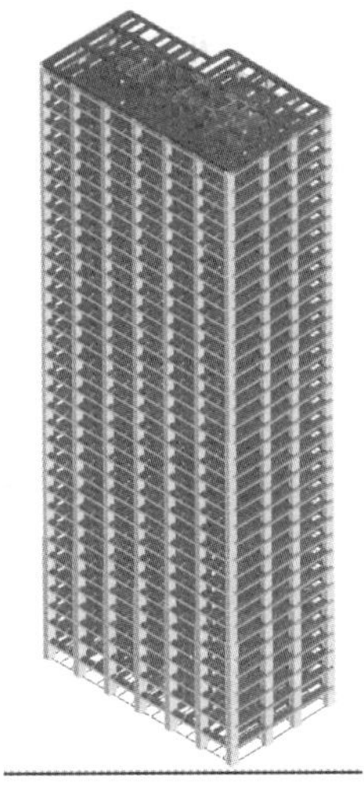
图 5.4-3　本案例三维模型

5.1.12 体型复杂、结构布置复杂以及 B 级高度高层建筑结构，应采用至少两个不同力学模型的结构分析软件进行整体计算。

在超高层结构分析中，小震对比一般习惯用两个不同的结构软件进行分析，实际工程习惯采用“国内”+“国外”的模式，比如国内的 YJK、PKPM，国外的 midas Building、Etabs 等。主要对比总质量、前三阶自振周期、基底剪力和倾覆弯矩。这四个指标的数值差距一般控制在 5%以内。在此基础上，也可以进一步对比第 1 章框架结构中提到的整体指标。

在超高层设计中，鼓励读者根据软件电算的结果，自己提取相应的数据，通过电子表格制作图形进行对比，更加形象、生动。

图 5.4-3 是本案例的三维模型，它的部分数据对比图形如图 5.4-4 所示。

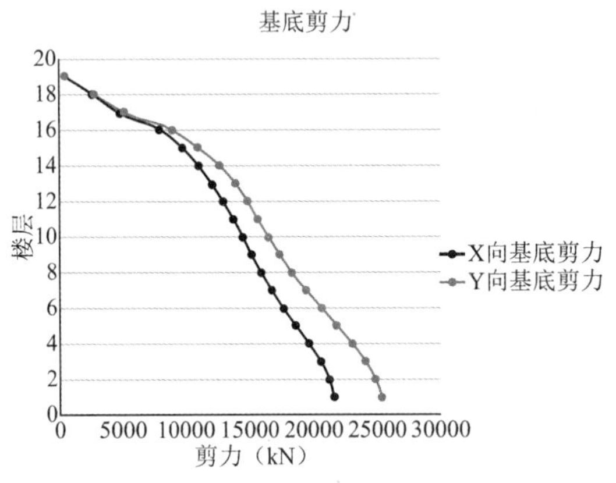

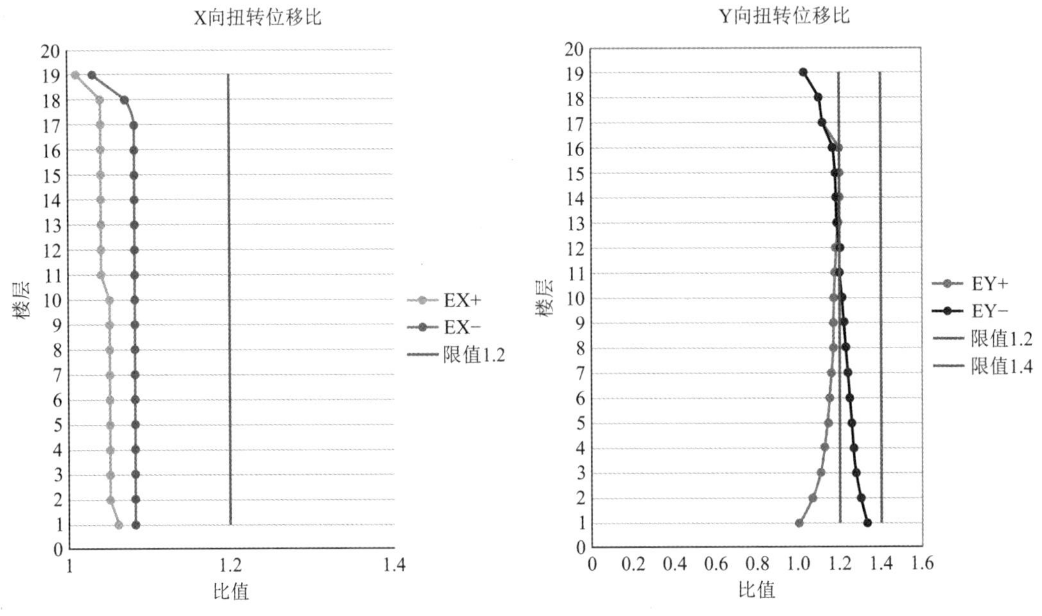

图 5.4-4　指标图形对比

3. 小震弹性时程分析

5.4-3 小震弹性时程分析

在小震计算阶段，超高层还有一个非常重要的分析就是弹性时程分析。《抗标》第 5.1.2 条有如下规定：

5.1.2 各类建筑结构的抗震计算，应采用下列方法：

1 高度不超过 40m、以剪切变形为主且质量和刚度沿高度分布比较均匀的结构，以及近似于单质点体系的结构，可采用底部剪力法等简化方法。

2 除 1 款外的建筑结构，宜采用振型分解反应谱法。

3 特别不规则的建筑、甲类建筑和表 5.1.2-1 所列高度范围的高层建筑，应采用时程分析法进行多遇地震下的补充计算；当取三组加速度时程曲线输入时，计算结果宜取时程法的包络值和振型分解反应谱法的较大值；当取七组及七组以上的时程曲线时，计算结果可取时程法的平均值和振型分解反应谱法的较大值。

采用时程分析法时，应按建筑场地类别和设计地震分组选用实际强震记录和人工模拟的加速度时程曲线，其中实际强震记录的数量不应少于总数的 2/3，多组时程曲线的平均地震影响系数曲线应与振型分解反应谱法所采用的地震影响系数曲线在统计意义上相符，其加速度时程的最大值可按表 5.1.2-2 采用。弹性时程分析时，每条时程曲线计算所得结构底部剪力不应小于振型分解反应谱法计算结果的 65%，多条时程曲线计算所得结构底部剪力的平均值不应小于振型分解反应谱法计算结果的 80%。

表 **5.1.2-1**　采用时程分析的房屋高度范围

烈度、场地类别	房屋高度范围（m）
8 度Ⅰ、Ⅱ类场地和 7 度	＞100
8 度Ⅲ、Ⅳ类场地	＞80
9 度	＞60

表 **5.1.2-2**　时程分析所用地震加速度时程的最大值（cm/s^2）

地震影响	6 度	7 度	8 度	9 度
多遇地震	18	35（55）	70（110）	140
罕遇地震	125	220（310）	400（510）	620

注：括号内数值分别用于设计基本地震加速度为 0.15g和 0.30g的地区。

4 计算罕遇地震下结构的变形，应按本标准第 5.5 节规定，采用简化的弹塑性分析方法或弹塑性时程分析法。

5 平面投影尺度很大的空间结构，应根据结构形式和支承条件，分别按单点一致、多点、多向单点或多向多点输入进行抗震计算。按多点输入计算时，应考虑地震行波效应和局部场地效应。6 度和 7 度Ⅰ、Ⅱ类场地的支承结构、上部结构和基础的抗震验算可采用简化方法，根据结构跨度、长度不同，其短边构件可乘以附加地震作用效应系数 1.15～1.30；7 度Ⅲ、Ⅳ类场地和 8、9 度时，应采用时程分析方法进行抗震验算。

6 建筑结构的隔震和消能减震设计，应采用本标准第 12 章规定的计算方法。

7 地下建筑结构应采用本标准第 14 章规定的计算方法。

很明显，超高层结构在高度上就已经超过了规范表中的高度，因此需要进行弹性时程的补充分析。

时程分析首要面对的是选波问题，根据上述规范条文，选波要点汇总如下：

（1）频谱特性：特征周期一般差别在 20%以内；

（2）数量：2 + 1 还是 5 + 2？高度一般、体型规则的高层建筑，2 + 1；超高、大跨、复杂高层，5 + 2；

（3）地震影响系数曲线统计意义上相符：前三阶振型相差不超 20%；

（4）加速度时程分析最大值：《高规》第 4.3.5 条；

（5）持续时间：有效持续时间 $5T$～$10T$，首次到达最大峰值 10%起算，最后一点到达最大峰值 10%为止；

（6）时间间距：0.01s 或者 0.02s；

（7）三维模型需要双向或者三向地震波输入时，加速度比值 1 : 0.85 : 0.65。

接下来，就是在 YJK 中进行弹性时程分析的计算。这里进行弹性时程分析之前的前提是小震反应谱计算完毕。

第一步，在反应谱计算完毕的基础上，进入 YJK 的弹性时程分析模块，点击“地震波选择”，如图 5.4-5 所示。

图 5.4-5　弹性时程分析菜单

第二步，选择地震波。点击添加地震波，自动筛选地震波按钮，如图 5.4-6 所示。

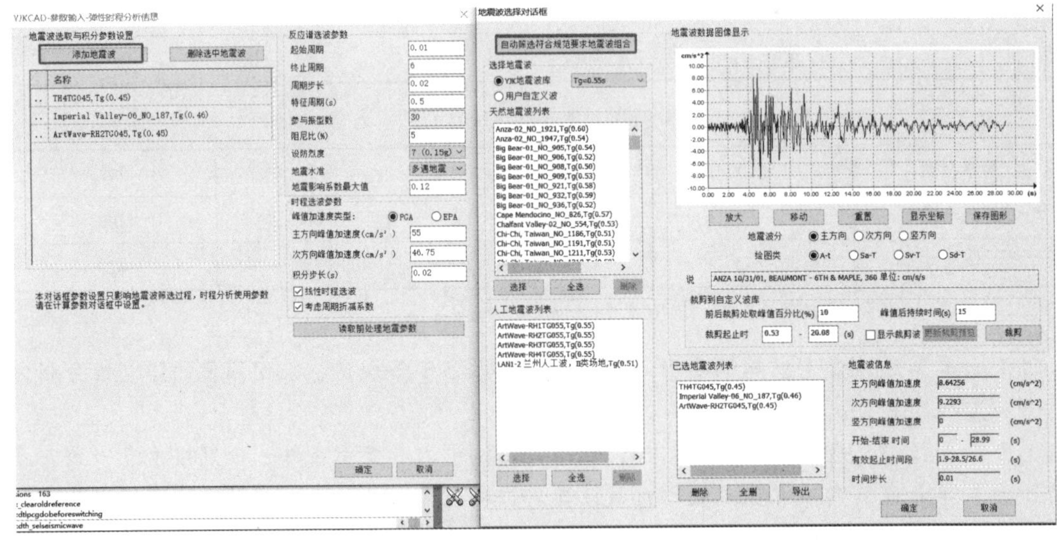

图 5.4-6　筛选地震波

第三步，根据指定的条件，筛选地震波组合，如图 5.4-7 所示。图中，右侧部分条件就是我们前面总结的选波要素里的条件。

第四步，可以根据选定的地震波，查看每个地震波的图形曲线，也可以做相应的裁剪处理。图 5.4-8 为其中一条地震波的各种图形曲线。

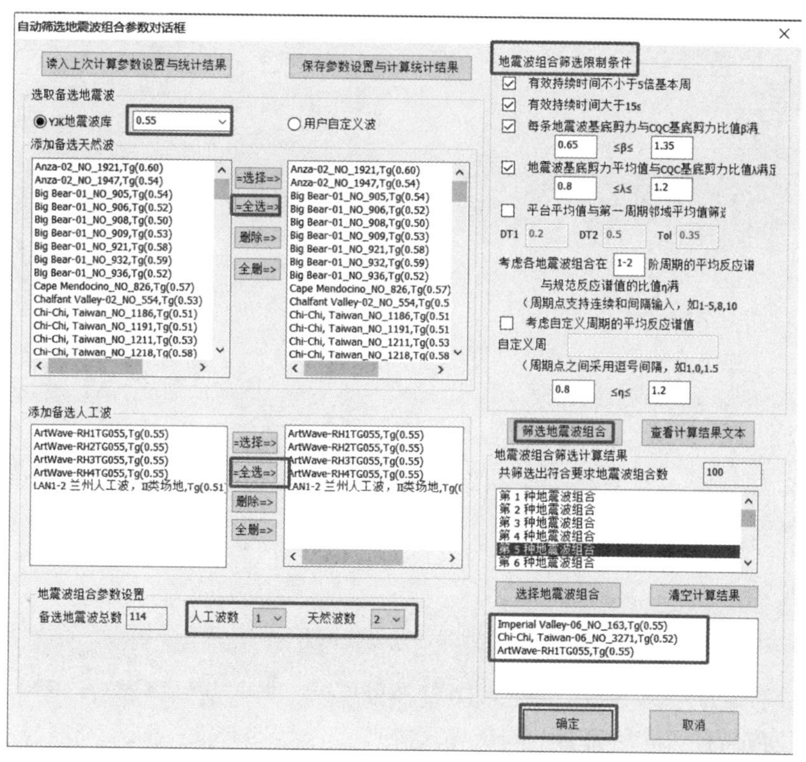

图 5.4-7　筛选地震波

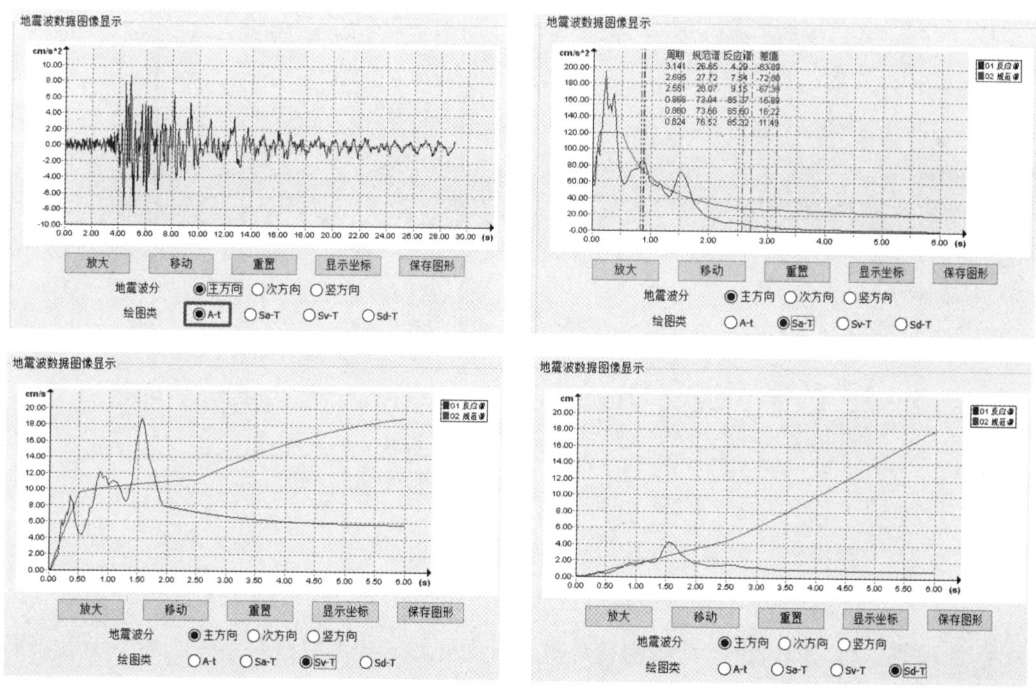

图 5.4-8　地震波图形曲线

读者可以用导出的方式将地震波转化成文本文件，如图 5.4-9 所示。这也是实际项目中经常用 YJK 选波，然后导出用其他软件校核的一种方法。

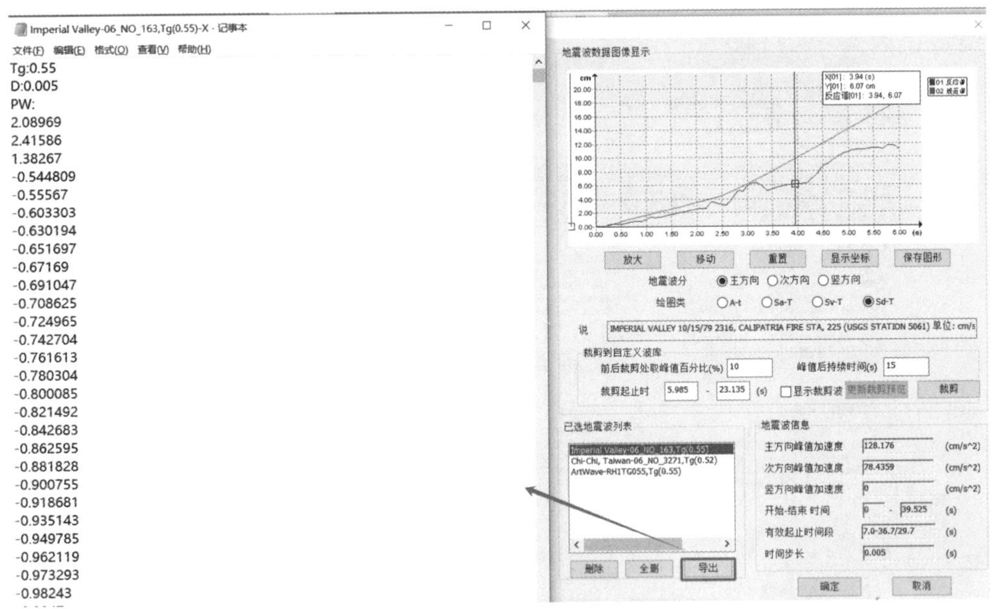

图 5.4-9 地震波导出

第五步，读取前处理参数。图 5.4-10 箭头处所示，导入前处理参数。图中，框选部分内容自动从反应谱计算阶段设置的参数导入进来。

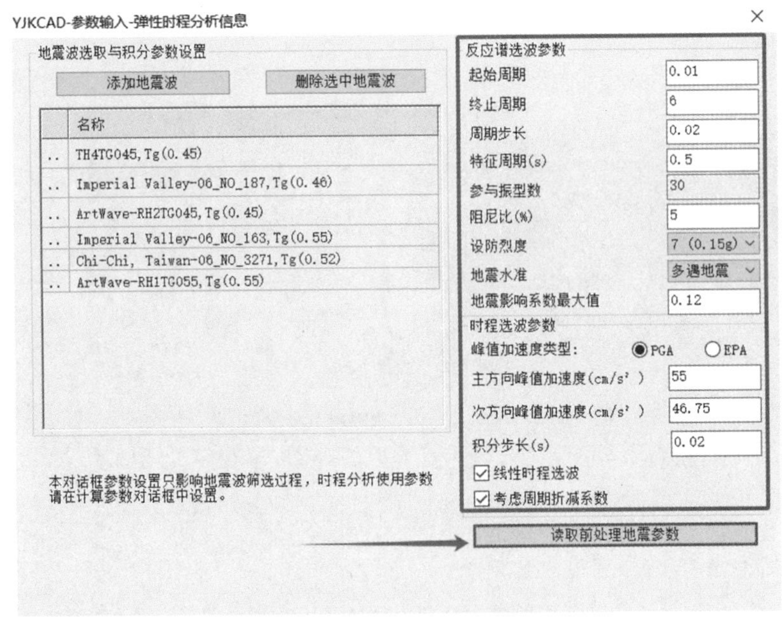

图 5.4-10 前处理参数读取

前处理完毕后，即可进行荷载组合计算。下面开始，我们将进行结果查看，要点如下：

（1）单条时程曲线底部剪力不应小于反应谱法的 65%，不大于 135%。

（2）多条时程曲线底部剪力的平均值不应小于反应谱法的 80%，不大于 120%。

（3）三组取包络，七组取平均。

（4）楼层剪力和位移角。

第六步，在文本结果中查看各条波的地震基底剪力与反应谱基底剪力的比值，如图 5.4-11 所示。

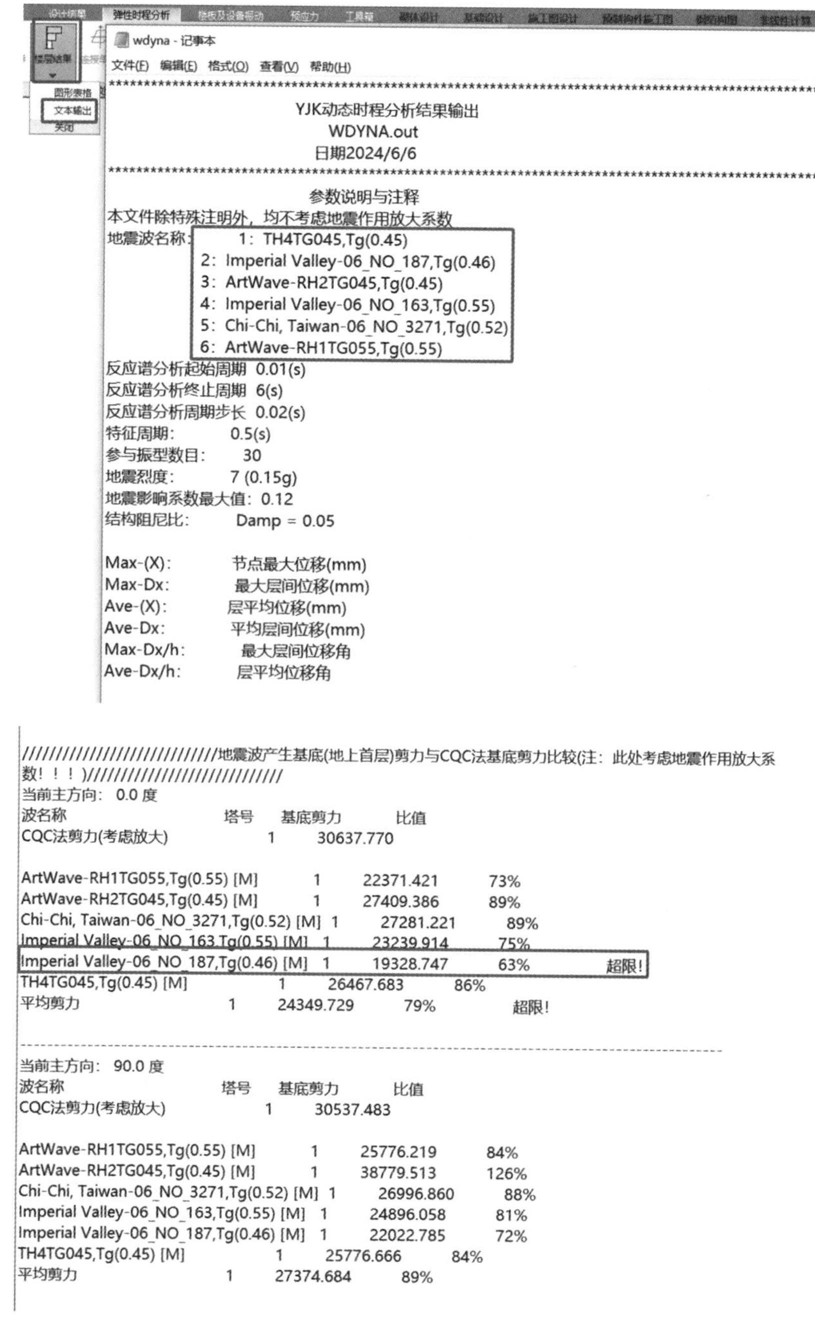

YJK动态时程分析结果输出
WDYNA.out
日期2024/6/6

参数说明与注释
本文件除特殊注明外，均不考虑地震作用放大系数
地震波名称：1：TH4TG045,Tg(0.45)
2：Imperial Valley-06_NO_187,Tg(0.46)
3：ArtWave-RH2TG045,Tg(0.45)
4：Imperial Valley-06_NO_163,Tg(0.55)
5：Chi-Chi, Taiwan-06_NO_3271,Tg(0.52)
6：ArtWave-RH1TG055,Tg(0.55)
反应谱分析起始周期 0.01(s)
反应谱分析终止周期 6(s)
反应谱分析周期步长 0.02(s)
特征周期: 0.5(s)
参与振型数目: 30
地震烈度: 7 (0.15g)
地震影响系数最大值: 0.12
结构阻尼比: Damp = 0.05

Max-(X): 节点最大位移(mm)
Max-Dx: 最大层间位移(mm)
Ave-(X): 层平均位移(mm)
Ave-Dx: 平均层间位移(mm)
Max-Dx/h: 最大层间位移角
Ave-Dx/h: 层平均位移角

//////////////////////////////地震波产生基底(地上首层)剪力与CQC法基底剪力比较(注：此处考虑地震作用放大系数！！！)//////////////////////////////

当前主方向：0.0 度

波名称	塔号	基底剪力	比值	
CQC法剪力(考虑放大)	1	30637.770		
ArtWave-RH1TG055,Tg(0.55) [M]	1	22371.421	73%	
ArtWave-RH2TG045,Tg(0.45) [M]	1	27409.386	89%	
Chi-Chi, Taiwan-06_NO_3271,Tg(0.52) [M]	1	27281.221	89%	
Imperial Valley-06_NO_163,Tg(0.55) [M]	1	23239.914	75%	
Imperial Valley-06_NO_187,Tg(0.46) [M]	1	19328.747	63%	超限!
TH4TG045,Tg(0.45) [M]	1	26467.683	86%	
平均剪力	1	24349.729	79%	超限!

当前主方向：90.0 度

波名称	塔号	基底剪力	比值
CQC法剪力(考虑放大)	1	30537.483	
ArtWave-RH1TG055,Tg(0.55) [M]	1	25776.219	84%
ArtWave-RH2TG045,Tg(0.45) [M]	1	38779.513	126%
Chi-Chi, Taiwan-06_NO_3271,Tg(0.52) [M]	1	26996.860	88%
Imperial Valley-06_NO_163,Tg(0.55) [M]	1	24896.058	81%
Imperial Valley-06_NO_187,Tg(0.46) [M]	1	22022.785	72%
TH4TG045,Tg(0.45) [M]	1	25776.666	84%
平均剪力	1	27374.684	89%

图 5.4-11　时程分析文本结果

在图 5.4-11 文本中下部分留意每条波的基底剪力是否符合要求，程序会给出提示。不满足的情况下，返回重选地震波。

文本末尾会给出地震波平均值、包络值分别与反应谱法进行对比需要的放大系数，如图 5.4-12 所示。这些在返回小震反应谱计算时，需要重新读取。

多条波平均值与CQC法计算结果比较

当前主方向：0.0 度

层号	塔号	时程法剪力	CQC法剪力	比值	放大系数
35	1	4112.510	4043.181	1.017	1.017
34	1	7134.164	7198.112	0.991	1.000
33	1	8728.076	8981.911	0.972	1.000
32	1	9967.253	10479.332	0.951	1.000
31	1	10877.692	11743.853	0.926	1.000
30	1	11545.903	12816.685	0.901	1.000
29	1	12240.991	13733.381	0.891	1.000
28	1	12817.407	14523.836	0.883	1.000
27	1	13288.355	15313.463	0.868	1.000
26	1	13683.480	16047.250	0.853	1.000
25	1	14304.913	16739.541	0.855	1.000
24	1	15139.879	17401.621	0.870	1.000
23	1	15879.286	18041.718	0.880	1.000
22	1	16363.369	18664.691	0.877	1.000
21	1	16600.266	19273.570	0.861	1.000
20	1	16999.295	19871.356	0.855	1.000
19	1	17514.286	20459.635	0.856	1.000
18	1	18024.770	21038.579	0.857	1.000
17	1	18494.703	21609.944	0.856	1.000
16	1	18979.584	22176.336	0.856	1.000
15	1	19425.499	22740.577	0.854	1.000
14	1	19837.695	23307.891	0.851	1.000
13	1	20275.407	23882.693	0.849	1.000
12	1	20692.692	24466.819	0.846	1.000
11	1	21084.395	25064.590	0.841	1.000
10	1	21421.785	25634.170	0.836	1.000
9	1	21732.186	26217.714	0.829	1.000
8	1	21992.842	26805.372	0.820	1.000
7	1	22302.826	27525.449	0.810	1.000
6	1	22649.217	28240.681	0.802	1.000
5	1	22895.301	28916.541	0.792	1.000
4	1	23158.900	29525.500	0.784	1.000
3	1	23645.342	30044.513	0.787	1.000
2	1	24133.191	30460.372	0.792	1.000
1	1	24349.729	30637.770	0.795	1.000

0.0°时全楼放大系数值为：1.017

当前主方向：90.0 度

层号	塔号	时程法剪力	CQC法剪力	比值	放大系数
35	1	4323.581	4540.987	0.952	1.000
34	1	7461.923	7906.062	0.944	1.000
33	1	9037.143	9687.667	0.933	1.000
32	1	10214.352	11071.239	0.923	1.000
31	1	11093.625	12150.798	0.913	1.000
30	1	11674.060	13004.634	0.898	1.000
29	1	12210.761	13695.645	0.892	1.000
28	1	12546.017	14272.888	0.879	1.000
27	1	12915.618	14840.312	0.870	1.000
26	1	13396.759	15378.189	0.871	1.000
25	1	13898.590	15898.289	0.874	1.000
24	1	14384.395	16410.491	0.877	1.000
23	1	14834.576	16920.438	0.877	1.000
22	1	15251.237	17430.778	0.875	1.000
21	1	15683.829	17943.449	0.874	1.000
20	1	16172.805	18461.776	0.876	1.000
19	1	16751.661	18989.801	0.882	1.000
18	1	17281.442	19529.978	0.885	1.000
17	1	17753.724	20084.369	0.884	1.000
16	1	18244.931	20657.400	0.883	1.000
15	1	18785.788	21252.420	0.884	1.000
14	1	19294.808	21870.919	0.882	1.000
13	1	19932.844	22516.020	0.885	1.000
12	1	20599.539	23193.012	0.888	1.000
11	1	21092.326	23903.768	0.882	1.000
10	1	21491.676	24584.841	0.874	1.000
9	1	21844.129	25270.635	0.864	1.000
8	1	22258.171	25954.438	0.858	1.000
7	1	22902.599	26793.038	0.855	1.000
6	1	23794.788	27633.238	0.861	1.000
5	1	24907.212	28438.664	0.876	1.000
4	1	25813.638	29176.738	0.885	1.000
3	1	26527.585	29810.646	0.890	1.000
2	1	27122.745	30317.379	0.895	1.000
1	1	27374.684	30537.483	0.896	1.000

90.0°时全楼放大系数值为：1.000

多条波包络值与CQC法计算结果比较

当前主方向：0.0 度

层号	塔号	时程法剪力	CQC法剪力	比值	放大系数
35	1	5004.766	4043.181	1.238	1.238
34	1	9096.130	7198.112	1.264	1.264
33	1	11413.345	8981.911	1.271	1.271
32	1	13225.454	10479.332	1.262	1.262
31	1	14498.255	11743.853	1.235	1.235
30	1	15225.518	12816.685	1.188	1.188
29	1	15433.835	13733.381	1.124	1.124
28	1	15178.319	14523.836	1.045	1.045
27	1	14457.607	15313.463	0.944	1.000
26	1	15087.748	16047.250	0.940	1.000
25	1	16007.196	16739.541	0.956	1.000
24	1	16888.593	17401.621	0.971	1.000
23	1	17241.528	18041.718	0.956	1.000
22	1	17687.979	18664.691	0.948	1.000
21	1	18038.451	19273.570	0.936	1.000
20	1	18705.765	19871.356	0.941	1.000
19	1	19385.734	20459.635	0.948	1.000
18	1	19986.801	21038.579	0.950	1.000
17	1	20521.042	21609.944	0.950	1.000
16	1	21000.208	22176.336	0.947	1.000
15	1	21426.207	22740.577	0.942	1.000
14	1	22022.512	23307.891	0.945	1.000
13	1	22587.524	23882.693	0.946	1.000
12	1	23093.306	24466.819	0.944	1.000
11	1	23592.925	25064.590	0.941	1.000
10	1	23998.259	25634.170	0.936	1.000
9	1	24347.337	26217.714	0.929	1.000
8	1	24639.153	26805.372	0.919	1.000
7	1	24900.827	27525.449	0.905	1.000
6	1	25278.299	28240.681	0.895	1.000
5	1	25421.554	28916.541	0.879	1.000
4	1	26279.171	29525.500	0.890	1.000
3	1	26823.516	30044.513	0.893	1.000
2	1	27170.775	30460.372	0.892	1.000
1	1	27409.386	30637.770	0.895	1.000

0.0°时全楼放大系数值为：1.271

当前主方向：90.0 度

层号	塔号	时程法剪力	CQC法剪力	比值	放大系数
35	1	5516.688	4540.987	1.215	1.215
34	1	9704.897	7906.062	1.228	1.228
33	1	11965.382	9687.667	1.235	1.235
32	1	13650.939	11071.239	1.233	1.233
31	1	14774.809	12150.798	1.216	1.216
30	1	15362.252	13004.634	1.181	1.181
29	1	16068.519	13695.645	1.173	1.173
28	1	16931.864	14272.888	1.186	1.186
27	1	17631.151	14840.312	1.188	1.188
26	1	19229.919	15378.189	1.250	1.250
25	1	20630.905	15898.289	1.298	1.298
24	1	21746.651	16410.491	1.325	1.325
23	1	22558.274	16920.438	1.333	1.333
22	1	23122.930	17430.778	1.327	1.327
21	1	23468.022	17943.449	1.308	1.308
20	1	23714.027	18461.776	1.284	1.284
19	1	23835.965	18989.801	1.255	1.255
18	1	23909.166	19529.978	1.224	1.224
17	1	24117.710	20084.369	1.201	1.201
16	1	24958.653	20657.400	1.208	1.208
15	1	26539.259	21252.420	1.249	1.249
14	1	27940.526	21870.919	1.278	1.278
13	1	29124.863	22516.020	1.294	1.294
12	1	30029.813	23193.012	1.295	1.295
11	1	30754.050	23903.768	1.287	1.287
10	1	31473.887	24584.841	1.280	1.280
9	1	32420.659	25270.635	1.283	1.283
8	1	33322.064	25954.438	1.284	1.284
7	1	34328.464	26793.038	1.281	1.281
6	1	35457.705	27633.238	1.283	1.283
5	1	36479.882	28438.664	1.283	1.283
4	1	37314.815	29176.738	1.279	1.279
3	1	37923.124	29810.646	1.272	1.272
2	1	38480.811	30317.379	1.269	1.269
1	1	38779.513	30537.483	1.270	1.270

90.0°时全楼放大系数值为：1.333

图 5.4-12　地震波时程分析与反应谱楼层剪力对比

这里需要提醒读者注意的是，每一个楼层的放大系数。待结果分析完毕，都符合规范要求后，我们统一在前处理进行读取。

第七步，通过图形来进一步查看时程分析结果。图 5.4-13 是单条地震波与反应谱层间的位移角对比。读者可以根据需求，同时显示多条地震波与反应谱层间位移角的对比结果。

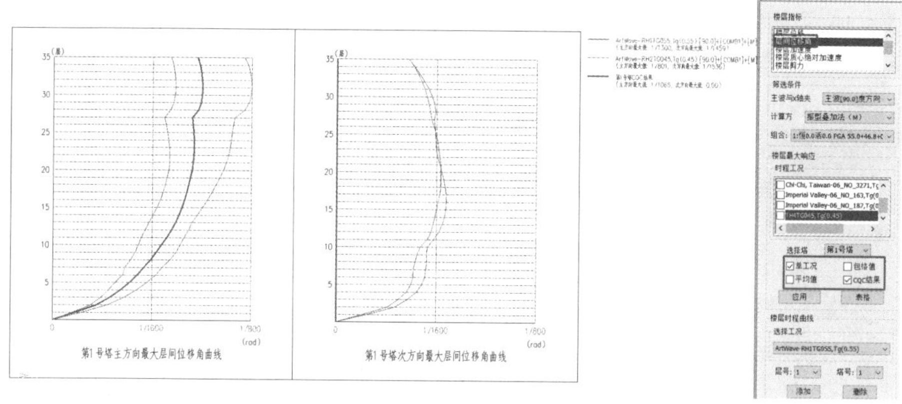

图 5.4-13　单条地震波与反应谱层间位移角对比

图 5.4-14 是单条地震波与反应谱楼层剪力的对比。

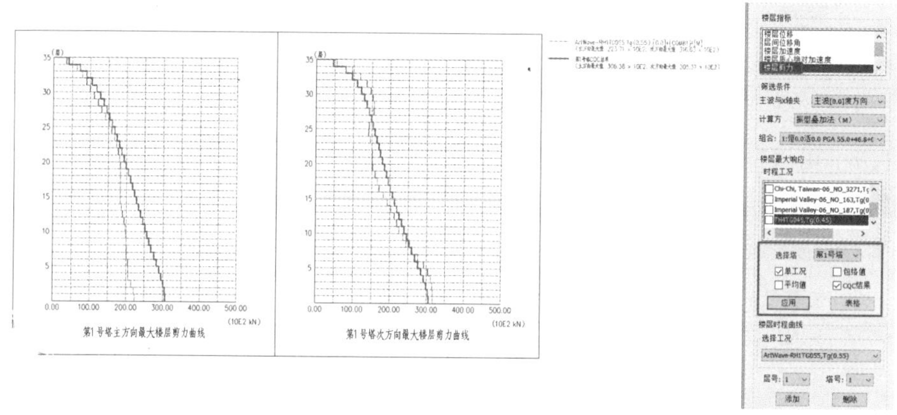

图 5.4-14　单条地震波与反应谱楼层剪力对比

同样，读者可以查看任意地震波在任意楼层的楼层位移/楼层加速度等曲线，如图 5.4-15 所示为某楼层位移时程曲线。

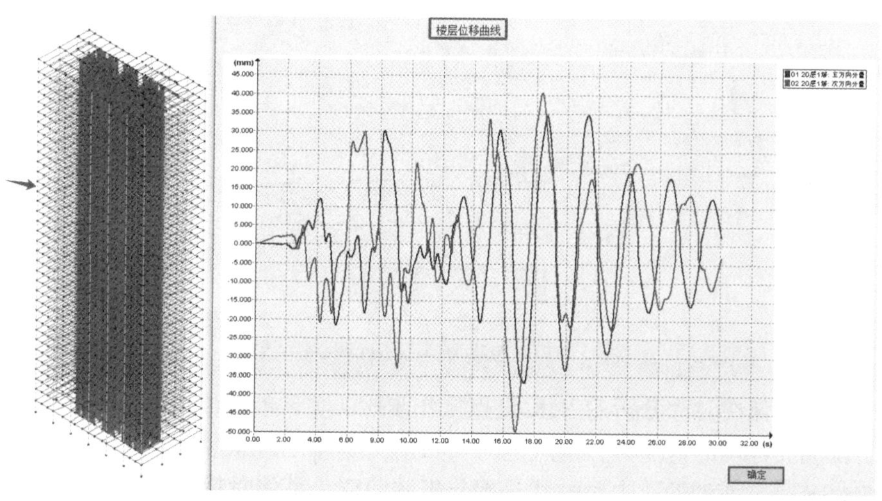

图 5.4-15 某楼层位移时程曲线

图 5.4-16 是某楼层加速度时程曲线。

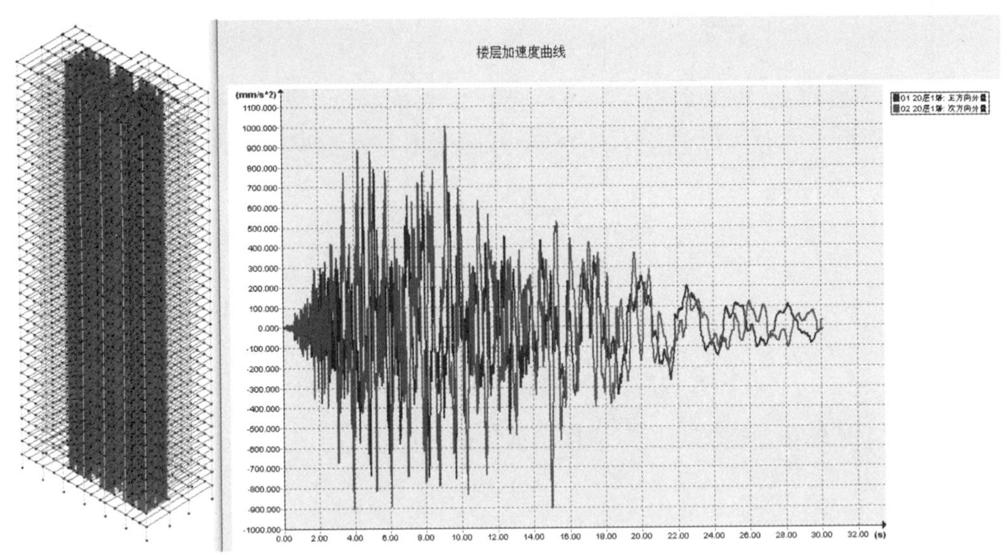

图 5.4-16　某楼层加速度时程曲线

第八步，可以查看规范谱与反应谱的对比，这点主要是对地震波合理性的进一步核实。图 5.4-17 是规范谱与反应谱的对比结果。

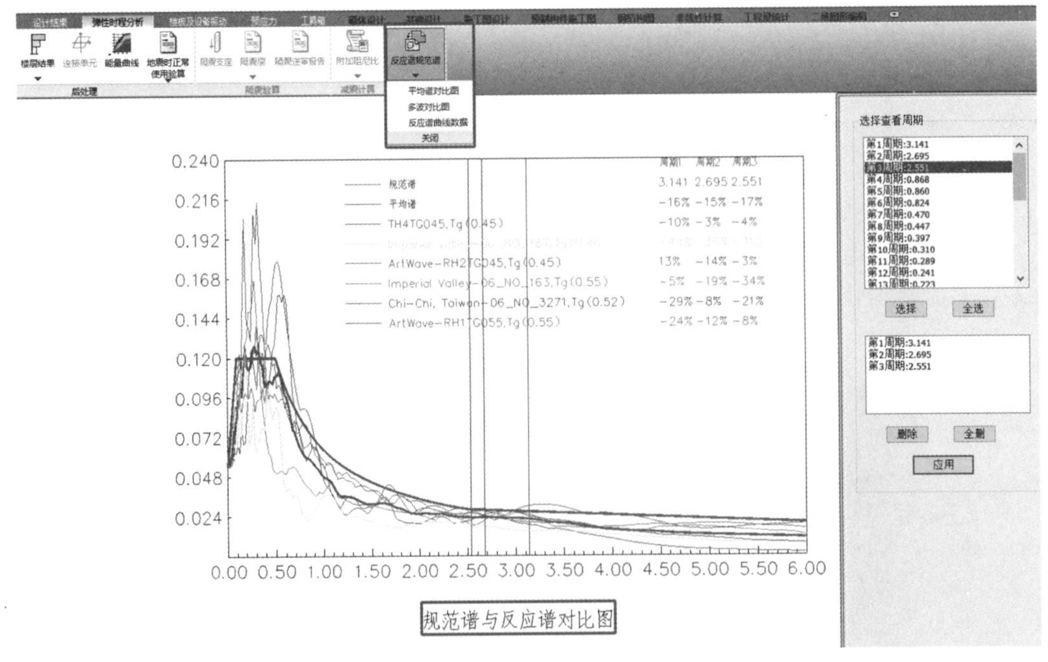

图 5.4-17　规范谱与反应谱对比结果

上面是小震弹性时程分析的 YJK 重点操作步骤，实际项目中，建议读者把握时程分析的目的。在选波合理的情况下，重点是为“归正反应谱”做准备。

图 5.4-18 是“前处理”中对弹性时程分析的回应，是将时程分析的地震作用放大系数进行导入。这样，重新进行反应谱计算，用来指导设计。

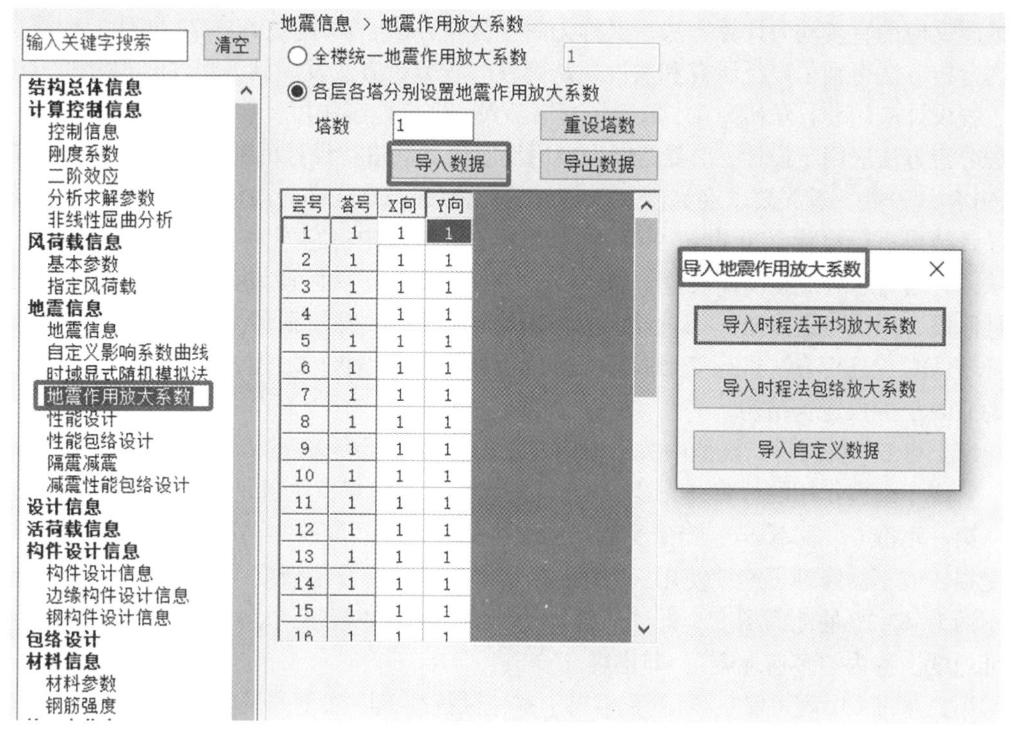

图 5.4-18　弹性时程分析回应

5.5　超高层框架-核心筒结构 YJK 软件性能设计

本小节介绍性能设计，一般项目无须特意留意此环节。但是，对于超高层结构，性能设计是绕不开的坎。

1. 地震作用计算的发展背景

5.5-1 地震作用计算的发展背景

参考方鄂华《高层建筑钢筋混凝土结构概念设计》中关于地震计算的发展历史，将结构地震作用的计算方法分为三个阶段。

第一个阶段是静力法。它在 1900 年由日本学者大森房吉提出，将地震作用简化为静力；简单地说，就是重力的 10%作为水平力对结构进行内力分析计算。

第二个阶段是反应谱法。20 世纪 30 年代，美国开展了强震纪录的研究。在 1940 年，取得了 El Centro 地震纪录，以后陆续取得的地震纪录加强了人们对地震的认识，促进了地震工程的发展，使抗震设计理论和地震作用的计算方法有了极大的改变。美国 M. Biot 提出了用地震纪录计算反应谱的概念。20 世纪 50 年代初，G. W. Housner 实现了反应谱的计算，并应用于抗震设计，反应谱理论为现代抗震设计奠定了基础。这是抗震计算方法的第二阶段，用反应谱方法计算地震作用取代了静力方法，并且成为世界各国所通用的方法，虽然在较长的应用过程中有许多改进和新发展，但反应谱方法的基本理论一直沿用至今。

此方法也是我们国家目前大部分建筑结构计算地震作用采用的主流方法。

第三个阶段是地震反应动力计算方法。20 世纪 50 年代末期，G. W. Housner 实现了地震反应的动力计算方法，并将其成功地应用于墨西哥城的拉丁美洲大厦设计，在 1958 年的墨西哥大地震中，墨西哥城遭受严重震害，而拉丁美洲大厦的良好表现，促使人们开始重视地震反应的直接动力计算方法，又称为时程分析方法。20 世纪 60～70 年代，地震反应动力分析方法得到了广泛研究和发展，从弹性时程分析方法发展到弹塑性时程分析方法。在工程设计应用和科学研究中，取得了显著成绩。这是地震作用计算方法发展的第 3 阶段。时程分析方法应用于设计，主要是作为应用反应谱方法进行设计的补充手段。日本从 20 世纪 60 年代开始，首先要求在高度大于 60m 的高层建筑结构中，应用弹塑性时程分析方法对设计结果进行检验；20 世纪 90 年代，美国也在规范中将它列为一种可运用的动力计算方法；我国《建筑抗震设计规范》GBJ 11—1989 中提出了两阶段设计的要求，第一阶段是设计阶段，以反应谱方法作为设计地能作用的计算方法；第二阶段是设计校核阶段，要求用弹塑性时程分析方法进行变形验算及层间位移小于倒塌极限，但是要求进行第二阶段验算的只限于少数建筑结构。

综上可知，我国目前规范中关于地震作用的计算以反应谱法计算为主，时程分析为辅。

对应于地震作用的计算，房屋的抗震设计，目前国内规范主流是三水准两阶段的设计。

第一水准（小震不坏）：当遭受低于本地区抗震设防烈度的多遇地震影响时，主体结构不受损坏或不需修理可继续使用；此处的低于本地区抗震设防烈度，就是指的 50 年内超越概率约为 63.2%的地震烈度，即“众值”的烈度，比基本烈度约低一度半，规范取为第一水准烈度，称为“多遇地震”，即小震。

第二水准（中震可修）：当遭受相当于本地区抗震设防烈度的设防地震影响时，可能发生损坏，但经一般性修理仍可继续使用；此处的相当于本地区抗震设防烈度，就是指 50 年超越概率约 10%的地震烈度，即 1990 中国地震区划图规定的“地震基本烈度”或《中国地震动参数区划图》GB 18306—2015 规定的峰值加速度所对应的烈度，规范取为第二水准烈度，称为“设防地震”，即中震。

第三水准（大震不倒）：当遭受高于本地区抗震设防烈度的罕遇地震影响时，不致倒塌或发生危及生命的严重破坏。此处的高于本地区抗震设防烈度，就是指 50 年超越概率 2%～3%的地震烈度，规范取为第三水准烈度，称为“罕遇地震”，就是所说的大震。

总结起来，就是“小震不坏，中震可修，大震不倒”的三水准。

《抗标》的两阶段设计，第一阶段是小震弹性计算，地震效应与其他荷载效应组合，并计入承载力抗震调整系数，进行构件截面设计——满足小震强度要求；限制小震的弹性层间位移角；同时，采取相应的抗震构造措施，保证结构的延性、变形能力和耗能能力——自动满足中震变形要求。

第二阶段设计是限制大震下结构弹塑性层间位移角，并采取必要的抗震构造措施——满足大震防倒塌要求。

随着科技的发展和人民对生活质量要求的不断提高，上面介绍的三水准两阶段的设计理念有些笼统。延性结构可以使建筑物在经历大震后保留下来，但是延性也对结构造成了一定程度的“破坏”；有时，结构修复十分困难，而修复费用往往取决于非结构构件的更换，可能达到建设造价的 50%～80%，内部设备破坏造成的经济损失也很大。有些建筑虽未倒塌，但破坏严重，震后拆除的损失巨大。建筑业主应当有权利提出功能、性能水准、经济条件和修复费用等方面的要求，工程师也应能够说明其设计可以达到的性能指标、使用时间和造价要求等，于是基于性能的抗震设计方法就提到日程上来了。

基于性能的抗震设计方法就是工程中所说的性能设计。

2. 反应谱计算的来源

图 5.5-1 是单自由度体系的地震反应。

5.5-2 反应谱计算的来源

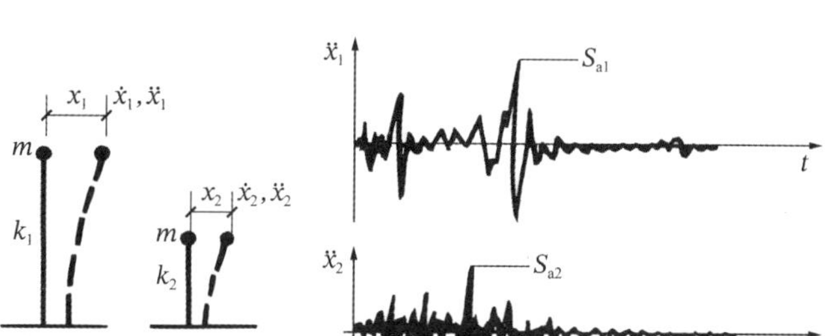

(a)

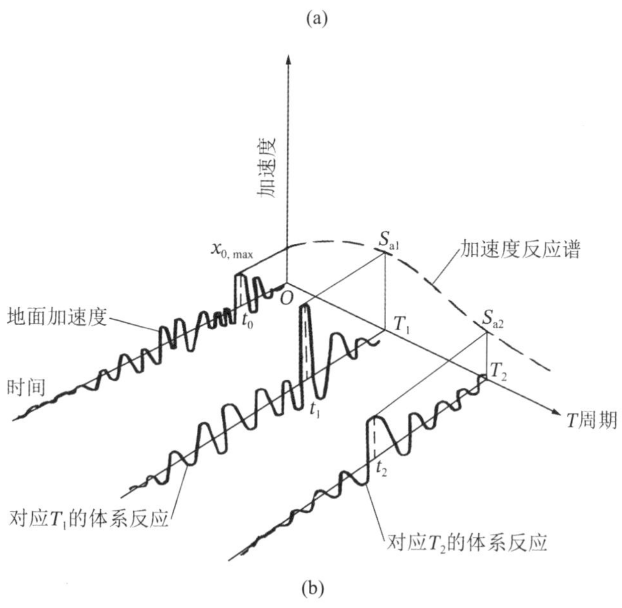

(b)

图 5.5-1　单自由度体系的地震反应

目前，我国抗震设计都采用加速度反应谱，取加速度反应绝对最大值计算惯性力，作为等效地震荷载，即$F = mS_a$。

将其进一步扩展，得到如下公式

$$F = mS_a = \frac{\ddot{x}_{0,\max}}{g}\frac{S_a}{\ddot{x}_{0,\max}}mg = k\beta G = \alpha G \tag{5.5-1}$$

式中　α——地震影响系数，$\alpha = k\beta$；

G——质点的重量，$G = mg$；

g——重力加速度；

k——地震系数，$k = \ddot{x}_{0,\max}/g$，即地面运动最大加速度与重力加速度g的比值；

β——动力系数，$\beta = S_a/\ddot{x}_{0,\max}$，即结构最大加速度反应相对于地面最大加速度的放大系数。

上面就是我们规范反应谱最核心的理论基础。表 5.5-1、表 5.5-2 是规范中的地面运动最大加速度、地震影响系数最大值。

时程分析时输入地震加速度的最大值（cm/s^2）　　表 5.5-1

设防烈度	6 度	7 度	8 度	9 度
多遇地震	18	35（55）	70（110）	140
设防地震	50	100（150）	200（300）	400
罕遇地震	125	220（310）	400（510）	620

注：7、8 度时括号内数值分别用于设计基本地震加速度为 0.15g和 0.30g的地区，此处g为重力加速度。

水平地震影响系数最大值 α_{max}　　表 5.5-2

地震影响	6 度	7 度	8 度	9 度
多遇地震	0.04	0.08（0.12）	0.16（0.24）	0.32
设防地震	0.12	0.23（0.34）	0.45（0.68）	0.90
罕遇地震	0.28	0.50（0.72）	0.90（1.20）	1.40

注：7、8 度时括号内数值分别用于设计基本地震加速度为 0.15g和 0.30g的地区。

要想深刻理解规范上面表格中的各项数值之间的关系，可以结合前面的公式手算对比一下，以 6 度区为例，手算过程如下所示。

以 6 度 0.05g为例：

小震　$\ddot{x}_{0,\max} = 18\text{cm/s}^2 \quad (\text{gal} = \text{cm/s}^2)$

小震地震系数　$k = \dfrac{\ddot{x}_{0,\max}}{g} = \dfrac{18 \times 10^{-2}}{9.8} = 0.02$

小震　$\alpha_{\max} = k\beta_{\max} = 0.02 \times 2.25 = 0.04$

中震　$\ddot{x}_{0,\max} = 50\text{cm/s}^2$

中震　$k = \dfrac{50 \times 10^{-2}}{g} = 0.05$

中震　$\alpha_{\max} = 0.05 \times 2.25 = 0.1125$ 取 0.12

图 5.5-2 是规范中的加速度反应谱曲线，也是 YJK 反应谱计算的灵魂曲线，读者可以结合上面内容对比理解。

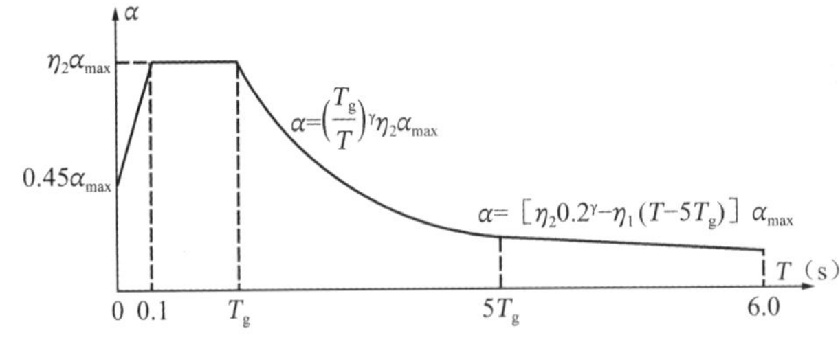

图 5.5-2　规范中的加速度反应谱曲线

α—地震影响系数；α_{max}—地震影响系数最大值；T—结构自振周期；T_g—特征周期；γ—衰减指数；η_1—直线下降段下降斜率调整系数；η_2—阻尼调整系数

3. 三个问题熟悉性能设计

5.5-3 三个问题熟悉性能设计

本小节我们在前面反应谱的基础上进一步谈性能设计。

第一个问题是为何超高层结构要做性能设计。原因很简单，官方规定。看以下抗震设防专项审查的内容（第八条（三））。

第八条　抗震设防专项审查的内容主要包括：

（一）建筑抗震设防依据；

（二）场地勘察成果及地基和基础的设计方案；

（三）建筑结构的抗震概念设计和性能目标；

（四）总体计算和关键部位计算的工程判断；

（五）结构薄弱部位的抗震措施；

（六）可能存在的影响结构安全的其他问题。

同时，超限审查要点中第九～第十二条提出了更细致的要求，尤其是第十二条关于性能目标，如下所示。

（节选）第九条　超限工程的抗震设计应符合下列最低要求：

（一）严格执行规范、规程的强制性条文，并注意系统掌握、全面理解其准确内涵和相关条文。

（二）对高度超限或规则性超限工程，不应同时具有转换层、加强层、错层、连体和多塔等五种类型中的四种及以上的复杂类型；当房屋高度在《高层混凝土结构规程》B 级高度范围内时，比较规则的应按《高层混凝土结构规程》执行，其余应针对其不规则项的多少、程度和薄弱部位，明确提出为达到安全而比现行规范、规程的规定更严格的具体抗震措施或预期性能目标；当房屋高度超过《高层混凝土结构规程》的 B 级高度以及房屋高度、平面和竖向规则性等三方面均不满足规定时，应提供达到预期性能目标的充分依据，如试验研究成果、所采用的抗震新技术和新措施，以及不同结构体系的对比分析等的详细论证。

（三）对屋盖超限工程，应对关键杆件的长细比、应力比和整体稳定性控制等提出比现行规范、规程的规定更严格的、针对性的具体措施或预期性能目标；当屋盖形式特别复杂时，应提供达到预期性能目标的充分依据。

（四）在现有技术和经济条件下，当结构安全与建筑形体等方面出现矛盾时，应以安全为重；建筑方案（包括局部方案）设计应服从结构安全的需要。

第十条　对超高很多，以及结构体系特别复杂、结构类型（含屋盖形式）特殊的工程，当设计依据不足时，应选择整体结构模型、结构构件、部件或节点模型进行必要的抗震性能试验研究。

第十二条　关于结构抗震性能目标：

（一）根据结构超限情况、震后损失、修复难易程度和大震不倒等确定抗震性能目标。即在预期水准（如中震、大震或某些重现期的地震）的地震作用下结构、部位或结构构件的承载力、变形、损坏程度及延性的要求。

（二）选择预期水准的地震作用设计参数时，中震和大震可按规范的设计参数采用，当安评的小震加速度峰值大于规范规定较多时，宜按小震加速度放大倍数进行调整。

（三）结构提高抗震承载力目标举例：水平转换构件在大震下受弯、受剪极限承载力复核。竖向构件和关键部位构件在中震下偏压、偏拉、受剪屈服承载力复核，同时受剪截面满足大震下的截面控制条件。竖向构件和关键部位构件中震下偏压、偏拉、受剪承载力设计值复核。

第二个问题是性能目标到底有哪些？《高规》和《抗标》都有介绍，我们以《高规》为主。《高规》第 3.11.1 条是《高规》中的四个性能目标和五个性能水准。

3.11.1 结构抗震性能设计应分析结构方案的特殊性、选用适宜的结构抗震性能目标，并采取满足预期的抗震性能目标的措施。

结构抗震性能目标应综合考虑抗震设防类别、设防烈度、场地条件、结构的特殊性、建造费用、震后损失和修复难易程度等各项因素选定。结构抗震性能目标分为 A、B、C、D 四个等级，结构抗震性能分为 1、2、3、4、5 五个水准（表 3.11.1），每个性能目标均与一组在指定地震地面运动下的结构抗震性能水准相对应。

表 3.11.1 结构抗震性能目标

地震水准	性能目标			
	A	B	C	D
	性能水准			
多遇地震	1	1	1	1
设防烈度地震	1	2	3	4
预估的罕遇地震	2	3	4	5

《高规》第 3.11.2 条是每个水准下的构件表现情况。

3.11.2 结构抗震性能水准可按表 3.11.2 进行宏观判别。

表 3.11.2 各性能水准结构预期的震后性能状况

结构抗震性能水准	宏观损坏程度	损坏部位			继续使用的可能性
		关键构件	普通竖向构件	耗能构件	
1	完好、无损坏	无损坏	无损坏	无损坏	不需修理即可继续使用
2	基本完好、轻微损坏	无损坏	无损坏	轻微损坏	稍加修理即可继续使用
3	轻度损坏	轻微损坏	轻微损坏	轻度损坏、部分中度损坏	一般修理后才可继续使用
4	中度损坏	轻微损坏	部分构件中度损坏	中度损坏、部分比较严重损坏	修复或加固后才可继续使用
5	比较严重损坏	中度损坏	部分构件比较严重损坏	比较严重损坏	需排险大修

注：“关键构件”是指该构件的失效可能引起结构的连续破坏或危及生命安全的严重破坏；“普通竖向构件”是指“关键构件”之外的竖向构件；“耗能构件”包括框架梁、剪力墙连梁及耗能支撑等。

第三个问题是实际超限项目如何确定性能目标？说到底，性能目标是钱的问题，钱从哪里来？业主之手。就好比去商店买衣服，几十元到上千元都有，买哪一件衣服是顾客说了算。作为读者或者说乙方，需要有服务员的态度，给顾客介绍清楚每个衣服的质量、优缺点、价格等。这是其职责所在。

以下是朱炳寅《高层建筑混凝土结构技术规程应用与分析》一书中对性能目标的选取建议，读者可以给业主解释清楚，帮他们做最后的决策。

选用抗震性能目标时，需综合考虑抗震设防类别、设防烈度、场地条件、结构的特殊性、建造费用、震后损失和修复难易程度等因素。鉴于地震地面运动的不确定性以及对结构在强烈地震下非线性分析方法（计算模型及参数的选用等）存在不少经验因素，缺少从强震记录、设计施工资料到实际震害的验证，对结构抗震性能的判断难以十分准确，尤其是对于长周期的超高层建筑或特别不规则结构的判断难度更大，因此，在抗震性能目标选用中宜偏于安全一些。例如：

①特别不规则的、房屋高度超过 B 级高度很多的高层建筑或处于不利地段的特别不规则结构，可考虑选用 A 级性能目标。

②房屋高度超过 B 级高度较多或不规则性超过《高规》适用范围很多时，可考虑选用 B 级或 C 级性能目标。

③房屋高度超过 B 级高度或不规则性超过《高规》适用范围较多时，可考虑选用 C 级性能目标。

④房屋高度超过 A 级高度或不规则性超过《高规》适用范围较少时，可考虑选用 C 级或 D 级性能目标。

⑤结构方案中仅有部分区域结构布置比较复杂或结构的设防标准、场地条件等特殊性，难以直接按《高规》规定的常规方法进行设计时，可考虑选用 C 级或 D 级性能目标。

实际工程情况很多（以上仅是举例），需综合考虑各项因素。性能目标选用时，一般需征求业主和有关专家的意见。

第三个问题就是详细地了解五个性能水准，在结构设计的具体层面到底是如何规定的。

第一性能水准的规范条文和说明如下所示。

1 第 1 性能水准的结构，应满足弹性设计要求。在多遇地震作用下，其承载力和变形应符合本规程的有关规定；在设防烈度地震作用下，结构构件的抗震承载力应符合下式规定：

$$\gamma_G S_{GE} + \gamma_{Eh} S^*_{Ehk} + \gamma_{Ev} S^*_{Evk} \leqslant R_d/\gamma_{RE} \tag{3.11.3-1}$$

式中 R_d、γ_{RE}——分别为构件承载力设计值和承载力抗震调整系数，同本规程第 3.8.1 条；

S_{GE}、γ_G、γ_{Eh}、γ_{Ev}——同本规程第 5.6.3 条；

S^*_{Ehk}——水平地震作用标准值的构件内力，不需考虑与抗震等级有关的增大系数；

S^*_{Evk}——竖向地震作用标准值的构件内力，不需考虑与抗震等级有关的增大系数。

第 1 性能水准结构，要求全部构件的抗震承载力满足弹性设计要求。在多遇地震（小震）作用下，结构的层间位移、结构构件的承载力及结构整体稳定等均应满足本规程有关规定；结构构件的抗震等级不宜低于本规程的有关规定，需要特别加强的构件可适当提高抗震等级，已为特一级的不再提高。在设防烈度（中震）作用下，构件承载力需满足弹性设计要求，如式(3.11.3-1)，其中不计入风荷载作用效应的组合，地震作用标准值的构件内力（S^*_{Ehk}、S^*_{Evk}）计算中不需要乘以与抗震等级有关的增大系数。

第一性能水准的小结：弹性计算要求，适用于小震、中震；小震同其他普通项目；中震弹性不考虑抗震等级相关的增大系数的调整，规范谱设计；不计入风荷载。

第二性能水准的规范条文和说明如下所示。

2 第 2 性能水准的结构，在设防烈度地震或预估的罕遇地震作用下，关键构件及普通竖向构件的抗震承载力宜符合式(3.11.3-1)的规定；耗能构件的受剪承载力宜符合式(3.11.3-1)的规定，其正截面承载力应符合下式规定：

$$S_{GE} + S^*_{Ehk} + 0.4S^*_{Evk} \leqslant R_k \tag{3.11.3-2}$$

式中 R_k——截面承载力标准值，按材料强度标准值计算。

第二性能水准的小结：关键构件及普通竖向构件中震、大震按规范谱进行弹性计算；

耗能构件中震、大震抗弯不屈服，抗剪弹性，规范谱设计。

第三性能水准的规范条文和说明如下所示。

3 第 3 性能水准的结构应进行弹塑性计算分析。在设防烈度地震或预估的罕遇地震作用下，关键构件及普通竖向构件的正截面承载力应符合式(3.11.3-2)的规定，水平长悬臂结构和大跨度结构中的关键构件正截面承载力尚应符合式(3.11.3-3)的规定，其受剪承载力宜符合式(3.11.3-1)的规定；部分耗能构件进入屈服阶段，但其受剪承载力应符合式(3.11.3-2)的规定。在预估的罕遇地震作用下，结构薄弱部位的层间位移角应满足本规程第 3.7.5 条的规定。

$$S_{\mathrm{GE}}+0.4S_{\mathrm{Ehk}}^{*}+S_{\mathrm{Evk}}^{*}\leqslant R_{\mathrm{k}} \tag{3.11.3-3}$$

第 3 性能水准结构，允许部分框架梁、剪力墙连梁等耗能构件正截面承载力进入屈服阶段，受剪承载力宜符合式(3.11.3-2)的要求。竖向构件及关键构件正截面承载力应满足式(3.11.3-2)“屈服承载力设计”的要求；水平长悬臂结构和大跨度结构中的关键构件正截面“屈服承载力设计”需要同时满足式(3.11.3-2)及式(3.11.3-3)的要求。式(3.11.3-3)表示竖向地震为主要可变作用的组合工况，式中重力荷载分项系数γ_{G}、竖向地震作用分项系数γ_{Ev}及抗震承载力调整系数γ_{RE}均取 1.0，水平地震作用分项系数γ_{Eh}取 0.4；这些构件的受剪承载力宜符合式(3.11.3-1)的要求。整体结构进入弹塑性状态，应进行弹塑性分析。为方便设计，允许采用等效弹性方法计算竖向构件及关键部位构件的组合内力（S_{GE}、S_{Ehk}^{*}、S_{Evk}^{*}），计算中可适当考虑结构阻尼比的增加（增加值一般不大于 0.02）以及剪力墙连梁刚度的折减（刚度折减系数一般不小于 0.3）。实际工程设计中，可以先对底部加强部位和薄弱部位的竖向构件承载力按上述方法计算，再通过弹塑性分析校核全部竖向构件均未屈服。

读者留意上面画线部分，等效弹性的方法其实就是类似小震弹性反应谱计算的方法，后面在实际操作中说明。

第三性能水准的小结：引入弹性塑性计算；关键构件及普通竖向构件中震、大震按抗弯不屈服、抗剪弹性进行设计；关键构件及普通竖向构件的抗剪弹性可以按照规范谱设计；关键构件及普通竖向构件的抗弯不屈服，建议按照规范谱设计（普通竖向构件大震抗弯不屈建议按弹塑性进行设计）；水平悬臂结构和大跨度结构中的关键构件中震、大震按抗弯不屈服，抗剪弹性进行设计，采用规范谱；耗能构件中震、大震按抗弯屈服，抗剪不屈服进行设计；耗能构件中震抗剪不屈服采用规范谱进行设计，大震抗剪不屈服采用弹塑性进行设计；大震层间位移角。

第四性能水准的规范条文和说明如下所示。

4 第 4 性能水准的结构应进行弹塑性计算分析。在设防烈度地震或预估的罕遇地震作用下，关键构件的抗震承载力应符合式(3.11.3-2)的规定，水平长悬臂结构和大跨度结构中的关键构件正截面承载力尚应符合式(3.11.3-3)的规定；部分竖向构件以及大部分耗能构件进入屈服阶段，但钢筋混凝土竖向构件的受剪截面应符合式(3.11.3-4)的规定，钢-混凝土组合剪力墙的受剪截面应符合式(3.11.3-5)的规定。在预估的罕遇地震作用下，结构薄弱部位的层间位移角应符合本规程第 3.7.5 条的规定。

$$V_{\mathrm{GE}}+V_{\mathrm{Ek}}^{*}\leqslant 0.15f_{\mathrm{ck}}bh_{0} \tag{3.11.3-4}$$

$$\left(V_{\mathrm{GE}}+V_{\mathrm{Ek}}^{*}\right)-\left(0.25f_{\mathrm{ak}}A_{\mathrm{a}}+0.5f_{\mathrm{spk}}A_{\mathrm{sp}}\right)\leqslant 0.15f_{\mathrm{ck}}bh_{0} \tag{3.11.3-5}$$

式中　V_{GE}——重力荷载代表值作用下的构件剪力（N）；

V_{Ek}^{*}——地震作用标准值的构件剪力（N），不需考虑与抗震等级有关的增大系数；

f_{ck}——混凝土轴心抗压强度标准值（N/mm^2）；

f_{ak}——剪力墙端部暗柱中型钢的强度标准值（N/mm^2）；

A_a——剪力墙端部暗柱中型钢的截面面积（mm^2）；

f_{spk}——剪力墙墙内钢板的强度标准值（N/mm^2）；

A_{sp}——剪力墙墙内钢板的截面面积（mm^2）。

第四性能水准的小结：弹性塑性计算；关键构件中震、大震按抗弯不屈服、抗剪不屈服进行设计；关键构件的中震抗弯不屈服、抗剪不屈服按照规范谱设计；关键构件的大震抗弯不屈服、抗剪不屈服按照弹塑性计算，抗剪截面按规范谱设计；水平悬臂结构和大跨度结构中的关键构件中震、大震按抗弯不屈服、抗剪弹性进行设计，中震均采用规范谱，大震均采用弹塑性；部分竖向构件中震、大震满足抗剪截面，采用规范谱；大部分耗能构件屈服，采用弹塑性计算；大震层间位移角。

第五性能水准的规范条文和说明如下所示。

5　第 5 性能水准的结构应进行弹塑性计算分析。在预估的罕遇地震作用下，关键构件的抗震承载力宜符合式(3.11.3-2)的规定；较多的竖向构件进入屈服阶段，但同一楼层的竖向构件不宜全部屈服；竖向构件的受剪截面应符合式(3.11.3-4)或(3.11.3-5)的规定；允许部分耗能构件发生比较严重的破坏；结构薄弱部位的层间位移角应符合本规程第 3.7.5 条的规定。

第 5 性能水准结构与第 4 性能水准结构的差别在于关键构件承载力宜满足“屈服承载力设计”的要求，允许比较多的竖向构件进入屈服阶段，并允许部分“梁”等耗能构件发生比较严重的破坏。结构的抗震性能必须通过弹塑性计算加以深入分析，尤其应注意同一楼层的竖向构件不宜全部进入屈服并宜控制整体结构承载力下降的幅度不超过 10%。

第五性能水准的小结：弹性塑性计算；关键构件大震按抗弯不屈服、抗剪不屈服进行设计，采用弹塑性计算；部分竖向构件大震满足抗剪截面，采用规范谱；大部分耗能构件屈服，采用弹塑性计算；大震层间位移角。

上面就是对《高规》五个性能水准的详细介绍，我们对性能设计做一个综合性的小结，如下：

（1）性能设计不考虑抗震等级、不考虑风荷载。

（2）性能水准 1～2 均按规范谱进行计算。

（3）性能水准 3～5 需要进行弹塑性计算。

（4）所有构件的抗剪截面按规范谱计算。

（5）强剪弱弯的概念始终没变（警惕抗弯弹性抗剪不屈这类错误的概念）。

（6）最重要一点，性能水准甲方确定，专家认可，设计可以协助甲方提出建议。

一个弹性、两个不屈服、两个抗剪截面，如以下五个公式所示。

$$\gamma_G S_{GE}+\gamma_{Eh}S_{Ehk}^{*}+\gamma_{Ev}S_{Evk}^{*}\leqslant\frac{R_d}{\gamma_{RE}} \tag{5.5-2}$$

$$S_{GE}+S_{Ehk}^{*}+0.4S_{Evk}^{*}\leqslant R_k \tag{5.5-3}$$

$$S_{GE}+0.4S_{Ehk}^{*}+S_{Evk}^{*}\leqslant R_k \tag{5.5-4}$$

$$V_{\mathrm{GE}}+V_{\mathrm{Ek}}^{*}\leqslant 0.15f_{\mathrm{ck}}bh_{0} \tag{5.5-5}$$

$$V_{\mathrm{GE}}+V_{\mathrm{Ek}}^{*}-\left(0.25f_{\mathrm{ak}}A_{\mathrm{a}}+0.5f_{\mathrm{spk}}A_{\mathrm{sp}}\right)\leqslant 0.15f_{\mathrm{ck}}bh_{0} \tag{5.5-6}$$

4. YJK 中震性能设计实际操作

5.5-4 YJK 中震性能设计实操

本小节我们在前面的基础上进一步结合 YJK 进行性能设计实际操作。

本案例性能目标定为 C 级，即小震 1、中震 3、大震 4。

备份一个小震模型，在此基础上进行性能设计。接下来，我们进入性能设计前处理参数。下面九处内容要落实在前处理中。

（1）不考虑风荷载；

（2）不考虑抗震等级；

（3）结构阻尼比：国标不大于 0.02，或者参考广东高规 1～2 水准不增加，3～4 水准 0.005～0.01；

（4）连梁刚度折减：国标不小于 0.3，或者参考广东高规 1～2 水准不宜小于 0.5，3～4 水准不宜小于 0.3；

（5）周期折减：框筒 0.8～0.9（根据实际情况，比如中震 0.85、大震 0.9）；

（6）特征周期：罕遇地震 = 小震 + 0.05s；

（7）考虑双向地震；

（8）中梁刚度考虑楼板开裂减少，比如中震下，中梁 1.5、边梁 1.0；大震下，均为 1.0；

（9）不考虑各种调整，比如剪重比、薄弱层、$0.2Q_0$等。

我们以性能设计中震计算为例。

图 5.5-3 为总信息的处理，留意不考虑风荷载。

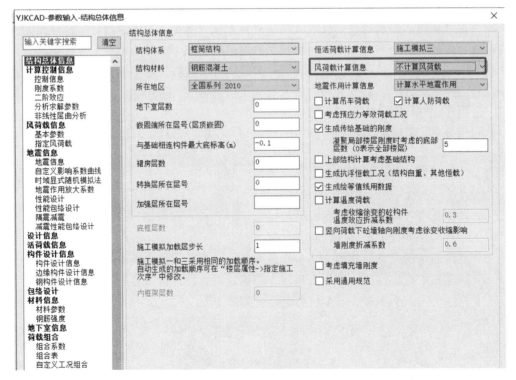

YJKCAD-参数输入-结构总体信息

输入关键字搜索 清空

结构总体信息
计算控制信息
控制信息
刚度系数
二阶效应
分析求解参数
非线性屈曲分析
风荷载信息
基本参数
指定风荷载
地震信息
地震信息
自定义影响系数曲线
时域显式随机模拟法
地震作用放大系数
性能设计
性能包络设计
隔震减震
减震性能包络设计
设计信息
活荷载信息
构件设计信息
构件设计信息
边缘构件设计信息
钢构件设计信息
包络设计
材料信息
材料参数
钢筋强度
地下室信息
荷载组合
组合系数
组合表
自定义工况组合

结构总体信息

结构体系	框筒结构
结构材料	钢筋混凝土
所在地区	全国系列 2010
地下室层数	0
嵌固端所在层号(层顶嵌固)	0
与基础相连构件最大底标高(m)	-0.1
裙房层数	0
转换层所在层号	0
加强层所在层号	
底框层数	0
施工模拟加载层步长	1

施工模拟一和三采用相同的加载顺序。自动生成的加载顺序可在“楼层属性->指定施工次序”中修改。

内框架层数	0

恒活荷载计算信息	施工模拟三
风荷载计算信息	不计算风荷载
地震作用计算信息	计算水平地震作用

☐ 计算吊车荷载 ☑ 计算人防荷载
☐ 考虑预应力等效荷载工况
☑ 生成传给基础的刚度
凝聚局部楼层刚度时考虑的底部层数（0表示全部楼层） 5
☐ 上部结构计算考虑基础结构
☐ 生成抗浮恒载工况（结构自重、其他恒载）
☑ 生成绘等值线用数据
☐ 计算温度荷载
考虑收缩徐变的砼构件温度效应折减系数 0.3
☐ 竖向荷载下砼墙轴向刚度考虑徐变收缩影响
墙刚度折减系数 0.6
☐ 考虑填充墙刚度
☐ 采用通用规范

图 5.5-3 总信息的处理

图 5.5-4 是对梁刚度系数的处理，针对地震作用下的选项。

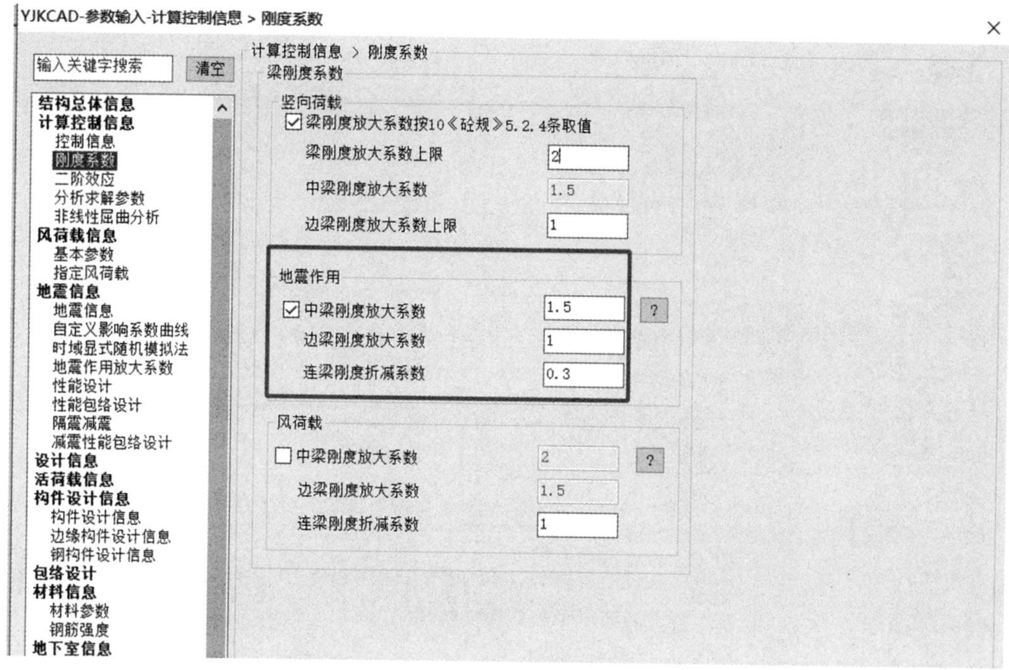

图 5.5-4　梁刚度系数的处理

图 5.5-5 是中震性能设计的参数勾选，大震类似。

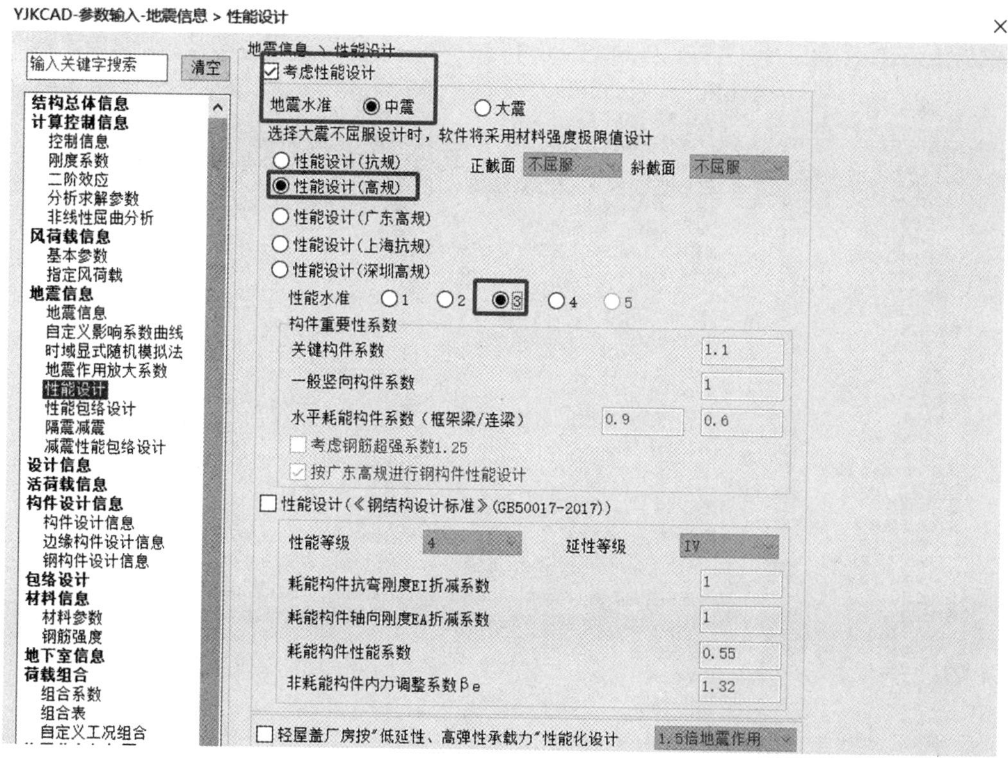

图 5.5-5　中震性能设计的参数勾选

图 5.5-6 是地震信息参数修改，特别留意地震影响系数是否联动修改。

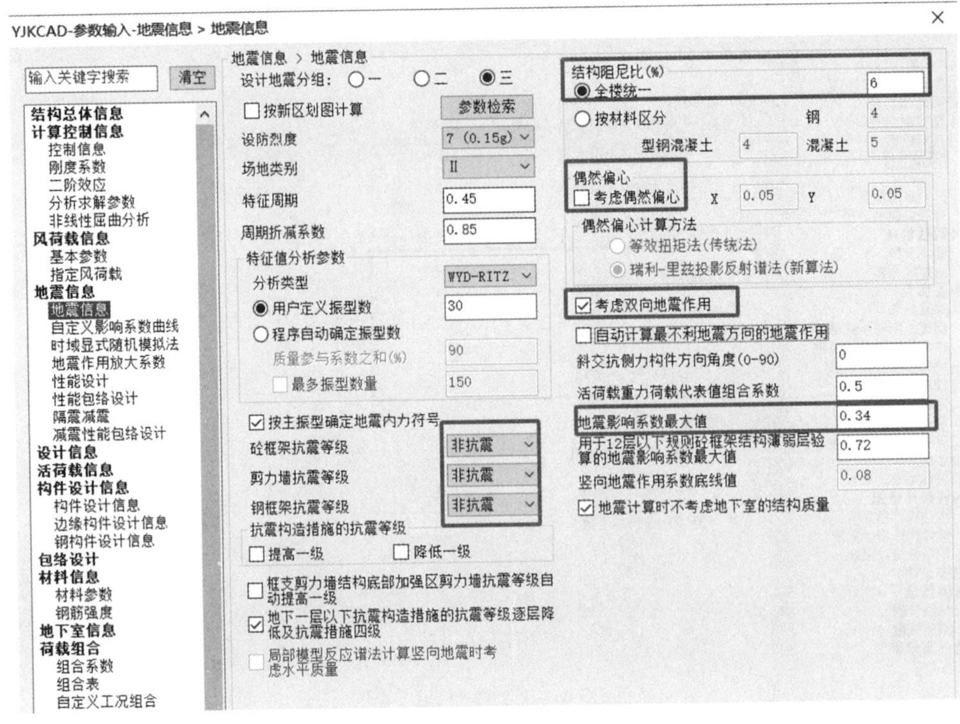

图 5.5-6 地震信息参数修改

图 5.5-7 是设计信息的修改，此项均为涉及小震下的调整，中震与大震均不考虑。

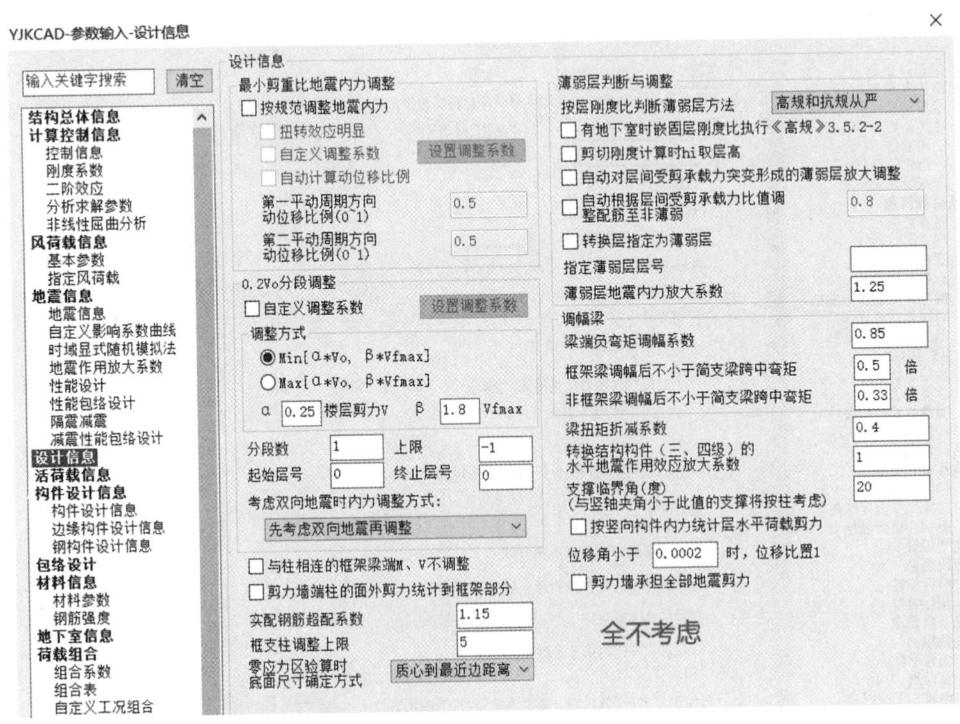

图 5.5-7 设计信息修改

接下来，是特殊构件的指定。对性能设计而言，主要就是关键构件，例如核心筒底部加强区；普通竖向构件，全楼框架柱、非底部加强区核心筒；耗能构件，框架梁、连梁。

图 5.5-8 是关键构件的指定。读者可以根据实际情况进行修改。

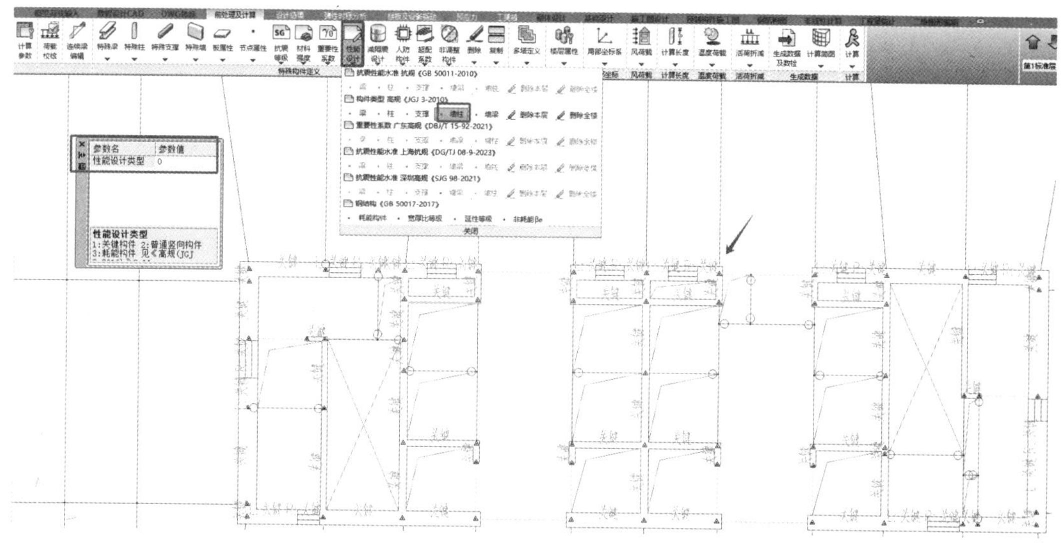

图 5.5-8　关键构件的指定

图 5.5-9 是一般构件的指定。读者可以根据实际情况进行修改。

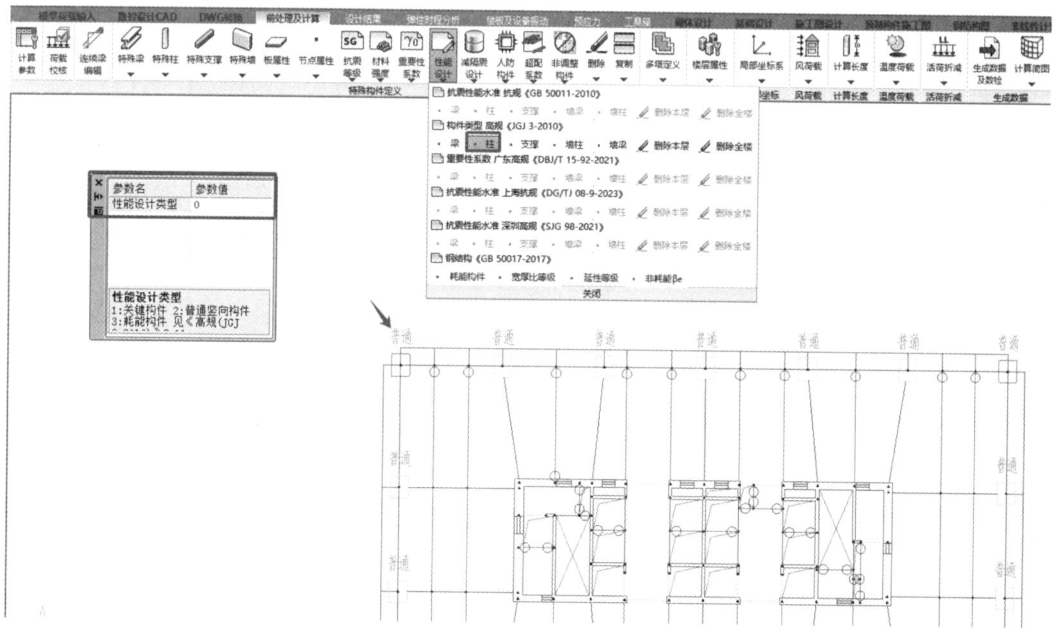

图 5.5-9　普通构件的指定

图 5.5-10 是耗能构件的指定。读者可以根据实际情况进行修改。

指定完毕后，点击计算即可。

图 5.5-11 是对关键构件计算处理信息的核对，查看文本文件，确保程序将其指定为关键构件，材料强度的数值是否正确。

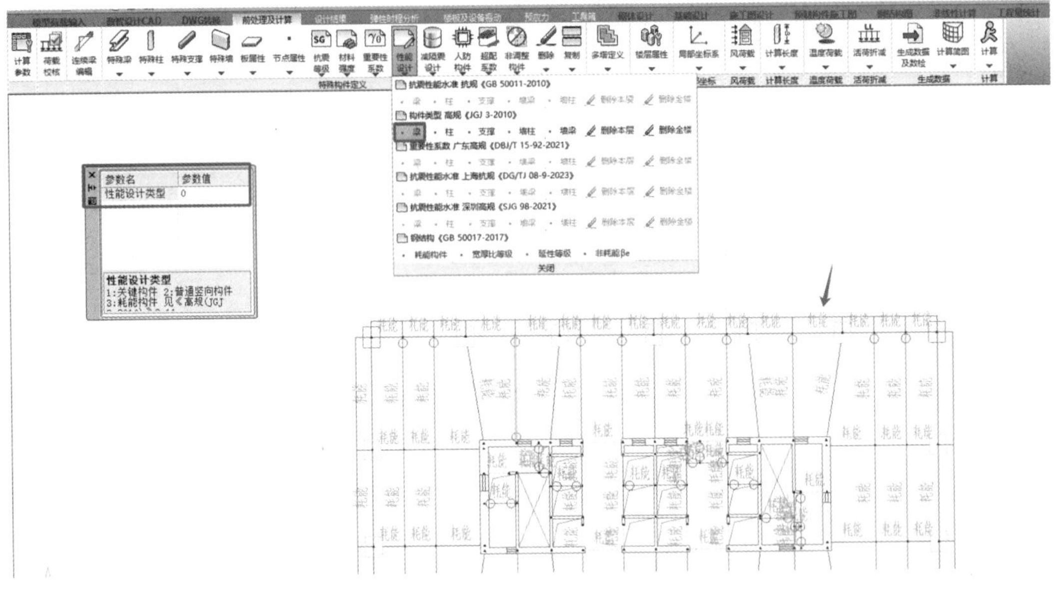

图 5.5-10　耗能构件的指定

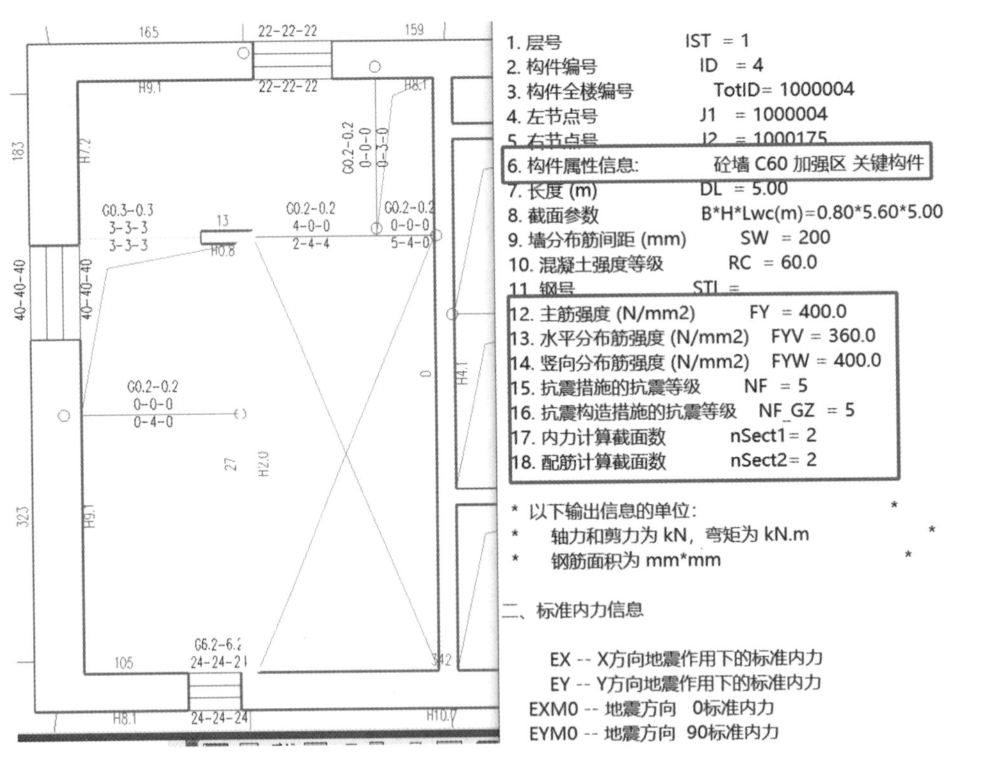

1. 层号　IST = 1
2. 构件编号　ID = 4
3. 构件全楼编号　TotID= 1000004
4. 左节点号　J1 = 1000004
5. 右节点号　J2 = 1000175
6. 构件属性信息:　砼墙 C60 加强区 关键构件
7. 长度 (m)　DL = 5.00
8. 截面参数　B*H*Lwc(m)=0.80*5.60*5.00
9. 墙分布筋间距 (mm)　SW = 200
10. 混凝土强度等级　RC = 60.0
11. 钢号　STL =
12. 主筋强度 (N/mm2)　FY = 400.0
13. 水平分布筋强度 (N/mm2)　FYV = 360.0
14. 竖向分布筋强度 (N/mm2)　FYW = 400.0
15. 抗震措施的抗震等级　NF = 5
16. 抗震构造措施的抗震等级　NF_GZ = 5
17. 内力计算截面数　nSect1= 2
18. 配筋计算截面数　nSect2= 2
* 以下输出信息的单位:
* 轴力和剪力为 kN，弯矩为 kN.m
* 钢筋面积为 mm*mm
二、标准内力信息
EX -- X方向地震作用下的标准内力
EY -- Y方向地震作用下的标准内力
EXM0 -- 地震方向 0标准内力
EYM0 -- 地震方向 90标准内力

图 5.5-11　对关键构件计算处理信息的核对

图 5.5-12 是对荷载组合进行查看，确保软件按预期的荷载组合进行计算。

图 5.5-13 是对配筋结果进行查看。配筋的查看是在前面确保软件按预期进行性能设计的基础上进行的。

荷载组合分项系数说明，其中：
Ncm --- 组合号
V-D,V-L --- 分别为恒载、活载分项系数
+X-W,-X-W --- 分别为X正负方向水平风荷载分项系数
+Y-W,-Y-W --- 分别为Y正负方向水平风荷载分项系数
X-E,Y-E --- 分别为X向、Y向水平地震荷载分项系数
Z-E --- 竖向地震荷载分项系数
R-F --- 人防荷载分项系数
TEM --- 温度荷载分项系数
CRN --- 吊车荷载分项系数

Ncm	V-D	V-L	+X-W	-X-W	+Y-W	-Y-W	X-E	Y-E	Z-E	R-F	TEM	CRN
1	1.35	1.05	--	--	--	--	--	--	--	--	--	--
2	1.30	1.50	--	--	--	--	--	--	--	--	--	--
3	1.00	1.50	--	--	--	--	--	--	--	--	--	--
4	1.00	0.50	--	--	--	--	1.00	--	--	--	--	--
5	1.00	0.50	--	--	--	--	-1.00	--	--	--	--	--
6	1.00	0.50	--	--	--	--	--	1.00	--	--	--	--
7	1.00	0.50	--	--	--	--	--	-1.00	--	--	--	--
8	1.20	--	--	--	--	--	--	--	--	1.00	--	--
9	1.00	--	--	--	--	--	--	--	--	1.00	--	--

图 5.5-12　对荷载组合进行查看

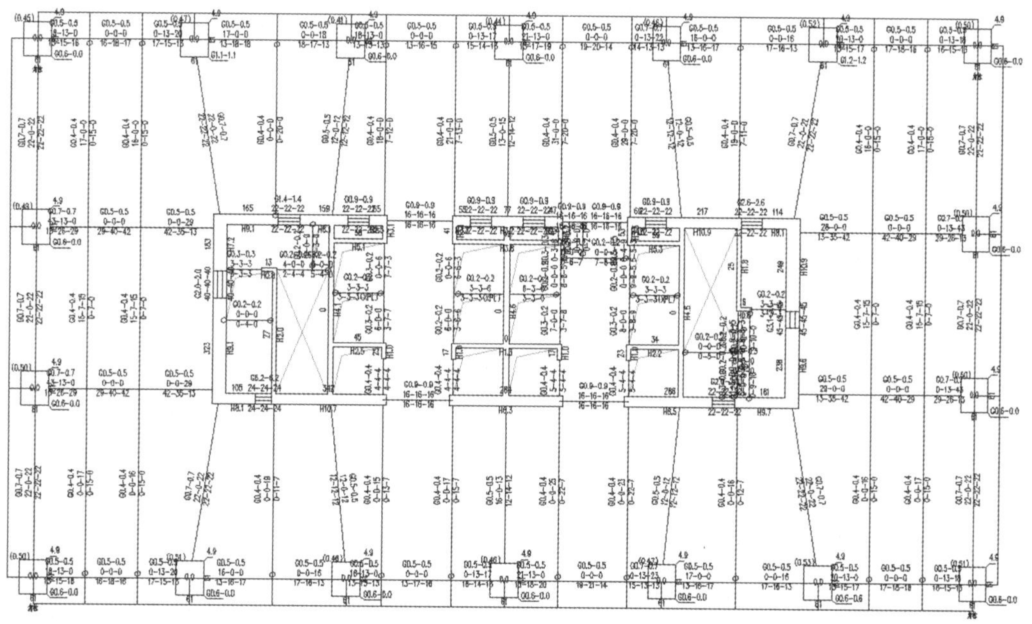

图 5.5-13　对配筋结果进行查看

读者可以在配筋结果的基础上对部分构件进行施工图设计。配筋时，涉及配筋对比的问题。配筋对比的方法很多，我们推荐读者用 YJK 自带的对比功能。

图 5.5-14 是 YJK 自带的部分配筋对比，设置好对比模型路径后即可查看。

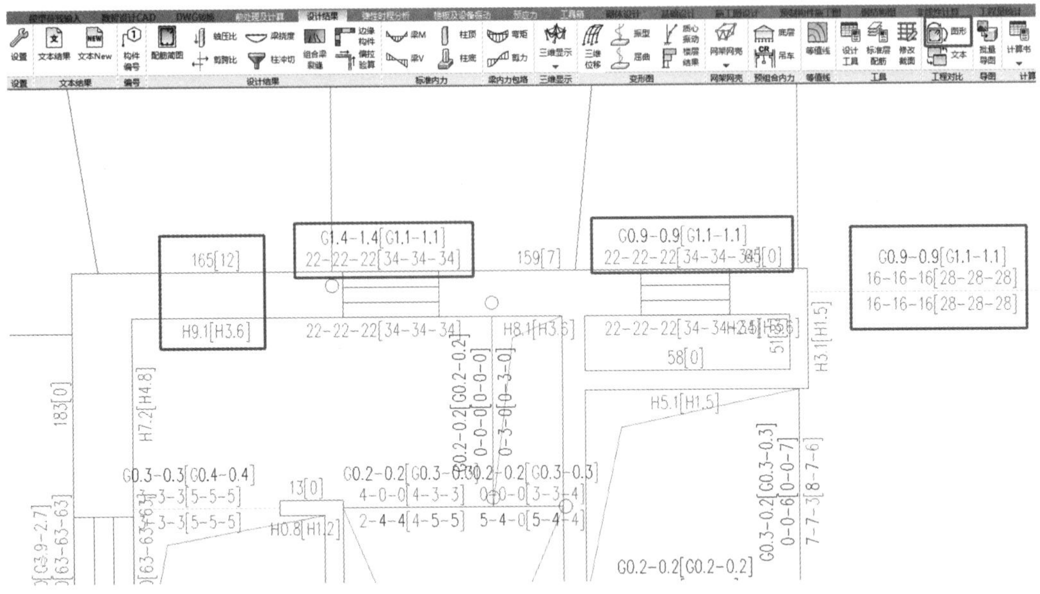

图 5.5-14　YJK 自带的部分配筋对比

结合上面操作，中震性能设计结果关键看截面配筋情况，分别查看关键构件、普通竖向构件和耗能构件；材料取值；超限情况；荷载组合。

上面是中震性能设计的全部内容，读者可以根据实际项目进行操作参考。

作为本小节的结尾，提出一个超限问题供读者思考。图 5.5-15 是其中一个墙肢超筋情况，在中震时需要控制吗？

```
-----------------------------------------------------------
N-WC=10 (I=1000034 J=1000016) B*H*Lwc(m)=0.60*6.05*5.00
Cover= 15(mm) aa=303(mm) Nfw=5 Nfw_gz=5 Rcw=60.0 Fy=400 Fyv=360 Fyw=400 Rwv=0.25
砼墙 C60 加强区 关键构件
livec=0.550
ηmu=1.000  ηvu=1.000  ηmd=1.000  ηvd=1.000
( 5)M=   87768.4 V=   -7605.3 λw= 2.008
    Nu=  -52837.3 Uc=0.46
( 6)M=  -57830.2 N=    4638.9 As=   28331.7
( 9)V=   -7579.1 N=    8761.4 Ash=     624.5 AshCal=     624.5 Rsh= 0.52
**最大配筋率超限 7.87%>6.00%
Rvx=8.03%<30%
Rvy=1.13%<30%
抗剪承载力: WS_XF=   8516.35  WS_YF=      0.00
```

图 5.5-15　超筋问题

5. YJK 大震性能设计实际操作

5.5-5 YJK 大震性能设计实操

本小节我们在前面的基础上，进一步结合 YJK 进行大震性能设计的实际操作。

这里大家需要明白一点，大震的弹塑性时程分析一般建议用国外的软件进行设计，国内软件仅做对比参考。本小节重点介绍的是大震的等效弹性反应谱法，主要用于抗剪截面的核对，基底剪力、层间位移角等仅做参考。

备份一个中震模型，在此基础上进行性能设计。其性能设计前处理参数与中震类似，我们不再赘述。

计算完毕后，对大震下的结果进行查看。

首先是基底剪力。图 5.5-16、图 5.5-17 是本案例小震下的基底剪力和大震下的基底剪力。《高规》7.5 度地震影响系数，大震与小震的比值是 0.72/0.12 = 6。

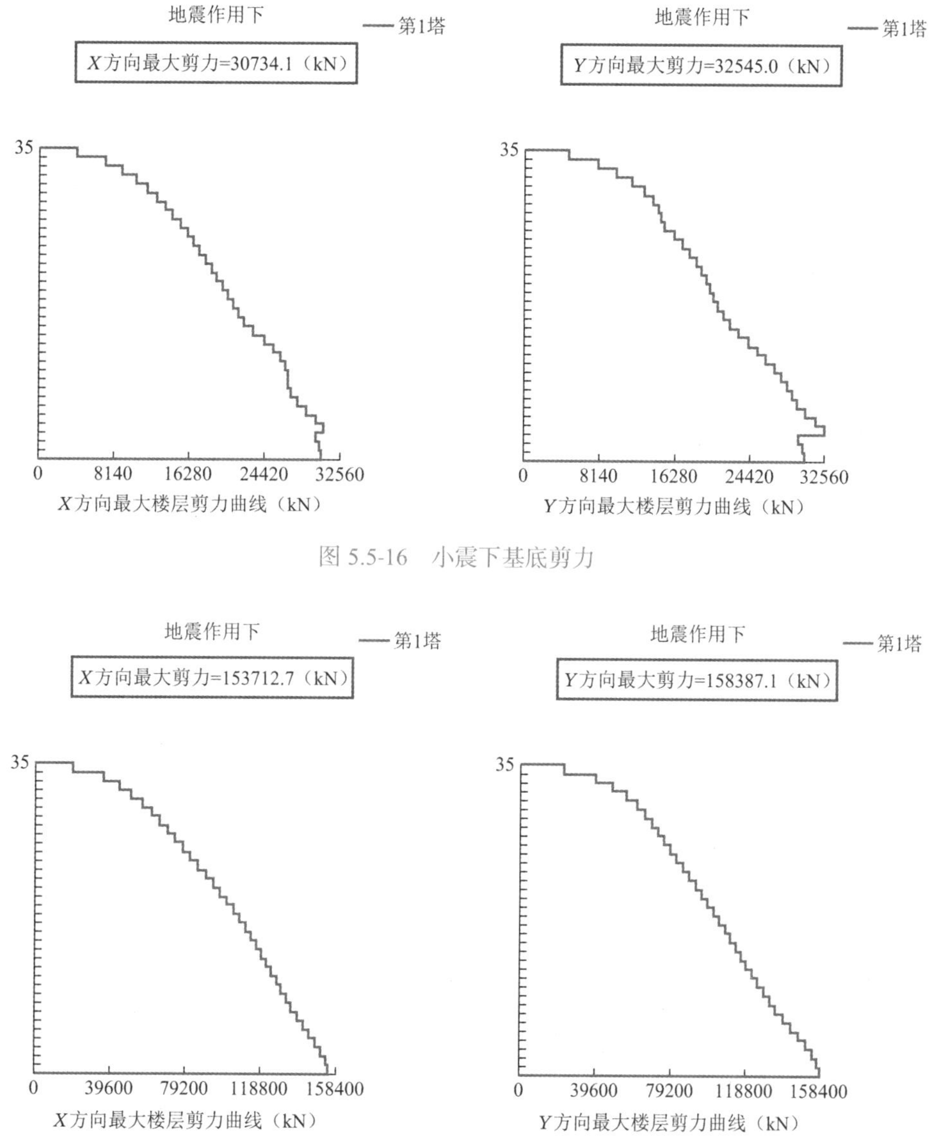

图 5.5-16　小震下基底剪力

图 5.5-17　大震下基底剪力

从上面可以看出，反应谱法计算的基底剪力比值约为 5.0。

图 5.5-18 是大震下的层间位移角，可以帮助读者预估弹塑性时程分析的计算结果。

图 5.5-19 是构件剪压比的查看，用来复核竖向构件的抗剪截面。

针对剪压比超限的构件，可以打开文本信息，结合文本中的信息进行复核，如图 5.5-20 所示。一般工程中，建议在此基础上调整使其满足。

地震作用下 —第1塔
X方向最大层间位移角=1/202

地震作用下 —第1塔
Y方向最大层间位移角=1/174

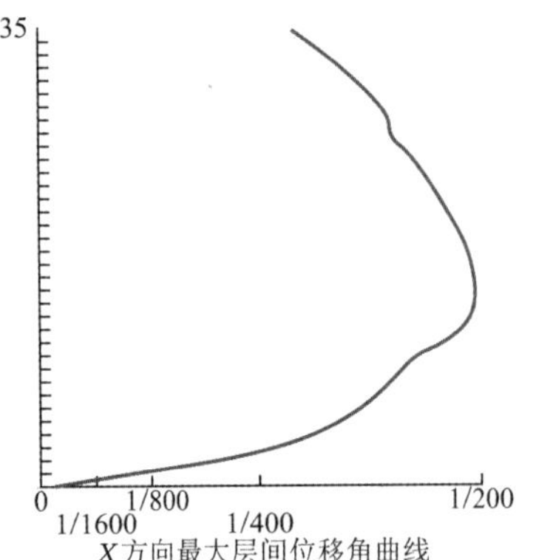

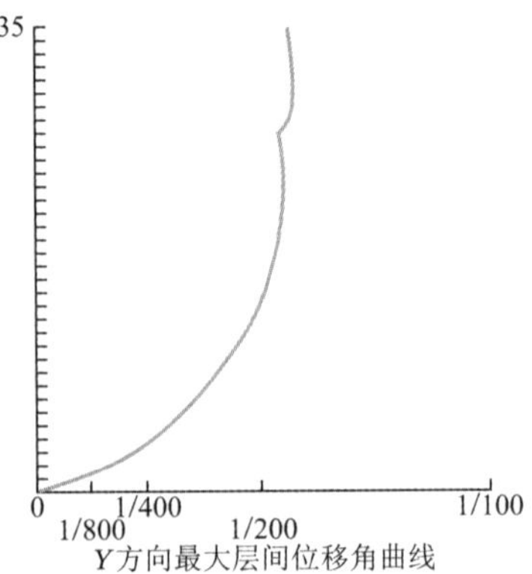

图 5.5-18 大震下的层间位移角

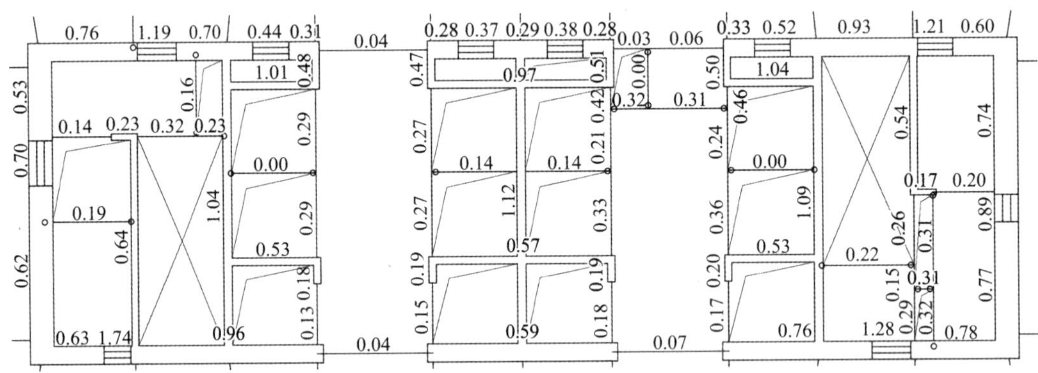

图 5.5-19 大震下部分竖向构件剪压比

```
N-WC=13 (I=2000216 J=2000020) B*H*Lwc(m)=0.60*4.16*5.00
Cover= 15(mm) aa=300(mm) Nfw=5 Nfw_gz=5 Rcw=60.0 Fy=400 Fyv=400 Fyw=400 Rwv=0.25
砼墙 C60 加强区 关键构件
livec=0.550
ηmu=1.000  ηvu=1.000  ηmd=1.000  ηvd=1.000
( 4)M=  -37151.1 V=   13763.8 λw= 0.699
    Nu=  -42799.7 Uc=0.45
( 7)M=   31699.6 N=   32290.0 As=   59938.7
( 4)V=   13763.8 N=   24225.0 Ash=    2191.6 AshCal=    2191.6 Rsh= 1.83
**最大配筋率超限 16.65%>6.00%
**(组合号:4) 截面不满足抗剪要求 V/b/h0=5.94>1/γre*0.15*βc*fc=5.78          《高规》3.11.3
**(组合号:4) 截面不满足抗剪要求 V/b/h0=5.94>1/γre*0.15*βc*fc=5.78          《高规》3.11.3
Rvx=9.58%<30%
Rvy=0.71%<30%
抗剪承载力: WS_XF=  14944.19  WS_YF=     0.00

设计调整信息:
  横向钢筋剪、扭、冲切计算，设计值大于360N/mm2时取360N/mm2  《砼规》4.2.3
   (注: 性能设计中标准值和极限值不设上限)
```

图 5.5-20 构件信息

至此，关于大震性能化设计告一段落。读者下一步要做的是备份模型或者导出模型，进行大震的弹塑性时程分析。

5.6 超高层框架-核心筒结构小结

5.6 超高层框架—核心筒结构小结

本章介绍了常规超限高层设计的全流程操作。根据超限审查要点，结合案例进行实际操作。

实际项目中，超高层的超限类型各不相同。读者要在此基础上，学会用多软件对比的思维，对特殊的超限项进一步做专题分析。具体可以参考本丛书中笔者已出版的《迈达斯 midas Gen 结构设计入门与提高》一书。

第6章

空间钢结构计算分析

6.1 空间钢结构概念设计

如果说钢筋混凝土结构在多高层结构领域占有绝对统治的地位，那么钢结构就是空间结构领域不可撼动的霸主。关于空间钢结构的种类和发展历程，很多图书都有所介绍，我们不再一一赘述。从实际项目应用的角度，笔者将常见的空间钢结构分成常规空间钢结构和异形空间钢结构两大类。前者应用比较广泛的有网架、网壳、管桁架；后者没有特定的种类。其特点是杂而有序，结构模型的创建对读者而言是一个挑战。

本章主要结合第 1 章的案例进行改编，给读者介绍网架钢结构和空间钢结构连廊（本质上是桁架）的整体分析。

1. 常见空间网架介绍

6.1-1 常见空间网架介绍

图 6.1-1 网架结构

网架是非常常见的一种空间结构，如图 6.1-1 所示。

《空间网格结构技术规程》JGJ 7—2010 将网架分为三大类，分别是平面桁架系网架（五种）、四角锥体系网架（五种）和三角锥体系网架（三种）。

平面桁架系包括两向正交正放网架（图 6.1-2）、两向正交斜放网架（图 6.1-3）、两向斜交斜放网架（图 6.1-4）、三向网架（图 6.1-5）和单向折线形网架（图 6.1-6）。

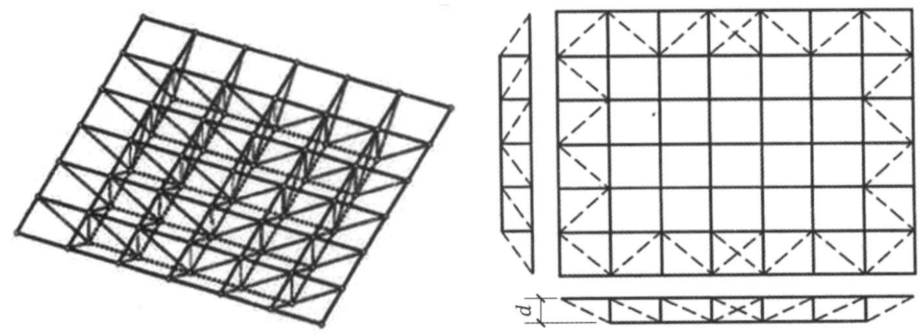

图 6.1-2 两向正交正放网架

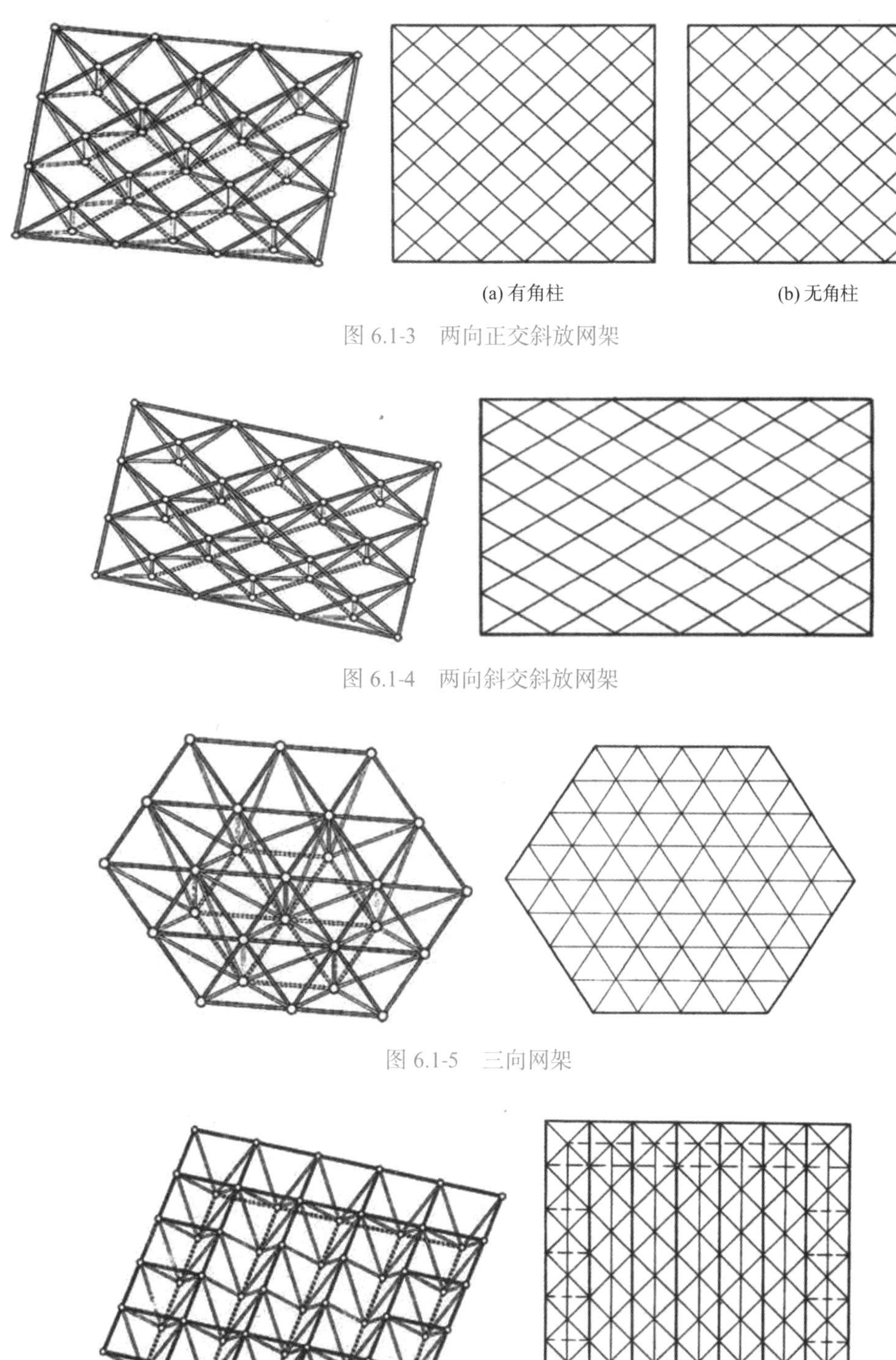

图 6.1-3　两向正交斜放网架

图 6.1-4　两向斜交斜放网架

图 6.1-5　三向网架

图 6.1-6　单向折线形网架

四角锥体系网架包括正放四角锥网架（图 6.1-7）、正放抽空四角锥网架（图 6.1-8）、斜放四角锥网架（图 6.1-9）、棋盘形四角锥网架（图 6.1-10）和星形四角锥网架（图 6.1-11）。

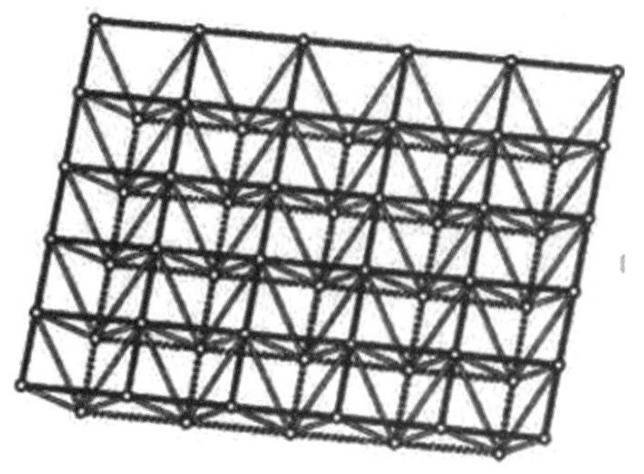
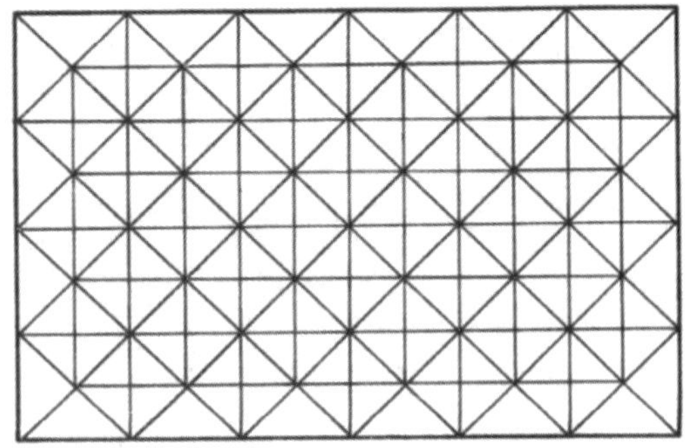

图 6.1-7　正放四角锥网架

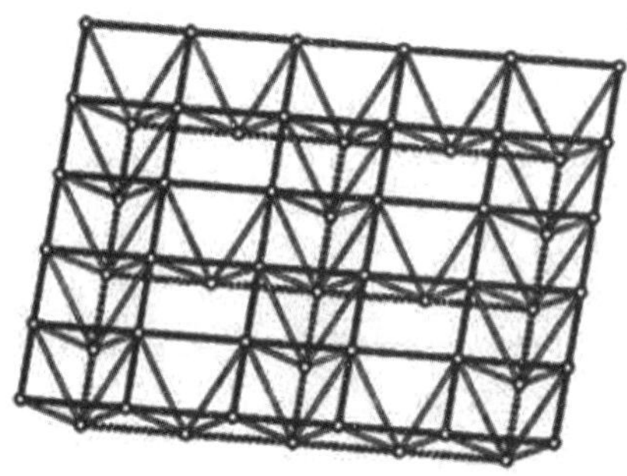
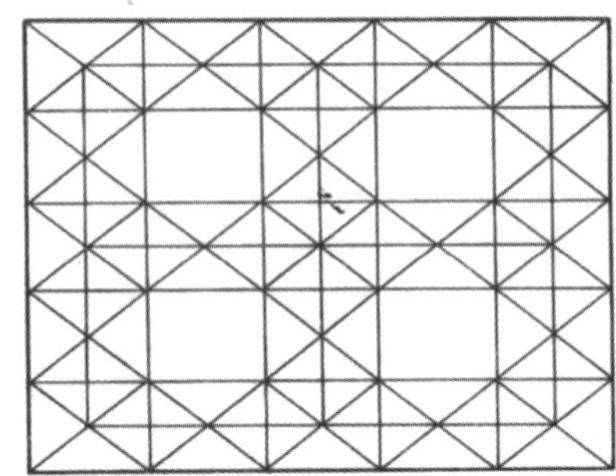

图 6.1-8　正放抽空四角锥网架

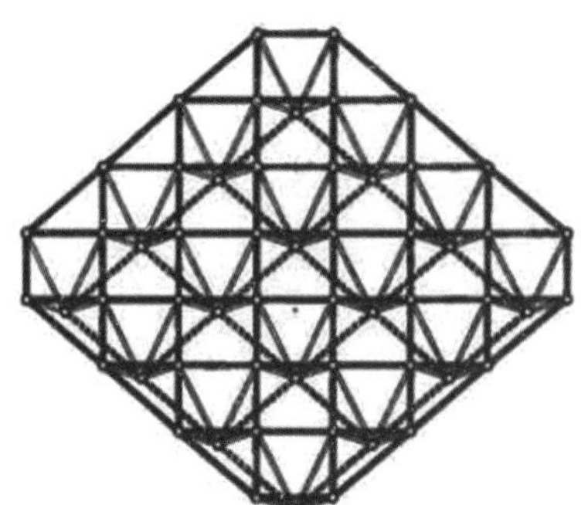
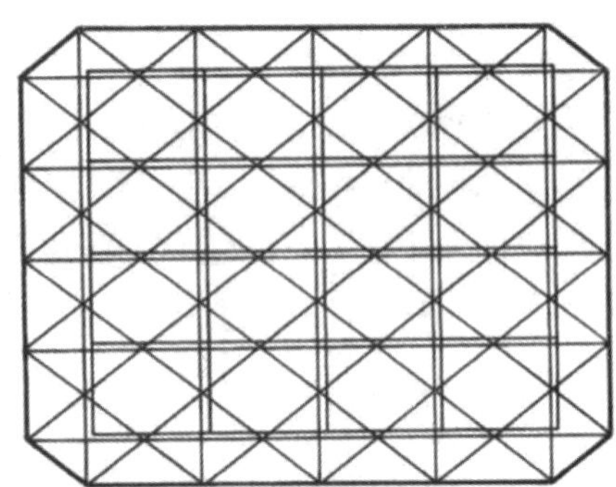

图 6.1-9　斜放四角锥网架

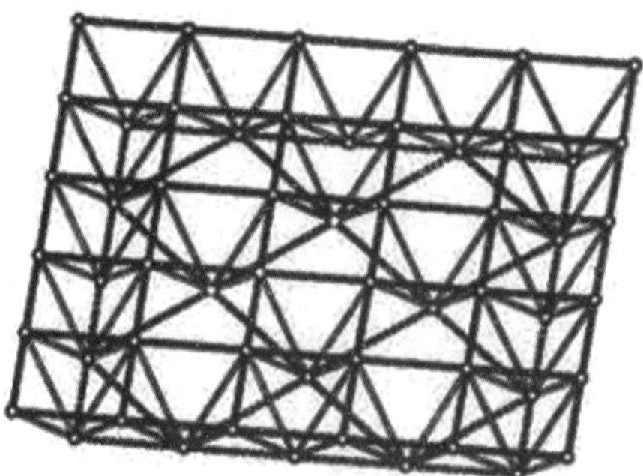
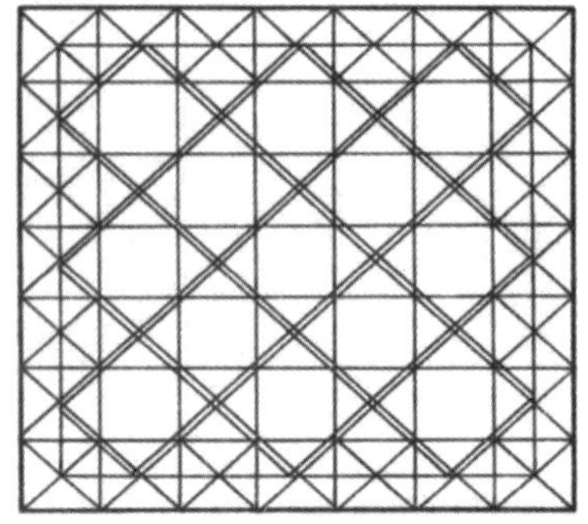

图 6.1-10　棋盘形四角锥网架

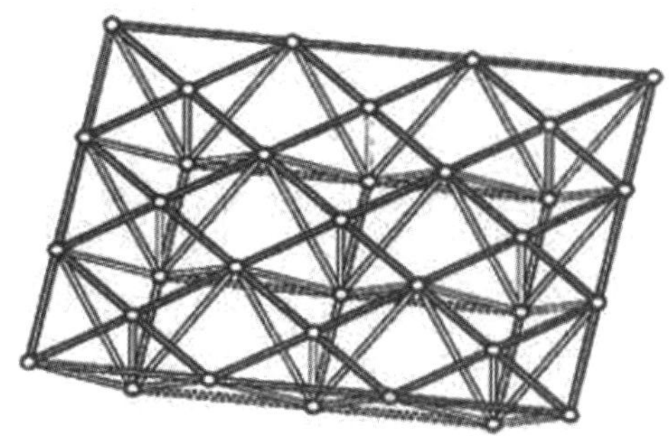
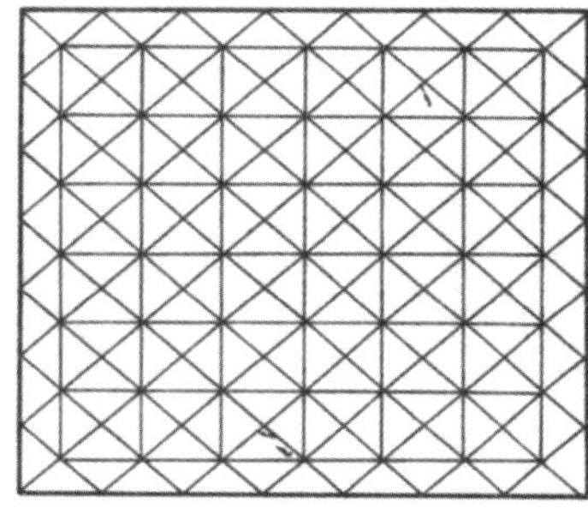

图 6.1-11　星形四角锥网架

三角锥体系网架包括三角锥网架（图 6.1-12）、抽空三角锥网架（图 6.1-13）和蜂窝形三角锥网架（图 6.1-14）。

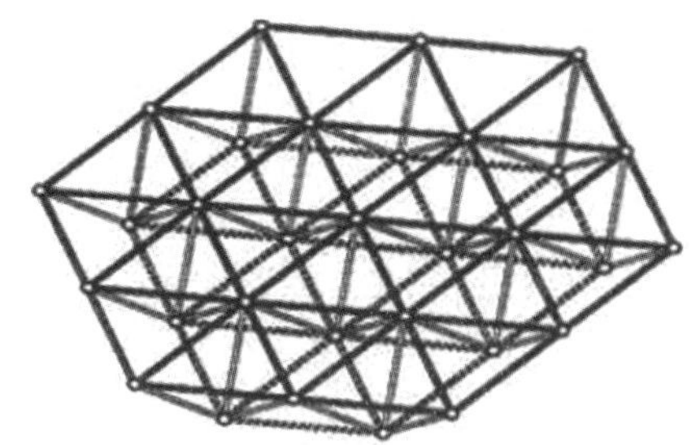
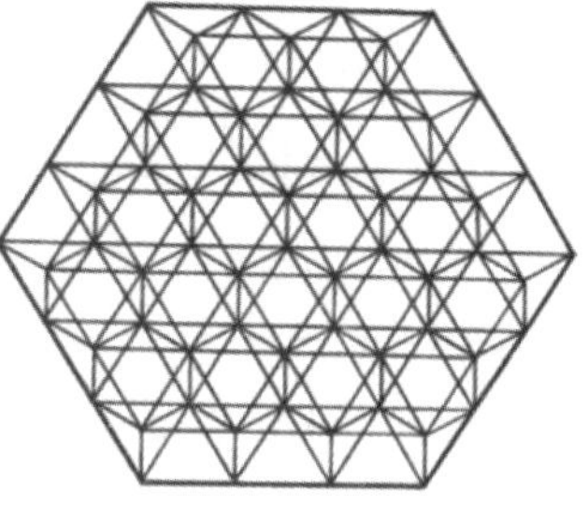

图 6.1-12　三角锥网架

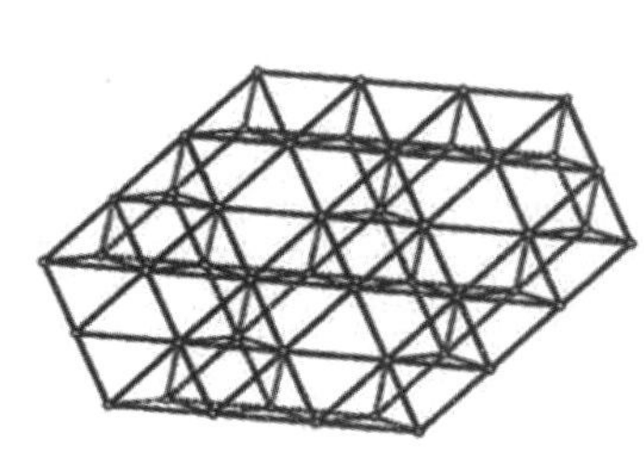
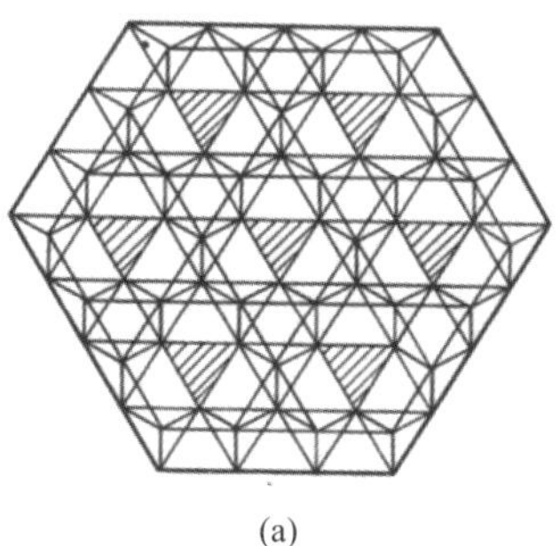
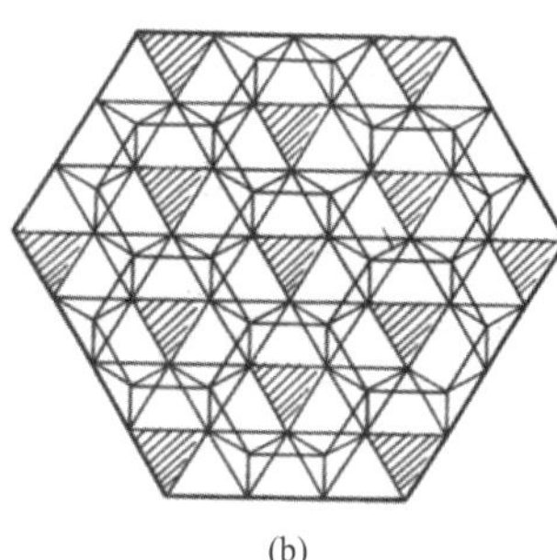

(a)　(b)

图 6.1-13　抽空三角锥网架

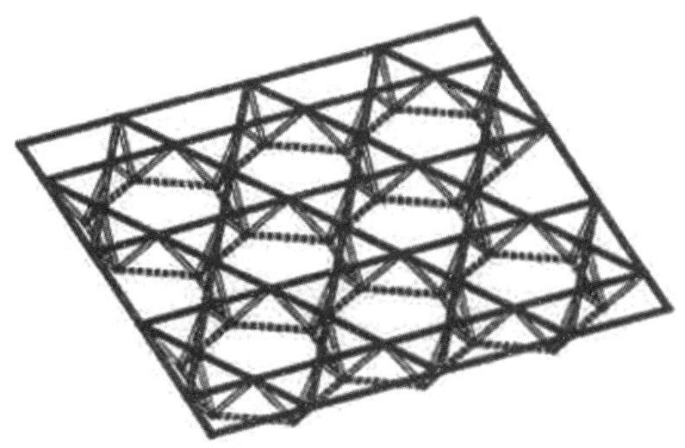
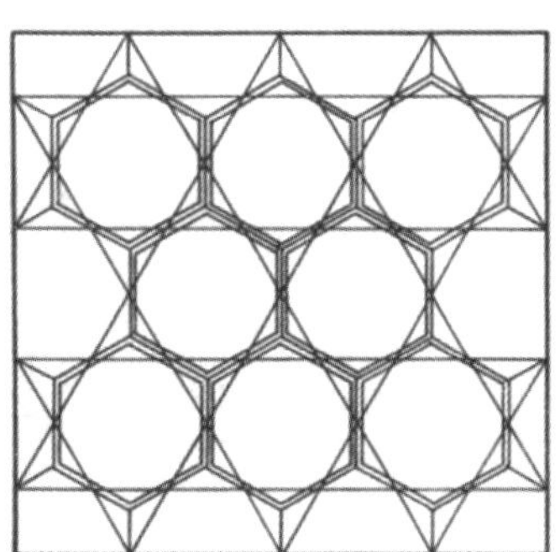

图 6.1-14　蜂窝形三角锥网架

以上为十三种网架单元的种类，这里提醒读者在方案设计阶段务必争取建筑专业的意见。因为空间结构很多情况下属于敞开式的结构，在美观上要得到建筑设计人员的同意，避免后续反复。

2. 常见空间桁架介绍

6.1-2 常见空间桁架介绍

桁架同样是实际项目中经常遇到的一种钢结构（图 6.1-15），概括来说分为两类：平面桁架和空间桁架。两者的区别主要体现在刚度的差异，最直接的反映就是前者一般用在中小跨度中，后者用在大跨中。

图 6.1-15　桁架结构

3. 空间网架概念设计

6.1-3 空间网架概念设计

提到空间网架的概念设计，我们分下面几点进行阐述。

1）网架的选型。网架选型我们建议考虑六点因素：建筑平面形状、跨度大小、网架支承形式、荷载大小、屋面构造和材料、制作安装方法。同时，在方案阶段进行比选。

对于周边支承情况的矩形平面，长宽比小于 1.5 时，考虑斜放四角锥、棋盘形四角锥、正放抽空四角锥、两向正交斜放网架、两向正交正放网架、正放四角锥；长宽比大于 1.5 时，考虑正放抽空四角锥、两向正交正放网架、正放四角锥；狭长形平面可以考虑单向折线形网架。

点支承情况的矩形平面，可以考虑正放抽空四角锥、两向正交正放网架、正放四角锥。

多边形或圆形平面，可以考虑三角锥网架、三向网架、抽空三角锥网架。

大跨度可以考虑三角锥网架、三向网架。

2）网架的用钢量。空间结构大家往往比较关注用钢量，其实结合多年的设计经验，无论何种结构，过往结构的用钢量只是参考，真实的项目用钢量需要进行多方案比选，优中选优，这样才具有竞争力。这里，我们只提供张毅刚等《大跨空间结构》一书中的网架用钢量供读者参考（表 6.1-1）。对于实际项目，建议方案阶段通过比选试算进行统计。

网架用钢量参考　　表 6.1-1

网架类型	24m 跨		48m 跨		72m 跨	
	用钢量/（kg/m²）	挠度/mm	用钢量/（kg/m²）	挠度/mm	用钢量/（kg/m²）	挠度/mm
两向正交正放	9.3	7	16.1	21	21.8	32
两向正交斜放	10.8	5	16.1	19	21.4	32
正放四角锥	11.1	5	17.7	18	23.4	30

续表

网架类型	24m 跨		48m 跨		72m 跨	
	用钢量/（kg/m^2）	挠度/mm	用钢量/（kg/m^2）	挠度/mm	用钢量/（kg/m^2）	挠度/mm
斜放四角锥	9.0	5	14.8	16	19.3	29
棋盘型四角锥	9.2	7	15.0	22	21.0	33
星型四角锥	9.9	5	15.5	16	21.1	30

表 6.1-1 是正方形周边支承网架结构的用钢量试算统计。由表中可以看出，正放四角锥用钢量相对偏大一些，但是挠度普遍偏小，说明其刚度比较理想。因此，从结构设计的角度，建议读者在中小型网架结构中可以优先考虑此单元。

关于螺栓球和焊接球，实际项目中建议读者可以考虑自重的 15%和 25%。

最后，提醒读者留意《空间网格结构技术规程》JGJ 7—2010 第 3.2.11 条中关于网架自重计算的公式，在实际项目中可以参考使用。

$$g_{ok}=\sqrt{q_w}L_2/150$$

3）网架高度的估算。留意三点因素：屋面荷载、平面形状和支承条件。

屋面荷载很容易理解，荷载大需要的高度大，如实腹式截面，可提供更多的抗弯刚度。平面形状和支承条件决定了支座的数量及布置位置，这直接影响网架的整体刚度。

实际项目中，建议读者跨高比来反算网架高度，对于钢筋混凝土楼盖（屋面），建议取值 10～14 估算高度；对于钢檩体系屋面，建议取值$(13\sim17)-0.03L$，L为短跨长度。

4）网架网格的划分。网架高度确定后，需要估算单元网格平面尺寸。一般影响因素是屋面材料、与网架高度的比例。

有檩屋面一般不超过 6m，无檩屋面控制在 2～4m。

单元平面网格还需要结合网架高度控制角度，一般在 30°～60°范围，45°最佳。

4. 空间桁架概念设计

相较于网架结构，管桁架结构的曲线流动性更强，能满足一些对曲线流动要求高的建筑造型。我们从下面几方面进行阐述。

6.1-4 空间桁架概念设计

1）此类结构的优缺点。作为读者，需要知道管桁架结构的优缺点，在方案阶段便于和其他空间结构进行对比。

其优点为：①薄壁钢管，闭口截面，抗扭刚度好；②节点构造简单；③结构简洁、流畅、适用性强；④钢管外表面积小，节约防腐防火材料及清洁维护等费用；

缺点为：①为减少钢管拼接量，一般弦杆规格相同，不能根据内力选择，造成结构用钢量偏大；②相贯节点放样、加工困难，现场焊接工作量大。

2）桁架的分类。从空间角度，分为平面桁架和空间管桁架，如图 6.1-16 所示。

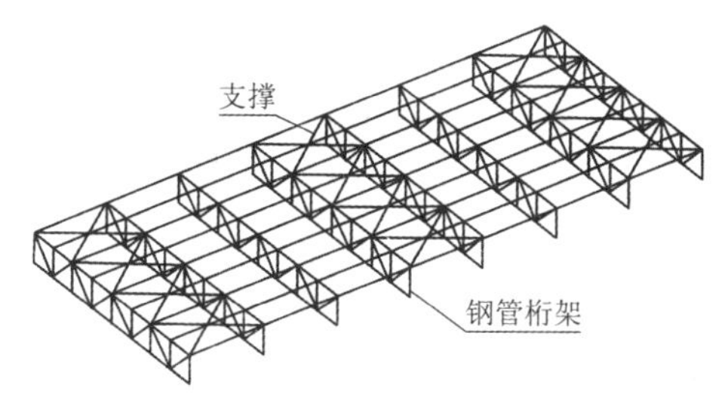

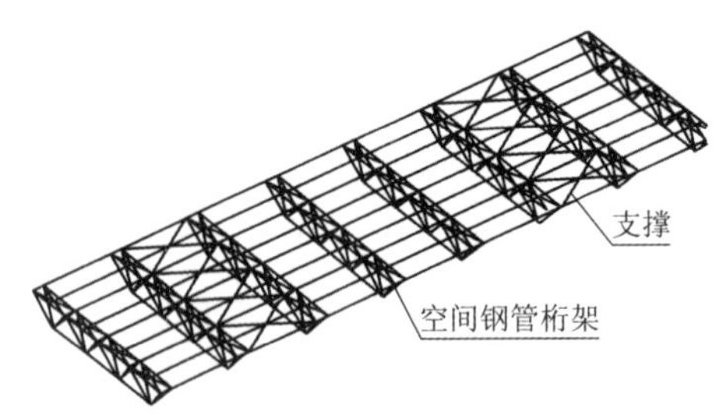

图 6.1-16　平面桁架与空间桁架

从图 6.1-16 可以看出，平面桁架到空间桁架是从小跨度到大跨度的自然选择。

3）桁架的几何尺寸确定。关于管桁架的几何尺寸问题，可以参考《空间网格结构技术规程》第 3.4 节，是关于管桁架的要求。我们把要点摘录如下：

3.4.1　立体桁架的高度可取跨度的 1/12～1/16。

3.4.2　立体拱架的拱架厚度可取跨度的 1/20～1/30，矢高可取跨度的 1/3～1/6。当按立体拱架计算时，两端下部结构除了可靠传递竖向反力外还应保证抵抗水平位移的约束条件。当立体拱架跨度较大时应进行立体拱架平面内的整体稳定性验算。

3.4.3　张弦立体拱架的拱架厚度可取跨度的 1/30～1/50，结构矢高可取跨度的 1/7～1/10，其中拱架矢高可取跨度的 1/14～1/18，张弦的垂度可取跨度的 1/12～1/30。

3.4.4　立体桁架支承于下弦节点时桁架整体应有可靠的防侧倾体系，曲线形的立体桁架应考虑支座水平位移对下部结构的影响。

3.4.5　对立体桁架、立体拱架和张弦立体拱架应设置平面外的稳定支撑体系。

结合实际工程项目，我们进行以下梳理：

（1）跨度建议：直线形：18～60m；拱线形：100m。

（2）高度建议：直线形：1/16～1/12；拱线形：1/30～1/20；矢高：1/6～1/3。

（3）网格尺寸：与高度匹配，角度目标是 45°。

（4）面外支撑体系：结合檩条跨度，整体结构的刚度需求确定是否采用次桁架。

4）桁架的刚接、铰接问题。张毅刚《大跨空间结构》一书中进行了三个模型的对比，模型 A 全刚接，模型 B 弦杆贯通、腹杆铰接，模型 C 全铰接。杆件内力汇总如表 6.1-2 所示。

桁架刚接与铰接计算对比　　表 6.1-2

杆件位置及编号		模型 A		模型 B		模型 C
		轴力（轴向应力）	弯矩（弯曲应力）	轴力（轴向应力）	弯矩（弯曲应力）	轴力（轴向应力）
弦杆	①	−462.5 （−93.2）	2.5 （13.4）	−463.3 （−93.3）	2.5 （13.4）	−469.8 （−94.6）
	②	−315.2 （−63.5）	1.4 （7.8）	−315.8 （−63.6）	1.6 （8.9）	−318.6 （−64.2）
	③	968.2 （110.0）	9.4 （16.7）	968.7 （110.0）	9.5 （16.9）	972.0 （110.7）
	④	754.3 （85.9）	6.0 （12.4）	754.7 （85.9）	6.8 （13.9）	756.0 （86.1）
腹杆	⑤	−163.8 （−65.2）	0.1 （1.0）	−168.0 （−66.9）	— （—）	−165.2 （−65.7）
	⑥	101.2 （40.2）	0.1 （2.3）	101.1 （40.2）	— （—）	100.9 （40.2）

实际项目中刚接与铰接的选择，建议根据《空间网格结构技术规程》第 4.1.4 条确定。

4.1.4　分析网架结构和双层网壳结构时，可假定节点为铰接，杆件只承受轴向力；分析立体管桁架时，当杆件的节间长度与截面高度（或直径）之比不小于 12（主管）和 24（支管）时，也可假定节点为铰接；分析单层网壳时，应假定节点为刚接，杆件除承受轴向力外，还承受弯矩、扭矩、剪力等。

5. 空间结构计算模型问题

相较于多高层结构，空间结构的计算不是一蹴而就的，需要分批次进行。实际项目中，建议读者建立两个大类模型进行。

6.1-5 空间结构计算模型问题

第一个大类模型是纯钢结构的模型，比如单纯的网架、桁架模型，用来进行截面的选择和试算，这个可以用国产的 3D3S 软件实现。

第二大类模型是组合模型，比如本章涉及的混凝土框架结构与网架结构拼装整体进行计算等。这类模型的计算可以用国产的 YJK、PKPM 进行分析，也可以用国外的有限元软件 midas Gen、SAP2000 进行分析等。

本书重点介绍的是上面第二类模型的计算分析。

6.2　网架结构整体分析 YJK 实际操作

6.2-1 案例背景

1. 案例背景

本案例在第 1 章案例的基础上进行改编，标准层平面图如图 6.2-1 所示。在屋顶层因为建筑功能原因，进行拔柱处理。建筑设计人员要求做成网架结构，只留周圈框架柱，取消内部所有框架柱。

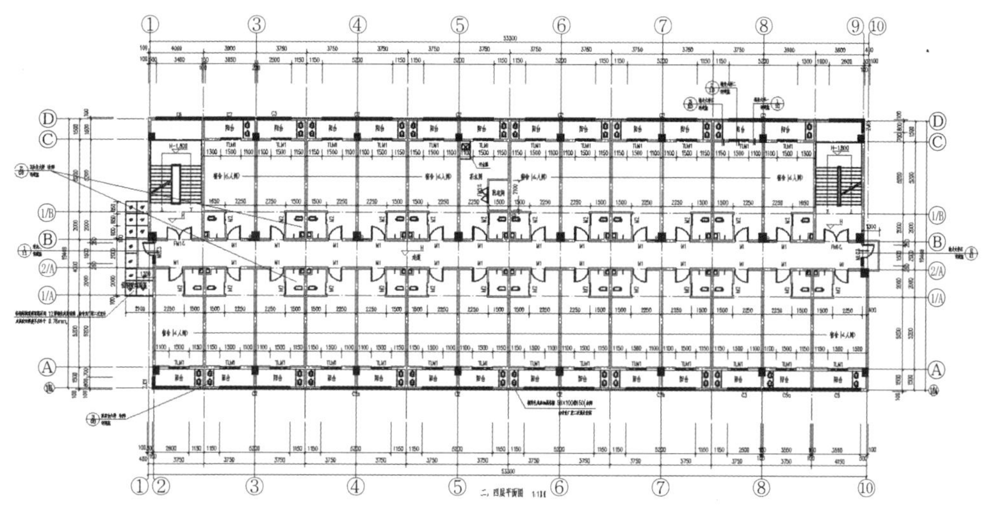

图 6.2-1　标准层平面

2. 网架模型的搭建

网架模型的创建方法很多，在 YJK 建模之前，读者应采用 3D3S 等软件对专门的网架部分做过分析。钢结构的建模推荐大家用 Grasshopper 参数化建模进行设计，导入到有限元软件中进行分析。

6.2-2 网架模型的搭建

关于 Grasshopper 的参数化建模内容，可以阅读本丛书中已经出版的《Grasshopper 参数化结构设计入门与提高》一书，下面我们将其中的关键电池列举出来。

首先，是建筑结构基准线的创建电池，如图 6.2-2 所示。

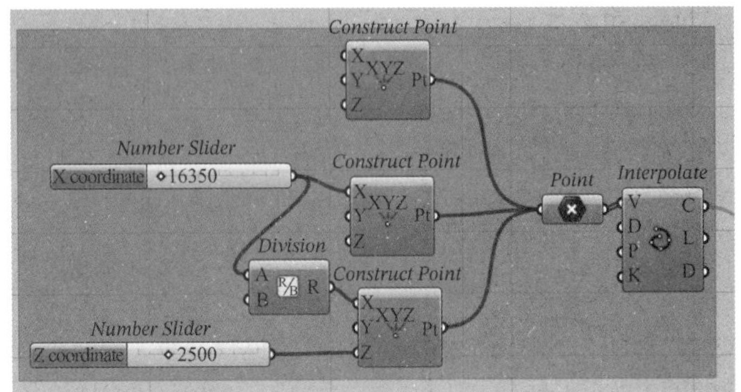

图 6.2-2　结构基准线

图 6.2-3 所示是网架的基准面。

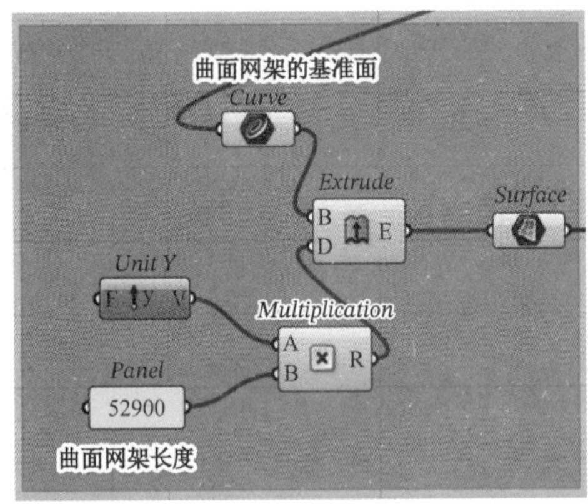

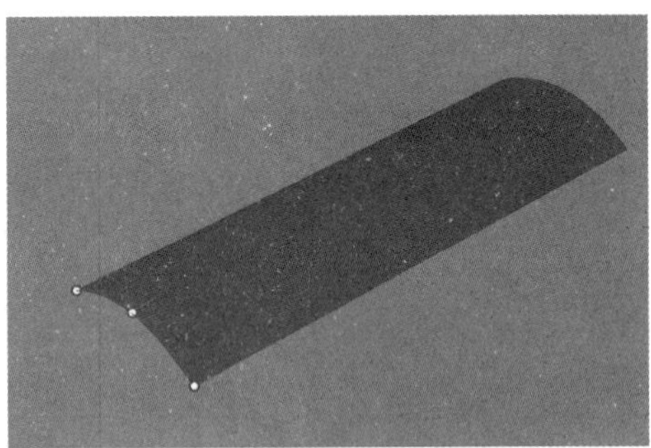

图 6.2-3　网架的基准面

图 6.2-4 所示是网架的上弦单元划分。

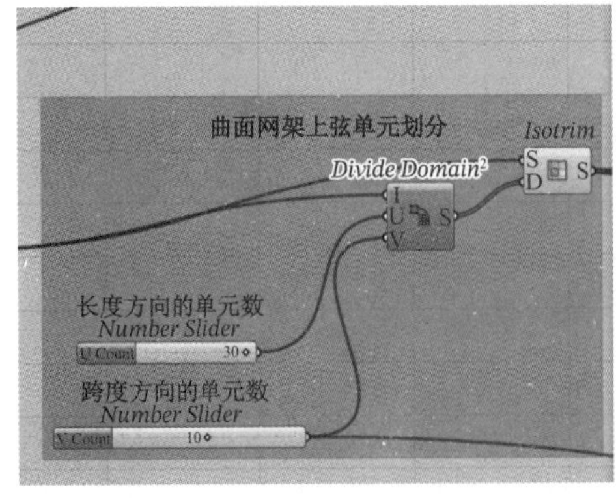

图 6.2-4　网架的上弦单元划分

图 6.2-5 所示是网架的下弦节点提取。

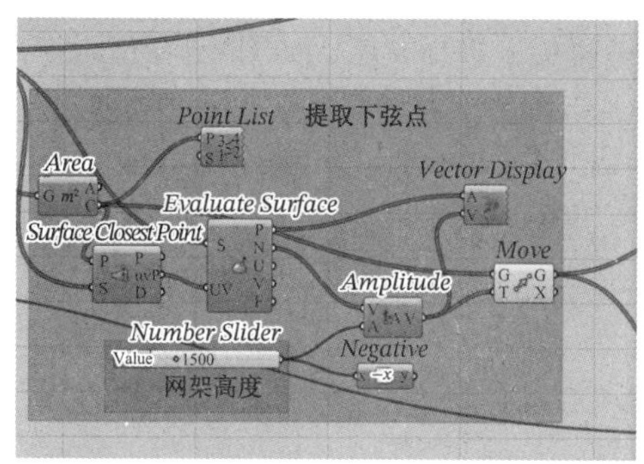

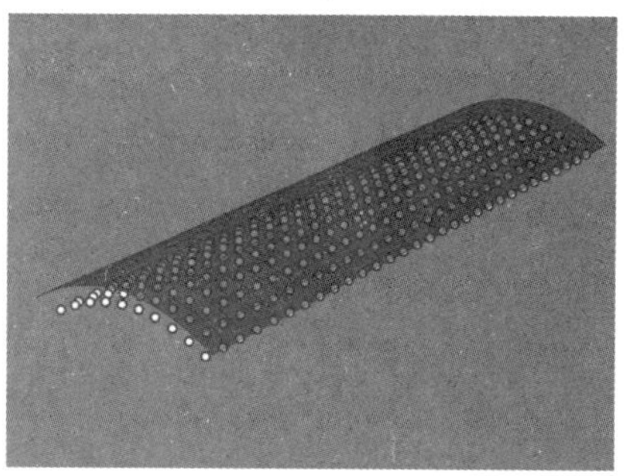

图 6.2-5　网架的下弦节点

图 6.2-6 所示是网架弦杆的连接。

图 6.2-7 所示是 Grasshopper 参数化网架成果。

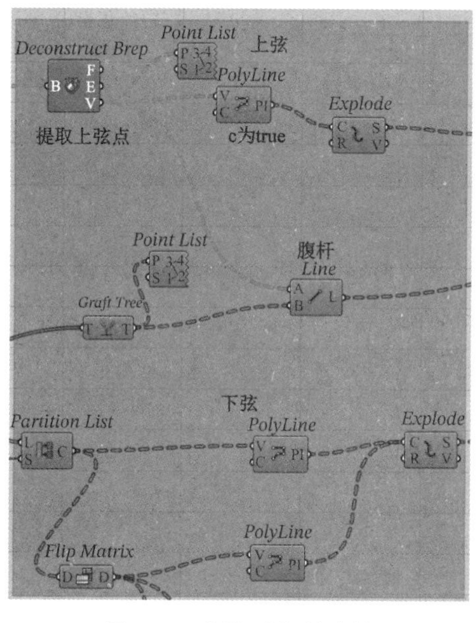

图 6.2-6　网架弦杆的连接

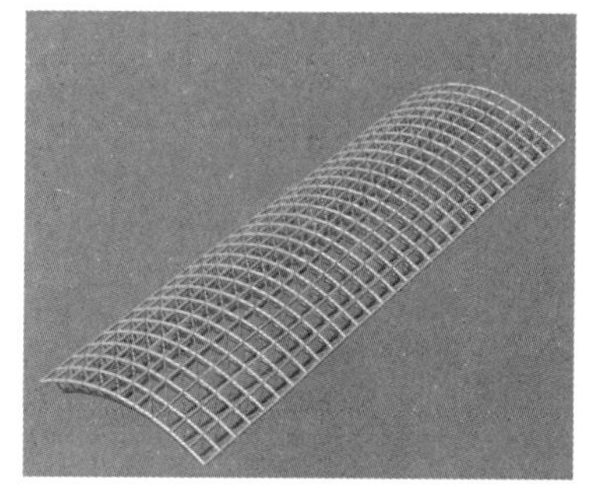

图 6.2-7　Grasshopper 参数化网架成果

将其保存为 dxf 文件，准备导入 YJK 中。

3. 网架 YJK 模型处理

6.2-3 网架 YJK 模型处理

在进行 YJK 的空间结构模块之前，要对混凝土结构部分进行模型处理。屋顶层删除内部混凝土梁柱杆件，如图 6.2-8 所示。

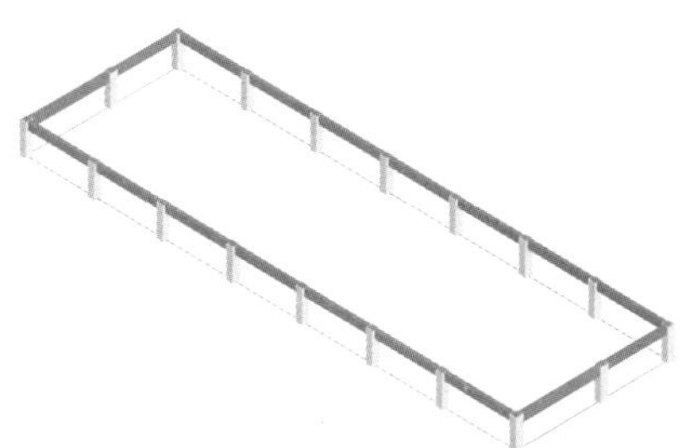

图 6.2-8　处理后的屋顶标准层

然后，点击进入空间结构模块，点击参考楼层，选择 5 层，如图 6.2-9 所示。

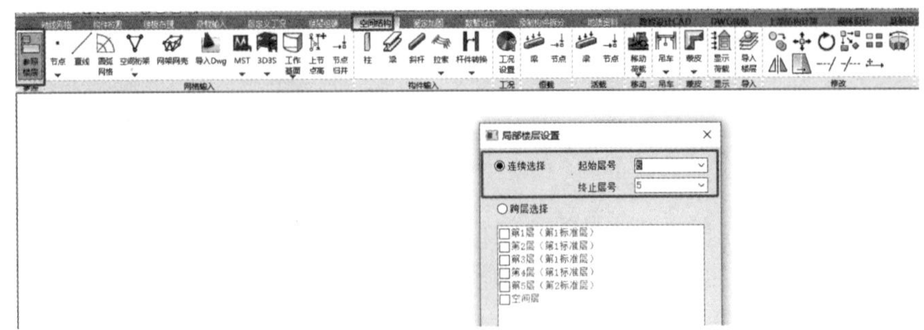

图 6.2-9　空间结构模块

YJK 建模软件设置的“空间结构”菜单就是用来完成复杂结构模型的建模输入。参照楼层确定了空间结构的空间定位。

空间网格线输入时，可在参照楼层上捕捉或参照定位，参照楼层上的网格轴线可作为空间网格线的捕捉对象或参照对象。参照楼层上的构件只起显示参照作用，不能作为捕捉对象。由于经过全楼组装后的自然层的空间位置已经确定，这样输入的空间网格也随之确定。当楼层组装修改后自然层空间位置发生变化后，空间模型也将随之变化。因此可以看出，参照楼层的主要作用是把输入的空间结构在三维模型中准确定位。

导入已有的空间网格时，也应首先选择参照的自然楼层，将导入的模型用鼠标动态移动，布置到已有的楼层上。

YJK 的空间结构模块也提供了用于生成网架、桁架等快捷菜单。笔者认为，读者不必拘泥于这些菜单，如果自己已经很熟练地掌握了 Grasshopper 的参数化建模，完全可以用 CAD 导入的方式进行导入，或者 3D3S 等其他软件导入。有限元软件的强项在于计算分析，不是模型创建。本案例我们介绍 Grasshopper 导入的方法。

导入方法如图 6.2-10 所示。重点是线模导入进来后，整体移动到参考楼层指定位置。

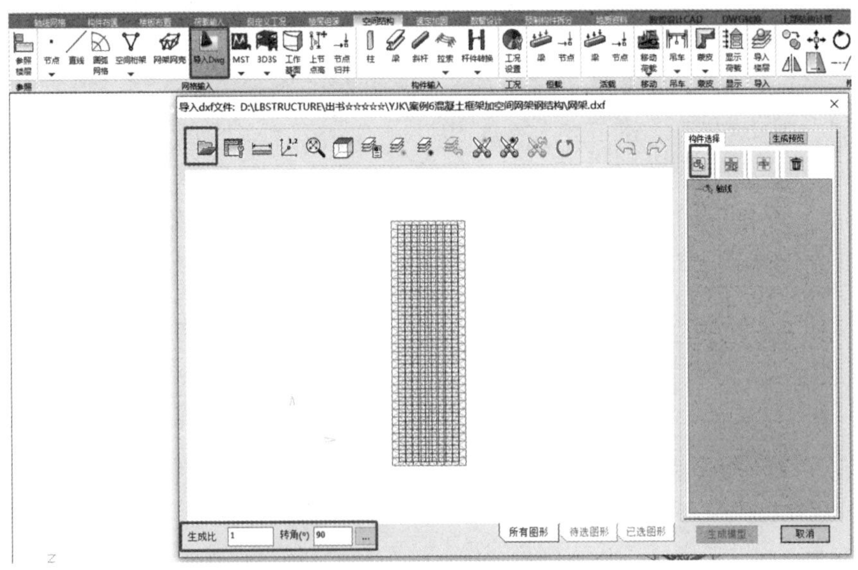

图 6.2-10　导入线模

移动后的初步位置如图 6.2-11 所示。这里，进一步整体向上移动 300～500mm 的距离，做好定位点，目的是方便后面的约束定义。

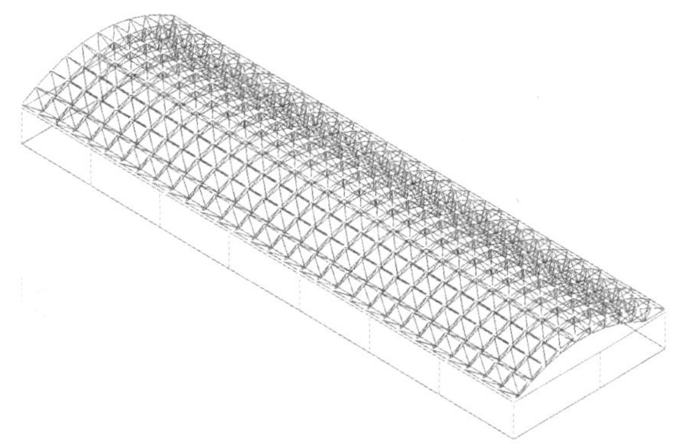

图 6.2-11　初步平移后的线模

接下来，通过树形菜单进行结构分组。本案例分为上弦、下弦和腹杆三组，方便后期的杆件处理，如图 6.2-12 所示。

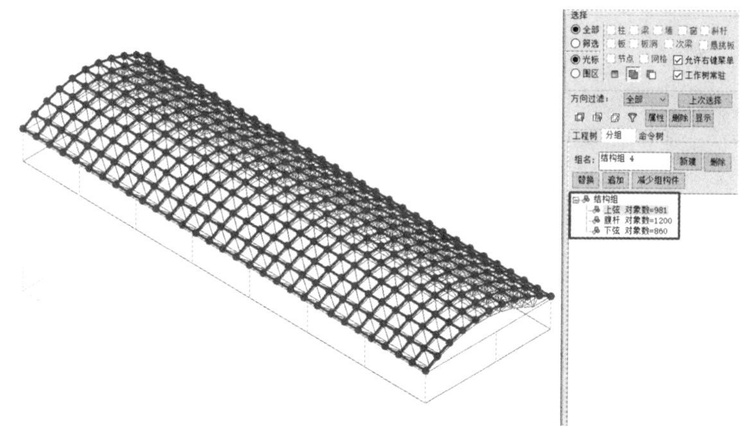

图 6.2-12　结构分组

然后，定义上下弦杆的截面，结合结构分组，快速指定。因为 YJK 主要是进行整体分析，之前章节介绍在整体分析之前已经对钢结构部分进行过单独分析，因此这里的截面更多地是验证性质的。指定后的三维模型如图 6.2-13 所示。

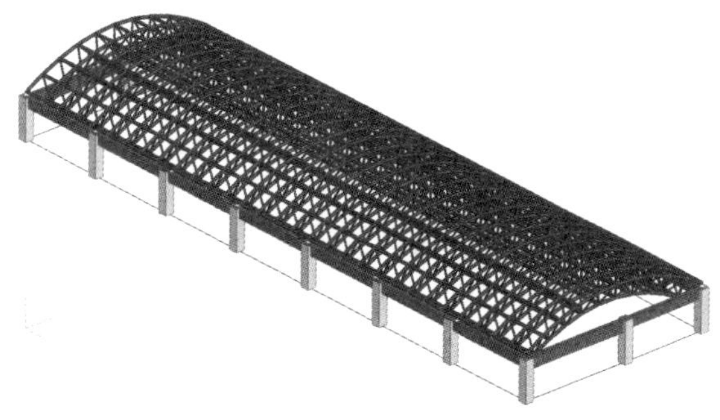

图 6.2-13　指定杆件后的截面

接下来，是对构件进行上弦、腹杆和下弦的指定，便于程序后处理。常规的网架结构推荐使用 YJK 自带的自动生成上下弦的功能。图 6.2-14 是指定后分层显示的结果。

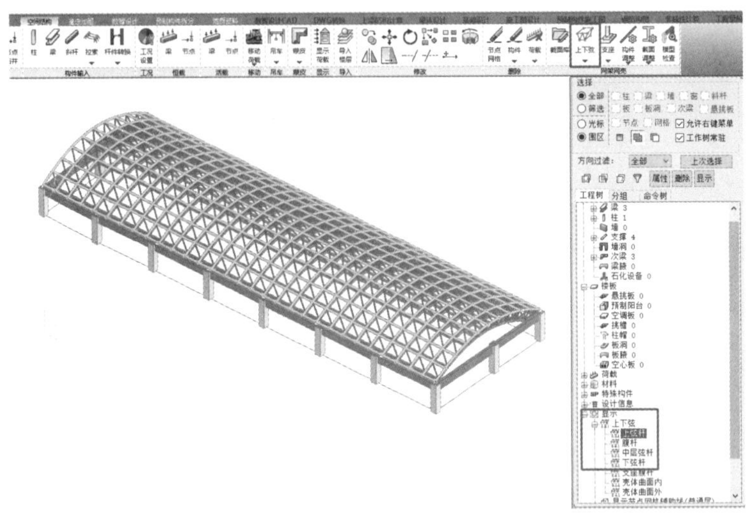

图 6.2-14　指定后分层显示上下弦杆

接着，要开始对其进行荷载添加。YJK 荷载添加的第一步是生成蒙皮。

蒙皮是导算荷载的一种辅助功能，它是沿着杆件或者墙面边界形成一个面，该面称为蒙皮。在该面上赋值面荷载，软件可将该面荷载沿着该面的投影方向或者法向进行荷载导算，将荷载导算到面的周边节点上，这一过程成为蒙皮导荷。蒙皮导荷可用来进行恒载、活载、自重、+X 风、−X 风、+Y 风、−Y 风共 7 种荷载类型的导算。

恒载、自重的导荷将生成恒载的节点荷载，活载的导荷将生成活载的节点荷载，风荷载导荷按照精细风荷载（或称为特殊风）计算方式要求的格式生成 +X 风、−X 风、+Y 风、−Y 风的节点风荷载。它们可在计算前处理的风荷载菜单下查询修改。

蒙皮操作的对象不仅限于空间建模生成的构件，还可以同时包括参照楼层的构件，甚至仅仅针对参照楼层的构件也可以进行蒙皮操作。

可以看出，蒙皮导荷是一种更加准确、便于人工控制、适应性更强的导荷方式。

蒙皮是在迎着荷载的方向上自动生成导荷面，软件在迎着荷载的一侧，自动沿着结构的最外侧生成导荷面。

生成蒙皮的操作是点取“蒙皮生成”菜单，用户用鼠标选定需要设置蒙皮的结构杆件，再给出荷载的方向。软件自动沿着给定结构的最外侧生成导荷面。

蒙皮方式有两种：杆件蒙皮和节点蒙皮。实际项目中，建议考虑杆件蒙皮的方式来创建蒙皮。

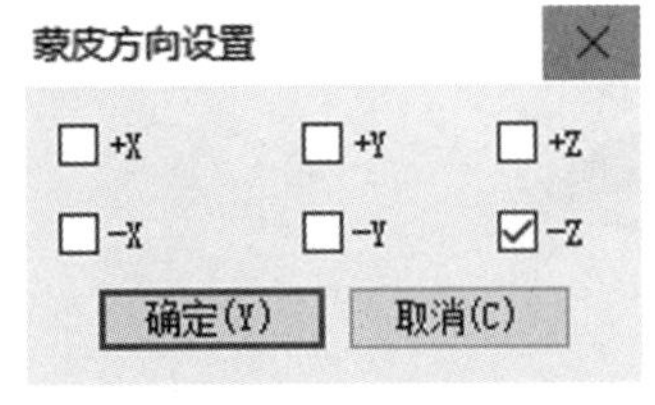

图 6.2-15　蒙皮方向

软件提供的导荷方向是固定的 6 种：+Z、−Z、+X、−X、+Y、−Y。每次选择生成蒙皮的构件后，弹出的荷载方向选择见图 6.2-15。每次可选 1 种荷载方向，也可同时选择多种方向，如图 6.2-15 所示。

本案例涉及的荷载主要是恒载、活载和风荷载。我们主要对上下弦杆进行蒙皮创建，如图 6.2-16 所示。蒙皮方向上弦杆

取 –Z 向，下弦杆取 +Z 向。

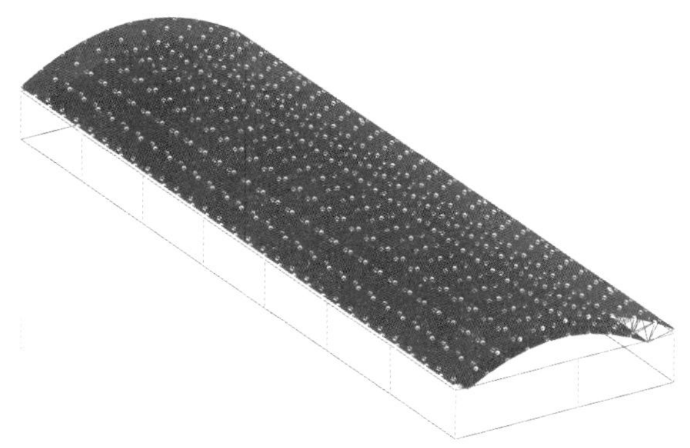

图 6.2-16　生成上下弦蒙皮

当进行竖向的恒载、活载导荷时，可以选择 –Z 方向，即向下的方向，选择网架相关构件后软件将在网架最上面生成蒙皮；对于网架下弦部分作用荷载，可以选择 +Z 方向，选择网架相关构件后软件将在网架最下面生成蒙皮。

蒙皮荷载的方向与生成法向方向相反，所以蒙皮方向本身没有对错，就看读者自己的习惯了。添加荷载前，打开蒙皮法向，以便于理解，如图 6.2-17 所示。

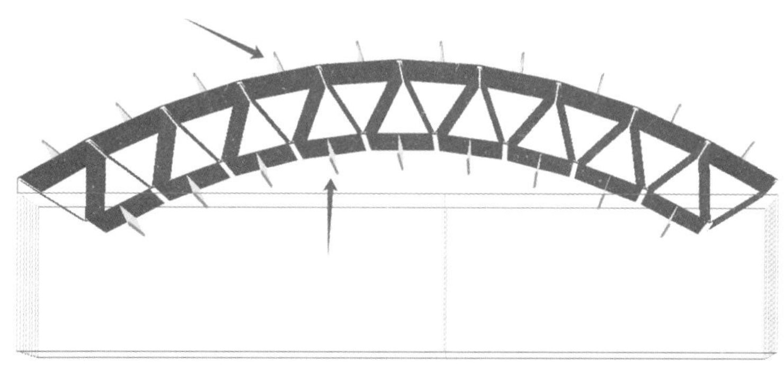

图 6.2-17　蒙皮法向

打开荷载布置对话框，开始选择相应蒙皮，输入荷载，如图 6.2-18 所示。

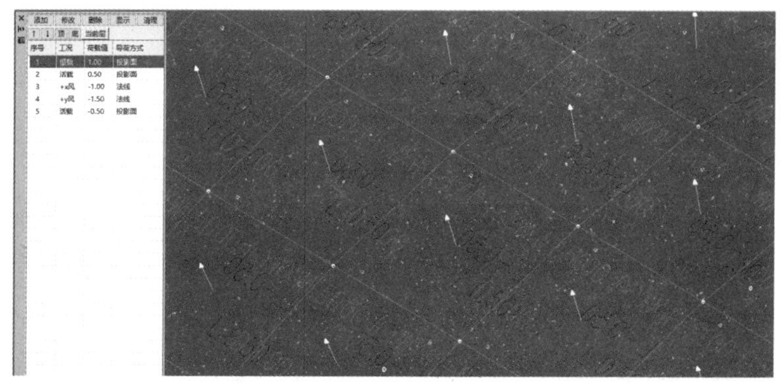

图 6.2-18　蒙皮荷载输入

加在蒙皮上的荷载方向的规定是：荷载与蒙皮法向相反时为正，相同时为负。例如，加在 −Z 荷载方向生成的蒙皮法向向上，竖直向下的恒载、活载应为正值；加在 +Z 荷载方向生成的蒙皮法向向下，竖直向下的恒载、活载应为负值；加在 +X 荷载方向上生成的蒙皮法向向左，+X 向风荷载应为正值；加在 −X 荷载方向上生成的蒙皮，+X 向风荷载应为负值。

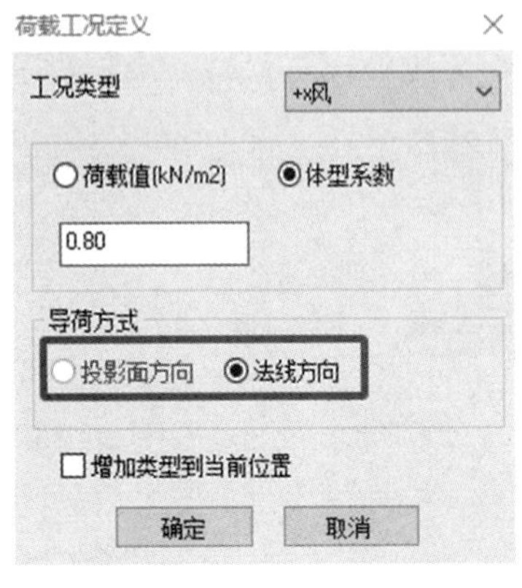

图 6.2-19　蒙皮荷载导荷方式

读者在添加荷载时，留意导荷方式，其分为投影面方向和法向方向两种。如图 6.2-19 所示。

工程中，建议读者恒载、活载选择投影面，风荷载选择法线方向，后面我们结合荷载显示进行说明。

上面设置完毕，进行蒙皮导荷即可。软件设置蒙皮导荷的本意是减少读者的工作量，但是读者有义务去检查荷载导荷之后的完整度，就是荷载检查。

图 6.2-20 是显示部分恒载的导荷情况，读者重点关注两个地方：方向和数值。

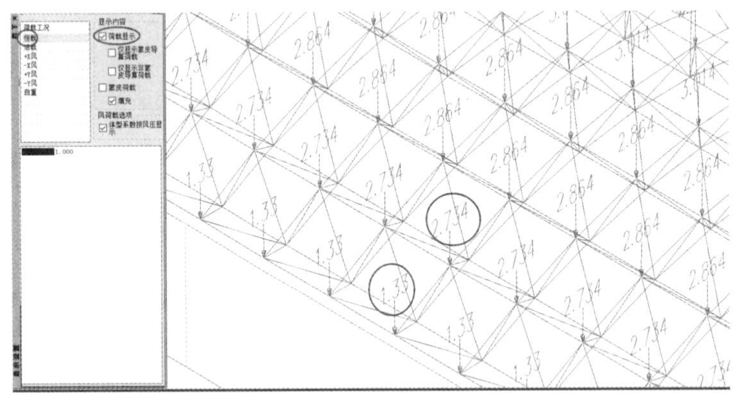

图 6.2-20　显示部分恒载的导荷情况

图 6.2-21 是显示部分风荷载的导荷情况，读者留意与恒载的不同。

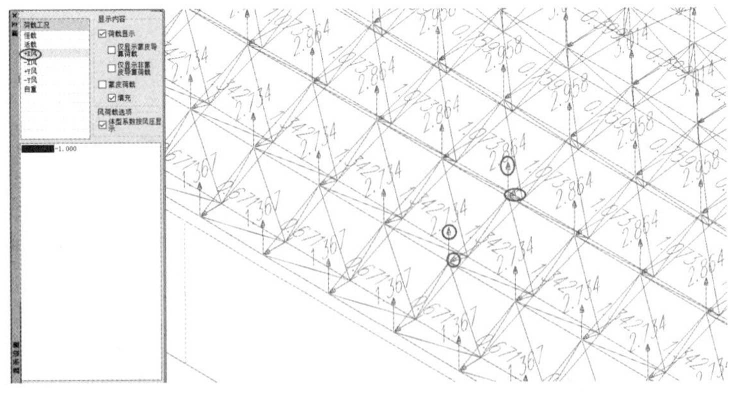

图 6.2-21　显示部分风荷载的导荷情况

前面，我们建议读者恒载、活载选择投影面，风荷载选择法线方向，这就是两者的区别。

至此，空间结构部分建模完毕，进入到前处理，看整体楼层组装情况，如图 6.2-22 所示。

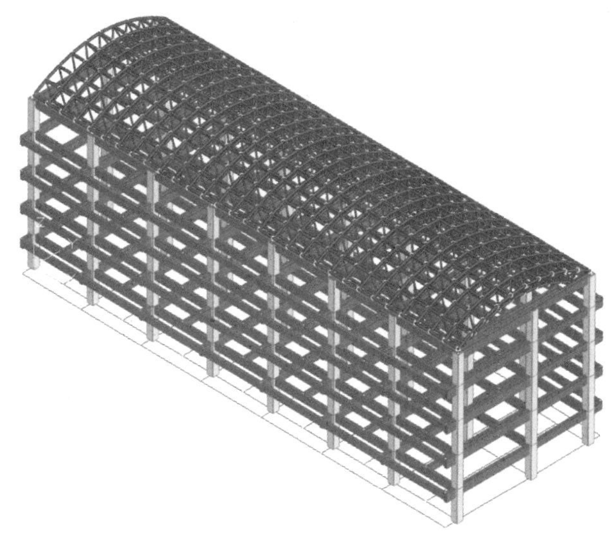

图 6.2-22　整体楼层组装

4. 网架 YJK 模型支座约束处理

6.2-4 网架 YJK 模型支座约束处理

此部分重点是支座约束的处理。YJK 提供三种设置弹性支座的方式：两点约束、将斜杆设置为弹性连接、单点约束。

通常，上下层分离的钢结构，比如本项目的屋顶网架，采用两点约束的方式设置支座比较方便。两点约束用于指定同标准层内（或空间层内）两点间的约束关系。操作步骤分两步：第一步，建模时在支座处设置好分开的两个节点；第二步，计算前处理，使用节点菜单下的两点约束菜单设置两点约束。

在前处理中修改约束之前，记得修改结构阻尼比，如图 6.2-23 所示，建议按材料区分。

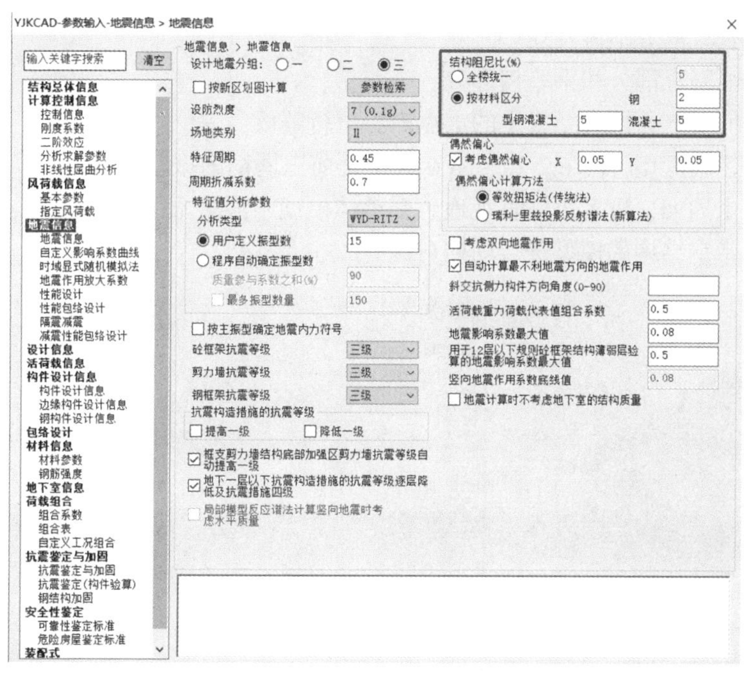

图 6.2-23　修改阻尼比

修改完成阻尼比后，进行两点约束定义，如图 6.2-24 所示。

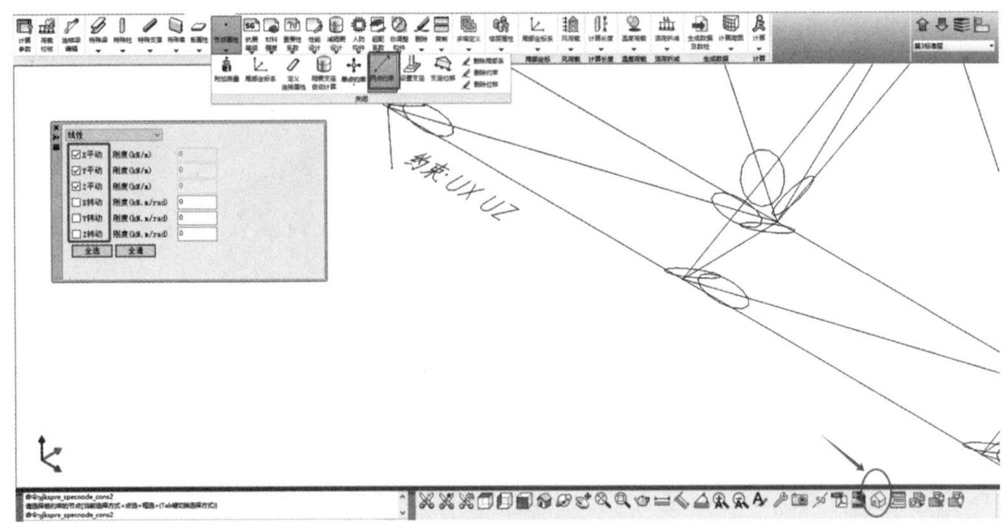

图 6.2-24　两点约束定义

这里有个技巧，图 6.2-24 右下方箭头切换成三维单线图进行选择两点，本案例跨度较小，考虑采用一端铰接、一端滑动定义约束即可。

楼层属性中，指定好屋盖钢结构的材料、设置好钢结构部分杆件的温差后，即可进行计算。

5. 网架 YJK 计算结果解读

6.2-5 网架 YJK 计算结果解读

带屋顶钢结构的整体结构要关注两个类结果。

第一类是整体结构的结果。这类结构的整体指标解读和前面章节流程一样，文本查看部分不再赘述。

第二类是混凝土部分和钢结构部分。

下面，我们就上面两类结果中的重点内容进行解读。

第一个是三维振型，图 6.2-25～图 6.2-27 是前三周期的振动情况。

从上面三个周期，读者可以直观地感受整体模型中混凝土部分和钢结构部分的协同振动情况，与不带钢结构的模型进行周期对比。

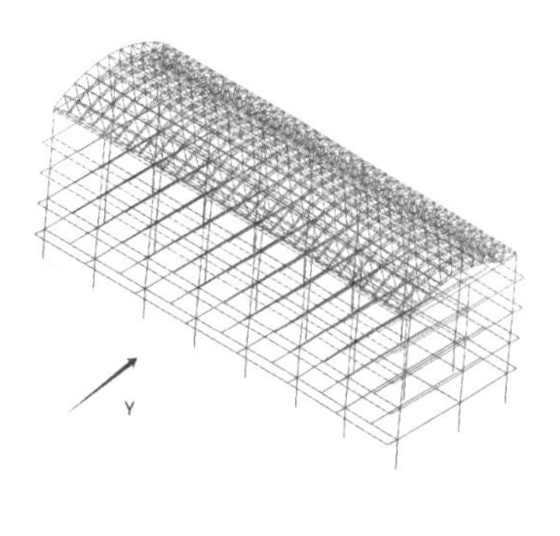

图 6.2-25　Y 向振动

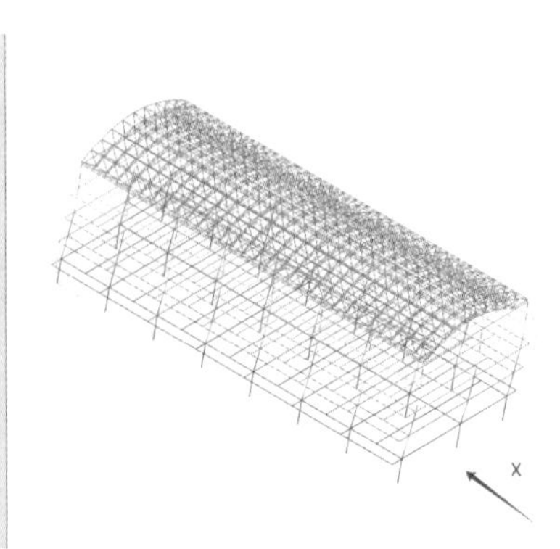

图 6.2-26　X 向振动

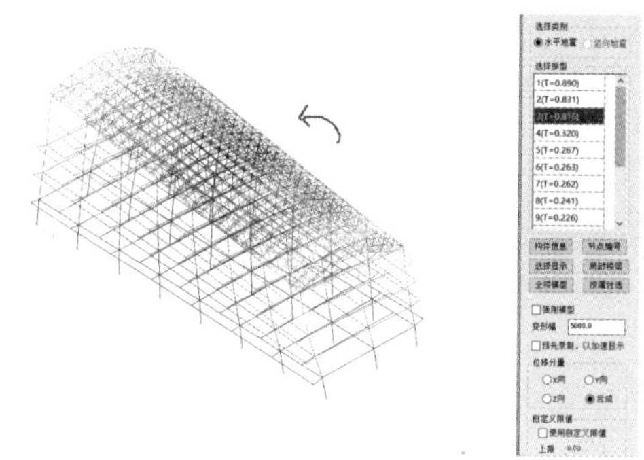

图 6.2-27　扭转振动

第二个是三维位移。图 6.2-28～图 6.2-34 是各荷载工况下的变形。读者重点通过变形来观察主控荷载以及间接确认荷载施加的合理性。

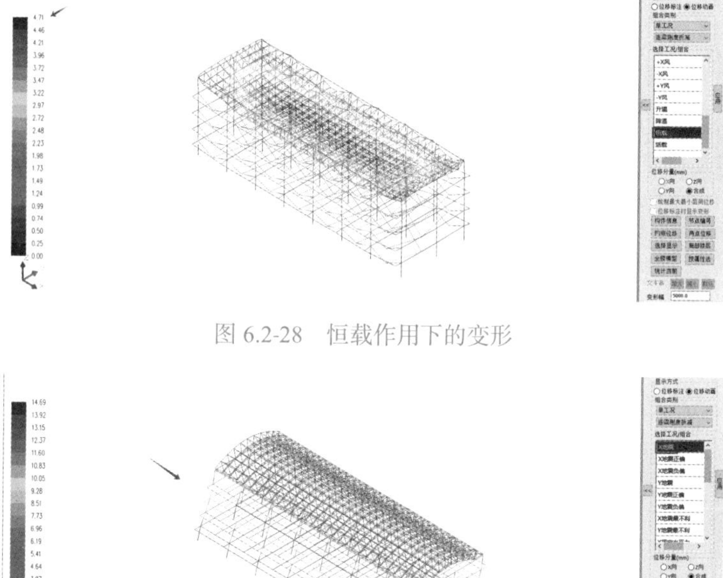

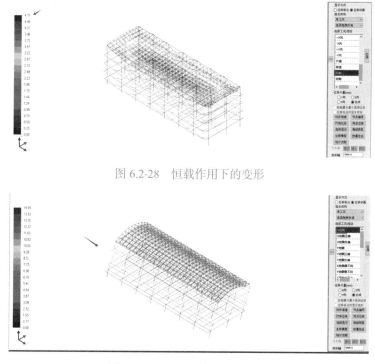

图 6.2-28　恒载作用下的变形

图 6.2-29　X 地震作用下的变形

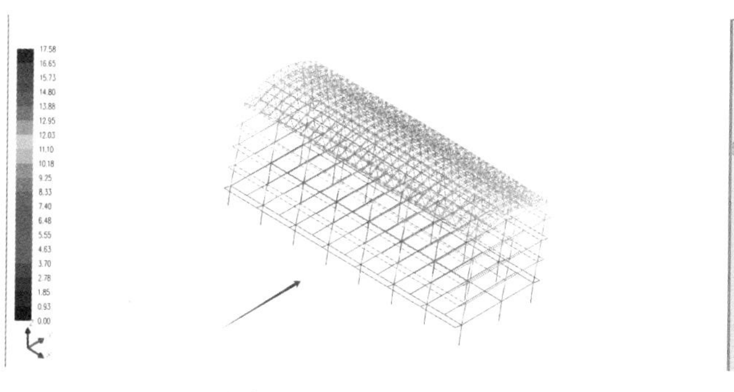

图 6.2-30　Y 地震作用下的变形

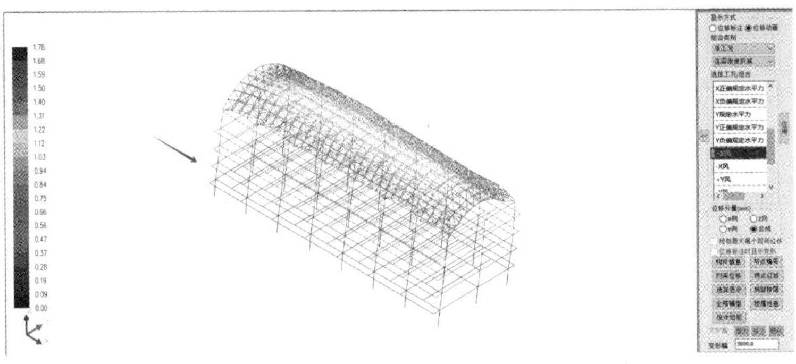

图 6.2-31　X 风荷载作用下屋顶的变形

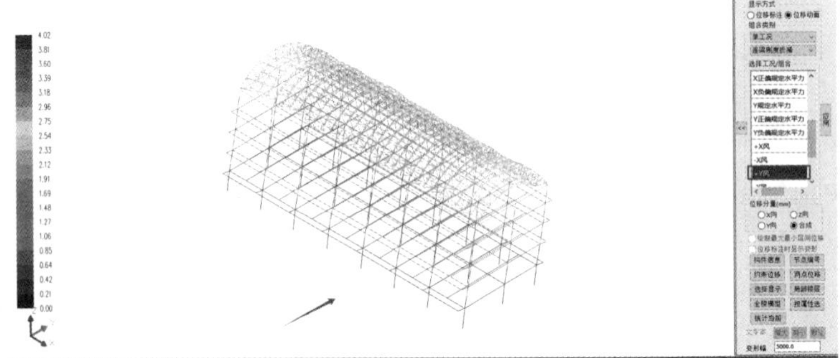

图 6.2-32　Y 风荷载作用下屋顶的变形

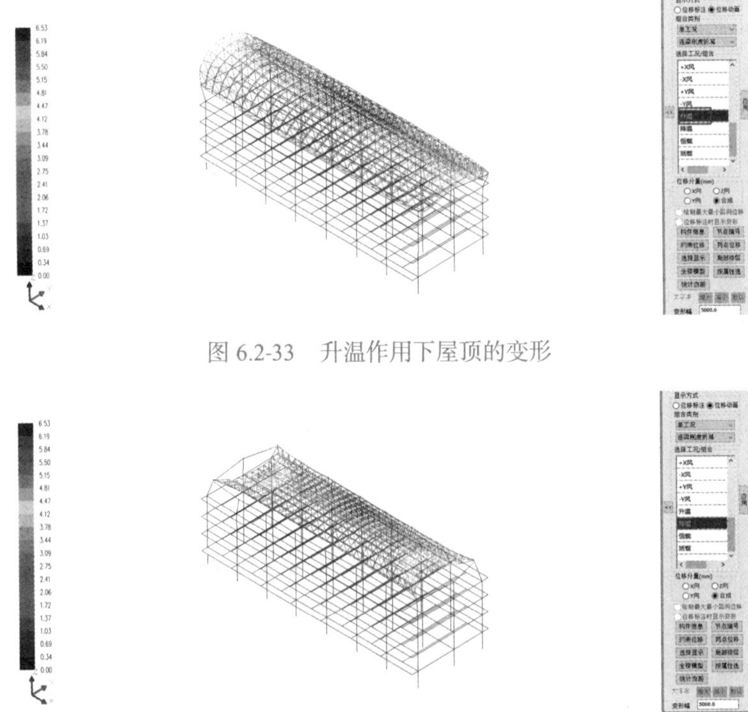

图 6.2-33　升温作用下屋顶的变形

图 6.2-34　降温作用下屋顶的变形

从上面各个工况下的变形图中，可以感性地判断荷载的添加正确与否、软件对结构的分析合理与否。比如，风荷载作用下屋顶的吸力，变形方向向上，升温、降温下网架的热胀冷缩，这些都可以体现软件计算整体结果的合理性。

第三个是三维内力，这里重点查看屋顶钢结构及其连接部位的混凝土结构的内力。

图 6.2-35 是竖向荷载作用下部分楼层的轴力分布，留意屋顶网架部分。

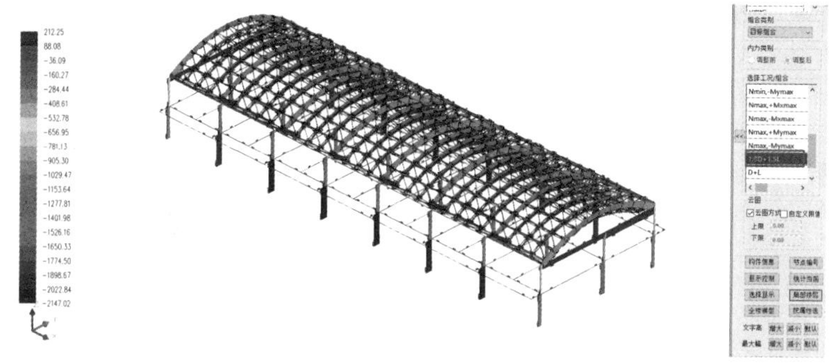

图 6.2-35　竖向荷载下轴力分布

图 6.2-36 最大拉压力目标组合下的轴力，留意屋顶周圈混凝土梁的轴力。

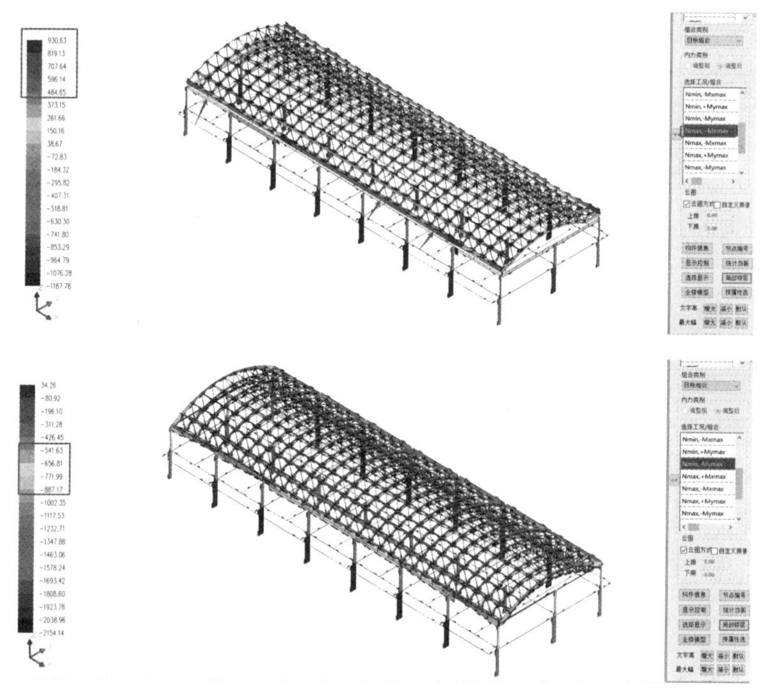

图 6.2-36　屋顶周圈混凝土梁的拉压力

读者会发现，屋顶梁不再是过去的纯弯构件，而变成了压弯构件，轴力的急剧增加是因为考虑了屋顶钢结构的温度作用。

同样，读者可以观察两个方向的弯矩，如图 6.2-37 所示，为指导核查混凝土构件配筋的合理性打基础。

第四个是屋顶部分的混凝土构件配筋与钢结构杆件的应力比。由于整体分析是补充计算，这部分更多地是核对的范畴。图 6.2-38 是部分屋顶混凝土构件的配筋，可以看出，屋顶钢结构的存在对顶层构件的影响还是比较大的。

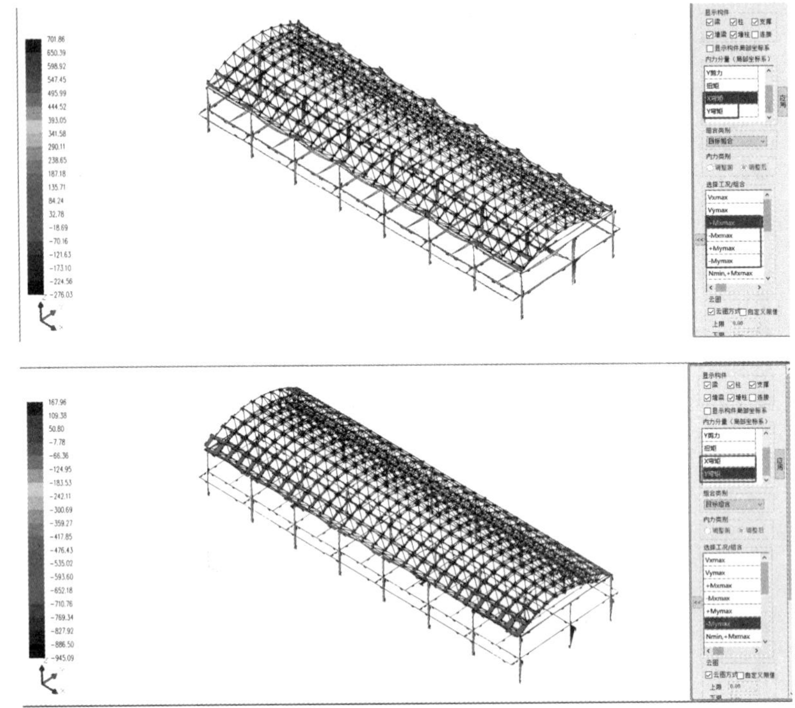

图 6.2-37　三维内力之弯矩

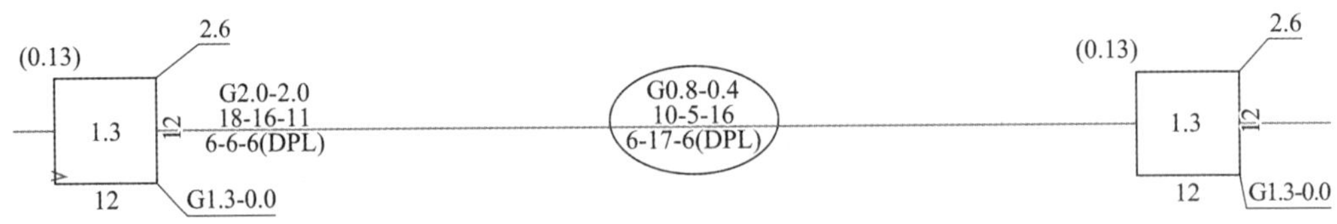

图 6.2-38　部分屋顶混凝土构件的配筋

图 6.2-39 是屋顶钢结构部分构件的应力比。

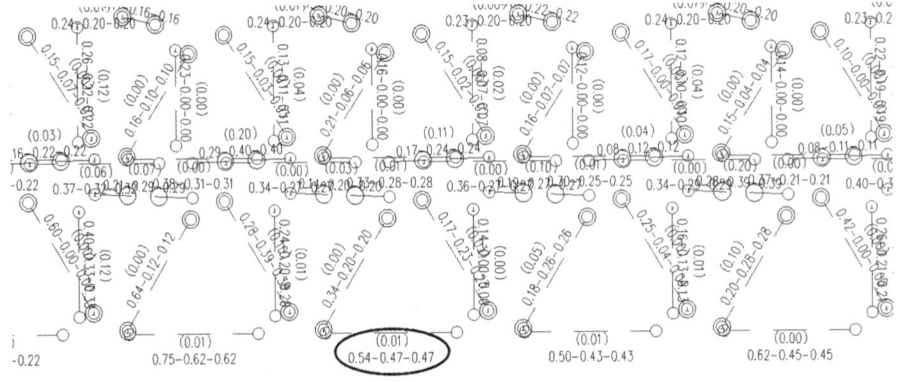

图 6.2-39　屋顶钢结构部分构件的应力比

第五步是查看屋顶支座内力。图 6.2-40 是部分屋顶钢结构支座的内力。读者可以根据支座内力，进一步进行钢结构支座的设计。

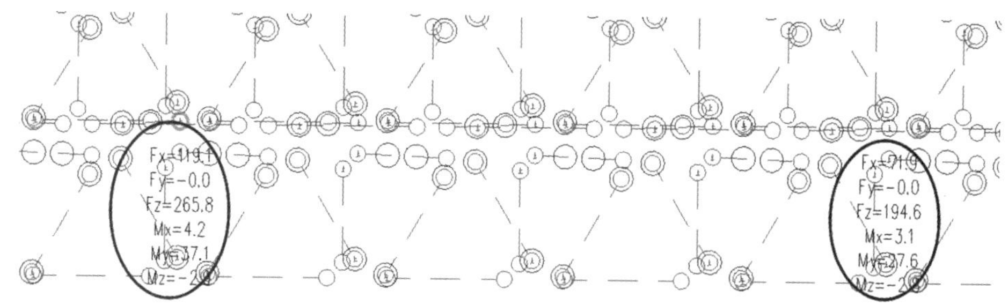

图 6.2-40　部分屋顶钢结构支座的内力

以上就是本案例的全部操作流程。

6.3　空间钢连廊整体分析 YJK 实际操作

1. 案例背景

6.3-1 案例背景

为了读者更好地掌握 YJK 中空间钢结构模块的应用，本案例继续在第 1 章案例的基础上进行改编，将同样结构平面布置（图 6.3-1）的两个结构楼层通过 25m 跨度的空间钢连廊的形式进行连接。

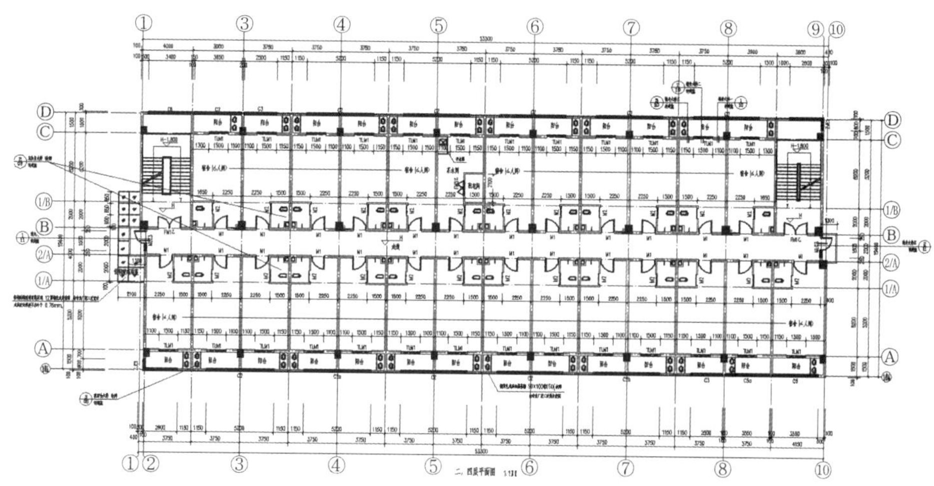

图 6.3-1　建筑平面布置

2. 钢连廊桁架模型的搭建

6.3-2 钢连廊桁架模型的搭建

本案例的桁架模型选择在 YJK 中，借助桁架建模助手来完成。

第一步，导入参考楼层 4～5 层，建立辅助线，如图 6.3-2 所示。

第二步，借助桁架建模助手建立桁架，如图 6.3-3 所示。其参数设置中，高度因为楼层的关系已经确认。

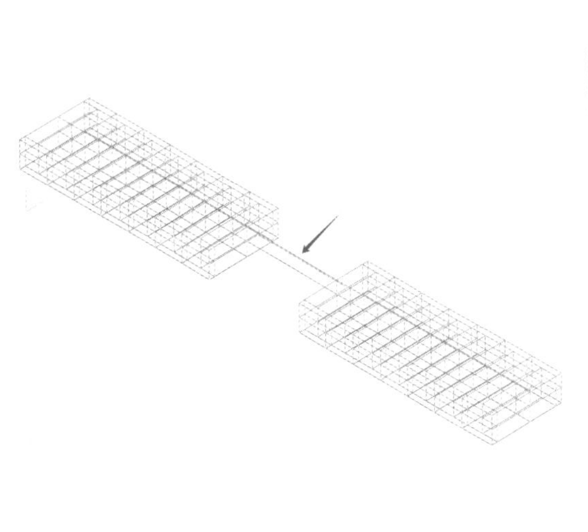

图 6.3-2　桁架辅助线

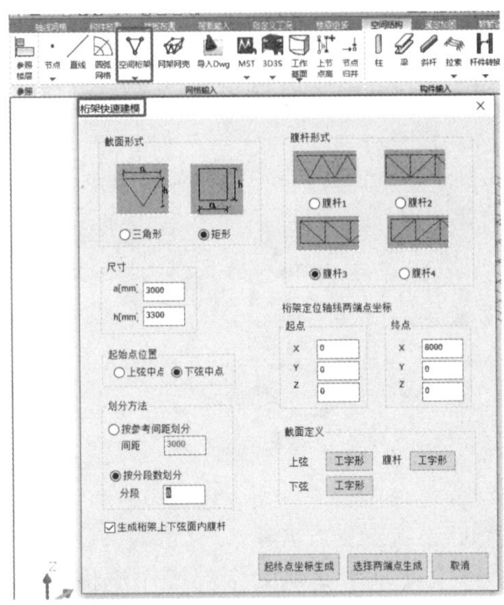

图 6.3-3　桁架建模助手

创建好的三维桁架模型如图 6.3-4 所示，注意保存两点约束所用的节点。

第三步，建立蒙皮，进行荷载添加。图 6.3-5 是创建好的蒙皮及法线方向。

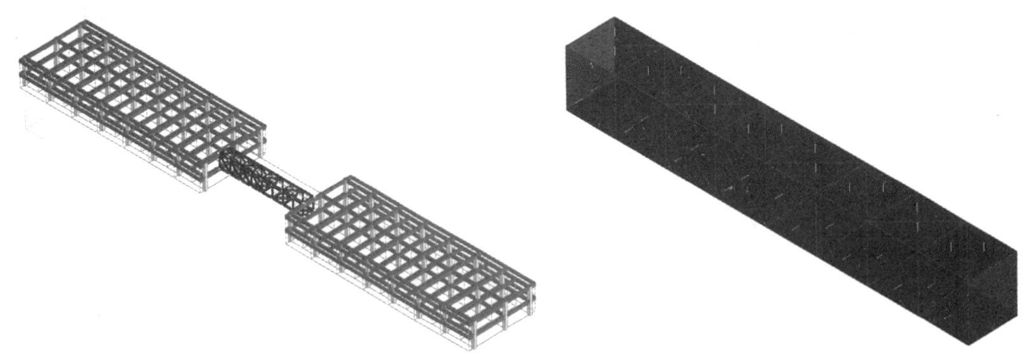

图 6.3-4　三维桁架模型

图 6.3-5　蒙皮创建及法线方向

第四步，施加荷载进行蒙皮导荷，检查显示荷载。图 6.3-6 为添加上的蒙皮荷载，图 6.3-7 为荷载检查。

图 6.3-6　添加上的蒙皮荷载

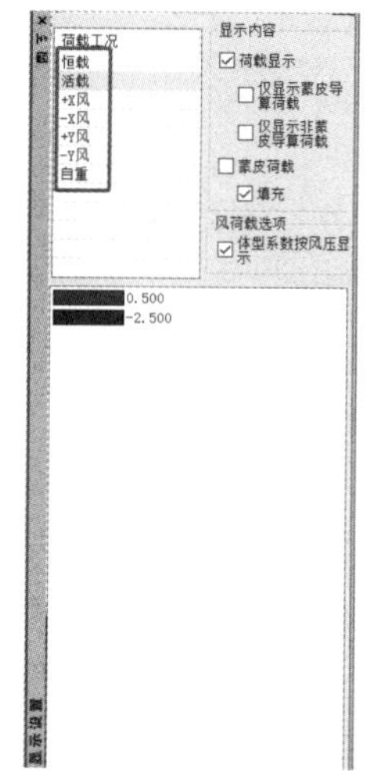

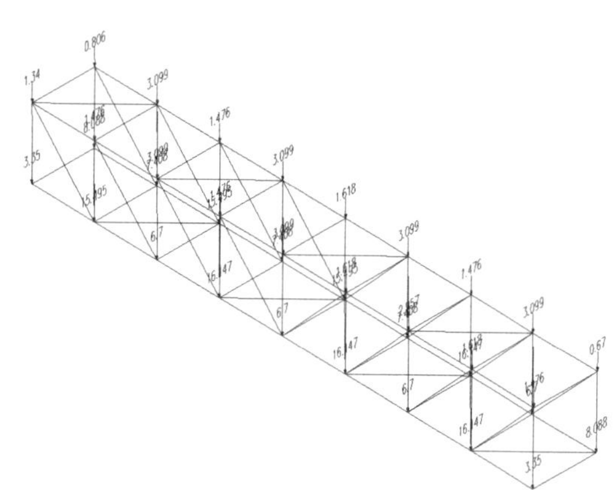

图 6.3-7　荷载检查

至此，空间结构建模完毕。整体楼层组装如图 6.3-8 所示。

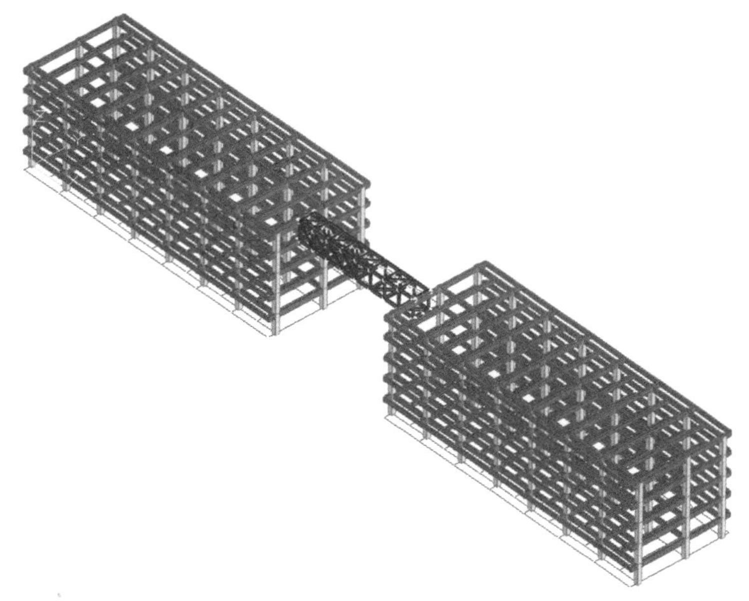

图 6.3-8　整体楼层组装

3. 钢连廊 YJK 支座约束处理

6.3-3 钢连廊 YJK 支座约束处理

模型处理部分同上一节网架类似，都是通过指定两点约束进行添加。这里需要提醒读者的是约束的选择。钢连廊同屋顶网架不一样，其本质上是连接完整的两个独立结构主体，因此约束的选择非常重要。

实际项目中，建议高位连廊采用刚接约束，低位连廊采用一端铰接一端滑动约束。如果两个塔楼结构动力特性差异非常大，可以考虑采用抗震支座；同时，高位连廊在构造上采用防跌落措施。

本案例是多层结构，两端动力特性相近，可以采用两端刚接的措施；并且，在后处理中留意连接处框架的内力变化。连接约束如图 6.3-9 所示。

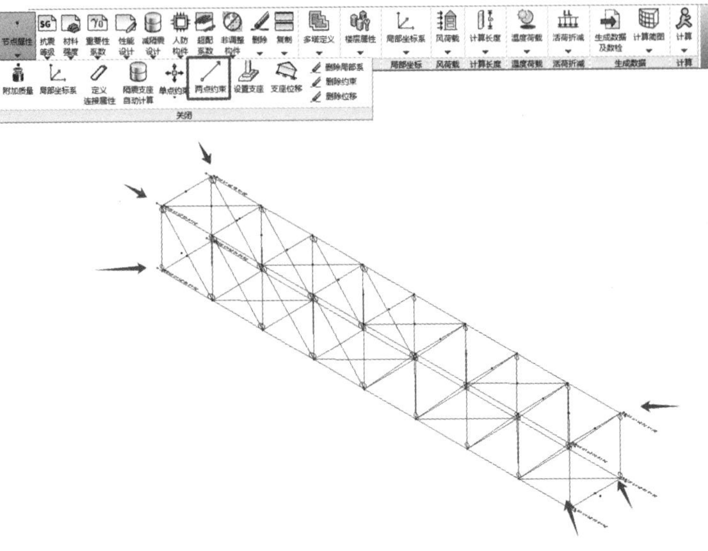

图 6.3-9　支座约束

4. 钢连廊 YJK 计算结果解读

6.3-4 钢连廊 YJK 计算结果解读

钢连廊 YJK 计算结果解读流程和网架案例类似，读者务必留意增设钢连廊后两个主体结构的动力特性。图 6.3-10 是部分模态下的振动情况。

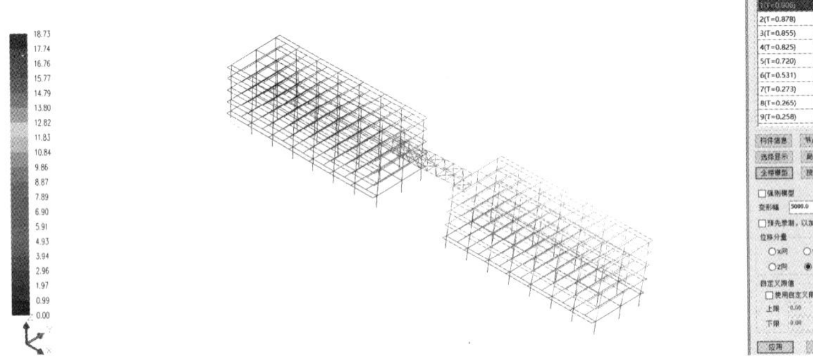

图 6.3-10　部分模态振动

图 6.3-11 是 Y 向风荷载作用下的位移。

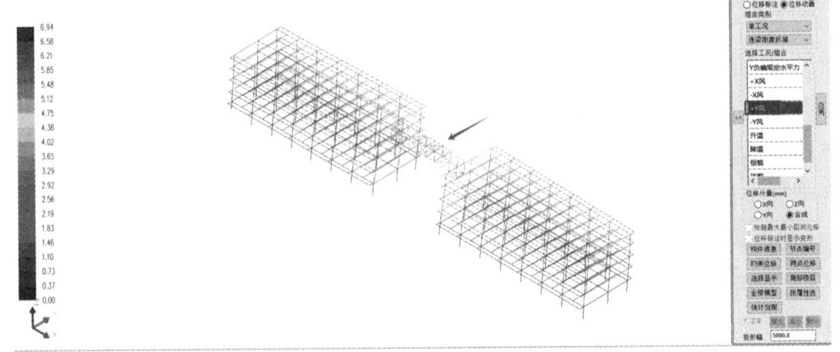

图 6.3-11　Y 向风荷载作用下的位移

实际项目中要针对主控荷载进行检查，比如高烈度区的地震、沿海地区的风荷载等。图 6.3-12 是竖向荷载下钢连廊部分的轴力。

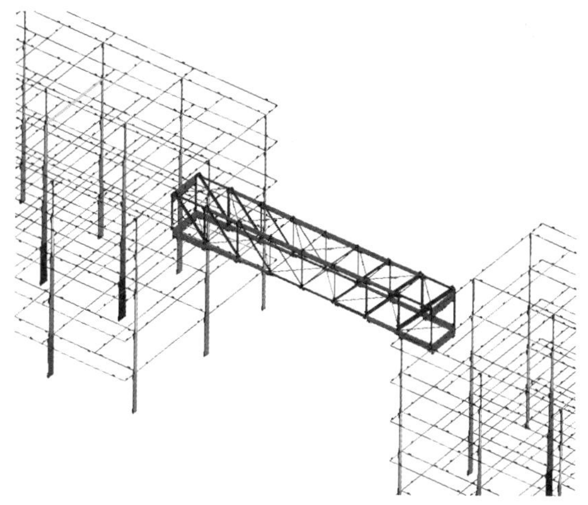

图 6.3-12　竖向荷载下钢连廊部分的轴力

读者可以导出三维模型下支座的反力，如图 6.3-13 所示，进一步用于支座设计。

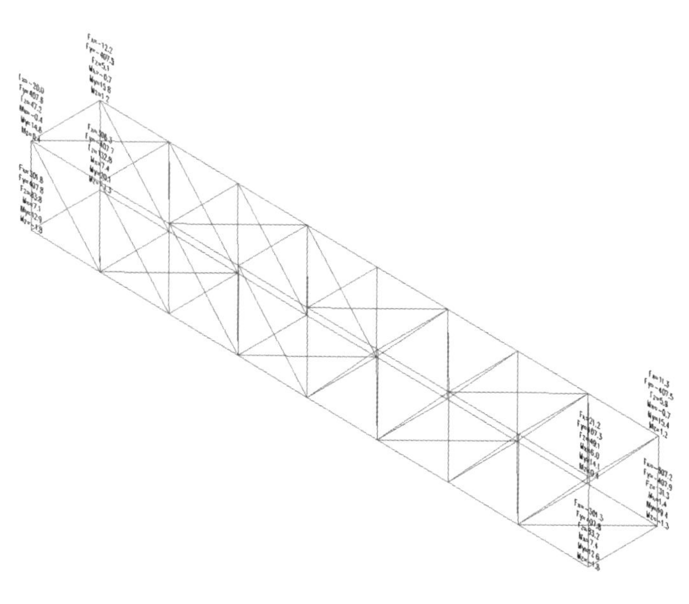

图 6.3-13　支座内力

6.4　空间结构案例思路拓展

此小结内容在前面章节的基础上提一些发散性的问题，供读者思考。

1. 空间钢结构部分建模计算时，如何模拟下部结构的刚度？
2. 网架结构杆件节点连接形式有哪些？如何进行手算设计？
3. 如果钢连廊两侧为高层复杂结构，连廊支座应如何处理？

6.4 空间结构案例思路拓展

6.5 空间结构小结

6.5 空间结构小结

本章介绍了空间结构在 YJK 中的计算。与常规的多层、高层结构不同，空间结构往往不是独立存在的，它经常与下部结构融为一体进行受力。

实际项目中，读者要从概念上理清所选空间结构的受力特性，推荐采用参数化建模 + 单钢结构分析（3D3S）+ 整体分析（YJK/midas Gen/SAP2000）的流程进行计算分析。

第7章 Y-GAMA 数字化智能设计

7.1　数字化智能设计介绍

7.1-1 来源

1. 来源

Y-GAMA 数字化智能设计模块是 YJK 近两三年逐步发展起来的一个模块，其模块核心是 GAMA。

读者第一个困惑是 GAMA 究竟是干什么的？这个数字化智能设计模块又能用来做什么？首先，看图 7.1-1，图中对 GAMA 的来源解释得非常清楚。其初衷是将读者从繁重的体力劳动中解放出来，腾出更多的时间去思考。

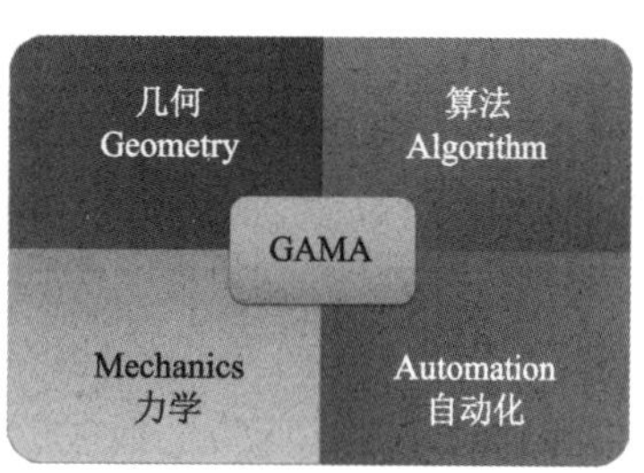

图 7.1-1　GAMA 来源

大部分读者对编程比较陌生，但是了解过 Grasshopper 参数化建模的朋友一定知道参数化建模的强大之处。笔者《Grasshopper 参数化结构设计入门与提高》一书对参数化有过系统介绍，GAMA 中的参数化建模其实很多理念都是从 Grasshopper 中借鉴而来。所以，如果你熟悉 Grasshopper 参数化建模，那么入门 GAMA 将会非常快。

除了参数化建模，GAMA 有个优势就是借助 YJK 的计算分析功能，可以做一些计算优化。而这些计算优化，通过它内部的算法，可以帮助读者进行筛选对比，得到数据逻辑层面最优的结果。

比如，一个 10 万 m^2 左右的地下车库，梁柱截面的调整是相对枯燥的一个重复工作。通过数字化智能设计的模块，可以交给计算机来进行梁、柱截面的筛选工作，极大地解放生产力。

再比如，结构指标的调整，以往高烈度区项目需要反复对结构构件进行截面变化来满足指标要求。通过数字化智能设计的模块，可以结构指标为目标进行构件筛选计算，极大地解放生产力。

上面两个是数字化智能设计模块最基本的应用，后面我们会用案例进行简单介绍。本章内容不是读者掌握 YJK 软件必备的模块，但它确实是可以拉开读者水平的一个模块。它的出现，使 YJK 成为国内建筑行业第一款集可视化编程、参数化设计和计算机辅助优化于一身的软件。

2. 模块界面

7.1-2 模块界面

考虑到目前的商业竞争，国内的软件更新频率非常快，读者不要被软件更新的速度自乱阵脚。很多软件的更新更多是出于市场的需求，基本的底层逻辑不会发生变化。比如，GAMA 几年前刚开始应用的时候，卡片包非常少，截面和现在不一样。但是，随着卡片包的增加，一些封装功能的出现，这个模块看似发生了很多变化。图 7.1-2 是数字化智能设计模块的截面，框选部分是此模块最核心的部件。

图 7.1-2　数字化智能设计模块

在图 7.1-2 中，为了读者更友好地进入数字化智能设计模块，YJK 左侧封装的卡片包是设计中经常用到的，特别是截面优选和指标调整这两个。随着对 GAMA 的了解和熟悉，建议读者学习 GAMA 本身的模块，进一步感受可视化编程的魅力。

7.2　截面优选

1. 介绍

截面优选是使用频率非常高、进入数字化智能设计模块门槛比较低的一个封装卡片包，界面如图 7.2-1 所示。它主要包括图中箭头所示六个部分的截面优选，通过自动迭代，完成超筋、应力度、配筋率等构件承载力指标的调整。每次迭代，GAMA 会根据上一次计算结果的内力推算一个候选截面，从候选截面库中挑选一个最接近的截面带入，直至所有指标满足要求。

7.2-1 介绍

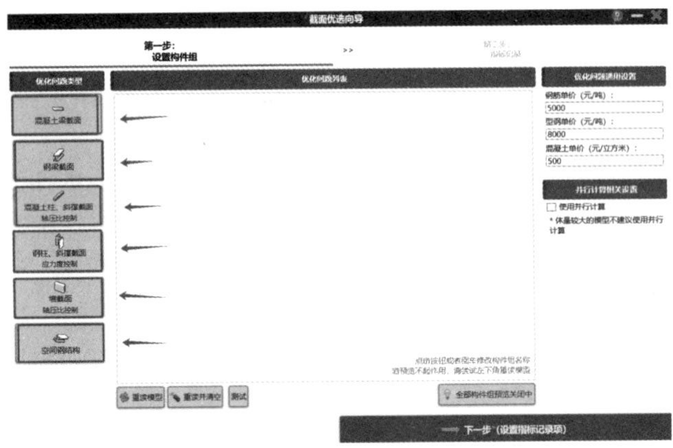

图 7.2-1　截面优选界面

截面优选分五步进行，如图 7.2-2 所示，我们结合第 1 章框架结构的案例进行说明。

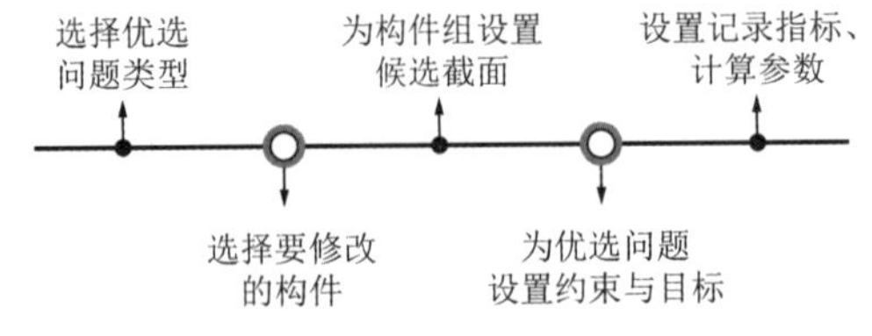

图 7.2-2　截面优选

2. 实际操作

7.2-2 实际操作

本小节我们结合第 1 章的框架结构的案例对全楼次梁进行截面优化。实际操作如下。

第一步，备份一个待优化的框架结构的模型。设置好初始估算截面，如图 7.2-3 所示。

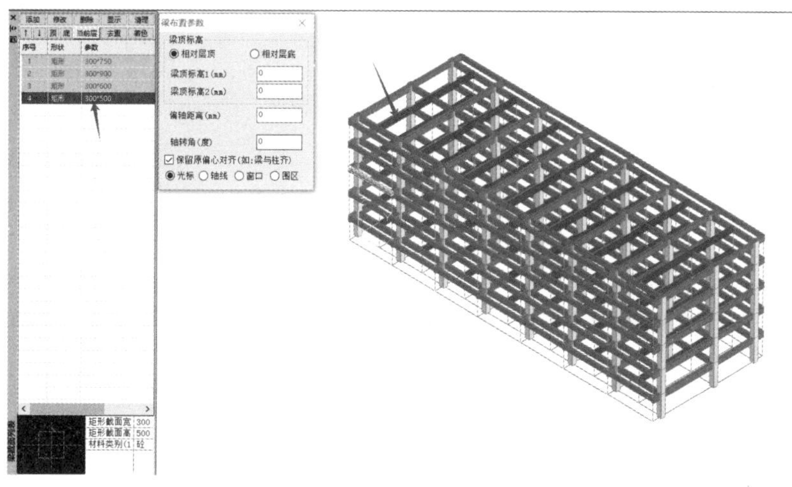

图 7.2-3　初始次梁

第二步，进行结构分组，将待优化的次梁定义为次梁组，如图 7.2-4 所示。

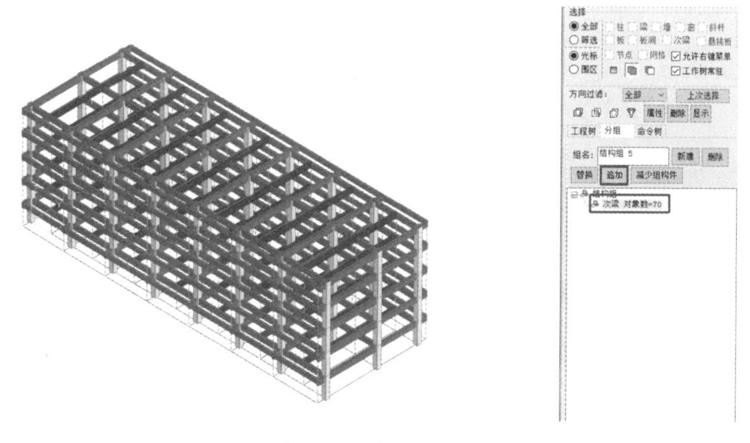

图 7.2-4　定义次梁组

第三步，进入混凝土梁截面优选，读取工作组，如图 7.2-5 所示。选择之前定义的次梁组。

第四步，设置候选截面，如图 7.2-6 所示，批量添加截面。这一步就是让计算机自动迭代计算的截面库，省去人工调整计算的麻烦。

第五步，设置目标约束，如图 7.2-7 所示。本步是计算机进行次梁截面筛选的依据。

第六步，设置指标记录项，如图 7.2-8 所示。一般情况下，我们在构件层间的调整都是希望截面在满足安全的情况下，保证经济性，因此建议控制质量即可；同时，需要注意计算过程。考虑到计算机的存储，不用保存所有的模型。

图 7.2-5　次梁工作组读取

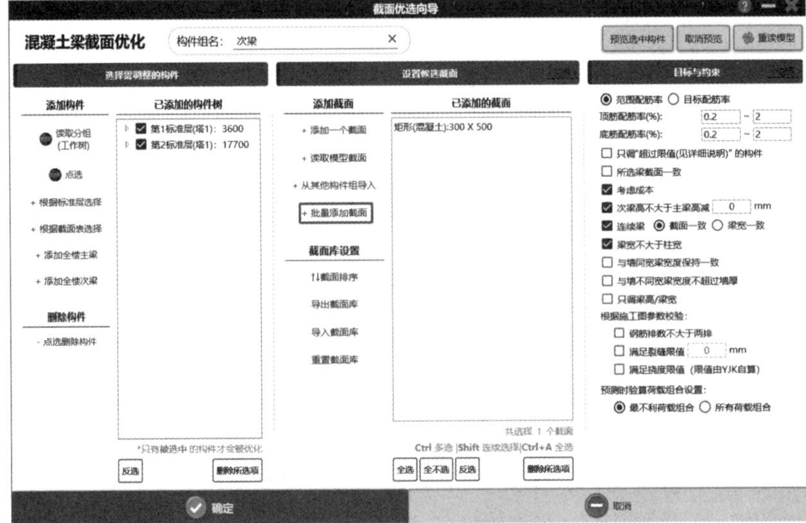

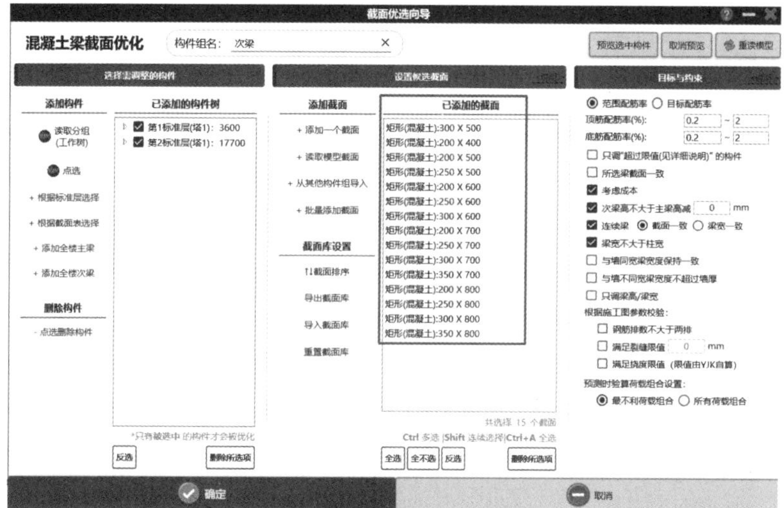

图 7.2-6　批量添加截面

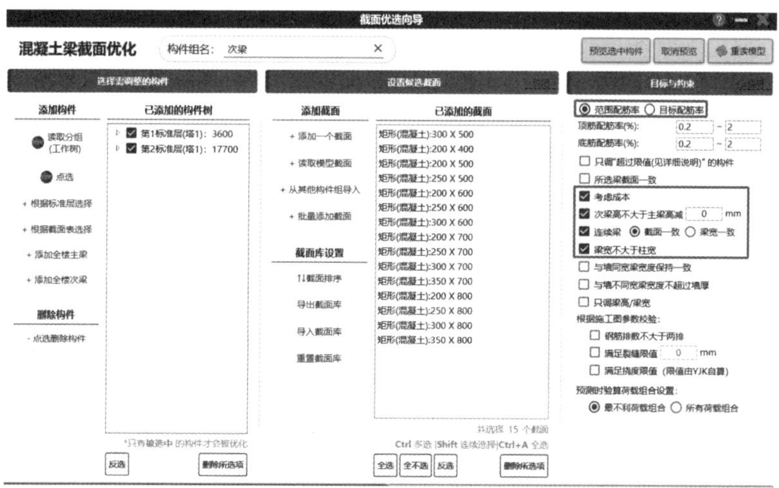

图 7.2-7　目标约束

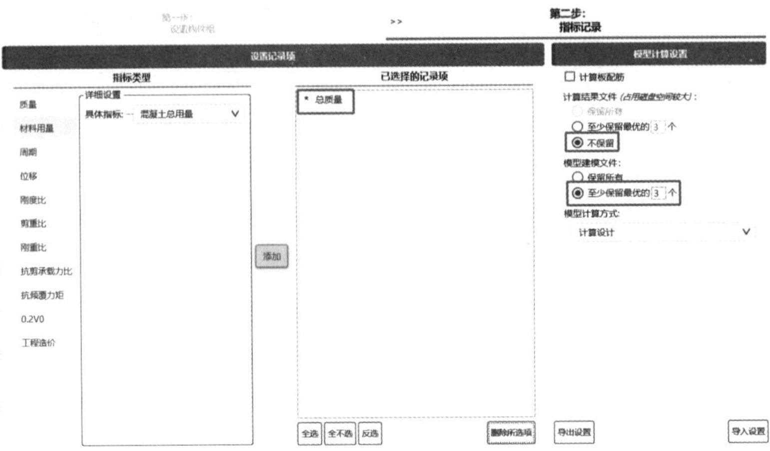

图 7.2-8　指标记录项

第七步，启动优化，如图 7.2-9 所示。注意迭代次数，根据实际项目需求进行调整，一般模型建议不超过 30 次。

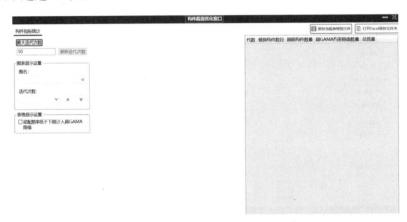

图 7.2-9　启动优化

第八步，查看优化结果，如图 7.2-10 所示。本步可以通过总信息菜单快速知道优化的整体情况，也可进入到最后一个迭代模型，观察构件的截面选择和计算结果，供读者参考。

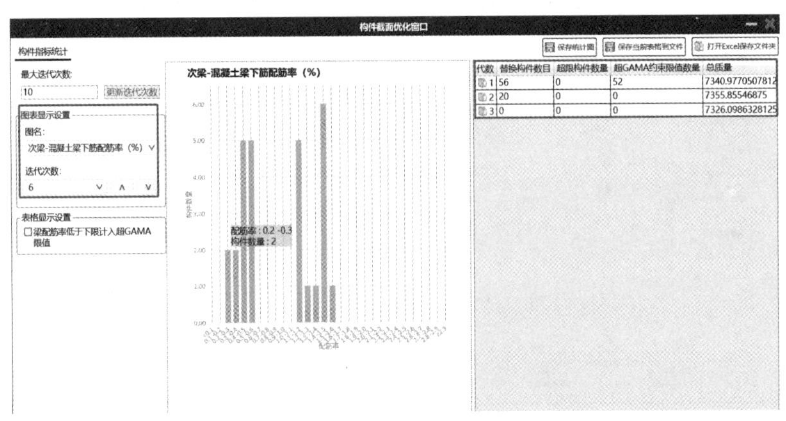

图 7.2-10　优化整体结果

图 7.2-11 是之前设置的保留最后三个模型的文件夹，供读者根据项目需求查看。我们打开第三个文件夹进行计算，观察计算结果。次梁配筋率均不超过优化设置的上限 2%，部分配筋率如图 7.2-12 所示。

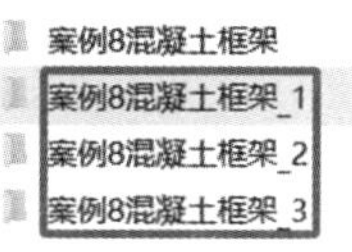

图 7.2-11　软件优化后保留的三个模型

至此，关于次梁优化的流程介绍完毕。读者可以根据实际项目进行多组构件截面的指定，进行电算筛选。

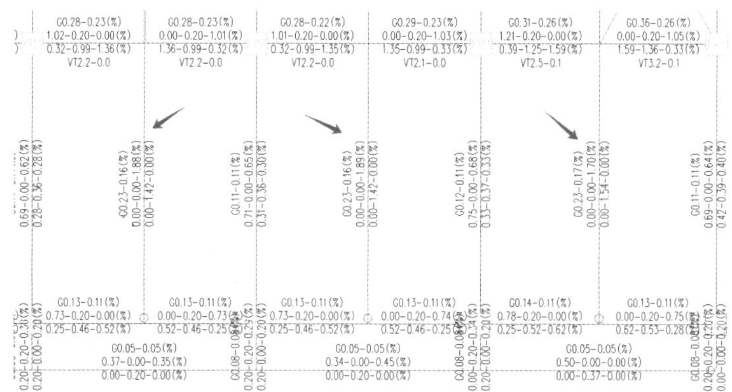

图 7.2-12　部分次梁配筋率

7.3　指标调整

1. 介绍

指标调整就是我们在实际项目中对结构整体指标进行调整，通过合理的设置，可以实现电脑自动迭代计算，判断指标是否满足。其调整思路如图 7.3-1 所示。

7.3-1 介绍

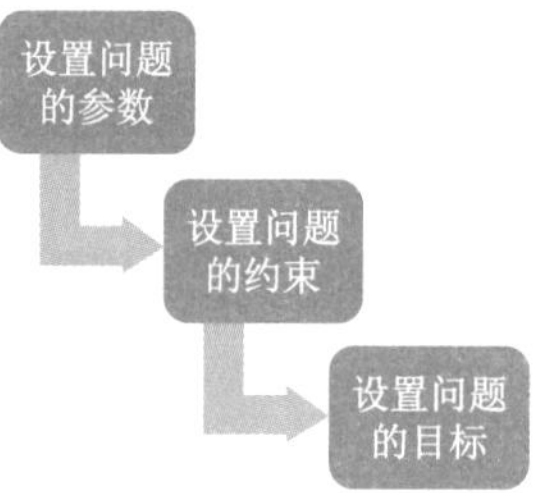

图 7.3-1　指标调整思路

这里需要特别提醒读者，不要把全部的希望寄托在计算机上，要合理地利用指标调整的功能。每一次的调整目标要明确，借助计算机减少自己试算的成本，而不是把所有的指标调整全部丢给计算机。

2. 步骤

我们以调整此框架案例的周期比来进行说明。步骤如下。

第一步，定义目标结构组。这一步体现的就是读者的结构概念，利用软件进行试算的前提是知道待调整的构件，比如周期比。我们希望的是增加边榀的刚度，但是增加多少能满足要求，这个可以借助电算来实现。图 7.3-2 是对边榀框架梁、框架柱的组定义。

7.3-2 步骤

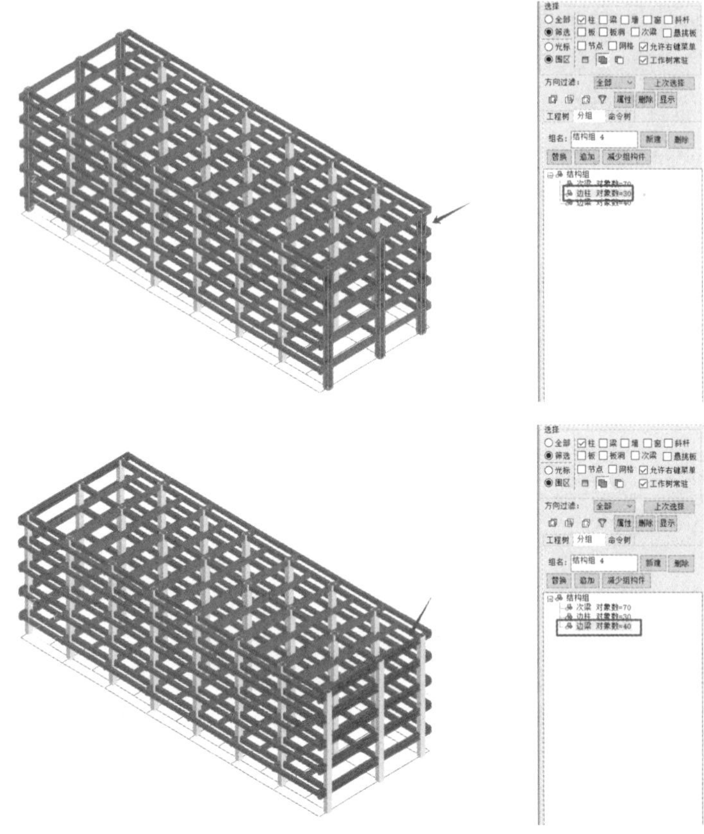

图 7.3-2　对边榀框架梁、框架柱的组定义

第二步，进入数智设计模块，点击指标调整，导入第一步的结构组，如图 7.3-3 所示。分别添加和点击梁构件组、柱构件组，进行备选截面添加，如图 7.3-4 所示。

图 7.3-3　指标调整构件组设置

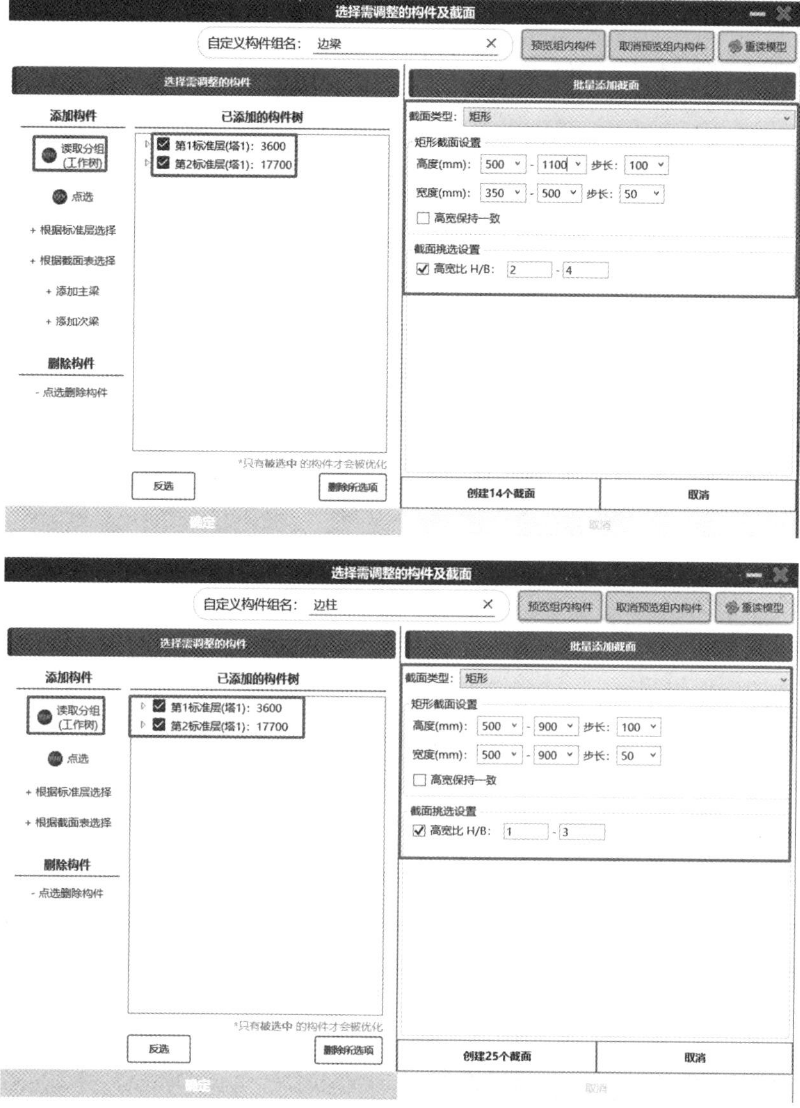

图 7.3-4　梁柱备选截面添加

第三步，进行目标约束条件设置，如图 7.3-5 所示。本案例的重点是进行周期比的调整，图中箭头指向的其他指标，可以根据实际需求确认是否需要进行优化。

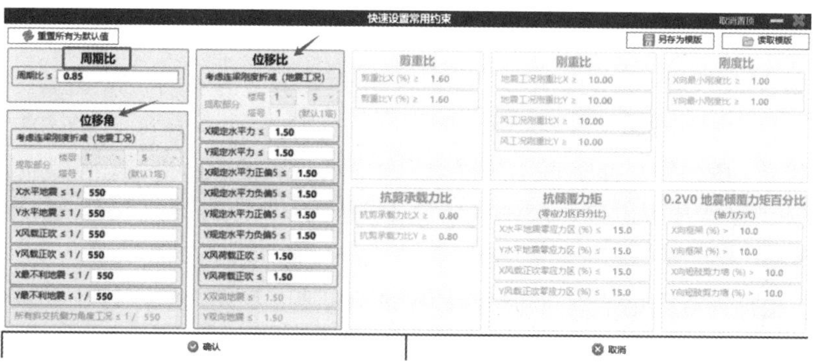

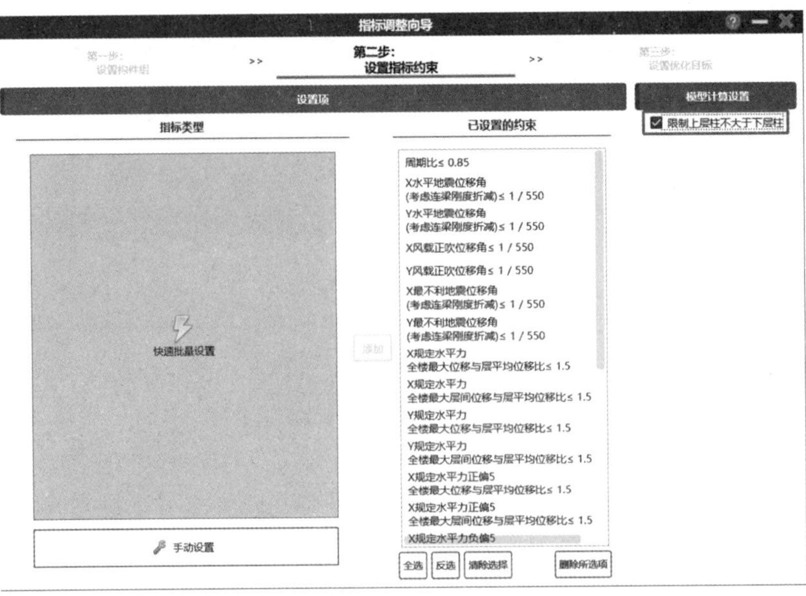

图 7.3-5　指标约束设置

第四步，进行指标目标设置，如图 7.3-6 所示。这里，我们的目标就是周期比，第三步是优化过程中的条件限制。

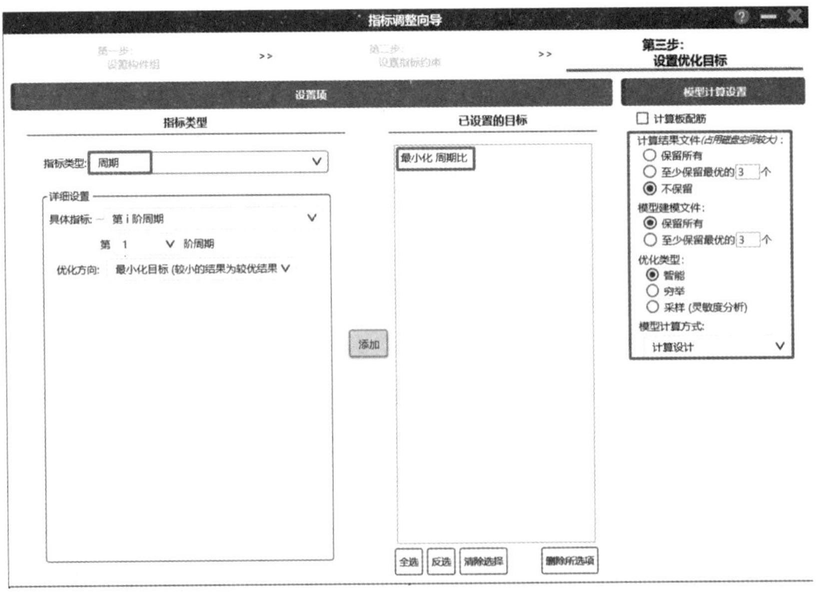

图 7.3-6　周期比指标设置

第五步，进行算法选择，开始迭代计算。这里软件给了三种算法，如图 7.3-7 所示。随着时间的推移，读者自己体会算法的优劣，官网建议的是可以尝试 online learning 算法。作为结构设计人员，建议以最终的优化结果作为依据。算法的优劣更多地体现在计算效率上。

第六步，根据计算优化结果判断终版模型的合理性，如图 7.3-8 所示。读者可以结合最后优化的模型综合比选。图 7.3-9 是优化模型的计算指标，可以看出它的核心目标周期比完全满足优化前的需求。

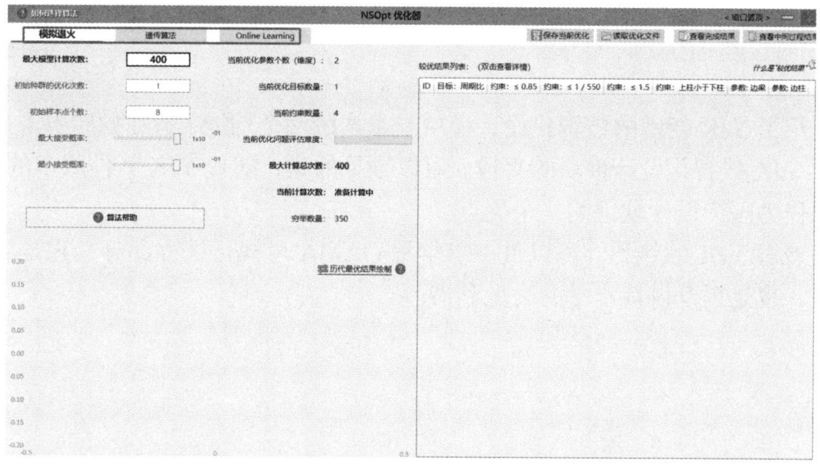

图 7.3-7　算法选择

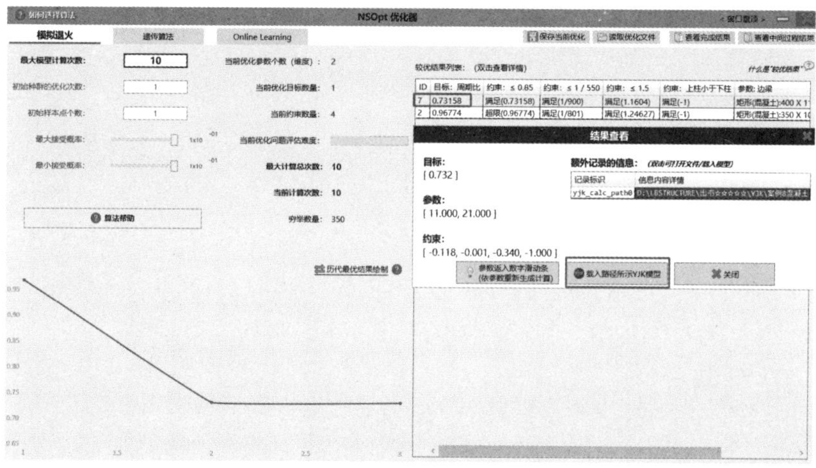

图 7.3-8　优化结果

指标项		计算结果		限值	判断结果
结构总质量(t)		7472.89		-	-
质量比		1.00		<=1.5	满足
侧向刚度不规则	与相邻上一层的70%或相邻上三层平均值的80%之比(层剪力/层间位移)	X向	1.0000	>=1.0	满足
		Y向	1.0000	>=1.0	满足
楼层承载力突变	与相邻上一层之比	X向	1.00	>=0.80	满足
		Y向	1.00	>=0.80	满足
结构自振周期(s)		T1	0.83(X)	T3/T1<=0.9	满足
		T2	0.74(Y)		
		T3	0.61(T)		
有效质量系数	非强刚模型	X向	100.00%	>=90%	满足
		Y向	100.00%		满足
	强刚模型	X向	100.00%		满足
		Y向	100.00%		满足
最小地震剪力系数		X向	5.26%	1.60%	满足
		Y向	5.83%	1.60%	满足

图 7.3-9　优化模型的计算指标

以上就是指标调整的全部流程。

7.4 数字化智能设计小结

7.4 数字化智能设计小结

本章介绍了 YJK 新增的数智化设计模块最基本的两个功能，旨在抛砖引玉，激发读者进一步探索 YJK 数智化设计模块的兴趣。可以预见的是，随着 YJK 软件版本的逐渐完善，此模块可以作为国产设计软件的一个亮点。

读者随着对 YJK 的熟悉，可以进一步学习 GAMA 可视化编程部分，它是数智化模块的灵魂所在，也是提升设计水平的一把利器。

第8章

基础结构计算分析

“Geotechnology is an art rather than a science。”翻译成中文是：“岩土工程与其说是科学，不如说是艺术”。太沙基的这句话，其实从某个角度是在提醒我们读者：同上部结构设计一样，基础设计不要纠结于个别的数字，要重视宏观的概念控制！进一步具体说：“三分计算，七分经验”。不熟悉某地区的基础设计，就虚心地多与当地的岩土勘察工作者交流。

本章以前面章节的上部结构计算为铺垫，进行下部基础部分的设计。

8.1-1 概念设计

8.1 独立基础计算与分析

1. 概念设计

俗话说，基础不牢，地动山摇。基础为何存在？读者可以结合图 8.1-1 去理解。

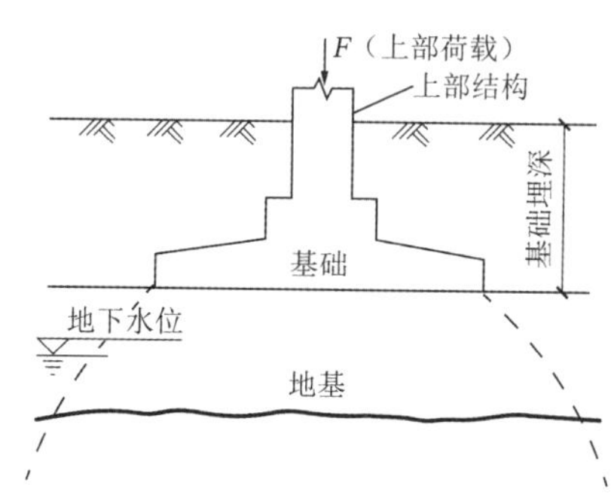

图 8.1-1　基础的传力

从图 8.1-1 可以看出，基础作为上部结构与地基的中介，完美地将集中力过渡为均布力，传递给土体介质。

从基础选型的角度，读者对地基的选择顺序是：天然地基→地基处理→深基础。而天然地基里对应的基础形式又是：独立基础→条形基础→筏形基础。

但是，《建筑地基基础设计规范》GB 50007—2011（以下简称《地基规范》）第 8.1 节却介绍了无筋基础；而上面介绍的独立基础、条形基础和筏形基础均为有筋基础，无筋基础现在应用已经很少了，为什么？

先看图 8.1-2 是《地基规范》对于无筋基础角度的要求。

无筋基础设计的关键是角度的控制。角度的受限，意味着荷载较大的时候，基底反力很大，发生剪切破坏。图 8.1-3 是角度变化对无筋基础的影响。

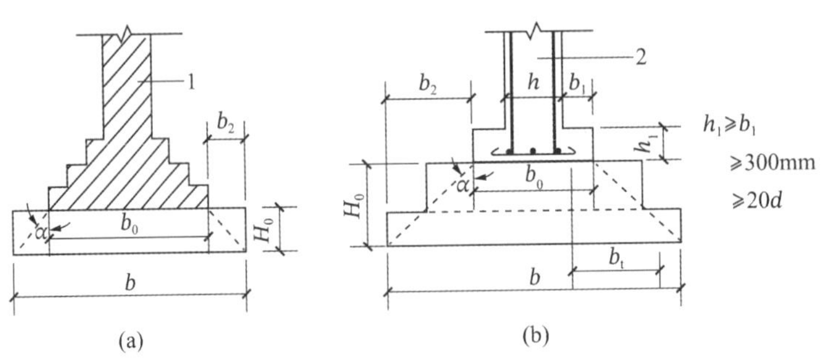

图8.1.1无筋扩展基础构造示意
d—柱中纵向钢筋直径；
1—承重墙；2—钢筋混凝土柱

$$H_0 \geqslant \frac{b-b_0}{2\tan\alpha} \quad (8.1.1) \longrightarrow \frac{\frac{b-b_0}{2}}{H_0} = \frac{b_t}{H_0} \leqslant \tan\alpha$$

图 8.1-2　无筋基础的构造要求

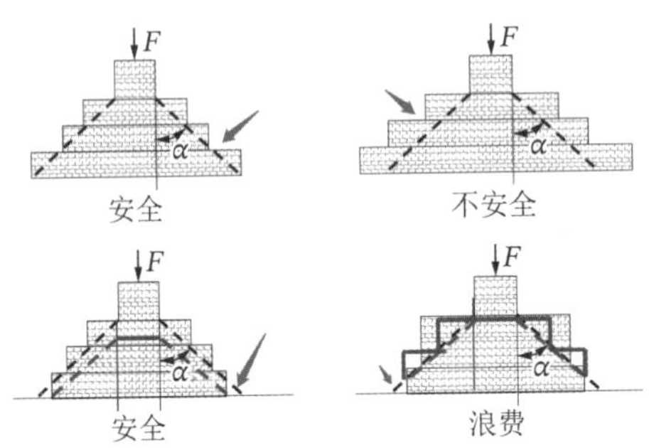

图 8.1-3　角度变化与无筋基础

随着荷载的增加，无筋基础需要的底面积越来越大，但是角度α是有限的，意味着基底不能无限制加大，这就是一个矛盾。如果要继续扩大面积，怎么办？做有筋基础！独立基础就应运而生了。

图 8.1-4 是现场施工完毕的两种独立基础。

图 8.1-4　现场施工完毕的独立基础

从几何的角度，要设计一个独立基础需要解决两个问题：高度和平面尺寸。从受力的角度，就是基底压力、冲切、剪切和弯矩。

轴力作用下的基底压力如图 8.1-5 所示，由于柱根部弯矩剪力的存在似的基底压力分布不均匀，基础的平面尺寸可以根据表 8.1-1 所示列表进行快速估算。

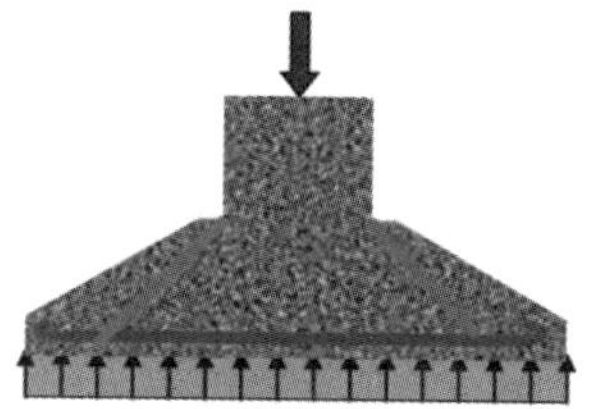

图 8.1-5　基底压力均匀分布

基底压力计算　　表 8.1-1

轴心荷载作用	小偏心荷载作用（$e \leqslant b/6$）	大偏心荷载作用（$e > b/6$）
F_k，G_k，p_k，b	e，F_k，M_k，G_k，$p_{kmin}>0$，p_{kmax}，b	e，a，F_k，M_k，G_k，$p_{kmin}=0$，p_{kmax}，$3a$，b
$p_k=\dfrac{F_k+G_k}{A}$	$p_{kmax}^{min}=\dfrac{F_k+G_k}{A}\pm\dfrac{M_k}{W}=\dfrac{F_k+G_k}{A}\left(1\pm\dfrac{6e}{b}\right)$	$p_{kmax}=\dfrac{2\cdot(F_k+G_k)}{3\cdot l\cdot a}$

独立基础的冲切、剪切和弯曲可以结合图 8.1-6 所示感性理解。后面，我们结合规范的公式进行说明。

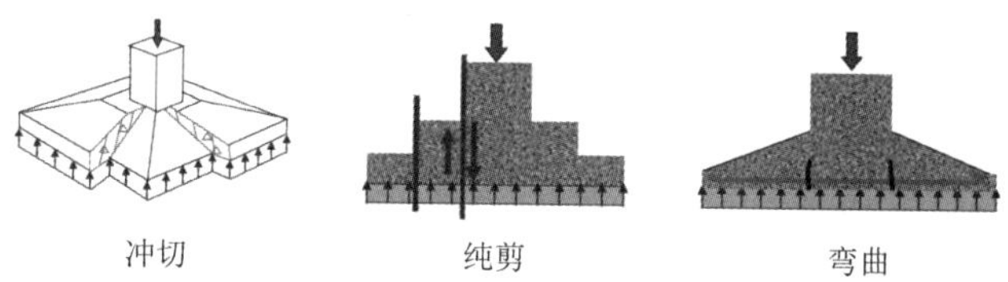

图 8.1-6　独立基础的冲切、剪切和弯曲

2. 规范理解

8.1-2 规范理解

第一个先说冲切，《地基规范》第 8.2.8 条关于冲切的公式如下：

$$F_l \leqslant 0.7\beta_{hp} f_t a_m h_0$$

$$a_m=(a_t+a_b)/2$$

$$F_l=p_j A_l$$

冲切的验算简图如图 8.1-7 所示。

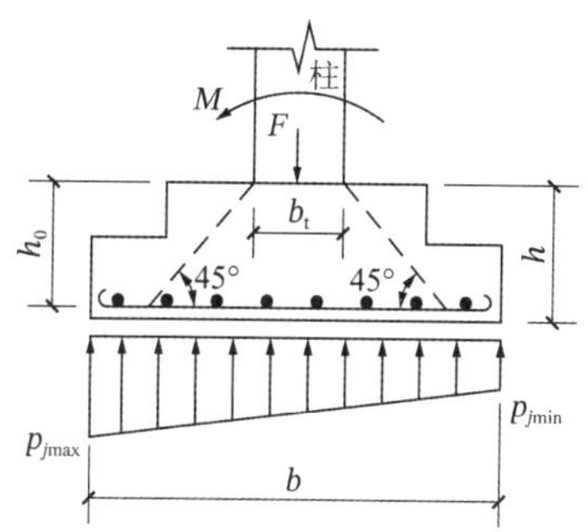

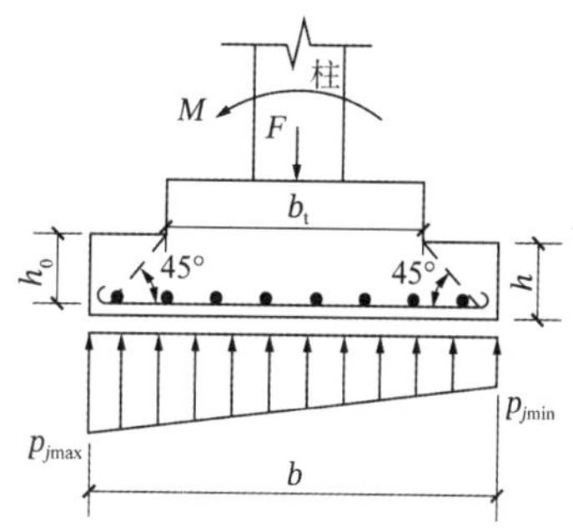

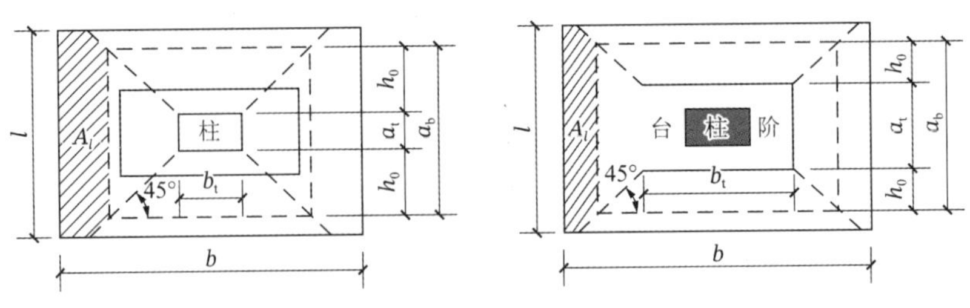

图 8.1-7　冲切简图

冲切的验算位置是柱与基础交接处和基础变阶处，关键点是垂直面的投影面积，图 8.1-8 是冲切最本质的简图。《地基规范》验算的投影面积，显然是留下了安全储备，从概念上是合理的。

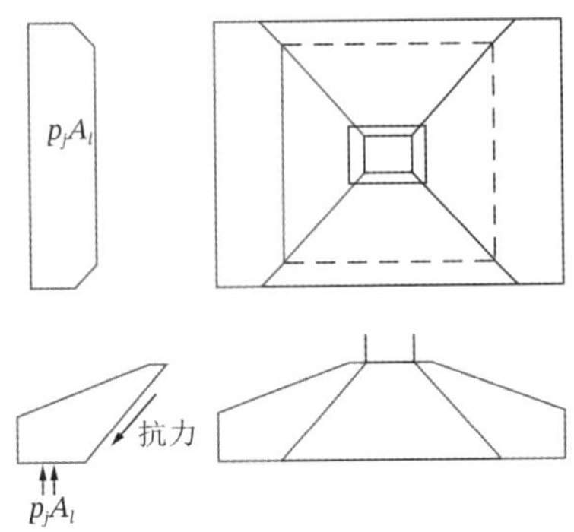

图 8.1-8　冲切的本质

关于冲切验算，最后说一下公式左侧的净反力。实际项目中，它和基底压力不同，是基底压力扣除其上自重后的净反力，手算可以按下式进行速算。

地基净反力作用于A_l上的冲切力设计值F_l：

轴心受压	$F_l=p_j\cdot A_l$	$p_j=\frac{F}{A}=\frac{1.35\cdot F_k}{A}=1.35\cdot\left(p_k-\frac{G_k}{A}\right)$
小偏心受压	$F_l=p_{jmax}\cdot A_l$	$p_{jmax}=\frac{F}{A}+\frac{M}{W}=1.35\cdot\left(\frac{F_k}{A}+\frac{M_k}{W}\right)$

矩形基础：$A_l=\left(\frac{b}{2}-\frac{b_t}{2}-h_0\right)\cdot l-\left(\frac{l}{2}-\frac{a_t}{2}-h_0\right)^2$或方形基础：$A_l=\frac{\left[a^2-(a_t+2h_0)^2\right]}{4}$

第二个是独立基础的剪切。《地基规范》第 8.2.9 条关于剪切的公式如下：

$$V_s\leqslant 0.7\beta_{hs}f_tA_0$$

$$\beta_{hs}=(800/h_0)^{1/4}$$

剪切的验算简图如图 8.1-9 所示。

从图 8.1-9 可以看到，剪切特点是“一刀切”。它与冲切破坏不一样，均发生在根部。

剪切左侧的净反力一般取平均净反力。与冲切的净反力稍有不同，可以按下式估算。

作用于A_l上的剪力设计值$V_s=\overline{p}_j\cdot A_l$　　$\overline{p}_j=\frac{F}{A}=\frac{1.35\cdot F_k}{A}=1.35\cdot\left(p_k-\frac{G_k}{A}\right)$

第三个是弯曲。《地基规范》第 8.2.11、8.2.12 条关于弯曲的计算公式如下：

$$M_I=\frac{1}{12}a_1^2\left[(2l+a')\left(p_{max}+p-\frac{2G}{A}\right)+(p_{max}-p)l\right] \tag{8.2.11-1}$$

$$M_{\mathrm{II}}=\frac{1}{48}(l-a')^2(2b+b')\left(p_{\max}+p_{\min}-\frac{2G}{A}\right) \tag{8.2.11-2}$$

$$A_s=M/(0.9f_y h_0) \tag{8.2.12}$$

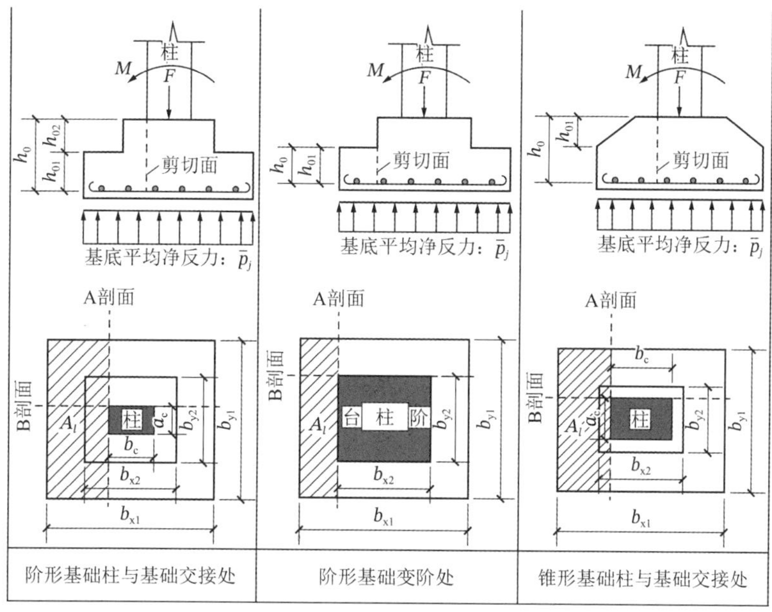

图 8.1-9　剪切的三种情况

它的计算简图如图 8.1-10 所示。

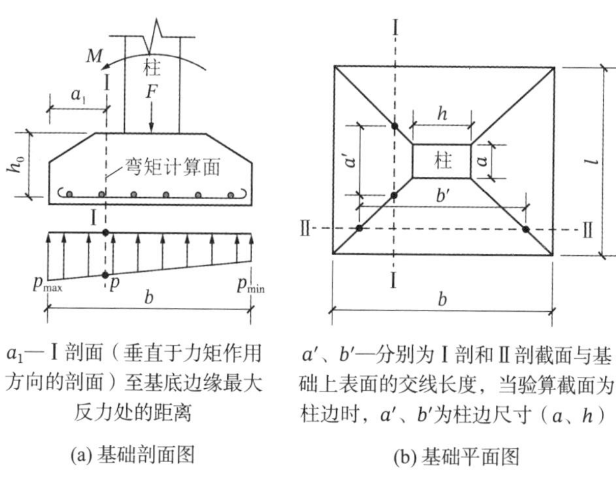

图 8.1-10　弯曲计算

弯曲中涉及的基底反力可以结合下式进行速算：

$$p=\frac{(p_{\max}-p_{\min})\cdot(b-a_1)}{b}+p_{\min} \qquad p_{\min}^{\max}=\frac{F+G}{A}\pm\frac{M}{W}=1.35\cdot\left(\frac{F_k+G_k}{A}\pm\frac{M_k}{W}\right)$$

或

$$p_j=\frac{(p_{j\max}-p_{j\min})\cdot(b-a_1)}{b}+p_{j\min} \qquad p_{j\min}^{\max}=\frac{F}{A}\pm\frac{M}{W}=1.35\cdot\left(\frac{F_k}{A}\pm\frac{M_k}{W}\right)$$

3. YJK 电算

8.1-3 YJK 电算

关于独立基础的电算，在实际项目中可以选择的方法很多，最简单的可以结合上一小节的公式进行手算，也可以借助理正、MathCAD 等编程计算。本书结合 YJK，对第 1 章的框架结构案例进行独立基础的设计。

第一步，进入基础设计模块，读取上部结构模型，如图 8.1-11 所示。

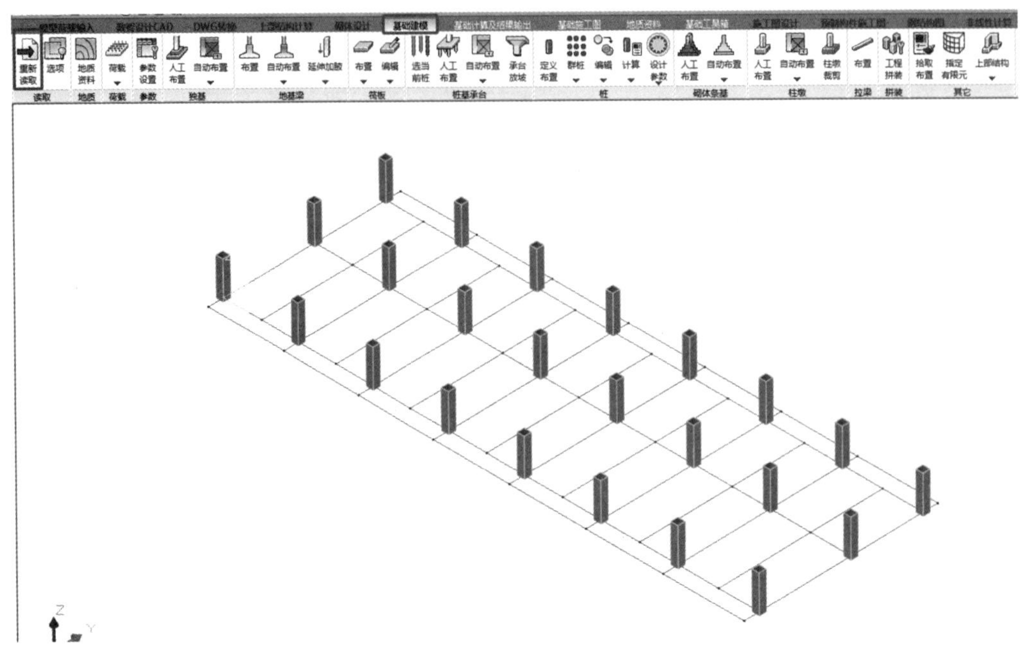

图 8.1-11　模型显示

读取模型后，注意通过荷载显示对其大致复核，保证上部结构的荷载接力到了基础模块，荷载显示如图 8.1-12 所示。

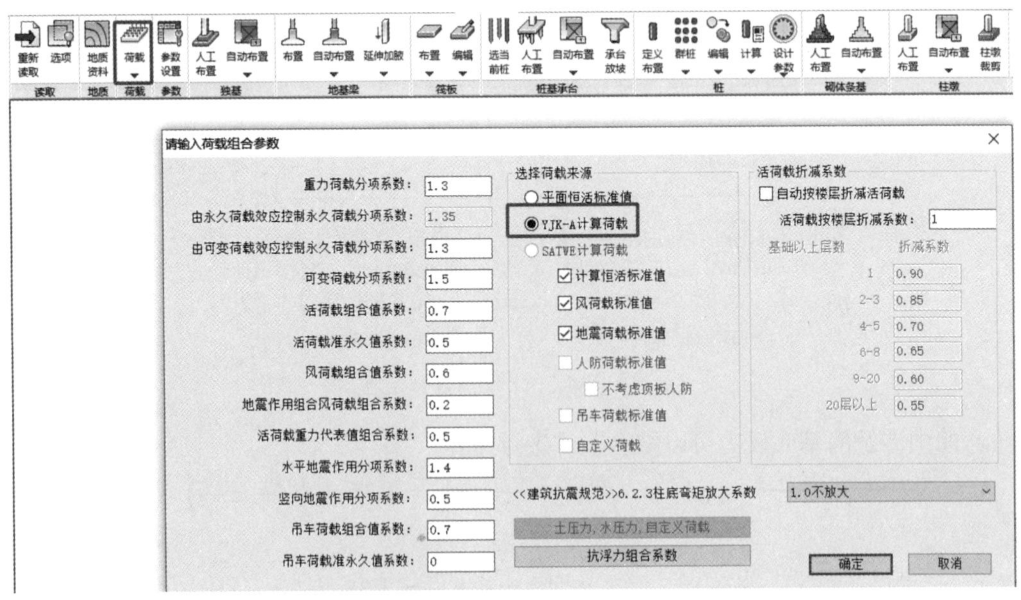

图 8.1-12　荷载显示对话框

第二步，开始进行独立基础参数设置，如图 8.1-13～图 8.1-16 所示。

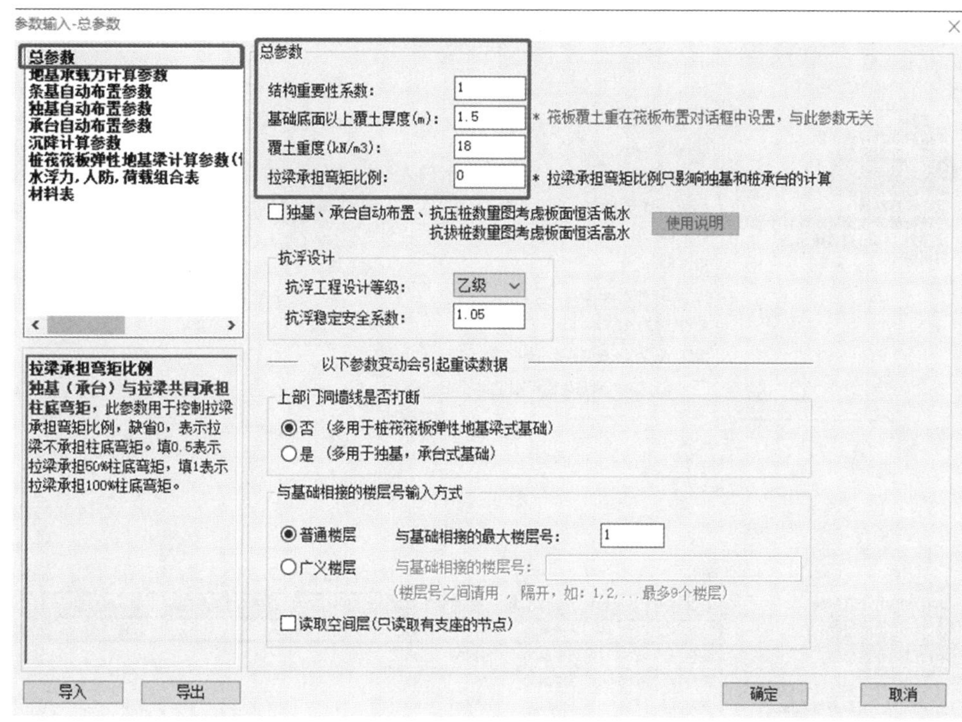

图 8.1-13　总参数

总参数中建议拉梁不承担弯矩，先进行保守计算。后期，根据计算结果综合考虑是否进一步优化。承担比例越高，优化程度越大。

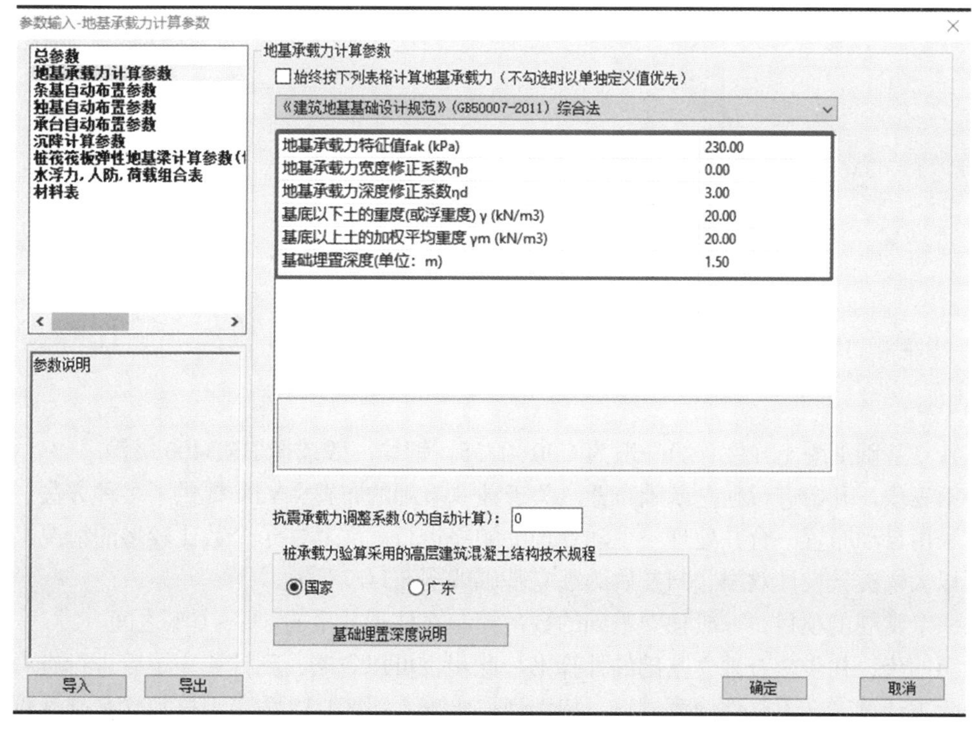

图 8.1-14　地基承载力

此处，地基承载力从勘察报告中获取。

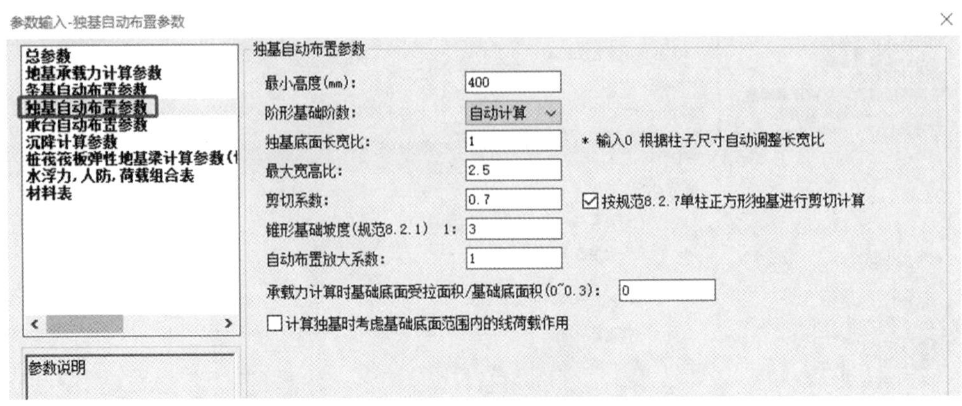

图 8.1-15　独立基础布置参数

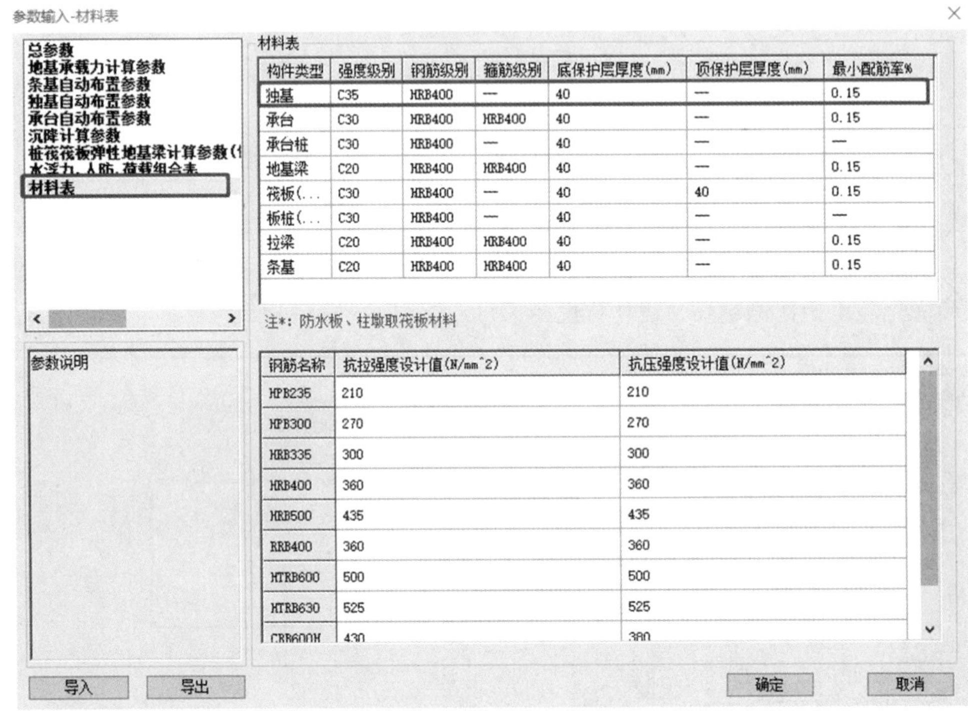

图 8.1-16　独立基础材料参数

独立基础混凝土强度等级一般为 C30、C35，钢筋一般选择 HRB400 级钢。

第三步，开始进行独立基础布置。关于独立基础的布置，YJK 提供了多种方法，建议读者采用自动布置→合并处理→手动处理的顺序进行。尤其柱子个数比较多的情况，这样做可以大幅提升设计效率。归并后的独立基础如图 8.1-17 所示。

一个常规的项目，一般独立基础的数量控制在柱子数量的 5%～10%之间。

第四步，初步核查独立基础的计算书。此步也可以省略，到计算完毕后进行查看。这里，为了让读者熟悉软件计算过程，特别列举出来。图 8.1-18 为单根柱独立基础计算书的基本信息。

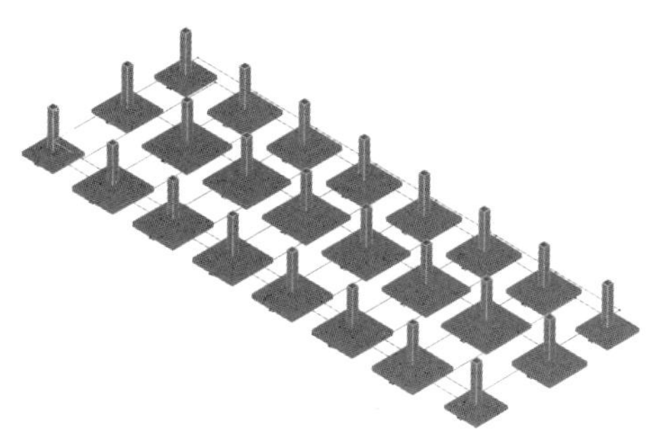

图 8.1-17　归并后的独立基础

第7号独立基础计算书

计算依据《建筑地基基础设计规范》(GB50007-2011)。
对应节点号7,中心点坐标(15010,0)mm,相对柱转角0.0°
地基承载力特征值180.0kPa
地基承载力特征值修正的基础埋深d=0.00m
地基承载力修正系数ηb=0.00,ηd=1.00
钢筋抗拉设计强度fy=360.0N/mm2,混凝土强度C35.0
基础底标高-1.50m
基础底面以上的覆土厚度1.50m
覆土压强15.87kPa(冲切、剪切计算不考虑)
基础自重15.45kPa
基础共2阶
　第1阶长5000mm×宽5000mm×高450mm
　第2阶长2900mm×宽2900mm×高500mm
冲切剪切计算对应的基础内部构件的外包区域截面700×700mm

图 8.1-18　计算书的基本信息

这里提醒读者，地基承载力特征值修正在实际项目中，建议读者自己手动计算，不用软件自动修正，尤其是复杂项目。

图 8.1-19 为承载力计算。

一、地基承载力计算
　按照规范5.2计算，对不同的荷载组合计算地基承载力结果为:
　Mx、My为相对于基础底面形心的绕x轴、y轴弯矩标准组合值;
　Pkmax、Pkmin为基础底面边缘最大、最小压力值;
　Fk为相对于基础底面形心的轴力标准组合值;
　fa为修正后的承载力特征值。

序号	荷载组合	Mx(kN.m)	My(kN.m)	Fk(kN)	Pkmax(kPa)	Pkmin(kPa)	Pavg(kPa)	fa(kPa)	0压力区
2	2	52.93	-3.57	3404.55	170.22	164.80	167.51	180.00	0.00
3	3	40.11	46.08	3019.04	156.23	147.95	152.09	180.00	0.00
4	4	-84.44	-2.79	2970.45	154.33	145.96	150.15	180.00	0.00
5	5	39.23	-52.69	3018.40	156.48	147.65	152.06	180.00	0.00
6	6	163.77	-3.81	3066.99	162.05	145.96	154.01	180.00	0.00
7	7	53.20	26.06	3404.74	171.32	163.71	167.52	180.00	0.00
8	8	52.67	-33.20	3404.36	171.62	163.38	167.50	180.00	0.00
9	9	-21.53	-3.26	3375.59	167.54	165.16	166.35	180.00	0.00
10	10	127.39	-3.88	3433.51	174.97	162.37	168.67	180.00	0.00
11	11	49.39	45.90	3289.12	167.47	158.32	162.89	180.00	0.00
12	12	48.51	-52.87	3288.48	167.73	158.00	162.87	180.00	0.00
13	13	-75.15	-2.98	3240.53	164.70	157.20	160.95	180.00	0.00
14	14	173.06	-4.00	3337.07	173.31	156.31	164.81	180.00	0.00
15	15	80.71	711.61	3227.72	198.47	122.40	160.44	234.00	0.00
16	16	11.89	-718.48	3195.55	194.21	124.09	159.15	234.00	0.00
17	17	-584.87	8.45	2934.64	177.19	120.23	148.71	234.00	0.00
18	18	677.47	-15.32	3488.63	204.13	137.62	170.87	234.00	0.00
19	19	80.80	721.49	3227.78	198.95	121.93	160.44	234.00	0.00
20	20	-609.69	8.55	2924.99	178.00	118.65	148.33	234.00	0.00
21	21	11.80	-728.36	3195.49	194.67	123.62	159.15	234.00	0.00
22	22	702.29	-15.42	3498.28	205.71	136.81	171.26	234.00	0.00

0压力区域为0压力区面积与基础总面积的比例，超过0.15不满足要求。
基础底面边缘最大压力值Pkmax=205.71<1.2×234.00,地基承载力计算满足要求!
基础底面平均压力值Pavg=171.26<234.00,地基承载力计算满足要求!

图 8.1-19　承载力计算

图 8.1-20 为冲切、剪切计算。

第五步，拉梁布置。不带地下室的独立基础一般要在首层位置标高处设置拉梁。拉梁的布置在实际项目中一般通过框架柱连接，同时承担首层二次结构的荷载。本案例布置如图 8.1-21 所示。

二、冲切计算

按照规范8.2.8基础冲切计算，对不同的荷载组合计算结果为：

序号	位置	荷载号	at(mm)	ab(mm)	h0(mm)	p0(kPa)	Fl(kN)	Fa(kN)	安全系数
1	X+	31	700	2500	900	181.98	853.05	1567.34	1.84
2	X-	31	700	2500	900	181.74	851.89	1567.34	1.84
3	Y+	31	700	2500	900	186.26	873.08	1567.34	1.80
4	Y-	28	700	2500	900	178.41	836.30	1567.34	1.87
1	X+	31	2900	3700	400	182.04	514.73	1454.92	2.83
2	X-	31	2900	3700	400	181.68	513.69	1454.92	2.83
3	Y+	31	2900	3700	400	188.37	532.61	1454.92	2.73
4	Y-	29	2900	3700	400	177.59	502.13	1454.92	2.90

冲切计算满足要求！

三、剪切计算

按照规范基础剪切计算，对不同的荷载组合计算结果为：

剪切计算满足规范要求的最不利荷载组合号为23

基础底面范围内上部总荷载（不含基础自重、覆土重）为4503.08kN

基底平均净反力P0=183.78kPa

基础总有效高度h0=900mm

受剪切承载力截面高度影响系数βhs=0.97

混凝土抗拉强度设计值ft=1574.59kN/m2

序号	位置	方向	剪力面积(m2)	剪力Vs(kN)	有效面积(m2)	抗剪承载力(kN)
1	柱边截面	X	10.75	1975.62	3.45	3692.29
2	柱边截面	Y	10.75	1975.62	3.45	3692.29
3	变阶截面	X	5.25	964.84	2.00	2140.46
4	变阶截面	Y	5.25	964.84	2.00	2140.46

当基础底面尺寸大于柱宽加两倍基础有效高度，剪切无需计算。

剪切计算满足要求！

最终计算书及配筋计算等见【基础计算及结果输出】菜单的【构件信息】！

图 8.1-20　冲切、剪切计算

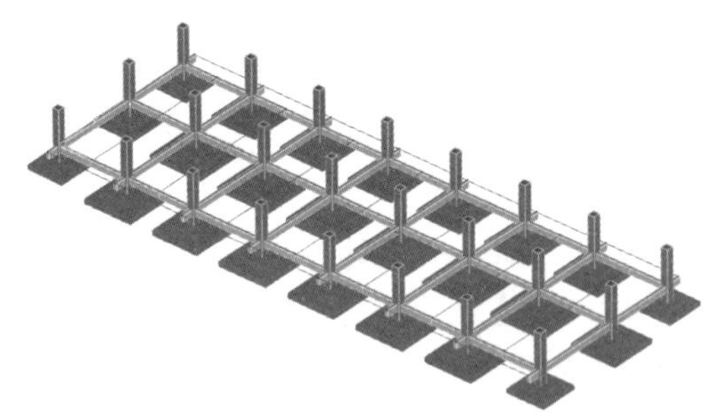

图 8.1-21　拉梁布置

第六步，通过辅助工具核对标高、几何尺寸等信息，如图 8.1-22 所示。

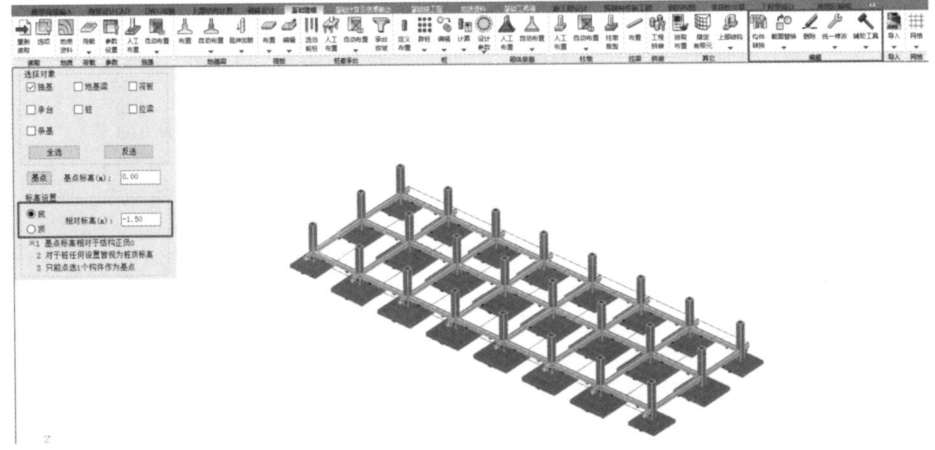

图 8.1-22　核对修改参数

第七步，进入桩筏有限元计算设置，如图 8.1-23 所示。

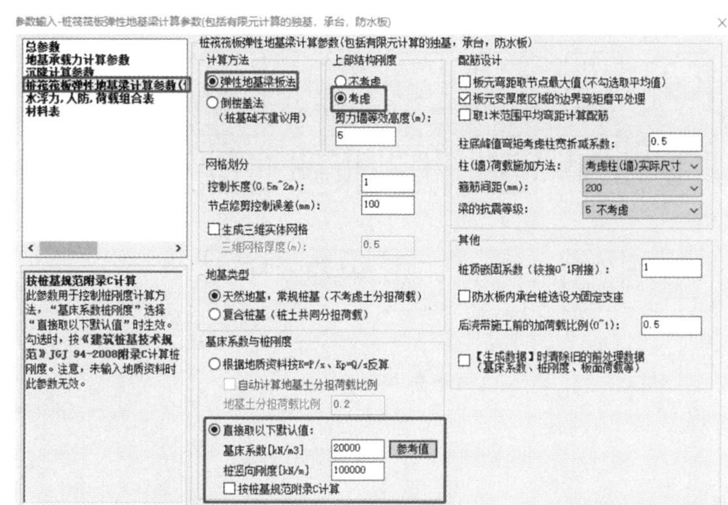

图 8.1-23　桩筏有限元参数设置

图 8.1-23 中其他参数读者自行核对，保证与第一步一致即可。

第八步，生成数据进行计算分析。结果查看重点菜单如图 8.1-24 所示。

图 8.1-24　结果菜单

上面框选部分是重点关注内容。文本结果中首先查看平衡校核，如图 8.1-25 所示。

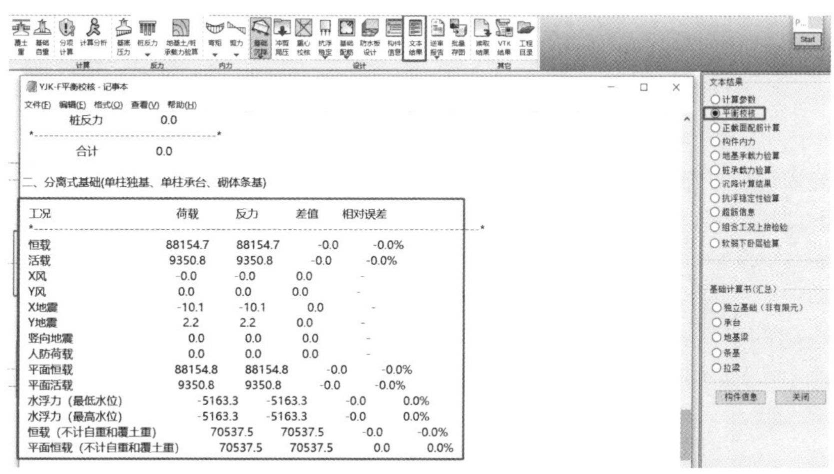

工况	荷载	反力	差值	相对误差
恒载	88154.7	88154.7	-0.0	-0.0%
活载	9350.8	9350.8	-0.0	-0.0%
X风	-0.0	-0.0	0.0	-
Y风	0.0	0.0	0.0	-
X地震	-10.1	-10.1	0.0	-
Y地震	2.2	2.2	0.0	-
竖向地震	0.0	0.0	0.0	-
人防荷载	0.0	0.0	0.0	-
平面恒载	88154.8	88154.8	-0.0	-0.0%
平面活载	9350.8	9350.8	-0.0	-0.0%
水浮力（最低水位）	-5163.3	-5163.3	-0.0	0.0%
水浮力（最高水位）	-5163.3	-5163.3	-0.0	0.0%
恒载（不计自重和覆土重）	70537.5	70537.5	-0.0	-0.0%
平面恒载（不计自重和覆土重）	70537.5	70537.5	0.0	0.0%

图 8.1-25　平衡校核

平衡校核的目的主要是确保桩筏有限元计算的荷载准确性。图 8.1-26 是承载力验算。

这里的承载力验算是最终版的验算，是考虑拉梁荷载之后的结果。不足的地方通过增加基底面积进行调整。

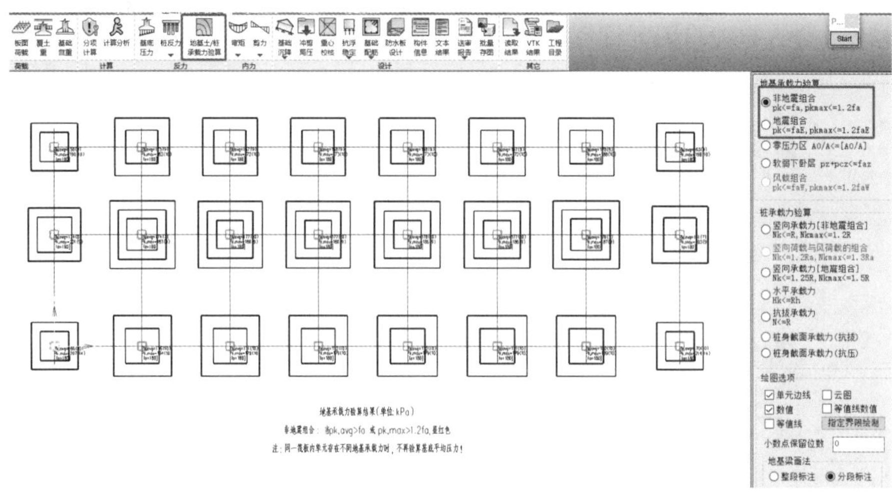

图 8.1-26　承载力验算

图 8.1-27 是独立基础的冲切、剪切和局部受压验算，主要通过基础的高度进行调整。

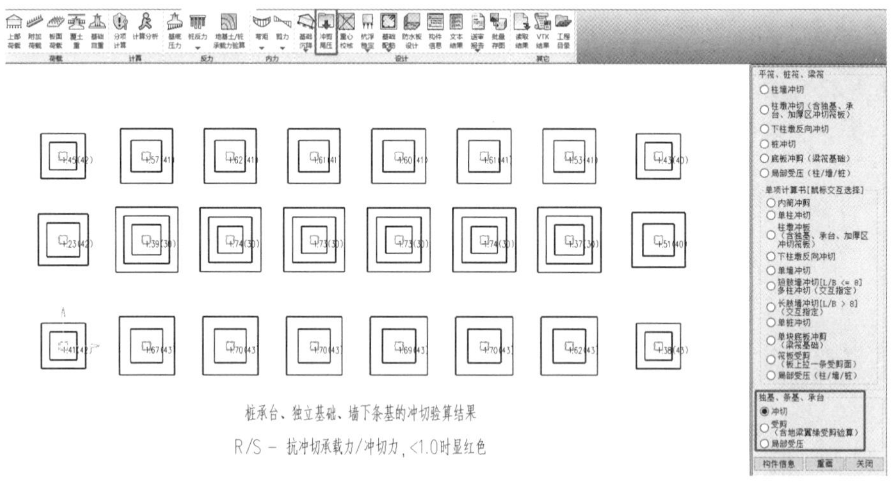

图 8.1-27　独立基础的冲切、剪切、局压

图 8.1-28 是独立基础及拉梁的配筋结果。

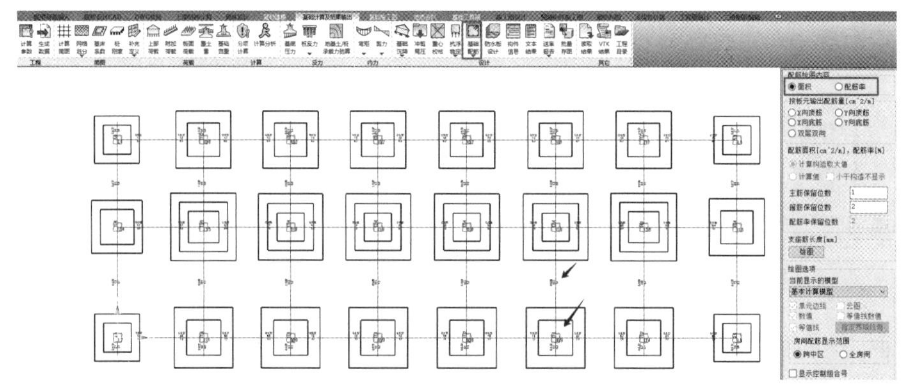

图 8.1-28　独立基础及拉梁配筋

关于独立基础及拉梁的配筋，读者可以通过构件信息进一步查看，如图 8.1-29 所示。

```
* 以下输出独立基础底板正截面配筋设计信息                                  *
* STEP:  正截面包含的台阶数目，柱墙边缘断面对应总台阶数                      *
* Direct: 正截面的法线方向                                          *
* b:    实际宽度(mm)                                              *
* b0:   计算宽度(mm)                                              *
* h0:   有效高度(mm)                                              *
* M:    弯矩设计值(kN-m)                                           *
* Comb:  设计弯矩对应的组合号                                        *
* As':  计算配筋面积(mm*mm)，按As'=M/(0.9*fy*h0)确定                   *
* Rs':  计算配筋率(%)，按Rs'=As'/(b0*h0)确定                          *
* As,min: 构造配筋面积(mm*mm)，按As,min=Rs,min*b0*h确定                 *
* Rs,min: 最小配筋率(0.15%)                                         *
*---------------------------------------------------------------------*
```

截面号	STEP	Direct	b	b0	h0	M	Comb	As'	Rs'(%)	As,min	Rs,min(%)
No.1	2	x+	5000	3833	900	1554.8	(28)	5331.9	0.1545	5462.5	0.1500
No.2	2	x-	5000	3833	900	1556.8	(29)	5338.9	0.1548	5462.5	0.1500
No.3	1	x+	5000	5000	400	446.6	(28)	3445.8	0.1723	3375.0	0.1500
No.4	1	x-	5000	5000	400	447.2	(29)	3451.0	0.1725	3375.0	0.1500
No.5	2	y+	5000	3833	900	1538.1	(30)	5274.7	0.1529	5462.5	0.1500
No.6	2	y-	5000	3833	900	1624.3	(31)	5570.1	0.1615	5462.5	0.1500
No.7	1	y+	5000	5000	400	441.7	(30)	3408.3	0.1704	3375.0	0.1500
No.8	1	y-	5000	5000	400	468.6	(31)	3615.6	0.1808	3375.0	0.1500

```
*---------------------------------------------------------------------*
* 以下输出按计算、构造取大的配筋量                                      *
* As:   每延米的底筋面积(mm*mm/m)  按控制截面确定，As=max(As',Asmin)/b       *
* Rs:   底筋配筋率(%)，按控制截面确定，Rs=max(As',Asmin)/(b0*h)            *
* Rs1:  一阶配筋率(%)，用于验算是否超筋                                  *
* Rs,max: 最大配筋率(取值由高级参数选项确定)，当 Rs1>Rs,max时，截面超筋，尺寸太小，不符合要求  *
*---------------------------------------------------------------------*
```

配筋方向	控制截面	As	Rs(%)	Rs1(%)	Rs1>Rs,max
x向	No.2	1092.5	0.1500	0.2428	NO
y向	No.6	1114.0	0.1530	0.2476	NO

图 8.1-29　独立基础配筋信息

以上就是独立基础计算的全部内容。关于独立基础加防水板的抗浮计算，请读者阅读第 12 章的相关内容。

8.2　条形基础 YJK 建模与计算

8.2-1 概念设计

1. 概念设计

图 8.2-1 是某项目施工的条形基础。可以看到，从独立基础到条形基础最明显的一个变化，就是将独立基础的长宽比加大到一定程度，即为条形基础。

图 8.2-1　条形基础

从承载力的角度看，独立基础无法满足承载力需求时，使用条形基础是一个既自然又经济的选择。

如图 8.2-1 所示，把此图翻转 180°，读者会发现条形基础是一个倒置的梁。它不存在冲切问题，存在弯剪问题。

到此为止，读者应该明白条形基础从概念设计的角度，宽度由承载力控制，高度通过弯剪进行设计。这里要提醒读者，任何基础的设计有一个主控因素，像独立基础部分介绍的冲切控制高度，当把握主控因素时，基础的经济性和安全性都有保证。

2. 规范理解

结合上一小节提到条形基础计算，承载力的计算和独立基础类似，我们重点介绍条形基础的剪切和弯曲计算。

8.2-2 规范理解

首先是剪切计算。《地基规范》第 8.2.9 条相关的公式如下：

$$V_s \leqslant 0.7\beta_{hs}f_tA_0 \tag{8.2.9-1}$$

$$\beta_{hs} = (800/h_0)^{1/4} \tag{8.2.9-2}$$

它可以结合图 8.2-2 的计算简图理解。

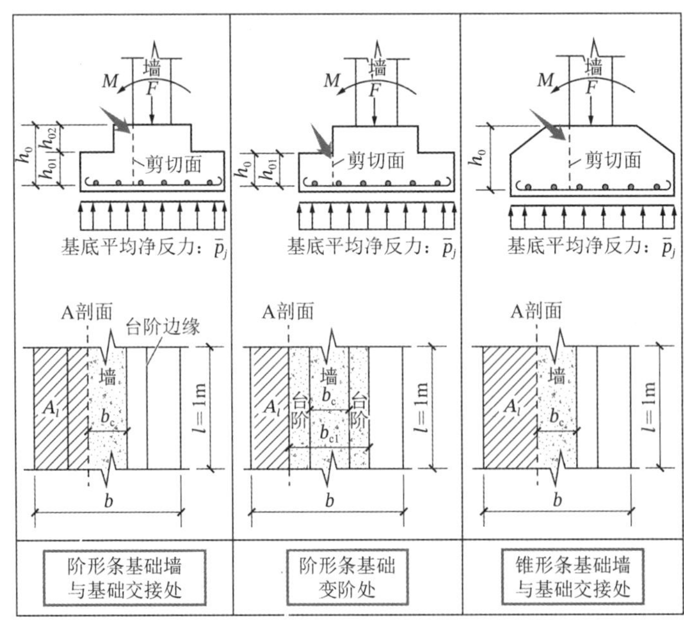

图 8.2-2 剪切计算简图

注意上图中剪切面的位置。

剪切计算中涉及的剪力设计值，可以按下式进行估算：

作用于A_l上的剪力设计值$V_s = \bar{p}_j \cdot A_l$ $\quad \bar{p}_j = \frac{F}{A} = \frac{1.35 \times F_k}{A} = 1.35 \times \left(p_k - \frac{G_k}{A}\right)$

条形基础的剪切计算可以结合《地基规范》第 8.2.14 条理解，内容如下：

$$M_I = \frac{1}{6}a_1^2\left(2p_{max} + p - \frac{3G}{A}\right) \tag{8.2.14}$$

其计算简图如图 8.2-3 所示。

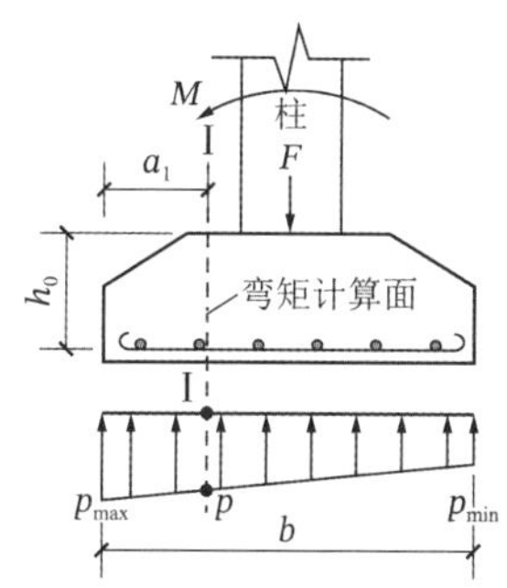

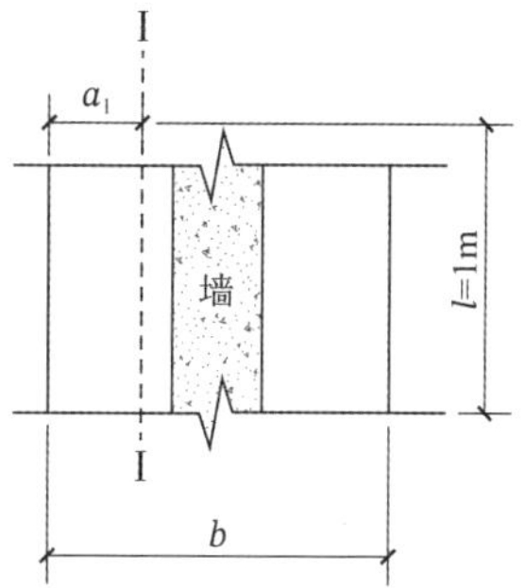

a_1—Ⅰ剖面（垂直于力矩作用方向的剖面）至基底边缘最大反力处的距离

最大弯矩截面的位置，应符合下列规定：
1. 当为混凝土墙时，取$a_1 = b_1$
2. 当为砖墙时，取$a_1 = b_1 + 0.25$倍的砖长

(a) 基础剖面图　　(b) 基础平面图

图 8.2-3　弯曲计算简图

与剪切计算不同，它的计算涉及基底反力。考虑基底压力的不均匀分布，可以根据下式进行估算：

$$p=\frac{(p_{\max}-p_{\min})\cdot(b-a_1)}{b}+p_{\min} \qquad p_{\min}^{\max}=\frac{F+G}{A}\pm\frac{M}{W}=1.35\times\left(\frac{F_k+G_k}{A}\pm\frac{M_k}{W}\right)$$

或

$$p_j=\frac{(p_{j\max}-p_{j\min})\cdot(b-a_1)}{b}+p_{j\min} \qquad p_{j\min}^{\max}=\frac{F}{A}\pm\frac{M}{W}=1.35\times\left(\frac{F_k}{A}\pm\frac{M_k}{W}\right)$$

上面就是关于条形基础，《地基规范》中剪切和弯曲计算的内容。

3. YJK 电算

8.2-3 YJK 电算

关于条形基础的电算，本书结合 YJK 对第 1 章的框架结构案例进行条形基础设计。

本部分整体流程和独立基础类似，重复的参数设置不单独说明。下面，重点介绍条形基础设计需要留意的地方。

第一，条形基础的尺寸估算。《地基规范》规定：

8.3.1　柱下条形基础的构造，除应符合本规范第 8.2.1 条的要求外，尚应符合下列规定：

1 柱下条形基础梁的高度宜为柱距的 1/4～1/8。翼板厚度不应小于 200mm。当翼板厚度大于 250mm 时，宜采用变厚度翼板，其顶面坡度宜小于或等于 1∶3。

2 条形基础的端部宜向外伸出，其长度宜为第一跨距的 0.25 倍。

3 现浇柱与条形基础梁的交接处，基础梁的平面尺寸应大于柱的平面尺寸，且柱的边缘至基础梁边缘的距离不得小于 50mm（图 8.3.1）。

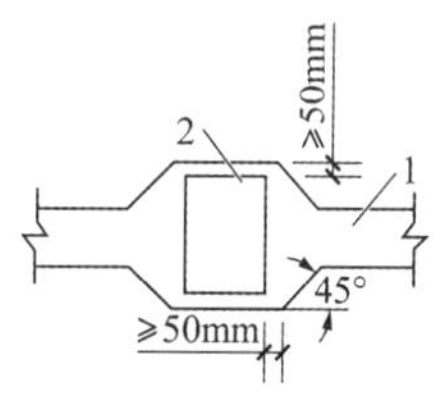

图 8.3.1

根据上面的条文，可以先初步估算一个条形基础截面，根据后面计算结果进行调整。这里提醒读者，任何结构尺寸的计算不是一次成型的，尤其是新手，千万不要有畏惧心理，要大胆地进行截面估算，通过计算判断其合理性。久而久之，形成一套自己的设计经验。

柱下条形基础的初步布置如图 8.2-4 所示。

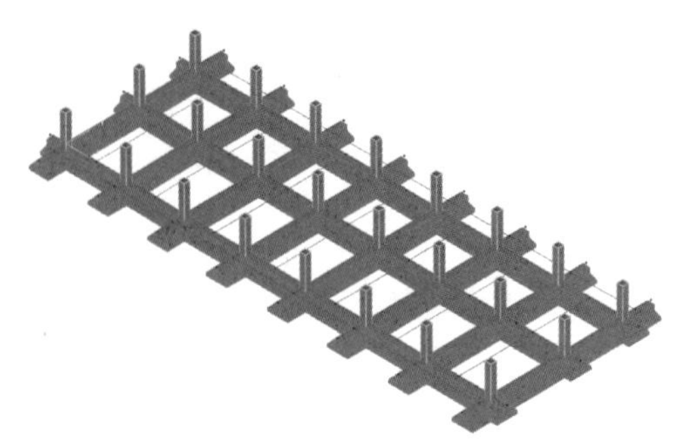

图 8.2-4　条形基础初步布置

第二，基底压力的查看。前面布置完成后进行参数设置，即可进行试算。首先，要查看的是基底压力是否小于地基承载力。图 8.2-5 是地基承载力的验算结果。

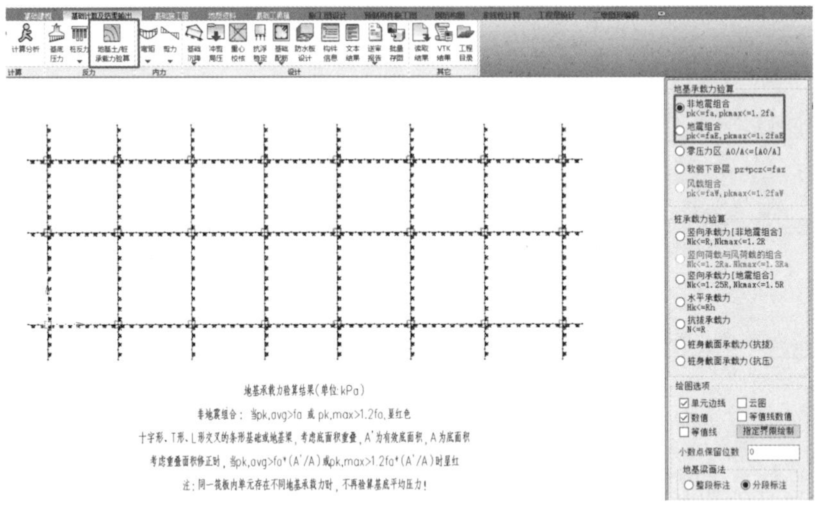

图 8.2-5　地基承载力验算

如果出现基底压力偏大的情况，读者首先考虑的是根据差异进行宽度的调整。如果差别非常大，宽度加大到一定程度就不再是条形基础了，可以考虑做筏形基础了。

第三，条形基础的剪切计算，如图 8.2-6 所示。

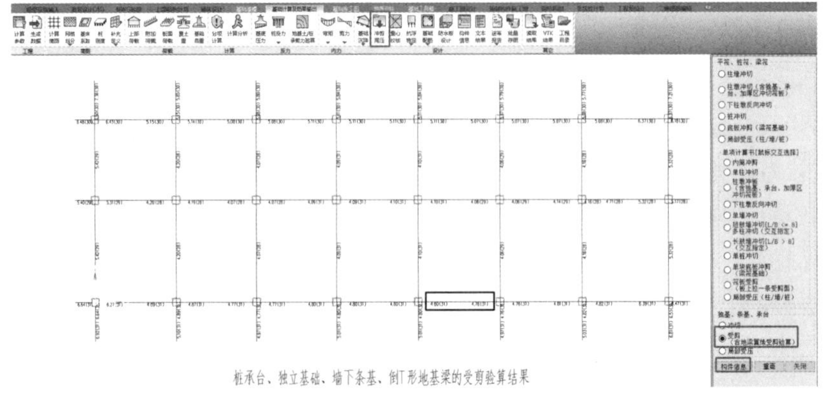

图 8.2-6　条形基础剪切

此处输出的是翼缘的受剪验算，点开构件信息，相关内容如图 8.2-7 所示。

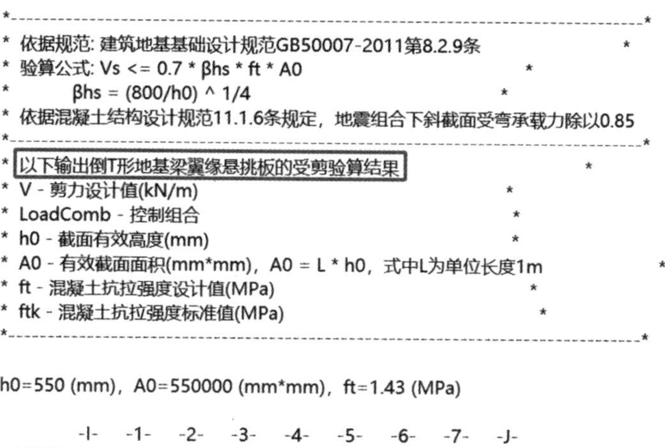

```
*-----------------------------------------------------------------------*
* 依据规范: 建筑地基基础设计规范GB50007-2011第8.2.9条                  *
* 验算公式: Vs <= 0.7 * βhs * ft * A0                                  *
*         βhs = (800/h0) ^ 1/4                                         *
* 依据混凝土结构设计规范11.1.6条规定，地震组合下斜截面受弯承载力除以0.85 *
*-----------------------------------------------------------------------*
* 以下输出倒T形地基梁翼缘悬挑板的受剪验算结果                           *
* V - 剪力设计值(kN/m)                                                 *
* LoadComb - 控制组合                                                  *
* h0 - 截面有效高度(mm)                                                *
* A0 - 有效截面面积(mm*mm)，A0 = L * h0，式中L为单位长度1m             *
* ft - 混凝土抗拉强度设计值(MPa)                                       *
* ftk - 混凝土抗拉强度标准值(MPa)                                      *
*-----------------------------------------------------------------------*

h0=550 (mm)，A0=550000 (mm*mm)，ft=1.43 (MPa)

            -I-    -1-    -2-    -3-    -4-    -5-    -6-    -7-    -J-
V(kN/m)    114.9  114.1  112.7  111.1  109.4  107.9  106.7  106.0  105.8
LoadComb    (31)   (31)   (31)   (31)   (31)   (31)   (31)   (31)   (31)
R/S         4.80   4.83   4.89   4.97   5.04   5.11   5.17   5.20   5.21
```

图 8.2-7　翼缘受剪

第四，条形基础地基梁的弯剪计算。其计算原理在《地基规范》中有规定：

8.3.2　柱下条形基础的计算，除应符合本规范第 8.2.6 条的要求外，尚应符合下列规定：

1 在比较均匀的地基上，上部结构刚度较好，荷载分布较均匀，且条形基础梁的高度不小于 1/6 柱距时，地基反力可按直线分布，条形基础梁的内力可按连续梁计算，此时边跨跨中弯矩及第一内支座的弯矩值宜乘以 1.2 的系数。

2 当不满足本条第 1 款的要求时，宜按弹性地基梁计算。

3 对交叉条形基础，交点上的柱荷载，可按静力平衡条件及变形协调条件，进行分配。其内力可按本条上述规定，分别进行计算。

4 应验算柱边缘处基础梁的受剪承载力。

5 当存在扭矩时，尚应作抗扭计算。

6 当条形基础的混凝土强度等级小于柱的混凝土强度等级时，应验算柱下条形基础梁顶面的局部受压承载力。

弹性地基梁计算可以结合图 8.2-8 理解。

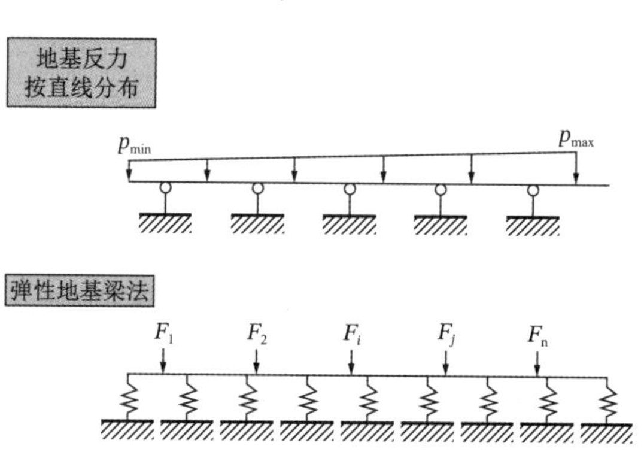

图 8.2-8　弹性地基梁计算方法简图

在看配筋之前，建议读者先查看内力，判断弯矩和剪力的合理性。

内力查看如图 8.2-9 和图 8.2-10 所示。

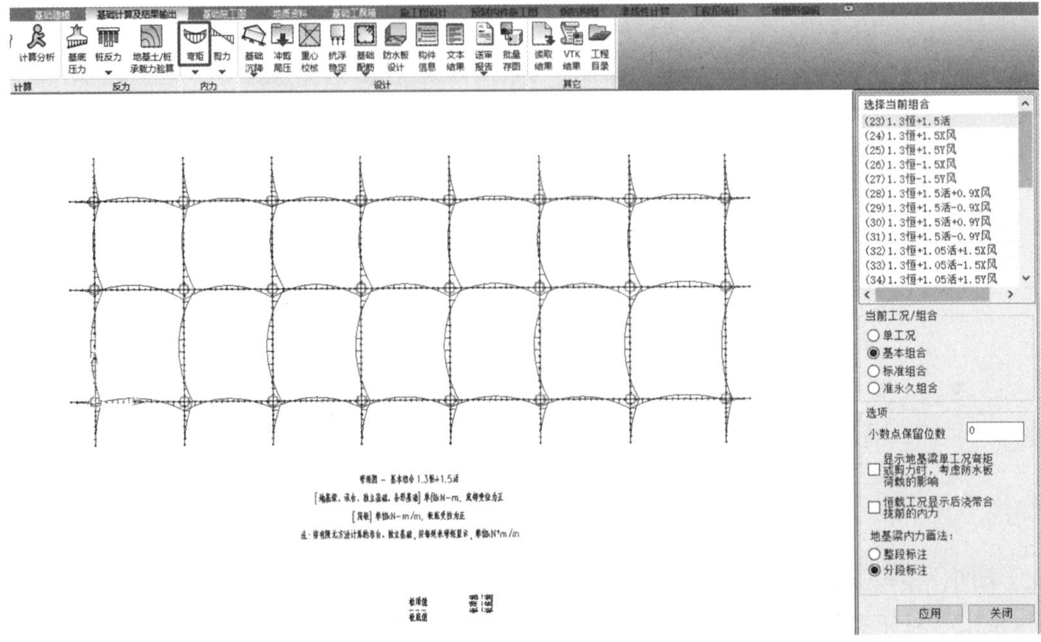

图 8.2-9 地基梁弯矩

图 8.2-9 的弯矩内力是典型的倒楼盖内力分布，读者不必过度关注数值，内力查看关注的是形状。

由图 8.2-10 可以看出，竖向荷载下剪力分布与概念相符。

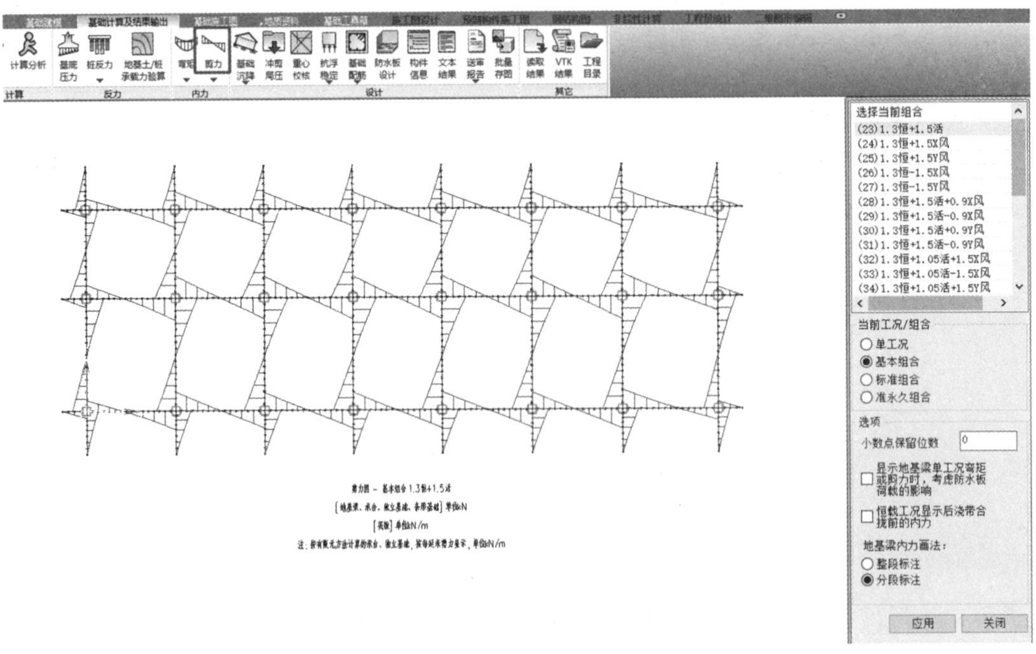

图 8.2-10 地基梁剪力

接着，就可以查看配筋。局部配筋显示如图 8.2-11 所示。

点开构件信息，我们结合此部分的内力进行详细解读。图 8.2-12 是构件基本信息。

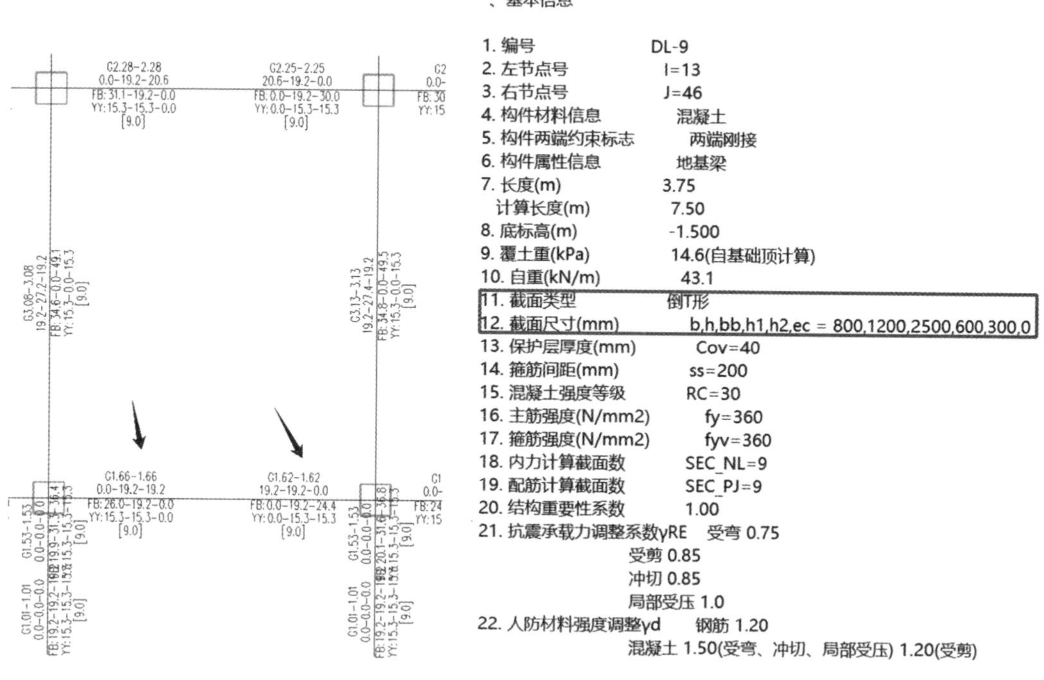

一、基本信息

1. 编号　DL-9
2. 左节点号　I=13
3. 右节点号　J=46
4. 构件材料信息　混凝土
5. 构件两端约束标志　两端刚接
6. 构件属性信息　地基梁
7. 长度(m)　3.75
   计算长度(m)　7.50
8. 底标高(m)　-1.500
9. 覆土重(kPa)　14.6(自基础顶计算)
10. 自重(kN/m)　43.1
11. 截面类型　倒T形
12. 截面尺寸(mm)　b,h,bb,h1,h2,ec = 800,1200,2500,600,300,0
13. 保护层厚度(mm)　Cov=40
14. 箍筋间距(mm)　ss=200
15. 混凝土强度等级　RC=30
16. 主筋强度(N/mm2)　fy=360
17. 箍筋强度(N/mm2)　fyv=360
18. 内力计算截面数　SEC_NL=9
19. 配筋计算截面数　SEC_PJ=9
20. 结构重要性系数　1.00
21. 抗震承载力调整系数γRE　受弯 0.75
    受剪 0.85
    冲切 0.85
    局部受压 1.0
22. 人防材料强度调整γd　钢筋 1.20
    混凝土 1.50(受弯、冲切、局部受压) 1.20(受剪)

图 8.2-11　局部配筋显示　　　图 8.2-12　构件基本信息

图 8.2-13 是正截面与斜截面计算。文本文件与配筋简图相对应。

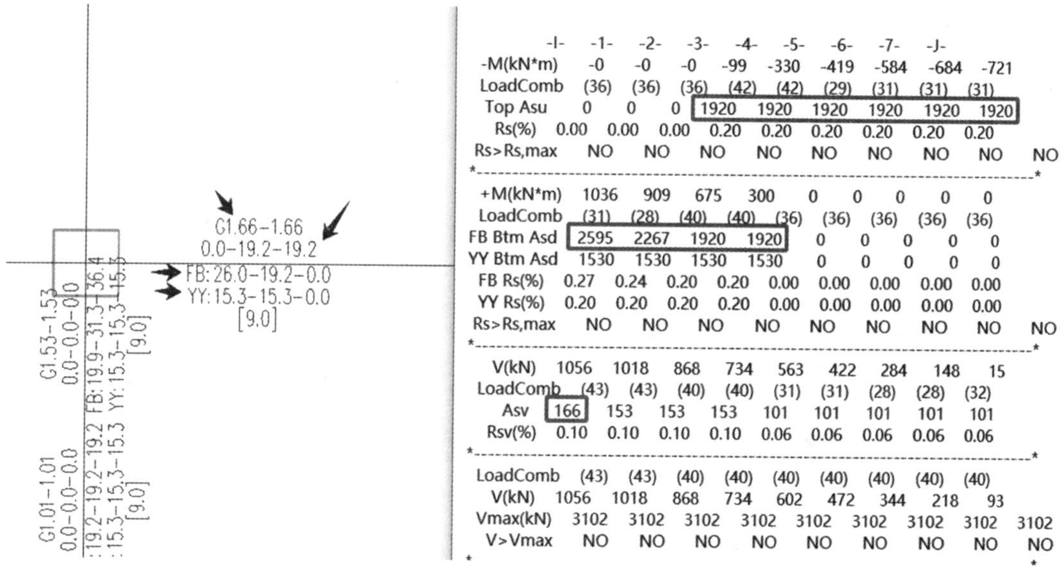

	-I-	-1-	-2-	-3-	-4-	-5-	-6-	-7-	-J-
-M(kN*m)	-0	-0	-0	-99	-330	-419	-584	-684	-721
LoadComb	(36)	(36)	(36)	(42)	(42)	(29)	(31)	(31)	(31)
Top Asu	0	0	0	1920	1920	1920	1920	1920	1920
Rs(%)	0.00	0.00	0.00	0.20	0.20	0.20	0.20	0.20	0.20
Rs>Rs,max	NO	NO	NO	NO	NO	NO	NO	NO	NO
+M(kN*m)	1036	909	675	300	0	0	0	0	0
LoadComb	(31)	(28)	(40)	(40)	(36)	(36)	(36)	(36)	(36)
FB Btm Asd	2595	2267	1920	1920	0	0	0	0	0
YY Btm Asd	1530	1530	1530	1530	0	0	0	0	0
FB Rs(%)	0.27	0.24	0.20	0.20	0.00	0.00	0.00	0.00	0.00
YY Rs(%)	0.20	0.20	0.20	0.20	0.00	0.00	0.00	0.00	0.00
Rs>Rs,max	NO	NO	NO	NO	NO	NO	NO	NO	NO
V(kN)	1056	1018	868	734	563	422	284	148	15
LoadComb	(43)	(43)	(40)	(40)	(31)	(31)	(28)	(28)	(32)
Asv	166	153	153	153	101	101	101	101	101
Rsv(%)	0.10	0.10	0.10	0.10	0.06	0.06	0.06	0.06	0.06
LoadComb	(43)	(43)	(40)	(40)	(40)	(40)	(40)	(40)	(40)
V(kN)	1056	1018	868	734	602	472	344	218	93
Vmax(kN)	3102	3102	3102	3102	3102	3102	3102	3102	3102
V>Vmax	NO	NO	NO	NO	NO	NO	NO	NO	NO

图 8.2-13　正截面与斜截面计算

图 8.2-14 是翼缘部分的抗弯与抗剪。

至此，条形基础计算完毕。

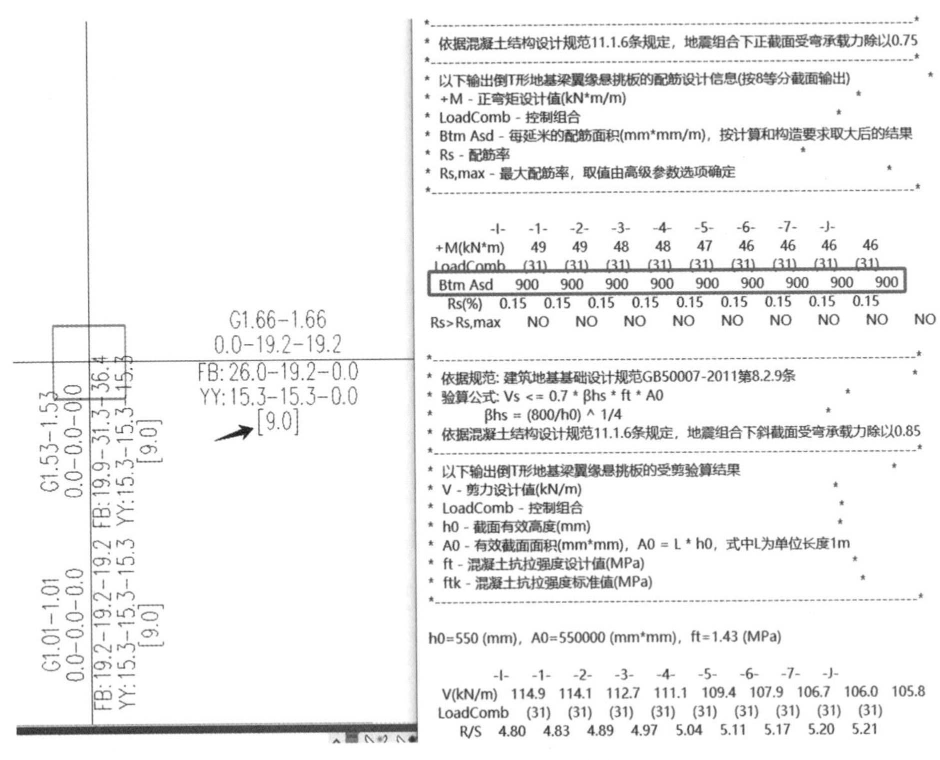

图 8.2-14　翼缘部分的抗弯与抗剪

8.3　筏形基础 YJK 建模与计算

8.3-1　概念设计

1. 概念设计

核心是概念设计。图 8.3-1 是某项目施工的筏形基础，可以看到筏形基础是条形基础短向的延伸。

图 8.3-1　施工中的筏形基础

关于筏板的概念设计，我们先从整体角度考虑。

第一，筏板的偏心距与零应力区。筏板作为一块板，相当于上部结构嵌固在它的上面，而上部结构存在整体倾覆的问题。

图 8.3-2 是上部结构整体倾覆的计算简图。

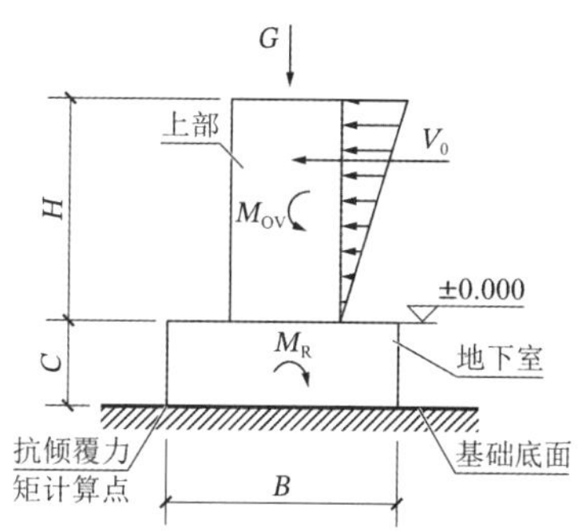

图 8.3-2　上部结构整体倾覆计算简图

假定以倾覆力矩计算作用面为基础底面，倾覆力矩计算的作用力为水平地震作用或水平风荷载标准值，则倾覆力矩为：

$$M_{\text{ov}} = V_0(2H/3 + C)$$

抗倾覆力矩计算点假设为基础外边缘点，抗倾覆力矩计算作用力为总重力荷载代表值，则抗倾覆力矩可表示为：

$$M_R = GB/2$$

抗倾覆安全度K_{f}为：

$$K_{\text{f}} = M_{\text{r}}/M_{\text{ov}}$$

零应力区的来历，本质上就是材料力学的截面核心，如图 8.3-3 所示。

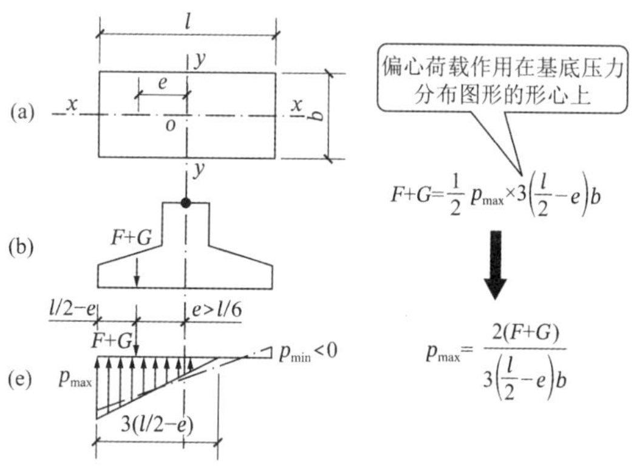

图 8.3-3　零应力区

假设总重力荷载合力中心与基础底面形心重合（注意这个假设），基础底面反力呈线性分布，水平地震或风荷载与竖向荷载共同作用下基底反力的合力点到基础中心的距离为e_0，零应力区长度为$B-x$，零应力区所占基底面积比例为$(B-x)/B$，它们的计算关系如图 8.3-4 所示。

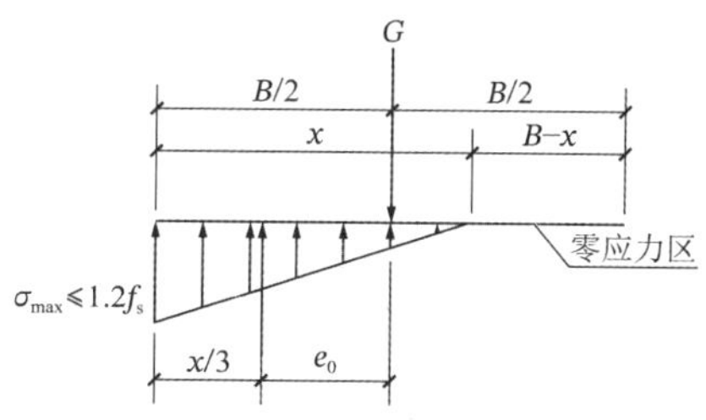

$e_0=M_{ov}/G$　　偏心距

$e_0=B/2-x/3$　　几何关系

$$\frac{M_R}{M_{ov}}=\boxed{\frac{GB/2}{Ge_0}}=\boxed{\frac{B/2}{B/2-x/3}}=\frac{1}{1-2x/3B}$$

$$K_F=\frac{y}{e}=\frac{\gamma B}{e}=\frac{\gamma}{e/B}$$

图 8.3-4　零应力区与抗倾覆

此刻，将《地基规范》第 8.4.2 条的条文说明中的公式，与上式中方框的内容比较，是一样的内容。这就是偏心距与抗倾覆安全度的关系（感性上知道有关系，理性上后面再进一步理解）。

不难发现，G和基底形心重合的时候，抗倾覆安全度就是条文说明中的抗倾覆稳定系数。

进一步，推出零应力区的比例如下：

$$x=3B(1-M_{ov}/M_R)/2$$
$$(B-x)/B=(3M_{ov}/M_R-1)/2$$

由上面不难看出，零应力区与抗倾覆稳定系数的关系。

看表 8.3-1 所示的不同抗倾覆稳定系数对应的零应力区。

不同抗倾覆稳定系数对应的零应力区　　表 8.3-1

抗倾覆安全度（M_R/M_{ov}）	3.0	2.308	1.5	1.3	1.0
$(B-x)/B$零应力区比例	0（全截面受压）	15%	50%	65.4%	100%

《高规》的 15%对应的抗倾覆稳定系数是 2.308。《高规》规定：

12.1.7　在重力荷载与水平荷载标准值或重力荷载代表值与多遇水平地震标准值共同作用下，高宽比大于 4 的高层建筑，基础底面不宜出现零应力区；高宽比不大于 4 的高层建筑，基础底面与地基之间零应力区面积不应超过基础底面面积的 15%。质量偏心较大的裙楼与主楼可分别计算基底应力。

再回到筏板的偏心距，图 8.3-5 是作者手算推导的偏心距公式。

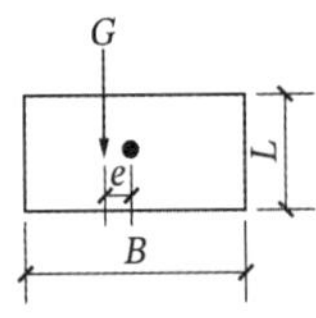

图 8.3-5　偏心距公式推导

$$e\leqslant 0.1W/A$$
$$W=\frac{LB^2}{6}$$
$$A=LB$$
$$\frac{W}{A}=\frac{B}{6}$$
$$\frac{e}{B}\leqslant\frac{1}{60}$$

可以看出，这里限制的就是重力荷载下的偏心，《高规》是准永久组合。为什么呢？《地基规范》第 8.4.2 条的条文说明的解释为（节选）：

对单幢建筑物，在均匀地基的条件下，基础底面的压力和基础的整体倾斜主要取决于作用的准永久组合下产生的偏心距大小。

$$K_F = \frac{y}{e} = \frac{\gamma B}{e} = \frac{\gamma}{e/B}$$

高层建筑由于楼身质心高，荷载重，当筏形基础开始产生倾斜后，建筑物总重对基础底面形心将产生新的倾覆力矩增量，而倾覆力矩的增量又产生新的倾斜增量，倾斜可能随时间而增长，直至地基变形稳定为止。因此，为避免基础产生倾斜，应尽量使结构竖向荷载合力作用点与基础平面形心重合，当偏心难以避免时，则应规定竖向合力偏心距的限值。本规范根据实测资料并参考交通部《公路桥涵设计规范》对桥墩合力偏心距的限制，规定了在作用的准永久组合时，$e \leqslant 0.1W/A$。从实测结果来看，这个限制对硬土地区稍严格，当有可靠依据时可适当放松。

提醒读者再看前面的计算假定“假设总重力荷载合力中心与基础底面形心重合（注意这个假设）”，它的存在就是为了证明前面的假设成立。

总结起来就是，专家们结合实测发现，高层建筑筏形基础满足《高规》第 8.4.2 条筏板偏心距要求时，抗倾覆安全度和抗倾覆稳定系数是一回事，上面的推导才能成立，零应力区的控制才更有实际意义。

下面，我们把此部分相关的条文进行汇总，方便读者随时查阅。

《高层建筑筏形与箱形基础技术规范》JGJ 6—2011 规定：

（节选）5.3.3 在地震作用下，对于高宽比大于 4 的高层建筑，基础底面不宜出现零应力区；对于其他建筑，当基础底面边缘出现零应力时，零应力区的面积不应超过基础底面面积的 15%；与裙房相连且采用天然地基的高层建筑，在地震作用下主楼基础底面不宜出现零应力区。

《高规》规定：

12.1.7 在重力荷载与水平荷载标准值或重力荷载代表值与多遇水平地震标准值共同作用下，高宽比大于 4 的高层建筑，基础底面不宜出现零应力区；高宽比不大于 4 的高层建筑，基础底面与地基之间零应力区面积不应超过基础底面面积的 15%。质量偏心较大的裙楼与主楼可分别计算基底应力。

《高层民用建筑钢结构技术规程》JGJ 99—2015 规定：

3.4.6 在重力荷载与水平荷载标准值或重力荷载代表值与多遇水平地震作用标准值共同作用下，高宽比大于 4 时基础底面不宜出现零应力区；高宽比不大于 4 时，基础底面与基础之间零应力区面积不应超过基础底面积的 15%。质量偏心较大的裙楼和主楼，可分别计算基底应力。

《抗标》规定：

4.2.4 高宽比大于 4 的高层建筑，在地震作用下基础底面不宜出现脱离区（零应力区）；其他建筑，基础底面与地基土之间脱离区（零应力区）面积不应超过基础底面面积的 15%。

6.1.13 主楼与裙房相连且采用天然地基，除应符合本规范第 4.2.4 条的规定外，在多遇地震作用下主楼基础底面不宜出现零应力区。

第二，筏形基础选型。简单地说，就是实际项目的筏形基础做成梁板式还是平板式。它的优劣可以看表 8.3-2 的汇总。

梁板式与平板式　　表 8.3-2

筏形基础类型	基础刚度	地基反力	柱网布置	混凝土量	钢筋用量	土方量	降水费用	施工难度	综合费用	应用情况
梁板式	有突变	有突变	严格	较少	相当	较大	较大	较大	较高	较少
平板式	均匀	均匀	灵活	较多	相当	较小	较小	较小	较低	较多

从工程应用的角度，目前平板式筏形基础是主流。

第三，变厚度筏板与柱墩的区别。如图 8.3-6 所示。

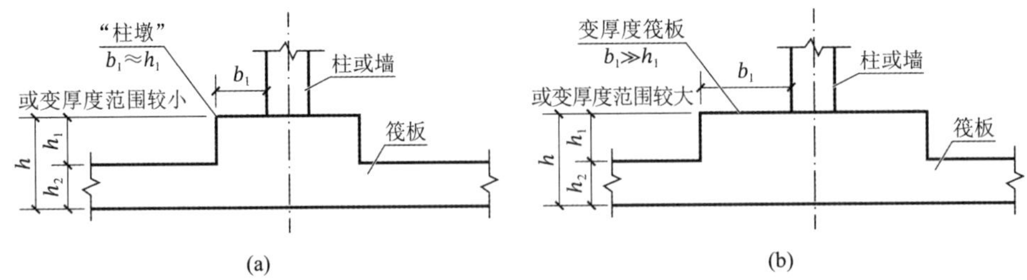

图 8.3-6　变厚度筏板与柱墩

从工程应用的角度，建议核心筒下面的筏板采用变厚度筏板，框架柱下面采用柱墩。

第四，变厚度筏板、柱墩做底平型还是顶平型。图 8.3-7 是常见的变厚度筏板类型。

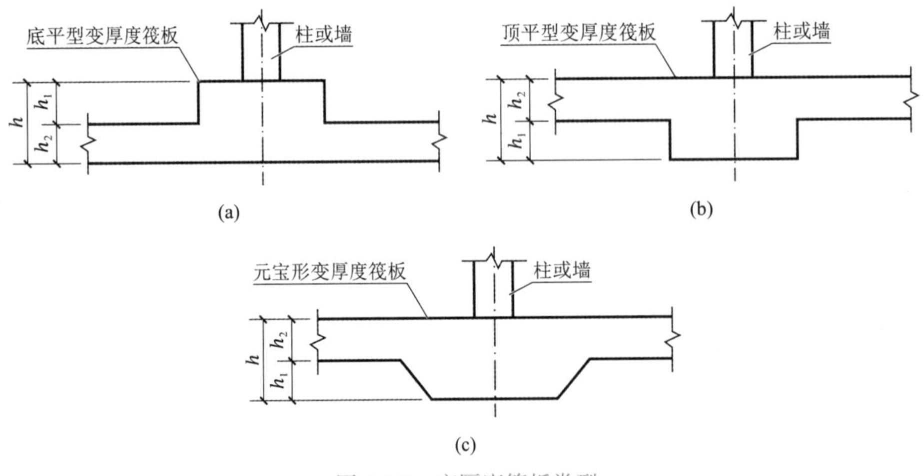

图 8.3-7　变厚度筏板类型

从工程应用的角度，两者各有优劣。表 8.3-3 是两者优缺点汇总，读者可以结合具体工程应用进行取舍。

变厚度筏板类型的优缺点　　表 8.3-3

筏板类型	有效刚性角范围	受力情况	底面钢筋利用率	底面防水效果	施工难度	土方量	降水费用	综合经济指标
底平形	大	直接	高	好	小	略多	略多	相当
顶平形	小	不直接	低	差	大	略少	略少	相当

2. 规范理解

8.3-2 规范理解

筏板的计算更多地依靠电算软件进行。图 8.3-8 是重点关注的计算内容，大致分冲切和剪切两大类。

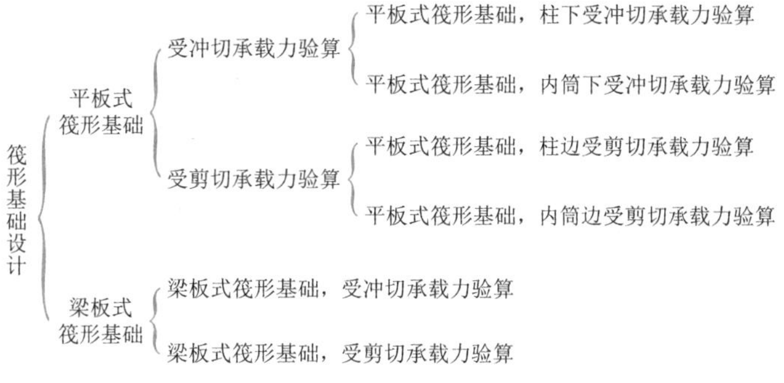

图 8.3-8　筏板的冲切与剪切

第一个是平板式内筒的冲切，它的公式如下：

$$F_l/u_m h_0 \leqslant 0.7\beta_{hp} f_t/\eta \tag{8.3-1}$$

$$\frac{F_l}{u_m \cdot h_0} \leqslant 0.56 \cdot \beta_{hp} \cdot f_t$$

平板式内筒冲切的计算简图如图 8.3-9 所示。

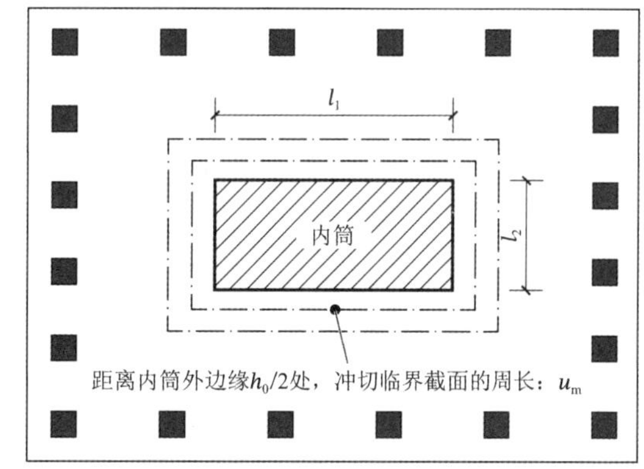

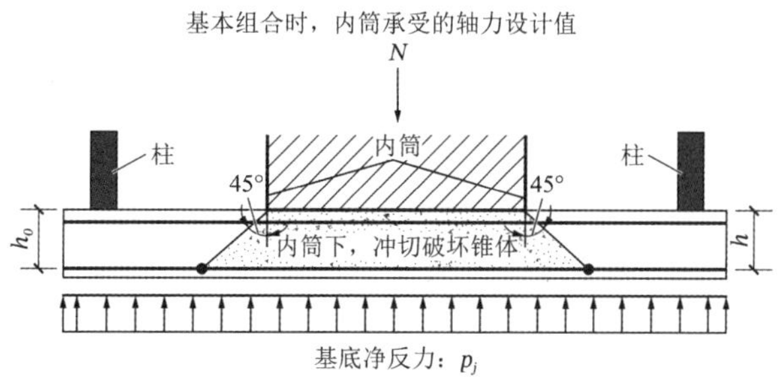

图 8.3-9　平板式内筒冲切

第二个是平板式内筒剪切，它计算公式如下：

$$V_s \leqslant 0.7\beta h_s f_t b_w h_0 \tag{8.3-2}$$

平板式内筒剪切的计算简图如图 8.3-10 所示。

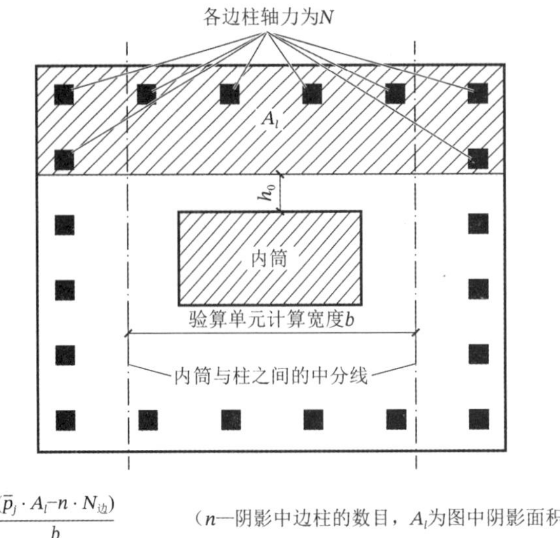

$$V_s=\frac{(\bar{p}_j \cdot A_l-n \cdot N_{边})}{b}$$ （n—阴影中边柱的数目，A_l为图中阴影面积）

图 8.3-10　平板式内筒剪切

第三个是平板式柱边剪切，它的计算简图和公式如图 8.3-11 所示。

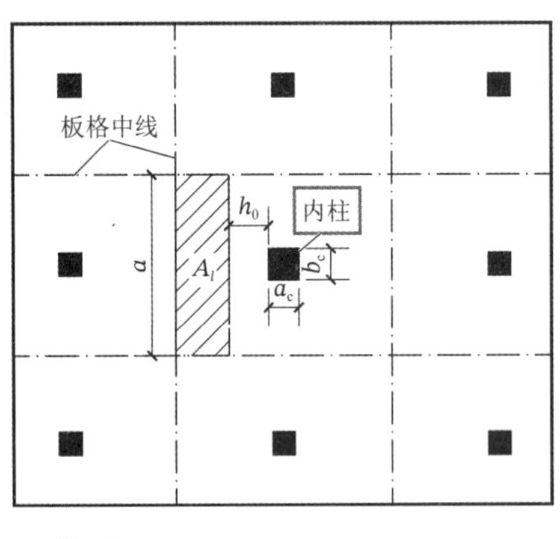

$$V_s=\frac{(\bar{p}_j \cdot A_l)}{a}$$ （A_l为图中阴影面积）

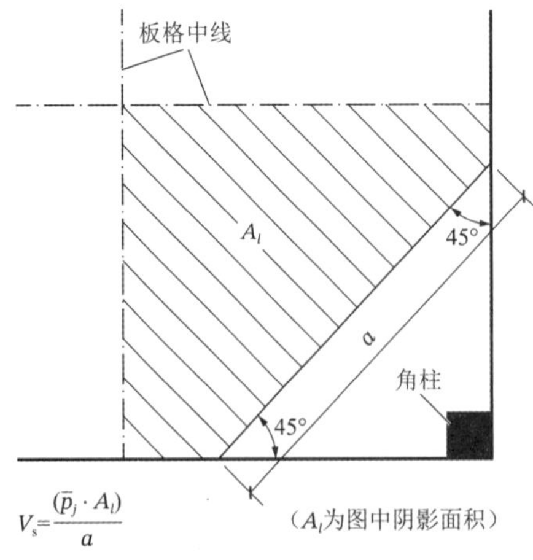

$$V_s=\frac{(\bar{p}_j \cdot A_l)}{a}$$ （A_l为图中阴影面积）

图 8.3-11　平板式柱边剪切

第四，梁板式冲切与剪切。因为梁板式筏形基础现在应用较少，图 8.3-12 和图 8.3-13 仅列出梁板式冲切与剪切计算简图，供读者理解，具体公式应用请查阅《地基规范》。

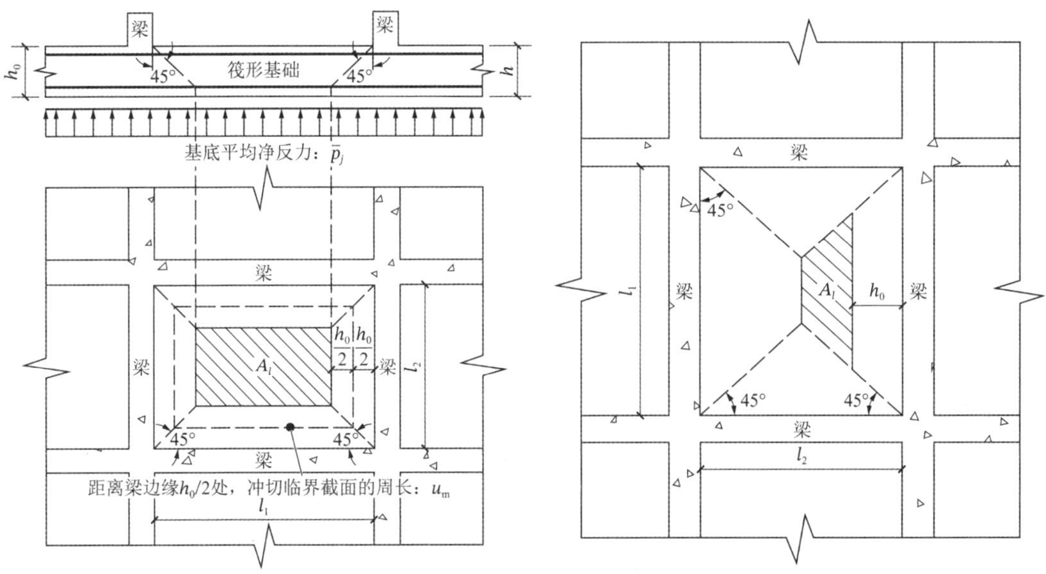

图 8.3-12 梁板式冲切计算简图　　图 8.3-13 梁板式剪切计算简图

第五，考虑不平衡弯矩的柱、内筒冲切。它的计算简图和关键参数如图 8.3-14 所示。

$$\alpha_s = 1 - \frac{1}{1 + \frac{2}{3}\sqrt{\left(\frac{c_1}{c_2}\right)}} \tag{8.3-3}$$

图 8.3-14 中，理解平衡弯矩是关键。随着电算软件的发展，已经完全可以考虑平衡弯矩了。图 8.3-15 是不平衡弯矩传递示意图。

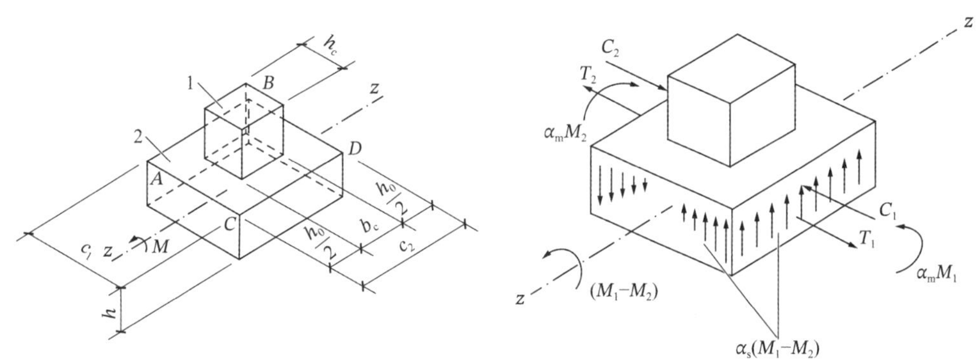

图 8.3-14 考虑平衡弯矩的内柱冲切
1—筏板；2—柱

图 8.3-15 不平衡弯矩传递示意图

3. YJK 电算

筏板用 YJK 电算面对的第一个问题就是筏板布置，要点如下：

（1）围圈布置。

（2）出不出挑？建议承载力足够的情况下一般不出挑（防水

8.3-3 筏形基础 YJK 建模与计算

施工方便，质量有保证）；若出挑，则一般不超过一个板厚。

（3）出挑的情况：承载力；偏心调整；冲切剪切。

（4）强度等级 C30/C35（90d 强度）。

（5）厚度：参考层数 × 50mm。

关于上面板厚的估算，这里提醒读者一层 50mm 的经验厚度不是绝对的，但是可以作为初步计算的一个参考。厚度的调整取决于后面冲切与配筋的计算。

图 8.3-16 是剪力墙结构筏形基础的初步布置。

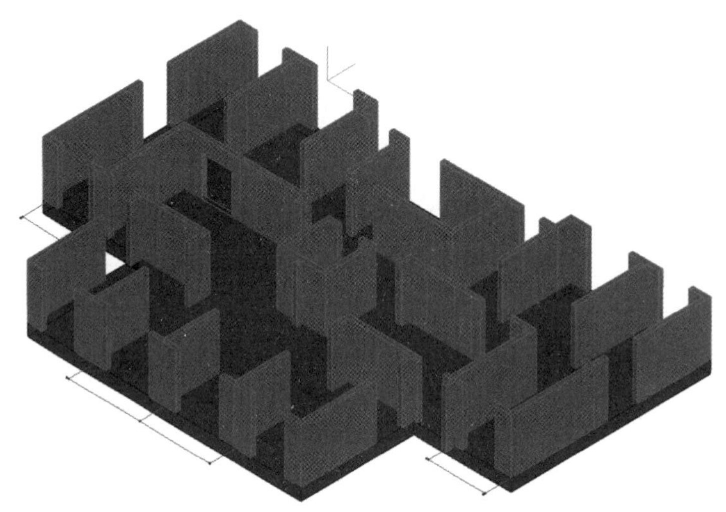

图 8.3-16 筏形基础初步布置

进行前处理点击计算，即可对结果进行查看。查看内容如下：

第一，平衡校核。作为整体式，上部荷载的参与程度决定了模型计算的正确与否。图 8.3-17 是平衡校核的结果。

一、整体式基础(筏板、地基梁、多柱墙独基、多柱墙承台)

工况	荷载	反力	差值	相对误差
恒载	35470.1	35471.6	1.5	0.0%
活载	4782.5	4782.8	0.2	0.0%
X风	2.1	0.8	-	-
Y风	25.8	24.1	-	-
X地震	-625.1	-639.9	-14.7	2.4%
Y地震	187.3	171.9	-15.5	-8.3%
竖向地震	0.0	0.0	-	-
人防荷载	0.0	0.0	-	-
平面恒载	35491.5	35491.5	0.0	0.0%
平面活载	4797.4	4797.4	-0.0	-0.0%
水浮力（最低水位）	-1515.6	-1515.5	0.1	-0.0%
水浮力（最高水位）	-1515.6	-1515.5	0.1	-0.0%
恒载（不计自重和覆土重）	30830.4	30831.9	1.5	0.0%
平面恒载（不计自重和覆土重）	30851.8	30851.8	0.0	0.0%

图 8.3-17 平衡校核

第二，重心校核。如图 8.3-18 所示。重心校核在上一节说过它的本质，与结构的整体倾覆有关系。由图 8.3-18 可以看出，筏板的重心和上部荷载的中心基本重复，满足规范要求。

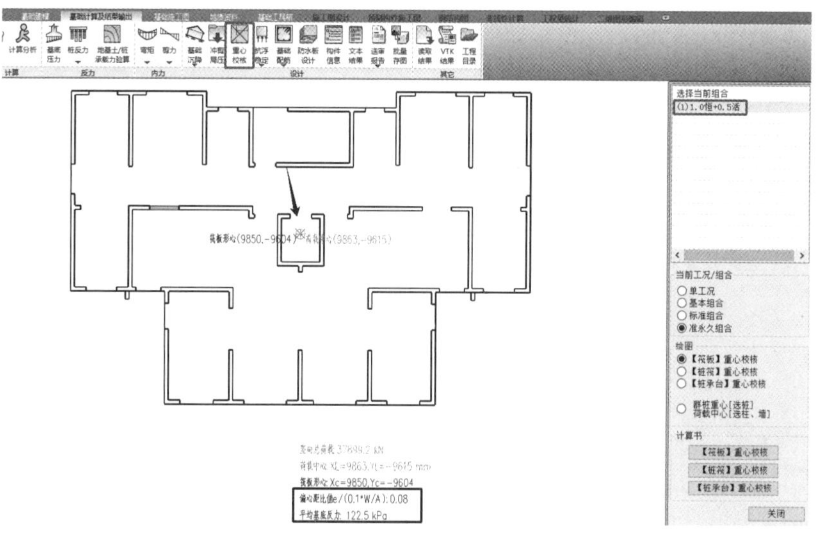

图 8.3-18　重心校核

同样，可以点击右侧重心校核计算书，提供详细的重心校核过程，如图 8.3-19 所示。

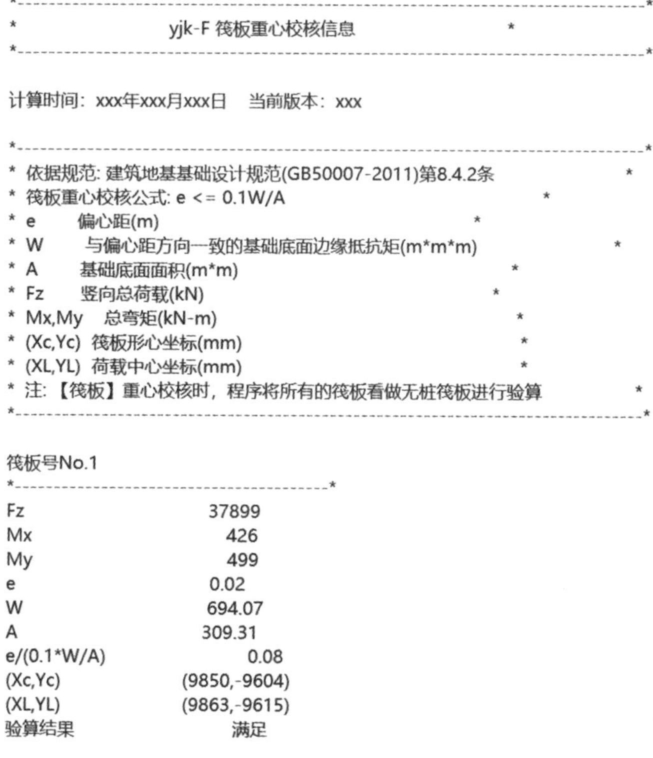

```
*----------------------------------------------------------------*
*              yjk-F 筏板重心校核信息                      *
*----------------------------------------------------------------*

计算时间：xxx年xxx月xxx日　当前版本：xxx

*----------------------------------------------------------------*
* 依据规范: 建筑地基基础设计规范(GB50007-2011)第8.4.2条          *
* 筏板重心校核公式: e <= 0.1W/A                          *
* e        偏心距(m)                           *
* W        与偏心距方向一致的基础底面边缘抵抗矩(m*m*m)      *
* A        基础底面面积(m*m)                     *
* Fz       竖向总荷载(kN)                      *
* Mx,My    总弯矩(kN-m)                         *
* (Xc,Yc)  筏板形心坐标(mm)                       *
* (XL,YL)  荷载中心坐标(mm)                       *
* 注：【筏板】重心校核时，程序将所有的筏板看做无桩筏板进行验算      *
*----------------------------------------------------------------*

筏板号No.1
*-------------------------------*
Fz                 37899
Mx                   426
My                   499
e                   0.02
W                 694.07
A                 309.31
e/(0.1*W/A)            0.08
(Xc,Yc)        (9850,-9604)
(XL,YL)        (9863,-9615)
验算结果               满足
```

图 8.3-19　重心校核详细计算书

如果项目的筏形基础比较异形，容易出现重心校核不满足的情况。这时，建议调整筏板轮廓，去贴近荷载中心。

第三，承载力核算。图 8.3-20 是非地震和地震下的地基承载力验算。通常，剪力墙结构的筏板经过深宽修正之后，承载力都能满足要求。

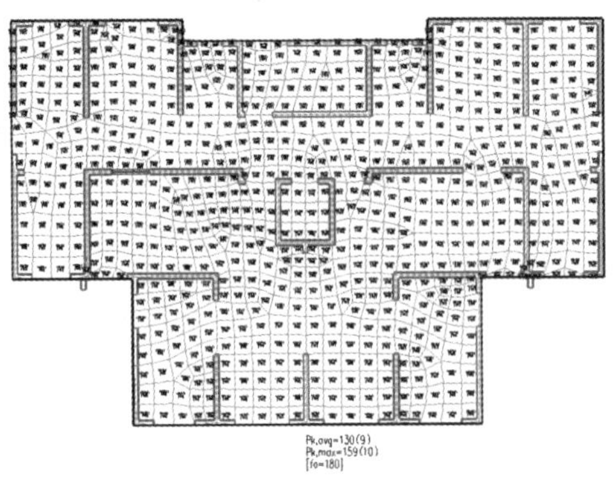

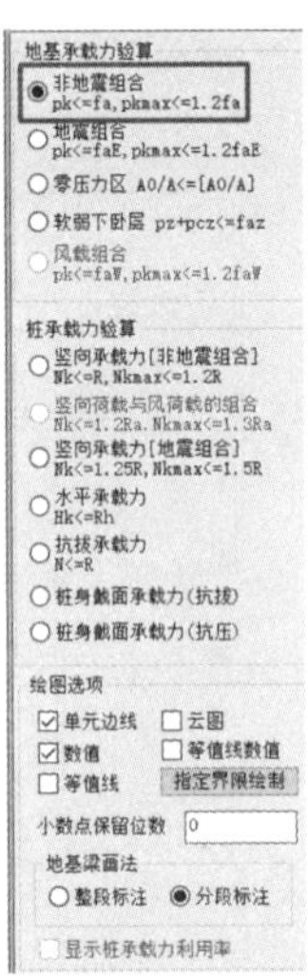

地基承载力验算结果(单位:kPa)

非地震组合：当pk,avg>fa 或 pk,max>1.2fa,呈红色

注：同一筏板内单元存在不同地基承载力时，不再验算基底平均压力！

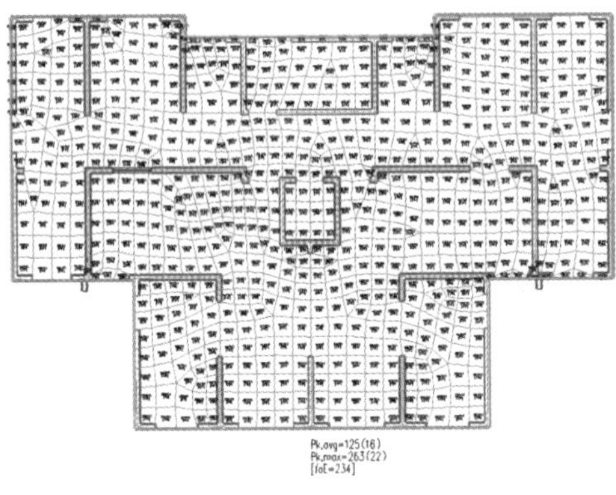

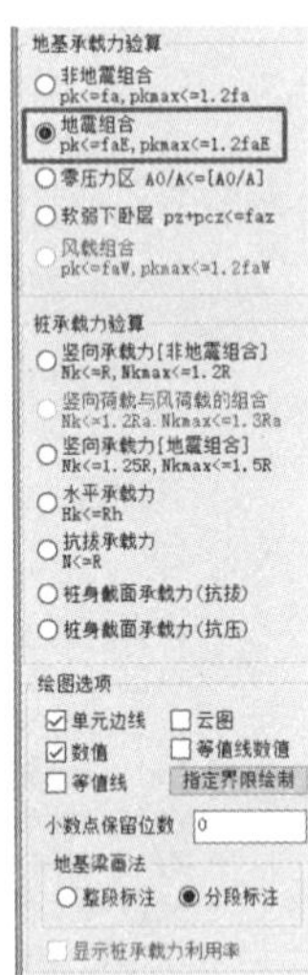

地基承载力验算结果(单位:kPa)

地震组合：当pk,avg>faE 或 pk,max>1.2faE,呈红色

注：同一筏板内单元存在不同地基承载力时，不再验算基底平均压力！

图 8.3-20　地基承载力验算

同时，筏形基础中特别留意零应力区的复核，因为剪力墙结构一般用于多高层结构。楼层越高，越需要关注结构的稳定问题。图 8.3-21 是零应力区复核。

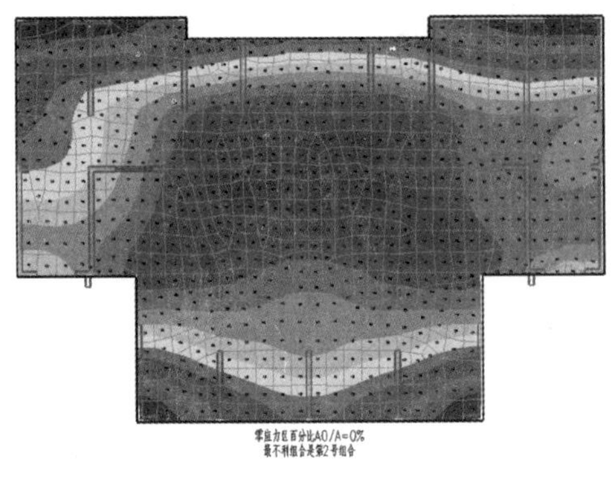

图 8.3-21　零应力区复核

第四，三维位移。注意，这里说的是位移，不是基础沉降。YJK 的基础沉降需要输入地质勘察报告去计算，读者可以自行核算。这里的三维位移某种程度上可以给读者一个参考，尤其是抗浮计算中判断抗浮是否满足要求。图 8.3-22 是筏板的三维位移情况。

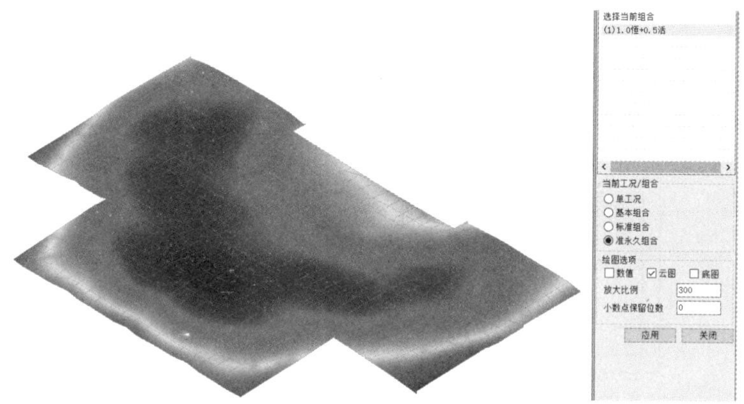

图 8.3-22　筏板的三维位移

第五，筏板内力。筏板重点关注的是弯矩。图 8.3-23 是筏板 X、Y 两个方向的弯矩。从它的云图中可以看出，两个方向的弯矩符合力学计算的结果。

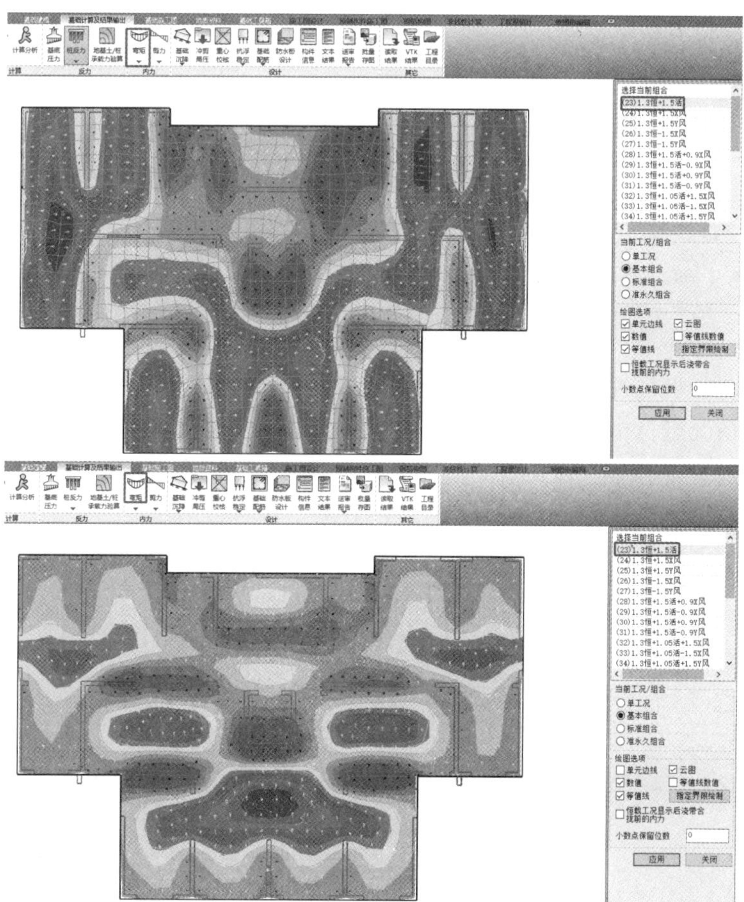

图 8.3-23　筏板 X、Y 两个方向的弯矩

第六，筏板的冲切和剪切。这里筏板的冲切重点关注内筒冲剪、单墙冲切和组合墙冲切三种类型。其中，内筒冲剪建议安全系数控制在 1.3 以上。图 8.3-24 是内筒冲切的计算结果。

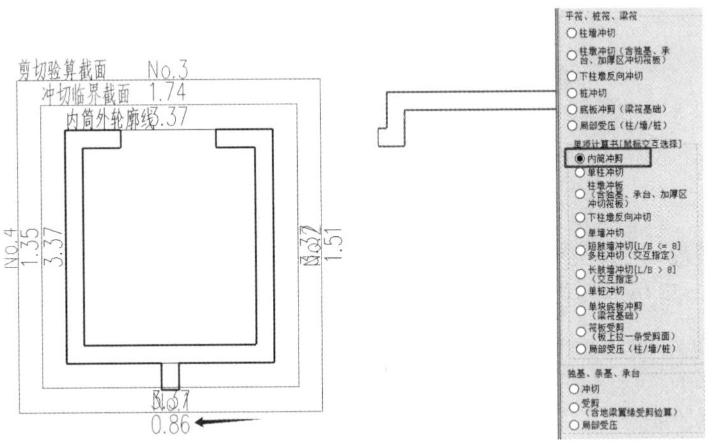

图 8.3-24　是内筒冲剪

读者可以进一步根据文本计算结果分析原因，如图 8.3-25 所示。根据文本结果确定是否需要局部增加核心筒的板厚。

冲切验算:

Comb	(31)
Fl	1598.5
um	12.2
h0	550
βhp	1.00
ft(k)	1.43
η	1.25
R/S	3.37
验算结果	满足

剪切验算:

截面号	Comb	Vs	βhs	α	ft(k)	bw	h0	R/S	验算结果
No.1	(43)	756.8	1.00	—	1.43	1.0	550	0.86	不满足
No.2	(40)	431.2	1.00	—	1.43	1.0	550	1.51	满足
No.3	(41)	372.8	1.00	—	1.43	1.0	550	1.74	满足
No.4	(42)	482.0	1.00	—	1.43	1.0	550	1.35	满足

图 8.3-25　内筒冲剪

图 8.3-26 是长肢墙冲切的计算书，图 8.3-27 是短肢墙冲切的计算书。两者需要读者根据墙体的具体情况进行指定。软件两者都会给出结果，具体用哪一个，需要读者根据墙体情况自己判断。

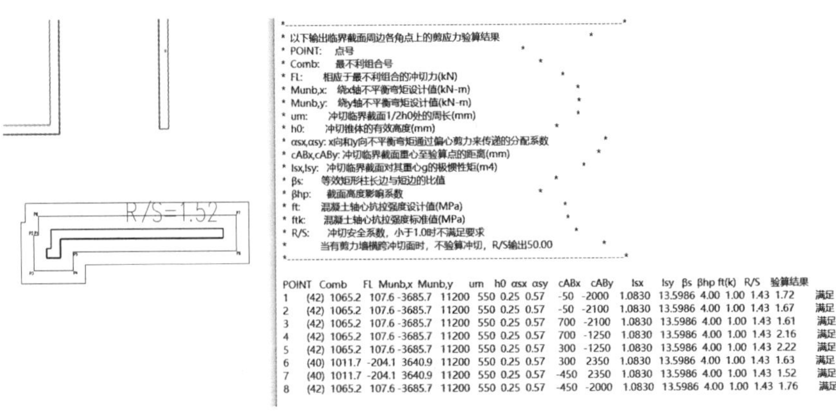

--
* 以下输出临界截面周边各角点上的剪应力验算结果 *
* POINT:　点号 *
* Comb:　最不利组合号 *
* FL:　相应于最不利组合的冲切力(kN) *
* Munb,x:　绕x轴不平衡弯矩设计值(kN-m) *
* Munb,y:　绕y轴不平衡弯矩设计值(kN-m) *
* um:　冲切临界截面1/2h0处的周长(mm) *
* h0:　冲切锥体的有效高度(mm) *
* αsx,αsy: x向和y向不平衡弯矩通过偏心剪力来传递的分配系数 *
* cABx,cABy: 冲切临界截面重心至验算点的距离(mm) *
* Isx,Isy:　冲切临界截面对其重心g的极惯性矩(m4) *
* βs:　等效矩形柱长边与短边的比值 *
* βhp:　截面高度影响系数 *
* ft:　混凝土轴心抗拉强度设计值(MPa) *
* ftk:　混凝土轴心抗拉强度标准值(MPa) *
* R/S:　冲切安全系数，小于1.0时不满足要求 *
*　当有剪力墙横跨冲切面时，不验算冲切，R/S输出50.00 *
--

POINT	Comb	FL	Munb,x	Munb,y	um	h0	αsx	αsy	cABx	cABy	Isx	Isy	βs	βhp	ft(k)	R/S	验算结果
1	(42)	1065.2	107.6	-3685.7	11200	550	0.25	0.57	-50	-2000	1.0830	13.5986	4.00	1.00	1.43	1.72	满足
2	(42)	1065.2	107.6	-3685.7	11200	550	0.25	0.57	-50	-2100	1.0830	13.5986	4.00	1.00	1.43	1.67	满足
3	(42)	1065.2	107.6	-3685.7	11200	550	0.25	0.57	700	-2100	1.0830	13.5986	4.00	1.00	1.43	1.61	满足
4	(42)	1065.2	107.6	-3685.7	11200	550	0.25	0.57	700	-1250	1.0830	13.5986	4.00	1.00	1.43	2.16	满足
5	(42)	1065.2	107.6	-3685.7	11200	550	0.25	0.57	300	-1250	1.0830	13.5986	4.00	1.00	1.43	2.22	满足
6	(40)	1011.7	-204.1	3640.9	11200	550	0.25	0.57	300	2350	1.0830	13.5986	4.00	1.00	1.43	1.63	满足
7	(40)	1011.7	-204.1	3640.9	11200	550	0.25	0.57	-450	2350	1.0830	13.5986	4.00	1.00	1.43	1.52	满足
8	(42)	1065.2	107.6	-3685.7	11200	550	0.25	0.57	-450	-2000	1.0830	13.5986	4.00	1.00	1.43	1.76	满足

图 8.3-26　长肢墙冲切

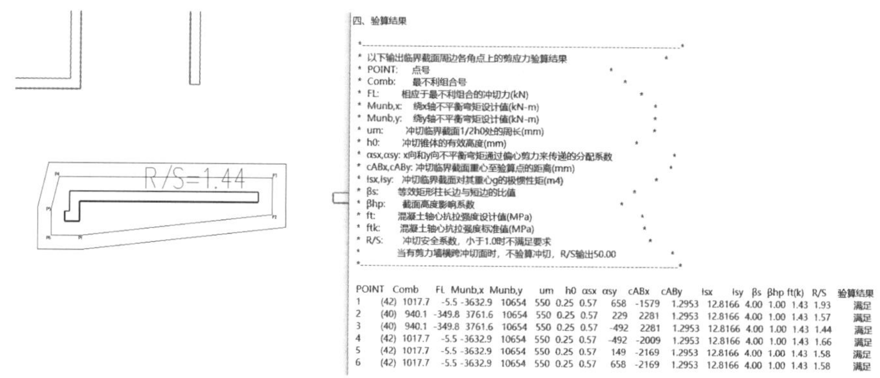

四、验算结果

```
*-----------------------------------------------------------*
* 以下输出临界截面周边各角点上的剪应力验算结果                  *
* POINT:   点号                                              *
* Comb:    最不利组合号                                       *
* FL:      相应于最不利组合的冲切力(kN)                         *
* Munb,x:  绕x轴不平衡弯矩设计值(kN-m)                         *
* Munb,y:  绕y轴不平衡弯矩设计值(kN-m)                         *
* um:      冲切临界截面1/2h0处的周长(mm)                       *
* h0:      冲切锥体的有效高度(mm)                              *
* αsx,αsy: x向和y向不平衡弯矩通过偏心剪力来传递的分配系数         *
* cABx,cABy: 冲切临界截面重心至验算点的距离(mm)                 *
* Isx,Isy: 冲切临界截面对其重心g的极惯性矩(m4)                  *
* βs:      等效矩形柱长边与短边的比值                           *
* βhp:     截面高度影响系数                                    *
* ft:      混凝土轴心抗拉强度设计值(MPa)                        *
* ftk:     混凝土轴心抗拉强度标准值(MPa)                        *
* R/S:     冲切安全系数，小于1.0时不满足要求                     *
*          当有剪力墙横跨冲切面时，不验算冲切，R/S输出50.00        *
*-----------------------------------------------------------*
```

POINT	Comb	FL	Munb,x	Munb,y	um	h0	αsx	αsy	cABx	cABy	Isx	Isy	βs	βhp	ft(k)	R/S	验算结果
1	(42)	1017.7	-5.5	-3632.9	10654	550	0.25	0.57	658	-1579	1.2953	12.8166	4.00	1.00	1.43	1.93	满足
2	(40)	940.1	-349.8	3761.6	10654	550	0.25	0.57	229	2281	1.2953	12.8166	4.00	1.00	1.43	1.57	满足
3	(40)	940.1	-349.8	3761.6	10654	550	0.25	0.57	-492	2281	1.2953	12.8166	4.00	1.00	1.43	1.44	满足
4	(42)	1017.7	-5.5	-3632.9	10654	550	0.25	0.57	-492	-2009	1.2953	12.8166	4.00	1.00	1.43	1.66	满足
5	(42)	1017.7	-5.5	-3632.9	10654	550	0.25	0.57	149	-2169	1.2953	12.8166	4.00	1.00	1.43	1.58	满足
6	(42)	1017.7	-5.5	-3632.9	10654	550	0.25	0.57	658	-2169	1.2953	12.8166	4.00	1.00	1.43	1.58	满足

图 8.3-27　短肢墙冲切

从图 8.3-26 和图 8.3-27 可以看出，两者最主要的区别就是对冲切锥体的处理不同，导致计算结果不同。

第七，筏板配筋。筏板终究是一块钢筋混凝土板，它需要纵向受力钢筋，而纵向受力钢筋的目的是抗弯。配筋的大小也间接反映出板厚是否合理。如果一块筏板两个方向板顶、板底全部是计算配筋，结果普遍偏大，说明板厚偏小；同时，前面的冲切、剪切，一般也不会通过。

图 8.3-28～图 8.3-31 是筏板两个方向板顶、板底的配筋云图。读者可以直观地看到，它与前面筏板弯矩之间的对应关系。

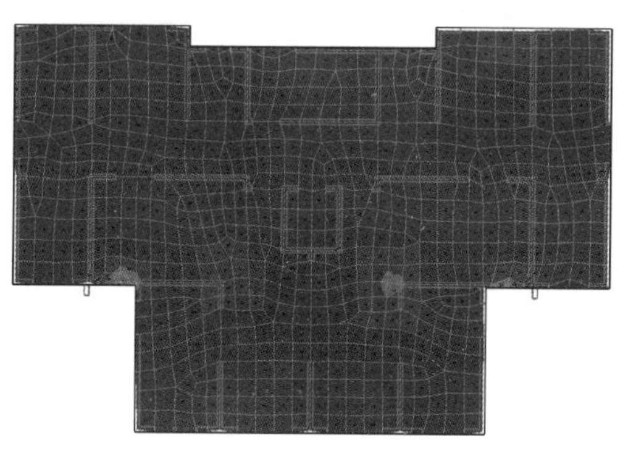
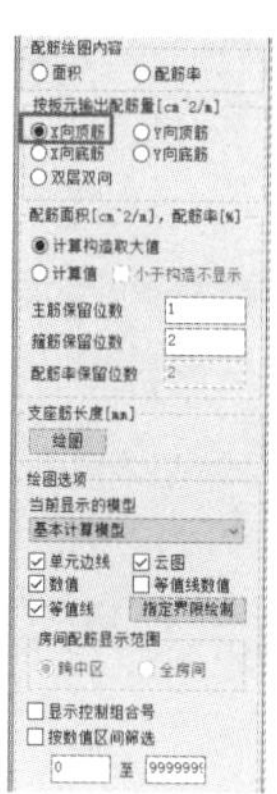

图 8.3-28　筏板 X 方向顶筋云图

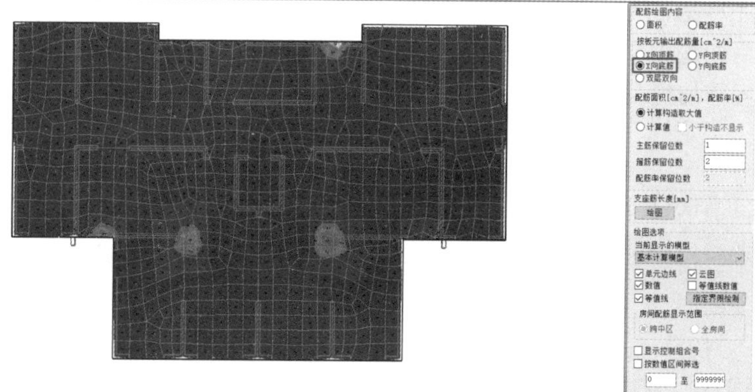

图 8.3-29　筏板 X 方向底筋云图

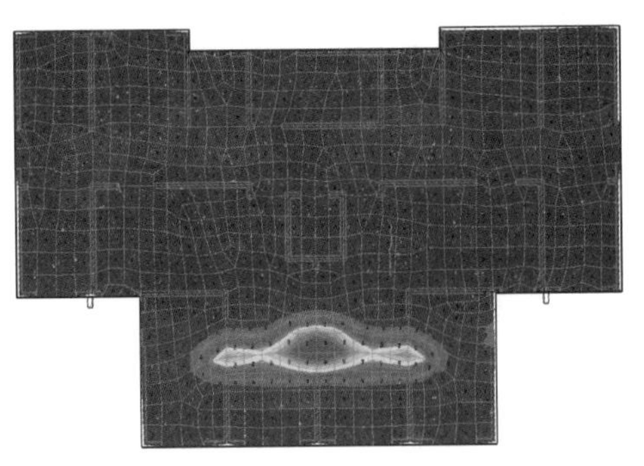

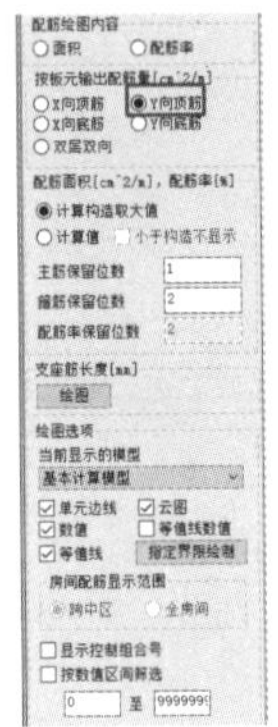

图 8.3-30　筏板 Y 方向顶筋云图

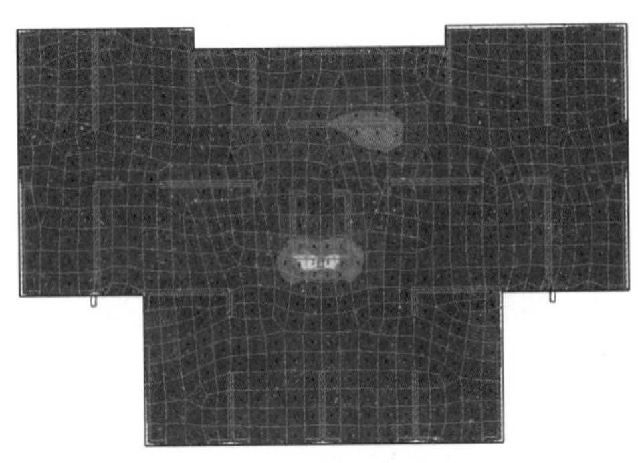

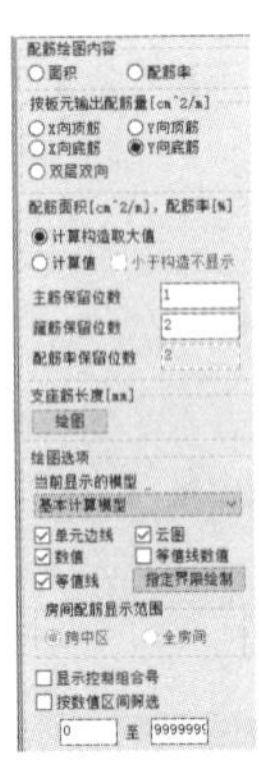

图 8.3-31　筏板 Y 方向底筋云图

读者可以将上面计算结果导入到 CAD 中，通过数据筛选等一系列操作，筛掉构造配筋的数值，对计算控制的结果进行钢筋附加。

以上就是筏板设计的全过程。

8.4　桩基础 YJK 建模与计算

8.4-1 概念设计

1. 概念设计

核心是概念设计。桩基础是地基基础设计中的核武器，在天然地基、地基处理都无法解决问题的情况下，桩基础就是解决地基基础设计的终极武器，代价是成本高。

本小节介绍桩基的基本概念和受力机理。

第一个是五个与桩有关的名词，名称很相似，容易混淆，一定要概念清楚。图 8.4-1 是桩基传力图。

（1）桩：设置于土中的竖直或倾斜的柱型构件，在竖向荷载作用下，通过桩土之间的摩擦力（桩侧摩阻力）和桩端土的承载力（桩端阻力）来承受和传递上部结构的荷载。

（2）桩基础：由设置于岩土中的桩和与桩顶连接的承台共同组成的基础或由柱与桩直接连接的单桩基础。

（3）基桩：桩基础中的单桩。

（4）复合桩基：由基桩和承台下地基土共同承担荷载的桩基础。

（5）复合基桩：单桩及其对应面积的承台底地基土组成的复合承载基桩。

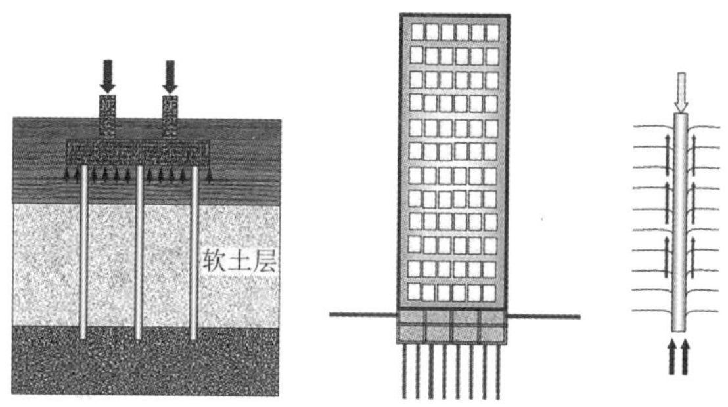

图 8.4-1　桩基传力图

第二个是单桩竖向荷载的传递机理。图 8.4-2 是一个网络上流传很广的筷子提米的图片，读者思考为何提不起来？原因很简单，筷子和米之间的摩擦力不够。桩的受力和筷子提米有部分类似，它主要靠桩侧阻和桩端阻来提供，如图 8.4-3 所示。

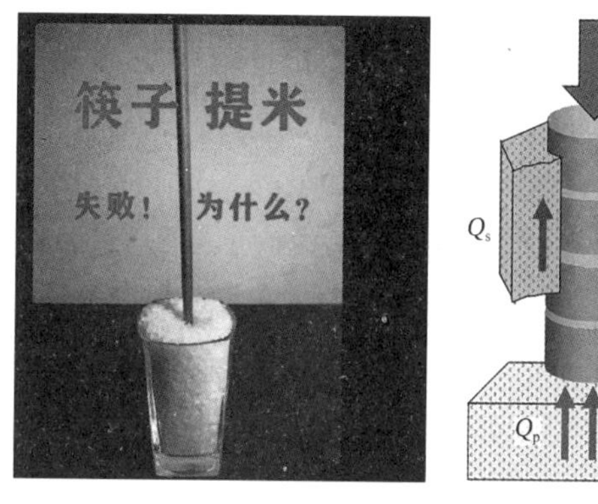

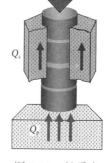

图 8.4-2　筷子提米　　图 8.4-3　桩受力

桩顶不受力时，桩静止不动；桩侧阻力 = 0，桩端阻力 = 0。

桩顶受力时，桩发生沉降；桩侧阻力 + 桩端阻力 = 桩顶荷载。

图 8.4-4 是桩的轴向力与桩轴侧摩阻与位移的关系，我们得出很多重要的结论来指导设计。

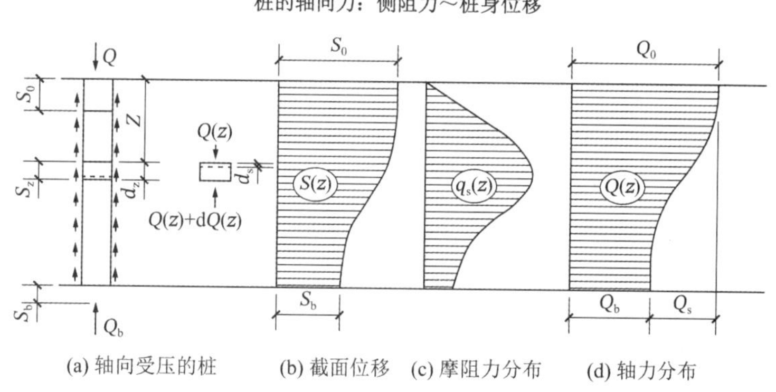

图 8.4-4　桩的轴向力与桩轴侧摩阻与位移的关系

（1）桩身上部的侧阻力先于下部侧阻力发挥作用。

（2）一般情况下，侧阻力先于端阻力发挥作用；桩端阻力的发挥不仅滞后于桩侧阻力，而且其充分发挥所需的桩底位移值比桩侧摩阻力到达极限所需的桩身截面位移值大得多。

（3）桩的侧阻随深度呈线性增大，但不是无限制增大，有其极限值。

（4）桩侧极限摩阻力与其所在深度、土的类别和性质、成桩方法等多种因素有关。

（5）桩长对荷载的传递也有着重要的影响。

（6）并不是“桩越长，承载力越高”，当长径比L/d接近 100 时，桩端土性质的影响几乎等于零，如图 8.4-5 所示。

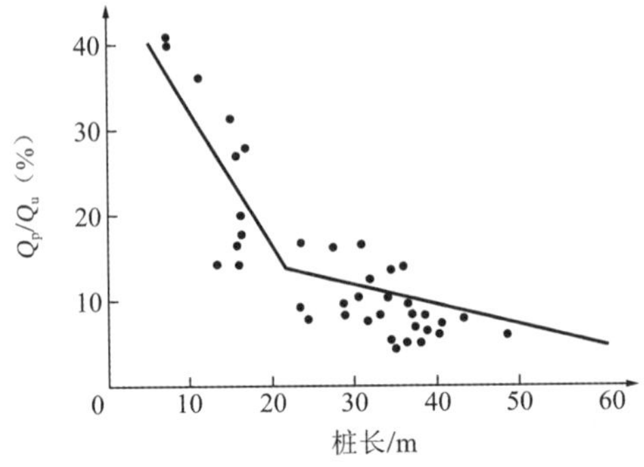

图 8.4-5　桩端阻发挥比例与桩长关系

第三个是单桩竖向荷载下的破坏。图 8.4-6 是三种典型的破坏模式。

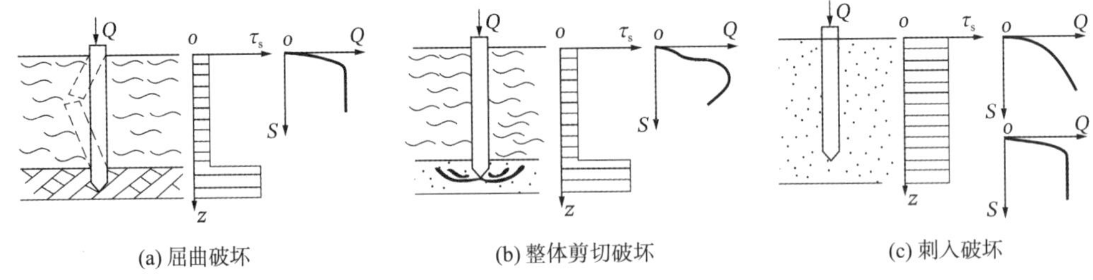

图 8.4-6　三种典型的破坏模式

（1）屈曲破坏。当桩底支承在坚硬的土层或岩层上，桩周土层极为软弱，桩身无约束或侧向抵抗力桩在轴向荷载作用下，如同一细长压杆出现纵向挠曲破坏，荷载-沉降（Q-S）关系曲线为“急剧破坏”的陡降型。其沉降量很小，具有明确的破坏荷载。桩的承载力取决于桩身的材料强度。如穿越深厚淤泥质土层中的小直径端承桩或嵌岩桩，细长的木桩等多属于此种破坏。

（2）整体剪切破坏。当具有足够强度的桩穿过抗剪强度较低的土层，达到强度较高的土层，并且桩的长度不大时，桩在轴向荷载作用下，由于桩底上部土层不能阻止滑动土楔的形成，桩底土体形成滑动面而出现整体剪切破坏。此时，桩的沉降量较小，桩侧摩阻力难以充分发挥，主要荷载由桩端阻力承受，荷载-沉降（Q-S）关系曲线也为陡降型，呈现明确的破坏荷载。桩的承载力主要取决于桩端土的支承力。一般打入式短桩、钻扩短桩等均属于此种破坏。

（3）刺入破坏。当桩的入土深度较大或桩周土层抗剪强度较均匀时，桩在轴向荷载作用下将出现刺入破坏。此时，桩顶荷载主要由桩侧摩阻力承受，桩端阻力极微小，桩的沉降量较大。通常，当桩周土质较软弱时，荷载-沉降（Q-S）关系曲线为“渐进破坏”的缓变型，无明显拐点，极限荷载难以判断，桩的承载力主要由上部结构所能承受的极限沉降s_u确定；当桩周土的抗剪强度较高时，荷载-沉降（Q-S）关系曲线可能为陡降型，有明显拐点，桩的承载力主要取决于桩周土的强度。一般情况下，钻孔灌注桩多属于此种情况。

第四个是桩在水平荷载下的失效与变形。图 8.4-7 是桩受水平力后的变形。桩身对桩周土体产生侧向压应力，同时桩侧土反作用于桩，产生侧向土抗力，桩土共同作用，相互影响。随着横向荷载的加大，桩的水平位移与土的变形增大，会发生土体的明显开裂、隆起；当桩基水平位移超过容许值时，桩身产生裂缝以至断裂或拔出，桩基失效或破坏。影响桩基水平承载力的因素主要有：桩身截面刚度、入土深度、桩侧土质条件、桩顶位移允许值、桩顶嵌固情况等。

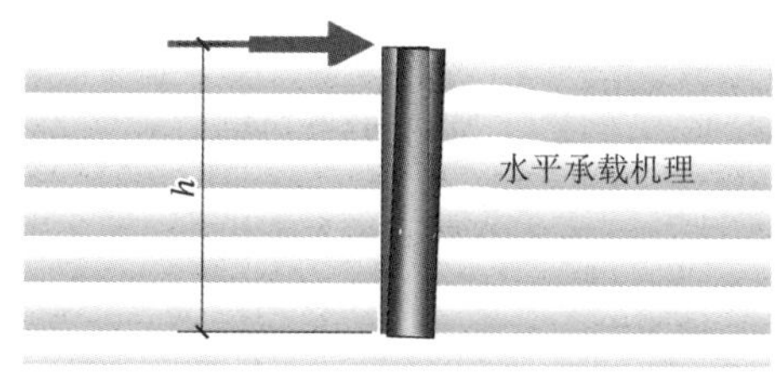

图 8.4-7 桩受水平力后的变形

桩基础部分的计算主要分为两大类：一类是桩本身的承载力核算与沉降计算；一类是承台相关的计算。

图 8.4-8 是单桩承载力计算相关的整体架构。

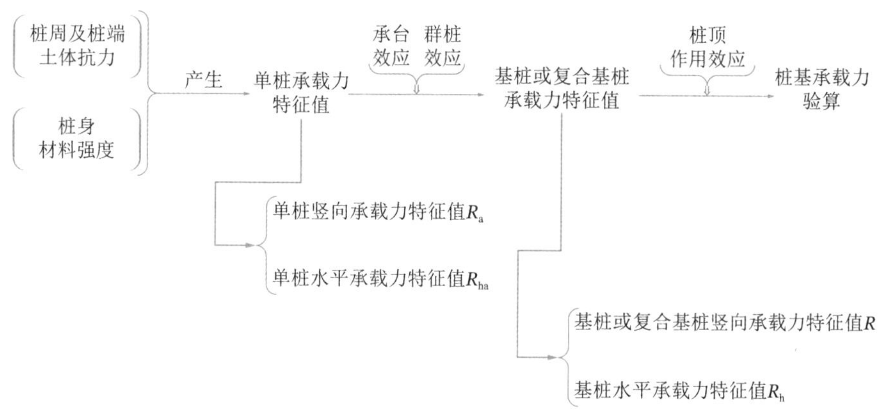

图 8.4-8 单桩承载力计算相关的整体架构

针对上面的整体架构，提醒读者三点内容：

（1）单桩承载力特征值由桩周及桩端土体抗力、桩身材料强度双控。

（2）单桩承载力特征值分为单桩竖向承载力特征值和单桩水平承载力特征值。

（3）基桩或复合基桩承载力特征值是由单桩承载力特征值通过考虑承台效应、群桩效应基础上得出的。

与单桩承载力相关的计算，实际项目一般根据地质勘察报告，结合 Excel 表格进行编写计算，读者可以自行查阅规范相关计算条文。

接下来，是承台相关的计算。承台重点关注的是受弯、冲切和受剪。通常，依据《桩基规范》第 5.9 节的相关条文进行设计。

2. 规范理解

实际项目中，承台的设计主要借助 YJK 电算完成。读者需要掌握规范计算的整体流程。下面，我们对《桩基规范》第 5.9 节受弯、冲切和受剪的三类计算进行汇总，帮助读者理解规范条文的计算流程。

8.4-2 规范理解

承台主要通过底部纵筋抗弯来完成。表 8.4-1 是两桩条形及多桩矩形承台的抗弯计算流程。

两桩条形或多桩矩形承台受弯计算（矩形承台受弯）　　表 8.4-1

验算简图	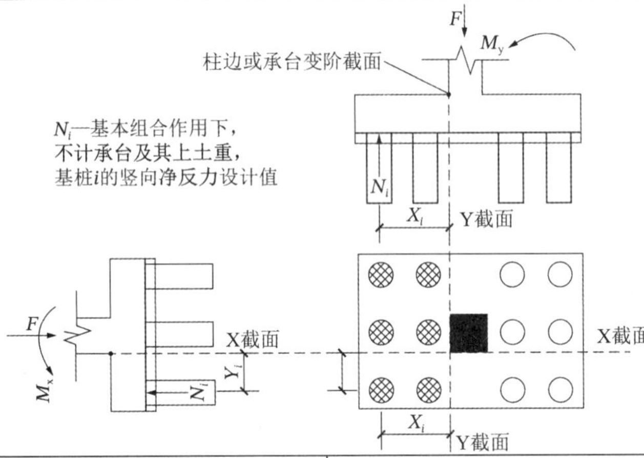 柱边或承台变阶截面 F　M_y N_i—基本组合作用下，不计承台及其上土重，基桩i的竖向净反力设计值 N_i　X_i　Y截面 F　M_x　X截面　Y_i　N_i　X截面　X_i　Y截面	
截面弯矩	X—X 截面弯矩M_x：$M_x=\sum(N_i\cdot Y_i)$	式中　Y_i——第i根基桩到计算 X 截面的距离 X_i——第i根基桩到计算 Y 截面的距离
	Y—Y 截面弯矩M_y：$M_y=\sum(N_i\cdot X_i)$	例如：Y—Y 截面弯矩M_y，即 Y 截面左侧的 6 根基桩对 Y 截面的弯矩之和
基桩竖向净反力设计值 N_i	**基本组合下，基桩i竖向净反力设计值N_i：** $N_i=\frac{F}{n}=\frac{1.35\cdot F_k}{n}$　**（轴心作用）** $N_i=\frac{F}{n}\pm\frac{M_x\cdot y_i}{\sum y_i^2}\pm\frac{M_y\cdot x_i}{\sum x_i^2}$ $=1.35\cdot\left(\frac{F_k}{n}\pm\frac{M_{xk}\cdot y_i}{\sum y_i^2}\pm\frac{M_{yk}\cdot x_i}{\sum x_i^2}\right)$ **偏心作用**	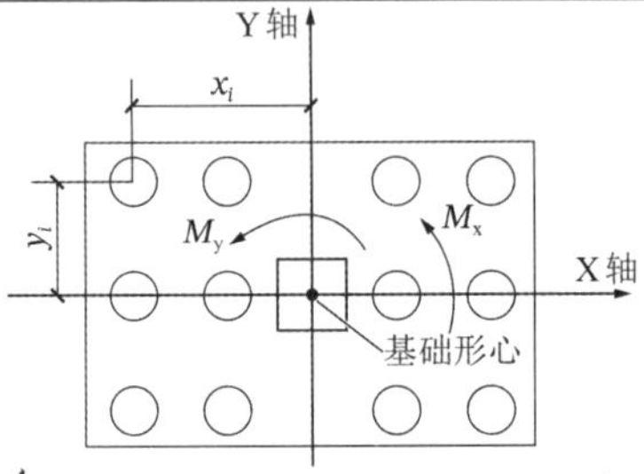 Y轴　x_i　y_i　M_y　M_x　X轴　基础形心 M_x—基本组合下，绕X轴的弯矩设计值 M_y—基本组合下，绕Y轴的弯矩设计值

相应计算截面的承台底板配筋面积：

$$A_s=\frac{M}{0.9\cdot f_y\cdot h_0}\times 1000\geqslant 0.15\%\times A_0\quad(\mathrm{mm}^2)$$

式中　f_y——钢筋抗拉强度设计值（MPa）；h_0——计算截面的有效高度（m）

表 8.4-2 是三桩承台的抗弯计算流程。读者需要留意的是，进行受弯计算之前，圆柱需要转换成方柱，这是公式成立的前提。

表 8.4-3 是典型的柱、墙对承台的冲切计算流程。这里需要留意，冲跨比与冲切系数之间的关系。

三桩承台受弯计算（三角形承台受弯）　　表 8.4-2

验算简图	必须转化 圆柱转方柱：$c=0.8\cdot d$ 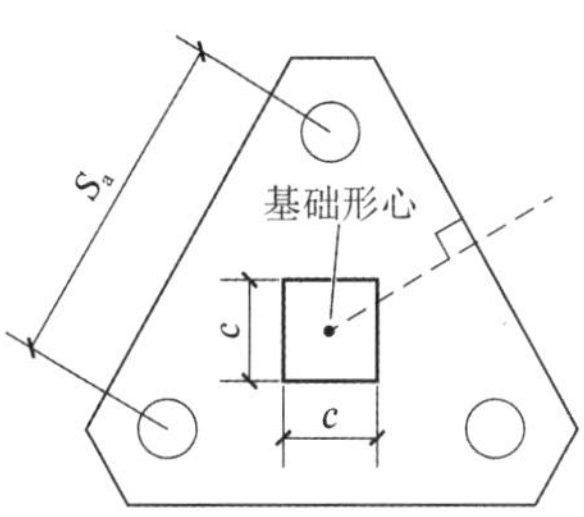 S_a　基础形心　c　c	必须转化 圆柱转方柱：$c=0.8\cdot d$ 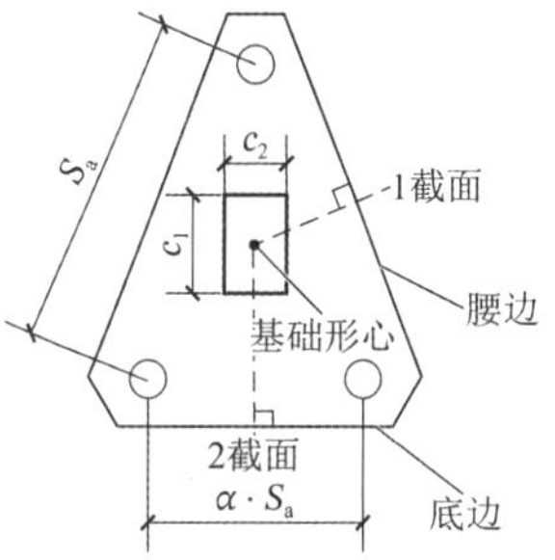 S_a　c_2　1截面　c_1　腰边　基础形心　2截面　$\alpha\cdot S_a$　底边
截面弯矩	等边三角形承台	等腰三角形承台
	过承台形心至各边正交截面的弯矩设计值M： $$M=\frac{N_{\max}}{3}\cdot\left(s_\alpha-\frac{\sqrt{3}}{4}\cdot c\right)$$ 式中　$N_{\max}$—不计承台及其上土重，在基本组合作用下，三桩中最大基桩竖向净反力设计值； s_α—桩中心距（m）； c—方柱边长（m），圆柱时$c=0.8\cdot b$	过承台形心至腰边正交截面的弯矩设计值M_1： $$M_1=\frac{N_{\max}}{3}\cdot\left(s_\alpha-\frac{0.75}{\sqrt{4-\alpha^2}}\cdot c_2\right)$$ 过承台形心至底边正交截面的弯矩设计值M_2： $$M_2=\frac{N_{\max}}{3}\cdot\left(\alpha\cdot s_\alpha-\frac{0.75}{\sqrt{4-\alpha^2}}\cdot c_2\right)$$ 式中　$N_{\max}$—不计承台及其上土重，在基本组合作用下，三桩中最大基桩竖向净反力设计值。 s_α—长向桩的桩中心距（m）； α—短向桩心距与长向桩心距之比，当α小于0.5时，可按变截面的两桩承台设计； c_1、c_2—分别为垂直和平行于承台底边的柱截面边长（m）
基桩竖向净反力设计值N_i	基本组合下，基桩i的竖向净反力设计值N_i： $N_i=\frac{F}{n}=\frac{1.35\cdot F_k}{n}$（轴心作用）；$N_i=\frac{F}{n}\pm\frac{M_x\cdot y_i}{\sum y_i^2}\pm\frac{M_y\cdot x_i}{\sum x_i^2}=1.35\cdot\left(\frac{F_k}{n}\pm\frac{M_{xk}\cdot y_i}{\sum y_i^2}\pm\frac{M_{yk}\cdot x_i}{\sum x_i^2}\right)$偏心作用	

柱（墙）对承台的冲切承载力计算　　表 8.4-3

步骤	计算方法
计算简图	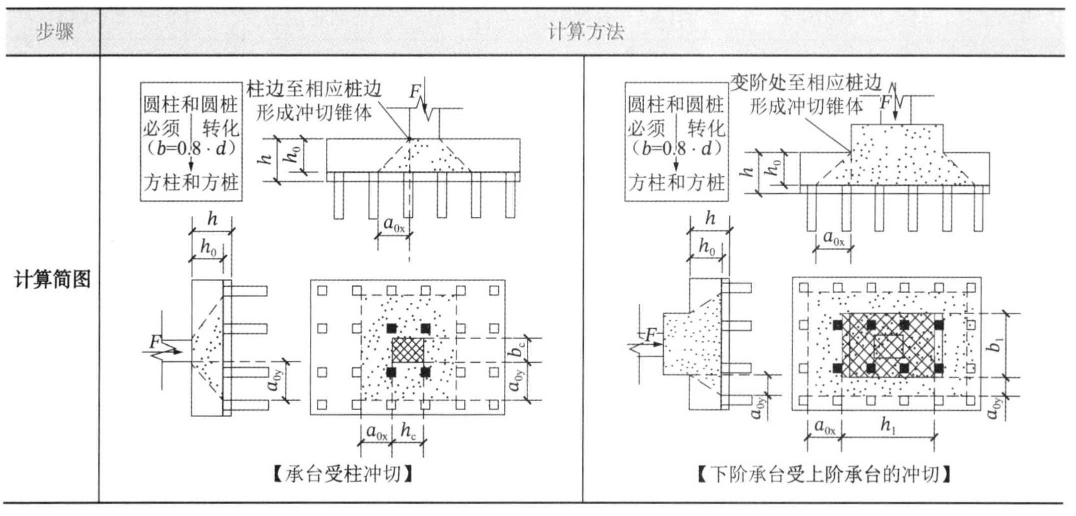【承台受柱冲切】　【下阶承台受上阶承台的冲切】

续表

步骤	计算方法	
承台冲切承载力	柱尺寸$b_c \times h_c$；柱边至桩边距离a_{0x}、a_{0y}承台有效高度（h_0）；承台总高度（h）	上阶尺寸$b_1 \times h_1$；阶边至桩边距离a_{0x}、a_{0y}下阶承台有效高度（h_0）；下阶承台总高度（h）
	冲跨比λ $\lambda_{0x} = a_{0x}/h_0 \quad \lambda_{0y} = a_{0y}/h_0$ $\lambda > 1$时，取$\lambda = 1$→反算$a_{0x}(a_{0y}) = h_0$ $\lambda < 0.25$时，$\lambda = 0.25$→反算$a_{0x}(a_{0y}) = 0.25 \cdot h_0$	冲跨比λ $\lambda_{0x} = a_{0x}/h_0 \quad \lambda_{0y} = a_{0y}/h_0$ $\lambda > 1$时，取$\lambda = 1$→反算$a_{0x}(a_{0y}) = h_0$ $\lambda < 0.25$时，$\lambda = 0.25$→反算$a_{0x}(a_{0y}) = 0.25 \cdot h_0$
	冲切系数β_0 $\beta_{0x} = 0.84/(\lambda_{0x} + 0.2) \quad \beta_{0y} = 0.84/(\lambda_{0y} + 0.2)$	冲切系数β_0 $\beta_{0x} = 0.84/(\lambda_{0x} + 0.2) \quad \beta_{0y} = 0.84/(\lambda_{0y} + 0.2)$
	承台受冲切承载力截面高度影响系数：（h） $\beta_{hp} = 1 - \frac{h-0.8}{12}$（$h \leqslant 0.8$m 时，取$h = 0.8$m；$h \geqslant 2.0$m 时，取$h = 2.0$m）	
	承台抗冲切承载力： $= 2 \cdot [\beta_{0x} \cdot (b_c + a_{0y}) + \beta_{0y} \cdot (h_c + a_{0x})] \cdot \beta_{hp} \cdot f_t \cdot h_0$	承台抗冲切承载力： $= 2 \cdot [\beta_{0x} \cdot (b_1 + a_{0y}) + \beta_{0y} \cdot (h_1 + a_{0x})] \cdot \beta_{hp} \cdot f_t \cdot h_0$
柱墙冲切力	冲切力：$F_l = F - \sum Q_i$（$\sum Q_i$——冲切锥体内的基桩竖向净反力设计值之和） 基本组合各基桩竖向净反力设计值：$Q_i = \frac{F}{n} = \frac{1.35 \cdot F_k}{n} = 1.35 \cdot N_k - \frac{1.35 \cdot G_k}{n}$（轴心作用下）	
冲切验算	$F_l \leqslant 2 \cdot [\beta_{0x} \cdot (b_c + a_{0y}) + \beta_{0y} \cdot (h_c + a_{0x})] \cdot \beta_{hp} \cdot f_t \cdot h_0$	$F_l \leqslant 2 \cdot [\beta_{0x} \cdot (b_1 + a_{0y}) + \beta_{0y} \cdot (h_1 + a_{0x})] \cdot \beta_{hp} \cdot f_t \cdot h_0$

表 8.4-4 是典型的二阶承台柱边及变阶处受剪计算流程。这里需要留意，剪跨比与剪切系数之间的关系。

二阶矩形承台柱边和变阶处受剪承载力验算　　表 8.4-4

验算简图				
截面	【A——A 截面】	【B——B 截面】	【A——A 截面】	【B——B 截面】
受剪承载力	a_x；b_{y1}、b_{y2}；h_0、h_{01}、h_{02}	a_y；b_{x1}、b_{x2}；h_0、h_{01}、h_{02}	a_x；b_{y1}；h_{01}	a_y；b_{x1}；h_{01}
	剪跨比：$\lambda_x = a_x/h_0$	剪跨比：$\lambda_y = a_y/h_0$	剪跨比：$\lambda_x = a_x/h_{01}$	剪跨比：$\lambda_y = a_y/h_{01}$
	$\lambda \geqslant 3$时，取$\lambda = 3$；$\lambda \leqslant 0.25$时，取$\lambda = 0.25$		$\lambda \geqslant 3$时，取$\lambda = 3$；$\lambda \leqslant 0.25$时，取$\lambda = 0.25$	
	剪切系数： $\alpha_x = 1.75/(\lambda_x + 1)$	剪切系数： $\alpha_y = 1.75/(\lambda_y + 1)$	剪切系数： $\alpha_x = 1.75/(\lambda_x + 1)$	剪切系数： $\alpha_y = 1.75/(\lambda_y + 1)$
	验算截面的有效高度影响系数： $\beta_{hs} = \left(\frac{800}{h_0}\right)^{1/4}$ 当$h_0 \leqslant 800$mm 时，取 800mm； 当$h_0 \geqslant 2000$mm 时，取 2000mm		验算截面的有效高度影响系数： $\beta_{hs} = \left(\frac{800}{h_{01}}\right)^{1/4}$ 当$h_{01} \leqslant 800$mm 时，取 800mm； 当$h_{01} \geqslant 2000$mm 时，取 2000mm	
	$A_0 = b_{y1} \cdot h_{01} + b_{y2} \cdot h_{02}$	$A_0 = b_{x1} \cdot h_{01} + b_{x2} \cdot h_{02}$	$A_0 = b_{y1} \cdot h_{01}$	$A_0 = b_{x1} \cdot h_{01}$
	$= \beta_{hs} \cdot \alpha_x \cdot f_t \cdot A_0$	$= \beta_{hs} \cdot \alpha_y \cdot f_t \cdot A_0$	$= \beta_{hs} \cdot \alpha_x \cdot f_t \cdot A_0$	$= \beta_{hs} \cdot \alpha_y \cdot f_t \cdot A_0$

续表

剪切力	不计承台及其上土重，在基本组合作用下，验算斜截面的最大剪力设计值V如下： 轴心作用条件：$V=n_1\times\frac{F}{n}$　（F—基本组合作用下，作用于承台顶部的竖向力设计值） 偏心作用条件：$V=\sum N_i$　（$\sum N_i$—验算截面外侧的所有基桩的竖向净反力之和）			
受剪验算	$V\leqslant\beta_{hs}\cdot\alpha_x\cdot f_t\cdot A_0$	$V\leqslant\beta_{hs}\cdot\alpha_y\cdot f_t\cdot A_0$	$V\leqslant\beta_{hs}\cdot\alpha_x\cdot f_t\cdot A_0$	$V\leqslant\beta_{hs}\cdot\alpha_x\cdot f_t\cdot A_0$

3. YJK 电算

8.4-3 YJK 电算

本小节我们结合第 1 章框架结构的案例，进行桩基承台加拉梁的电算。

第一步，桩基参数的输入。图 8.4-9 是桩基参数输入部分，单桩承载力相关的数值在进行 YJK 电算之前，需要读者结合勘察报告计算完毕。

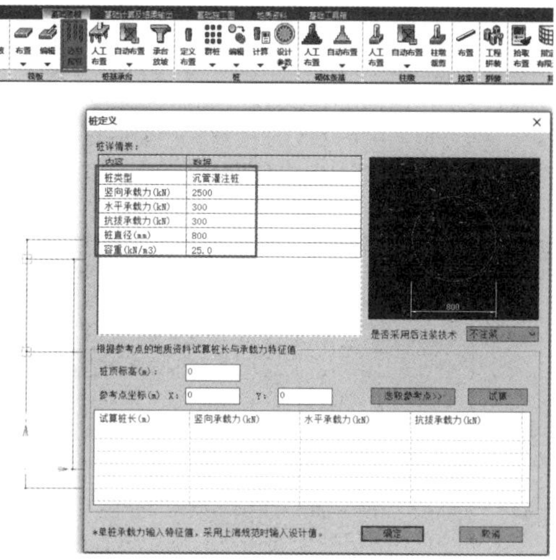

图 8.4-9　桩基参数输入

第二步，承台的布置。承台的布置有人工布置和自动布置两种。通常，实际项目建议采用自动布置加承台归并、人工整理复核的流程进行承台布置。首先，要设置好承台的布置参数，如图 8.4-10 所示。

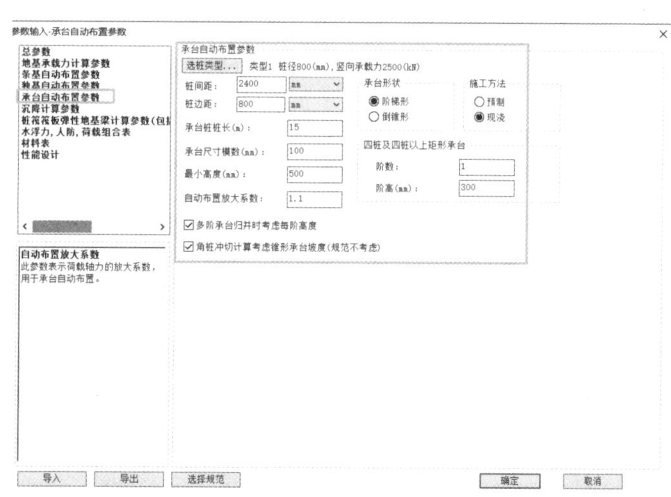

图 8.4-10　承台布置参数

选择单柱自动布置，结果如图 8.4-11 所示。可以看出，有部分承台的布置读者需要进行归并。

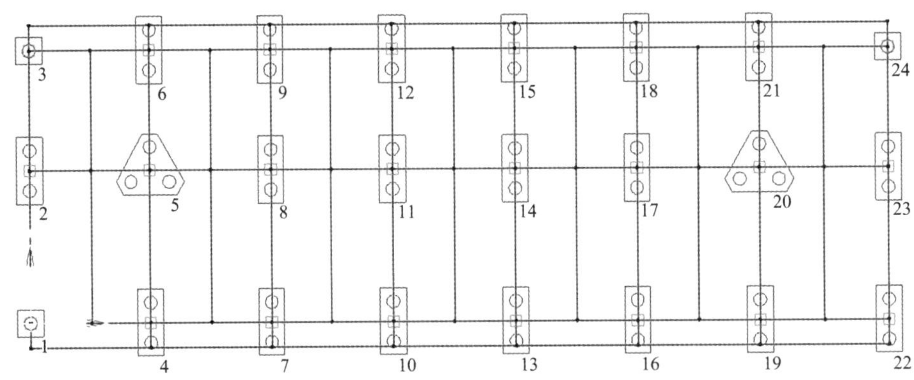

图 8.4-11　承台自动布置

图 8.4-12 是自动布置参数设置。读者可以根据需求归并一些承台，减少承台数量。

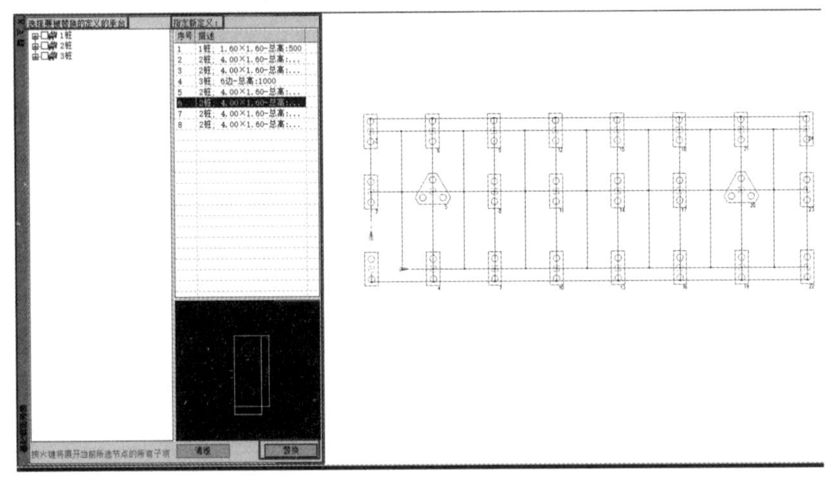

图 8.4-12　自动布置参数设置

第三步，拉梁的布置。方法见独立基础加拉梁的章节。布置拉梁后的桩基承台如图 8.4-13 所示。

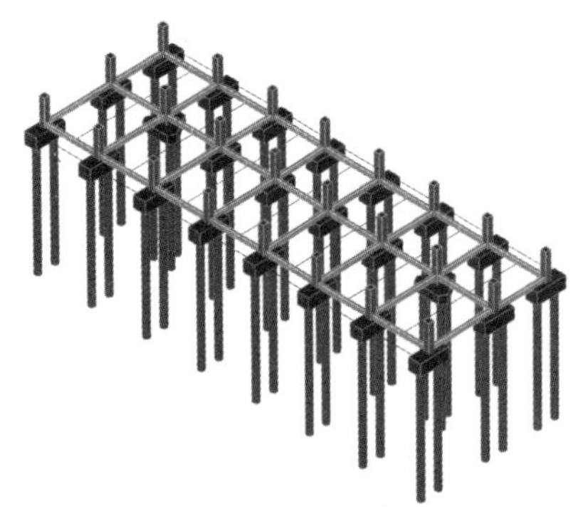

图 8.4-13　布置拉梁后的桩基承台

布置完毕后，进行桩筏有限元计算，之前的参数设置和独立基础部分内容一样。

第四步，桩基部分的承载力复核。读者可以查看桩基承载力的计算结果，来观察桩的承载力利用情况，如图 8.4-14 所示。

一般项目中，单桩承载力特征值利用到 80%～90%即可，不要用满。

第五步，承台相关的冲切、剪切和局部受压。图 8.4-15～图 8.4-17 是承台对应的冲切、剪切和局部受压的计算结果。

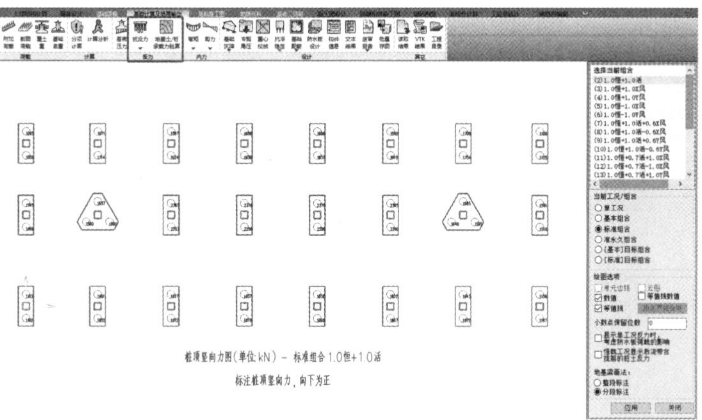

图 8.4-14 单桩承载力计算

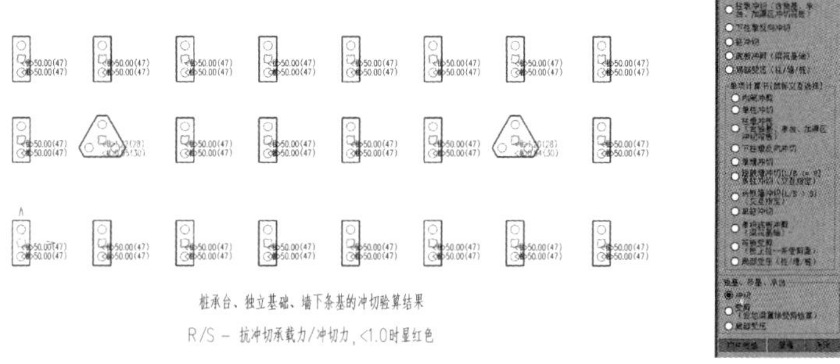

桩承台、独立基础、墙下条基的冲切验算结果
R/S - 抗冲切承载力/冲切力，<1.0时显红色

图 8.4-15 冲切

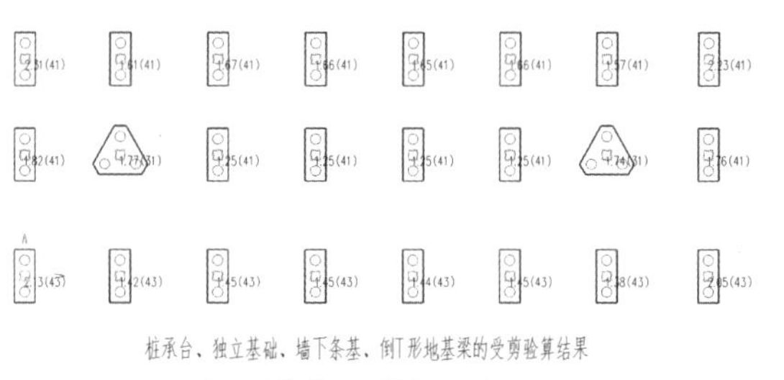

桩承台、独立基础、墙下条基、倒T形地基梁的受剪验算结果
R/S - 抗剪承载力/设计剪力，<1.0时显红色

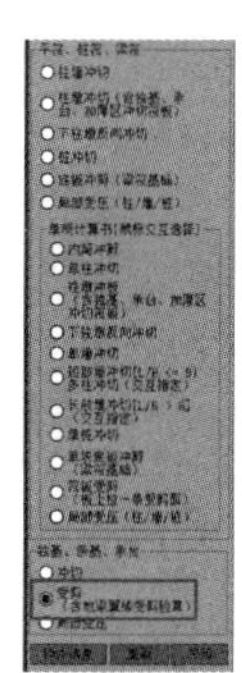

图 8.4-16 剪切

桩承台、独立基础、墙下条基的局部受压验算结果
R/S<1.0时显红色(需修改模型)，R/S>=1.0且R/S<1.6时显黄色(需配间接钢筋)，R/S>=1.6显白色(按素混凝土计算可满足要求)

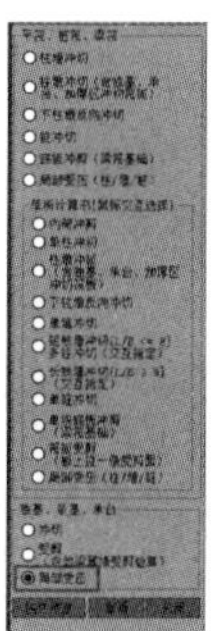

图 8.4-17 局部受压

对于上面三种出现不满足的情况，通常的处理措施是采取冲切调高度、剪切调宽高、局部受压调强度等级的方法来解决。

第六步，承台、拉梁的配筋计算。图 8.4-18 是局部承台与拉梁的计算结果。

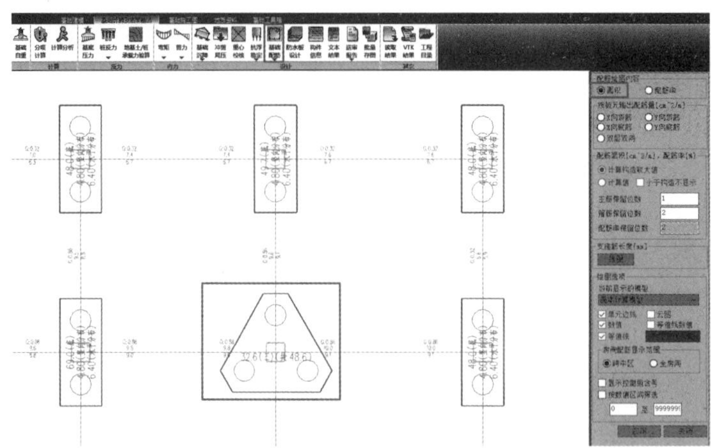

图 8.4-18　局部承台与拉梁的计算结果

这里提醒读者，承台的详细计算可以通过构件信息进行详细的查看。图 8.4-19～图 8.4-23 是三桩承台的详细计算结果，读者可以根据其中的承载力进行复核。

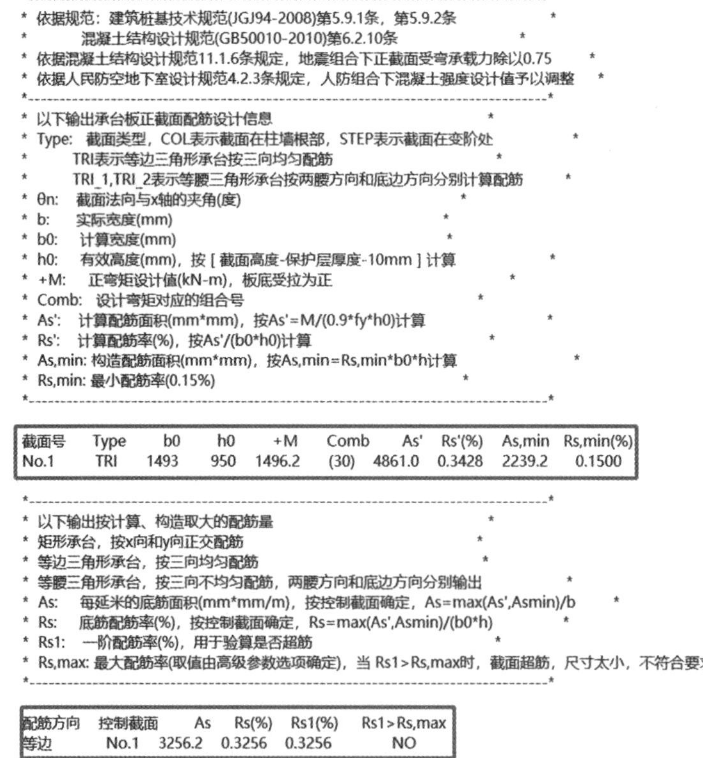

三、正截面受弯计算

```
*----------------------------------------------------------------------*
* 依据规范：建筑桩基技术规范(JGJ94-2008)第5.9.1条，第5.9.2条            *
*           混凝土结构设计规范(GB50010-2010)第6.2.10条                   *
* 依据混凝土结构设计规范11.1.6条规定，地震组合下正截面受弯承载力除以0.75  *
* 依据人民防空地下室设计规范4.2.3条规定，人防组合下混凝土强度设计值予以调整 *
*----------------------------------------------------------------------*
* 以下输出承台板正截面配筋设计信息                                       *
* Type:  截面类型，COL表示截面在柱墙根部，STEP表示截面在变阶处            *
*        TRI表示等边三角形承台按三向均匀配筋                             *
*        TRI_1,TRI_2表示等腰三角形承台按两腰方向和底边方向分别计算配筋     *
* θn:    截面法向与x轴的夹角(度)                                         *
* b:     实际宽度(mm)                                                    *
* b0:    计算宽度(mm)                                                    *
* h0:    有效高度(mm)，按[截面高度-保护层厚度-10mm]计算                   *
* +M:    正弯矩设计值(kN-m)，板底受拉为正                                 *
* Comb:  设计弯矩对应的组合号                                            *
* As':   计算配筋面积(mm*mm)，按As'=M/(0.9*fy*h0)计算                    *
* Rs':   计算配筋率(%)，按As'/(b0*h0)计算                                 *
* As,min: 构造配筋面积(mm*mm)，按As,min=Rs,min*b0*h计算                  *
* Rs,min: 最小配筋率(0.15%)                                              *
*----------------------------------------------------------------------*
```

截面号	Type	b0	h0	+M	Comb	As'	Rs'(%)	As,min	Rs,min(%)
No.1	TRI	1493	950	1496.2	(30)	4861.0	0.3428	2239.2	0.1500

```
*----------------------------------------------------------------------*
* 以下输出按计算、构造取大的配筋量                                       *
* 矩形承台，按x向和y向正交配筋                                           *
* 等边三角形承台，按三向均匀配筋                                         *
* 等腰三角形承台，按三向不均匀配筋，两腰方向和底边方向分别输出             *
* As:    每延米的底筋面积(mm*mm/m)，按控制截面确定，As=max(As',Asmin)/b   *
* Rs:    底筋配筋率(%)，按控制截面确定，Rs=max(As',Asmin)/(b0*h)          *
* Rs1:   一阶配筋率(%)，用于验算是否超筋                                  *
* Rs,max: 最大配筋率(取值由高级参数选项确定)，当 Rs1>Rs,max时，截面超筋，尺寸太小，不符合要求 *
*----------------------------------------------------------------------*
```

配筋方向	控制截面	As	Rs(%)	Rs1(%)	Rs1>Rs,max
等边	No.1	3256.2	0.3256	0.3256	NO

图 8.4-19　三桩承台抗弯计算

```
*-----------------------------------------------------------------------------*
* 以下输出承台的柱(墙)冲切验算结果                                              *
* 单柱矩形承台，依据建筑桩基技术规范(JGJ94-2008)第5.9.7条执行                    *
* 单柱矩形独立承台，柱冲切和上阶对下阶的冲切，分别按下式验算:                      *
* Fl <= 2 * [β0x * (bc + a0y) + β0y * (hc + a0x)] * βhp * ft * h0              *
* Fl <= 2 * [β1x * (b1 + a1y) + β1y * (h1 + a1x)] * βhp * ft * h0              *
* COLM: Z-*表示柱编号，W-*表示墙编号，STEP表示上阶对下阶的冲切                     *
* Comb: 最不利冲切力对应的组合号                                                *
* 其他变量意义参见相应规范条文                                                  *
* 多柱(墙)或非矩形承台，依据建筑桩基技术规范JGJ94-2008第5.9.7条执行               *
* Fl <= βhp*β0*um*ft*h0                                                       *
* β0 = 0.84/(λ+0.2)                                                           *
* FL: 荷载效应基本组合下的冲切力设计值                                           *
* βhp: 截面高度影响系数                                                        *
* β0: 柱(墙)冲切系数                                                           *
* um: 冲切破坏锥体一半有效高度处的周长                                           *
* λ: 冲跨比                                                                   *
* 对于不对称冲切破坏锥，需按各方向分别计算冲跨比λ和柱(墙冲切系数)β0                *
* β0 = ∑(umi*β0i)/∑umi                                                        *
* 单桩、两桩承台，不验算柱冲切                                                  *
* 依据混凝土结构设计规范11.1.6条规定，地震组合下受冲切承载力除以0.85               *
*-----------------------------------------------------------------------------*
```

柱墙号	Comb	FL	βhp	β0	um	ft(k)	h0	R/S	验算结果
Z-20	(28)	5960.1	0.98	0.97	5526	1.43	950	1.20	满足

图 8.4-20 三桩承台柱冲切计算

```
*-----------------------------------------------------------------------------*
* 以下输出承台的桩冲切验算结果(不包括冲切破坏锥体范围内的桩)                        *
* 依据规范: 建筑桩基技术规范(JGJ94-2008)第5.9.8条                                *
* (1)四桩以上(含四桩)承台，角桩冲切验算公式                                       *
*   Nl<=[β1x*(c2+a1y/2)+β1y*(c1+a1x/2)]*βhp*ft*h0                             *
*   β1x=0.56/(λ1x+0.2)                                                        *
*   β1y=0.56/(λ1y+0.2)                                                        *
*   当锥形承台角桩冲切按斜坡全面积计算时，验算公式为:                              *
*   Nl<=(β1x*A1x +β1y*A1y)*βhp*ft                                              *
*   A1x,A1y为斜坡全面积                                                         *
* (2)三桩“三角形”承台，底部角桩冲切验算公式                                       *
*   Nl<=β11*(2*c1+a11)*βhp*tan(θ1/2)*ft*h0                                    *
*   β11=0.56/(λ11+0.2)                                                        *
* (3)三桩“三角形”承台，顶部角桩冲切验算公式                                       *
*   Nl<=β12*(2*c2+a12)*βhp*tan(θ2/2)*ft*h0                                    *
*   β12=0.56/(λ12+0.2)                                                        *
* (4)多柱(墙)承台，内部基桩受冲切承载力验算公式                                    *
*   Nl<=2.8*(bp+h0)*βhp*ft*h0                                                 *
* 各变量意义参见相应规范条文                                                     *
* 单桩、两桩承台，不验算桩冲切                                                   *
* 依据混凝土结构设计规范11.1.6条规定，地震组合下受冲切承载力除以0.85                *
*-----------------------------------------------------------------------------*
```

三桩“三角形”承台，底部角桩冲切验算结果:

桩号	Comb	Nl	a11	c1	β11	θ1	βhp	ft(k)	h0	λ11	R/S	验算结果
ZH-41	(31)	2049.2	530	1706	0.74	60	0.98	1.43	950	0.56	1.10	满足
ZH-42	(31)	1989.3	530	1706	0.74	60	0.98	1.43	950	0.56	1.13	满足

三桩“三角形”承台，顶部角桩冲切验算结果:

桩号	Comb	Nl	a12	c2	β12	θ2	βhp	ft(k)	h0	λ12	R/S	验算结果
ZH-40	(30)	2140.6	620	1663	0.66	60	0.98	1.43	950	0.65	0.94	不满足

图 8.4-21 三桩承台桩冲切计算

```
*-------------------------------------------------------------------------*
* 以下输出承台受剪验算结果                                              *
* 依据规范: 建筑桩基技术规范(JGJ94-2008)第5.9.10条                      *
* 验算公式: V <=βhs * α * ft * b0 * h0                                  *
*          α=1.75/(λ+1)                                                *
*          βhs=(800/h0)^0.25                                            *
* 变量意义参见相应规范条文                                              *
* 依据混凝土结构设计规范11.1.6条规定，地震组合下斜截面受剪承载力除以0.85   *
* 依据人民防空地下室设计规范4.2.3条规定，人防组合下混凝土强度设计值予以调整 *
*-------------------------------------------------------------------------*
* 各符号含义如下                                                        *
* Type:  COL-柱墙根部断面 STEP-变阶处的断面 FEA-复杂承台按每延米板带计算   *
* θn:   正截面法向与x轴的夹角(度)                                       *
* Comb:  设计剪力对应的组合号                                           *
* V(Vs): 剪力设计值(kN)，Type=FEA时Vs按每延米剪力计算(kN/m)              *
* βhs:  受剪承载力截面高度影响系数                                      *
* ft:    混凝土轴心抗拉强度设计值(MPa)                                   *
* ftk:   混凝土轴心抗拉强度标准值(MPa)                                   *
* b0(bw): 承台计算截面的计算宽度(mm)                                     *
* h0:    承台计算截面的有效高度(mm)                                      *
* λ:    计算截面的剪跨比                                                *
* R/S:   受剪验算安全系数                                               *
*-------------------------------------------------------------------------*
```

截面号	Type	θn	Comb	V(Vs)	βhs	α	ft(k)	b0(bw)	h0	λ	R/S	验算结果
No.1	COL	0	(31)	1989.3	0.96	1.12	1.43	3678	950	0.56	2.71	满足
No.2	COL	90	(30)	2140.6	0.96	1.00	1.43	3043	950	0.75	1.85	满足
No.3	COL	180	(31)	2049.2	0.96	1.12	1.43	3678	950	0.56	2.63	满足
No.4	COL	270	(31)	4038.6	0.96	1.40	1.43	3852	950	0.25	1.74	满足

图 8.4-22　三桩承台抗剪计算

```
*-------------------------------------------------------------------------*
* 以下输出桩承台局部受压验算结果                                        *
* 依据规范: 混凝土结构设计规范GB500010-2010第6.6.1条                     *
* 验算公式: Fl <= 1.35 * βc * βl * fc * Aln                             *
*          R/S<1.0时需修改模型，例如提高混凝土强度等级，增加局部承压面积等 *
*          1.0<=R/S<1.6时需配间接钢筋                                   *
*          R/S>=1.6表示按素混凝土验算就可以满足规范要求                  *
*          βl = sqrt(Ab/Al)                                             *
* Member:  Z-*表示柱，W-*表示墙，ZH-*表示桩                              *
* Comb:    最大压力对应的组合号                                         *
* Nl:      压力设计值(kN)                                               *
* βc:     混凝土强度影响系数                                            *
* βl:     混凝土局部受压时的强度提高系数                                *
* fc:      混凝土轴心抗压强度设计值(MPa)                                *
* fck:     混凝土轴心抗压强度标准值(MPa)                                *
* Aln:     局部受压净面积(mm*mm)                                        *
* Ab:      局部受压计算底面积(mm*mm)                                    *
* Al:      局部受压面积(mm*mm)                                          *
* 当承台板的混凝土强度等级大于柱和桩的混凝土强度等级，无需验算，R/S取50.0 *
*-------------------------------------------------------------------------*
```

Member	Comb	Nl	βc	βl	fc(k)	Aln	Ab	Al	R/S	验算结果
Z-20	(28)	5960.1	1.00	3.00	14.3	490000	4410000	490000	4.77	不配筋满足
ZH-40	(41)	2436.8	1.00	1.52	14.3	640000	1478012	640000	7.72	不配筋满足
ZH-41	(42)	2274.5	1.00	1.00	14.3	640000	640000	640000	5.44	不配筋满足
ZH-42	(40)	2186.8	1.00	1.00	14.3	640000	640000	640000	5.66	不配筋满足

图 8.4-23　三桩承台局压计算

以上就是桩基承台设计的全部过程。

8.5　地基基础小结

8.5 地基基础小结

本章介绍了独立基础、条形基础、筏形基础和桩基础的基本概念与 YJK 操作。基础设计相对于上部结构来说，复杂性更高，经验性更强。

希望读者结合本章有限的内容，在实际项目中根据项目所在地的土质情况和勘察报告，选择合适的基础类型。YJK 的基础计算更多地是用来验证基础选型的合理性和量化基础的尺寸与配筋。

另外，读者可以此基础，进一步学习思考基础相关的内容，比如基础的沉降计算、桩筏基础的设计等。

第9章

门式刚架结构计算分析

9.1 门式刚架案例背景

9.1 门式刚架案例背景

本案例为一钢结构厂房，位于福建省厦门市，典型平面布置图如图 9.1-1 所示。

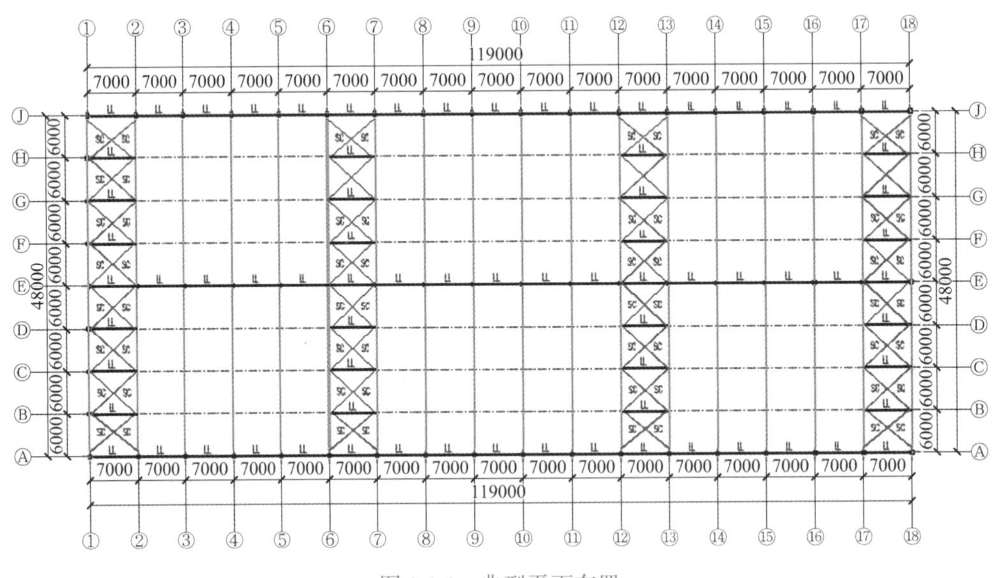

图 9.1-1　典型平面布置

9.2 门式刚架结构概念设计

轻型门式刚架是厂房类项目应用最广的一种钢结构，其特点是单层，使用面积大。从结构的角度看是二维受力，通过支撑系统连接，构成整个结构。

9.2-1 二维还是三维

1. 二维还是三维

图 9.2-1 是一个三维的门式刚架图，在图中可以看到门式刚架的常见构件。

门式刚架结构由基础、主刚架、围护系统和支撑系统四大部分组成。其中，基础包括柱脚、独立基础、基础拉梁；主刚架包括刚架柱、刚架梁、抗风柱；围护系统包括檩条、拉条、墙梁、隅撑；支撑系统包括屋面支撑、柱间支撑、刚性系杆。

在工程设计中，结构工程师要面对的第一个问题就是门式刚架按二维设计还是三维设计？《门式刚架轻型房屋钢结构技术规范》GB 51022—2015 第 6.1.2 条规定：门式刚架不宜考虑应力蒙皮效应，可按平面结构分析内力。图 9.2-2 是轻型门式刚架房屋转化到二维门式刚架的过程。

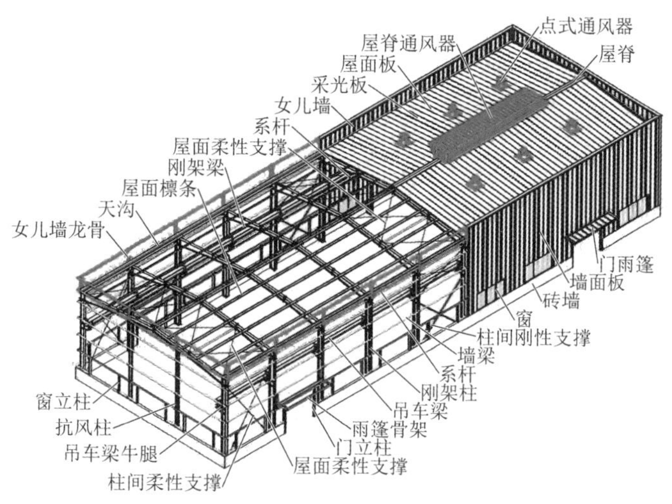

图 9.2-1　三维门式刚架图

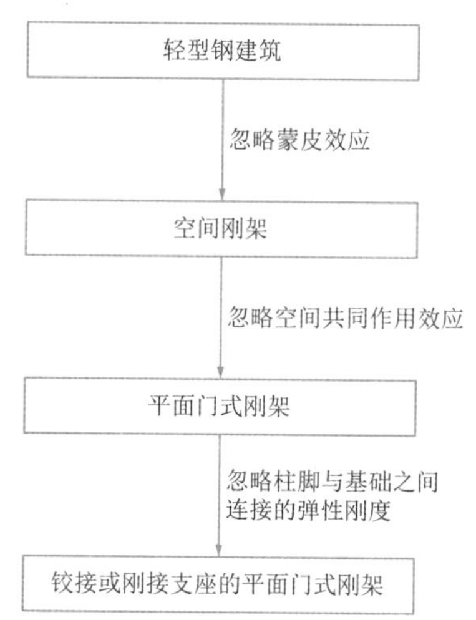

图 9.2-2　轻型门式刚架房屋计算简化

9.2-2 轻钢厂房的由来

2. 轻钢厂房的由来

这里需要解决一个问题，本章提到的门式刚架属于轻型门式刚架的范畴。在实际项目中，读者经常会遇到一本门式刚架相关的规范，称为《门式刚架轻型房屋钢结构技术规范》GB 51022—2015（后面简称《门刚规范》）。它有适用范围，针对轻型门式刚架房屋，具体如下：

1.0.2　本规范适用于房屋高度不大于 18m，房屋高宽比小于 1，承重结构为单跨或多跨实腹门式刚架、具有轻型屋盖、无桥式吊车或有起重量不大于 20t 的 A1～A5 工作级别桥式吊车或 3t 悬挂式起重机的单层钢结构房屋。

本规范不适用于按现行国家标准《工业建筑防腐蚀设计规范》GB 50046 规定的对钢结构具有强腐蚀介质作用的房屋。

因此，读者在方案阶段需要留意项目是否适合采用本标准，否则应使用《钢结构设计标准》GB 50017—2017 进行相关设计。

3. 结构形式和布置

图 9.2-3 是常见的门式刚架种类，读者在方案阶段，需要根据建筑功能来确定标准榀门式刚架的种类进行计算。

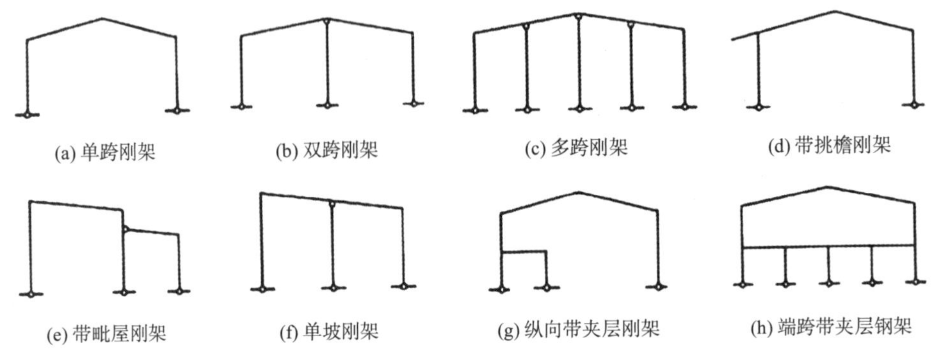

(a) 单跨刚架　(b) 双跨刚架　(c) 多跨刚架　(d) 带挑檐刚架

(e) 带毗屋刚架　(f) 单坡刚架　(g) 纵向带夹层刚架　(h) 端跨带夹层钢架

图 9.2-3　常见的门式刚架种类

轻钢厂房的特点是长度和宽度比例相差悬殊。这涉及一榀门式刚架如何摆放的问题。一般工程中，刚架沿着短跨进行摆放。

9.2-3 结构形式和布置

《门刚规范》5.2.2　门式刚架的单跨跨度宜为 12m～48m。当有根据时，可采用更大跨度。当边柱宽度不等时，其外侧应对齐。门式刚架的间距，即柱网轴线在纵向的距离宜为 6m～9m，挑檐长度可根据使用要求确定，宜为 0.5m～1.2m，其上翼缘坡度宜与斜梁坡度相同。

实际项目中，一般柱距为 6m、7.5m 和 9m 三种。读者在方案阶段，注意按此原则规整柱网。

关于单榀门式刚架截面的估算问题，门式刚架梁的跨高比尽量控制在 25～45 之间，主要与跨度和荷载有关；另外，厂房一跨尽量控制在 30m；门式刚架柱采用变截面，与弯矩有关。

4. 支撑系统的传力

9.2-4 支撑系统的传力

支撑系统是门式刚架特有的一个传力系统。它实现了二维与三维之间的连接。没有支撑系统，门式刚架就是一个完全的二维刚架，无法应用到实际项目中。

图 9.2-4 是竖向荷载作用下门式刚架的传力路径。这里，支撑系统不起主控作用。

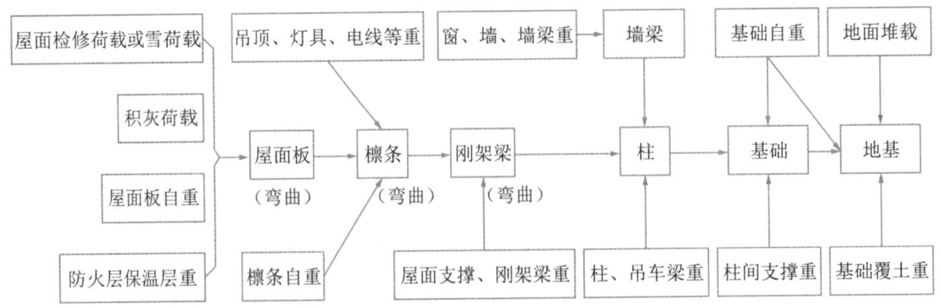

图 9.2-4　竖向荷载作用下门式刚架的传力

图 9.2-5 是水平荷载作用下的传力路径。读者可以看到，无论是何支撑系统，在纵向风荷载作用下都发挥着关键的作用。

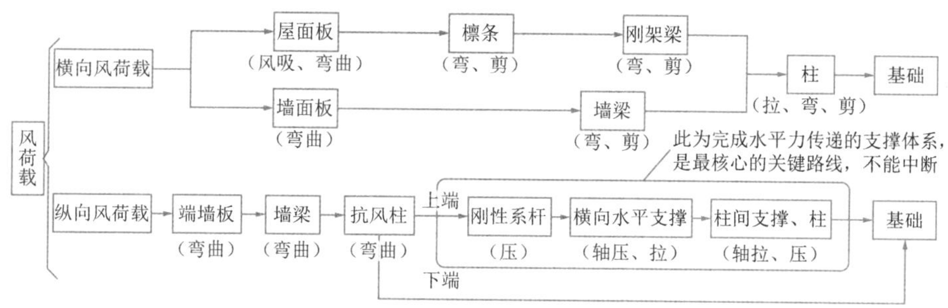

图 9.2-5　水平荷载作用下的传力路径

9.3　门式刚架结构 YJK 软件电算

9.3-1 前处理

1. 前处理

YJK 有二维门式刚架计算模块，也有三维门式刚架计算模块。传统的设计方法习惯采用二维门式刚架模块进行计算。

图 9.3-1 是门式刚架二维计算模块进入界面。

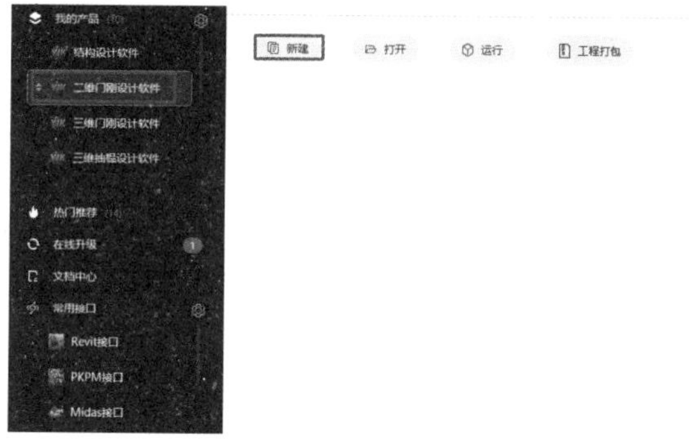

图 9.3-1　门式刚架二维计算模块界面

第一步，点击快速建模中的“门刚”，进行标准榀的创建，如图 9.3-2 所示。

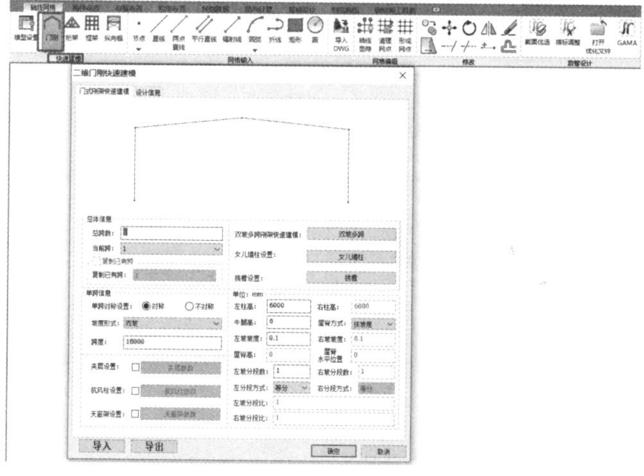

图 9.3-2　快速门式刚架建模

此步的参数输入非常重要，涉及模型整体搭建是否正确。第 1 跨几何参数的设置如图 9.3-3 所示。注意通过图中“复制已有跨”的方法快速设置第 2 跨的信息。

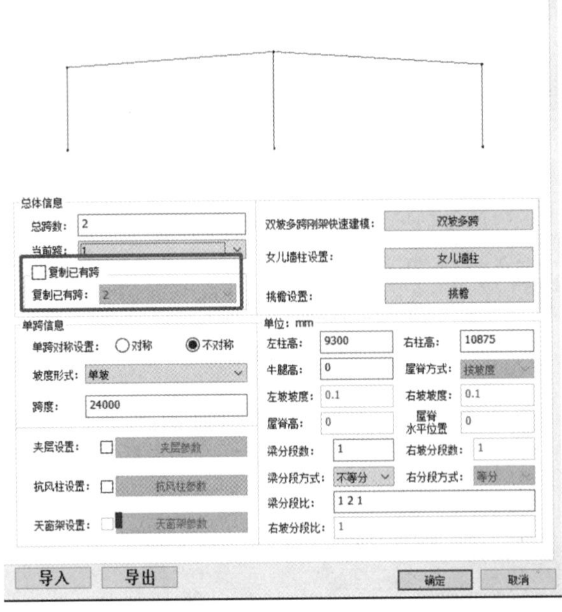

图 9.3-3　几何参数设置

图 9.3-3 中，梁的分段比是根据弯矩图确定的比例。

几何信息设置后，对设计信息进行填写，如图 9.3-4 所示。本项目位于福建省厦门市，属风控地区，进行风荷载、竖向荷载等信息的填写。

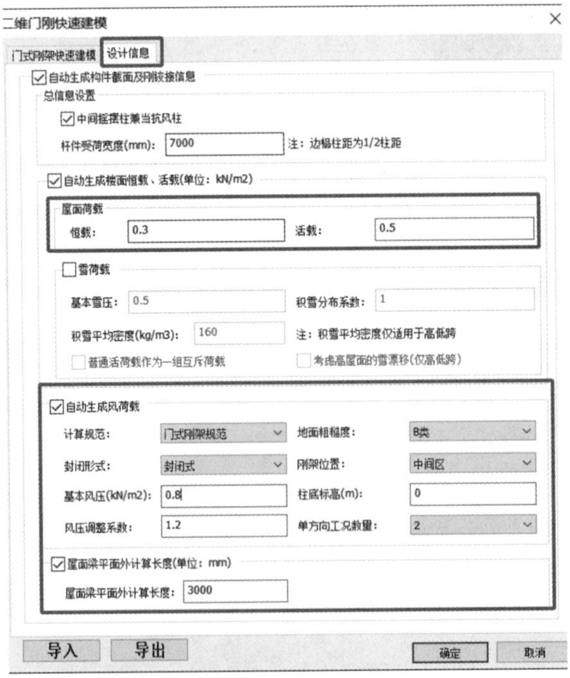

二维门刚快速建模

门式刚架快速建模　设计信息

自动生成构件截面及刚铰接信息

总信息设置

中间摇摆柱兼当抗风柱

杆件受荷宽度(mm)：7000　注：边榀柱距为1/2柱距

自动生成楼面恒载、活载(单位：kN/m2)

屋面荷载

恒载：0.3　活载：0.5

雪荷载

基本雪压：0.5　积雪分布系数：1

积雪平均密度(kg/m3)：160　注：积雪平均密度仅适用于高低跨

普通活荷载作为一组互斥荷载　考虑高屋面的雪漂移(仅高低跨)

自动生成风荷载

计算规范：门式刚架规范　地面粗糙度：B类

封闭形式：封闭式　刚架位置：中间区

基本风压(kN/m2)：0.8　柱底标高(m)：0

风压调整系数：1.2　单方向工况数量：2

屋面梁平面外计算长度(单位：mm)

屋面梁平面外计算长度：3000

导入　导出　确定　取消

图 9.3-4　设计信息

关于门式刚架的竖向荷载，一般的工程经验是：单层板＋丝棉恒荷载取 0.2kPa；单层板＋岩棉恒荷载取 0.25kPa；双层板＋丝棉恒荷载取 0.25kPa；双层板＋岩棉恒荷载取 0.3kPa。

风荷载中，单方向工况数量主要考虑鼓风效应和吸风效应。

设置完毕，点击确定，初步的标准榀门式刚架模型创建完毕，如图 9.3-5 所示。

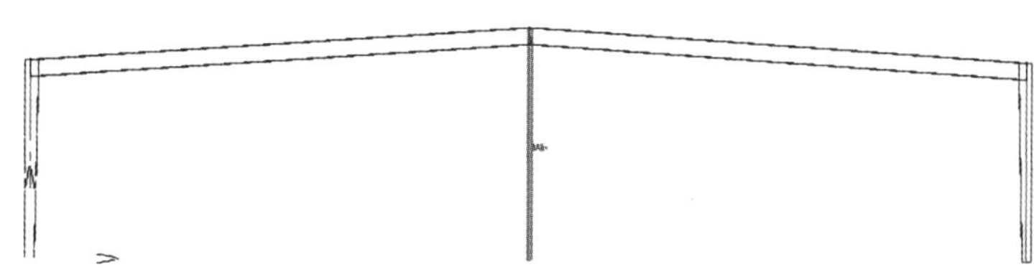

图 9.3-5　标准榀门式刚架模型

第二步，在此基础上对梁、柱构件的截面进行修改。梁、柱构件的截面构造要求在《门刚规范》有明确规定，内容如下：

3.4.1　钢结构构件的壁厚和板件宽厚比应符合下列规定：

1 用于檩条和墙梁的冷弯薄壁型钢，壁厚不宜小于 1.5mm。用于焊接主刚架构件腹板的钢板，厚度不宜小于 4mm；当有根据时，腹板厚度可取不小于 3mm。

2 构件中受压板件的宽厚比，不应大于现行国家标准《冷弯薄壁型钢结构技术规范》GB 50018 规定的宽厚比限值；主刚架构件受压板件中，工字形截面构件受压翼缘板自由外伸宽度b与其厚度t之比，不应大于$15\times(235/f_y)^{0.5}$；工字形截面梁、柱构件腹板的计算高度h_w与其厚度t_w之比，不应大于 250。当受压板件的局部稳定临界应力低于钢材屈服强度时，应按实际应力验算板件的稳定性，或采用有效宽度计算构件的有效截面，并验算构件的强度和稳定。

3.4.3　当地震作用组合的效应控制结构设计时，门式刚架轻型房屋钢结构的抗震构造措施应符合下列规定：

1 工字形截面构件受压翼缘板自由外伸宽度b与其厚度t之比，不应大于$13\times(235/f_y)^{0.5}$；工字形截面梁、柱构件腹板的计算高度h_w与其厚度t_w之比，不应大于 160；

2 在檐口或中柱的两侧三个檩距范围内，每道檩条处屋面梁均应布置双侧隅撑；边柱的檐口墙檩处均应双侧设置隅撑；

3 当柱脚刚接时，锚栓的面积不应小于柱子截面面积的 0.15 倍；

4 纵向支撑采用圆钢或钢索时，支撑与柱子腹板的连接应采用不能相对滑动的连接；

5 柱的长细比不应大于 150。

按照以上原则，我们可以对梁柱截面进行初步选择，后面根据计算结果进行调整。

第三步，核对计算长度。面外计算长度的选择根据《门刚规范》：

7.1.6　斜梁和隅撑的设计，应符合下列规定：

1 实腹式刚架斜梁在平面内可按压弯构件计算强度，在平面外应按压弯构件计算稳定。

2 实腹式刚架斜梁的平面外计算长度，应取侧向支承点间的距离；当斜梁两翼缘侧向支承点间的距离不等时，应取最大受压翼缘侧向支承点间的距离。

3 当实腹式刚架斜梁的下翼缘受压时，支承在屋面斜梁上翼缘的檩条，不能单独作为屋面斜梁的侧向支承。

4 屋面斜梁和檩条之间设置的隅撑满足下列条件时，下翼缘受压的屋面斜梁的平面外计算长度可考虑隅撑的作用：

1）在屋面斜梁的两侧均设置隅撑（图 7.1.6）；

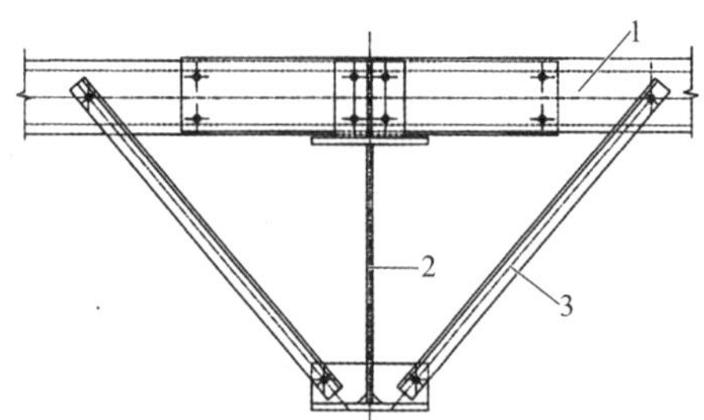

1—檩条；2—钢梁；3—隅撑

图 7.1.6 屋面斜梁的隅撑

2）隅撑的上支承点的位置不低于檩条形心线；

3）符合对隅撑的设计要求。

实际项目中，檩条间距一般习惯取 1.5m，隅撑间距取 1.5m（《门刚规范》出来之前习惯取 3m）。

第四步，荷载核对。图 9.3-6 是恒荷载布置，根据之前的快速建模菜单设置参数，计算而成。

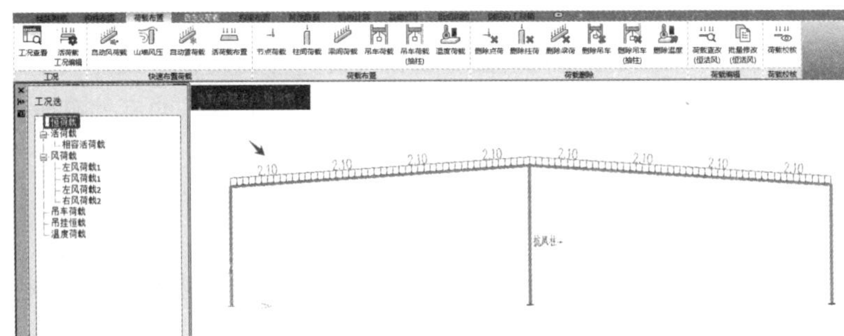

图 9.3-6 恒荷载查看

图 9.3-7～图 9.3-10 是考虑鼓风效应和吸风效应的风荷载，读者可以根据数值判断鼓风效应和吸风效应对风荷载的增减。

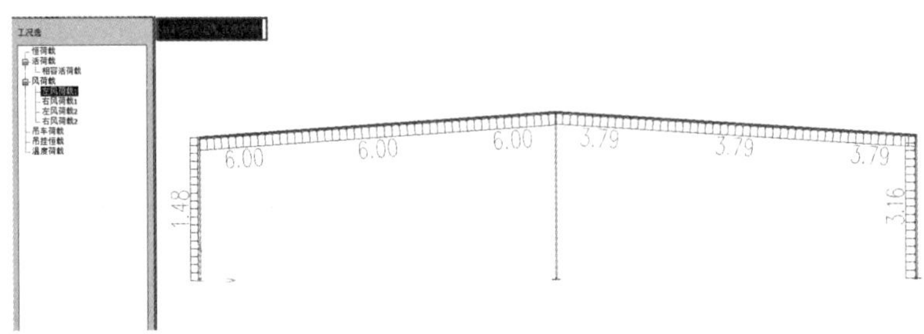

图 9.3-7 左风荷载 1

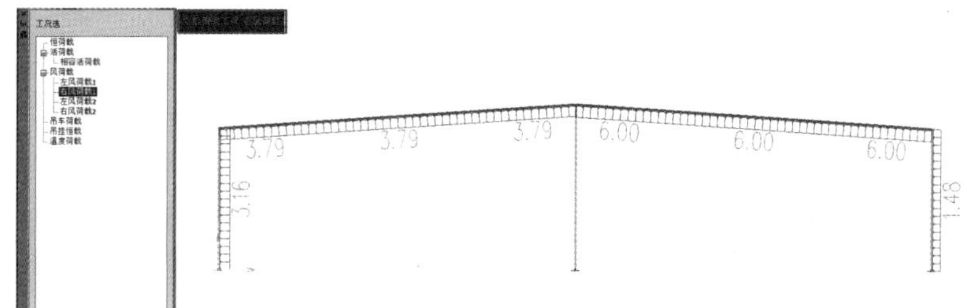

图 9.3-8　右风荷载 1

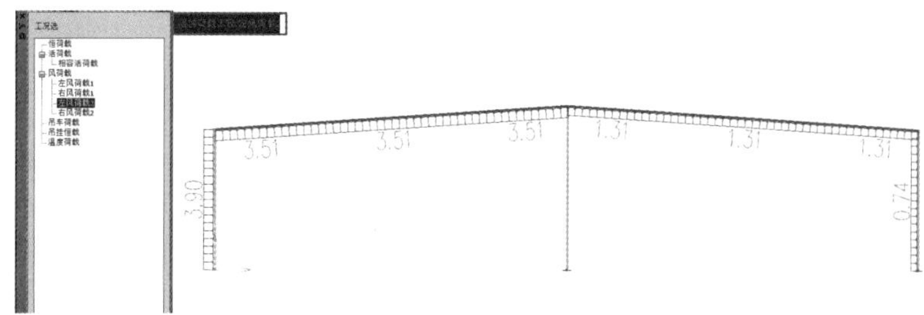

图 9.3-9　左风荷载 2

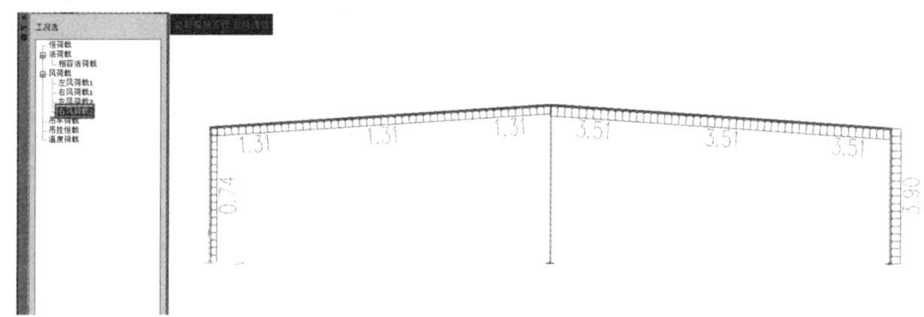

图 9.3-10　右风荷载 2

最后，可以通过荷载校核，查看各工况下的整体荷载，如图 9.3-11 所示。

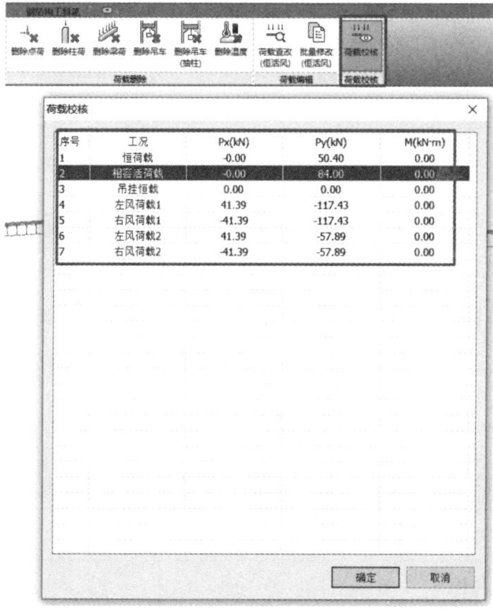

序号	工况	Px(kN)	Py(kN)	M(kN·m)
1	恒荷载	-0.00	50.40	0.00
2	相容活荷载	-0.00	84.00	0.00
3	吊挂恒载	0.00	0.00	0.00
4	左风荷载1	41.39	-117.43	0.00
5	右风荷载1	-41.39	-117.43	0.00
6	左风荷载2	41.39	-57.89	0.00
7	右风荷载2	-41.39	-57.89	0.00

图 9.3-11　整体荷载校核

第五步，约束设置。布置菜单如图 9.3-12 所示，箭头处初步设计采用铰接。通常，约束设置的原则是以柱底铰接为主，刚度不足或者对刚度有特殊需求的门式刚架（如带吊车梁等）可以考虑柱底刚接。

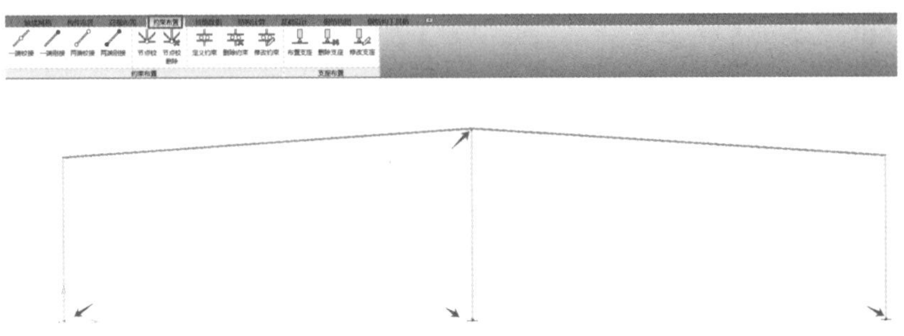

图 9.3-12　约束布置

第六步，进入前处理，计算参数总信息设置，如图 9.3-13 所示。

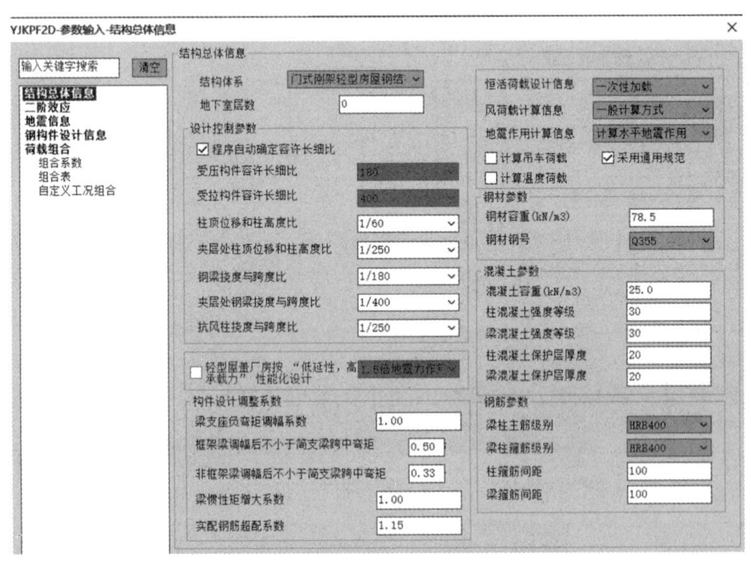

图 9.3-13　计算参数总信息

此部分参数有了前面几章的基础，读者对此应该不会陌生。下面，我们将主要的设计参数及相关规范条文进行汇总，供读者参考。

《门刚规范》中关于受压、受拉构件长细比限值的条文在第 3.4 节，受压、受拉构件长细比如下所示。

1 受压构件的长细比，不宜大于表 3.4.2-1 规定的限值。

表 **3.4.2-1**　受压构件的长细比限值

构件类别	长细比限值
主要构件	180
其他构件及支撑	220

2 受拉构件的长细比，不宜大于表 3.4.2-2 规定的限值。

表 3.4.2-2　受拉构件的长细比限值

构件类别	承受静力荷载或间接承受动力荷载的结构	直接承受动力荷载的结构
桁架杆件	350	250
吊车梁或吊车桁架以下的柱间支撑	300	—
除张紧的圆钢或钢索支撑除外的其他支撑	400	—

注：1 对承受静力荷载的结构，可仅计算受拉构件在竖向平面内的长细比；
2 对直接或间接承受动力荷载的结构，计算单角钢受拉构件的长细比时，应采用角钢的最小回转半径；在计算单角钢交叉受拉杆件平面外长细比时，应采用与角钢肢边平行轴的回转半径；
3 在永久荷载与风荷载组合作用下受压时，其长细比不宜大于 250。

有吊车和无吊车刚架柱的柱顶位移限值，如《门刚规范》表 3.3.1 所示。

表 3.3.1　刚架柱顶位移限值（mm）

吊车情况	其他情况	柱顶位移限值
无吊车	当采用轻型钢墙板时	$h/60$
	当采用砌体墙时	$h/240$
有桥式吊车	当吊车有驾驶室时	$h/400$
	当吊车由地面操作时	$h/180$

注：表中h为刚架柱高度。

钢梁的挠度限值，如《门刚规范》表 3.3.2 所示。

表 3.3.2　受弯构件的挠度与跨度比限值（mm）

	构件类别		构件挠度限值
竖向挠度	门式刚架斜梁	仅支承压型钢板屋面和冷弯型钢檩条	$L/180$
		尚有吊顶	$L/240$
		有悬挂起重机	$L/400$
	夹层	主梁	$L.400$
		次梁	$L/250$
	檩条	仅支承压型钢板屋面	$L/150$
		尚有吊顶	$L/240$
	压型钢板屋面板		$L/150$
水平挠度	墙板		$L/100$
	抗风柱或抗风桁架		$L/250$
	墙梁	仅支承压型钢板墙	$L/100$
		支承砌体墙	$L/180$ 且 $\leqslant$ 50mm

注：1 表中L为跨度；
2 对门式刚架斜梁，L取全跨；
3 对悬臂梁，按悬伸长度的 2 倍计算受弯构件的跨度。

关于地震作用，概念上考虑门式刚架结构自重较轻，地震作用一般不起控制作用，按《门刚规范》第 3.1.4、第 4.4 节要求，7 度半及以上考虑水平地震，8 度及以上还要考虑竖向地震。

阻尼比的取值按《门刚规范》规定：

6.2.1 计算门式刚架地震作用时，其阻尼比取值应符合下列规定：

1 封闭式房屋可取 0.05；

2 敞开式房屋可取 0.035；

3 其余房屋应按外墙面积开孔率插值计算。

9.3-2 计算结果解读及调整思路

2. 计算结果解读及调整思路

门式刚架的计算结果重点关注下面几处。

第一，钢柱顶的变形。图 9.3-14～图 9.3-18 为水平荷载作用下的柱顶位移简图。

图 9.3-14 +风柱顶侧移

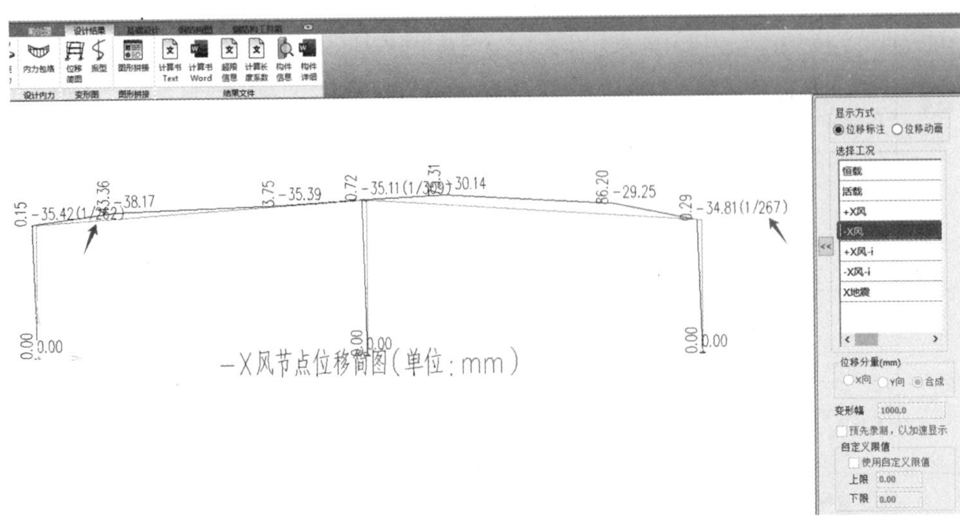

图 9.3-15 −风柱顶侧移

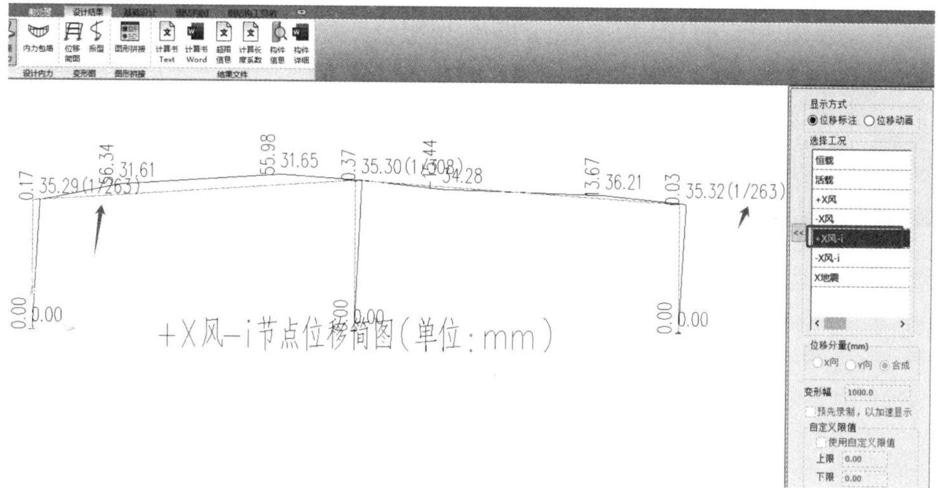

图 9.3-16　+风–i 柱顶侧移

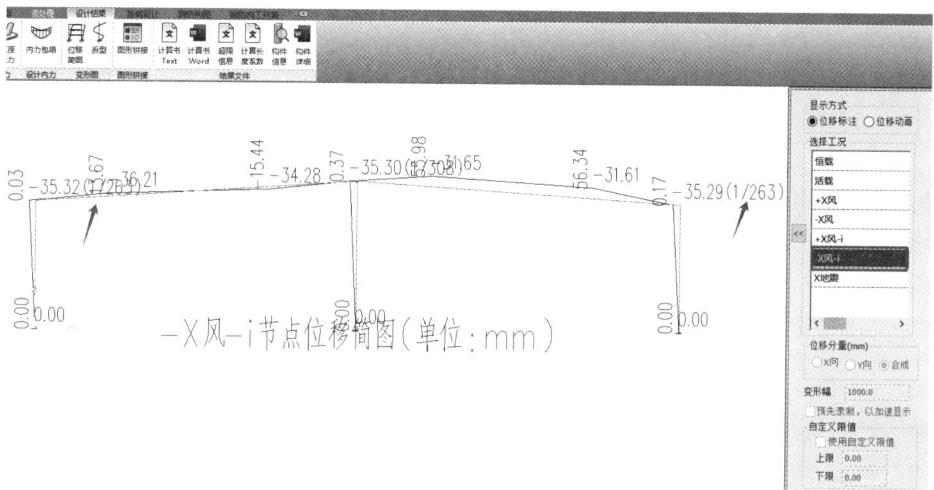

图 9.3-17　–风–i 柱顶侧移

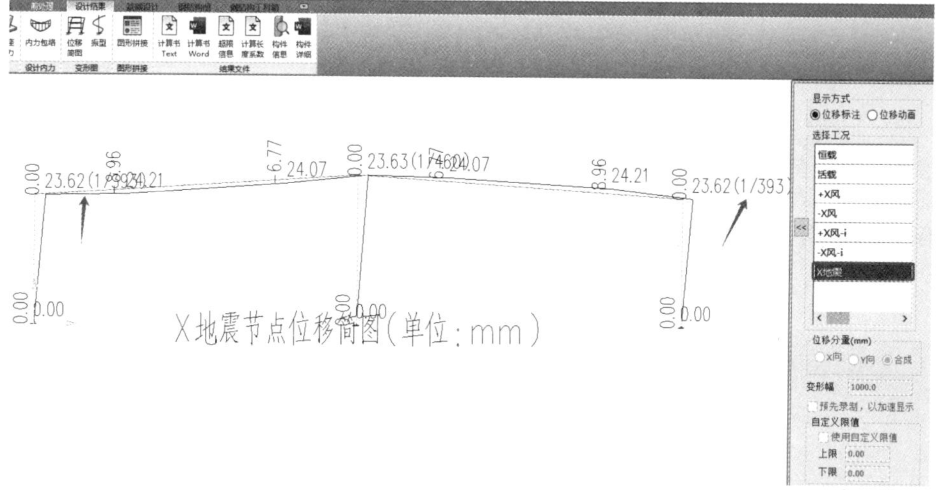

图 9.3-18　X 向地震柱顶侧移

读者可以根据实际项目需求限值，判断柱顶侧移是否满足要求。不满足时，一般通过增加刚度来解决侧移问题。可以考虑增加截面，也可以通过改变柱底约束来实现。

第二，钢梁挠度和屋面坡度改变值。梁挠度限值的目的是对构件的刚度进行限值，来达到使用要求。图 9.3-19 是钢梁在竖向荷载下的挠度值，读者可以根据限值判断是否超限。

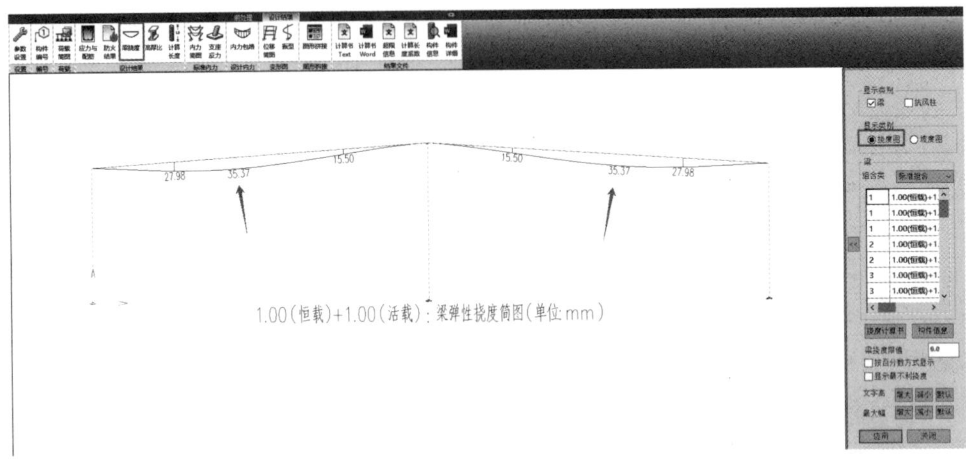

图 9.3-19　钢梁在竖向荷载下的挠度值

当钢梁挠度不满足时，首选方法是增加梁高，其次是改变梁柱刚度比值。

屋面坡度改变值限值的目的是防止屋面漏水，图 9.3-20 是钢梁的屋面坡度改变值。

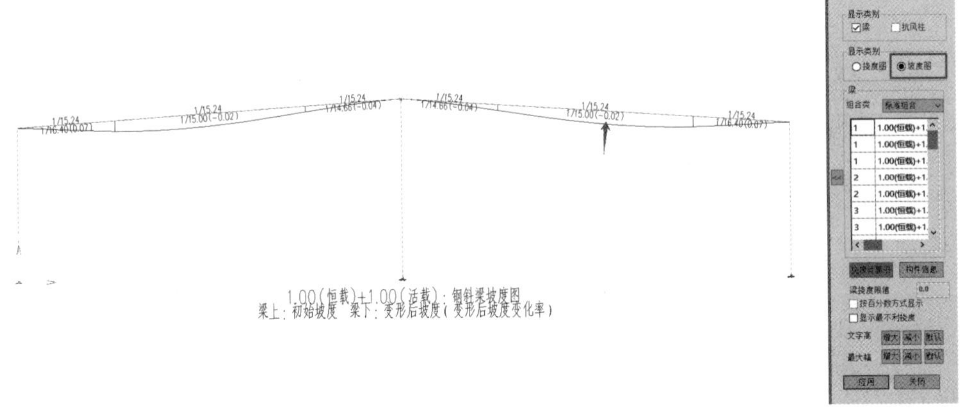

图 9.3-20　钢梁的屋面坡度改变值

第三，长细比。图 9.3-21 是钢柱面内、面外长细比。

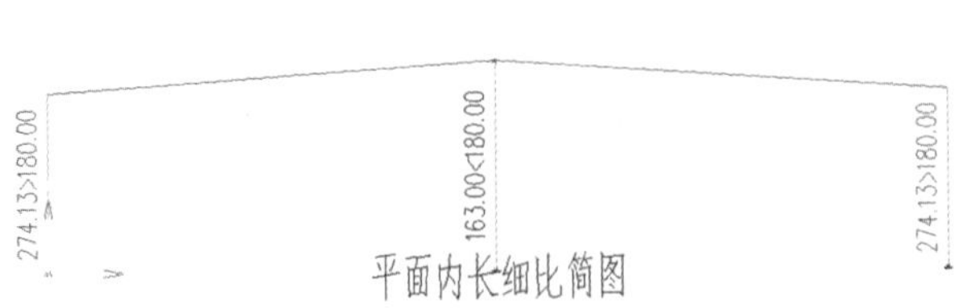

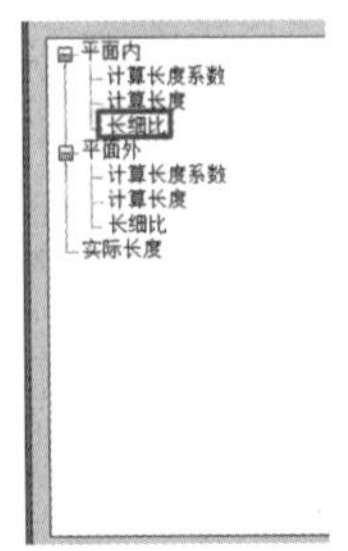

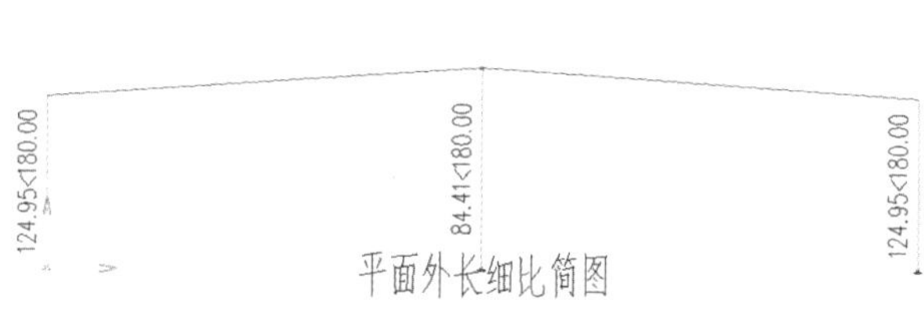

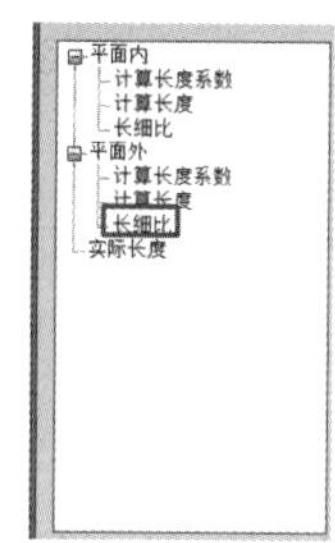

图 9.3-21　钢柱面内面外长细比

长细比的调整思路是改柱截面，其次是增强约束。

第四，应力比。图 9.3-22 是钢梁钢柱应力比。无论钢梁还是钢柱，都存在两大类应力比：一类是强度应力比；另一类是稳定应力比。其中，稳定应力比又分面内稳定应力比和面外稳定应力比。

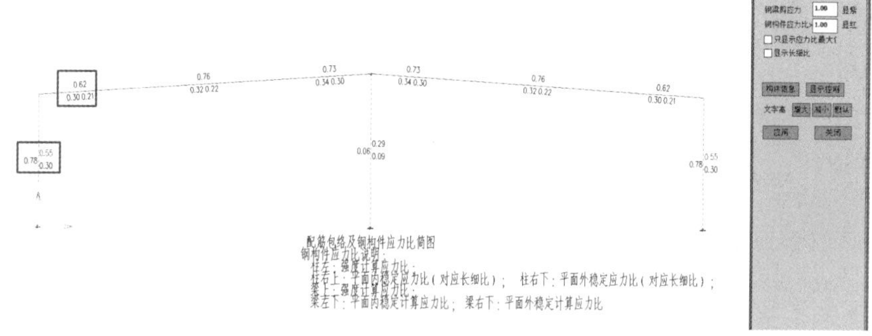

图 9.3-22　钢梁钢柱应力比

针对应力比的调整，读者无须执着于 0.99 的所谓经济性。在其他指标满足的情况下，一般可以控制在 0.7～0.95 之间，这取决于前面参数的富余程度。读者要做到心中有数。如果是强度超，则抗弯超加梁高、抗剪超加梁腹板厚度；如果是面内稳定超，则加梁高或翼缘厚度，或者加强柱子对梁的约束；如果面外稳定超，则加梁宽或翼缘厚度，或者调节隅撑间距。

以上是计算结果查看中最重要的四处内容。随着软件的更新和完善，读者可以通过软件计算结果进一步地去了解门式刚架其他的一些结构信息。比如，图 9.3-23 所示的周期与振型，可以感知门式刚架的刚度强弱。

图 9.3-23　周期与振型

图 9.3-24 是部分支座处的内力设计值，有助于进一步进行柱脚和基础设计。

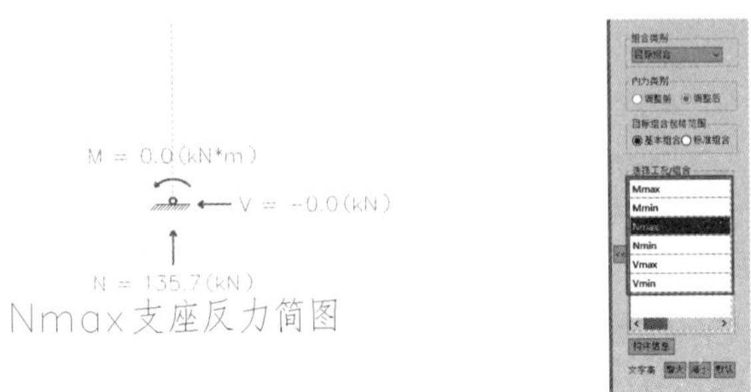

图 9.3-24　部分支座处的内力设计值

图 9.3-25 是梁柱构件详细信息计算书，读者可以根据需求点击单个构件，查看程序计算的全部过程。

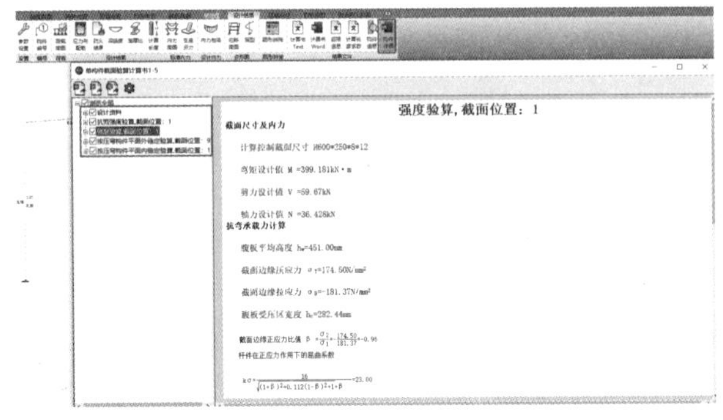

图 9.3-25　梁柱构件详细信息计算书

9.3-3 抽柱处理

3. 抽柱处理

实际项目中，经常遇到因建筑功能而要抽调柱子的情况，如图 9.3-26 所示。画圈的柱子要拔除，这就是工程中经常遇到的抽柱情况。

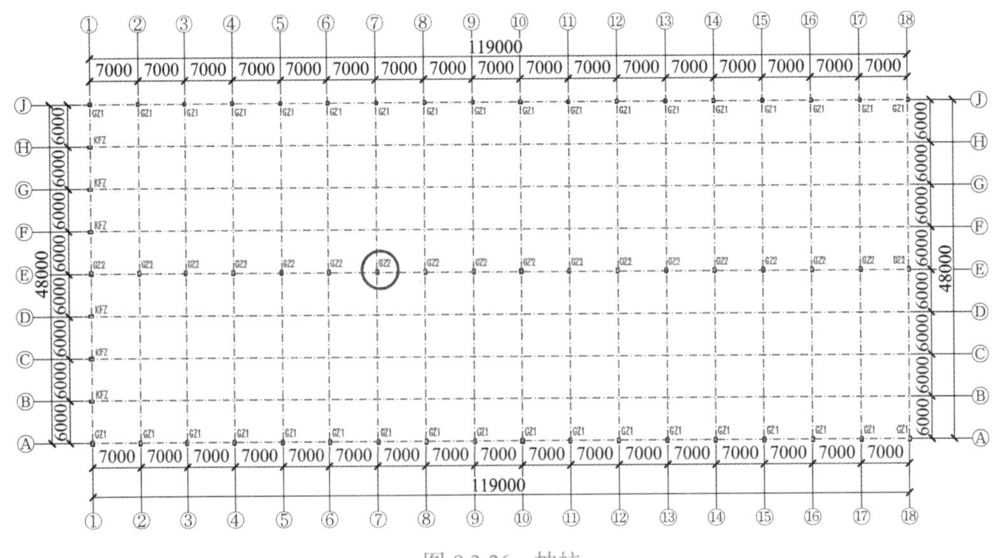

图 9.3-26　抽柱

从概念上，读者应尽可能地保留周边的柱子，能不抽就不抽，原因是抗扭较差；中间的柱子可以适当抽。抽柱后用托梁代替。托梁本质上就是简支梁，读者可以利用各种工具箱自行核算其截面。这里，我们介绍一下对抽柱榀的门式刚架进行核算时，如何模拟托梁的刚度。

图 9.3-27 箭头处是需要增设的中部托梁，抽调中间柱子后要用弹簧来模拟托梁刚度。

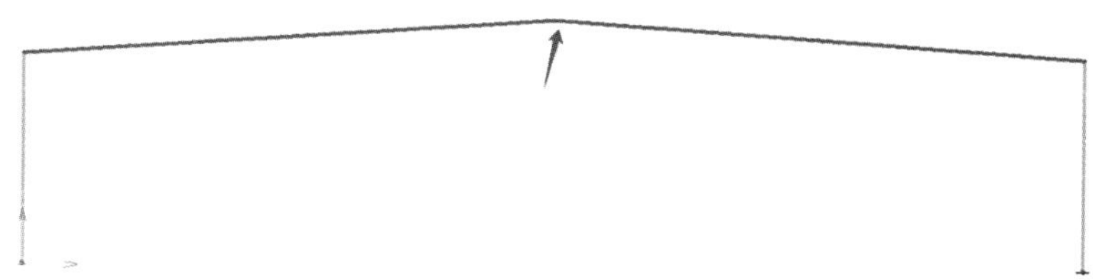

图 9.3-27　需要增设的中部托梁

点击约束布置中的“布置支座”按钮，选择水平竖向约束并选择弹性，如图 9.3-28 所示。

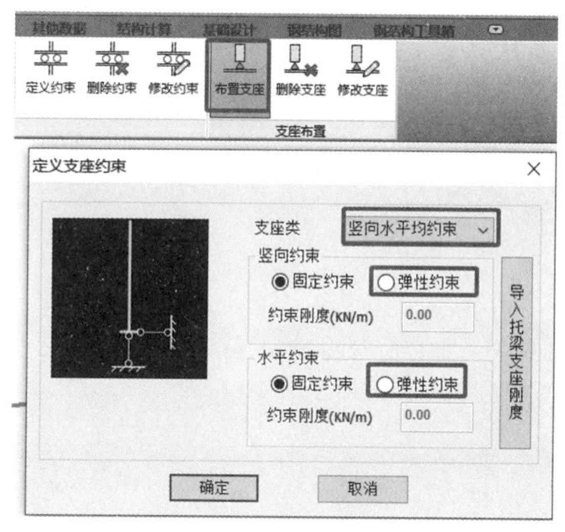

图 9.3-28　布置支座

在图 9.3-28 中，点击导入托梁支座刚度，如图 9.3-29 所示。输入计算好的托梁截面和跨度位置信息，即可计算出托梁刚度。

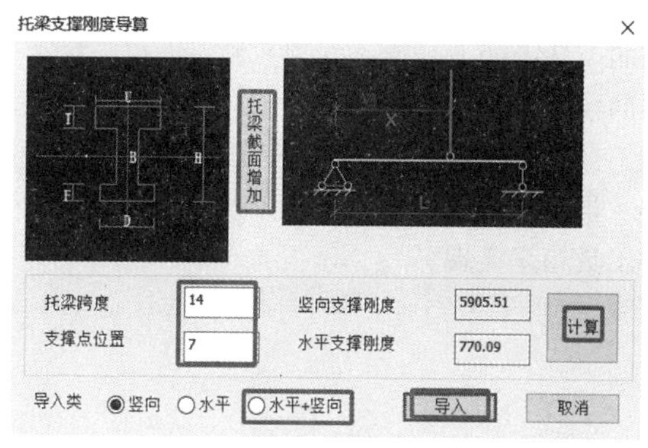

图 9.3-29　托梁刚度计算

框选中部需要布置支座的节点,如图 9.3-30 所示,即可布置好弹性支座,用来模拟托梁。

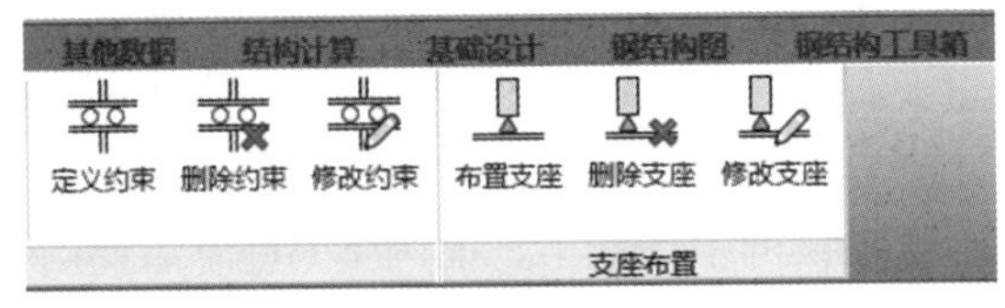

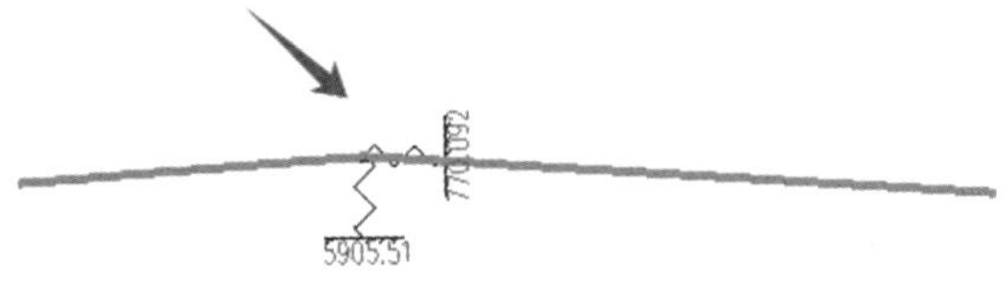

图 9.3-30　托梁支座布置

感兴趣的读者可以进一步去对比带托梁的门式刚架与其他标准榀的各项指标，比如图 9.3-31 所示的挠度等。各项指标会有一定程度的变化，设计时需要注意。

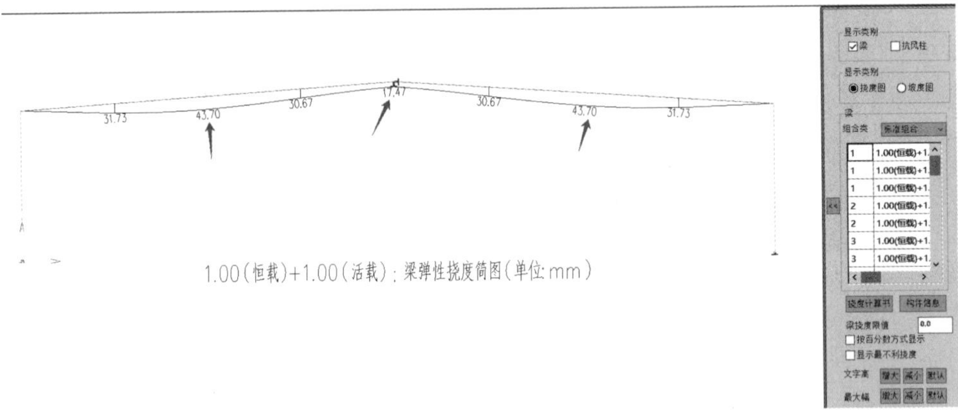

图 9.3-31　带托梁的门式刚架挠度

9.4　门式刚架结构小结

9.4 门式刚架结构小结

本章介绍了门式刚架的基本概念和 YJK 操作。相对于其他结构而言，二维门式刚架设计比较简单，读者只须明白其中的力学概念和规范规定即可。YJK 的软件操作并不难，它只是用来验证计算结果的一个工具。

在本章内容的基础上,读者可以进一步去提升实际项目中遇到的其他类型的门式刚架,比如带夹层的门式刚架、带吊车的门式刚架等，以及关于门式刚架围护系统、支撑系统的设计，都可以借助软件工具箱来实现。

第 10 章

减震结构计算分析

10.1 减震结构案例背景

10.1 减震结构案例背景

本案例为第 1 章案例的改编，将项目地点从河北承德变更为北京市海淀区，典型平面布置图如图 10.1-1 所示。项目地点不同，设防烈度不同，读者可以先用第 1 章的框架结构进行试算，观察整体指标及构件配筋等是否满足设计要求。

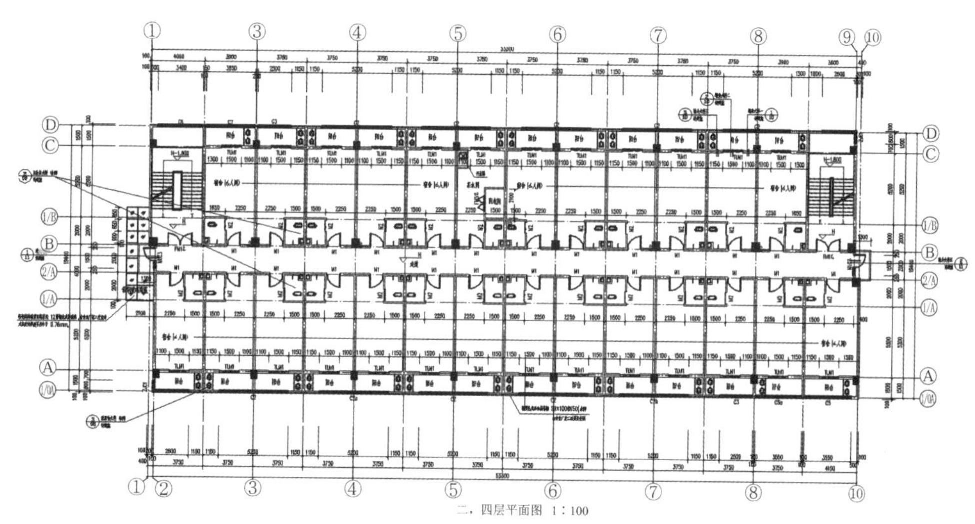

图 10.1-1 典型平面布置图

10.2 减震结构概念设计

10.2-1 在历史中观察政策的变化

1. 在历史中观察政策的变化

减震和下一章介绍的隔震都离不开一个词，就是政策。本小节帮助大家简单梳理一下过去十多年来国内减隔震设计的现状。

这里，我们归结为两个节点。

第一个节点是 2013 年的《建筑消能减震技术规程》JGJ 297—2013。这本规程是读者做减震项目规范层面的指导手册。在此之前，设计人员做减震项目属于“摸黑走路”的状态。

第二个节点是 2021 年 9 月 1 日正式实施的《建设工程抗震管理条例》。这个节点非常重要，后面小节我们会单独拿出来介绍里面的重要内容。它的出现直接引发了全国各地从企业到设计人员学习减隔震的热潮，各地政府相继开始制定各种配套落实的规范、条文等。

这个节点还有一本标准正式实施，就是《建筑隔震设计标准》GB/T 51408—2021，它的出现是设计人员做隔震项目必备的一个重要规范。

随着国家对减隔震技术的支持推广，过去几年减隔震厂家越来越多，软件对减隔震计算的更新频率也很高，但是真正落地的减隔震项目其实并没有想象中那么多。除了技术以外的因素，就减隔震技术本身而言，已经不像十多年前那么神秘了，但是减隔震对产品性能的要求非常高，比如 BRB（屈曲约束支撑）、VFD（黏滞阻尼器）、隔震支座等，读者的计算很大程度上需要这些产品参数作为计算条件。

某种程度上，减隔震结构设计和传统的结构设计不一样。设计阶段，读者需要有靠谱的材料性能参数作为依据进行计算，而这些参数可以直接从软件提供的材料库中提取，也可以有配套的厂家配合（这里的配合是指读者需要采用合法、合规的手段进行技术层面的交流）。

随着社会的发展、人们对生活品质要求的提升，可以预见的是，减隔震的应用一定会越来越广。

2. 两区八类建筑

10.2-2 两区八类建筑

当政府要下定决心推广某一类技术的时候，最好的手段是法律法规的制定，《建设工程抗震管理条例》（中华人民共和国国务院令第 744 条）的出台就是如此。

我们重点关注《建设工程抗震管理条例》的两个内容，第一个是新建建筑，条文如下：

第十六条　建筑工程根据使用功能以及在抗震救灾中的作用等因素，分为特殊设防类、重点设防类、标准设防类和适度设防类。学校、幼儿园、医院、养老机构、儿童福利机构、应急指挥中心、应急避难场所、广播电视等建筑，应当按照不低于重点设防类的要求采取抗震设防措施。

位于高烈度设防地区、地震重点监视防御区的新建学校、幼儿园、医院、养老机构、儿童福利机构、应急指挥中心、应急避难场所、广播电视等建筑应当按照国家有关规定采用隔震减震等技术，保证发生本区域设防地震时能够满足正常使用要求。

国家鼓励在除前款规定以外的建设工程中采用隔震减震等技术，提高抗震性能。

上述条文提到的两区就是指：**高烈度设防地区、地震重点监视防御区；**

上述条文提到的八类建筑是指：**新建学校、幼儿园、医院、养老机构、儿童福利机构、应急指挥中心、应急避难场所、广播电视。**

从上面规定可以看出，政府要求的是**应当按照国家有关规定采用隔震减震等技术，保证发生本区域设防地震时能够满足正常使用要求。**

这里读者应该很明确，两区八类建筑做减隔震势在必行。虽然有一些专家学者抠字眼，说是条例规定“减震隔震等技术”，加了一个“等”字，说明也可以用其他的技术。这就是汉语文字的博大精深之处，建议读者遇到一些琢磨不定的“八类”建筑，最好组织专家论证来确定，以免后期结构方案翻车。

作者建议从技术的角度来说，减隔震的应用是一种顺其自然的过程，政策条文的初衷是推广这项利国利民的技术，而不是一刀切。比如，一两层的结构框架，可以用传统结构合理地计算出来，没有必要为了满足此项文字条款而硬做减隔震。

第二个是第二十一条：

第二十一条　建设工程所有权人应当对存在严重抗震安全隐患的建设工程进行安全监测，并在加固前采取停止或者限制使用等措施。

对抗震性能鉴定结果判定需要进行抗震加固且具备加固价值的已经建成的建设工程，

所有权人应当进行抗震加固。

位于**高烈度设防地区、地震重点监视防御区的学校、幼儿园、医院、养老机构、儿童福利机构、应急指挥中心、应急避难场所、广播电视等已经建成的建筑进行抗震加固时，应当经充分论证后采用隔震减震等技术，保证其抗震性能符合抗震设防强制性标准。**

此条是针对已建成的两区八类建筑也鼓励用减隔震技术进行加固。关于已建房屋的加固，作者建议不仅仅是两区八类建筑。其他高烈度区的建筑，如果要进行整体层面的结构加固，也可以考虑减隔震技术。土建成本会有提升，但是如果考虑综合成本，那么效益还是比较客观的。

最后，补充一下条例中针对两区的用语解释，读者留意以下画线部分的内容。

（一）建设工程：主要包括土木工程、建筑工程、线路管道和设备安装工程等。

（二）抗震设防强制性标准：是指包括抗震设防类别、抗震性能要求和抗震设防措施等内容的工程建设强制性标准。

（三）地震时使用功能不能中断或者需要尽快恢复的建设工程：是指发生地震后提供应急医疗、供水、供电、交通、通信等保障或者应急指挥、避难疏散功能的建设工程。

（四）高烈度设防地区：是指抗震设防烈度为 8 度及以上的地区。

（五）地震重点监视防御区：是指未来 5 至 10 年内存在发生破坏性地震危险或者受破坏性地震影响，可能造成严重的地震灾害损失的地区和城市。

3. 减震的优劣

10.2-3 减震的优劣

在国内，减震与隔震是一对孪生兄弟，互有优劣。

对减震来说，它对地震作用的减小幅度不如隔震。《建筑消能减震技术规程》JGJ 297—2013 第 1.0.1 条的条文说明中提到“与相应的非消能减震结构相比，消能减震结构可减少地震反应 20%～40%左右”。实际项目中，一般做减震结构将地震作用的减小幅度控制在 30%，这是相对经济和安全的一个数值。

相对于隔震，上面算是减震最大的一个劣势，由于对地震作用的减小幅度有限，相应的导则中对正常使用涉及舒适度的加速度指标也不容易满足。

减震的优势在于减震产品本身安装非常方便，对工期的影响不大，这也是隔震最大的劣势。

4. 减震的本质

10.2-4 减震的本质

消能减震结构主要是通过位移相关型或速度相关型消能器提供附加阻尼，消耗输入的地震能量，达到预期的减震要求。

阻尼比对建筑结构而言，是一个很重要的参数，混凝土结构小震下阻尼比一般取 5%。图 10.2-1 是不同阻尼比的反应谱曲线，可以清晰地看出减隔震对地震作用的降低。

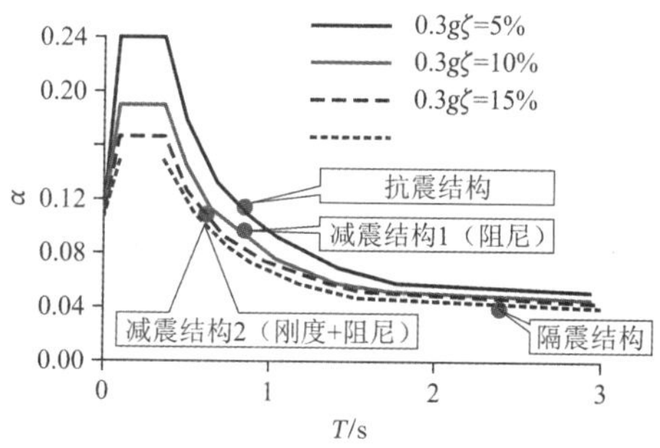

图 10.2-1　阻尼比与地震影响系数曲线

5. 消能器的种类

减震结构中，消能减震装置主要可分为速度相关型和位移相关型两大类。

图 10.2-2 是目前市场上常用的减震装置的汇总，读者留意框选部分的滞回曲线。

种类	黏滞阻尼器	黏滞阻尼墙	屈曲约束支撑	金属阻尼器	摩擦阻尼器
外观					
性能	$F=Cv^{\alpha}$ 滞回曲线：椭圆形、四边形	$F=Cv^{\alpha}$ 滞回曲线：椭圆形、四边形	$F=K\cdot f(d)$ 滞回曲线：双线性	$F=K\cdot f(d)$ 滞回曲线：双线性	$F=K\cdot f(d)$ 滞回曲线：双线性
材料	黏滞流体	高分子化合物	钢材	钢材、铅	摩擦
原理	挤压变形、流动抵抗型	剪切变形、流动抵抗型	位移相关型	位移相关型	位移相关型
形状	筒型	墙型	支撑	筒型、墙型	筒型、墙型

图 10.2-2　目前市场上常用的减震装置

速度型的阻尼器主要提供附加阻尼，以减震为主，实际工程应用较多的主要有：黏滞消能器（图 10.2-3）、黏滞消能墙（图 10.2-4）；位移型的阻尼器主要提供刚度和阻尼，除了减震，还有调整结构刚度的作用。实际工程应用较多的主要有：支撑型消能器（图 10.2-5）、铅金属消能器（图 10.2-6）和摩擦型消能器（图 10.2-7）。

10.2-5 消能器的种类

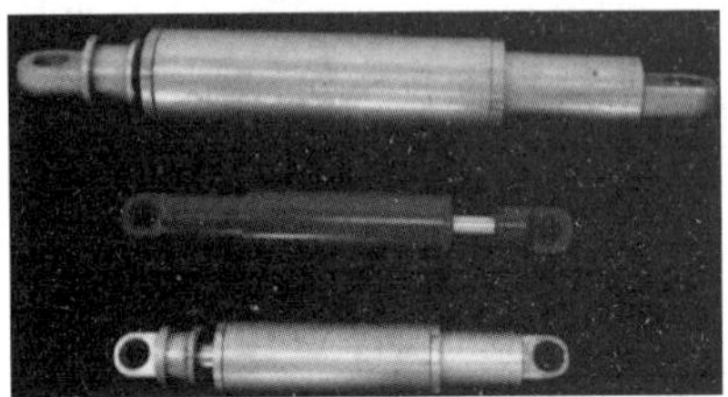

图 10.2-3　黏滞消能器

图 10.2-4　黏滞消能墙

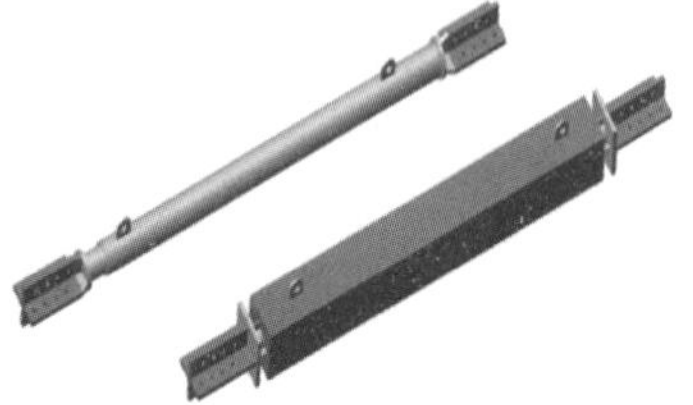

图 10.2-5　支撑型消能器

图 10.2-6　铅金属消能器

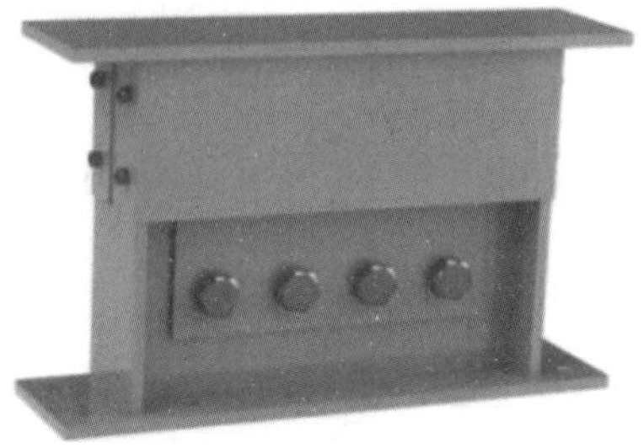

图 10.2-7　摩擦型消能器

6. 消能器的选择方法

在减震结构中，消能减震装置的选型主要考虑以下两个因素。

第一个是技术层面的需求。《建筑消能减震技术规程》JGJ 297—2013 规定：

3.1.5　消能器的选择应考虑结构类型、使用环境、结构控制参数等因素，根据结构在地震作用时预期的结构位移或内力控制要求，选择不同类型的消能器。

10.2-6 消能器的选择方法

对应此条的条文说明，读者可以进一步了解：金属消能器、摩擦消能器和黏弹性消能器能为主体结构提供附加刚度及附加阻尼，黏滞消能器只能为主体结构提供附加阻尼。为此，当结构只需要提供附加阻尼时，可考虑采用黏滞消能器；结构需要提供附加刚度和附加阻尼时，可考虑采用金属消能器、摩擦消能器和黏弹性消能器。

第二个是经济成本，这个经济成本包括材料生产、施工安装和后期维护。

随着经济的发展和消能减震技术的进步，消能器的价格、安装及施工费用也在不断发生变化。但目前来说，钢材是建筑材料中最常用的材料。金属消能器通常由碳素钢和低屈服点钢构成，采用机械加工制造，制作费用较低，坚实耐用，施工方便，维护与替换费用较低；摩擦消能器一般由钢板、摩擦片和高强度螺栓构成，加工也仅为普通的机械加工，费用也较低；黏弹性消能器的制作需要加工模具和高温高压硫化成型，费用较金属消能器、摩擦消能器高；黏弹性消能器的钢筒、活塞、密封的加工要求较高，因而成本相对较高。

从后期维护成本上看，《建筑消能减震技术规程》JGJ 297—2013 规定：

8.7.2　消能部件应根据消能器的类型、使用期间的具体情况、消能器设计使用年限和设计文件要求等进行定期检查。金属消能器、屈曲约束支撑和摩擦消能器在正常使用情况下可不进行定期检查；黏滞消能器和黏弹性消能器在正常使用情况下一般 10 年或二次装修时应进行目测检查，在达到设计使用年限时应进行抽样检验。消能部件在遭遇地震、强风、火灾等灾害后应进行抽样检验。

从上面介绍，结合实际项目经验，如果结构对刚度和阻尼都有需求，首选位移型的阻尼器，高烈度区以 BRB 居多，中低烈度区可以考虑金属消能器、摩擦消能器。

另外，从国家现有消能器生产厂家的产品质量看，读者对消能器产品参数要求非常关键，很多计算是以这些参数为基础进行的，但是理想和现实存在差距，建议速度型的消能器慎用。尤其是号称能提供很高阻尼比的厂家产品。

7. 消能器的布置方法

消能器的布置，从《建筑消能减震技术规程》JGJ 297—2013 的层面上看，布置原则很简单。

10.2-7 消能器的布置方法

3.1.4　确定消能减震结构设计方案时，消能部件的布置应符合下列规定：

1 消能部件宜根据需要沿结构主轴方向设置，形成均匀合理的结构体系。

2 消能部件宜设置在层间相对变形或速度较大的位置。

3 消能部件的设置，应便于检查、维护和替换，设计文件中应注明消能器使用的环境、检查和维护要求。

由上可以看出，均匀、对称是大原则。实际应用中，需要留意建筑二次墙体的位置，尽量“藏”在它的里面，这是读者需要注意的地方。

10.2-8 消能器的经济数量

8. 消能器的经济数量

实际项目中，消能器的经济数量受到很多因素的制约，这里我们只提供一些经验性的数据，供读者参考选取。

一般以建筑面积为基准，以金属消能器为例，低烈度区 170m² 左右布置一组，高烈度区 110m² 左右布置一组。如果是 BRB，数量可以进一步减少。

10.3 减震结构 YJK 软件实际操作

10.3-1 性能目标

1. 性能目标

减震结构的性能目标可以按《基于保持建筑正常使用功能的抗震技术导则》的要求进行。

第一步，先进一步确认建筑类型，就是一类建筑和二类建筑，如下所示。

3.1.1 地震时保持正常使用功能建筑包括 I 类建筑和 II 类建筑，其分类应按照表 3.1.1 进行。

表 3.1.1 地震时保持正常使用功能建筑分类

分类	建筑
I 类	应急指挥中心建筑、医院主要建筑、应急避难场所建筑、广播电视建筑等
II 类	学校建筑、幼儿园建筑、医院附属用房、养老机构建筑、儿童福利机构建筑等

【3.1.1 解析】I 类建筑确定原则为在地震发生时和发生后建筑损坏将产生严重次生灾害或严重影响抗震救灾的建筑，II 类建筑确定原则为用于保护弱势群体的建筑及某些人员密集建筑，综合考虑震后影响，本导则规定 I 类建筑的抗震性能目标高于 II 类建筑。对于包含多个使用功能的建筑，其分类应由设计人员根据实际工程情况确定。

第二步，进一步确认性能目标。以下是宏观控制原则。

3.1.2 地震时保持正常使用功能 I 类建筑的总体性能目标：当遭受相当于本地区抗震设防烈度地震影响时，无须修理可继续使用；当遭受罕遇地震时，经简单修理可继续使用；II 类建筑的总体性能目标：当遭受相当于本地区抗震设防烈度地震影响时，无须修理可继续使用；当遭受罕遇地震时，经适度修理可继续使用。

表 3.1.3-1 I 类建筑正常使用的性能目标

构件类型	设防地震	罕遇地震
结构构件	完好或基本完好	轻微或轻度损坏
构件类型	设防地震	罕遇地震
减震部件	正常工作	正常工作
隔震部件	正常工作	正常工作
建筑非结构构件	基本完好	轻度损坏
建筑附属机电设备	正常工作	轻度损坏
功能性仪器设备	正常工作	轻度损坏

表 3.1.3-2　Ⅱ类建筑正常使用的性能目标

构件类型	设防地震	罕遇地震
结构构件	基本完好或轻微损坏	轻度或中度损坏
减震部件	正常工作	正常工作
隔震部件	正常工作	正常工作
建筑非结构构件	基本完好	中度损坏
建筑附属机电设备	正常工作	中度损坏
功能性仪器设备	正常工作	中度损坏

第三步，量化性能目标。这里的量化有两个重要标准，一个指标是结构的层间位移角。以下是两类建筑中震下的层间位移角控制指标。

表 4.3.1　地震时保持正常使用功能Ⅰ类建筑的最大层间位移角限值

地震水平	设防地震	罕遇地震
钢筋混凝土框架	1/400	1/150
底部框架砌体房屋中的框架-抗震墙、钢筋混凝土框架-抗震墙、框架-核心筒结构	1/500	1/200
钢筋混凝土抗震墙、板-柱抗震墙、筒中筒、钢筋混凝土框支层结构	1/600	1/250
多层、高层钢结构	1/250	1/100

表 4.3.2　地震时保持正常使用功能Ⅱ类建筑的最大层间位移角限值

地震水平	设防地震	罕遇地震
钢筋混凝土框架	1/300	1/100
底部框架砌体房屋中的框架-抗震墙、钢筋混凝土框架-抗震墙、框架-核心筒结构	1/400	1/150
钢筋混凝土抗震墙、板-柱抗震墙、筒中筒、钢筋混凝土框支层结构	1/500	1/200
多层、高层钢结构	1/200	1/80

另一个重要指标就是中震下构件的计算。与第 5 章超高层中的性能设计类似，减震结构在中震下构件层面的计算公式如下所示。

弹性：

$$S=\gamma_{G}S_{GE}+\gamma_{Eh}S_{Eh}+\gamma_{Ev}S_{Ev}\leqslant R/\gamma_{RE}$$

S_{Eh}——水平地震作用标准值的效应；

S_{Ev}——竖向地震作用标准值的效应。

不屈服：

$$S_{GE}+S_{Eh}+0.4S_{Ev}\leqslant R_{k}$$
$$S_{GE}+0.4S_{Eh}+S_{Ev}\leqslant R_{k}$$

不屈服+支座边缘材料强度放大系数：

$$S_{GE}+S_{Eh}+0.4S_{Ev}\leqslant R_{k}^{*}$$
$$S_{GE}+0.4S_{Eh}+S_{Ev}\leqslant R_{k}^{*}$$

第四步，大震计算，主要查看的是结构的弹塑性层间位移角和消能器的耗能。

2. 非减震模型计算

10.3-2 非减震模型计算

图 10.3-1 是第 1 章的框架案例，我们称为非减震模型 1，用原来的截面进行高烈度区计算（中震打七折的影响系数）。查看结果，观察烈度区的变化带来的影响。

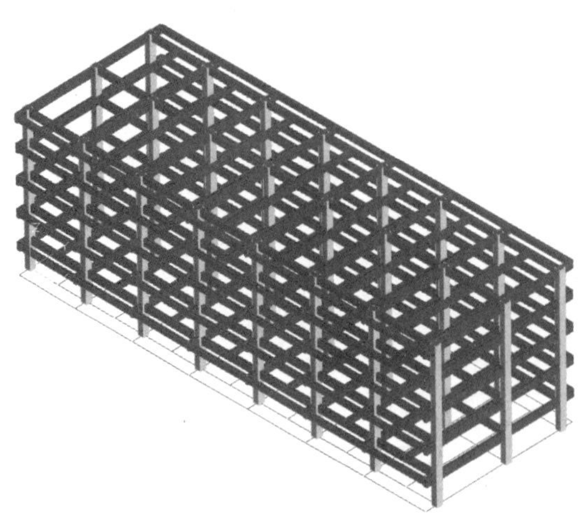

图 10.3-1　非减震模型 1

前处理参数这块设置需要留意两个地方，一个是地震信息，如图 10.3-2 所示。这里，读者就和正常的项目一样，填写小震层面的计算信息即可。

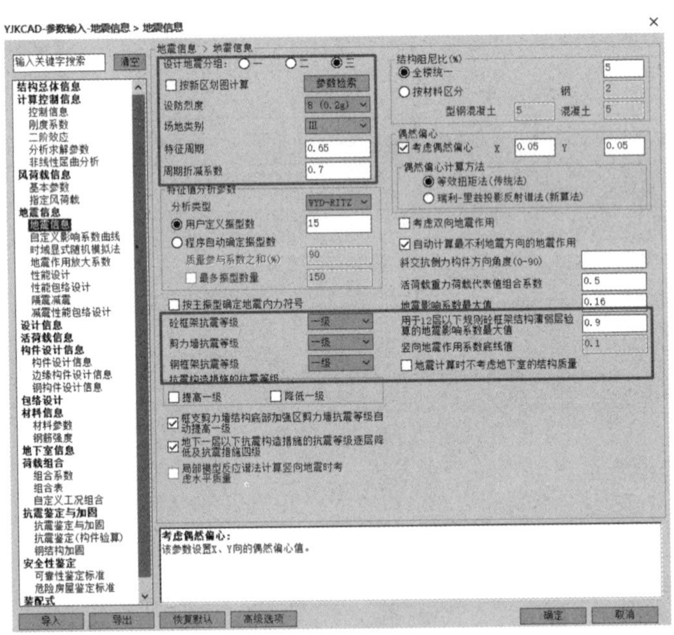

图 10.3-2　小震信息

第二个是减震性能包络设计，随着软件的发展和完善，这个菜单的出现极大地解放了读者的工作量。在非减震模型中，也可以巧妙地利用此菜单同时进行包络设计。这里的地震影响系数不要直接填中震的影响系数，比如本案例的 0.45，要填写进行减震设计后的预期值，比如地震作用减小 30%，那就是 $0.45 \times 0.7 = 0.315$，这里的数值只是非减震模型的一种预估算法。

实际项目中，也有一些偏保守的读者严格按照中震去做，这样做的后果就是减震就成了摆设。

图 10.3-3 是中震包络的参数设置。

图 10.3-3　中震包络的参数设置

参数设置完毕后，点击计算。图 10.3-4 是层间位移角。

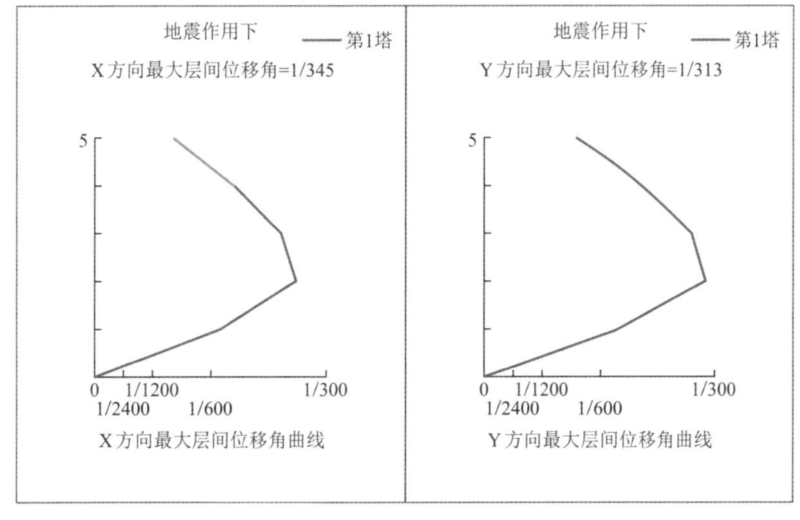

图 10.3-4　层间位移角

从层间位移角可以看出，非减震结构假设做完减震布置后，距离理想层间位移角仍然有差距。

其他整体指标的查看和调整与前面的章节一样，在读者非常熟悉的情况下，可以直接通过图 10.3-5 所示的菜单进行整体查看，节约时间。

指标项			计算结果		限值	判断结果
结构总质量(t)			7385.61		-	-
质量比			1.00		<=1.5	满足
侧向刚度不规则	与相邻上一层的70%或相邻上三层平均值的80%之比(层剪力/层间位移)		X向	1.0000	>=1.0	满足
			Y向	1.0000	>=1.0	满足
楼层承载力突变	与相邻上一层之比		X向	1.00	>=0.80	满足
			Y向	1.00	>=0.80	满足
结构自振周期(s)			T1	0.88(Y)	T3/T1<=0.9	不满足
			T2	0.84(X)		
			T3	0.81(T)		
有效质量系数	非强刚模型		X向	100.00%	>=90%	满足
			Y向	100.00%		满足
	强刚模型		X向	100.00%		满足
			Y向	100.00%		满足
最小地震剪力系数			X向	13.22%	3.20%	满足
			Y向	13.20%	3.20%	满足
楼层层间最大位移与层高之比	地震作用		X向	1/345	1/550	不满足
			Y向	1/313	1/550	不满足
	风荷载		X向	1/9999	1/550	满足
			Y向	1/4710	1/550	满足
结构扭转效应(考虑偶然偏心的规定水平地震力作用)	最大位移/平均位移		X向	1.03	<=1.50	满足
			Y向	1.21		满足
	最大层间位移/平均层间位移		X向	1.03		满足
			Y向	1.21		满足
结构刚重比	重力二阶效应及结构稳定		X向	41.71	>=10	满足
			Y向	38.32		满足
		顺风向	X向	0.003	-	-
			Y向	0.008	-	-

图 10.3-5　整体指标概览

图 10.3-6 是构件配筋。这个阶段无须关注太多细节数字，只需要结合整体指标，做到心中有数即可，并且为返回调整非减震模型做准备。

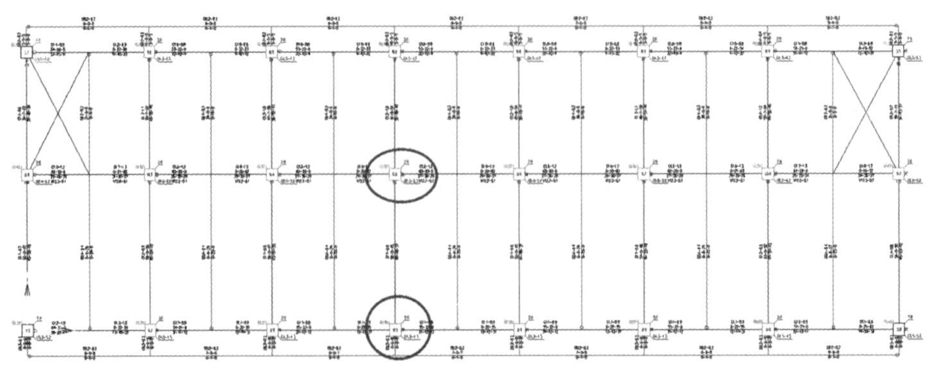

图 10.3-6　构件配筋

点击任何一个构件信息，图 10.3-7 所示。可以看到，软件已经按要求进行了包络设计。注意此模型为非减震模型，所以后面加入消能器后，要留意前处理中关键构件、重要构件的指定。

一、几何材料信息

1. 层号　IST = 1
2. 构件编号　ID = 5
3. 构件全楼编号　TotID= 1000107
4. 上节点号　J1 = 1000005
5. 下节点号　J2 = 5
6. 构件属性信息　砼柱 C40 矩形 正截面包络(中震不屈服 大震不考虑) 斜截面包络(中震弹性 大震不考虑)
7. 长度X (m)　LCX = 3.60
8. 长度Y (m)　LCY = 3.60
9. 截面参数　(1)B*H(mm)=700*700
10. 保护层厚度 (mm)　Cov = 20
11. 箍筋间距 (mm)　SS = 100
12. 混凝土强度等级　RC = 40.0
13. 钢号　STL =
14. 主筋强度 (N/mm2)　FYI = 360.0
15. 箍筋强度 (N/mm2)　FYJ = 360.0
16. 抗震措施的抗震等级　NF = 1
17. 抗震构造措施的抗震等级　NF_GZ = 1
18. 计算长度系数　Cx = 1.00
19. 计算长度系数　Cy = 1.00
20. 内力计算截面数　nSect1 = 2
21. 配筋计算截面数　nSect2 = 2

* 以下输出信息的单位: *
*　轴力和剪力为 kN，弯矩为 kN.m　*
*　钢筋面积为 mm*mm　*

图 10.3-7　构件信息

根据上面的指标信息，由于非减震模型 1 为第 1 章的初始模型，构件截面没有做任何调整，结合位移角、周期比超限信息，可以考虑增强周圈刚度和框架柱截面，成为非减震模型 2。层间位移角如图 10.3-8 所示。

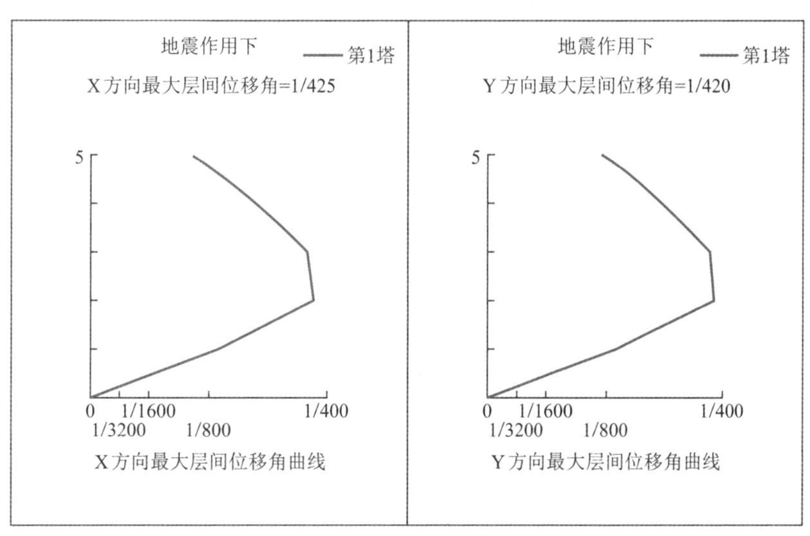

图 10.3-8　层间位移角

可以看出，调整后的层间位移角满足正常使用的要求。图 10.3-9 是整体指标汇总。

指标项		计算结果		限值	判断结果
结构总质量(t)		7580.11		-	-
质量比		1.00		<=1.5	满足
侧向刚度不规则	与相邻上一层的70%或相邻上三层平均值的80%之比(层剪力/层间位移)	X向	1.0000	>=1.0	满足
		Y向	1.0000	>=1.0	满足
楼层承载力突变	与相邻上一层之比	X向	1.00	>=0.80	满足
		Y向	1.00	>=0.80	满足
结构自振周期(s)		T1	0.77(Y)	T3/T1<=0.9	满足
		T2	0.77(X)		
		T3	0.69(T)		
有效质量系数	非强刚模型	X向	100.00%	>=90%	满足
		Y向	100.00%		满足
	强刚模型	X向	100.00%		满足
		Y向	100.00%		满足
最小地震剪力系数		X向	13.03%	3.20%	满足
		Y向	12.97%	3.20%	满足
楼层层间最大位移与层高之比	地震作用	X向	1/425	1/550	不满足
		Y向	1/420	1/550	不满足
	风荷载	X向	1/9999	1/550	满足
		Y向	1/6392	1/550	满足
结构扭转效应(考虑偶然偏心的规定水平地震力作用)	最大位移/平均位移	X向	1.03	<=1.50	满足
		Y向	1.19		满足
	最大层间位移/平均层间位移	X向	1.03		满足
		Y向	1.19		满足
结构刚重比	重力二阶效应及结构稳定	X向	51.06	>=10	满足
		Y向	50.68		满足

图 10.3-9　整体指标汇总

图 10.3-10 是构件配筋，可以看出大部分配筋满足计算要求。

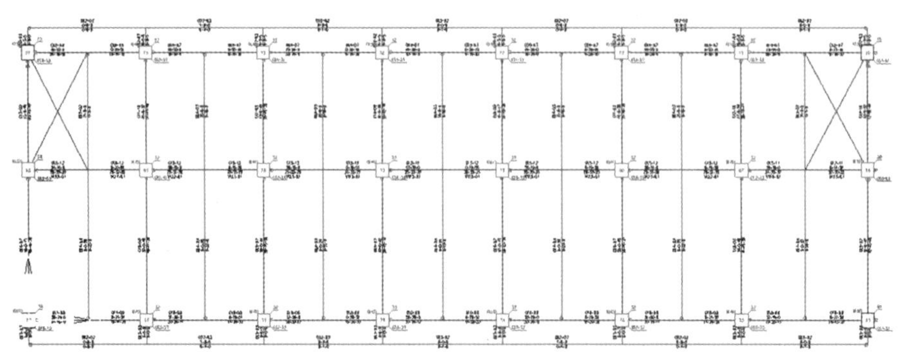

图 10.3-10　构件配筋

这里提醒读者，构件层面的配筋和部分整体指标不用完全调整到规范限值内，有一些误差没有关系，因为我们的模型属于减震设计之前的模型。

10.3-3 减震模型计算

3. 减震模型计算

上一小节，我们得到了非减震模型 2。在此基础上，我们进行减震设计。从 10.2 节可以知道，消能器可以考虑 BRB、金属消能器、摩擦消能器。本案例我们用 BRB 为基础进行讲解，因为它的应用非常广泛。

第一步，平面布置。这个与建筑平面的关系非常大。根据前面的原则，确定好每层的大致数量。比如，标准层约 800m²，BRB 可以布置 4～6 组，进行后面的试算。

在 YJK 中，消能器的定义目前分两大类：第一类是减震元件输入，如图 10.3-11 所示。此种方法是最近几个版本增加的，操作简单，可以提升工作效率。第二类是在前处理中进一步指定，比如本案例的 BRB，可以在前处理中对斜撑构件进行指定。

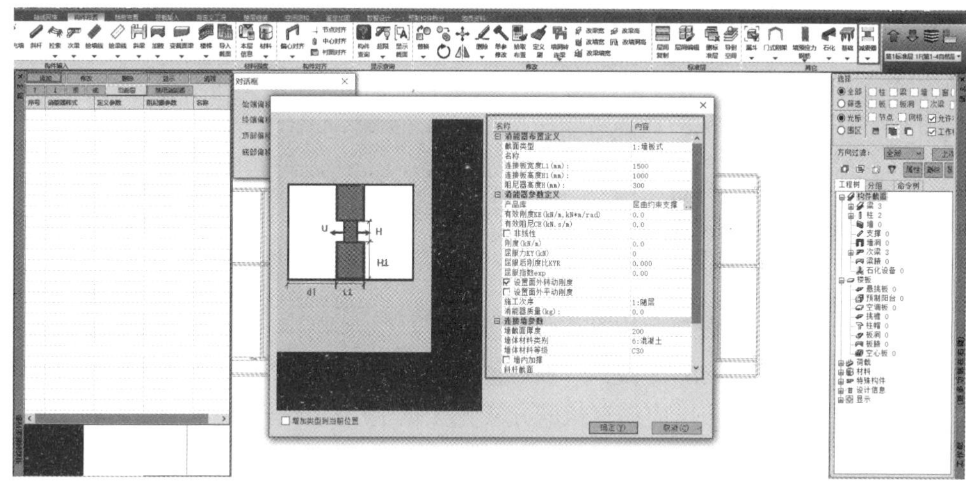

图 10.3-11　减震器指定的方式

本案例我们用传统斜杆的方式定义 BRB，首要问题是斜杆截面的确定，它的原则是等刚度原则。布置好的斜杆如图 10.3-12 所示。

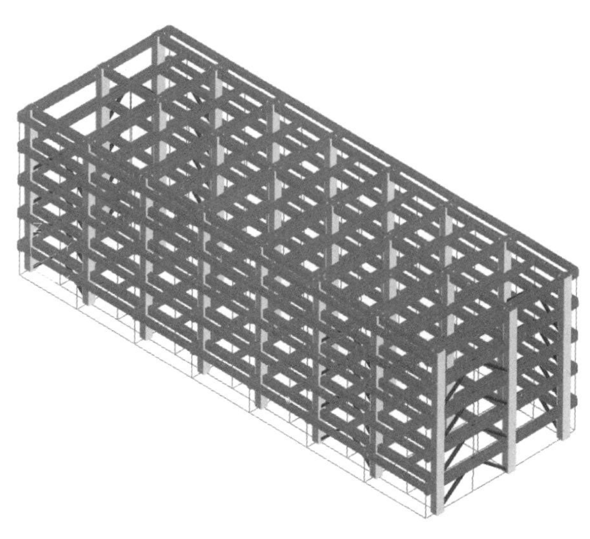

图 10.3-12　所示带支撑的减震模型

第二步，进入前处理。图 10.3-13 是减震设计对话框。这里提醒读者，有效刚度和有效阻尼的计算非常关键。在小震阶段，基本上 BRB 处于弹性状态，不存在屈服问题（个别除外），这两个参数主要在中大震阶段存在。

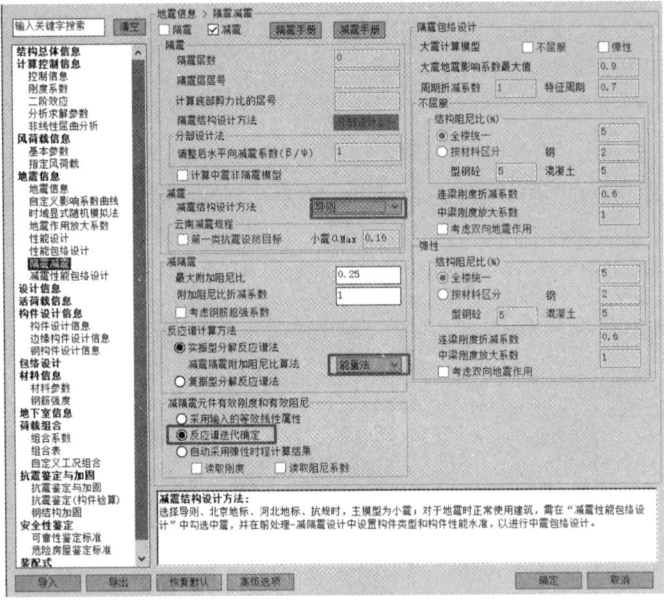

图 10.3-13　减震设计对话框

实际项目中，位移型的阻尼器，一般选择反应谱迭代的方法；速度型的阻尼器，一般选用时程分析的方法计算。反应谱迭代的方法在 YJK 中已经比较成熟，推荐 BRB 用反应谱迭代的方法计算。

另一个参数对话框是包络设计对话框，最主要的地方是把影响系数按中震填写，如图 10.3-14 所示。

地震信息 > 减震性能包络设计
减震性能包络设计　建筑类别 二类
中震设计信息
中震地震影响系数最大值 0.45　周期折减系数 0.9
弹性　不屈服　极限承载力
结构阻尼比(%)　全楼统一 5　按材料区分 钢 2　型钢砼 5 砼 5
连梁刚度折减系数 1
中梁刚度放大系数 1.5
考虑双向地震作用
对普通水平构件的正截面不屈服设计应用超强系数
大震设计信息
大震地震影响系数最大值 0.9　周期折减系数 1　特征周期 0.7
弹性　不屈服　极限承载力
结构阻尼比(%)　全楼统一 5　按材料区分 钢 2　型钢砼 5 砼 5
连梁刚度折减系数 1
中梁刚度放大系数 1.5
考虑双向地震作用
对普通水平构件的正截面不屈服设计应用超强系数

图 10.3-14　包络设计

第三步，BRB 属性的指定，如图 10.3-15 所示。这个就是减震和传统设计最大的区别，它的参数直接影响计算结果。因此，读者在实际项目中尽量熟悉项目所在地的一些情况，比如常用的产品厂家，在合法的情况下正确填写合理的产品性能指标，以免后期大幅度修改。

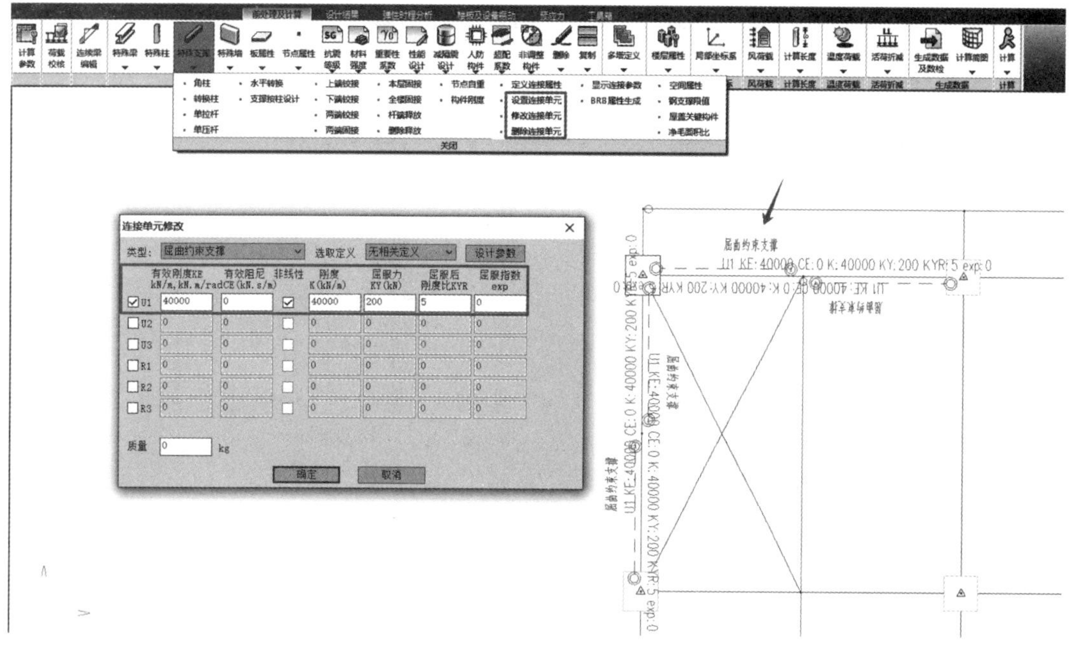

图 10.3-15　BRB 定义

图 10.3-16 是 BRB 的双线性恢复力模型，可以图中几个关键参数：N_{by}—屈曲约束支撑屈服承载力；Δ_y—屈曲约束支撑的屈服位移。

结合图 10.3-17 可以看到，YJK 对于 BRB 的设置，刚度是指屈曲约束支撑的初始刚度及其卸载时的刚度。

屈服力是指使得屈曲约束支撑达到屈服时，其所承担的力。其值与双线性模型曲线拐点处的内力值一致。屈服后刚度比是指屈服后刚度与初始刚度的比值。

屈服指数是 Wen 单元的一个参数，它表征构件由屈服前刚度过渡到屈服后刚度时的平滑处理程度。当屈服指数无限大时，不做平滑处理。此时，Wen 模型与双线性模型一致。当屈服指数越小时，平滑处理的程度就越高。

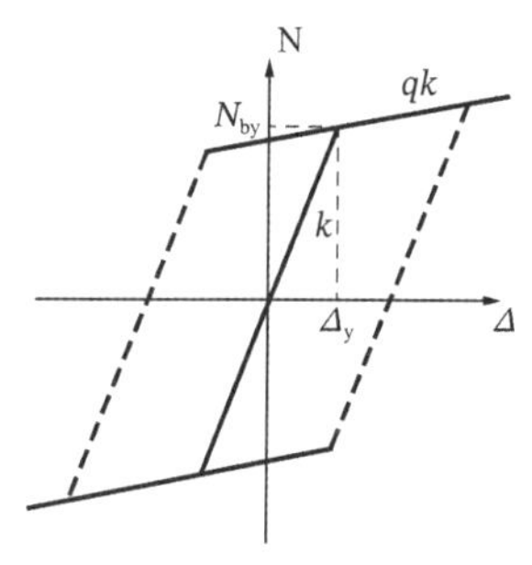

图 10.3-16　BRB 的双线性恢复力模型

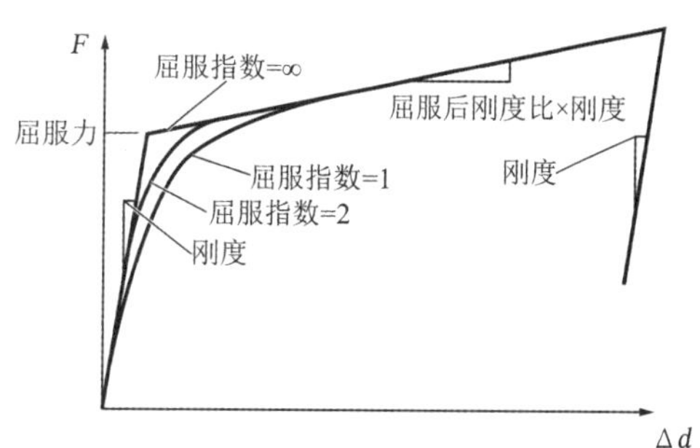

图 10.3-17　BRB 非线性参数

上面的参数根据不同的产品型号，都可以确定。

第四步，性能设计时构件的指定。这里，重点提醒读者消能子结构的范畴。图 10.3-18 是规范条文中给出的示意图，相信读者看后就一目了然。

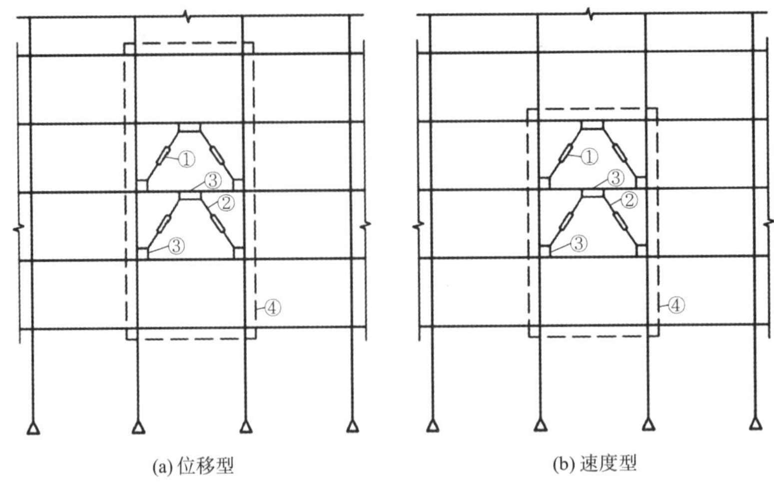

图 10.3-18　消能子结构

最后，进行计算即可。

4. 减震模型结果

减震模型的计算结果重点是结合第一节性能目标的要求进行核对，查看是否达到预期；同时，设计前期要和非减震模型进行对比，观察它的减震效果。这里，我们重点看几个指标。

10.3-4 减震模型结果

第一个是层间位移角，如图 10.3-19 所示。

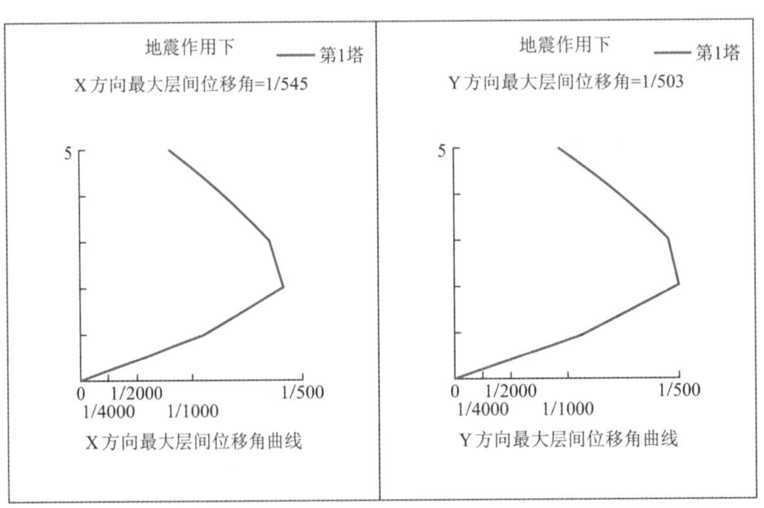

图 10.3-19　层间位移角

由图 10.3-19 可以看出，结构的整体刚度富余量还是比较充足，可以根据情况在两个方向减少 BRB 数量，或者调整其参数，进而改变其附加刚度和阻尼。

第二个是 BRB 的有效刚度和阻尼，如图 10.3-20 所示。

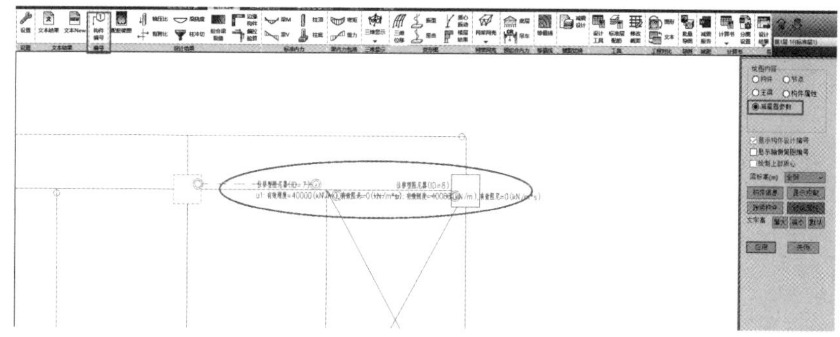

图 10.3-20　减震器参数

这个参数主要是查看每个减震器的出力情况，小震下一般保持弹性，中大震下可以开始出力。

在各个整体指标满足的情况下，可以查看重要构件的配筋信息。图 10.3-21 是某根框架梁的信息，可以查看包络设计的情况。

```
1. 层号                 IST  = 1
2. 构件编号               ID   = 26
3. 构件全楼编号             TotID= 1000026
4. 左节点号               J1   = 1000008
5. 右节点号               J2   = 1000057
6. 构件属性信息             砼梁 C35 框架梁 调幅梁 矩形 正截面包络(中震不屈服 大震不考虑) 斜截面包络(中震不屈服 大震不考虑

7. 长度 (m)              Lb   = 3.75
8. 面外长度 (m)            Lbout  = 3.75
9. 截面参数               (1)B*H(mm)=400*750
10. 保护层厚度 (mm)         Cov = 20
11. 箍筋间距 (mm)          SS  = 100
12. 混凝土强度等级          RC  = 35.0
13. 主筋强度 (N/mm2)        FYI = 360.0
14. 箍筋强度 (N/mm2)        FYJ = 360.0
15. 抗震措施的抗震等级        NF  = 1
16. 抗震构造措施的抗震等级      NF_GZ  = 1
17. 内力计算截面数           nSect1= 9
18. 配筋计算截面数           nSect2= 9
-----------------------------------------------------
N-B=26 (I=1000008, J=1000057)(1)B*H(mm)=400*750
Lb=3.75(m) Cover= 20(mm) Nfb=1 Nfb_gz=1 Rcb=35.0 Fy=360 Fyv=360
砼梁 C35 框架梁 调幅梁 矩形 正截面包络(中震不屈服 大震不考虑) 斜截面包络(中震不屈服 大震不考虑)
livec=1.000 tf=0.850 nj=0.400
ηv=1.391
            -1-    -2-    -3-    -4-    -5-    -6-    -7-    -8-    -9-
-M(kNm)   -1579  -1404  -1126   -854   -596   -347   -104      0      0
LoadCase  ( 28)  ( 28)  ( 28)  ( 28)  ( 28)  ( 28)  ( 28)  (  0)  (  0)
Top Ast    4997   6442   4867   3517   2261   1275    900      0      0
% Steel    1.83   2.36   1.78   1.29   0.80   0.45   0.30   0.00   0.00

+M(kNm)    1004    965    898    826    751    673    590    491    596
LoadCase  ( 27)  ( 27)  ( 27)  ( 27)  ( 27)  ( 27)  ( 27)  (  0)  ( 10)
Btm Ast    3137   4049   3724   3382   2909   2580   2234   2093   2597
% Steel    1.15   1.48   1.36   1.24   1.03   0.91   0.79   0.74   0.92

V(kN)       640    634    622    607    590    575    561    551    543
T(kNm)        7      7      7      7      7      7      7      7      7
LoadCase  ( 28)  ( 28)  ( 28)  ( 28)  ( 28)  ( 28)  ( 28)  ( 28)  ( 28)
Asv         133    131    127    122    116    110    106    102     99
Ast         260    263    269    278    289    300    311    320    327
Rsv        0.33   0.33   0.32   0.31   0.29   0.28   0.26   0.26   0.25

剪扭验算: (9)V=239.1  T=16.5  ast=327  astcal=64  ast1=3
非加密区箍筋面积: 116

已与减震设计子模型取大，子模型：中震不屈服
```

图 10.3-21　构件信息

10.4 减震结构小结

10.4 减震结构小结

本章介绍了减震结构的基本概念和 YJK 操作。相对于其他结构而言，随着软件更新，减震设计已经非常容易上手。尤其是减震器的模拟，不再需要过去等代柱的方式反复进行电算，只需要输入相应的构件参数即可实现。

本案例重点结合第 1 章框架结构进行深化细算，读者要理清两个非减震模型和一个减震模型的关系，每个模型的目的不一样。在减震器有效刚度和阻尼的计算中，读者可以进一步借助 YJK 的弹性时程分析进行计算，得到减震器的有效刚度和阻尼。

对于减震结构的大震弹塑性分析，作者建议余超高层类似，采用 Etabs 或 midas Building 进行计算。

第11章 隔震结构计算分析

11.1 隔震结构案例背景

11.1 隔震结构案例背景

本案例为第 1 章案例的改编，将项目地点从河北承德变为北京市海淀区，典型平面布置图如图 11.1-1 所示。项目地点不同，设防烈度不同，读者可以先用第 1 章的框架结构进行试算，观察整体指标及构件配筋等是否满足设计要求。

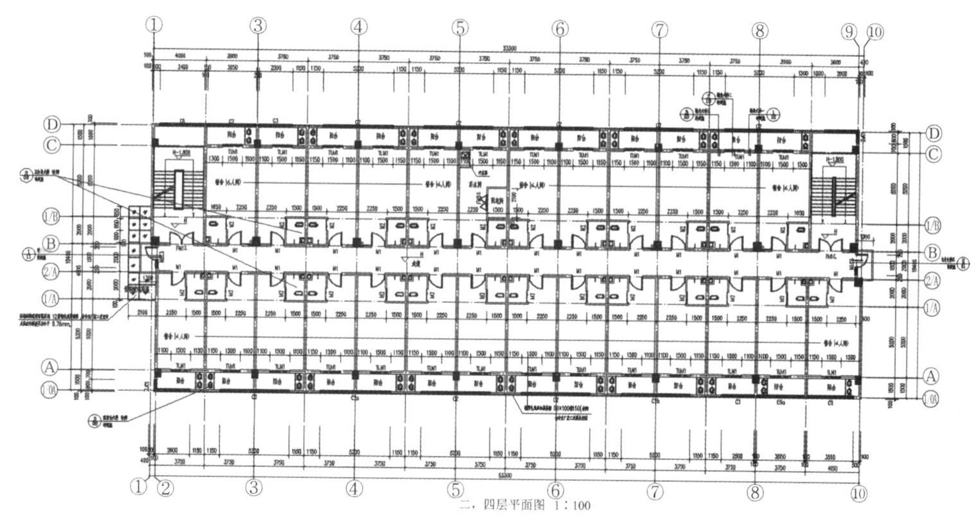

图 11.1-1　典型平面布置

11.2 隔震结构概念设计

第 10 章减震相关章节已经介绍过减隔震技术近十多年相关的政策变化。本小节我们直接进入与隔震有关的概念设计，建议读者在阅读时进行对比学习。

1. 抗震、隔震与减震

11.2-1 抗震、隔震与减震

传统抗震结构：由结构主体吸收能量；

隔震结构：由隔震装置吸收能量；

消能减震结构：由消能减震机构和结构主体共同吸收能量。

图 11.2-1 是地震发生后地震波的传递过程。

图 11.2-2 可以看出，传统的抗震、减震和隔震在结构反应中的应对环节。本章的隔震应是“釜底抽薪”，从而减小地震作用。

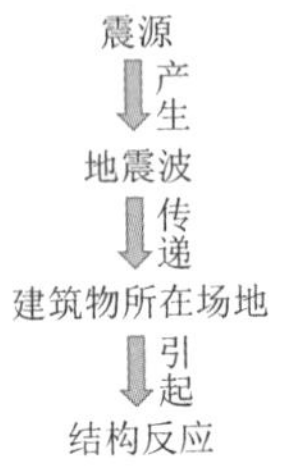

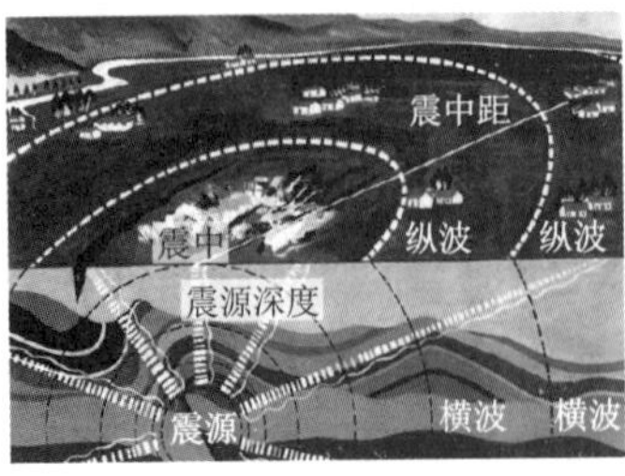

图 11.2-1　地震波的传递

图 11.2-2　传统抗震、减震和隔震

图 11.2-3 是网络上非常流行的一张描述隔震下建筑物面对地震的反应，与图中左侧传统的建筑形成鲜明的对比。右侧底部就是隔震结构特有的隔震层。

2. 隔震结构的整体思路

图 11.2-4 在减震章节出现过，那里主要提醒读者从阻尼比的角度去体会地震影响系数的变化，本图此处重点让读者观察隔震结构独有的特点，除了阻尼因素，它的周期比传统结构增大很多，直观影响就是让建筑结构处于长周期段，特点就是地震影响系数急速减小。

图 11.2-3　地震作用下抗震与隔震建筑结构的反应

图 11.2-4　隔震结构的周期

因此，对于结构设计来说，隔震结构的显著特点就是隔震层引入后，因为它特有的隔震支座，整个建筑结构周期大幅度增加，在地震作用下，使地震作用减弱，从而达到抗震目的。

为达到明显减震效果，通常基础隔震系统需具备以下四种特性：

（1）承载特性：

具有足够的竖向强度和刚度以支撑上部结构的重量。

（2）隔震特性：

具有足够的水平初始刚度，在风载和小震作用下，体系能保持在弹性范围内，满足正常使用的要求；而中强地震时，其水平刚度较小，结构为柔性隔震结构体系。

11.2-2 隔震结构的整体思路

（3）复位特性：

地震后，上部结构能回复到初始状态，满足正常的使用要求。

（4）耗能特性：

隔震系统本身具有较大的阻尼，地震时能耗散足够的能量，从而降低上部结构所吸收的地震能量。

实现上面的关键就是隔震层的设计，图 11.2-5 是隔震层常见的两个位置。

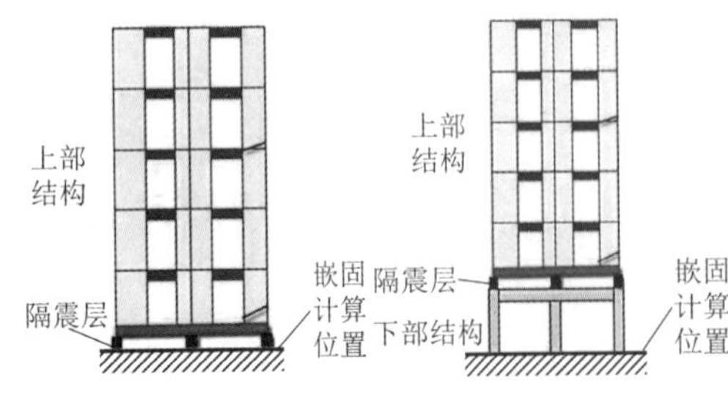

图 11.2-5　隔震层的位置

3. 隔震结构的计算方法

在采用《建筑隔震设计标准》GB/T 51408—2021（以后简称“《隔标》”）对隔震结构进行设计前，我们先了解一下能量法。

1956 年 Housner 提出能量法概念，用地震能量在结构中的传递、吸收与转化情况来反映结构破坏的情况，从能量角度而言，减小地震破坏的基本原则主要是以适当的方式减小或者消耗地震输入的能量。

11.2-3 隔震结构的计算方法

传统的抗震结构在任意时刻的能量方程：

$$E_{\mathrm{im}} = E_{\mathrm{V}} + E_{\mathrm{C}} + E_{\mathrm{k}} + E_{\mathrm{h}}$$

耗能减震结构在任意时刻的能量方程：

$$E'_{\mathrm{im}} = E'_{\mathrm{V}} + E'_{\mathrm{C}} + E'_{\mathrm{K}} + E'_{\mathrm{h}} + E_{\mathrm{d}}$$

式中 E_{im}、E'_{im}——地震过程中输入传统抗震结构、耗能减震结构体系的总能量；

E_{V}、E'_{V}——传统抗震结构、耗能减震结构体系的动能；

E_{C}、E'_{C}——传统抗震结构、耗能减震结构体系的黏滞阻尼耗能；

E_{K}、E'_{K}——传统抗震结构、耗能减震结构体系的弹性应变能；

E_{h}、E'_{h}——传统抗震结构、耗能减震结构体系的滞回耗能；

E_{d}——耗能（阻尼）装置或耗能元件耗散或吸收的能量。

E_{V}、E_{V}'、E_{K}、E_{K}'仅使能量转换而不耗散能量，E_{C}、E_{C}'仅占总能量的很小部分（只占5%左右），可以忽略不计。

故在传统的抗震结构中，主要依靠E_{h}耗散输入结构的地震能量，但因结构构件在利用其自身弹塑性变形耗散地震能量的同时，构件本身将遭到损伤甚至破坏。某一结构构件耗能越多，则其破坏程度越严重。而在耗能减震结构体系中，耗能（阻尼）装置（或元件）在主体结构进入非弹性状态前率先进入耗能工作状态，充分发挥耗能作用，从而减小结构本身需耗散的能量，这意味着结构在地震作用下的反应将大大减少，从而有效地保护主体结构的安全性，避免或延缓其遭受损伤或破坏。

结构在地震作用过程中所作的功分为四项，一部分以动能和弹性应变能方式储存，结构耗散的能量为滞回耗能与阻尼耗能之和。若结构的滞回耗能累计超过破坏界限时，结构会出现破坏。

从上式可知，要减小结构的滞回耗能，可通过三种方式：①增加动能和弹性应变能；②增加阻尼耗能；③减少地震输入能。

要增加动能和弹性应变能，需增大结构的刚度，即增加结构的构件尺寸或者增加材料的强度等级，这种方法很不经济。而增加结构的阻尼耗能，就是在结构中增加一些阻尼比较大的耗能元件，如阻尼器、隔震支座等，利用这些耗能元件的阻尼及滞回耗能来减小主体结构的滞回耗能。隔震则是通过减小地震输入能并增加阻尼耗能来保护主体结构不产生破坏。

《隔标》中的隔震结构计算总体规定在第 4.1.3 条，主要提供三种方法选择：

1 房屋高度不超过 24m，上部结构以剪切变形为主，且质量和刚度沿高度分布比较均匀的隔震建筑，可采用底部剪力法；

2 除本条第 1 款外的隔震结构应采用振型分解反应谱法（这里所说的反应谱指的是复振型分解反应谱法）；

3 对于房屋高度大于 60m 的隔震建筑，不规则的建筑，或隔震层隔震支座，阻尼装置及其他装置的组合复杂的隔震建筑，尚应采用时程分析法进行补充计算。每条地震加速度时程曲线计算所得结构底部剪力不应小于振型分解反应谱法计算结果的 65%，多条时程曲线计算所得的结构底部剪力的平均值不应小于振型分解反应谱法计算结果的 80%。

关于底部剪力法，它的计算公式和简图如图 11.2-6 所示。

$$F_{\mathrm{Ek}} = \alpha_1 G_{\mathrm{eq}}$$

$$F_i = \frac{G_i H_i}{\sum_{j=1}^{\mathrm{n}} G_j H_j} F_{\mathrm{Ek}}(1-\delta_{\mathrm{n}})$$

$$\Delta F_{\mathrm{n}} = \delta_{\mathrm{n}} F_{\mathrm{Ek}}$$

$$V_i = \sum_{\mathrm{k}=i}^{\mathrm{n}} F_{\mathrm{k}}$$

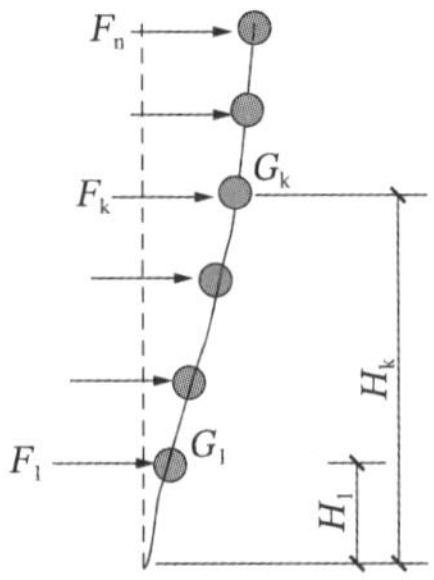

F_n F_k G_k H_k F_1 G_1 H_1

图 11.2-6　计算简图

底部剪力法主要计算步骤可以总结为六步：

第一步，计算结构等效总重力荷载代表值；

第二步，计算水平地震影响系数；

第三步，计算结构总的水平地震作用标准值；

第四步，计算顶部附加水平地震作用；

第五步，计算各层的水平地震作用；

第六步，计算各层的层间剪力。

从工程应用的角度来说，由于电算软件的普及，此方法应用较少，但是概念清晰。

其次，是振型分解反应谱法。它与传统的抗震结构采用的反应谱法不同，采用振型分解反应谱法时，应将下部结构、隔震层及上部结构进行整体分析，其中隔震层的非线性可按等效线性化的迭代方式考虑，并应计算其地震作用和作用效应。

最后，是时程分析法，主要有快速非线性（FNA）方法和直接积分法。一般涉及时程分析的内容，建议读者用 ETABS 等软件进行复核计算。

4. 隔震结构中的支座

11.2-4 隔震结构中的支座

隔震结构离不开隔震层，隔震层的主角是隔震支座。常用的建筑隔震支座有叠层橡胶隔震支座、摩擦摆隔震支座和弹性滑板隔震支座。

叠层橡胶支座由多层橡胶和多层钢板或其他材料叠合经高温硫化粘结而成。叠层橡胶支座受压时，橡胶会向外侧变形，但由于受到内部钢板的约束，以及考虑到橡胶材料的非压缩性（泊松比约为 0.5），橡胶层中心会形成三向受压状态，其压缩时的竖向变形量很小；而在叠层橡胶支座剪切变形时，钢板不会约束剪切变形，橡胶片可以发挥自身柔软的水平特性，从而通过自身较大的水平变形隔断地震作用。

叠层橡胶隔震支座是目前技术成熟、应用较多的一种隔震装置。

隔震橡胶支座通常可分为天然橡胶隔震支座（LNR）、铅芯隔震橡胶支座（LRB）和高阻尼隔震橡胶支座（HDR）三大类。

隔震橡胶支座由连接件和主体两部分组成。其中，主体就是由多层钢板和橡胶片交替叠置而成，连接件包括法兰板和预埋件，其作用主要是把隔震支座主体和建筑的上部结构、下部结构连接起来。

下面我们简单介绍五个常用的隔震支座。

第一个是铅芯橡胶隔震支座，即 LRB（lead rubber bearing）。图 11.2-7 是其构造图。

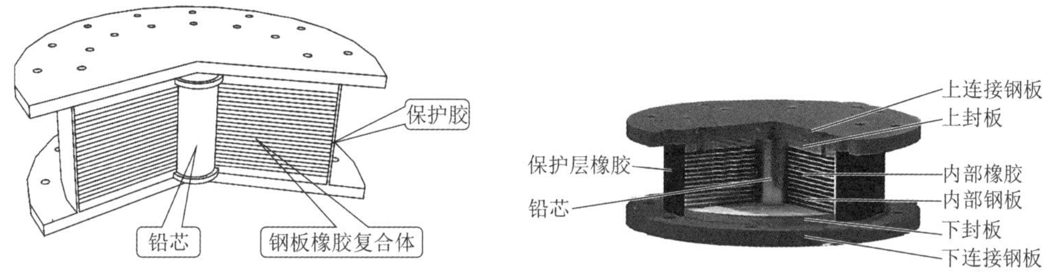

图 11.2-7　铅芯橡胶隔震支座

在普通橡胶支座中间开孔，灌入铅，如图 11.2-7 所示，便形成铅芯橡胶隔震支座。铅芯橡胶隔震支座不仅有较高的阻尼比，还有一定的初始刚度，可以提高建筑的抗风能力。铅芯橡胶隔震支座兼有普通橡胶隔震支座和阻尼器的作用。其支座荷载位移图如图 11.2-8 所示。

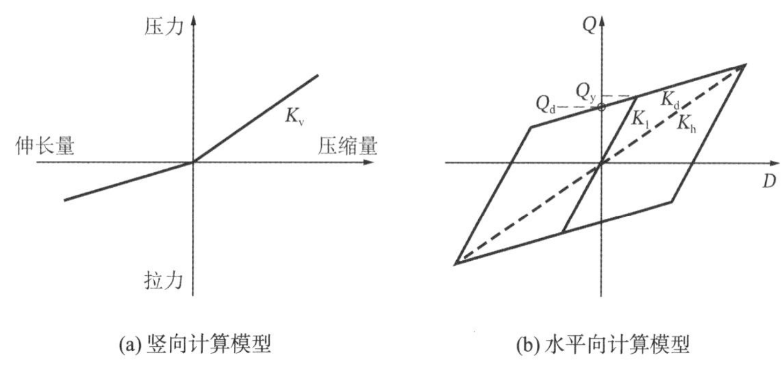

图 11.2-8　铅芯橡胶支座支座荷载位移图

第二个是普通橡胶隔震支座（LNR），其构造如图 11.2-9 所示。普通橡胶支座由天然橡胶片或氯丁二烯橡胶片与钢板叠合制成，如图 11.2-9 所示。由于其具有良好的线弹性性能，不仅能显著降低结构的地震作用，还能抑制结构的高阶反应。普通橡胶支座不提供阻尼，罕遇地震时隔震支座位移较大，实际工程中须与其他阻尼器联合使用。图 11.2-10 是其支座荷载位移图。

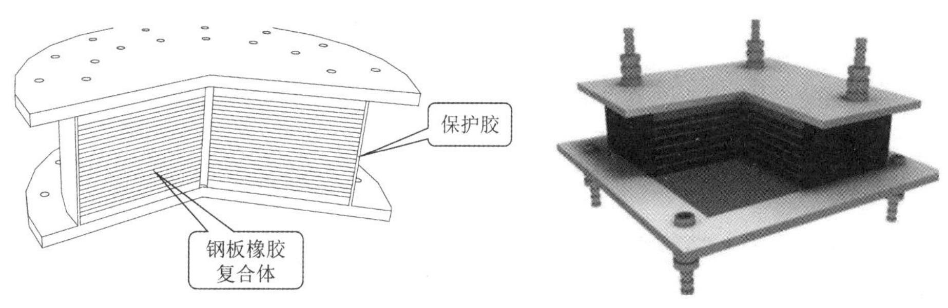

图 11.2-9　普通橡胶隔震支座

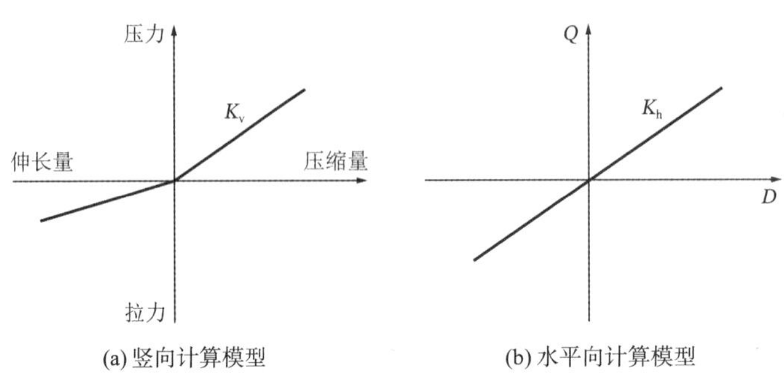

图 11.2-10　普通橡胶隔震支座支座荷载位移图

图 11.2-11　高阻尼橡胶支座

第三个是高阻尼橡胶支座（HDR），如图 11.2-11 所示。

高阻尼橡胶隔震支座采用高阻尼橡胶材料制造，构造与普通橡胶支座相同，如图 11.2-11 所示。高阻尼橡胶隔震支座兼有普通橡胶隔震支座与阻尼器的作用，支座提供的阻尼比可达 25%，能在隔震体系中单独使用。图 11.2-12 是其支座荷载位移图。

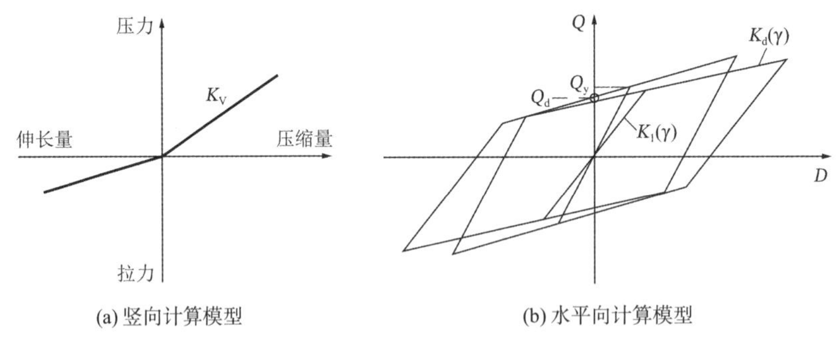

图 11.2-12　高阻尼橡胶隔震支座荷载位移图

第四个是弹性滑板支座（ESB），如图 11.2-13 所示。

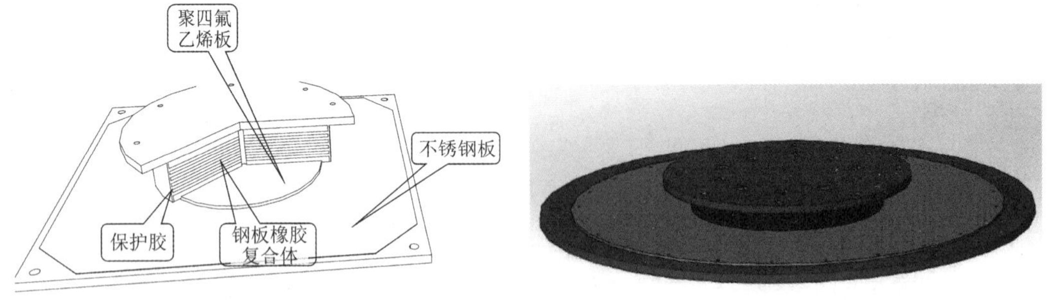

图 11.2-13　弹性滑板支座

滑板隔震通过在上部结构与基础之间设置滑移层，使得基础只能向上部结构传递有限而恒定的地震作用力，达到保护上部结构的目的。滑板隔震支座具有竖向承载力高、水平变形大、可控摩擦力等特性，因此滑板隔震支座可以避开任何地震波产生的共振效应；而且，滑移产生的摩擦力做功能有效消耗地震的输入能量，增加系统阻尼，进而降低上部结构地震反应。但是，滑板隔震支座不具备自复位功能，需要配合叠层橡胶支座适用。

目前，最常用的滑板隔震支座主要有弹性滑板隔震支座，具体设计可以参考《橡胶支座 第 5 部分：建筑隔震弹性滑板支座》GB/T 20688.5—2014。其荷载—位移滞回曲线如图 11.2-14 所示。

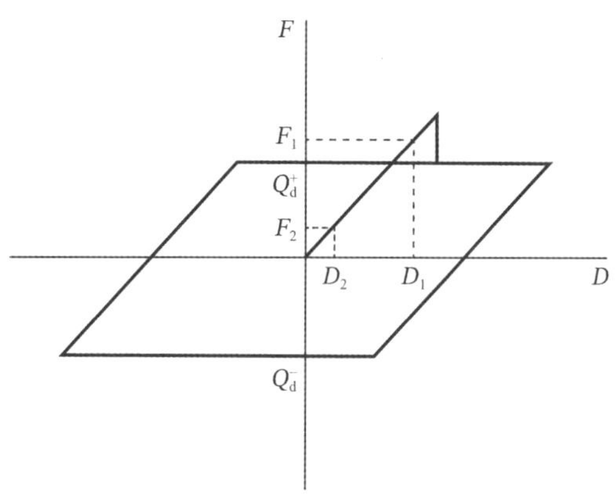

图 11.2-14　荷载—位移滞回曲线

第五个是摩擦摆隔震支座（FPS），如图 11.2-15 所示。

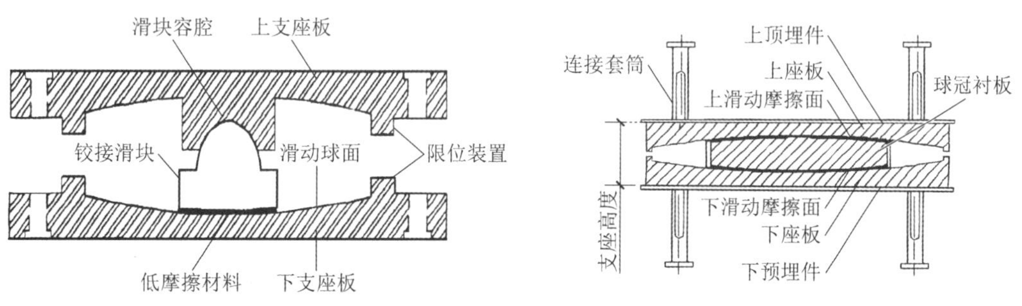

图 11.2-15　摩擦摆支座

摩擦摆隔震支座是另一种有效的摩擦滑移隔震支座，通过球面摆动延长结构振动周期和滑动截面摩擦消耗地震能量实现隔震功能的隔震支座。由于其具有更高的承载力、更大位移能力和更好的耐久性，还具有良好的稳定性自复位功能和抗平扭能力，在老化、低温、高温扭转等条件下，摩擦摆隔震支座具有明显的优势。图 11.2-16 是摩擦摆隔震支座荷载位移滞回曲线。

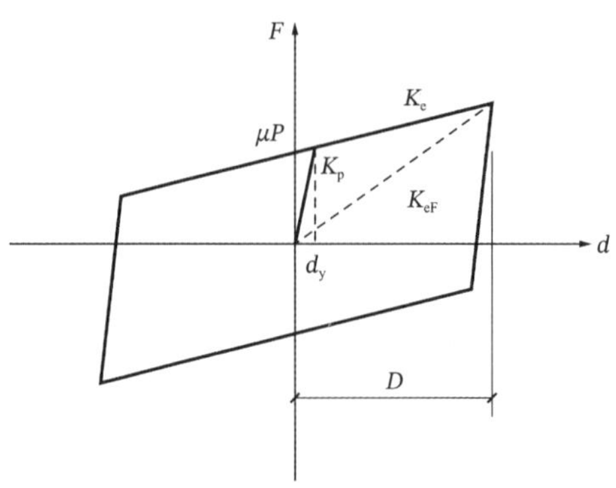

图 11.2-16　摩擦摆隔震支座荷载位移滞回曲线

摩擦摆隔震支座按照滑动摩擦面的结构形式，可将摩擦摆隔震支座分为两类，Ⅰ型为单主滑动摩擦面型，如图 11.2-17（a）、（b）所示；Ⅱ型为双主滑动摩擦面型，如图 11.2-17（c）所示。

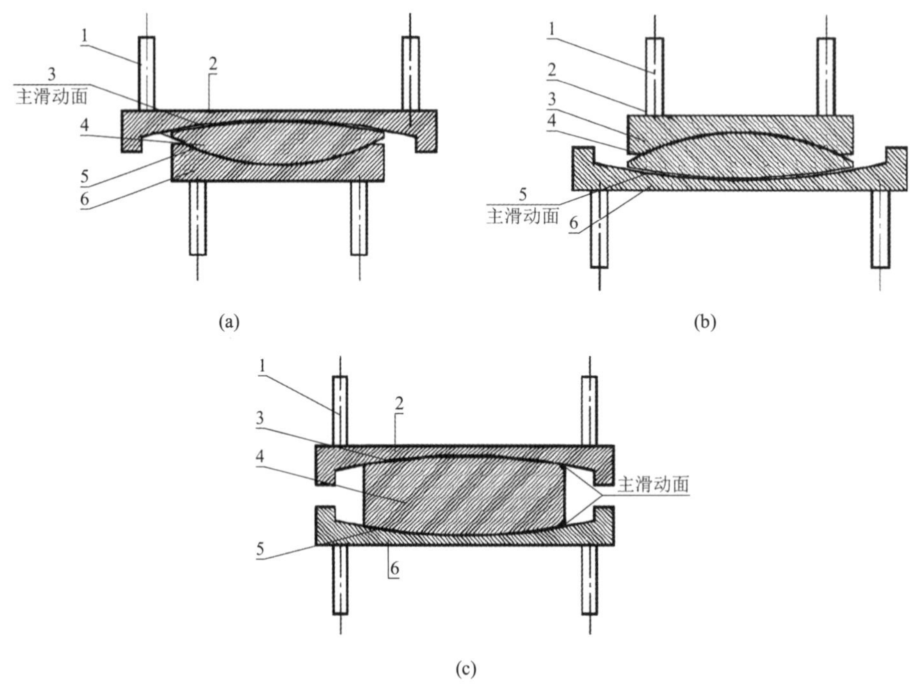

1—上下锚固位置；2—上座板；3—上滑动摩擦面；4—球冠体；5—下滑动摩擦面；6—下座板

图 11.2-17　两大类摩擦摆隔震支座

在近些年的项目应用中，隔震支座应用最多的是铅芯橡胶隔震支座、普通橡胶隔震支座。本案例将重点进行介绍。

11.3　隔震结构 YJK 软件实际操作

11.3-1 计算流程

1. 计算流程

同减震结构相比，隔震结构的计算也是分两大步进行。第一步是非隔震模型的计算。任何一个建筑结构不会无缘无故地进行减隔震设计，要么是政策的规定，要么是技术的需求。非隔震模型的目的是从传统建筑抗震的角度进行电算，保证底线，为下一步隔震结构的设计提供基础。

第二步是隔震模型，其计算流程如图 11.3-1 所示。

现在的 YJK 软件可以对隔震进行全流程设计，作者建议上图中除了时程分析以外的内容均可以在 YJK 中完成。时程分析补充计算，可以考虑用 ETABS 进一步核算。

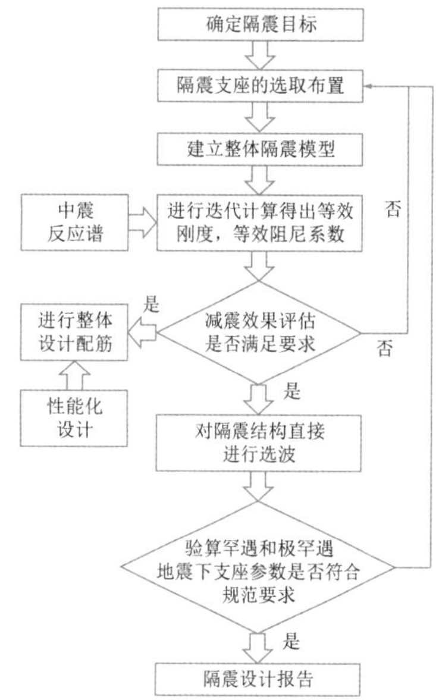

图 11.3-1　隔震计算流程

2. 非隔震模型计算

与传统抗震不同，隔震设计的起步对应的是中震，没有小震一说。确定隔震目标是第一步。一般项目做隔震，建议按降低一度采取抗震措施（否则，隔震就失去了意义），建立非隔震模型（含下支墩层、上支墩层）。其中，上支墩柱底设置为铰接，按减震目标降低一度抗震措施的要求进行结构计算分析。

本项目上部结构的抗震等级初步定义为二级，隔震支座以下的下支墩的抗震等级定义为一级。

表 11.3-1 是确定结构抗震措施时的设防标准，供读者参考。

确定结构抗震措施时的设防标准　　表 11.3-1

抗震设防类别	本地区抗震设防烈度		确定抗震措施时的设防标准				
			Ⅰ类场地		Ⅱ类场地	Ⅲ、Ⅳ类场地	
			抗震措施	构造措施	抗震措施	抗震措施	构造措施
甲类建筑 乙类建筑	6 度	0.05g	7	6	7	7	7
	7 度	0.10g	8	7	8	8	8
		0.15g	8	7	8	8	8+
	8 度	0.20g	9	8	9	9	9
		0.30g	9	8	9	9	9+
	9 度	0.40g	9+	9	9+	9+	9+
丙类建筑	6 度	0.05g	6	6	6	6	6
	7 度	0.10g	7	6	7	7	7
		0.15g	7	6	7	7	8
	8 度	0.20g	8	7	8	8	8
		0.30g	8	7	8	8	9
	9 度	0.40g	9	8	9	9	9
丁类建筑	6 度	0.05g	6	6	6	6	6
	7 度	0.10g	6	6	6	6	6
		0.15g	6	6	6	6	7
	8 度	0.20g	7	7	7	7	7
		0.30g	7	7	7	7	8
	9 度	0.40g	8	8	8	8	8

另外，我们介绍一下支墩层的要求。上支墩层的基本要求：上支墩层顶板应有足够的刚度和承载力，楼盖宜采用梁板式楼盖，楼板厚度不应小于 160mm。楼盖的刚度和承载力，宜大于一般楼盖的刚度和承载力。上支墩层层高不宜太高，只须满足日后隔震层的维护和检修所需的操作空间即可。一般要求，梁底到地面的净高不应小于 800mm，实际项目中通常取值 800mm 左右。这样，上支墩层层高至少为“梁高 + 800”。上支墩柱截面尺寸取值一般每边大于隔震垫尺寸 50～100mm。与上支墩柱相连接的框架梁高可取跨度的 1/12～1/10，且应满足计算要求。

本项目上支墩层层高取值 1500mm，支墩柱截面 1000mm × 1000mm，框架梁截面取值 350mm × 700mm，楼板厚度 160mm，如图 11.3-2 所示。

11.3-2 非隔震模型计算

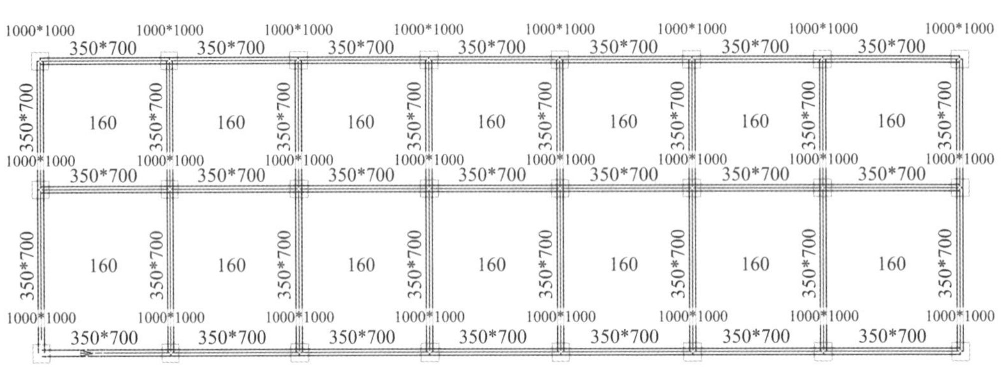

图 11.3-2 上支墩层平面布置

下支墩层的基本要求：对于无地下室的结构模型，下支墩层的高度可根据地质勘察报告提供的持力层深度确定。层高不高时，可为悬臂柱；层高较高时，可在柱顶设置连系梁拉结，以增加结构的整体性。下支墩柱截面尺寸通常与上支墩柱截面相同。本案例按无地下室考虑，图 11.3-3 为下支墩层的三维布置。

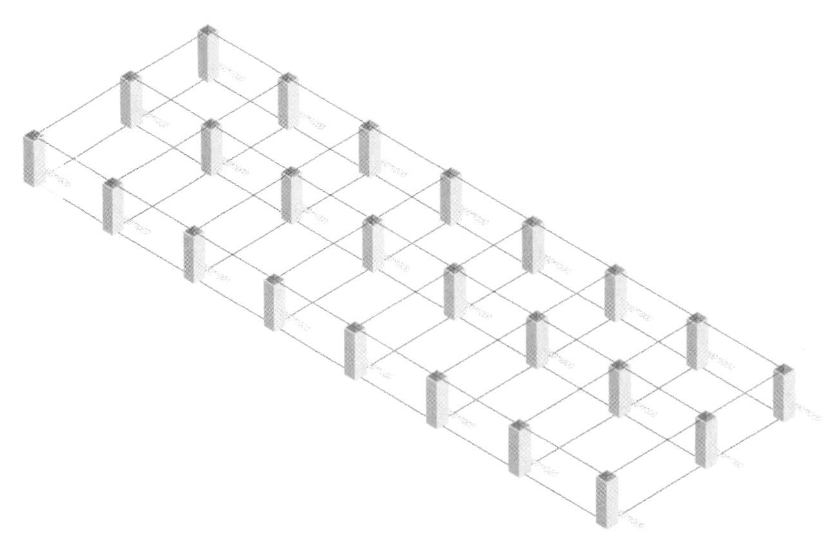

图 11.3-3 下支墩层三维布置

图 11.3-4 为《建筑隔震构造详图》22G610-1 第 13 页框架结构隔震剖面图中关于隔震

层的净高要求。实际项目中，读者需要与各专业沟通，保证隔震层的净高满足要求。

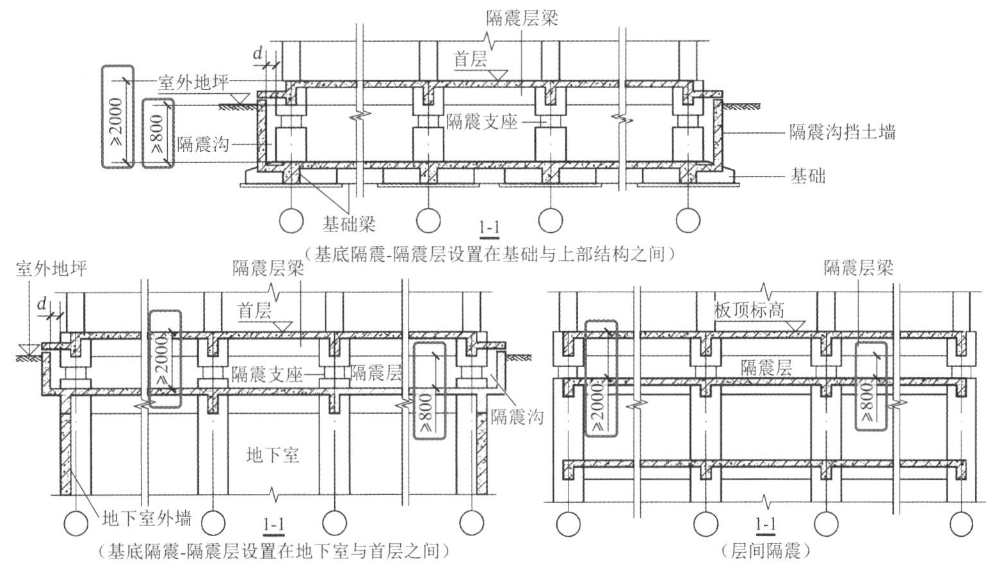
隔震层梁
首层
室外地坪
≥2000
≥800
隔震沟
隔震支座
隔震沟挡土墙
基础
基础梁
1-1
（基底隔震-隔震层设置在基础与上部结构之间）
室外地坪
隔震层梁
首层
隔震支座
隔震层
隔震沟
地下室
地下室外墙
1-1
（基底隔震-隔震层设置在地下室与首层之间）
隔震层梁
板顶标高
隔震层
1-1
（层间隔震）
注：1．隔震层设置位置由工程设计确定。
2．当隔震层设置在基础时，宜设置防水板或筏板，当无结构底板时应增加相应措施避免地下水渗入隔震层内部。
3．隔震层梁底净高不宜小于800mm，隔震层层高不宜小于2000mm。
4．隔震沟做法详见第35页～第42页，隔震支座类型详见第4页～第10页。
5．隔震沟挡土墙应由工程设计根据土压力和水压力按悬臂构件设设计确定。

图 11.3-4　图集中关于隔震层的净高要求

图 11.3-5 是组装后的结构三维模型，此模型我们称为非隔震模型 1。注意箭头处的上下柱墩。

接下来，进入前处理的参数设置。非隔震模型1重要的一个操作设置是对地震影响系数的设置，8 度中震地震影响系数是 0.45（表 11.3-2）；但是，隔震后在满足规范的前提下希望做到降低一度的目的，地震影响系数是 0.23。这时，我们在此模型中按 0.23 去计算即可，如图 11.3-6 所示。

在特殊构件定义中，注意对上柱墩层柱底进行铰接设置，如图 11.3-7 所示为部分柱底铰接设置简图。这是对隔震支座的一种简单模拟，是隔震方案制定之前的高效方法。

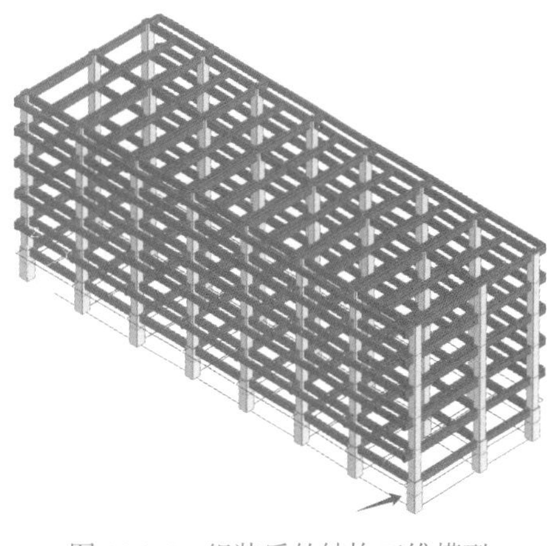

图 11.3-5　组装后的结构三维模型

水平地震影响系数最大值 α_{max}　　表 11.3-2

抗震设防烈度	6 度	7 度	8 度	9 度
设防地震	0.12	0.23（0.34）	0.45（0.68）	0.90
罕遇地震	0.28	0.50（0.72）	0.90（1.20）	1.40
极罕遇地震	0.36	0.72（1.00）	1.35（2.00）	2.43

注：括号中数值分别用于设计基本地震加速度为 0.15g和 0.30g的地区。

图 11.3-6　非隔震模型 1 的地震影响系数

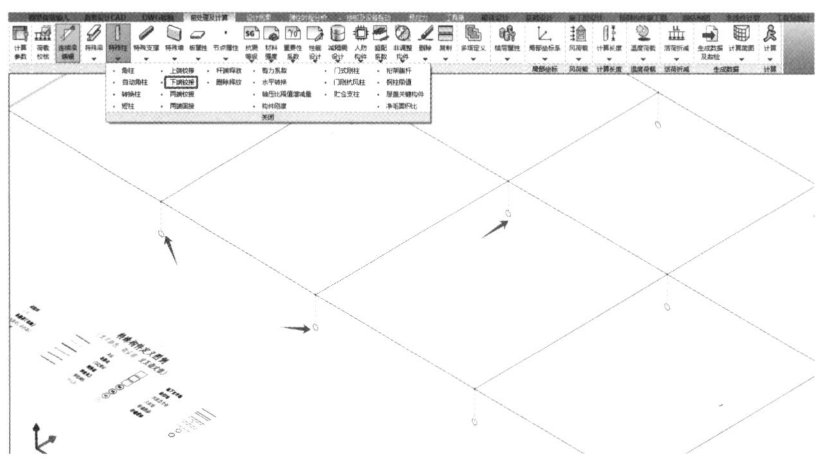

图 11.3-7　部分柱底铰接

计算完毕后，读者可以从整体指标到构件指标进行查看。这里重点提醒读者需要留意的层间位移角，《隔标》规定如下。

4.5.1　上部结构在设防地震作用下，结构楼层内最大的弹性层间位移应符合下式规定：

$$\Delta u_{\mathrm{e}} < [\theta_{\mathrm{e}}]h \tag{4.5.1}$$

式中：Δu_{e}——设防地震作用标准值产生的楼层内最大的弹性层间位移（mm）；

$[\theta_{\mathrm{e}}]$——弹性层间位移角限值，应符合表 4.5.1 的规定；

h——计算楼层层高（mm）。

表 4.5.1　上部结构设防地震作用下弹性层间位移角限值

上部结构类型	$[\theta_e]$
钢筋混凝土框架结构	1/400
底部框架砌体房屋中的框架-抗震墙、钢筋混凝土框架-抗震墙、框架-核心筒	1/500
钢筋混凝土抗震墙、板柱-抗震墙结构	1/600
钢结构	1/250

本案例层间位移角如图 11.3-8 所示，首二层不满足规范要求，需要进行调整。这里提醒读者，位移角的调整不要一味地增大全楼截面去实现。观察图中位移角的变化，可以发现顶部楼层其实是有富余的，可以采用从上到下、对上部截面适当收进一些的思路进行调整；或者，采取增大下部楼层柱截面、减小上部楼层柱截面的思路同时进行。

```
=== 工况17 === X 方向地震作用下的楼层最大位移

Floor Tower  Jmax    Max-(X)  Ave-(X)     h
             JmaxD   Max-Dx   Ave-Dx   Max-Dx/h   DxR/Dx   Ratio_AX

  7    1    7000022   34.14   33.94     3300
            7000022    2.89    2.87     1/1142    59.30%    1.00
  6    1    6000001   31.51   31.32     3600
            6000001    5.02    4.99     1/ 717    31.72%    1.23
  5    1    5000001   26.78   26.62     3600
            5000001    6.61    6.57     1/ 545    19.73%    1.35
  4    1    4000001   20.34   20.22     3600
            4000001    7.91    7.86     1/ 455     9.92%    1.34
  3    1    3000001   12.49   12.41     3600
            3000022    8.70    8.64     1/ 414     7.59%    1.11
  2    1    2000022    3.80    3.77     1500
            2000022    3.35    3.33     1/ 448    89.98%    0.87
  1    1    1000022    0.45    0.44     2000
            1000022    0.45    0.44     1/4471   100.00%    0.08

X向最大层间位移角：  1/414  (3层1塔)
=== 工况18 === Y 方向地震作用下的楼层最大位移

Floor Tower  Jmax    Max-(Y)  Ave-(Y)     h
             JmaxD   Max-Dy   Ave-Dy   Max-Dy/h   DyR/Dy   Ratio_AY

  7    1    7000022   38.24   37.30     3300
            7000022    3.24    3.15     1/1020    54.16%    1.00
  6    1    6000024   35.30   34.43     3600
            6000022    5.44    5.30     1/ 662    31.08%    1.19
  5    1    5000024   30.18   29.44     3600
            5000022    7.13    6.95     1/ 505    21.50%    1.33
  4    1    4000024   23.24   22.67     3600
            4000022    8.66    8.45     1/ 416    16.47%    1.35
  3    1    3000024   14.64   14.29     3600
            3000022   10.08    9.84     1/ 357     1.50%    1.19
  2    1    2000022    4.56    4.45     1500
            2000022    4.14    4.04     1/ 363    92.23%    0.96
  1    1    1000024    0.43    0.42     2000
            1000024    0.43    0.42     1/4660   100.00%    0.07

Y向最大层间位移角：  1/357  (3层1塔)
```

图 11.3-8　层间位移角 1

通过上面的思路进一步调整，计算后得到的层间位移角如图 11.3-9 所示。

=== 工况17 === X 方向地震作用下的楼层最大位移

Floor	Tower	Jmax	Max-(X)	Ave-(X)	h		
		JmaxD	Max-Dx	Ave-Dx	Max-Dx/h	DxR/Dx	Ratio_AX
7	1	7000001	29.59	29.27	3300		
		7000022	2.44	2.41	1/1350	57.35%	1.00
6	1	6000022	27.35	27.05	3600		
		6000001	4.19	4.14	1/ 859	34.75%	1.21
5	1	5000022	23.37	23.12	3600		
		5000001	5.65	5.58	1/ 638	10.41%	1.37
4	1	4000001	17.84	17.65	3600		
		4000022	6.23	6.17	1/ 578	23.30%	1.25
3	1	3000022	11.64	11.52	3600		
		3000001	7.68	7.60	1/ 469	6.76%	1.20
2	1	2000022	3.96	3.92	1500		
		2000022	3.42	3.38	1/ 439	88.14%	1.05
1	1	1000001	0.54	0.53	2000		
		1000001	0.54	0.53	1/3701	100.00%	0.11

X向最大层间位移角： 1/439 (2层1塔)

=== 工况18 === Y 方向地震作用下的楼层最大位移

Floor	Tower	Jmax	Max-(Y)	Ave-(Y)	h		
		JmaxD	Max-Dy	Ave-Dy	Max-Dy/h	DyR/Dy	Ratio_AY
7	1	7000024	32.40	31.61	3300		
		7000022	2.95	2.87	1/1120	50.92%	1.00
6	1	6000022	29.69	28.97	3600		
		6000022	4.85	4.73	1/ 742	26.56%	1.16
5	1	5000024	25.09	24.48	3600		
		5000022	6.14	5.99	1/ 586	5.58%	1.27
4	1	4000024	19.09	18.62	3600		
		4000022	6.48	6.32	1/ 555	27.53%	1.14
3	1	3000022	12.63	12.33	3600		
		3000022	8.26	8.06	1/ 436	11.79%	1.18
2	1	2000022	4.37	4.26	1500		
		2000022	3.85	3.76	1/ 390	89.83%	1.11
1	1	1000022	0.52	0.51	2000		
		1000022	0.52	0.51	1/3827	100.00%	0.10

Y向最大层间位移角： 1/390 (2层1塔)

图 11.3-9　层间位移角 2

计算完成后，查看各项指标及配筋基本满足规范要求后，将此模型的水平地震影响系数修改为 8 度设防地震影响系数 0.45；再重新计算一遍，作为非隔震模型 2；用于和隔震模型计算结果对比。确定底部楼层的剪力比，从而敲定上部结构的抗震措施（软件在隔震模型中，也可以自动计算非隔震模型，相当于代替非隔震模型 2；缺点是不能细致地查看非隔震模型的所有指标，读者可以根据实际情况选择）。

3. 隔震模型计算

隔震模型的计算是在非隔震模型的基础上建立的，整体操作是删除非隔震模型的柱底铰接设置，布置隔震支座，设置隔震计算参数及与隔震支座相连接的构件属性后，进行隔震模型的计算分析。

11.3-3 隔震模型计算

以下为隔震模型中的设置。

第一步是隔震模型计算参数设置（图 11.3-10）。

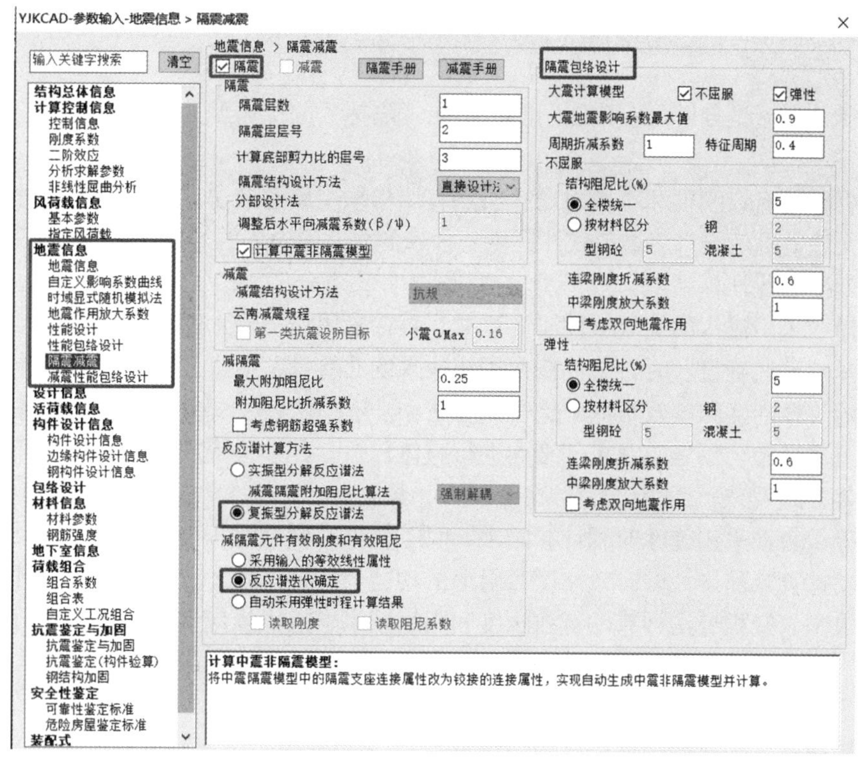

图 11.3-10　隔震参数设置

隔震层数及隔震层层号：在此处输入模型中的隔震层个数及相应的层号，此处输入的层号为隔震支座所在的自然层号，软件按照用户输入的隔震层层号进行后续隔震层偏心率、屈重比、抗风承载力、总水平力等结果的输出。

隔震结构设计方法：提供两个选项，即分部设计法和直接设计法；该选项控制多项内容，当选择“直接设计法”时，软件将按照隔震标准进行隔震结构的计算和设计；地震信息中的地震影响系数最大值按照中震取值；地震组合的构件设计按照《隔标》第 4.4.6 条进行设防地震下的性能化设计。当选择“分部设计法”时，不执行隔震标准，仍然按照《抗标》等进行隔震结构的设计。

调整后水平向减震系数：选择“分部设计法”时有效，对直接设计法不起作用。该参数由用户求出后，在对非隔震模型的反应谱法地震计算和上部结构的截面设计计算时填入。

普通水平构件考虑钢筋超强系数：选择“直接设计法”时有效，按照《隔标》第 4.4.6 条第 3 款，对普通水平构件的承载力验算，考虑钢筋的超强系数 1.25。

最大附加阻尼比：根据《抗标》第 12.3.4 条第 6 款的要求对减震结构附加阻尼比设置了默认的 0.25 限值。目前，此参数对减隔震均起作用。对于隔震结构，一般附加阻尼比均较大，建议用户设置一个较大的值。

反应谱计算方法：传统结构可采用实振型分解反应谱法。对于隔震结构，《隔标》要求采用复振型分解反应谱法计算（由于直接设计法将上部结构和隔震层以及下部结构作为整体进行分析设计，上部结构与隔震层阻尼比存在明显差异，导致振型对于阻尼矩阵不再满足正交条件，结构分析的动力方程无法采用强制解耦求解。如果强行解耦，则会导致计算结果产生较大误差。尤其当隔震层阻尼比较大或同时采用了阻尼器装置时，强行解耦的误差会更大，应采用基于复振型理论的振型分解反应谱法计算），在此处选择反应谱所采用的方法。

当选择“复振型分解反应谱法”时，按照《隔标》的复振型分解反应谱法进行地震作用计算。

减隔震元件有效刚度和有效阻尼：当隔震结构采用反应谱法计算地震作用时，需要设定非线性元件的等效设计参数，软件提供三种来源：采用输入的等效线性属性、迭代确定、自动采用弹性时程计算结果。

当选择“采用输入的等效线性属性”时，直接采用用户输入的有效刚度和有效阻尼。

当选择“迭代确定”时，软件按照用户输入的非线性参数进行反应谱迭代计算，得到隔震元件的等效刚度和等效阻尼，此项要求见《隔标》第 4.3.2 条：采用振型分解反应谱法时，应将下部结构、隔震层及上部结构进行整体分析。其中，隔震层的非线性可按等效线性化的迭代方式考虑。

当选择“自动采用弹性时程计算结果”时，软件在弹性时程模块提供了按照直接积分法结果自动计算减隔震元件有效刚度和阻尼的功能。选择该项，反应谱计算可自动读取弹性时程模块中直接积分法计算的有效刚度和阻尼结果，接力反应谱进行地震作用计算。选择该项时，用户应首先在弹性时程模块中完成直接积分法计算。

应注意：以上等效参数的取值仅适用于地震工况，对于恒载、活载、风载等静力工况，程序采用用户输入的线性刚度进行内力计算。

包络设计：

《隔标》第 4.7.2 条规定：隔震层支墩、支柱及相连构件应采用在罕遇地震作用下隔震支座底部的竖向力、水平力和弯矩进行承载力验算，并且应按抗剪弹性、抗弯不屈服考虑；因此，软件在此处设置包络设计参数，自动在计算目录下生成大震计算模型，自动进行支墩构件的大震包络设计，支墩构件配筋采用设防地震设计、罕遇地震抗剪弹性、抗弯不屈服的较大值。

在此选项下，设置大震计算模型的周期折减系数、阻尼比、连梁刚度折减系数、中梁刚度系数等。

不屈服：计算大震不屈服模型时，软件按照《隔标》附录第 A.0.3 条作为依据，材料强度取标准值，不考虑地震效应和风效应的组合，不考虑与抗震等级有关的增大系数，不考虑荷载分项系数，不考虑承载力抗震调整系数。

弹性：计算大震弹性模型时，软件按照《隔标》附录第 A.0.3 条作为依据，材料强度取设计值，不考虑地震效应和风效应的组合，不考虑与抗震等级有关的内力调整系数。

周期折减系数：由于高层建筑结构整体计算分析时，只考虑了主要结构构件（梁、柱、剪力墙和筒体等）的刚度，没有考虑非承重结构构件的刚度，因此计算的自振周期较实际的偏长，按这一周期计算的地震作用偏小。所以，在计算地震作用时，对周期进行折减。但是，由于隔震结构的动力特性与传统的抗震结构不同，对于基底隔震结构，建议取 1.0；对于层间隔震结构，可偏保守地按常规结构取值。

特征周期：该参数根据场地类别和设计地震分组取值，计算罕遇地震和极罕遇地震作用时，场地特征周期应分别增加 0.05s 和 0.10s。

结构阻尼比：该阻尼比参数只用于地震作用计算，软件提供了全楼统一阻尼比和按材料区分阻尼比两种计算方法。“全楼统一”：软件计算时对整体结构各振型采用统一的阻尼比（%）。“按材料区分”：设置各种材料的不同阻尼比，软件根据各构件的应变能加权平均的方法来计算各阶振型阻尼比（%）。这种情况下，应变能贡献大的构件对该振型的阻尼比贡献较大，反之则较小。

连梁刚度折减系数：高层建筑结构构件均采用弹性刚度参与整体分析，但抗震设计的框架-剪力墙或剪力墙结构中的连梁刚度相对墙体较小，而承受的弯矩和剪力很大，配筋设计困难，因此可考虑在不考虑竖向承载力的前提下，允许其适当开裂（降低刚度）而把内力转移到墙体上。新隔标建议值：设防烈度 6、7 度时可取 0.5～0.6，设防烈度 8、9 度时可取 0.3～0.4。大震下的折减系数可酌情减小或取与设防地震相同。软件默认值为 0.6，可根据设防烈度对其进行修改。

中梁刚度放大系数：用户可根据需要对大震下中梁刚度放大系数进行指定，对于边梁，程序根据中梁填写的放大系数自动计算，设用户输入中梁刚度放大系数值为B_k，则边梁刚度放大系数取$(1+B_k)/2$。大震下楼板开裂，不宜考虑其作为梁的翼缘对梁刚度进行放大，建议设置为 1.0 或更小的值。

考虑双向地震作用：对是否考虑双向地震作用进行控制。《抗标》第 5.1.1.3 条规定：“质量和刚度分布明显不对称的结构，应计入双向水平地震作用下的扭转影响；”勾选该项，则 X、Y 向地震作用计算结果均为考虑双向地震后的结果；如果有斜交抗侧力方向，则沿斜交抗侧力方向的地震作用计算结果也将考虑双向地震作用。对于隔震结构，考虑双向地震对角部隔震支座在大震下的拉应力影响明显。

第二步是定义隔震震支座。此步的操作需要结合支座的性能参数进行选取。在前处理及计算菜单→节点属性→定义连接属性→选择隔震支座（图 11.3-11），弹出设计参数对话框。在此输入隔震支座的设计参数，如有效直径、橡胶总厚度、二次形状系数等，软件进行隔震支座相关验算时会自动读取此处参数，用户可根据所采用隔震支座的产品样本进行输入，软件也已内置若干隔震支座型号的产品参数供选择使用。

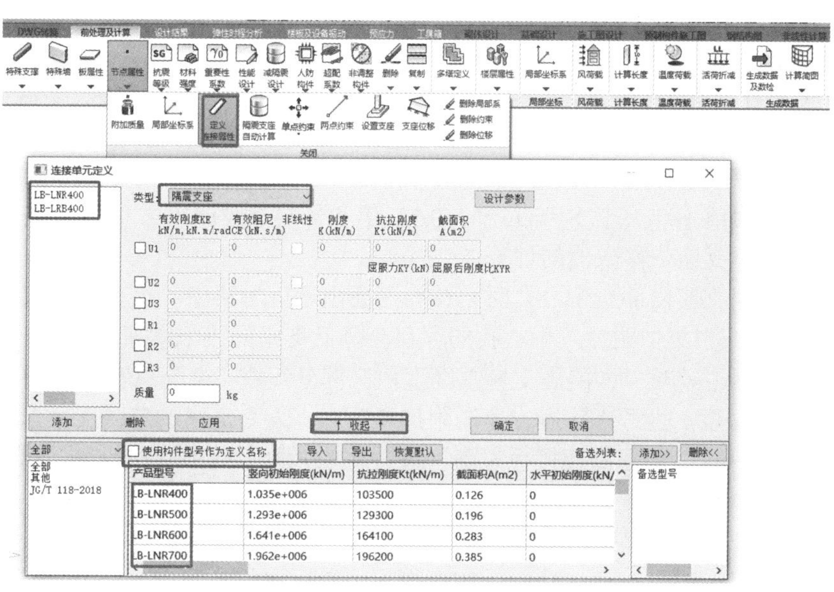

图 11.3-11　隔震支座定义

隔震支座参数属性定义及各参数的意义详解

连接单元局部坐标轴：其中，U1 轴为隔震支座轴向，U2、U3 轴为隔震支座水平方向。U1、U2、U3 对应整体坐标系Z、Y、$-X$方向。

有效刚度（线性参数）：隔震支座的有效刚度应根据实验所得的滞回曲线计算确定，在 3 个坐标轴上意义一致，有效刚度的意义是将非线性构件等效成一根线性构件后的刚度，此刚度对结构周期、反应谱计算和快速非线性（FNA）时程分析结果有较大影响。

U1 方向有效刚度代表竖向变形特性，U2 和 U3 方向有效刚度代表其水平剪切刚度，有效刚度只用于线性分析工况。此参数只对减隔震元件有效刚度和有效阻尼选择“采用输入的等效线性属性”时，对计算结果有影响。当选择迭代确定或自动采用弹性时程计算结果时，此参数在分析中不发挥作用。

当隔震支座采用输入等效线性属性时，设防地震有效刚度可输入隔震支座 100%剪切应变时的等效参数，罕遇地震有效刚度可输入隔震支座 250%剪切应变时的等效参数，极罕遇地震有效刚度可输入隔震支座 400%剪切应变时的等效参数。

有效阻尼（线性参数）：隔震元件的有效阻尼，体现线性分析中隔震元件的耗能能力，与隔震元件的剪切应变相关。此参数只对减隔震元件有效刚度和有效阻尼选择“采用输入的等效线性属性”时有效，影响结构附加阻尼比，从而影响反应谱计算结果。当选择迭代确定或自动采用弹性时程计算结果时，此参数在分析中不发挥作用。

对于非线性参数，轴向和水平向意义不一致，下面分别说明。

轴向（U1）非线性参数

刚度：隔震支座轴向受压刚度，一般与 U1 方向的线性刚度一致。

抗拉刚度：隔震支座轴向受拉刚度，一般取隔震支座轴向受压刚度的 1/10。

截面积：隔震支座的横截面积，弹性时程模块会使用该参数计算隔震支座的拉压应力；若填 0，则对应的隔震支座拉压应力均为 0。

比如有效直径为 700mm，截面积为 $3.14 \times 700 \times 700/4 = 0.385\text{m}^2$。

水平方向（U2、U3）非线性参数

刚度：隔震支座水平方向的初始刚度，即屈服前刚度。

屈服力：隔震支座的屈服力，由实验确定，来自产品参数。

屈服后刚度比：隔震支座屈服后的刚度与屈服前刚度的比值。参考《橡胶支座 第 3 部分：建筑隔震橡胶支座》GB 20688.3—2006 中的规定，一般建筑结构取 1/10，桥梁结构取 1/6.5。

有效直径、橡胶总厚度：《隔标》第 4.6.6 条第 1 款，橡胶隔震支座在罕遇地震作用下的水平位移限值取值不应大于支座直径的 0.55 倍和各层橡胶厚度之和 3.0 倍两者的较小值；此两参数用于支座位移限值的计算。

中孔直径：当支座内部有中心孔时，孔周围会出现应力集中。当中心孔直径大于支座直径的 1/20 时，应力集中明显。中心孔的存在会降低支座的极限承载能力。

支座 + 连接板总高度：即隔震支座总高度由三部分组成，橡胶总厚度 + 内部钢板总厚度 + 上下法兰板厚度。当考虑隔震支座的附加弯矩时，需要支座的总高度数据，软件会自动读取设计参数中的“支座 + 连接板总高”进行此项计算。此参数由隔震厂家提供。

一次形状系数S_1：隔震支座是由多层钢板与多层橡胶叠合而成，单层的力学特性会影响整体的力学特性，一次形状系数是控制每层橡胶厚度的形状系数，由隔震厂家提供。

$$S_1 = \frac{\text{橡胶受约束面积（受压面积）}}{\text{单层橡胶的自由表面积（侧面积）}}$$

第一，形状系数越大，说明橡胶层越薄，钢板对其约束作用也就越大，支座竖向刚度和承载力也就越高。结构的角度越大越好。

二次形状系数S_2：第二形状系数是控制橡胶支座稳定性的形状系数。与橡胶层受压面积的最小尺寸和橡胶总厚度有关，按下式计算：

$$S_2 = \frac{\text{受压面的最小尺寸}}{\text{橡胶层总厚度}}$$

第二，形状系数又称为橡胶层的宽高比，控制支座压屈荷载和水平刚度。S_2越小，表明支座越细高，刚度越小，容易压屈，竖向承载力随之降低；S_2越大，说明橡胶总厚度越薄，刚度越大，稳定性越好，竖向承载力也越大。从隔震效果看，要求S_2越小越好，但在竖向力作用下隔震支座又容易失稳。在设计中，应合理控制S_2的大小。

《隔标》第 4.6.3 条第 2 款，对于橡胶隔震支座，当第二形状系数小于 5.0 时，应降低平均压应力限值：小于 5 且不小于 4 时降低 20%，小于 4 且不小于 3 时降低 40%；此参数用于隔震支座在重力荷载代表值作用下的压应力限值计算。

考虑附加弯矩作用：《隔标》第 4.7.1 条规定，隔震层下部结构的承载力验算应考虑上部结构传递的轴力、弯矩、水平剪力，以及由隔震层水平变形产生的附加弯矩，如图 11.3-12 所示；当选择该项时，软件自动考虑附加弯矩对结构的内力影响。图 11.3-12 所示为具体的计算简图。

隔震橡胶支座水平变形后，隔震支墩及连接部位的附加弯矩按下式计算：

$$M = \frac{P\delta + Vh}{2}$$

式中　M——隔震支墩及连接部位所受弯矩；

P——上部结构传递的竖向力；

δ——支座水平剪切变形；

V——支座所受水平剪力；

h——支座总高度。

程序对应四个水平地震工况，生成四个附加弯矩工况，如图 11.3-13 所示。以+X向地震为例，计算+X向附加弯矩时，V、δ为+X向水平地震工况下的支座剪力及位移，P为 1.0SGE + 1.0EX（+）组合下的支座轴力，以此计算+X向的支座附加弯矩及该工况下的内力分布，并与+X向地震工况同时组合；其余方向同此处理。

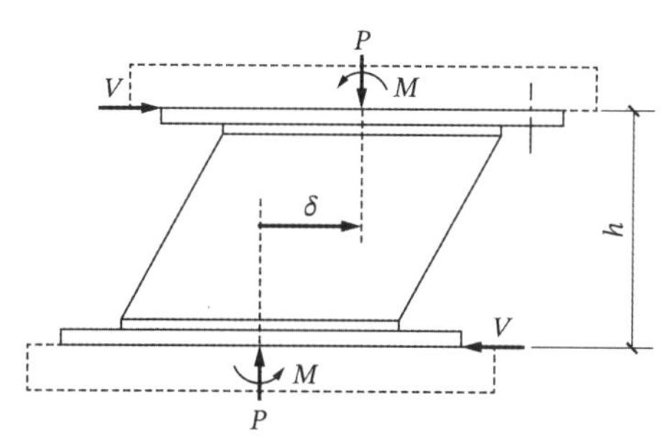

图 11.3-12　计算简图

图 11.3-13　四个附加弯矩工况

第三步是补充隔震支座。模型切换到上支墩层布置隔震支座，依次点击节点属性→单点约束→柱底节点布置隔震支座，如图 11.3-14 所示。

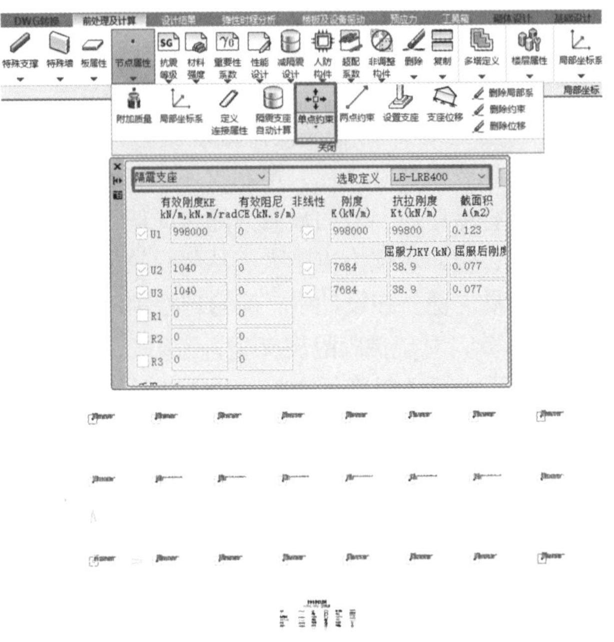

图 11.3-14　指定隔震支座

第四步是特殊构件补充定义。特殊构件定义中设置“隔震设计”，包含支墩及相连构件、构件类型和性能设计三个功能，如图 11.3-15 所示。

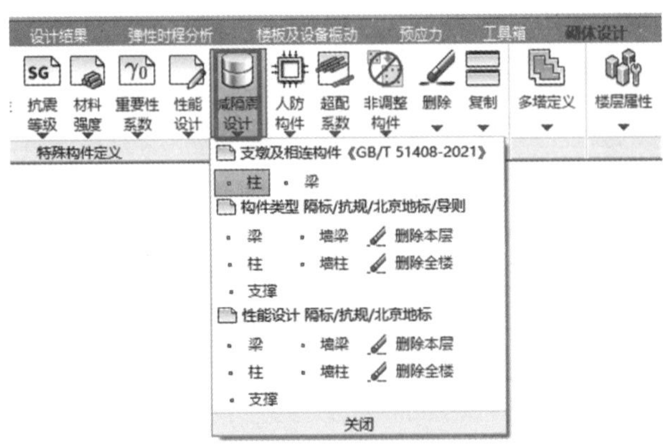

图 11.3-15　隔震相关特殊构件补充定义

隔震层支墩、支柱及相连构件指定：《隔标》第 4.7.2 条规定，隔震层支墩、支柱及相连构件应进行大震性能包络设计，此参数用于对构件进行“支墩及相连构件”属性的设置。设置了支墩及相连构件属性的构件，才会进行包络设计。

构件类型指定：《隔标》规定，构件设计采用中震下的性能设计，隔震结构构件根据性能要求分为关键构件、普通竖向构件、重要水平构件和普通水平构件。对不同类型的构件，按照《隔标》第 4.4.6 条，分别采用弹性和不屈服的设计方法。

构件性能目标指定：《隔标》第 4.7.2 条规定，隔震层支墩、支柱及相连构件应进行大震性能包络设计（指定完构件类型后，软件会自动执行《隔标》。对支墩、支柱及相连构件，按大震斜截面弹性、正截面不屈服设计。软件开放此参数，用户也可对其进行交互修改）。

抗震等级及轴压比修改

特殊构件定义修改与隔震支座相连接构件的抗震等级，关于隔震结构的抗震等级相关规定详见《隔标》第 6.1.3 条、第 6.1.4 条。

由于隔震支座不隔离竖向地震，所以与竖向构件相关的构造措施不应降低，按原设防烈度规定的轴压比限制采用，具体规定详见《隔标》第 6.1.3 条第三款相关规定。

注：轴压比增减量限值只需定义隔震层以上竖向构件，隔震层以下竖向构件不需要定义。但是，隔震层以下竖向构件限制一般不宜大于隔震层以上的限制。

上面定义完毕后，即可进行计算。

4. 隔震模型结果

计算完毕后，即可进行整体指标及配筋结果查看。与常规抗震结构的结果查看相同。需要注意的是，隔震层以上柱的轴压比按不降低抗震等级的限值执行，最小剪重比按原设防烈度对应的多遇地震执行最小限值执行，位移角限值按设防地震控制（对框架结构，设防地震下隔震层以上结构 1/400，隔震层以下 1/500）。下面，我们只对与隔震相关的一些关键指标进行查看。

第一个是支座的等效刚度和阻尼。隔震层支座信息、质心、刚心、支座等效刚度、等效阻尼系数，《隔标》规定如下：

4.2.2　隔震结构自振周期、等效刚度和等效阻尼比，应根据隔震层中隔震装置及阻尼装置经试验所得滞回曲线对应不同地震烈度作用时的隔震层水平位移值计算，并应符合下列规定：

1　可按对应不同地震烈度作用时的设计反应谱进行迭代计算确定，也可采用时程分析法计算确定。

2　采用底部剪力法时，隔震层隔震橡胶支座水平剪切位移可按下述取值：设防地震作用时可取支座橡胶总厚度的 100%，罕遇地震作用时可取支座橡胶总厚度的 250%，极罕遇地震作用时可取支座橡胶总厚度的 400%。

11.3-4 隔震模型结果

相关结果如图 11.3-16 所示。

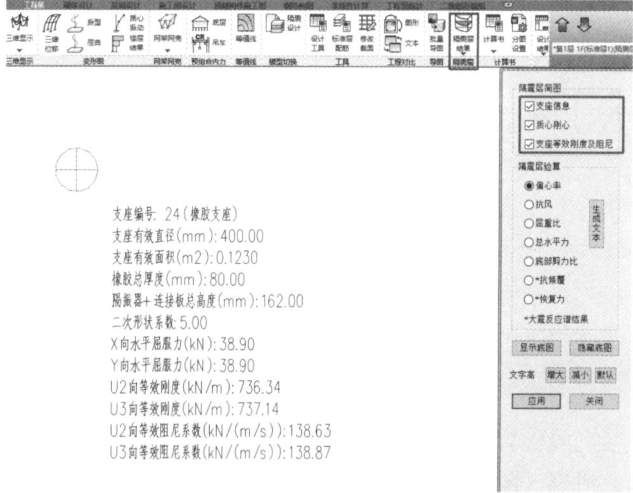

图 11.3-16　支座基本信息

第二步是隔震层偏心率验算。相关规定为:《隔标》第 4.6.2 条第 4 款，隔震层刚度中心与质量中心宜重合，设防烈度地震作用下的偏心率不宜大于 3%。隔震层偏心率计算步骤如下：

（1）重心

$$X_g=\frac{\sum N_{l,i}\cdot X_i}{\sum N_{l,i}},Y_g=\frac{\sum N_{l,i}\cdot Y_i}{\sum N_{l,i}}$$

（2）刚心

$$X_k=\frac{\sum K_{ey,i}\cdot X_i}{\sum K_{ey,i}},Y_k=\frac{\sum K_{ex,i}\cdot Y_i}{\sum K_{ex,i}}$$

（3）偏心距

$$e_x=|Y_g-Y_k|,e_y=|X_g-X_k|$$

（4）扭转刚度

$$K_t=\sum\left[K_{ex,i}(Y_i-Y_k)^2+K_{ey,i}(X_i-X_k)^2\right]$$

（5）弹力半径

$$R_x=\sqrt{\frac{K_t}{\sum K_{ex,i}}},R_y=\sqrt{\frac{K_t}{\sum K_{ey,i}}}$$

（6）偏心率

$$\rho_x=\frac{e_y}{R_x},\rho_y=\frac{e_x}{R_y}$$

式中，$N_{l,i}$为第i个隔震支座在重力荷载代表值下的轴力，X_i,Y_i为第i个隔震支座中心位置 X 方向和 Y 方向坐标，$K_{ex,i},K_{ey,i}$为第i个隔震支座在隔震层发生位移δ时，X 方向和 Y 方向的等效刚度。

隔震层偏心率的结果如图 11.3-17 所示。

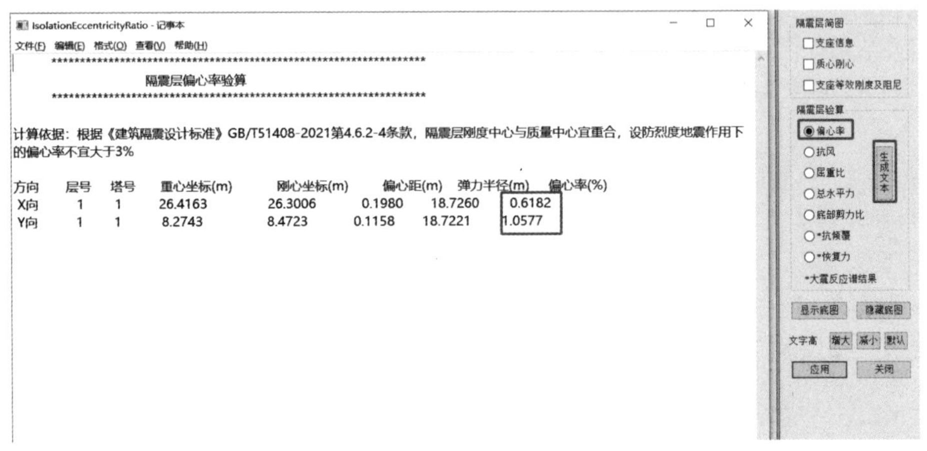
IsolationEccentricityRatio - 记事本

文件(F) 编辑(E) 格式(O) 查看(V) 帮助(H)

****

隔震层偏心率验算

****

计算依据：根据《建筑隔震设计标准》GB/T51408-2021第4.6.2-4条款，隔震层刚度中心与质量中心宜重合，设防烈度地震作用下的偏心率不宜大于3%

方向	层号	塔号	重心坐标(m)	刚心坐标(m)	偏心距(m)	弹力半径(m)	偏心率(%)
X向	1	1	26.4163	26.3006	0.1980	18.7260	0.6182
Y向	1	1	8.2743	8.4723	0.1158	18.7221	1.0577

图 11.3-17　隔震层偏心率

第三步是隔震层抗风验算。以下为隔震层抗风承载力的计算公式。

规范相关规定：根据《隔标》

4.6.8　隔震层的抗风承载力应符合下式规定：

$$\gamma_{\mathrm{w}} V_{\mathrm{wk}} \leqslant V_{\mathrm{Rw}} \tag{4.6.8}$$

式中：V_{Rw}——隔震层抗风承载力设计值（N），隔震层抗风承载力由抗风装置和隔震支座的屈服力构成，按屈服强度设计值确定；

γ_{w}——风荷载分项系数，可取 1.4；

V_{wk}——风荷载作用下隔震层的水平剪力标准值（N）。

其结果如图 11.3-18 所示，可以发现 Y 向不满足要求。这是由于 Y 向迎风面大，风荷载大，对应的抗风承载力要求高。解决方法是调整上图公式右侧，提高隔震支座的屈服力；或者增设抗风装置，一般实际项目选前者。

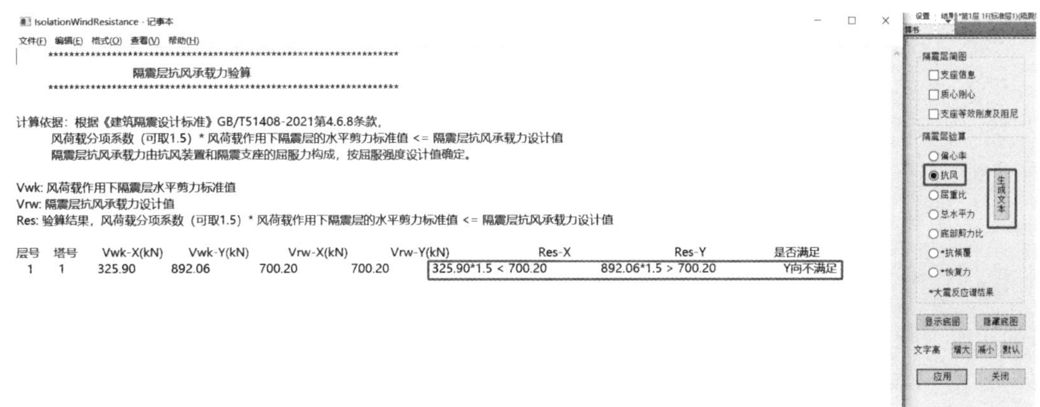
IsolationWindResistance - 记事本

文件(F) 编辑(E) 格式(O) 查看(V) 帮助(H)

隔震层抗风承载力验算

计算依据：根据《建筑隔震设计标准》GB/T51408-2021第4.6.8条款，
风荷载分项系数（可取1.5）* 风荷载作用下隔震层的水平剪力标准值 <= 隔震层抗风承载力设计值
隔震层抗风承载力由抗风装置和隔震支座的屈服力构成，按屈服强度设计值确定。

Vwk: 风荷载作用下隔震层水平剪力标准值
Vrw: 隔震层抗风承载力设计值
Res: 验算结果，风荷载分项系数（可取1.5）* 风荷载作用下隔震层的水平剪力标准值 <= 隔震层抗风承载力设计值

层号	塔号	Vwk-X(kN)	Vwk-Y(kN)	Vrw-X(kN)	Vrw-Y(kN)	Res-X	Res-Y	是否满足
1	1	325.90	892.06	700.20	700.20	325.90*1.5 < 700.20	892.06*1.5 > 700.20	Y向不满足

图 11.3-18　抗风承载力计算

第四步是隔震层屈重比验算。屈重比就是支座的屈服力之和与重力之比，隔震建筑屈重比是参考日本隔震设计相关规定，我国相关规范未做此方面的要求。有关资料研究表明，屈重比对高层建筑隔震效果影响明显，对多层建筑结构影响相对较小。

软件提供屈重比计算结果供结构工程设计人员参考，如图 11.3-19 所示。调整思路是以增加隔震支座的屈服力为主。

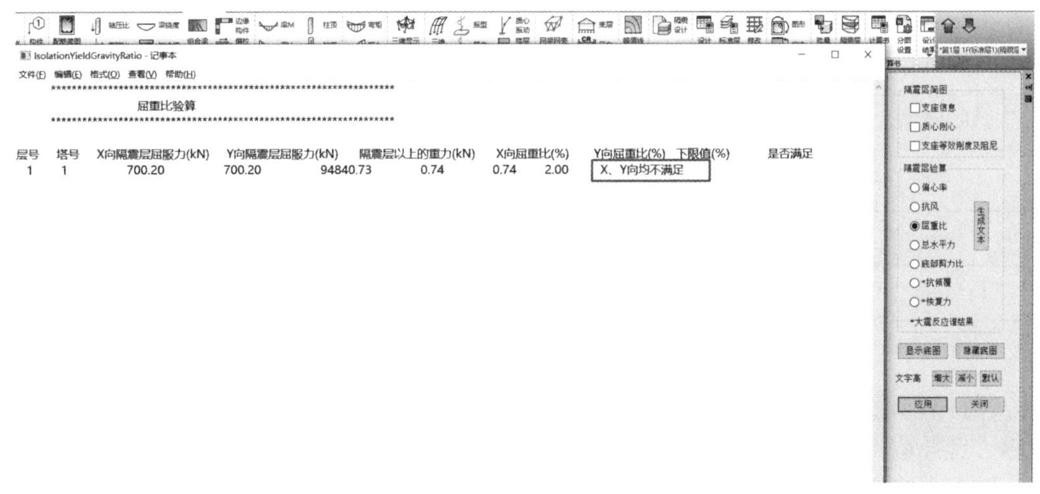
IsolationYieldGravityRatio - 记事本

文件(F) 编辑(E) 格式(O) 查看(V) 帮助(H)

屈重比验算

层号	塔号	X向隔震层屈服力(kN)	Y向隔震层屈服力(kN)	隔震层以上的重力(kN)	X向屈重比(%)	Y向屈重比(%)	下限值(%)	是否满足
1	1	700.20	700.20	94840.73	0.74	0.74	2.00	X、Y向均不满足

图 11.3-19　屈重比

第五步是隔震层总水平力验算。根据《抗标》第 12.1.3 条第 3 款，风荷载和其他非地

震作用的水平荷载标准值产生的总水平力不宜超过结构总重力的 10%。

根据《建筑与市政工程抗震通用规范》第 5.1.7 条第 1 款，隔震层以上结构的总水平地震作用，不得低于 6 度设防非隔震结构的总水平地震作用。

本案例隔震层总水平力如图 11.3-20 所示。

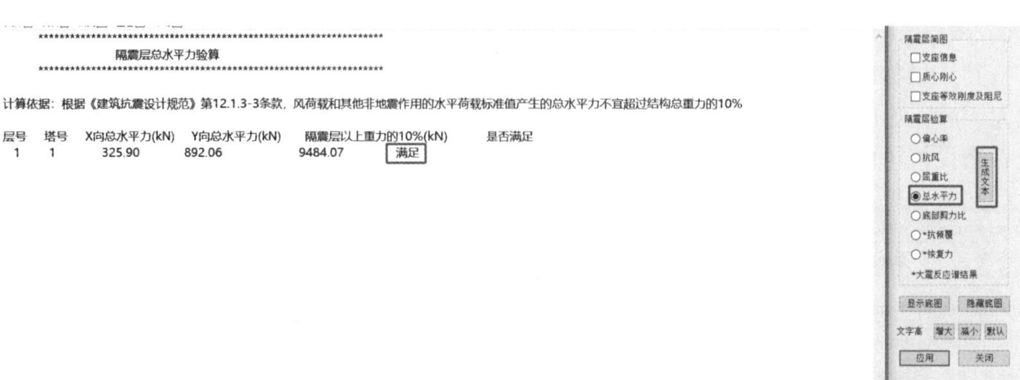

图 11.3-20 隔震层总水平力

第六步是隔震层支座应力及位移验算。《隔标》第 4.6.3 条规定了重力荷载代表值作用下的压应力限值，如表 11.3-3 所示；第 6.2.1 条规定，罕遇地震作用下隔震支座的竖向受力，如表 11.3-4 所示；《隔标》第 6.2.1 条的条文说明的荷载组合：

最大压应力 = 1.0 × 恒载 + 0.5 × 活载 + 1.0 × 罕遇水平地震作用产生的最大轴力 + 0.4 × 竖向地震作用产生的轴力（1）

最小压应力 = 1.0 × 恒载 − 1.0 × 罕遇水平地震作用产生的最大轴力 − 0.5 × 竖向地震作用产生的轴力（2）

隔震支座在重力荷载代表值作用下的压应力限值（MPa）　　表 11.3-3

支座类型	特殊设防类建筑	重点设防类建筑	标准设防类建筑
隔震橡胶支座	10	12	15
弹性滑板支座	12	15	20
摩擦摆隔震支座	20	25	30

隔震橡胶支座在罕遇地震下的最大竖向压应力限值　　表 11.3-4

建筑类别	特殊设防类建筑	重点设防类建筑	标准设防类建筑
压应力限值（MPa）	20	25	30

注：隔震橡胶支座的直径小于 300mm 时，其压应力限值可适当降低。

《抗标》第 12.2.1 条，隔震设计应根据预期的竖向承载力、水平向减震系数和位移控制要求，选择适当的隔震装置及抗风装置组成结构的隔震层。

隔震支座应进行竖向承载力的验算和罕遇地震下水平位移的验算。

隔震层以上结构的水平地震作用应根据水平向减震系数确定；其竖向地震作用标准值，8 度（0.20g）、8 度（0.30g）和 9 度时分别不应小于隔震层以上结构总重力荷载代表值的

20%、30%和 40%。进一步化简（竖向地震以 20%为例）组合，如下所示。

罕遇地震作用下隔震支座最大压应力工况组合取值：

$$1.0D + 0.5L + 1.0F_{\mathrm{ek}} + 0.4 \times 0.2 \times (1.0D + 0.5L) = 1.08D + 0.54L + 1.0F_{\mathrm{ek}}$$

罕遇地震作用下隔震支座最大拉应（最小压应力）力工况组合取值：

$$1.0D - 1.0F_{\mathrm{ek}} - 0.5 \times 0.2 \times (1.0D + 0.5L) = 0.9D - 0.05L - 1.0F_{\mathrm{ek}}$$

关于支座位移，在《隔标》第 4.6.6 条规定位移限值如下所示。

4.6.6　隔震支座在地震作用下的水平位移应符合下式规定：

$$u_{\mathrm{h}i} \leqslant [u_{\mathrm{h}i}] \tag{4.6.6}$$

式中：$[u_{\mathrm{h}i}]$——第i个隔震支座的水平位移限值（mm）；

$u_{\mathrm{h}i}$——第i个隔震支座考虑扭转的水平位移（mm）。

隔震支座在地震作用下的水平位移按如下规定取值：

1 除特殊规定外，在罕遇地震作用下隔震橡胶支座的$[u_{\mathrm{h}i}]$取值不应大于支座直径的 0.55 倍和各层橡胶厚度之和 3.0 倍二者的较小值；弹性滑板支座的$[u_{\mathrm{h}i}]$取值不应大于其产品水平极限位移的 0.75 倍；摩擦摆隔震支座的$[u_{\mathrm{h}i}]$取值不应大于其产品水平极限位移的 0.85 倍。

2 对特殊设防类建筑，在极罕遇地震作用下隔震橡胶支座的$[u_{\mathrm{h}i}]$值可取各层橡胶厚度之和的 4.0 倍；弹性滑板支座、摩擦摆隔震支座的$[u_{\mathrm{h}i}]$值可取产品水平极限位移；隔震层宜设置超过极罕遇地震下位移的限位装置。

读者需要留意上面关于大震下的指标，后期需要进一步通过时程分析确认，此步骤只是初步进行判断。

5. 隔震方案评估与判断

11.3-5 隔震方案评估与判断

隔震方案的成败最后取决于一个指标，就是底部剪力比。

图 11.3-21 是隔震模型的底部剪力比，校核隔震模型底部剪力比是否小于 0.5，是否满足初步设定的减震目标。如果满足，则可以进行下部设计；如果不满足，则需要调整隔震支座的类型及布置情况等，直到满足减震目标为止。确有困难时，也可以降低减震目标，按不降低一度设计也是可行的。

隔震层底部剪力比

注：隔震与非隔震模型的隔震层底部剪力比均来自中震反应谱结果。

X 向隔震与非隔震模型的隔震层底部剪力比：

层号	塔号	隔震结构隔震层底部剪力(kN)	非隔震结构隔震层底部剪力(kN)	底部剪力比
3	1	3740.57	16541.88	0.23

Y 向隔震与非隔震模型的隔震层底部剪力比：

层号	塔号	隔震结构隔震层底部剪力(kN)	非隔震结构隔震层底部剪力(kN)	底部剪力比
3	1	3750.62	15680.66	0.24

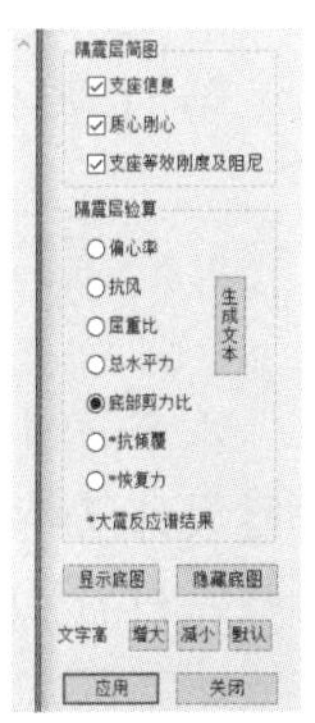

图 11.3-21　底部剪力比

6. 隔震报告的编写

隔震报告的编写建议以 YJK 的计算书为模板，如图 11.3-22 所示。在此基础上，将其他软件电算的时程分析数据进行替换。

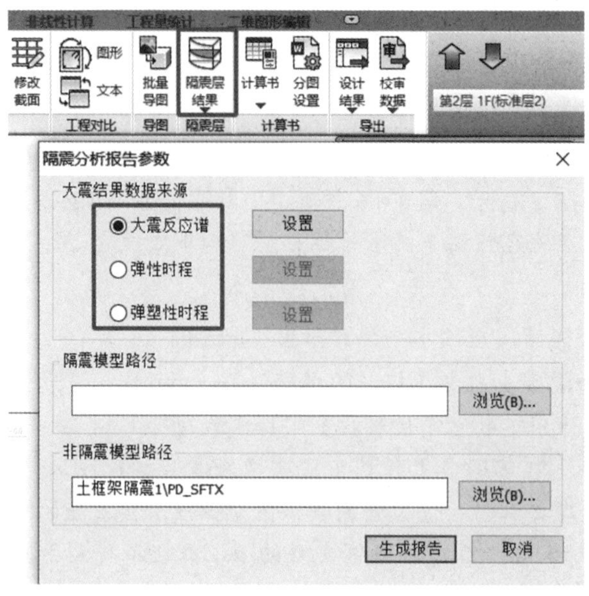

图 11.3-22 隔震报告生成路径

最后，一个比较完整的隔震报告目录如下。

11.3-6 隔震报告的编写

第 1 章 工程概况

第 2 章 设计依据

第 3 章 隔震支座布置

第 4 章 直接设计法分析结果

第 5 章 隔震层及隔震支座验算

第 6 章 隔震结构层间位移角

第 7 章 基础的受力计算

第 8 章 产品性能指标要求

第 9 章 施工与维护

第 10 章 本项目中隔震支座生产企业应提供以下证明材料

第 11 章 结论

11.4 隔震结构小结

11.4 隔震结构小结

本章介绍了隔震结构的基本概念和 YJK 操作。相对于其他结构而言，随着软件更新，隔震设计已经非常容易上手，尤其是隔震支座的模拟。设计阶段根据软件提供的一些产品参数，只需要赋值给支座即可实现。

本案例重点结合第 1 章框架结构进行深化细算，读者要理清非隔震模型和隔震模型的关系，每个模型的目的不一样。与减震器类似，隔震支座的有效刚度和阻尼的计算中，读者可以进一步借助 YJK 的弹性时程分析进行计算，得到隔震支座的有效刚度和阻尼。

对于隔震结构的大震时程分析部分，作者建议采用 ETABS 进行补充计算。

第12章 特色结构专题

12.1 结构计算书整理与施工图生成

12.1-1 计算书整理

1. 计算书整理

计算书是结构设计必不可少的一环。十多年前，施工图审查一般提供纸质版的计算书。现在，无论是外部审查还是内部归档，一般都是保存电子版的计算书为主。本小节主要结合 YJK 的计算软件进行计算书整理。

第一个是整体指标层面的计算书。这里的计算书主要包括文本 1/2/3 的内容，如图 12.1-1 所示，再根据具体项目附加一些 $0.2V_0$ 调整、倾覆力矩等信息。

读者可以根据需求，将整体指标汇总放入文本 1、2、3 后面，如图 12.1-2 所示。这里的汇总一目了然，系从新文本中进行摘录。

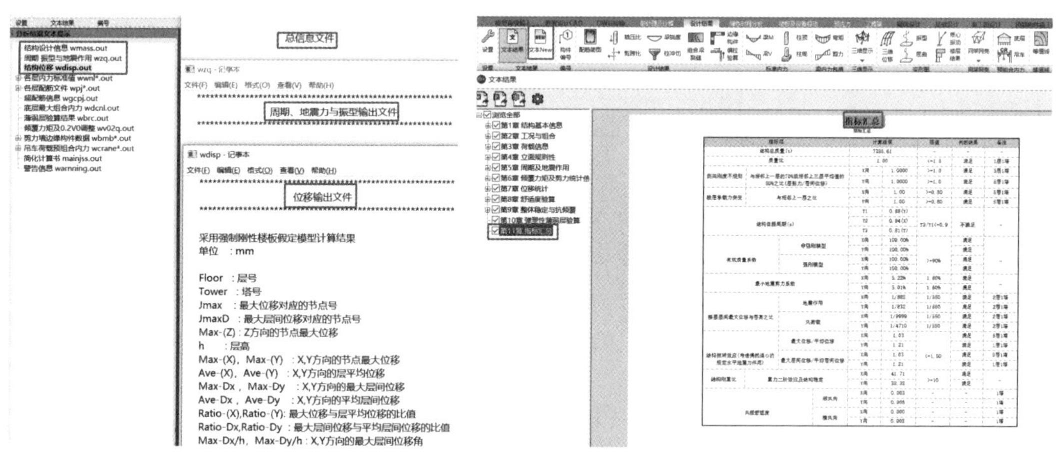

图 12.1-1 计算书整体指标　　图 12.1-2 整体指标汇总

读者需要判断整体指标汇总内容中一些电算汇总不合理的指标，进行手动修改，确保符合规范要求和结构的实际情况。

第二个是荷载简图。这个在前处理中进行，如图 12.1-3 所示。

荷载简图的控制内容一般包括楼面荷载、梁上荷载、板厚等信息。它的控制参考图 12.1-4 所示，特别留意应根据实际项目面积确定好图框，修改字高。比如，1：100 的图形用 200～250 的字高，1：150 的图形用 300～375 的字高。

第三个是配筋简图。这个在后处理中进行，如图 12.1-5 所示。

这里提醒读者文字高度的控制，尤其是面积比较大的项目。在图 12.1-6 中，设置好文字的高度，以免后期调整。

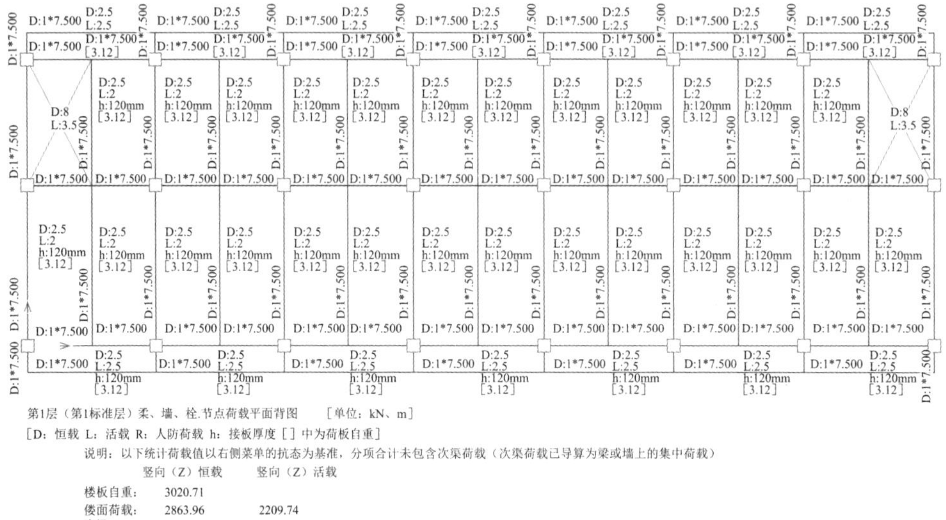

第1层（第1标准层）柔、墙、栓.节点荷载平面背图　　[单位：kN、m]
[D：恒载 L：活载 R：人防荷载 h：接板厚度 [ ] 中为荷板自重]
说明：以下统计荷载值以右侧菜单的抗态为基准，分项合计未包含次梁荷载（次梁荷载已导算为梁或墙上的集中荷载）
竖向（Z）恒载　　竖向（Z）活载
楼板自重：　3020.71
楼面荷载：　2863.96　　2209.74
次梁：　0.00　　0.00
分项荷载：

图 12.1-3　荷载简图

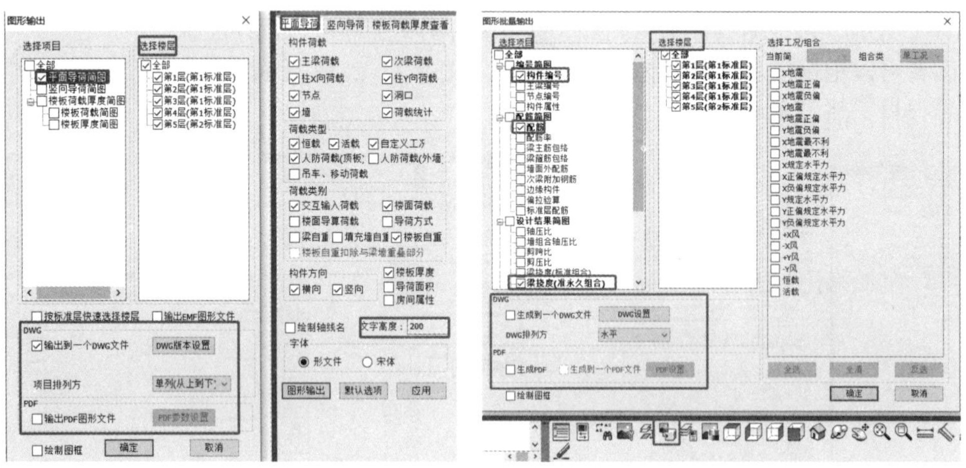

图 12.1-4　荷载控制项　　　　图 12.1-5　配筋输出项

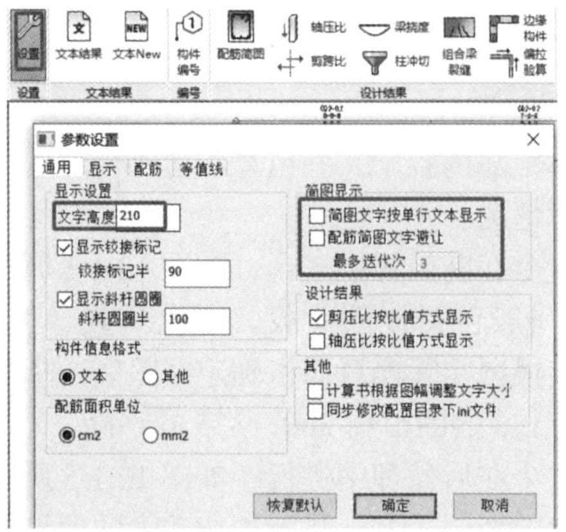

图 12.1-6　配筋文字设置

第四步是楼板、基础简图。这两部分内容输出情况同第三步一样，输出部分注意字高的调整即可。

第五步是构件补充计算书。一般像挡土墙、坡道等构件，用理正工具箱、Excel 等进行计算。

第六步是结构补充计算书。比如，超长结构的温度应力分析、穿层柱屈曲分析等计算书，在此部分汇总。

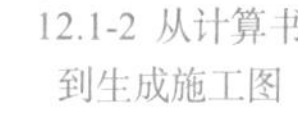

12.1-2 从计算书到生成施工图

2. 计算书到生成施工图

生成施工图就是项目中说的快速出图，此方法如果在 15 年前一定行不通，但是随着软件的更新发展，加上国内不合理的设计周期和频繁的方案变化，快速出图经过合理的设置，也是可以满足施工图要求的。

这里要先提醒读者，如果是新手，建议用 CAD 进行手动绘图。如果有了一定的项目经验，可以考虑快速出图。

快速出图可以用纯 YJK 进行，也可以用 YJK + CAD 探索者的方法进行。这里，我们推荐大家采用后者。YJK 的作用是生成计算书，如图 12.1-7 所示，务必勾选“构件编号”和“配筋”。

生成后的目录在设计结果文件夹中，如图 12.1-8 所示。注意，图中 wpj 文件和构件编号文件必须放在一个目录中。

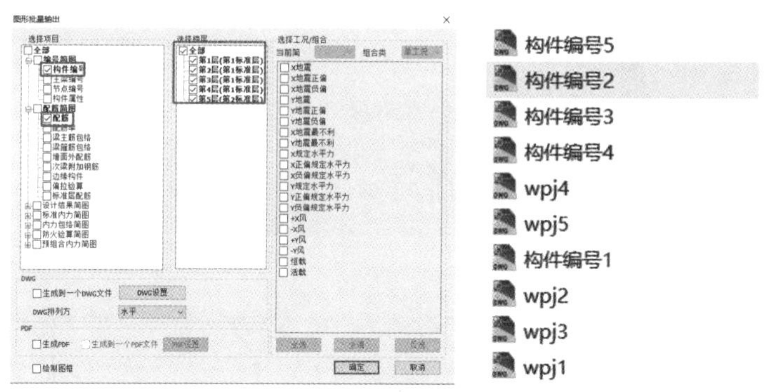

图 12.1-7　计算书生成构件编号与配筋　　图 12.1-8　计算结果文件

最后，打开探索者 CAD，进行计算书导入即可，如图 12.1-9 所示。计算书生成模板图、配筋图的方法，读者可以参考相关探索者施工图的书籍，这里我们只是提醒读者一定要巧妙地利用软件的便利提高工作效率，节约时间。

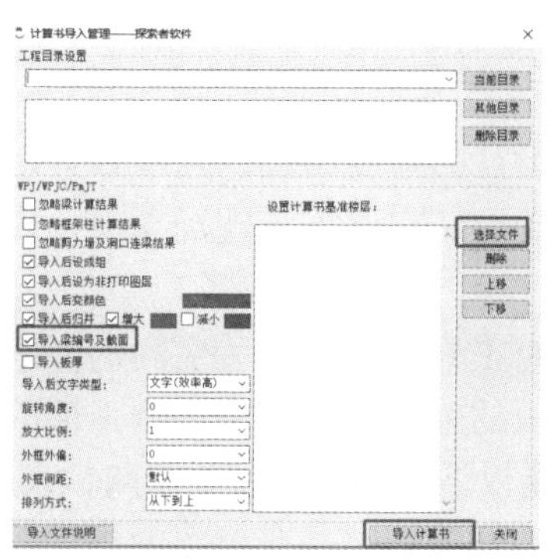

图 12.1-9　导入计算书

12.2 钢筋桁架楼承板楼盖计算分析

12.2-1 钢结构组合楼盖的发展

1. 钢结构组合楼盖的发展

钢结构中，组合楼盖的出现是为了解决传统的现浇楼盖施工速度慢的问题，第一代组合楼盖是压型钢板组合楼盖，分为开口型和闭口型。它的出现极大地提升了当时的生成效率，如图 12.2-1 所示。

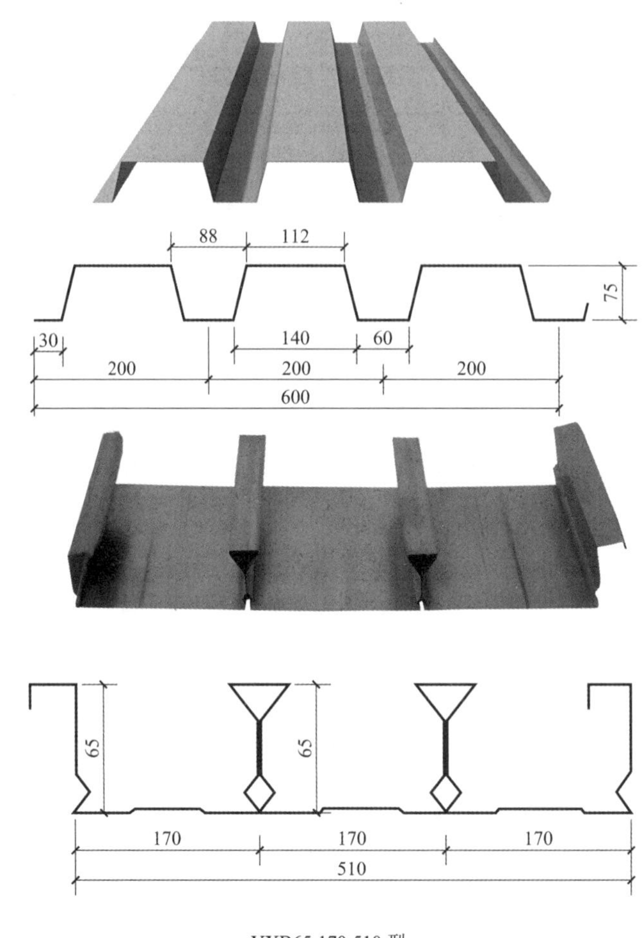

YXB65-170-510 型

图 12.2-1 压型钢板组合楼盖

压型钢板组合楼盖从结构设计的角度而言，同样分为组合型和非组合型，主要区别为是否考虑使用阶段压型钢板的受力。它不需要现场支模，现场只需要绑扎板钢筋、焊栓钉等，因此施工较快。

随着钢结构的迅猛发展，对工程工期提出了更高的要求。钢结构构件工厂得产业化生产大大缩短了工程的工期，楼板的施工方法已是影响工期的重要因素。压型钢板的板肋较高，导致了建筑物净高减小、楼板下表面不平整、双向板设计及施工困难、钢筋绑扎烦琐、钢筋间距及混凝土保护层厚度不好控制、存在严重的耐火及防腐缺陷等问题，必须解决。钢筋桁架楼承板除具有压型钢板组合楼盖及现浇板的各种优点外，还具有自身的特点，既能充分发挥钢结构施工周期短的特点，又具有施工质量易控的优势，得到了市场的高度认可和好评。图 12.2-2 是典型的钢筋桁架楼承板。

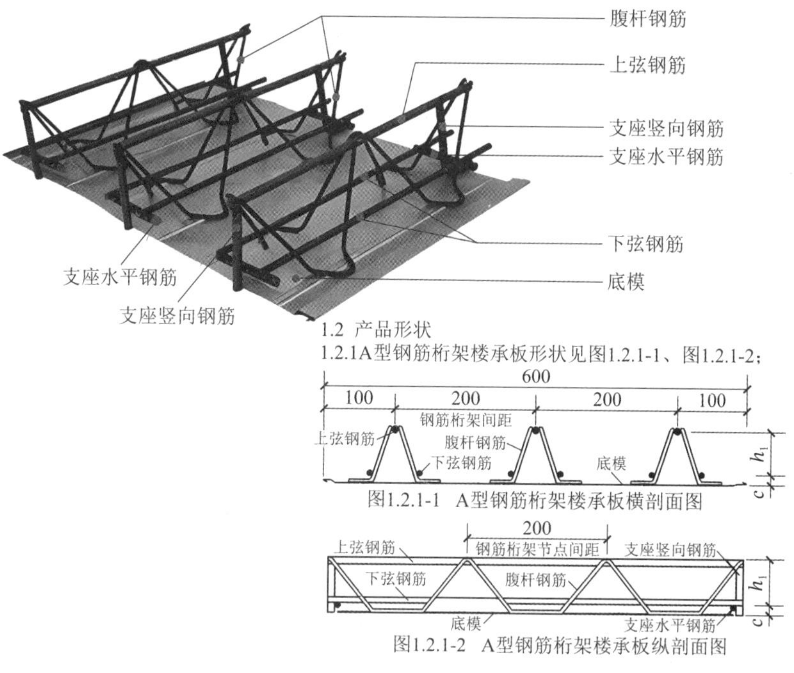

图 12.2-2　钢筋桁架楼承板

2. 钢筋桁架楼承板的电算

YJK 近几年的版本中已经完全融入了压型钢板组合楼盖、钢筋桁架楼承板的计算。本小节介绍钢筋桁架楼承板的计算。我们以第 4 章钢框架的案例为基础进行介绍。

第一步，布置钢筋桁架楼承板。图 12.2-3 是标准层的楼板三维图，板厚为 120mm，直接进入施工图菜单→板施工图。

12.2-2 钢筋桁架楼承板的电算

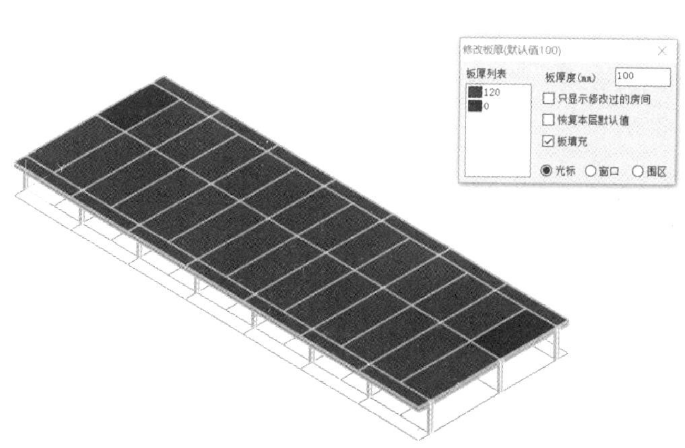

图 12.2-3　标准层楼板三维图

前处理参数和普通楼板一模一样，进入楼承板菜单，进行必要的参数设置，定好钢筋型号，如图 12.2-4 所示。

点开楼承板数据库，如图 12.2-5 所示。读者可以看到 YJK 收录的各种楼承板数据，初步接触楼承板的朋友可以查看自己板厚对应的楼承板类型。实际项目中，也可以根据具体项目需求进行专用的楼承板数据复核。

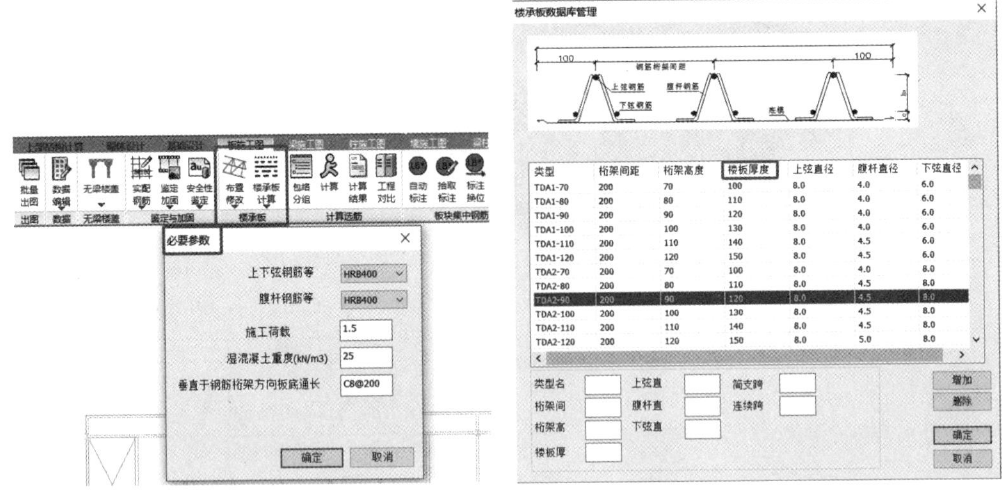

图 12.2-4　必要参数　　　　图 12.2-5　楼承板数据库

点击围区布置，根据楼承板厚度选择楼承板类型，如图 12.2-6 所示。添加好类型，围区布置，如图 12.2-7 所示。注意通过调整角度来控制楼承板方向，保证楼承板跨度与楼板短边方向平行。

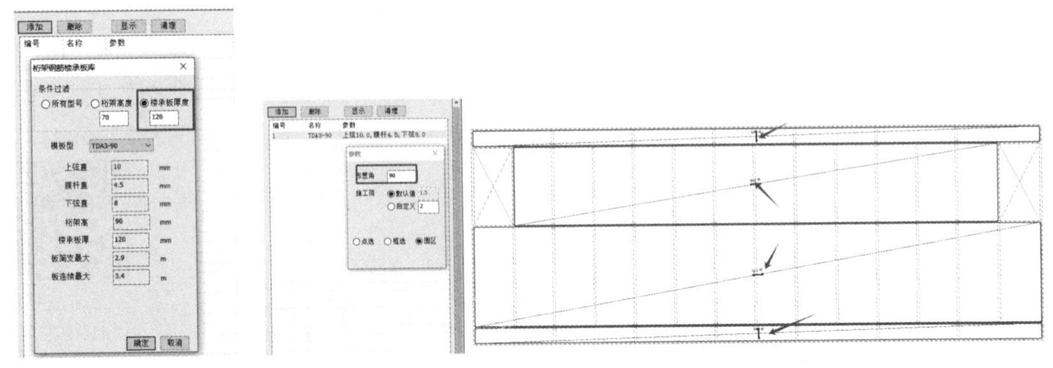

图 12.2-6　添加楼承板　　　　图 12.2-7　楼承板布置

第二步，桁架高度检查，如图 12.2-8 所示。这一步很多读者容易忽略，主要应确保桁架上下弦保护层满足要求。

第三步，施工阶段验算。如图 12.2-9 所示，楼板计算前处理参数和普通楼板一模一样，进入楼承板菜单，进行必要的参数设置，定好钢筋型号，如图 12.2-4 所示。进行施工阶段验算，图中会给出计算结果。比如，图中提示受压弦杆超限，具体情况可以点击计算书查看，如图 12.2-10 所示，根据计算书进行调整。

第四步，正常使用极限状态验算，如图 12.2-11 所示。根据计算书，进一步确定桁架类型。

第五步，楼板计算。在前面两步的验算通过后，可以进行楼板计算，如图 12.2-12 所示。此步骤楼板配筋和之前的普通楼板配筋一样，在满足裂缝和挠度的情况下，正常配重即可。

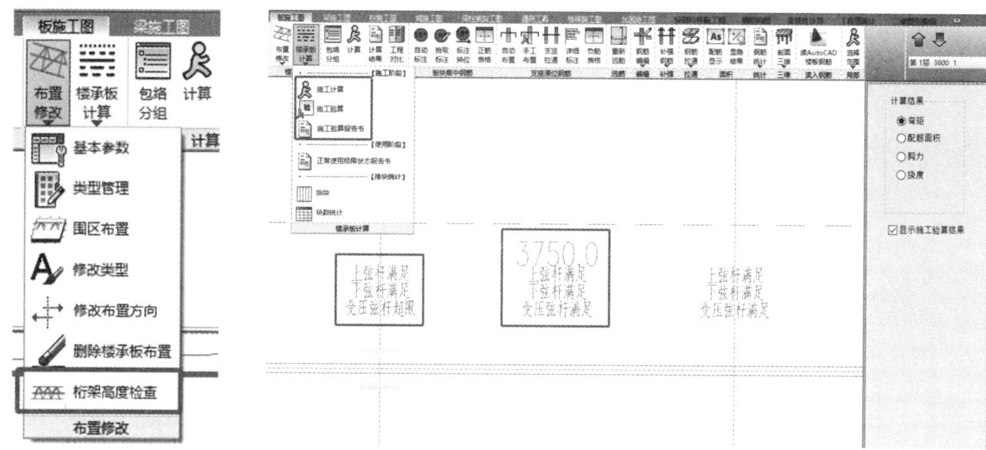

图 12.2-8　桁架高度检查　　　　图 12.2-9　施工阶段验算

二、楼承板规格：

楼承板类型：TDA3-90

上弦直径：10mm，下弦直径：8mm，腹杆直径：4.5mm

单榀桁架计算宽度 b = 200mm

钢筋桁架节点间距 200mm

桁架高度 90mm

三、荷载：

施工阶段：模板自重+湿混凝土重量 3.0，施工荷载 1.5

四、施工验算：

1、跨中最不利位置验算

跨中计算最大弯矩值：8.20 kN.m，桁架钢筋间距：200mm，对应桁架单元弯矩值：M = 8.20*200/1000.0 = 1.64 kN.m

钢筋设计强度 f_y = 360 MPa，桁架单元设计弯矩 M = 1.64 kN.m，上下弦杆中心距 h_{t0} = 81.00 mm，可确定上下弦杆轴力 N = 20.25 kN

结构重要性系数 γ_0 = 0.9

强度验算：

上弦钢筋面积 A_{st} = 78.54 mm²，上弦钢筋应力 σ_{st} = 232.01 MPa

下弦钢筋面积 A_{sb} = 100.53 mm²，下弦钢筋应力 σ_{sb} = 181.26 MPa

稳定验算：

上弦受压，直径 d = 10 mm，受压稳定系数 ϕ = 0.68

压杆稳定应力 σ_{cs} = 339.11 MPa

挠度验算：

桁架刚度 B_s = 58.04 kN.m²，根据图乘法确定计算挠度 f = 28.11 mm

挠度限值 f_{max} = 20.00 mm

$f > f_{max}$

2、支座最不利位置验算

支座计算最大弯矩值：10.27 kN.m，桁架钢筋间距：200mm，对应桁架单元弯矩值：M = 10.27*200/1000.0 = 2.05kN.m

钢筋设计强度 f_y = 360 MPa，桁架单元设计弯矩 M = 2.05 kN.m，上下弦杆中心距 h_{t0} = 81.00 mm，可确定上下弦杆轴力 N = 25.36 kN

结构重要性系数 γ_0 = 0.9

强度验算：

上弦钢筋面积 A_{st} = 78.54 mm²，上弦钢筋应力 σ_{st} = 290.58 MPa

下弦钢筋面积 A_{sb} = 100.53 mm²，下弦钢筋应力 σ_{sb} = 227.02 MPa

稳定验算：

下弦受压，直径 d = 8 mm，受压稳定系数 ϕ = 0.51

压杆稳定应力 σ_{cs} = 444.33 MPa

$\sigma_{cs} > f_y$

图 12.2-10　计算书

三、正常使用极限状态验算：

跨中验算：

钢筋设计强度 f_y = 360 MPa

第一阶段楼板自重标准弯矩 M_{1Gk} = 0.79 kN.m，受拉弦杆应力 σ_{s1Gk} = 97.29 MPa

第二阶段其它荷载标准弯矩 M_{2k} = 1.04 kN.m，受拉弦杆应力 σ_{2k} = 117.49 MPa

受拉弦杆总应力 σ_{sk} = 214.77 MPa

支座验算：

钢筋设计强度 f_y = 360 MPa

第一阶段楼板自重标准弯矩 M_{1Gk} = −1.04 kN.m，受拉弦杆应力 σ_{s1Gk} = 163.63 MPa

第二阶段其它荷载标准弯矩 M_{2k} = −1.70 kN.m，受拉弦杆应力 σ_{2k} = 248.94 MPa

受拉弦杆总应力 σ_{sk} = 412.57 MPa

$\sigma_{sk} > 0.9f_y$

图 12.2-11　正常使用极限状态验算

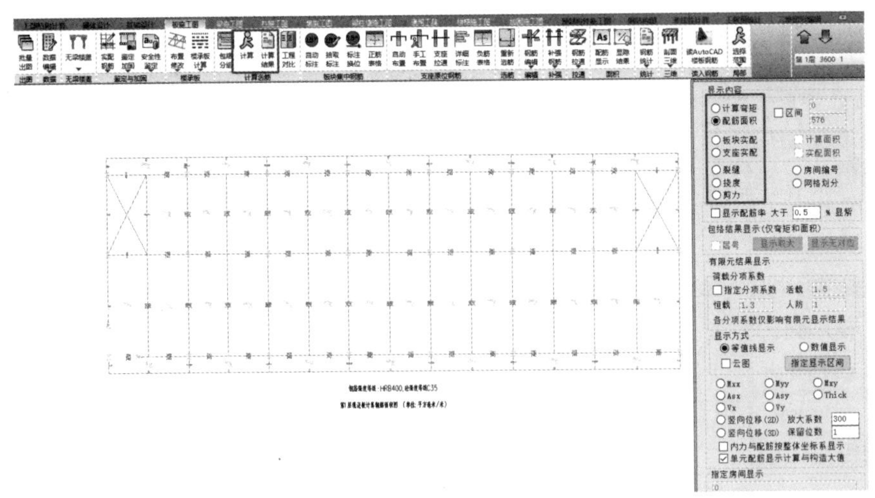

图 12.2-12　楼板计算

3. 钢筋桁架楼承板构造

12.2-3 钢筋桁架楼承板构造

实际项目中，钢筋桁架楼承板最终体现在施工图上，这里推荐读者配合《钢筋桁架楼承板》22G522-1 进行图纸设计。

图 12.2-13 是典型的钢筋桁架混凝土楼板详图（《钢筋桁架楼承板》22G522-1 第 27 页 HB6 楼板）。

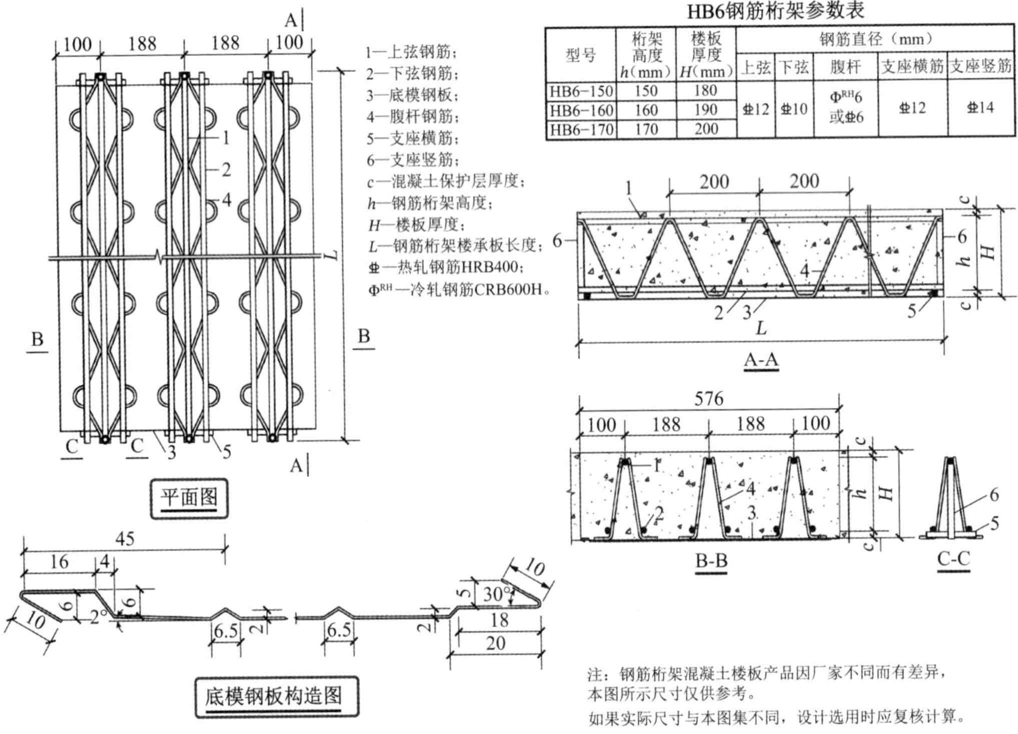

HB6钢筋桁架参数表

型号	桁架高度 h(mm)	楼板厚度 H(mm)	钢筋直径（mm） 上弦	下弦	腹杆	支座横筋	支座竖筋
HB6−150	150	180	⌀12	⌀10	Φ^RH6 或⌀6	⌀12	⌀14
HB6−160	160	190					
HB6−170	170	200					

图 12.2-13　典型钢筋桁架混凝土楼板详图

图 12.2-14 是楼承板与钢梁连接节点（《钢筋桁架楼承板》22G522-1 第 30、31 页）。

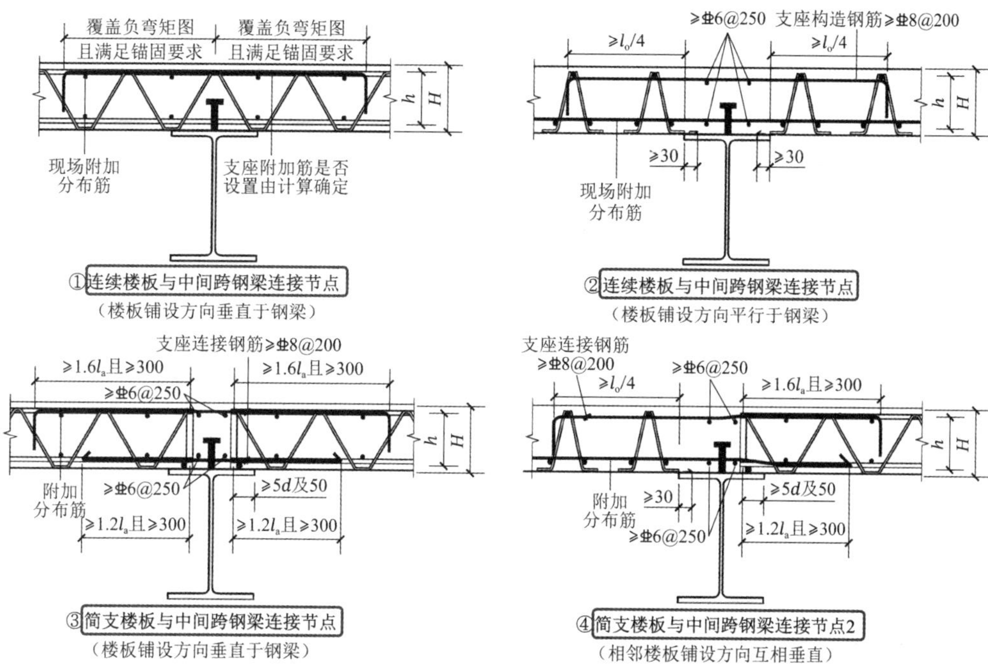

注：1.钢筋的锚固长度和搭接长度应满足国家标准图集22G101−1《混凝土结构施工图平面整体表示方法制图规则和构造详图（现浇混凝土框架、剪力墙、梁、板）》的要求。
2. l_o为楼板的计算跨度。
3. 图中的构造钢筋为最低配筋要求，应根据实际情况计算复核。
4. 当为双向板时，垂直于桁架方向的现场附加钢筋应满足纵向受力钢筋计算和构造要求。

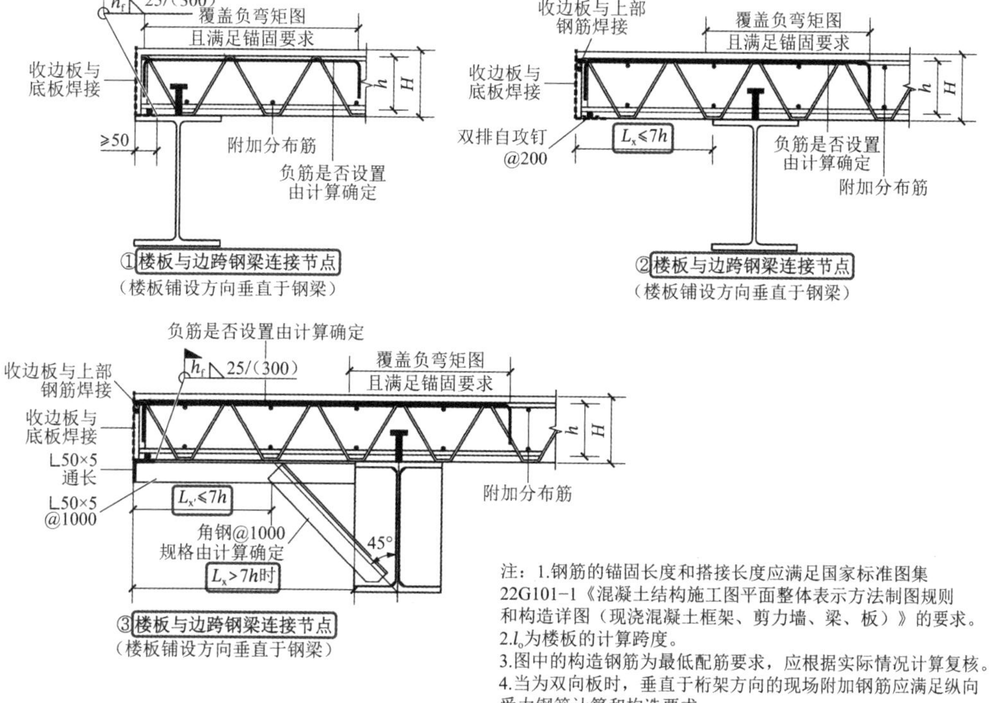

注：1.钢筋的锚固长度和搭接长度应满足国家标准图集22G101−1《混凝土结构施工图平面整体表示方法制图规则和构造详图（现浇混凝土框架、剪力墙、梁、板）》的要求。
2.l_o为楼板的计算跨度。
3.图中的构造钢筋为最低配筋要求，应根据实际情况计算复核。
4.当为双向板时，垂直于桁架方向的现场附加钢筋应满足纵向受力钢筋计算和构造要求。

图 12.2-14　楼承板与钢梁连接节点

图 12.2-15 是钢梁两侧楼板有高差时的连接节点（《钢筋桁架楼承板》22G522-1 第 34 页）。

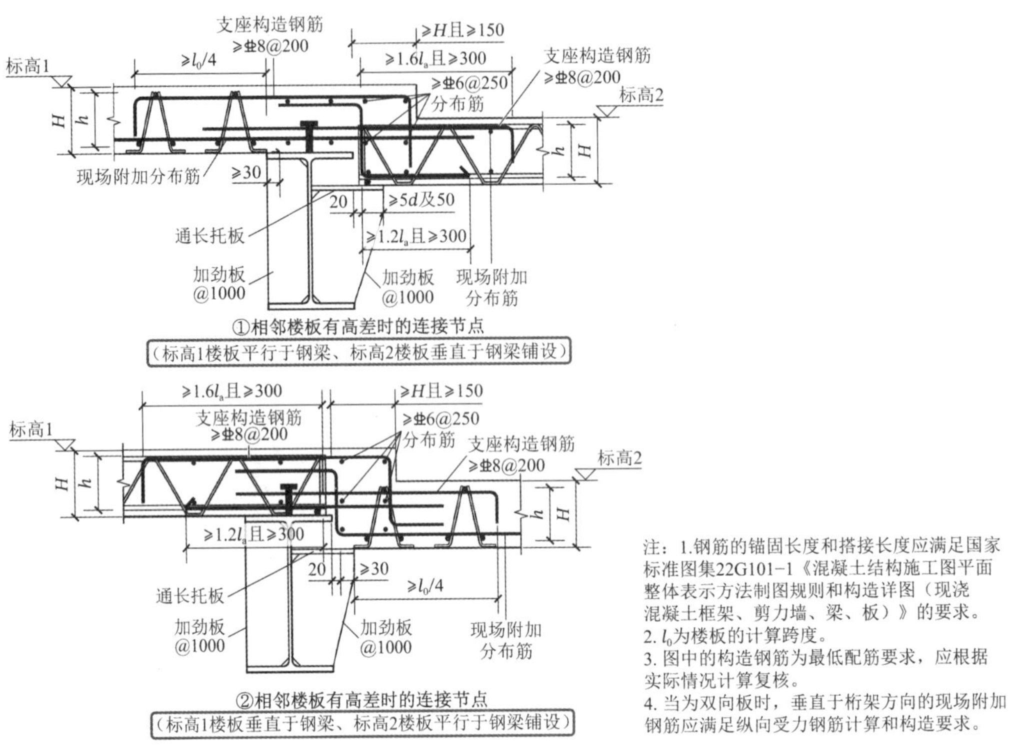

图 12.2-15　钢梁两侧楼板有高差时的连接节点

图 12.2-16 是楼板洞口加强节点。

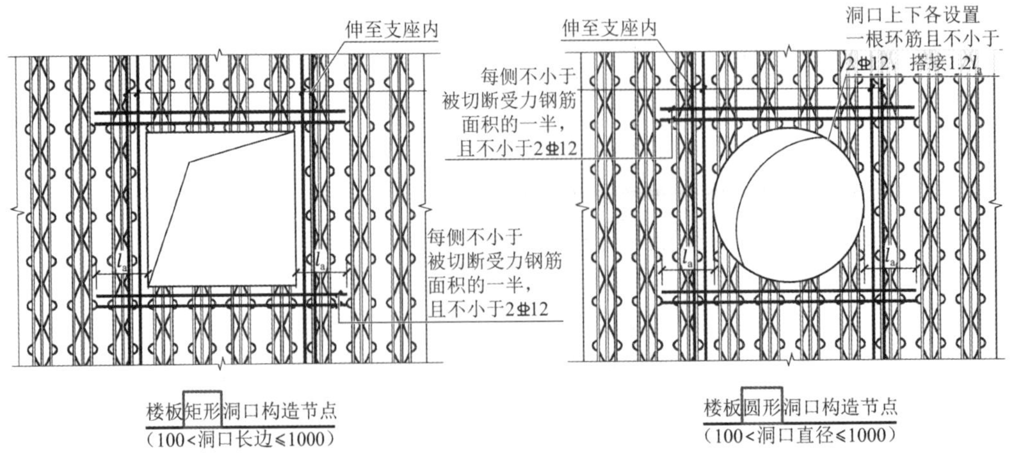

图 12.2-16　楼板洞口加强节点

图 12.2-17 是栓钉构造节点。

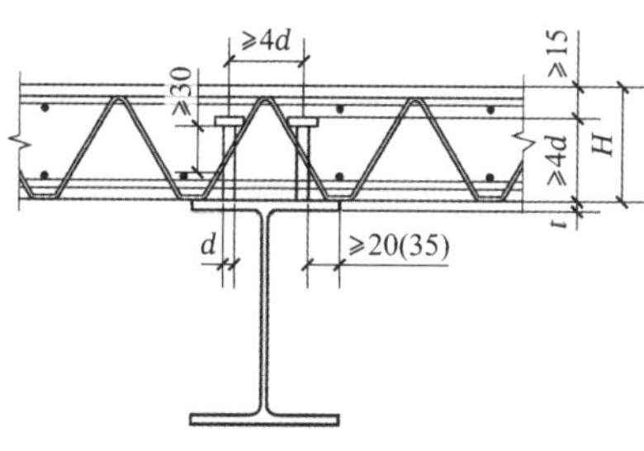

栓钉抗剪连接件构造（垂直梁长度方向）
（括号内数字适用于高层建筑钢结构设计）

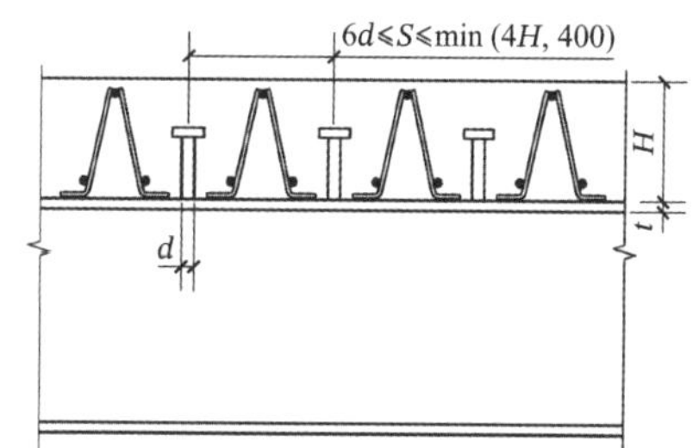

栓钉抗剪连接件构造（平行梁长度方向）

栓钉直径选用表

楼板跨度L（m）	栓钉直径（mm）
L<3	13～16
3≤L≤6	16～19
6<L	19

图 12.2-17　栓钉构造节点

以上是钢筋桁架楼承板施工图设计时经常用到的节点，读者需要熟悉。

12.3　地下室抗浮结构计算分析

12.3-1 抗浮水位与抗浮失效的危害

1. 抗浮水位与抗浮失效的危害

结构设计中会遇到两个水位，它们的数值系从勘察报告而来，分别是防水设计水位和抗浮设计水位。

防水设计水位主要用于地下室建筑外防水和确定地下室结构外墙及基础底板混凝土的抗渗等级，涉及的是建筑和结构的防水设计标准问题，与整体结构及结构构件的抗浮设计无关。

抗浮设计水位，是地下室抗浮评价计算所需、保证抗浮设防安全、经济与合理的场地地下水水位。这包含两层意思：一是保证设防安全，它是要保证几十甚至上百年建筑使用期间的安全，在此期间不致因地下水上升，浮力加大而引起抗浮失效，因而应有足够的安全度；二是要以区域水文地质条件为基础，从较大范围的场地来考虑，而不是以某个单独建筑来考虑，抗浮水位分为整体稳定的抗浮水位和局部稳定的抗浮水位。

实际项目中，雨季经常会遇到地下车库抗浮失效的情况（图 12.3-1）。有的造成永久性的损害；有的结构本身没有问题，但是产生的裂缝变形等影响使用，需要进行加固处理。

图 12.3-1　抗浮失效

2. 抗浮思路和方法

12.3-2 抗浮思路和方法

抗浮的结构设计思路一般有两种：主动抗浮和被动抗浮。前者主动压，增加配重；后者被动拉，就是抗拔桩。

实际项目中，水浮力相差不大的情况下可以考虑主动压，增加有限的配重来抵抗浮力。这里的关键是配重的位置，肯定是越接近基础越好。如果水浮力相差很多，这时要考虑的是抗拔桩的引入。一般可以考虑抗压兼做抗拔桩，当然也可以考虑抗拔锚杆。这里的经验是推荐天然地基配合抗拔锚杆，否则就考虑前者。

抗浮结构实际项目的设计手法也有很多种，这里我们梳理一下：

第一种是传统的手算法，借助 Excel 的形式来估算抗浮，一般用于整体抗浮计算；

第二种是近似电算法，借助 YJK 进行估算；

第三种是相对精确的算法，比如抗拔锚杆的非线性，借助 YJK 进行计算。

第一种传统的手算适用于方案初步阶段的概念设计，下面我们重点介绍第二种和第三种。

3. 抗浮近似电算法

12.3-3 抗浮近似电算法

本小节我们结合第 1 章的案例介绍抗浮的近似电算法。

第一步，复制一个标准层来模拟防水板。柱子用 1000mm × 1000mm 的截面模拟独立基础，300mm 厚的楼板模拟防水板。梁可以用 300mm × 300mm 的截面模拟生成楼板，如图 12.3-2 所示。

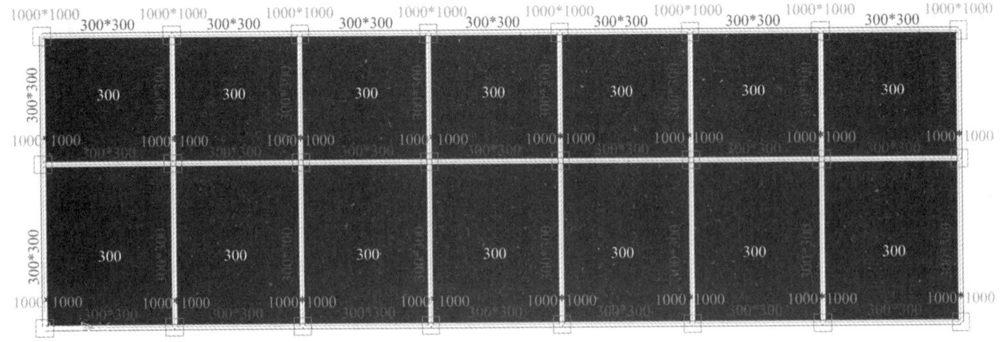

图 12.3-2 截面模拟

第二步，添加水浮力。比如，本案例水头是 6m，即水浮力是 60kPa，在荷载中输入−60kPa，注意为负数，如图 12.3-3 所示。

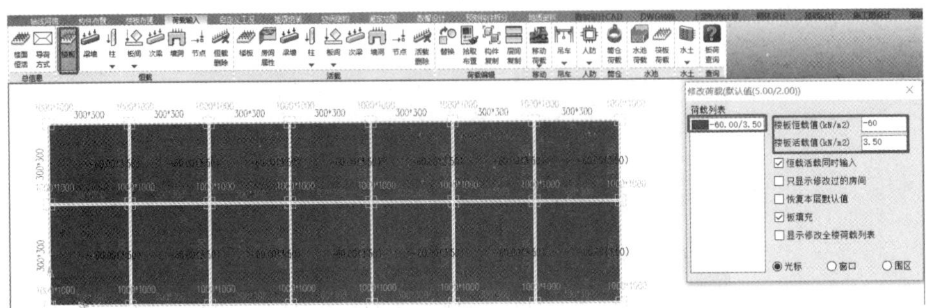

图 12.3-3 水浮力模拟

第三步，组装楼层，首层添加 1000mm 高的楼层，来模拟防水板所在基础层，读取结果使用，如图 12.3-4 所示。组装后的楼层如图 12.3-5 所示。这里要提醒读者，结构设计是一个粗科学。在概念合理的情况下，尽可能地使计算简图简化，更有利于得出正确的结论。涉及水浮力的计算更是如此。

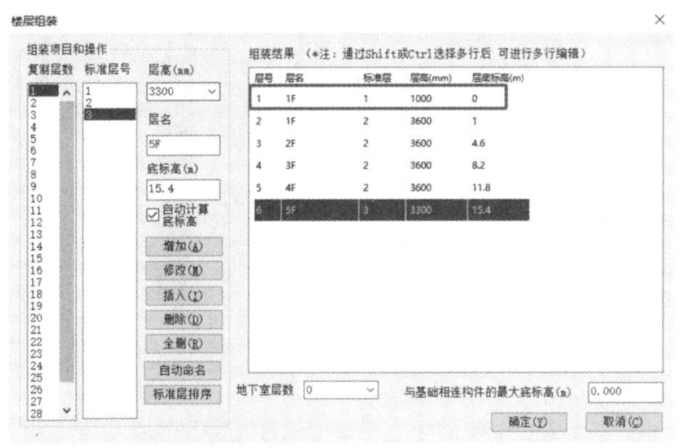

图 12.3-4　楼层组装

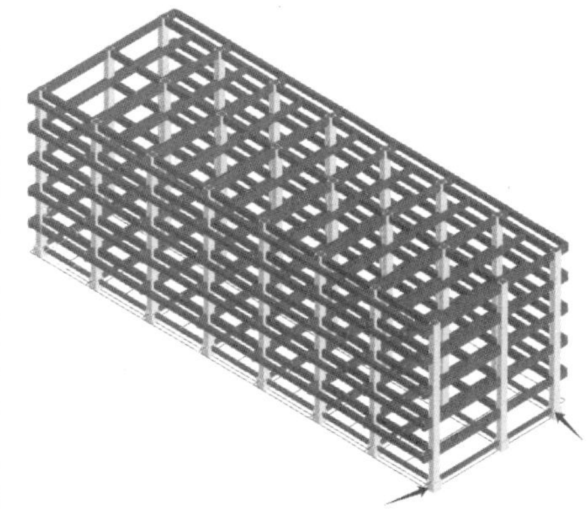

图 12.3-5　楼层组装

第四步，前处理参数，如图 12.3-6 所示。注意无须计算风荷载和地震作用，生成等值线数据，楼板按有限元导荷。此步的目的是尽可能地提高计算效率，因为本模型的重点是水浮力，与地震、风无关。尤其是大型项目，目标明确，简化荷载工况，可以大幅度地提升计算效率。

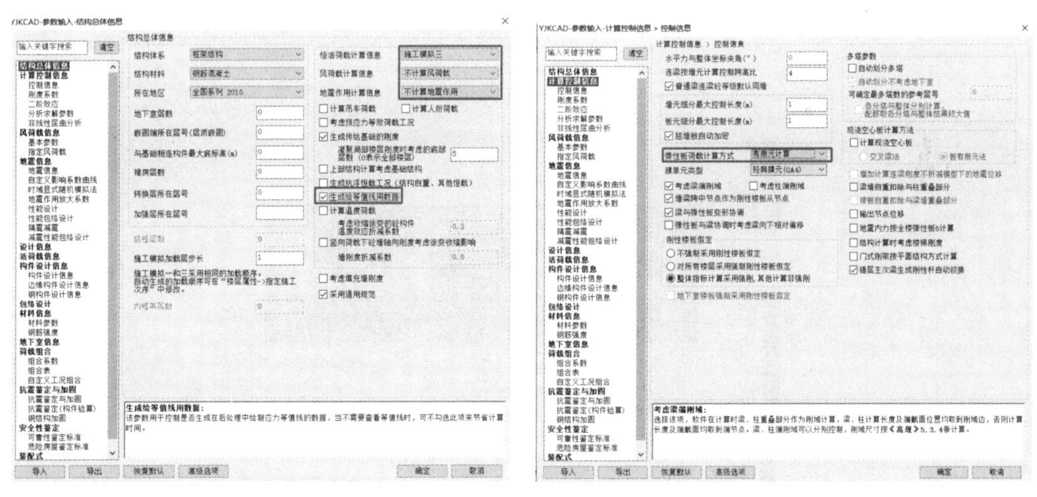

图 12.3-6　前处理参数

第五步，查看柱的内力计算结果。首先，用三维云图的方式显示柱内力，如图 12.3-7 所示。这里可以看到，在从二层到首层柱内力断崖式减小，这是水浮力的影响，前面输入的恒载是负数。

进一步查看柱内力数值，明确是否出现由压转拉的情况。如果出现由压转拉，此时需要警惕整体抗浮不满足的情况，如图 12.3-8 所示；如果均为压力，说明整体抗浮满足要求。

第六步，在等值线中查看楼板变形和内力等信息。如图 12.3-9 所示为变形图，其中可以看到在水浮力作用下 9m 跨板变形比较大，需要留意防水板是否增加厚度来抵抗水浮力。

图 12.3-10 是配筋图，可以进一步估算防水板厚度的合理性。

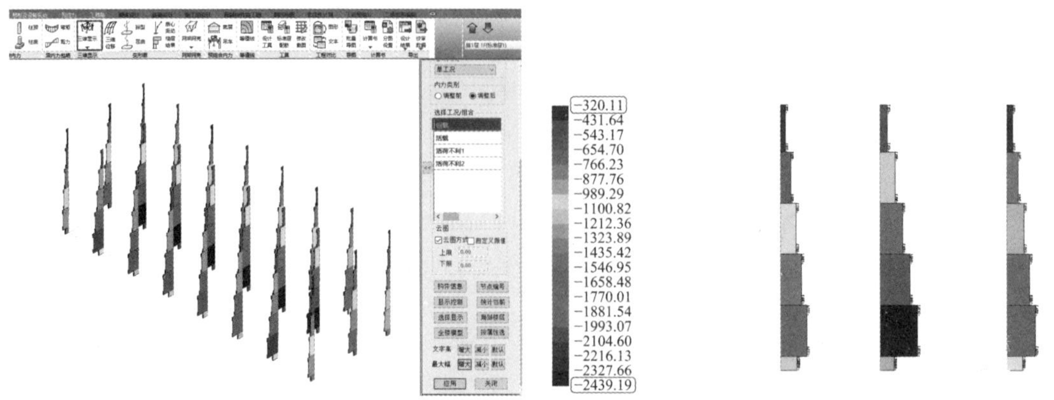

图 12.3-7　三维柱内力

图 12.3-8　柱内力拉压力判断

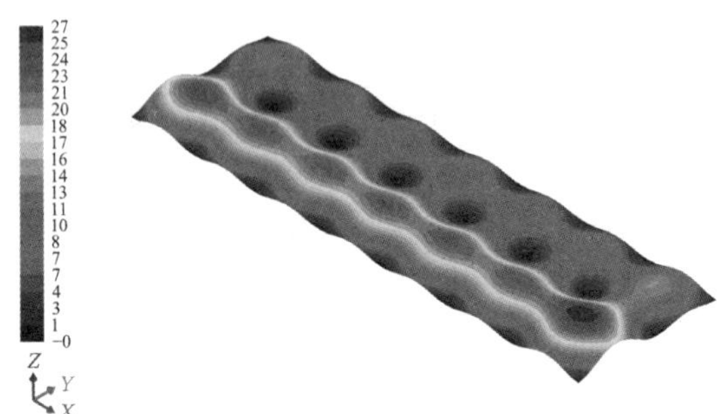

图 12.3-9　变形图

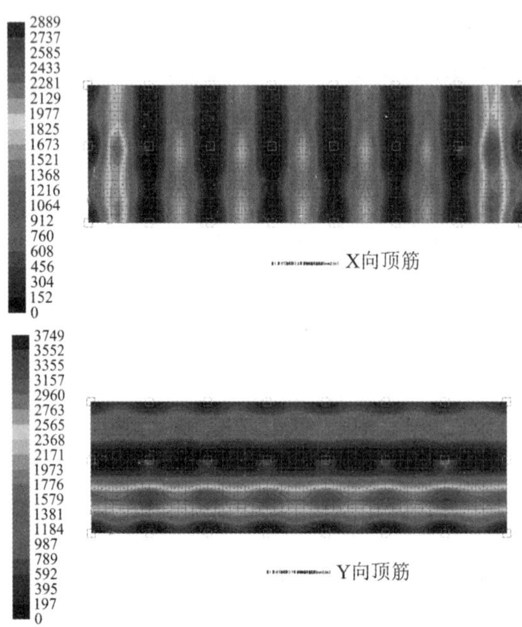

图 12.3-10　配筋图

上面就是抗浮近似电算法。此方法概念比较清晰，每一步的侧重点都不一样，读者可以作为一种保守估计的补充校核手段进行使用。

4. 抗浮精确电算法

12.3-4 抗浮精确电算法

本小节我们结合第 1 章的案例介绍抗浮的精确电算法。

在第 8 章基础结构计算分析的章节，我们介绍了独立基础、条形基础和桩基承台。这三种基础与筏形基础不同，需要配合防水板来一起抵抗水浮力。下面，我们以独立基础加防水板为例进行介绍。

第一步，在原有独立基础的模型中创建防水板。如图 12.3-11 所示，只需要将属性选为防水板即可。这里说明一下防水板厚度的选择，一般 300mm 起步。独立基础之间不再设置承台拉梁，但是防水板的厚度也是有限制的，不能无限制加大。一般不超过 400mm，局部 500mm 也可以；否则，就考虑设置抗拔锚杆等措施。

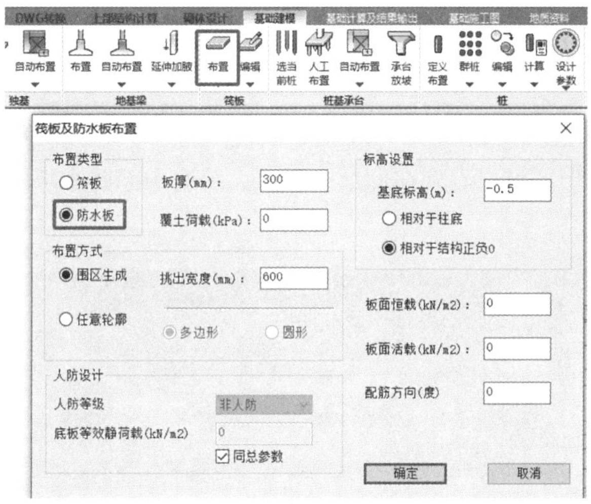

图 12.3-11　防水板设置

第二步，进入桩筏有限元计算。如图 12.3-12 所示，注意勾选生成抗浮验算。这里还需要注意水浮力的填写。本案例为了与上一种算法对比，水位写得比较高。实际项目中，读者需要在此对话框中输入正确的水位。

图 12.3-12　水浮力组合输入

第三步，进行桩筏有限元计算，查看抗浮稳定验算结果。如图 12.3-13 所示，整体抗浮满足是基础设计的前提。

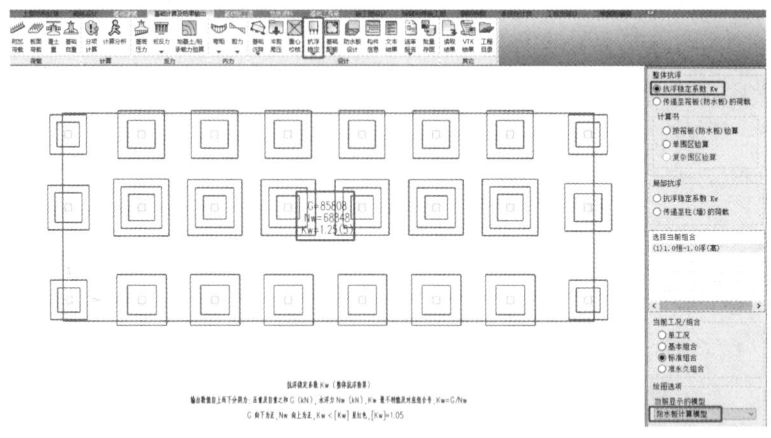

图 12.3-13　整体抗浮

第四步，进入防水板设计，进一步查看防水板内力、变形、配筋等信息。图 12.3-14 是恒载加水组合下的变形，可以看到在此组合下，大跨度中部防水板的变形还是比较大的。

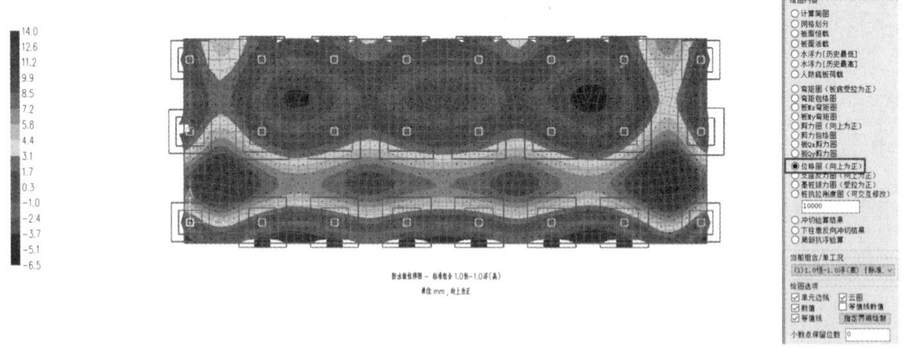

图 12.3-14　防水板变形

图 12.3-15 是框架柱作为防水板的支座反力。可以看出，没有出现支座失效的情况。

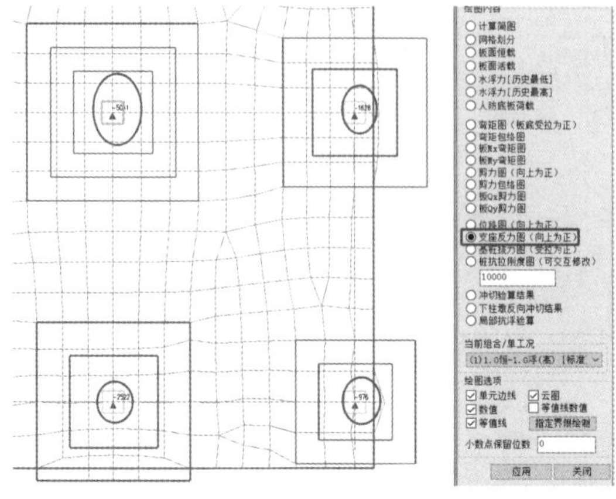

图 12.3-15　防水板支座反力

图 12.3-16 是防水板的配筋模型。两个方向顶筋云图跨中都比较大，符合水浮力下的分布形式。

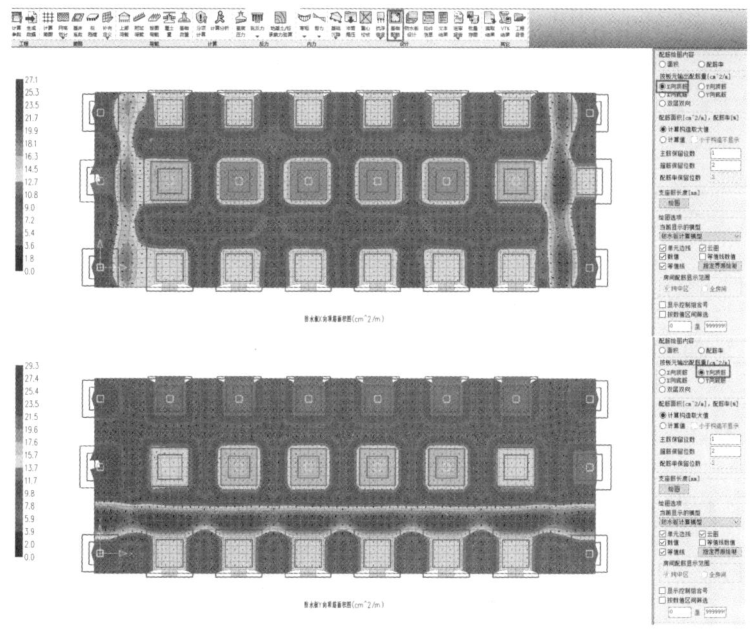

图 12.3-16　防水板配筋模型

以上就是独立基础加防水板的模型计算过程。最后，我们在此基础上介绍一下抗拔锚杆的计算。

第一步，在原有基础上定义锚杆，如图 12.3-17 所示。锚杆的定义关键参数是抗拔力，需要读者根据岩土勘察报告计算。

第二步，锚杆的布置。这个需要根据前面的变形规律进行布置。比如，60kPa 的水浮力，锚杆抗拔力是 300kN，经济间距是 2.23m。考虑到本案例锚杆仅解决防水板局部变形较大的目标，间距可按 2.5m 适当布置即可。图 12.3-18 是大跨柱网区域布置的抗拔锚杆。

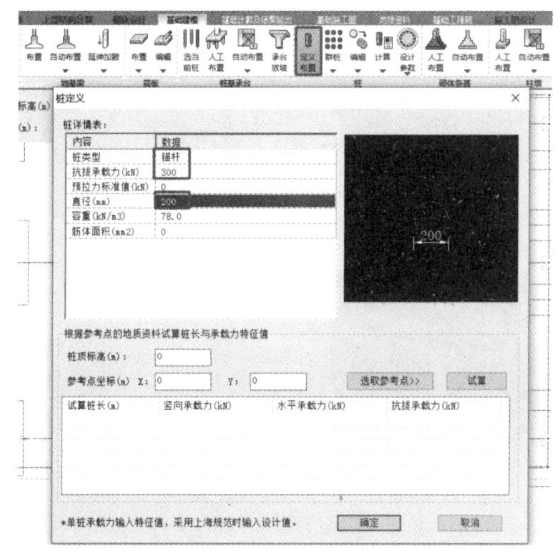

图 12.3-17　锚杆定义

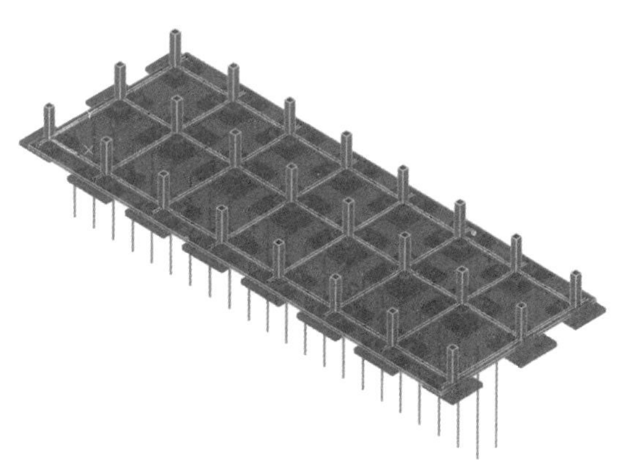
图 12.3-18　锚杆布置

第三步，桩筏有限元计算。计算完成后，首先关注的是锚杆的抗拔力，如图 12.3-19 所示。由图中可以看到，锚杆均有效地参与了抗浮计算。

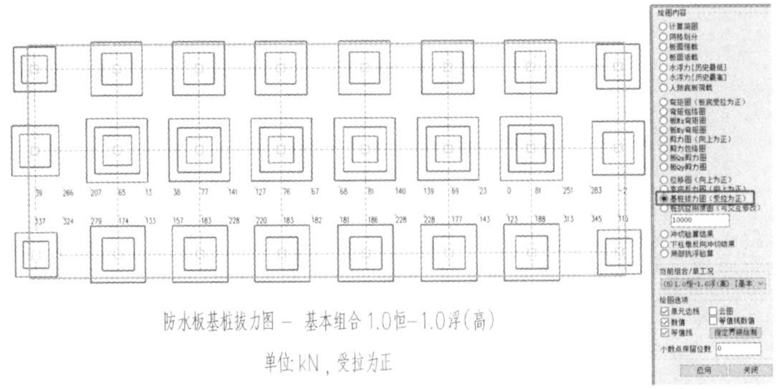

图 12.3-19 锚杆拉力

图 12.3-20 是防水板水浮力下的变形。可以看出，增设锚杆后，有效地遏制了跨中的变形。

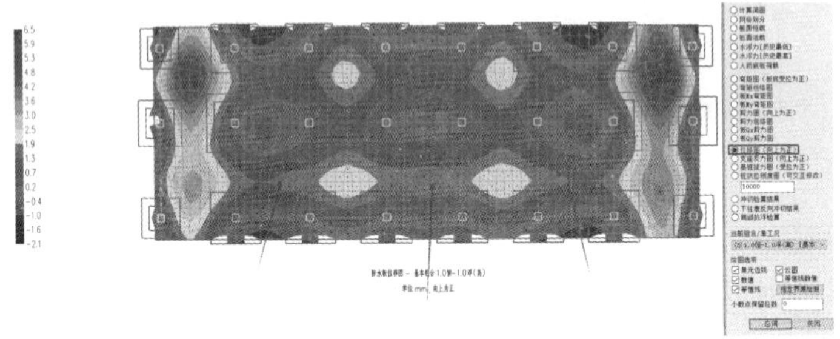

图 12.3-20 防水板水浮力下的变形

图 12.3-21 是防水板两个方向的顶部配筋。可以看到，锚杆的存在减小了大跨柱网区域防水板的弯矩，进而减少了配筋。

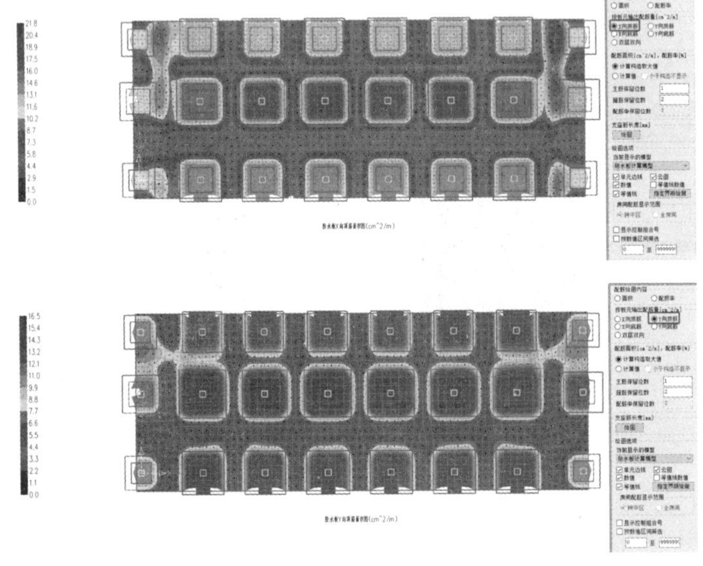

图 12.3-21 防水板两个方向的顶部配筋

12.4　特色结构专题小结

12.4 特色结构专题小结

本章介绍了 YJK 在结构设计中经常遇到的计算书整理问题、钢筋桁架楼承板计算和地下室抗浮设计。实际项目千差万别，还会衍生出很多新的工程问题。读者需要结合自身的结构概念，合理利用 YJK 软件进行计算分析，进而解决实际问题。

参考文献

[1] 中华人民共和国住房和城乡建设部. 建筑抗震设计标准: GB/T 50011—2010[S]. 北京: 中国建筑工业出版社，2024.

[2] 中华人民共和国住房和城乡建设部. 建筑地基基础设计规范: GB 50007—2011[S]. 北京: 中国建筑工业出版社，2011.

[3] 中华人民共和国住房和城乡建设部. 建筑桩基技术规范: JGJ 94—2008[S]. 北京: 中国建筑工业出版社，2008.

[4] 中华人民共和国住房和城乡建设部. 高层建筑混凝土结构技术规程: JGJ 3—2010[S]. 北京: 中国建筑工业出版社，2010.

[5] 中华人民共和国住房和城乡建设部. 空间网格结构技术规程: JGJ 7—2010[S]. 北京: 中国建筑工业出版社，2010.

[6] 中华人民共和国住房和城乡建设部. 建筑结构荷载规范: GB 50009—2012[S]. 北京: 中国建筑工业出版社，2012.

[7] 中华人民共和国住房和城乡建设部. 混凝土结构设计标准: GB/T 50010—2010[S]. 北京: 中国建筑工业出版社，2024.

[8] 中华人民共和国住房和城乡建设部. 钢结构设计标准: GB 50017—2017. 北京: 中国建筑工业出版社，2017.

[9] 中华人民共和国住房和城乡建设部. 门式刚架轻型房屋钢结构技术规范: GB 51022—2015[S]. 北京: 中国建筑工业出版社，2015.

[10] 中华人民共和国住房和城乡建设部. 建筑消能减震技术规程: JGJ 297—2013[S]. 北京: 中国建筑工业出版社，2013.

[11] 徐培福. 复杂高层建筑结构设计[M]. 北京: 中国建筑工业出版社，2005.

[12] 傅学怡. 实用高层建筑结构设计[M]. 2 版. 北京: 中国建筑工业出版社，2010.

[13] 西安建筑科技大学. 钢结构基础[M]. 4 版. 北京: 中国建筑工业出版社，2019.

[14] 方鄂华. 高层建筑钢筋混凝土结构概念设计[M]. 2 版. 北京: 机械工业出版社，2014.

[15] 张毅刚等. 大跨空间结构[M]. 2 版. 北京: 机械工业出版社，2014.

[16] 中国建筑设计院有限公司. 结构设计统一技术措施（2018）[M]. 北京: 中国建筑工业出版社，2018.

[17] 北京盈建科软件股份有限公司. YJK 减震结构设计应用手册.

[18] 北京盈建科软件股份有限公司. YJK 隔震结构设计应用手册.

[19] 北京市建筑设计研究院有限公司. 建筑结构专业技术措施[M]. 北京: 中国建筑工业出版社，2007.

[20] 中国建筑西南设计研究院有限公司. 结构设计统一技术措施[M]. 北京: 中国建筑工业出版社，2020.

[21] 潘鹏，叶列平，钱稼茹，等. 建筑结构消能减震设计与案例. 北京: 清华大学出版社，2014.

[22] 朱炳寅. 高层建筑混凝土结构技术规程应用与分析. 北京: 中国建筑工业出版社，2013.

[23] 北京盈建科软件股份有限公司. 盈建科常见案例问题分析 2023 版.

[24] 钱稼茹，赵作周，纪晓东，等. 高层建筑结构设计[M]. 3 版. 北京: 中国建筑工业出版社，2018.

[25] 朗筑结构. 门式刚架结构实战设计[M]. 2 版. 北京: 中国建筑工业出版社，2020.

[26] 高坚勇，李俊堂. 全国注册岩土工程师专业案例辅导手册[M]. 太原: 山西人民出版社，2021.